拉曼光谱学与低维纳米半导体

张树霖　著

科 学 出 版 社
北　京

内 容 简 介

本书共分上、下两篇：上篇主要叙述拉曼光谱学的理论和实验基础，从广义散射的高度，介绍了拉曼光谱的理论，从实验工作需要的角度，相当具体地介绍了有关拉曼光谱实验的内容。下篇在理论上探讨了低维纳米半导体拉曼谱的基本特征后，以激发光特性以及低维纳米体系的尺寸、形状和材料极性对拉曼光谱的影响为纲，较全面地总结和介绍了低维纳米半导体的拉曼光谱学。本书附录收集和整理了理论和实验方面的一些较深入和具体的内容。

本书可供从事拉曼光谱学实验和技术应用的科技人员阅读。

图书在版编目(CIP)数据

拉曼光谱学与低维纳米半导体/张树霖著. —北京：科学出版社，2008

ISBN 978-7-03-020639-8

Ⅰ. 拉…　Ⅱ. 张…　Ⅲ. ①光谱学②纳米材料：半导体材料　Ⅳ. O433 TN304

中国版本图书馆 CIP 数据核字（2008）第 031098 号

责任编辑：鄢德平　于宏丽/责任校对：陈玉凤

责任印制：吴兆东/封面设计：王　浩

科学出版社出版

北京东黄城根北街 16 号

邮政编码：100717

http://www.sciencep.com

北京建宏印刷有限公司 印刷

科学出版社发行　各地新华书店经销

*

2008 年 4 月第　一　版　　开本：B5（720×1000）

2022 年 1 月第五次印刷　　印张：26 1/4

字数：497 000

定价：168.00 元

（如有印装质量问题，我社负责调换）

序

1928 年印度物理学家拉曼在研究液体的光散射时，发现散射光中除有与入射光频率相同的瑞利散射线外，在瑞利散射线 ν_0 的两侧还有红伴线和紫伴线。若散射介质的分子有 ν_1，ν_2，ν_3，…个频率，则拉曼散射线中将出现频率为 $\nu_0-\nu_1$，$\nu_0-\nu_2$，$\nu_0-\nu_3$，…的红伴线和频率为 $\nu_0+\nu_1$，$\nu_0+\nu_2$，$\nu_0+\nu_3$，…的紫伴线，伴线与瑞利线的频率差的数值与入射光的频率无关。这些特征使拉曼散射光谱立即被应用于研究介质的分子结构。

然而，由于拉曼散射光强极弱，只相当于入射光强度的百万分之一左右，它极大地制约了拉曼光谱技术的应用和发展。直到近 30 多年由于激光器、全息光栅、光电倍增管、CCD 探测器、计算机和数字计算技术的诞生和迅猛进展，才在 20 世纪 90 年代诞生了显微拉曼光谱仪，它使拉曼光谱测量很快地成为一种在技术上与通常的发射光谱和吸收光谱的测量无大差别的常规光谱技术，它特别适合于表征和研究低维纳米体系的结构和性能。当今，与纳米科学和技术有关的实验室和生产线引入了大量的显微拉曼光谱仪，越来越多的工程师和科研人员对低维纳米体系的拉曼光谱学的理论和技术产生了浓厚的兴趣和学习的愿望。面对这一形势，虽然现在国内外已有近 20 本有关拉曼光谱学及其在各领域应用的专著，但是尚未见到有关低维纳米体系的拉曼光谱学的专著。

北京大学物理学教授张树霖自 20 世纪 80 年代开始，一直从事低维纳米半导体的拉曼光谱学的研究。他师从半导体大师黄昆教授进行小尺寸下色散关系特征和类缺陷本质两个学科前沿问题的研究，同时执著地从事拉曼光谱理论和所需的新技术、新设备的创新研究，取得了许多国际瞩目的高水平成果。如他连续 10 年在国际拉曼光谱学大会上或分会上作特邀报告，他的“若干低维材料的拉曼光谱学研究”项目于 2004 年获得国家自然科学二等奖。张教授根据他多年的理论研究成果与丰富的实验经验撰写的《拉曼光谱学与低维纳米半导体》，是他在拉曼光谱学领域做出的一个新的重要学术贡献，同时也可以看作是在中国自己的光学田园里结出的可与国外同类优秀著作相媲美的硕果。

该书的最突出特点是基础与现代、理论与实验兼顾。作者一方面对固体和低维纳米体系的物理基础、晶格动力学和拉曼散射理论作了概括性的介绍，同时又以自己在光谱实验研究中取得的丰富经验阐述了现代实验拉曼光谱学。相信该书必将十分有益于从事拉曼光谱学实验和技术应用的读者，特别是那些物理、化学、生物、医学、地学、材料科学以及微电子学等非理论背景的读者。

最后我想，读者还会从作者的这部专著中看到中国光学园地的开拓者正在走向世界。

母国光

2007 年 12 月于南开大学

前 言

由于拉曼散射信号极弱（一般小于入射光强的百万分之一），拉曼散射现象被发现后的前 50 年，拉曼光谱技术只能为学术机构所专有，因而极大地制约了拉曼光谱技术的应用和拉曼光谱学的发展。但是，近 30 年来，拉曼光谱仪的光源、瑞利线抑制、外光路、分光器、光信号探测器和数据采集处理等关键部件，已陆续分别为激光器、全息陷波片、全息光栅、光电倍增管（PMT）/电荷耦合探测器（CCD）和计算机与计算技术所取代，结果，在 20 世纪 90 年代，出现了综合上述新技术的显微拉曼光谱仪，使拉曼光谱测量很快成为一种常规光谱技术，拉曼光谱的应用扩展到了科学、技术和生产的广大领域，有愈来愈多的各行各业的新人加入到了与拉曼光谱有关的科技和生产活动中。显然，一本体现当今科技新发展的拉曼光谱学的基础性著作必定会有助于人们更好地从事拉曼光谱的工作。

半导体超晶格的出现标志人类开始进入纳米科学和技术时代。在历史上，几乎只使用拉曼光谱对半导体超晶格声子进行研究，而在今天，拉曼光谱已成为低维纳米半导体研究的首选手段之一。与纳米科学和技术有关的实验室和生产线纷纷引入拉曼光谱仪，而低维纳米半导体的拉曼光谱学也成为拉曼光谱学的十分重要和迅速发展的一个分支。对发展至今的低维纳米半导体拉曼光谱学进行的总结和介绍，一定会使从事低维纳米半导体拉曼光谱的人们能在更高的水平上开展工作。

鉴于作者在 1978 年开始组建和研制成激光拉曼光谱仪后，一直从事拉曼光谱学的研究，从 1985 年至今，又坚持应用拉曼光谱学研究低维纳米半导体，因此，就斗胆试着撰写了本书。

本书分成两部分，即上篇的拉曼光谱学的基础知识和下篇的低维纳米半导体拉曼光谱学，以适应不同读者的需要。

上篇主要叙述拉曼光谱学的理论和实验基础，共有四章。第 1 章从广义散射的高度和真实历史的角度介绍拉曼光谱学的基础知识及其发展史。第 2 章从普遍意义上的散射和原子的层次开始，介绍拉曼散射的一般理论。而在第 3 章比较具体地介绍拉曼光谱仪及其工作原理，以及实验技术和数据处理。鉴于拉曼光谱学研究的对象大都是含有大量原子和分子的凝聚态物质，如固体、液体和生物体等，因此，第 4 章介绍与固体拉曼散射有关的晶格动力学和拉曼散射的理论。第 4 章的内容也是第 2 章叙述的拉曼光谱学理论的扩展和深化。

在下篇，除了从理论上探讨外，将更多地从实验角度总结和介绍低维纳米半导体拉曼谱学。鉴于激发光特性以及低维纳米体系的尺寸、形状和材料极性对拉曼光谱有本质性的影响，具体的总结和介绍将以此为纲进行。下篇也分成四章。第 5 章介绍低维纳米体系的概念和基本性质，讨论其对低维纳米半导体拉曼光谱特征的影响。第 6 章介绍激光、样品和环境等均不改变的常规条件下的低维纳米半导体的拉曼光谱，即介绍基础拉曼光谱。第 7 章介绍激发光波长、偏振和强度特性改变时的低维纳米半导体拉曼光谱。第 8 章从样品的尺寸、形状、成分和结构角度研究低维纳米半导体拉曼谱的相应特性。

考虑到目前涉及拉曼光谱工作的人员包括了物理、化学、生物、医学、地学、材料科学、微电子学等多种理工专业以及一些人文社会学科背景的人，其中大部分人又是从事拉曼光谱的实验工作的，因此，本书在叙述上，将着重追求物理分析之清晰，而不是理论形式之深奥，并且在实验方面做较具体的介绍。但是，为满足部分读者对理论和实验有更多了解和掌握的愿望和需要，作者把理论和实验方面的一些较深入和具体的内容整理归纳在本书的附录中。

本书内容除参考了本书所附参考文献外，相当一部分特别是下篇的许多内容，是在我们未曾公开发表的研究工作和讲学资料基础上撰写的，例如，作者的博士后的出站报告和学生的博士、硕士、学士论文以及研究报告、读书笔记和翻译资料，作者在国内外各大学、研究所讲学和组内讲课的讲稿。在这里，我对在上述研究工作和撰写资料中做出贡献的所有合作者表示深切感谢！

在几年来的成书过程中，鄢德平先生给了作者很大的理解和帮助；此外，一些文字和技术性工作都是作者的学生帮助完成的，他们是夏磊、付振东、刘卯鑫、崔艺莘、张思媛、孙天意、叶起斌、顾少刚、刘鲁和李丁。在此对他们表示诚挚的感谢！

鉴于本书所写的内容是正在快速发展的领域，以及作者学识和能力的限制，书中必定存在不当之处，恳请读者给予批评指正，以便今后改正。

作者

2007 年 12 月

目　　录

下篇 低维纳米半导体的拉曼光谱学

附　　录

上篇　拉曼光谱学基础

第 1 章　拉曼光谱学的一般知识

1.1　散射、光散射和拉曼散射

1.1.1　散射与光散射

散射是存在于自然界的普遍现象。如图 1.1 所示，当入射粒子以一个确定方向撞击靶粒子时，入射粒子和靶粒子发生相互作用，使得入射粒子偏离原入射方向，甚至能量都发生改变的现象，就是所谓散射现象。

利用散射现象研究物质的相互作用及其内部的结构和运动，无论在宏观世界还是微观世界，都已成为一种重要手段。例如，1911 年揭示原子由一个带正电荷的核构成的卢瑟福(E. Rutherford)实验，1920 年证明光具有粒子性的康普顿(A. H. Compton) 实验，分别是 α 粒子和光子与带电粒子进行碰撞的散射实验。现今，基本粒子的实验研究几乎都是利用不同入射粒子与靶粒子发生碰撞的散射实验进行的。

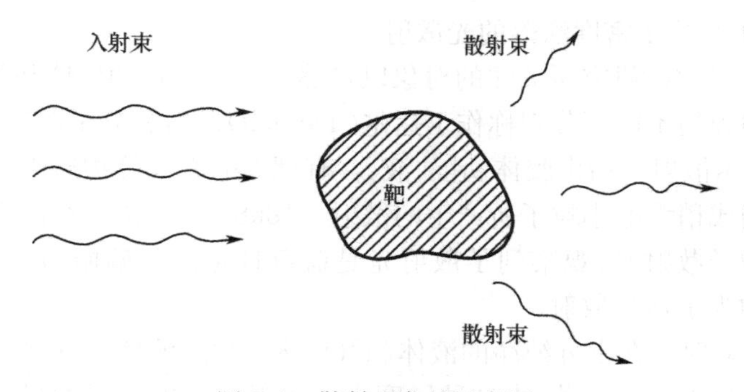

图 1.1　散射现象的示意图

基于入射粒子的不同，散射被分成中子、电子和光子(电磁波)等不同类型的散射，而光子散射根据能量的不同又进一步分为 γ 射线、X 射线和可见光散射等。表 1.1列出了对凝聚态物质散射研究中较常遇到的几种入射粒子以及它们的能量和波长等特性。

因入射粒子能量波长的不同，不同类型散射所适用的研究对象是不同的，因而它们被分别用于不同的领域。例如，能量在 1 keV 量级的 X 射线散射就适用于探测凝聚态物质中原子/离子的空间位形问题，如物质的微结构和空间对称性等。而可见光散射的能量约为 1 eV，可以用于研究分子振动和凝聚态物质中的元激发。

表 1.1 凝聚态物质较散射实验中常用的入射粒子及其能量和波长的估计值

入射粒子类型		能　量		波　长	实验(能量)不确定性
		电子伏/eV	赫兹/Hz	纳米/nm	$\Delta E/E$
中子		10^{-2}	10^{14}	10^{-1}	10^{-4}
光子	可见光	10^{0}	10^{16}	5×10^{2}	10^{-8}
	X射线	10^{3}	10^{19}	10^{-1}	10^{-2}

1.1.2 光散射与拉曼散射

光散射是人们日常生活中经常观察到的现象。例如，当光通过均匀的透明纯净介质或者稳定的溶液（如玻璃、纯水）时，用肉眼从侧面看不到光的踪迹；如果介质不均匀或者分散其中的颗粒较大（如有悬浮颗粒的浑浊液体以及胶体），我们便可以从侧面清晰地看到在介质中传播的光束，这就是因为介质存在光散射的缘故。

19 世纪，对光散射的研究，以光被小粒子、分子引起的散射以及散射强度为重点，20 世纪后，开始了比分子更小的“粒子”，如化学键、准粒子、原子和自由电子等引起的光散射和散射能量的研究。

1. 小粒子或分子密度涨落引起的光散射及对其散射强度的研究

1）小粒子和分子密度涨落的光散射

19 世纪，光散射研究所关注的对象以自然界广泛存在的液体和气体为主，并因具体散射根源的不同而分别称作丁达尔(Tyndall)散射和分子散射。

(1) 丁达尔散射。指由胶体、乳浊液、含有烟雾的大气等物质中所含的尺度与入射波长相当或稍大的小粒子所产生的散射。1868 年，丁达尔在研究白光被悬浮于液体中的粒子散射时，观察到了散射光是蓝色且是部分偏振的[1]，因此，人们把这类散射称为丁达尔散射。

(2) 分子散射。在十分纯净的液体和气体内，构成液体和气体分子的热运动造成了分子密度的局部涨落，由这种尺度小于入射波长的分子的局部密度涨落引起的光散射就称为分子散射。在临界点时，出现所谓临界乳光现象。该现象的出现是因为在临界点时，分子热运动十分激烈和密度涨落极大，从而引起了强烈光散射。

2）散射光的强度

英国物理学家瑞利 (Lord Rayleigh) 研究分子光散射的强度时，于 1871 年提出了著名的瑞利散射定律，即散射光强与波长的四次方成反比的定律[2]。

但是，1908 年，米(C. Mie) 研究丁达尔散射时，发现与分子散射不同，它的散射强度没有与波长四次方成反比的关系[3]。因此，也有论著中把丁达尔散射称为米氏散射。

2. 比分子更小的"粒子"引起的光散射及对其散射能量的研究

1) 比分子更小的"粒子"引起的光散射

到了20世纪，对光散射的研究深入到比分子更小的"粒子"引起散射的层次。

(1) 电子光散射。电子光散射包含自由电子引起的散射，如康普顿散射和汤姆孙散射。本书将不涉及这一类型的光散射。

电子光散射也包含其他带电粒子的光散射，例如，金属和超导体中的电子和半导体中的导带或杂质电子所引起的拉曼散射。对这一类光散射，本书将加以讨论。

(2) 原子光散射。在原子的光散射中，由于原子核很重，可见光光子的能量不足以使原子核产生强迫振动，因此，可见光的原子光散射实际上是被原子核束缚的轨道电子的散射。

(3) 分子光散射。这里所说的分子光散射专指化学和生物分子中的化学键在平衡位置附近的振动和转动所引起的光散射。

(4) 固体光散射。固体光散射主要指固体中的"准粒子"引起的散射。准粒子有时也被称为"元激发"，光散射中涉及的重要准粒子有声子(即晶格振动波的量子)、准电子、激子、磁子和等离子激元等。

2) 光散射的能量

20世纪以后，在人们把光散射研究深入到原子、电子和准粒子层次的同时，开始注意散射光相对于入射光在能量(即波长改变)方面的研究，发现散射光波长相对于入射光波长的改变量的大小对应于不同的散射机制，并据此将光散射加以分类。在光散射研究中，能量通常以波数(cm^{-1})单位，如表1.2所列，凡波数变化$<10^{-5}$ cm^{-1}的散射称为瑞利散射。波数变化约为0.1cm^{-1}的散射曾由布里渊(Brillouin)于1922年预言，因而称为布里渊散射[4]。波数变化大于1 cm^{-1}以上的散射，是拉曼(C. V. Raman)于1928年首先发现和公布的[5]。因此，这类散射就被称作拉曼散射。人们把散射光相对于入射光波长/能量没有改变的散射称为弹性散射，否则为非弹性散射。显然，后两类散射均是非弹性散射，而瑞利散射的波数差是由靶粒子反冲引起的，所以，把瑞利散射归之为弹性散射。

表1.2 可见光散射的能量变化与其分类

能量改变范围	散射分类名称	散射性质
$<10^{-5}$ cm^{-1}	瑞利	弹性
$10^{-5}\sim1$ cm^{-1}	布里渊	非弹性
>1 cm^{-1}	拉曼	非弹性

综述本节的讨论和从表1.1和表1.2，我们可以清楚地了解到，拉曼散射属

于散射大家族，是其中可见光散射大家庭中的非弹性散射分支中的一员。

1.2　光谱、散射光谱与拉曼光谱

1.2.1　光谱与散射光谱

当光照射介质时，光与介质发生相互作用，便会产生和出现许多光学效应和现象。如图 1.2 所示，包括光的散射在内的光的吸收、反射、透射和发射就是一类重要的光学效应和现象。把它们的强度相对于能量的关系（即频谱）加以记录，就分别得到了散射、吸收、反射和光致发光谱。所有这些光谱都能给出介质相互作用、内部结构和运动的信息。例如，历史上对原子光谱的研究，使人们正确了解了关于原子结构和原子中电子的运动，并因而对建立和发展对人类有巨大影响的量子论起了十分重要的作用。

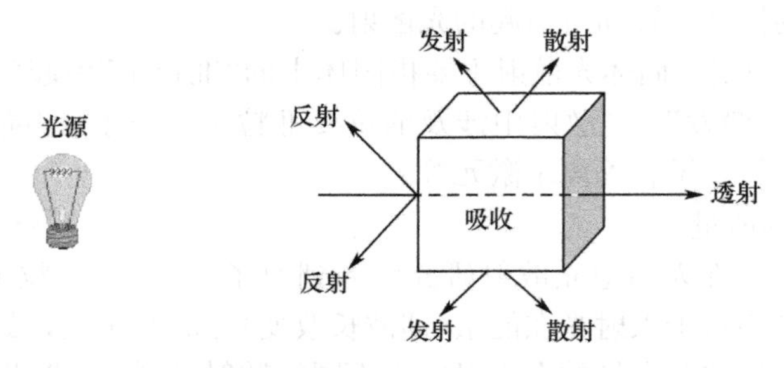

图 1.2　介质由光照产生并与某些光谱现象联系的光学效应示意图

上述叙述表明，散射会与反射、发射等其他光学现象一起出现，因此，当我们记录和研究散射谱时，非散射谱也可能一并被记录下来。但是，对散射谱的研究而言，它们却是一种必须加以区别和剔除的干扰光谱。

1.2.2　拉曼散射与拉曼光谱

1. 拉曼散射效应的应用与拉曼光谱

拉曼散射效应发现后，人们随即就展开了对拉曼散射频谱（即拉曼光谱）的研究。拉曼光谱为分析分子的内部自由度提供了一个强有力的方法，是人们迄今为止对拉曼散射效应的最主要应用。

20 世纪 80 年代后，根据拉曼散射的非弹性散射特性，人们开始利用拉曼散射效应去操控物质中原子的外部自由度。例如，朱棣文（Steven Chu）、C. N. Cohen-tannoudji 和 W. D. Phillips 等通过利用受激或非共振拉曼跃迁方法冷却自由原子或中性原子，使样品的温度降到 37 μK，在人类历史上第一次做到了对原子的操控[6]；他们三人也因此获得了 1997 年的诺贝尔物理学奖（图 1.3）。在 2000 年的第17届国际拉曼光谱学大会上，朱棣文又报告了通过拉曼散射把样品温度进一步降到290 nK和研制原子干涉计的新成就(图1.4)。[7]

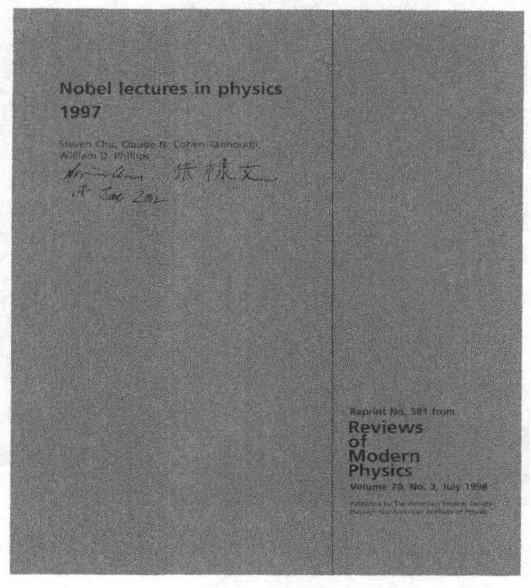

VOLUME 66, NUMBER 18　　PHYSICAL REVIEW LETTERS　　6 MAY 1991

Atomic Velocity Selection Using Stimulated Raman Transitions

Mark Kasevich, David S. Weiss, Erling Riis, Kathryn Moler, Steven Kasapi, and Steven Chu
Physics Department, Stanford University, Stanford, California 94305
(Received 26 December 1990)

Stimulated Raman transitions between the ground-level hyperfine states of atoms have been used to manipulate slowly moving atoms in an atomic fountain. An ensemble of sodium atoms with an inferred velocity spread along one dimension of 270 μm/sec has been prepared by this technique. We also show that this velocity-selection method is effective in measuring ultracold temperatures of laser-cooled atoms in a regime where traditional ballistic methods fail.

PACS numbers: 32.80.Pj

There has been dramatic progress in the cooling and manipulation of atoms in recent years. For example, atoms in optical molasses[1] with polarization gradients[2] have been cooled to temperatures well below the Doppler limit $k_BT = \hbar\Gamma/2$.[3] Temperatures as low as $k_BT/2 = \langle p^2\rangle/2M = (3.5\hbar k)^2/2M$, where $\hbar k$ is the momentum recoil due to the photon used in the cooling process, have been observed for sodium[3,4] (~30 μK) and cesium (~2.5 μK).[5] Helium atoms have been "cooled" in one dimension to 2 μK, a factor of 2 below the recoil limit $(\hbar k)^2/2M$, by velocity-selective coherent population trapping.[6]

In this paper, we describe a new type of optical velocity selection that has been shown to prepare a sample of atoms with a velocity spread 2 orders of magnitude below the velocity an atom would experience from the recoil of a single photon. This velocity spread can be characterized by an effective one-dimensional "temperature" of 24 pK. We further show that this technique will be useful in measuring the velocity spreads of atoms for $\Delta v \leq 1$ cm/sec, where time-of-flight techniques[1,2] are no longer effective because of gravitational acceleration. Other applications of this velocity-selection method will also be indicated in this paper.

The velocity-selected atoms are prepared as follows: Atoms with a ground-state hyperfine splitting ν_{12} and an optical interval ν_{13} as shown in Fig. 1 are first optically pumped into a single hyperfine level $|1\rangle$. Two counterpropagating laser beams at frequencies ν_{1L} and ν_{2L} will induce a stimulated Raman transition to the $|2\rangle$ state if atoms are in resonance with the frequency difference $\nu_{12} = \nu_{1L} - \nu_{2L}$.[7] The atoms excited into the $|2\rangle$ state will have a velocity spread given by the Doppler-shift formula $\Delta v/c = \Delta\nu/(\nu_{1L} + \nu_{2L})$, where $\Delta\nu$ is the linewidth of the transition. The velocity spread Δv can be extremely narrow because the frequencies $\nu_{1L,2L}$ are optical frequencies and the linewidth of the $|1\rangle \to |2\rangle$ transition can be narrow. If the laser frequency $\nu_{2L} = \nu_{1L} + \nu_{rf}$ is generated by an electro-optic modulator or other radio-frequency technique, the frequency jitter of the laser is canceled out. The linewidth due to the finite transit time is greatly reduced with the use of slow atoms. For example, we have demonstrated a 2-Hz-wide resonance of the sodium ground-state hyperfine splitting with atoms in an atomic fountain.[8] Even with a modest measurement time of 10 msec, the expected spread in velocity Δv is 30 μm/sec for sodium atoms.

The basic experimental apparatus has been previously described.[8] Atoms from a thermal beam were slowed with a counterpropagating, frequency-chirped laser beam, and collected in a magneto-optic trap.[9] After approximately 0.8 sec, the magnetic field was turned off. The detuning of the trapping light, intensity 6 mW/cm², was then increased from 15 to 25 MHz below the $F=2 \to 3$ transition in order to further cool the atoms. We had to wait at least 20 msec for stray magnetic fields to decay. These fields were due to long-lived eddy currents generated in the liquid-nitrogen-cooled copper cryoshield when the trapping field was turned off. A resonant electro-optic modulator created 1.71-GHz frequency sidebands in order to avoid optical pumping into the $F=1$ ground-state hyperfine level. The atoms were then launched upwards in a ballistic flight by decreasing the frequency of the downward-propagating laser beams shown in Fig. 2 while increasing the frequency of the upward-propagating beams. The frequencies of the two sets of molasses beams were shifted by ±2.9 MHz with respect to the transverse beams in 250 μsec, and then left at those frequencies for an additional 750 μsec. This configuration created polarization gradients moving upwards at 250 cm/sec with respect to the laboratory frame

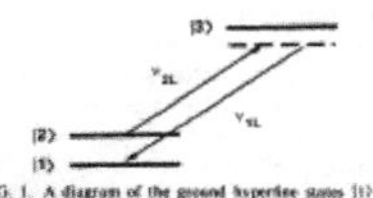

FIG. 1. A diagram of the ground hyperfine states $|1\rangle$ and $|2\rangle$ and the excited state $|3\rangle$. The frequencies ν_{1L} and ν_{2L} are used to induce a Raman transition between the two ground states.

　

图1.3　朱棣文等获诺贝尔奖的演讲集(上)和他的一篇利用受激拉曼散射的论文(下)[6]

THE USE OF RAMAN TRANSITIONS IN LASER COOLING AND ATOM INTERERONETERS

Steven Chu
Physics Department, Stanford University, Stanford, CA 94305, USA; E-mail: schu@stanford.edu

Raman Spectroscopy has proven to be an extremely powerful method of analyzing the *internal* degrees of freedom of molecular states. Over the past decade, we have introduced methods based on stimulated Raman transitions that have allowed us to *manipulate* the *external* degrees of freedom of atoms.

Consider an atom with two ground states $|g_1\rangle$ and $|g_2\rangle$. An atom originally in $|g_1\rangle$ will experience a momentum impulse $\eta(\omega_1+\omega_2)/c = \eta(k_1+k_2)$ if the transition is induced by opposing photons as shown in Fig.1. At room temperature, such an impulse would have a negligible effect on the trajectory of an atom. However, this impulse is significant if the atom has been laser cooled to microKelvin temperatures, where the rms velocity is on the order of several v_{recoil}, where $v_{recoil}=\eta k/M$ and M is the mass of the atom.

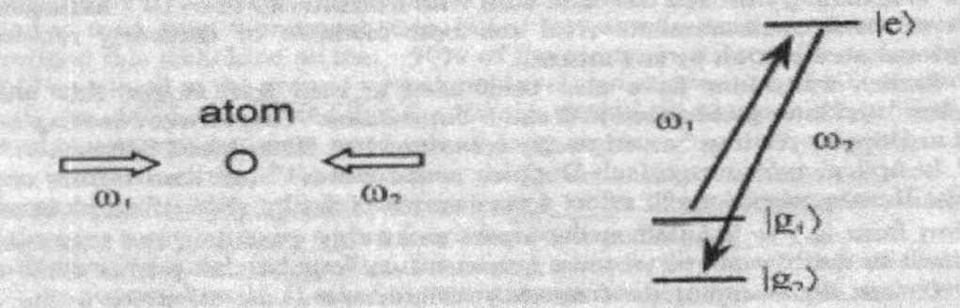

Fig. 1: A stimulated two photon, off resonant Raman transition between two atomic states. When the atom makes the transition $|g_1\rangle$ to $|g_2\rangle$, the counter-propagating laser beams produce a recoil $\eta(k_1+k_2)$ towards the right. Note that the linewidth of the transition is determined by the Rabi-frequency of the transition, and in an atomic fountain geometry, typical Rabi-frequencies are on the order of tens of kilohertz. All of the atom manipulation methods (velocity selection, atom interferometry and laser cooling) described exploit the extreme Doppler sensitivity of this transition.

图 1.4　朱棣文在 2000 年的第 17 届国际拉曼光谱学大会上做主旨演讲(上) 和演讲论文的复印件(下)[7]

以上事实说明，拉曼光谱只是拉曼散射应用的一种途径和结果。

2. 拉曼光谱的基本特征

不同的光谱因为产生机制不同，各自具有自己的特征。同样，拉曼光谱也具有一些它本身特有的基本特征，这些基本特征把拉曼光谱与其他光谱区别开来。

图 1.5 是 ClC_4 的实验拉曼光谱。其中 ω_0 是入射光的频率。在拉曼光谱图中，通常以波数(cm^{-1})为能量的单位，并令 ω_0 为频率横坐标的零点，光谱图上标记的散射光频率常称为拉曼频率(Raman frequency)或拉曼频移(Raman shift)。下面将参照图 1.5 的 ClC_4 的实验拉曼光谱，描述拉曼光谱的基本特征。

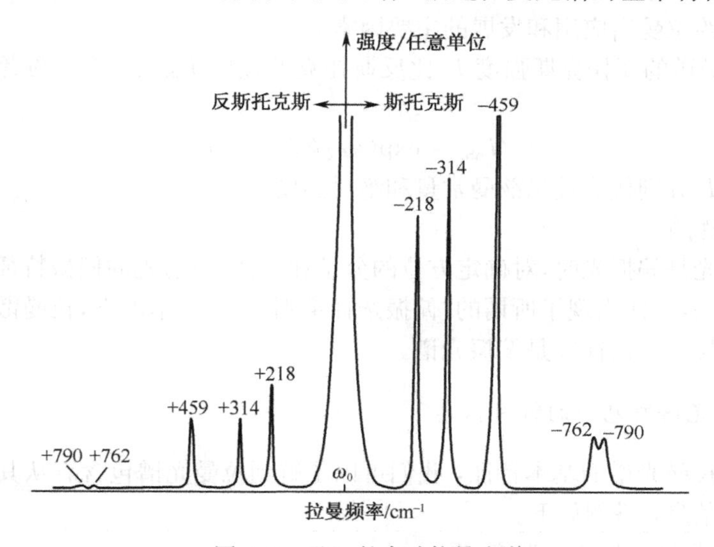

图 1.5　ClC_4 的实验拉曼光谱

1) 频率特征

(1) 改变入射光频率 ω_0，散射光频率 ω_S 总是不变；

(2) 斯托克斯和反斯托克斯频率 ω_S 和 ω_{AS} 的绝对值相等，即

$$|\omega_S| = |\omega_{AS}| \tag{1.1}$$

根据能量守恒定律，一切散射包括拉曼散射过程的能量必须满足

$$E_S - E_0 = E_K \tag{1.2a}$$

其中，E_0、E_S 和 E_K 分别代表入射光、散射光和散射体系 K 的能量。如果能量 E 用(角)频率 ω 表达，则式(1.2a)等同于

$$\hbar(\omega_S - \omega_0) = \hbar\omega_K \tag{1.2b}$$

或

$$\omega_S - \omega_0 = \omega_K \tag{1.2c}$$

其中，$\hbar$ 为约化普朗克常量。

因为散射体系 K 的能量 $E_K = \hbar\omega_K$ 是散射体系本身性质的体现，一般情况下，不应随入射光频率不同而变化，因此，根据式(1.2c)，拉曼频率($\omega_S - \omega_0$)必定有不随入射光频率不同而变化的特征。如果注意到斯托克斯与反斯托克斯的定义，显然，斯托克斯和反斯托克斯频率 ω_S 和 ω_{AS}的绝对值也必然应相等。

由于上述两个频率特征是由能量守恒定律导出的结果，因此它们是拉曼光谱的普适特征，它对任何介质的拉曼散射都应有效。

2) 强度特征

(1) 拉曼散射强度极弱。它一般只有入射光的 $10^{-6} \sim 10^{-12}$，拉曼散射强度弱是历史上制约拉曼谱应用和发展的主要因素。

(2) 拉曼谱的斯托克斯强度 I_S 比反斯托克斯强度 I_{AS}大许多，两者的比值由下式表达

$$I_S/I_{AS} \sim \exp(\hbar\omega/k_B T) \gg 1 \tag{1.3}$$

式中，k_B 和 T 分别代表玻尔兹曼常量和绝对温度。

3) 偏振特征

当入射光是偏振光时，对确定方位的分子和晶体，散射光的偏振特征与入射光偏振状态有关，从而出现了所谓的"偏振选择定则"。一般情况下，拉曼散射光是偏振光，因此，拉曼光谱往往是偏振光谱。

3. 拉曼光谱所包含的特有信息

从上述拉曼光谱的基本特征，我们可以了解到拉曼光谱包含有从其他光谱所不能取得的信息，举例如下。

1) 光谱测量点的原位温度 T

根据拉曼光谱的斯托克斯强度 I_S 和反斯托克斯强度 I_{AS}的公式(1.3)，就可以了解到从斯托克斯和反斯托克斯强度比 I_S/I_{AS}，可以直接获得光谱被测点的原位温度 T；这与通常实验中，样品温度利用热电偶的测量获得的情况完全不同。

在研究碳纳米管的拉曼光谱时，发现碳纳米管存在强烈的温度效应[8~10]。图 1.6是拉曼频移温度系数的实验曲线，其中○和▲分别表示样品温度来自拉曼光谱和常规加温台 Linkam TH600 的测量。拉曼光谱测温获得了被测点的原位温度 T，并且与常规加温台测量到的温度变化规律相似，证明拉曼光谱测温的可信与可行，使所得到的拉曼频移温度系数更精确和直接地反映了光谱测量点的情况[9]。

2) 体系对称性质的信息

前面已叙述了拉曼散射的偏振特征，在第 2 章还会进一步指出拉曼谱的偏振特性源于分子或晶体的对称性质，因此，通过偏振拉曼谱，可以获得所研究对象

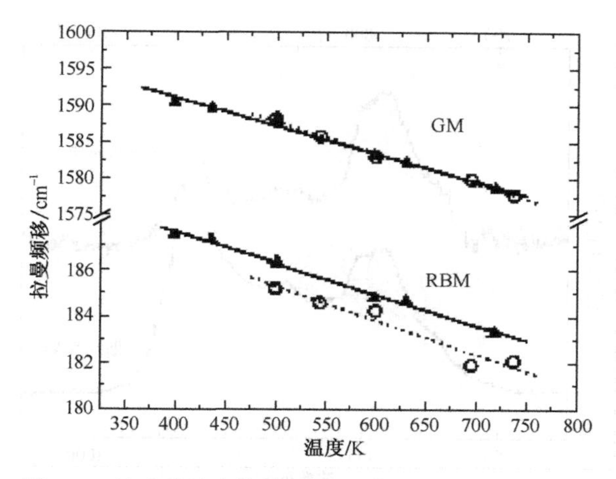

图 1.6　单壁碳纳米管的 G 振动模(GM)和径向呼吸振动模(RBM) 拉曼光谱频率随温度变化[9]

的有关对称性质方面的大量信息。

4. 光谱鉴认

1.2.1 节中指出，拉曼光谱常常会与其他光谱，特别是光致发光光谱，同时发生和被记录，因此，拉曼光谱数据的处理与鉴认是获得实验光谱后首先遇到的问题。为此，我们可以利用拉曼光谱的基本特征把它与其他光谱区别开来，达到鉴认拉曼光谱的目的，具体做法可以有：

例如，可以利用不同波长激光进行激发的办法，根据所测光谱频率与入射光之差随激发光波的变化和不变的结果，便可轻易地分别认定为光致发光光谱和拉曼光谱。

又如，可以通过检查斯托克斯和反斯托克斯频率 ω_S 和 ω_{AS} 的绝对值是否相等，进一步进行拉曼光谱的确认。例如，SiC 纳米棒光谱峰的宽度很大，比体 SiC 的拉曼峰大一个数量级，不像拉曼峰而更像光致发光光谱的峰，但是，由图 1.7 所示的 SiC 纳米棒的斯托克斯和反斯托克斯拉曼谱，发现它的反斯托克斯与斯托克斯峰，不仅绝对频率相等而且峰形也相似，因此，便毫无疑问地把它确认为拉曼散射谱[11]。

与光谱鉴认有关的其他的数据处理问题，我们将在 3.5 节专门讨论。

通过本节的讨论，可以认识到拉曼光谱是光谱大家族中的一员，以及它与其他光谱不同的特征，并据此了解到拉曼光谱所包含有的特有信息以及与其他光谱加以区别的一些方法。

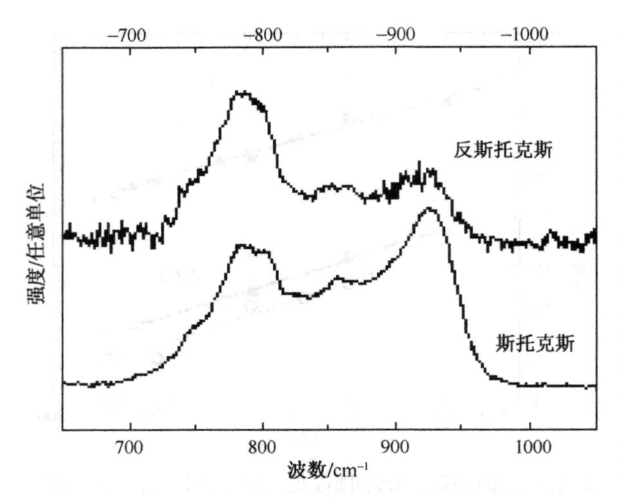

图 1.7　SiC 纳米棒的斯托克斯和反斯托克斯拉曼谱[10]

1.3　拉曼散射效应的发现和拉曼光谱学的发展

1.3.1　拉曼散射效应的发现[11]

1921 年当拉曼从英国返回印度坐船过地中海时，被海水迷人的蓝色所吸引，并想起瑞利关于海水呈现蓝色是蓝色天空在水表面反射的观点。拉曼对此持怀疑态度，并在轮船上做了一个简单的实验进行验证。他用一个设置在布儒斯特角的尼科尔棱镜排除了海面的反射光后，观察到的深处的海水依然是迷人的蓝色，从而，认为海水迷人的蓝色是来自海水本身的散射。

拉曼回国后，立即开始了水的光散射研究。1923 年，他研究组的学者拉曼内森（K. R. Ramanathan）把太阳光聚焦到放在细颈瓶内的水等液体，并在入射和散射光方向放置了互补的滤光片，使得从侧面不能观察到入射光的踪迹，但是，他却从侧面观察到了残剩的光的踪迹。拉曼内森认为这种残剩光是液体中杂质产生的“弱荧光”（weak fluorescence）；但是，即使对液体进行反复纯化，“弱荧光”还是依然存在。

拉曼不满意拉曼内森把“剩余光”解释为“弱荧光”，而感到这个“弱荧光”有点类似于当时刚发现的 X 射线的康普顿散射。1927 年冬，拉曼用经典理论推导了康普顿散射公式，肯定那个所谓“弱荧光”确实是类似于康普顿效应的辐射，是波长改变的非相干的散射。于是，拉曼立即让他的学生进一步改进实验，进行液体纯化和重复观察。特别是，在 1928 年 1 月，他们发现通过纯甘油的散射光由通常的蓝色变成了浅绿色，这给他们以极大的激励。1928 年 2 月 7 日，克雷施南

(K. S. Krishnan) 证实在许多种有机液体和蒸气中都存在由拉曼内森观察到的“弱荧光”。最后，拉曼本人在亲自证明了这些观察结果后，于 1928 年 2 月 16 日写了题目为“一种新型的二次辐射”的“Note”(短信)寄给 *Nature* 杂志。“短信”在

A New Type of Secondary Radiation.

If we assume that the X-ray scattering of the 'unmodified' type observed by Prof. Compton corresponds to the normal or average state of the atoms and molecules, while the 'modified' scattering of altered wave-length corresponds to their fluctuations from that state, it would follow that we should expect also in the case of ordinary light two types of scattering, one determined by the normal optical properties of the atoms or molecules, and another representing the effect of their fluctuations from their normal state. It accordingly becomes necessary to test whether this is actually the case. The experiments we have made have confirmed this anticipation, and shown that in every case in which light is scattered by the molecules in dust-free liquids or gases, the diffuse radiation of the ordinary kind, having the same wave-length as the incident beam, is accompanied by a modified scattered radiation of degraded frequency.

The new type of light scattering discovered by us naturally requires very powerful illumination for its observation. In our experiments, a beam of sunlight was converged successively by a telescope objective of 18 cm. aperture and 230 cm. focal length, and by a second lens of 5 cm. focal length. At the focus of the second lens was placed the scattering material, which is either a liquid (carefully purified by repeated distillation *in vacuo*) or its dust-free vapour. To detect the presence of a modified scattered radiation, the method of complementary light-filters was used. A blue-violet filter, when coupled with a yellow-green filter and placed in the incident light, completely extinguished the track of the light through the liquid or vapour. The reappearance of the track when the yellow filter is transferred to a place between it and the observer's eye is proof of the existence of a modified scattered radiation. Spectroscopic confirmation is also available.

Some sixty different common liquids have been examined in this way, and every one of them showed the effect in greater or less degree. That the effect is a true scattering and not a fluorescence is indicated in the first place by its feebleness in comparison with the ordinary scattering, and secondly by its polarisation, which is in many cases quite strong and comparable with the polarisation of the ordinary scattering. The investigation is naturally much more difficult in the case of gases and vapours, owing to the excessive feebleness of the effect. Nevertheless, when the vapour is of sufficient density, for example with ether or amylene, the modified scattering is readily demonstrable.

C. V. Raman.
K. S. Krishnan.

210 Bowbazar Street,
Calcutta, India,
Feb. 16.

121, 501–502; 1928

北京大学学报(自然科学版),第38卷,增刊,2002年12月
Nature 百年物理经典论文选
A celebration of physics in Chinese

一种新型的二次辐射

C.V.拉曼　K.S.克雷施南

张树霖 译　赵凯华 校

如果我们假定,由康普顿教授观察到的“不变(Unmodified)”型的X-射线散射,对应于原子和分子的正常态或平均态,而波长改变的“已变(Modified)”散射,对应于偏离正常态或平均态的涨落。那么,我们应该预期,在普通光的情况下,上述两种类型的散射也应发生,一类由原子或分子的正常光学性质决定,另一类代表偏离正常态的涨落的效应。于是,检验情况是否确实如此,成为一件必需去作的事;我们做的实验已经证实了这个预言。实验显示,光被无尘的液体或气体中的分子散射时,伴随着与入射光束同一波长的普通型的漫辐射,必产生低于入射光频率的已变散射的辐射。

为了观察由我们发现的这种新型的光散射,自然需要非常强的照明。在我们的实验中,将太阳光用接连通过窗口直径为18 cm、焦长为230 cm的望远镜物镜和5 cm焦长的第二透镜的方法进行聚焦,在第二个透镜的焦点上放着被散射的材料。材料可以是液体(经在真空中多次蒸馏纯化)或者它的无灰尘的蒸汽。为了探测已变散射辐射的存在,采用了互补的光学滤波片的方法,一个与黄-绿滤波片耦合并放置在入射光中的蓝-紫滤波片,可以完全消除通过液体或蒸汽样品的光的踪迹。当黄色滤波片移到样品和观察者的眼睛中间时,光的踪迹的重现是已变散射辐射存在的证据。用光谱学方法进行证明也是可行的。

用这种方法,已对约60个普通液体进行了试验,它们中的每一个都或多或少显示了这种效应。这种效应之所以是真实的散射而不是荧光,首先,是因为它比普通散射微弱,其次,是由于它是偏振的。在许多情况下,已变散射光的偏振相当强,可以和普通散射的偏振相比较。由于该效应格外地微弱,在用气体和蒸汽作研究时,自然是十分困难的;尽管如此,但当蒸汽足够浓时,例如用乙醚或戊稀作实验时,已变散射还是可以不费力地得到证实。

Nature 121, 501—502; 1928

图 1.8　拉曼先生和他在 *Nature* 上发表的著名论文及其中文译文[5]

3月8日被审稿人拒绝,但是出版者还是决定将“短信”在3月31日的 *Nature* 上发表[5];两年后的1930年,这篇不到半页的“短信”,使拉曼获得了诺贝尔奖。拉曼散射效应的研究和应用也很快成为,并且至今仍是一个活跃的科学领域。

在拉曼和克雷施南“短信”发表的同一年,苏联科学家兰斯贝尔格(G. Landsberg)和曼杰斯达姆(L. Mandelstam)也发表了他们在石英晶体中独立观察到同一散射现象的论文[12]。因而,这一散射现象,在苏联的出版物中被称作“并合散射”,但是,更多的学者称其为“拉曼散射”。后来,人们发现,拉曼和兰斯贝尔格观察到的光散射现象,正是斯迈克尔(A. Smekel)在1923年从理论上所预言的瑞利线两侧存在的伴线[13]。

在 *Nature* 上发表的“一种新型的二次辐射”的“短信”[5]中,拉曼他们细致地描述了该实验装置:将太阳光用接连通过窗口直径为18cm、焦距为230cm的望远镜物镜和5cm焦距的第二透镜的方法进行聚焦,在第二个透镜的焦点上放着被散射的材料。材料可以是经在真空中多次蒸馏纯化的液体或者它的无灰尘的蒸气。实验采用了互补的光学滤波片的方法,一个与黄-绿滤波片耦合并放置在入射光中的

蓝-紫滤光片，可以完全消除通过液体或蒸气样品的黄-绿光的踪迹。当把黄-绿色滤波片移到样品和观察者的眼睛中间时，黄-绿光踪迹的重现就成为存在拉曼散射光的证据。图 1.9 是根据上述描绘所勾画出的实验装置。

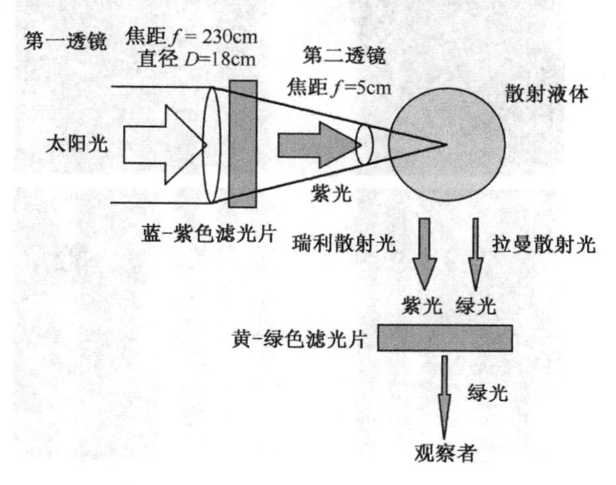

图 1.9　对当年拉曼观察到拉曼散射效应的实验装置的描绘[5]

上述历史叙述表明了几个有趣的也是很有意义的事实。首先，拉曼的伟大发现源于一件很普通并且已有著名科学家给出解释的现象——海水的蔚蓝色现象；其次，拉曼发表的结果是经过七年和多次重复的实验观察结果，他事先并不知道理论上已有相关的预期，但是，在实验过程中，他本人做了理论推导，推导结果使他确信实验结果的合理性，坚定了把实验进行到底的决心；最后，拉曼的实验结果是在一个十分简单的实验装置上完成的。据说，这个实验装置在当时只值 500 卢比。

1.3.2　拉曼光谱学的发展

拉曼在 1928 年 2 月 16 日把"短信"送到 *Nature* 杂志后，对已有的实验结果并不满意，于 2 月 27 日和 28 日，自己又分别用太阳光和水银灯的 435.9nm 的谱线作光源，以苯作样品，用分光镜在蓝-绿区看到了尖锐的谱线。接着，在拉曼要求下，克雷施南用 Higer Baby 石英摄谱仪摄取了第一张包括斯托克斯和反斯托克斯分量的拉曼散射的光谱图；图 1.10 的光谱就是最早公开发表的 CCl_4 的拉曼光谱[14]。

1. 拉曼光谱学的快速兴起和蓬勃发展

拉曼上述两篇关键性论文[5, 14]发表后，立刻在全世界形成了拉曼光谱研究和应用的热潮。就在拉曼的"短信"在 *Nature* 上发表的 1928 年，世界上就发表了 60

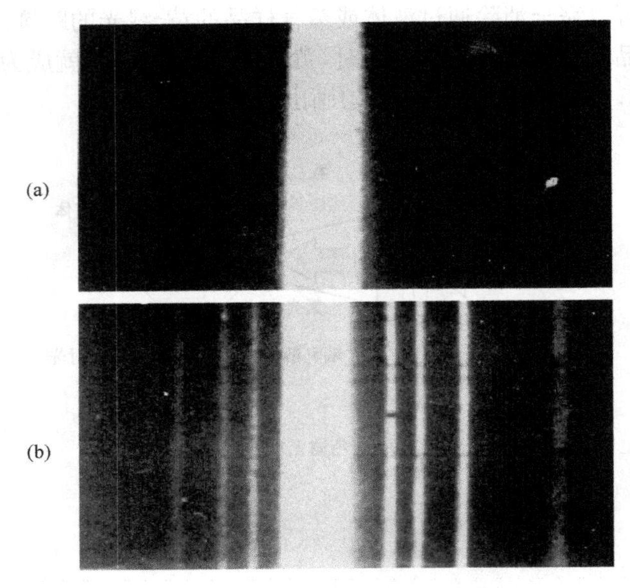

图 1.10　1929 年拉曼和克雷施南发表的汞灯(a)和由汞灯激发的 CCl_4 的包含瑞利以及斯托克斯和反斯托克斯散射的光谱(b)[14]

多篇有关拉曼效应的论文。至 1939 年，在国际上发表的关于拉曼光谱的文献已达到了 1757 篇以上[15]。可以说，1928 年以后的十几年是拉曼光谱学快速兴起和蓬勃发展的时期。

在拉曼光谱研究蓬勃发展的 20 世纪 30 年代[16, 17]，在德国的中国科学家郑华枳先生，于 1934 年在德国的《理化学杂志》(Z. Phys. Chem. (B))发表了中国学者的第一篇拉曼光谱研究论文[18]；同年，吴大猷先生在北京大学开始了国内最早的拉曼光谱学研究，并于 1936 年在《中国化学学会杂志》上发表了中国人在国内完成研究的第一篇拉曼光谱论文[19]。

在中国抗日战争十分困难的 1939 年，吴大猷先生在昆明西南联大撰写并在上海出版了英文专著《多原子分子的振动谱和结构》(*Vibrational Spectra & Structure of Polyatomic Molecules*)[20]，它是自 1928 年发现拉曼效应以来，全面总结分子拉曼光谱研究成果的著名著作。书出版后，于 1941 年被美国的出版社翻印，60 年后，吴先生的书在国际上依然被人引用，成为拉曼光谱学的一本经典著作(见图 1.11)。

2. 拉曼光谱学的沉默和停滞

早期的拉曼光谱实验只能用汞灯作为光源，正如前面所说的，因为拉曼光谱

VIBRATIONAL SPECTRA and STRUCTURE of POLYATOMIC MOLECULES

being
An Essay in Commemoration of the Fortieth Anniversary of the National University of Peking

TA-YOU WU, PH. D.

Professor of Physics, National University of Peking, (at present at Kun-ming)

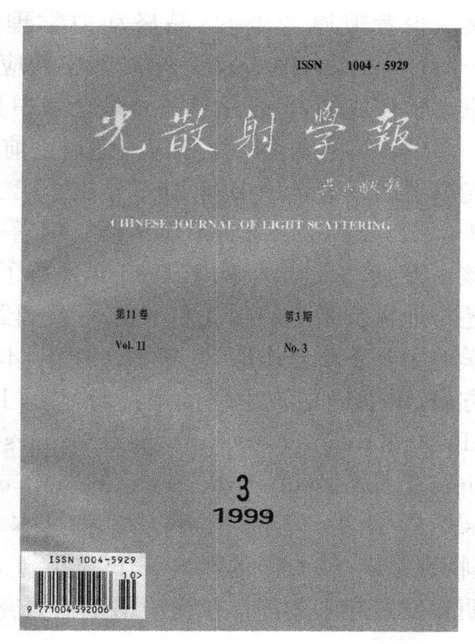

图 1.11　吴大猷先生的专著《多原子分子的振动谱和结构》[20] 和由吴先生题写刊名的《光散射学报》以及 1997 年吴先生在台北家中接受作为九十寿礼的《光散射学报》合订本

信号很弱，以及还存在瑞利散射等强杂散光的干扰，当时的拉曼光谱只能局限于化学分子振动谱的研究。

得益于战争中军用红外技术的飞速发展，第二次世界大战后，红外光谱的设备和技术大为长进，因此，第二次世界大战后，化学分子的振动谱几乎完全由红外光谱的研究所“独霸”，拉曼光谱的研究处在了它的沉默和停滞时期。

在这个“沉默期”中的 1954 年，英国牛津大学出版社出版了黄昆先生与诺贝尔奖获得者玻恩合著的《晶格动力学理论》(*Dynamical Theory of Crystal Lattices*)[21]，该书中的最后一章“光学效应”（The optical effects)是黄昆回国后在北京大学完成的，也正是这一章是全书中具体涉及拉曼散射现象最多的一章。在这一章中，黄昆先生广泛和深入地讨论前人的工作以及某些不当的地方[22]，发展了光散射的理论。该书在1969年出了第二版，两版先后总共印刷了6次后，出版社于1978年宣布该书将不再出版。但著名光散射专家伯尔曼(S. L. Birman)反对该书辍版，于是出版社于1985年发行了该书的第三版(见图1.12)，而且，出版社还特地在新版书的封底左上角写了一段对该书的评价：“玻恩和黄昆关于晶格动力学的主要著作已出版30年了。当年，本书代表了该主题的最终总结；现在，在许多方面，该书仍是该主题的最终总结”（It is over thirty years that since Born and Huang's major works on the dynamics of crystal lattices was published. At that time it represented the final account of this subject, and many respects it still is.)。[23]确实，不止一位科学家把这本书誉为“圣经”。此书已被公认为固体物理(特别是声子物理)的经典著作，实际上，它也为此书出版十多年后，由于激光的发明才发展起来的固体拉曼光谱学的研究奠定了理论基础[24~26]。

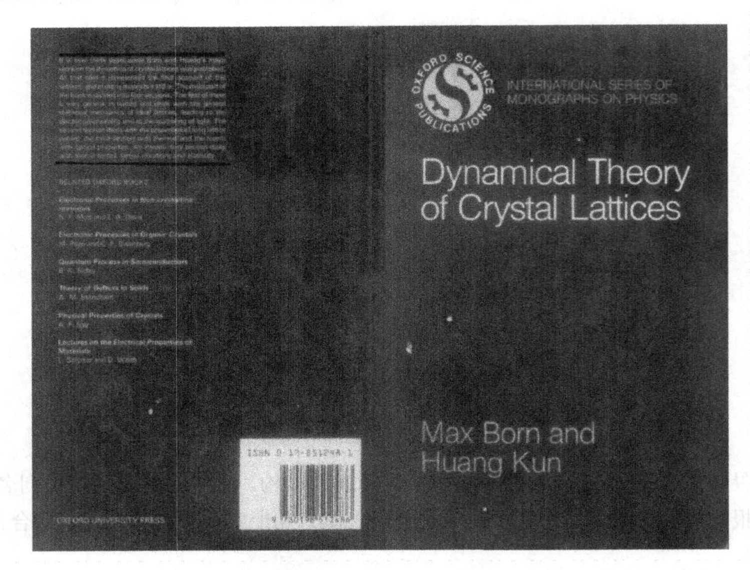

图 1.12　玻恩和黄昆先生合著的《晶格动力学理论》的封面图[23]

3. 拉曼光谱学的复兴和辉煌

1960年激光器出现后[27]，汞灯激发光源很快被激光器替代，在激光器发明不到两年后的1962年，用脉冲红宝石694.3nm激光作为光源的第一篇激光拉曼谱工作就发表了[28]；这篇论文宣告拉曼光谱学得到“新生”，标志传统的拉曼光谱学进入了激光拉曼光谱学的时期，拉曼光谱学迎来了它的复兴，又一次开始了它的辉煌。

4. 中国科学家对发展拉曼光谱学的贡献

如前所述，在传统拉曼光谱学时期，黄昆与玻恩合著的《晶格动力学理论》以及吴大猷先生撰写的《多原子分子的振动谱和结构》，对拉曼光谱学的发展产生了重大影响。在进入激光拉曼光谱学的发展阶段后，黄昆先生和他的同事们提出了被国际上誉为黄-朱模型[29]的超晶格的微观理论，被公认为超晶格拉曼散射最正确的理论，这一理论也为低维体系的拉曼散射理论打下了基础。此外，我国在低维半导体和表面增强拉曼光谱学研究方面，也进入世界最前沿，在 1992 年的第 22 届国际半导体物理会上，经国际著名专家投票，因中国青年学者关于半导体超晶格的拉曼光谱研究成果，使中国人第一次获得了该会的“青年优秀论文奖”[30]，而后，在历届国际拉曼光谱学大会上，中国学者因有关低维半导体和表面增强方面出色的拉曼光谱学研究，不断地受邀作大会和分会邀请报告[31, 32]。因此，黄昆先生为代表的中国学者被国际学术界公认对世界拉曼光谱学的发展做出了重大贡献。例如，在 2000 年召开的有来自五大洲 36 个国家和地区的约 630 名科学家参加的第 17 届国际拉曼光谱学大会上，基于黄昆先生对拉曼光谱学发展所做的历史性贡献，举行了“祝贺黄昆八十寿辰(Special Section II: IN HONOR OF HUANG KUN'S 80TH BIRTHDAY)”的特别专题报告会[33](见图 1.13)。

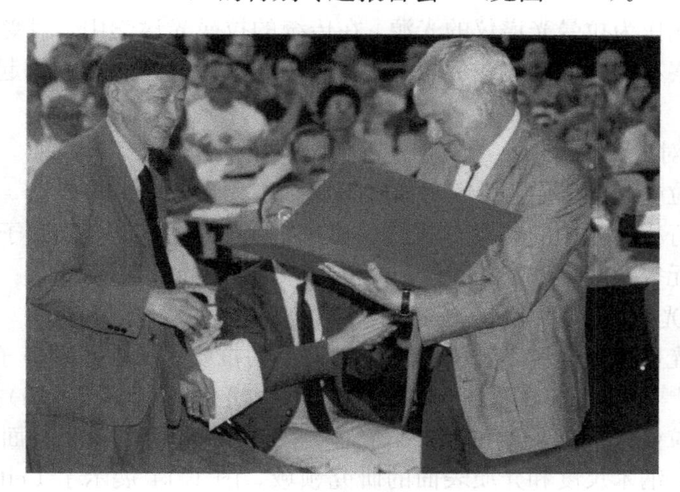

图 1.13　黄昆先生在第 17 届国际拉曼光谱学大会的“祝贺黄昆八十寿辰”的专题报告会上接受著名科学家卡多纳 (R. Cardona) 代表大会赠送的寿礼

1.3.3 激光拉曼光谱学

介质的光散射是电磁波与介质相互作用导致的光学效应之一。这种效应可以用源自外电场 $\boldsymbol{E}$ 作用下的介质电极化 $\boldsymbol{P}$ 表示。$\boldsymbol{P}$ 与 $\boldsymbol{E}$ 的关系可以表达成

$$\boldsymbol{P}=\boldsymbol{\alpha}^{(1)}\cdot\boldsymbol{E}+\boldsymbol{\alpha}^{(2)}\cdot\boldsymbol{EE}+\boldsymbol{\alpha}^{(3)}\cdot\boldsymbol{EEE}+\cdots \tag{1.4}$$

式中，$\boldsymbol{\alpha}^{(n)}$ 是 n 阶极化率，具有 $(n+1)$ 阶的张量形式。

由一阶和高于一阶极化率感生的光学效应分别称为线性和非线性光学效应。激光出现前就被人们研究和应用的克耳(Kerr)效应就是非线性光学效应。

极化率 $\boldsymbol{\alpha}^{(n)}$ 随 n 升高逐阶下降，下降比例约为(10^{10}V/cm)$^{-1}$。也就是说，要能够有效地观察到非线性效应，电场必须高达 $10^5\sim10^6$ V/cm，即光功率密度要有 $10^7\sim10^9$W/cm^2；但是，人们曾广泛采用的光源，如太阳光、汞灯和氙灯等都达不到这个要求，其中太阳光的场强只有 10 V/cm。因此，在历史上，人们观察到的光学效应大都是只与式(1.4)中的与电场一次方项成正比的线性光学效应；因而，用汞灯作光源的传统拉曼光谱学也就被称为线性拉曼光谱学。

但是，功率密度达 10^9W/cm^2 的激光出现后，很快观察到了众多的非线性光学效应，并对它进行了广泛的研究和应用。同样地，在激光作为测量拉曼光谱的光源后，不仅传统的线性拉曼光谱学得到了复兴和发展，并诞生了全新的非线性拉曼光谱学。

1. 传统拉曼光谱学的复兴和发展

由于激光作为拉曼光谱仪的光源，在传统的拉曼光谱学中，因受光源强度限制而无法观察和利用的许多线性拉曼效应，首先被人们开发和利用起来。具体的举例如下。

1) 研究对象大为增多

在激光拉曼光谱学中，研究对象已不局限于化学分子的振动谱。凡是物体中可以与光进行相互作用的对象，如固体中的所谓“元激发”：声子、激子、磁子、自旋子或极化激元等，几乎都成为了拉曼谱可以进行研究的对象。

2) 拉曼光谱的类型得到广泛拓展

由于激光作激发光源，出现了许多新类型的拉曼光谱，如多声子拉曼谱[34]、共振拉曼谱[35]、时间分辨(瞬态)拉曼光谱[36]，空间分辨(显微、近场)拉曼谱[37, 38]和表面增强拉曼谱[39]等，这使得拉曼光谱学在时间、空间和深度方面分别进入了动力学、微米-纳米尺度和介质表面的研究领域。图 1.14 展示了 Leite 等在 1969 年，利用激光作为激发光，在 CdS 观察到的多达 9 级的多声子拉曼谱[34]。

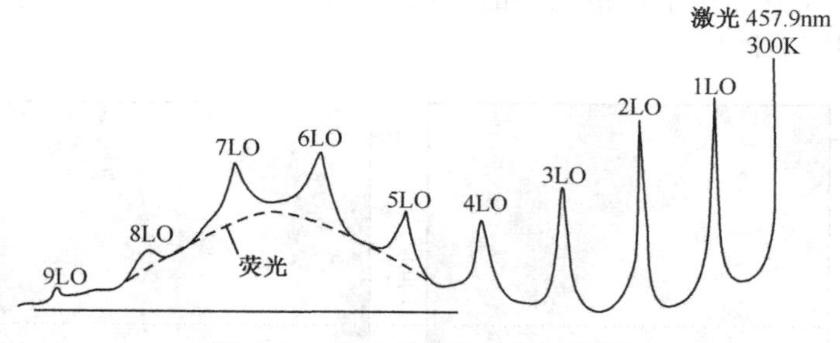

图 1.14 CdS 的多声子拉曼谱[34]

3）非常规条件的拉曼光谱实验得以进行

当今，拉曼光谱实验不再限于常温、常压等常规外部条件，已可以在高温、高压、外电场和强磁场等条件下测量拉曼光谱，相应地也出现了拉曼光谱的新类型，即"极端条件下的拉曼光谱学"。图 1.15 展示了在温度从室温至 2023 K 范围内测量到的 ZrO_2的拉曼谱，作者发现和证明了在温度升到约 1440 K 时，ZrO_2发生了从单斜到四方的相变[40]。

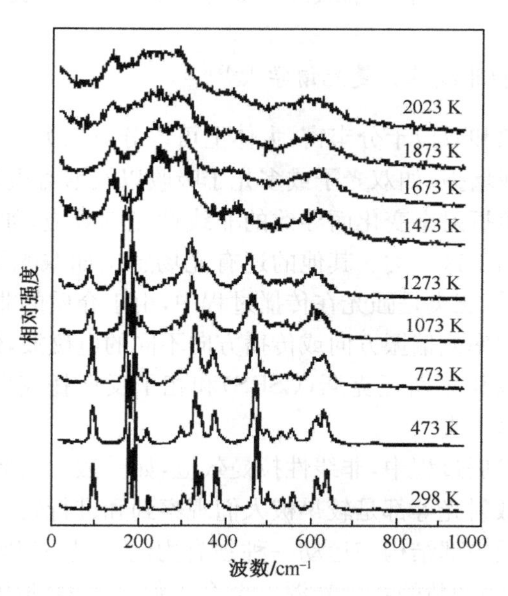

图 1.15 室温（298K）至 2023K 范围内的 ZrO_2的拉曼谱[40]

4）诞生了拉曼光谱成像学

今天的拉曼光谱学已不限于只在拉曼散射光频谱的基础上进行研究，已可以利用拉曼散射光对物体进行选择性成像和照相的基础上开展工作。图 1.16 是对 NiSi/Si 薄膜的同一区域，分别用 NiSi 的 214 cm^{-1}和 Si 的 520 cm^{-1}拉曼线所成的拉曼光谱像，这是两个严格互补的图像，直观清楚地显示了 Si 衬底上生长的 NiSi 模的不均匀性[41]。

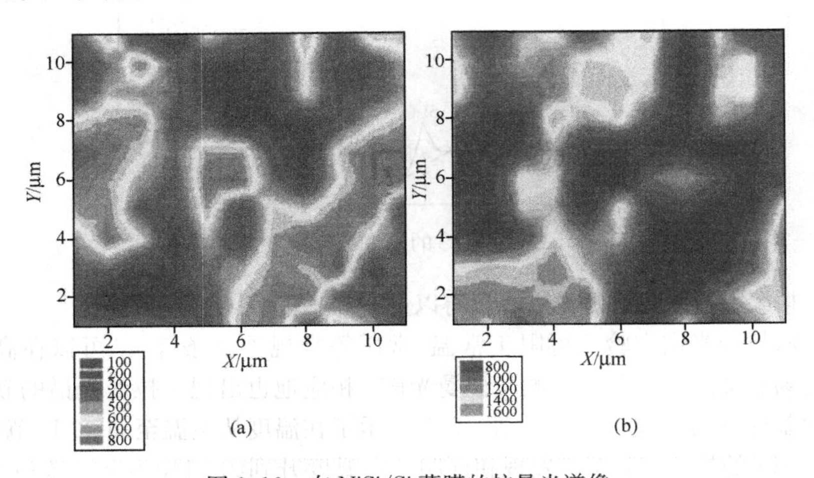

图 1.16　在 NiSi/Si 薄膜的拉曼光谱像

(a)用 NiSi 的 $214cm^{-1}$拉曼线形成的像；(b)用 Si 的 $520cm^{-1}$拉曼线形成的像[41]

2. 非线性光学和非线性拉曼光谱学[42,43]

非线性光学现象和效应十分丰富，大体上可以分成三类。第一类，是光场直接感生的非线性衰减或增强，如双光子或多光子吸收以及增益损耗和受激拉曼散射。第二类是由强场感生折射率变化而导致的非线性光学效应，如静电场感生的泡克耳斯和克尔效应就属于这一类。其他的还有光场感生如双光子克尔、拉曼克尔效应、自作用效应等。第三类是强光在传播过程中，由于介质的非线性极化所产生的新的与原有电磁波频率或偏振方向或传播方向不同的电磁波，例如，谐波、和频、差频、参量或振荡，以及相干斯托克斯（CSRS）和相干反斯托克斯拉曼散射（CARS）等光学现象就属于这一类。

在非线性光学发展过程中，非线性拉曼效应，如受激拉曼散射和相干斯托克斯和反斯托克斯拉曼散射光等都是较早被人们观察到和进行研究的。非线性拉曼散射不仅成为研究物质内部结构和运动一种强有力的工具，还因为拉曼散射光有足够的强度，从而成为一种新的相干光源。至今人们已观察到的非线性拉曼散射已有一二十种[44,45]，本书仅就其中较重要的几种做一简单的介绍。

3. 两个重要的非线性拉曼散射[44, 45]

1）受激拉曼散射

拉曼散射过程实际上表现为介质对入射光 ν_0 的损耗和散射光 ν_S 的增益，因此，当增益高于损耗时，就出现了受激拉曼散射。当入射光源用激光时，受激拉曼散射很快地在1962年就被Woodbury和Ng观察到[46]。

受激拉曼散射是三阶非线性光学效应，与双光子跃迁过程相关。例如，反斯托克斯散射的产生，并不像在正常拉曼效应中那样，它不是由高能态向下跃迁的结果，而可以认为是消耗两个入射的ν_0光子产生的结果，于是，根据能量守恒定律的要求，有

$$2\nu_0 = (\nu_0 + \nu_M) + (\nu_0 - \nu_M) \tag{1.5}$$

式(1.5)表明，反斯托克斯散射过程发生的同时，也产生了一个斯托克斯光子。

受激拉曼散射具有明显的受激拉曼的特征，例如，激发有明显的阈值，散射光束具有受激辐射特有的相干、定向、高单色和高强度等特性。因此，受激拉曼散射的实验观察是有方向性的。图1.17(a)是一个受激拉曼的实验装置，由该装置观察到的光谱显示了如图1.17(b)所示的多级斯托克斯谱线[44]。

在受激拉曼散射过程中，激发光功率的很大部分转换成了$(\nu_0 \pm n\nu_M)$的辐射(其中$n=1, 2, 3, \cdots$)。因此，受激拉曼散射可以成为一种产生频率可变的新型激光的方法。

在受激拉曼散射中，大部分波数为ν_0的入射辐射转换到第一斯托克斯波数$\nu_0 - \nu_M$，导致对应于ν_M的第一振动能级有显著布居，从而为研究振动态寿命等提供了一种重要的方法。

受激拉曼散射的输出光束在相位上具有共轭特性，使得可以用它修正激光的像差和退化，获得接近衍射极限的光束。

2) 相干反斯托克斯拉曼散射

波数为ν_1和ν_2的相干光在介质中传播，非线性效应使它们发生混频，产生了波数为

$$\nu_3 = \nu_1 + (\nu_1 - \nu_2) \tag{1.6}$$

的差频相干光。此时若介质中有频率为

$$\nu_1 - \nu_2 = \nu_M \tag{1.7}$$

的元激发，则式(1.6)可改写成

$$\nu_3 = \nu_1 + \nu_M \tag{1.8}$$

式(1.8)表达的ν_3就相当于反斯托克斯拉曼散射的频率。上述散射是由相干光相互作用产生的，所以，就把它称为相干反斯托克斯拉曼散射(coherent anti-Stokes Raman scattering, CARS)。在实际工作中ν_2一般用连续可调激光，通过调谐ν_2使得式$\nu_M = \nu_1 - \nu_2$得以满足。从以上过程分析可知，它是一种非受激的四波混频效应。1965年，Maker和Terhune发表了第一个有关CARS的论文[47]。

CARS具有一些诱人的特点，例如：

(1) 因为是非受激散射，所以激发光功率低，但激发效率比较高，用肉眼就

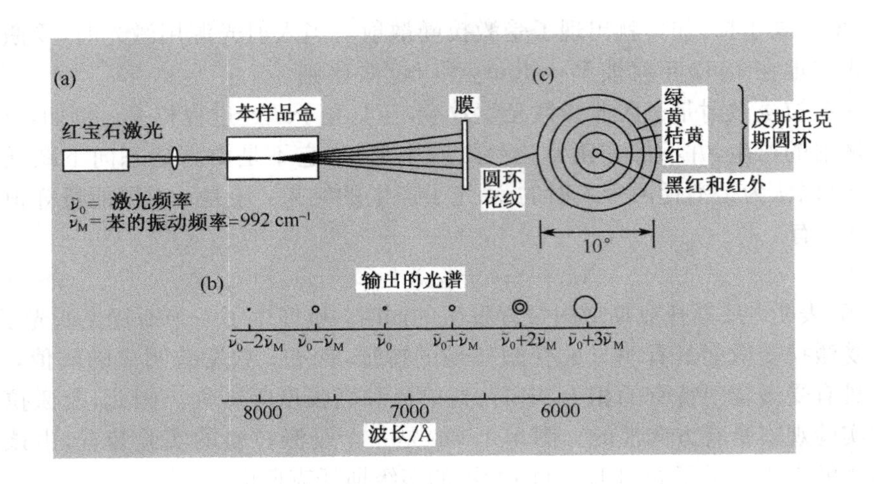

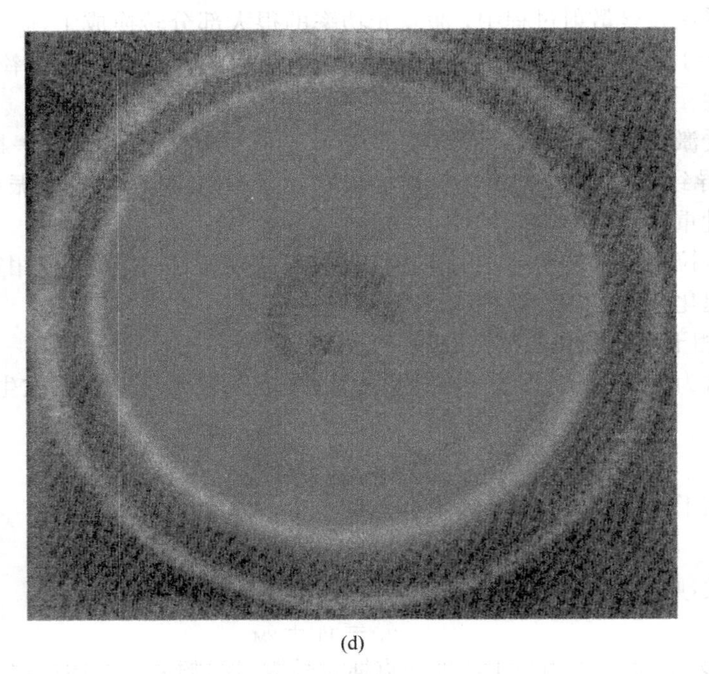

(d)

图 1.17　苯的受激拉曼散射实验装置框图(a)、受激拉曼光谱示意图(b)和受激拉曼的反斯托克斯环的示意谱(c)和实测谱(d)[44]

可以看见 CARS 的散射光。所以，它很适用于易被激光灼伤的样品，如生物样品。

(2) 散射光的频率高于一般荧光，有利于观察有强荧光背景的样品。

(3) 它是通过调谐 ν_2 与特定 ν_M 的元激发共振散射，是一种新的声子而非电子共振拉曼散射。此时，如用拉曼散射光进行生物样品成像时，不需用人为和天然荧光基团。

(4) 因为是相干散射，拉曼光散射光还具有一般相干光的特点，如方向性强和单色性好等优点。

由于 CARS 有上述优越的性能，它实际上已成为最受关注和发展最快的非线性拉曼效应之一。其中最受关注的就是 CARS 显微术。1982 年研制成了第一个 CARS 显微镜[48]，1999 年谢晓亮对此做了重要发展，把非共线光学系统改成共线光学系统，把皮秒可见激光源改成飞秒近红外激光，从而第一次记录了单个生物细胞的像[49]（见图 1.18）。

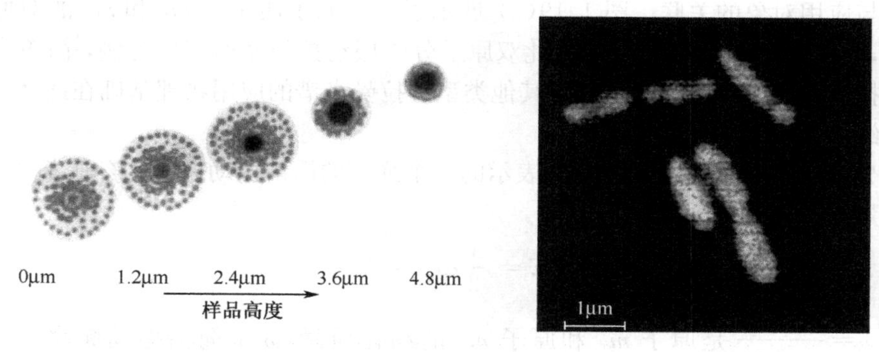

图 1.18 CARS 显微镜观察到单个生物细胞和相片[49]

1.4 拉曼光谱应用概述

1.4.1 拉曼光谱应用的常规化

在光源用激光器代替后的近半个世纪里，谱仪的其他部件，如样品光路、光栅、光探测器、光谱读出和滤波元件等，已陆续被人们分别用显微镜、全息光栅、电荷耦合探测器(CCD)、计算机和全息陷波片(notch filter)等进行了相应地更新和替代。其中全息陷波片的引入使得在瑞利光的干扰得到极大抑制的同时，有比以前高两个数量级的拉曼光进入谱仪。显微镜作为样品光路使得谱仪操作简化、快捷。CCD 的引入使得单道收集变成上千道的同时收集，不仅极大地节约了扫谱的时间，而且极短的时间内的多次扫描使信噪比提高上千倍。计算机的使用使得今天的谱仪操作和运转几乎是全自动化的。因此，今天的拉曼光谱测量已变得十分容易和快捷，例如，在早先用汞灯作激发光源的拉曼光谱测量中，记录一张 CCl_4 的拉曼谱需要耗费一二十个小时，现在不到一秒钟就可以完成。

激光出现以前，拉曼光谱一直没有成为常规的光谱测量手段，但是，今天的拉曼光谱已成为常规的光谱测量手段。拉曼光谱的应用已经扩展到科学、技术和生产的广大领域。

振动拉曼光谱是历史上最早也是迄今为止应用最广泛的拉曼谱，因此，本节将对振动拉曼谱在体材料中的主要应用作一并不全面的概述，其他的就不一一列举和讨论了。作为弥补，在参考文献[50]～[61]中列出了一些叙述拉曼光谱在各个领域应用的专著，供有兴趣的读者选择参考。

1.4.2　拉曼光谱应用的基础

要进行拉曼光谱的应用，必须要了解拉曼光谱应用的物理基础，即了解拉曼光谱与应用对象的关联。图 1.19(a) 展示了一个原子质量为 m_1 和 m_2 的双原子分子，两个原子间的距离是 x，以此双原子分子振动拉曼光谱应用为例，简单介绍一下拉曼光谱应用的物理基础。其他类型的拉曼光谱的应用物理基础在此就不一一介绍了。

分子振动可以用图 1.19(b) 表示的一个弹簧的简谐振动模拟，该弹簧的振动的能量可以写成

$$E=\frac{1}{2}\mu x^2=\hbar\omega \tag{1.9}$$

其中 $\mu=\frac{m_1m_2}{m_1+m_2}$ 是原子 m_1 和原子 m_2 的约化质量，ω 是简谐振动频率。由式(1.9)，可以马上看到，对应拉曼光谱频率 ω 的振动能量是与构成该分子的原子质量 m_1 和 m_2 以及两个原子之间的距离 x 相关，也就是说，和分子的具体成分、内部结构和运动状态等相联系；当然，精确的振动频率 ω 还与振动的力常数和多原子分子的键角等因素有关。

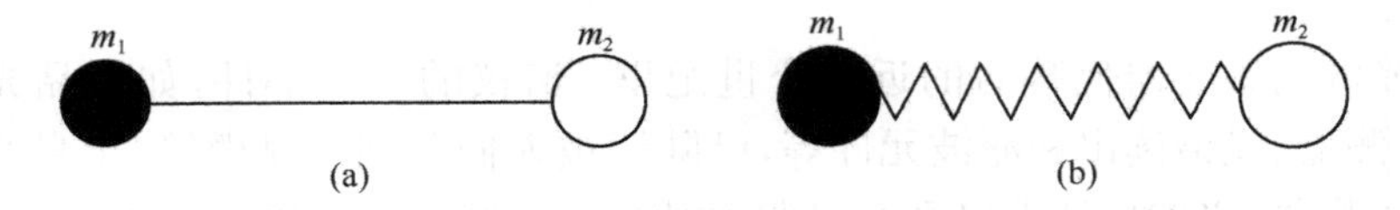

图 1.19　振动拉曼光谱与分子结构关联的示意图

为具体了解不同化学键的不同振动模式的拉曼频率，在图 1.20 和图 1.21 分别展示了 O—C—O 和苯等比较复杂的分子结构的不同振动模式所对应的拉曼频率的情况。从图 1.20 可以看到三种振动模式，它们对应的振动频率彼此是不同的。从图 1.21 进一步显示：含有同样 C 和 H 原子的 C—H 键和苯环的振动频率并不相同，而且即使同一个苯环，由于环的振动模式不同，它们之间的频率差异也很大。

从以上例子的讨论可以知道，振动频率是与原子或离子的性质、在空间的位形以及它们彼此间或与外界的相互作用等因素有关的。因此，对于不同成分、不同

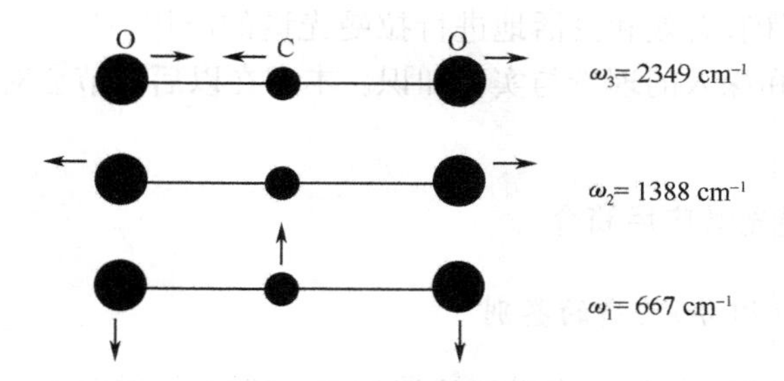

图 1.20　O—C—O 化学键不同振动模式所对应的拉曼频率的示意图

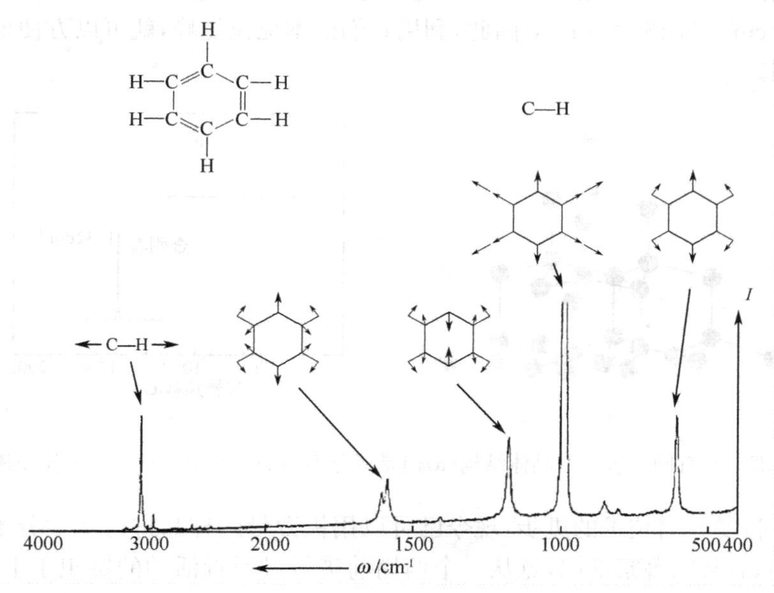

图 1.21　含有同样 C 和 H 原子的苯环和 C—H 键的不同振动模式与拉曼谱频率关联的示意图

微观结构和内部运动的物质，就会有各自的特征拉曼光谱，即所谓“指纹谱”；反之，根据特征拉曼光谱，就能获悉该物质的成分、微结构和内部运动的信息。因此，获取和鉴认特征拉曼谱，就成为应用拉曼光谱进行表征、鉴别和研究的重要基础。为了更全面地了解不同振动模式对应不同频率值的情况，表 1.3 综合列出了化学分子中几个典型化学键振动和固体中原子(离子)振动模-声子的特征频率。

表 1.3　化学分子中化学键和固体中声子特征频率的典型值或范围

C_6H_6	C—C	C—H	O—H	声学声子	光学声子
960 cm^{-1}	1500 cm^{-1}	3000 cm^{-1}	3300 cm^{-1}	$10^0 \sim 10^2$ cm^{-1}	$10^2 \sim 10^3$ cm^{-1}

当然，为了正确、有效和灵活地进行拉曼光谱的应用，还需要了解和掌握拉曼光谱学更广泛的和深入的理论与实验知识。本书在以后章节会对这些问题作一些必要的介绍。

1.4.3 振动拉曼光谱应用简介

1. 不同成分(组分)物质的鉴别

1.4.2 节已经指出，拉曼光谱的特征与原子质量 m 等有关，因此，可以用拉曼光谱鉴认不同成分(组分)的物质。例如，图 1.22 就清楚显示，虽然硅和金刚石有同一个晶体结构——金刚石结构，但是因为成分不同，它们的本征拉曼峰就分别位于 520 cm^{-1} 和 1332 cm^{-1}，因此，利用它们的本征拉曼峰，就可以方便地把它们加以鉴别。

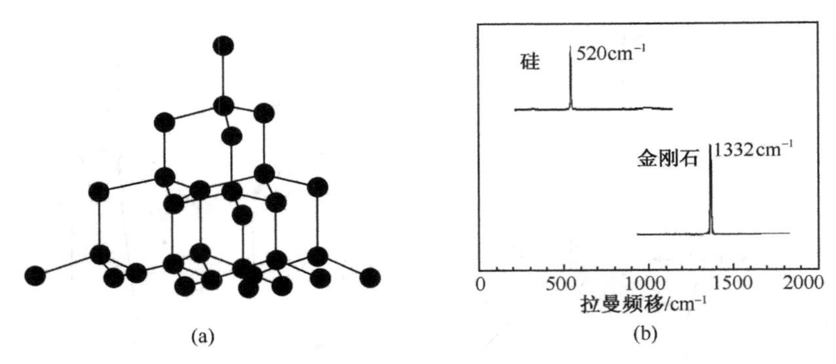

图 1.22 具有同一金刚石晶体结构(a)但是成分不同的硅和金刚石的特征拉曼谱(b)

由于拉曼光谱技术的进步，现今已可以用极微量的样品进行化学分子的鉴别工作。例如，某国警察部门，竟从一个两周前进行过贩毒活动的疑犯手上，提取了可卡因分子的特征拉曼光谱，从而得以将疑犯定罪。

在考古研究中，利用拉曼光谱对古物的化学成分和物理性质等进行分析，从而获得相关知识，已成为国际上常用的研究手段[62]。

2. 材料微结构的测定和相变研究

1.4.2 节已指出，拉曼光谱特征与构成该分子的原子间的距离和键角等几何结构因素有关，也就是说，拉曼光谱特征与分子的微结构有关，而不同微结构的材料会在物理和化学性能上出现巨大差别，因此，把它们加以区别鉴定就十分重要和有意义。例如，金刚石和石墨的成分都是相同的碳，但是由于碳原子空间排列不同而出现了不同的相结构，如图 1.23 (a) 所示，金刚石和石墨就分别为金刚石和平面六角结构，相结构的不同导致它们的物理化学性质有极大的差别，金刚石的硬度和化学稳定性十分突出，相反，石墨却完全没有上述优良品质。相结构的不同也使它们在拉曼谱上表现出十分不同的特征，如图 1.23 (b)所示，金刚石和石墨的峰位分别位于 1332 cm^{-1} 和 1580 cm^{-1}。于是，拉曼光谱就成为了人工合成金刚石和商业宝石鉴定的最权威手段。

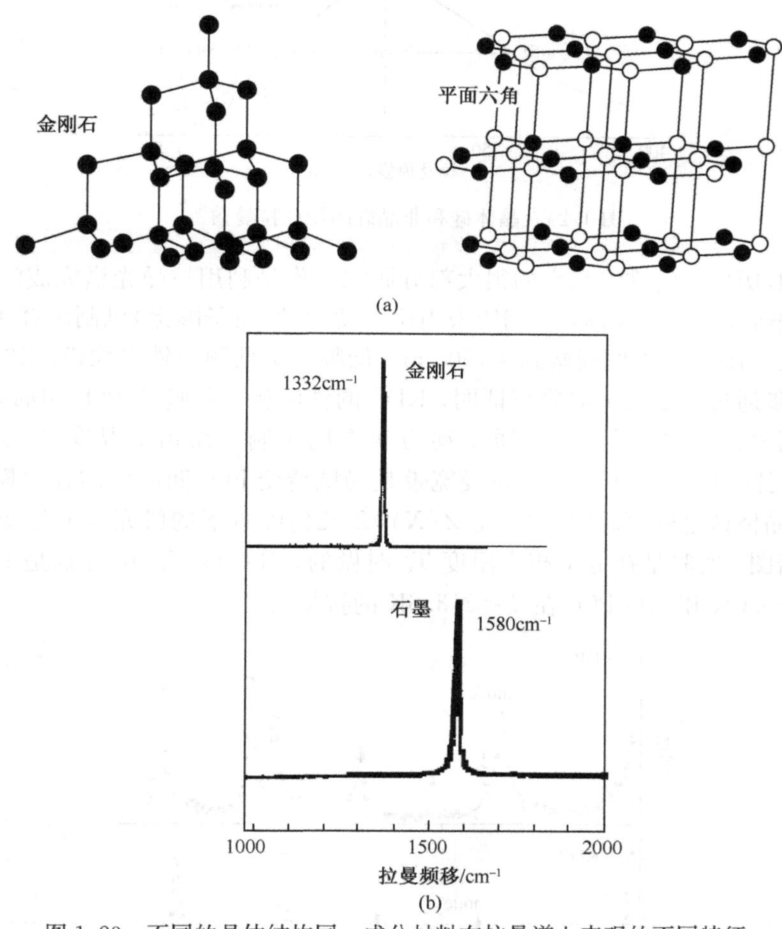

图 1.23　不同的晶体结构同一成分材料在拉曼谱上表现的不同特征
(a)金刚石和平面六角晶体结构；(b)金刚石和石墨的特征拉曼谱

由于介质外部条件如温度、外电场和外磁场等的改变，可以导致相结构的改变，即出现所谓"相变"，拉曼谱也是相变研究的重要手段之一。

例如，晶体硅和非晶硅虽然成分相同，但是在相结构上完全不同，是分别属长程有序和长程无序的材料。图 1.24 就是晶体硅和非晶硅的特征拉曼谱[63]。它们在峰位和峰宽上截然不同的特征，使得拉曼谱成为硅材料制备和研究中的重要测量手段。

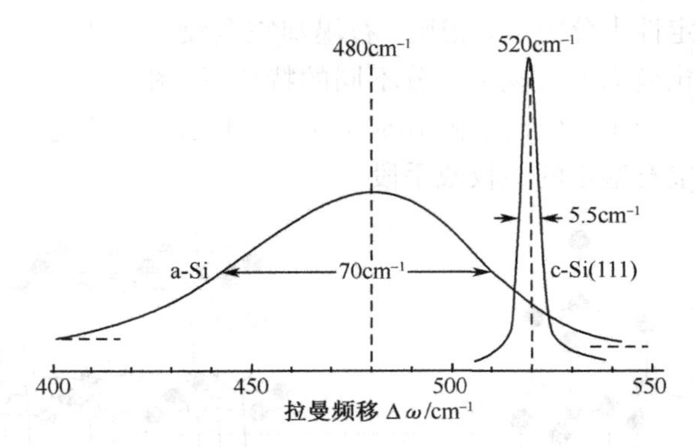

图 1.24　晶体硅和非晶硅的特征拉曼谱[63]

又如,历史上的铁电相变的很大部分研究工作是利用拉曼光谱完成的。在用拉曼光谱研究铁电相变前，人们历来用质子动力学(质子隧穿)机制解释 KDP 的铁电相变。1968 年人们观察到$\leqslant$150 cm^{-1}低频宽带低频率铁电软模。1982 年前后,进一步通过拉曼光谱的研究证明，KDP 的铁电相变是畸变 PO_4 四面体有序-无序作用机制,否定了原先的质子动力学作用机制。在相变温度 T_C 以上时，$x(yx)y$配置的$\leqslant$150 cm^{-1}低频拉曼宽带是局域畸变 PO_4 四面体的释放模，而不是质子-晶格铁电软模。图 1.25 是 $Z(XY)\bar{Z}$ 几何配置下的研究铁电相变的一个拉曼光谱图，实验是在低于相变温度 T_C 时做的，其中(a)和(b)分别是 KH_2PO_4 在 T=100.0K 和 KD_2PO_4 在 T=213.6K 的拉曼谱[64]。

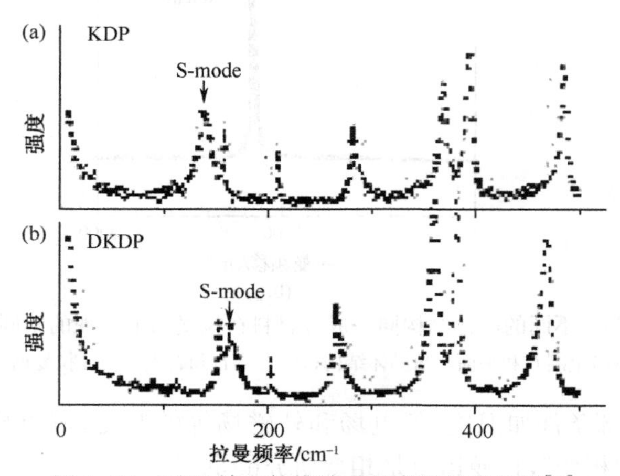

图 1.25　KDP 铁电软模铁电相变的拉曼光谱[64]

再如,镍的硅化物 NiSi 是新一代 CMOS 器件的重要材料,但是在高温时,NiSi 相变为电阻较高的 $NiSi_2$ 相,因此，不适合于实际的器件制备工艺。在改进镍硅化物的热稳定性过程中,邵佳等通过如图 1.26 所示的拉曼谱,方便和形象地鉴定和证明了 Ni/Zr/Ni/Si 结构可以把材料的热稳定性从 600℃提高到 800℃以上，从而为用非贵金属 Zr 代替贵金属 Pt 器件工艺提供了可能[65]。

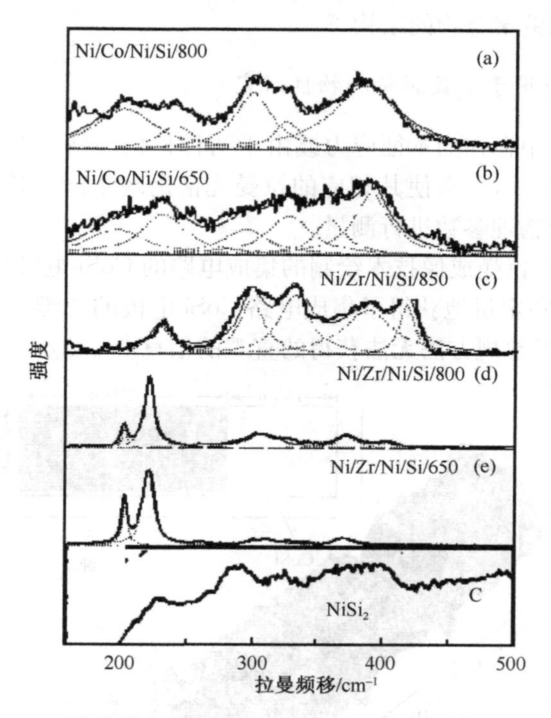

图 1.26　用 633nm 激光激发的样品 Ni/Co/Ni/Si/800(a)、Ni/Co/Ni/Si/650(b)、Ni/Zr/Ni/Si/850(c)、Ni/Zr/Ni/Si/800(d)和 Ni/Zr/Ni/Si/650(e)的拉曼光谱[65]

拉曼光谱与红外光谱不同，它不存在水谱的干扰，因此，拉曼光谱在生物医学研究和应用领域有举足轻重的作用[66,67]。例如，早在 20 世纪 80 年代初，

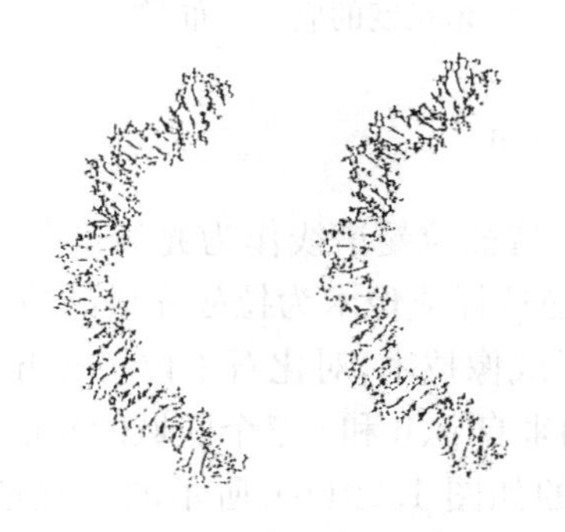

图 1.27　由拉曼光谱获得的弯曲 DNA 序列 $d(A_5T_5A_5T_5)_2$ 立体视图[68]

Thomas 和 Peticolas 就利用拉曼光谱构建出了如图 1.27 所示的 DNA 的分子结构[68]。类似地，在 20 世纪 80 年代末，人们应用拉曼光谱鉴定了一种新型的无需软性连接的液晶侧链聚合物的结构[69]。

3. 拉曼光谱应用于参数测量和物性研究

在材料和器件中存在的本征应力或由于两种材料晶格失配引起的内应力，以及材料内的杂质、缺陷，都会使其相应的拉曼光谱出现不同的特征，因而，用拉曼光谱可以对相应的物理参数进行测量。

图 1.28 是通过拉曼成像技术绘制的集成电路的 CoSi 电极微米尺度的应力分布图，从而，直观和定量地获得了集成电路 CoSi 电极的二维应力分布，为改进相关工艺技术，提供了常规方法无法获得的直观的信息[70]。

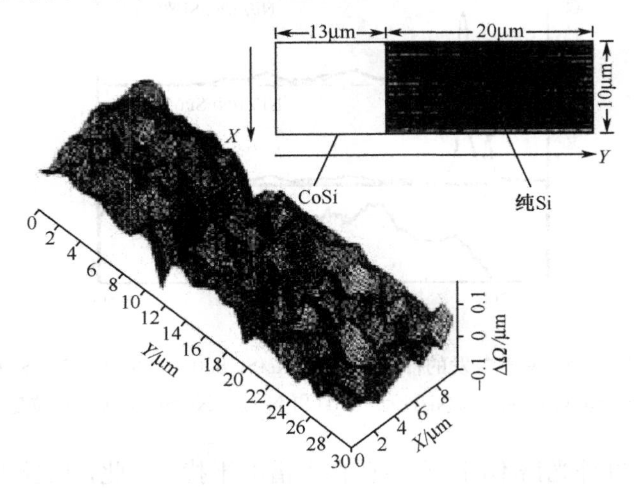

图 1.28　用拉曼成像技术绘制的集成电路的 CoSi 电极微米尺度的应力分布[70]

4. 拉曼选择成像术的应用

1.3.3 节已经介绍了用特征拉曼谱线作为光源进行选择性成像的技术，即所谓“拉曼选择成像术”。拉曼选择成像术为拉曼光谱的应用开辟了一个新天地。例如，Schopf 等通过拉曼选择成像技术，对化石中位于 g、h 和 i 三个不同区域的微生物，利用图 1.29(a)所示的来自 g、h 和 i 三个区域的碳的拉曼光谱 G 线，对相应区域进行了只有几微米大小的如图 1.29(b) 所示的选择性清晰成像，从而，在分子水平上，把已知最早的生物起源时间提前了 77～350 亿年[71]。

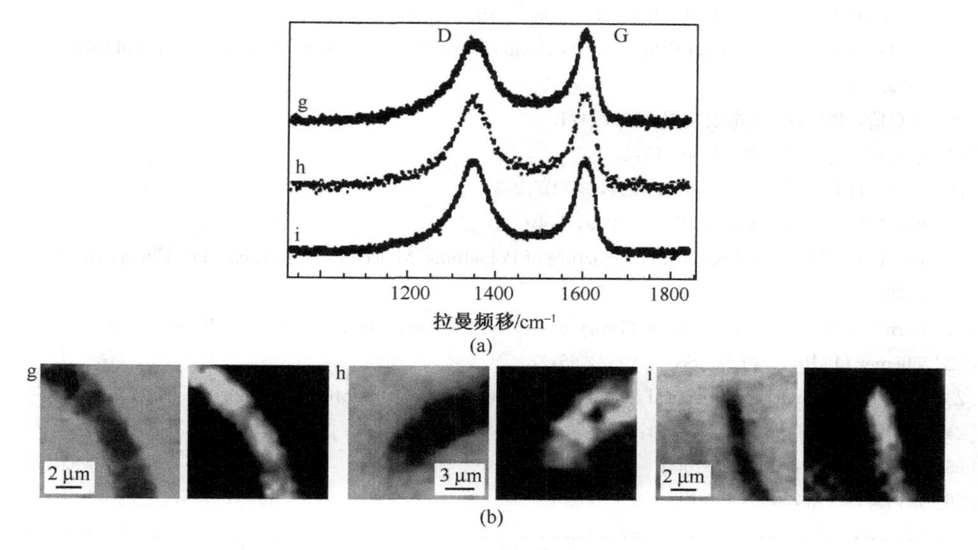

图 1.29　地球上最早的微生物化石的拉曼光谱图(a) 和形貌像(b)

左边和右边的像分别是一般光学像和拉曼谱线像[71]

参　考　文　献

[1] Tyndall J. Proc. Roy. Sco., 1868～1869, 19:223.

[2] Rayleigh L. Phil. Mag., XLI, 1871, 274:447.

[3] Mie G. Ann. Phy. 1908, 25:377.

[4] Brillouin L. Ann. Phys. (Paris), 1922, 17:88.

[5] Raman C V, Krishnan K S. Nature,1928,121:501. 中文译文：张树霖，北京大学学报，自然科学版，增刊"百年物理经典论文选"，2002,30～38:191.

[6] Chu Steven. Rev. Moden Phys., 1998, 3:685; Cohen-tannoudji C N. Moden Phys., 1998, 3:707; Phillips W D. Moden Phys., 1998, 3:721.

[7] Chu Steven. Proceedings of the seventeenth international conference on Raman spectroscopy. In: Zhang L, Zhu B F. John Wiley & Sons, Ltd, August 20-25, 2000, Beijing China, 3～6.

[8] Huang F M, Yue K T, P H Tan, Zhgang S L, Shi Z J, Zhou X H, Gu Z N. J. Appl. Phys., 1998, 84: 4022.

[9] Li H D, Yue K T, Lian Z L, Zhan Y, Zhang S L, Shi Z J, Gu Z N, Zhang Y G, Sumio Iijima. Appl. Phys. Lett., 2000, 76:2053.

[10] Zhang S L, Zhu B F, Huang F M, Yan Y, Shang E Y, Fan S S, Han W G. Solid State Commu., 1999, 111:647.

[11] Jayaraman A, Raman C V. The Man and The Scientist. In: Bist H D, Durig J R, Sullivan J F. Raman Spectroscopy Sixty Years On. New York: Elsevier Science Pub. Co. Inc., 1989, xix.

[12] Landsberg G, Mandelstam L. Naturwiss,1928,16:557.

[13] Smekal A. Naturwiss, 1923, 11:873.

[14] Raman C V, Krishnan K S. Proc. Roy. Soc. , 1929, 122:23.
[15] Hibbenm J H. The Raman Effect and Its Chemical Applications. New York: Reinhold Publishing Co. , 1939.
[16] 沈克琦，张树霖. 光散射学报，1992,4:1.
[17] 张树霖. 光散射学报，2000，12:1.
[18] Cheng H C Z. Phys. Chem. , 1934, 24(B):293.
[19] Wu T Y. J. Chn. Chem. Sco. , 1936, 4:402.
[20] Wu T Y. Vibrational Spectra & Structure of Polyatomic Molecules. Shanghai: The China Science Co. , 1939.
[21] Born M, Huang K. Dynamical Theory of Crystal Lattices. Oxford University Press, 1954.
[22] Themer O. Proc. Phys. Sco. , 1952, 65:38.
[23] Born M, Huang K. Dynamical Theory of Crystal Lattices. Oxford University Press, 1985.
[24] 张树霖. 光散射学报,2001，13:1.
[25] 张树霖. 物理，1999，28:600.
[26] 张树霖. 科学,2000，52:40.
[27] Maiman T H. Nature, 1960, 187:493.
[28] Porto S P S, Wood D L, J. Opt. Soc. , 1962, 52:251.
[29] Huang K, Zhu B F, Tang H. Phys. Rev. B, 1990;41:5825.
[30] Jin Y, Hou Y T, Li S L J, Yuan S X, Qin G G. Localized interface phonon modes in CdSe/ZnTe superlattices. Proceedings of 21th International Conference on the Physics of Semiconductors, Beijing, China, Aug. 10-14. In: Jiang P, Zhang H Z. World Scientific, Singapor, 1992, 815.
[31] Zhang S L et al. Raman characteristics of novel one-dimensional nano-scale materials(Plenary Leature). Proceedings of the Sixteenth International Conference on Raman Spectroscopy, Cape Down, South Africa, Pub. John Wiley & Sons Press, 1998, 25～28.
[32] Tian Z Q et al. SERS from non-traditional substrates and nanostractures: towards a versatile vibrational stratergy (Plenary Leture). Proceedings of the XIXth International Conference on Raman Spectroscopy, Yokohama, Japan, 2006, 20～23.
[33] Special Section II: In Honor of Huang Kun's 80th Birthday. Proceedings of the Seventeenth International Conference on Raman Spectroscopy. John Wiley & Sons, Ltd, 2000, 20-25:49～60.
[34] Leite R C C, Scott T E, Damen T C. Phys. Rev Lett. , 1969, 22:780.
[35] Hirakawa A Y. Tsuboi. Science, 1975, 188:359.
[36] Nakbayashi T, Okamoto H, Tasumi M. J. Phys. Chem. , 1997,101:7189.
[37] Delhaye M. Proceedings of the 8th International Conference on Raman Spectroscopy. John Wiley, Chichester, 1982, 233.
[38] Narita Y, Tadokoro T, Ikeda T, Saiki T, Mononobe S, Ohtsu M. Appl. Spectrosc. , 1998, 52:301.
[39] Jeanmaire D L, Van Duyne R P. J. Electroanal. Chem. , 1977, 84:1.
[40] You J L, Jiang G H, Yang S H, Ma J C, Xu K D, Chin. Phys. Lett. , 2001, 18:991.
[41] Shen Z X. Proceedings of the 19th International Conference on Raman Spectroscopy, 2004, 8-13: 10.
[42] 邹英华，孙陶亨. 激光物理学. 北京:北京大学出版社，1991.
[43] Qian S X, Zhu R Y. Nonlinear Optics. Shanghai: Fudan University Press, 2005.
[44] Long D A, Raman Spectroscopy. New York: McGraw-Hill International Book Company, 1977; Long

D A. 拉曼光谱学. 顾本元译. 北京:科学出版社,1977, 1982.
[45] Long D A. The Raman Effect. New York: John Wiley & Song Ltd, 2002.
[46] Woodbury E J, Ng W K. Proc. IRE, 1962, 50:2367.
[47] Maker P D, Terhune R W. Phys. Rev., 1965, 137A:801.
[48] Duncan M D, Reintjes J, Manuccia T J. Optics Lett., 1982, 7:350.
[49] Zumbusch A, Holtom G R, Xie X S. Phys. Rev. Lett., 1999, 82:4142.
[50] 徐培苍, 李如璧. 地学中的拉曼光谱. 太原:山西科学技术出版社,1996.
[51] 朱自莹, 顾仁敖, 陆天虹. 拉曼光谱在化学中的应用. 沈阳:东北大学出版社, 1998.
[52] 程光煦, 拉曼布里渊散射——原理及应用. 北京:科学出版社, 2001.
[53] 许以明. 拉曼光谱及其在结构生物学中的应用. 北京:化学工业出版社. 2005.
[54] Herman A. Szymanski, Raman Spectroscopy: Theory and Practice. New York: Plenum Press, 1967, 70.
[55] George Turrell, Jacques Corset. Raman Microscopy: Developments and Applications, London: Harcourt Brace, San Diego, 1996.
[56] Laserna J J. Modern Techniques in Raman Spectroscopy. Chichester, New York: Wiley, 1996.
[57] Weber W H, Roberto Merlin. Raman Scattering in Materials Science, Berlin: Springer, B, 2000.
[58] McCreery R L. Raman Spectroscopy for Chemical Analysis. New York: John Wiley & Sons, 2000.
[59] Richard Allen Nyquist. Interpreting Infrared, Raman, and Nuclear Magnetic Resonance Spectra. San Diego: Academic Press, 2001.
[60] Carry P R. Biochemical Applications of Raman and Resonance Raman Spectroscoppies. New York: Academic Press, 1982.
[61] Spiro T G. Biological Applications of Raman Spectroscopy. Volume I and II. New York: Wiley & Sons, 1987.
[62] Smith G D, Clark R J H. J. Archaeological Sci., 2004, 31:1137.
[63] Vepiek S, Iqbal Z, Oswald H R, Web A P J. Phys, C: Solid State Phys., 1981, 14:295.
[64] Tominaga Y. Proceedings of the IXth International Conference on Raman Spectroscopy, Tokyo Japan, 1984, August 27-Sreptember 1: 38.
[65] Shao J, Lu J, Huang W, Gao Y, Zhang L, Zhang S L. J. Raman Spectrosc, 2006, 37:951.
[66] 张树霖. 光散射学报,1995, 7:7.
[67] 余国洵, 光散射学报,1995, 8:113; 余国洵, 光散射学报,1995, 8:174.
[68] Peticolas W L, Strommen D P, Lakshminarayanan V. J. Chem. Phys. 1980, 73:4185.
[69] 张树霖,孟为,周其凤,周兴隆. 高分子学报,1991, 3: 370.
[70] Li B B, Huang F, Zhang S L, Gao Y, Zhang L. Semicond. Sci. Technol., 1998, 13: 634.
[71] Schopf J W, Kudryavtsev A B, Agresti D G, Wdowiak T J, Czaja A D. Nature, 2002, 416: 73.

第 2 章 光散射的理论基础

光散射理论可以揭示和阐明光散射的机制，预期和解释光散射的基本特征。光散射理论还提供理论计算的基础和方法，使人们可以根据光散射的具体条件计算出相应的散射结果，并通过与实验结果的比对，对实验结果给出必要的解释，揭示实验现象的本质。

光散射理论有宏观(经典)理论和微观(量子)理论两类。光散射的经典理论研究，当首推英国物理学家瑞利 (Lord Rayleigh) 于 1871 年对分子光散射强度所作的研究，他证明了散射光强与入射光波长的 4 次方成反比[1]。1922 年，布里渊 (L. Brillouin)发表了最早的光散射的量子理论研究工作[2]，预言了存在长波声学波的光散射。斯迈克尔(A. Smekal) 在 1923 年用量子理论研究了两能级模型的光散射，并预言在瑞利散射线的两侧存在伴线[3]。这两个理论预言后来都被实验所证实，并分别被称作布里渊散射和拉曼散射。

从布里渊开始的光散射的量子力学理论研究，在揭示光散射的本质和特征等方面起了极大的作用，但是根据量子理论对拉曼光谱进行严格的计算，即所谓“从头算”，因为计算工作量巨大，只是随着近一二十年计算机技术和计算方法的飞速发展，才渐渐风行起来。但即使如此，精确的计算仍局限于几百最多至几千个原子的体系。所以，对光散射的大量的理论计算至今还不得不主要依赖于唯象或半唯象理论。

本章介绍的理论在于揭示光散射的原理和解释它的基本特征，有关理论计算的具体模型和方法将安排在第 4 章介绍。

2.1 散射概率

2.1.1 散射实验与散射概率

1. 散射实验

研究散射的实验配置如图 2.1 所示。散射实验主要包含入射束、散射束、靶和探测器等部分。入射束可以是粒子束流或电磁辐射流，通常它的入射方向是确定的。靶可以是基本粒子、原子、分子、气体或凝聚态物质等。实验获得的散射束的方向往往由探测器的方位确定，因此，只有来自入射束和探测器接收立体角重叠构成体积内的(即图中斜线部分)的介质，才是被实验真正探测的散射体。

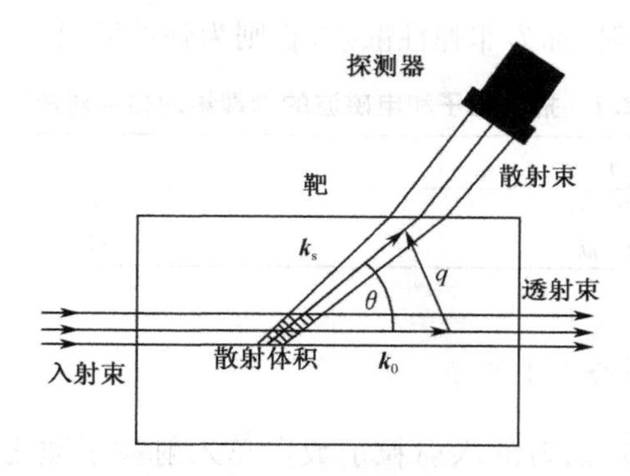

图 2.1　散射实验配置的示意图

当图 2.1 中的入射束和散射束是激光或 X 射线等电磁波时，入射方向确定的入射波和散射波可以分别用式(2.1)和式(2.2)的平面波和球面波描述

$$E_0 e^{i(\boldsymbol{k}_0 \cdot \boldsymbol{r} - \omega_0 t)} \tag{2.1}$$

$$\frac{E_s}{r} e^{i(\boldsymbol{k}_s \cdot \boldsymbol{r} - \omega_s t)} \tag{2.2}$$

上两式中的 $\boldsymbol{r}$ 和 t 分别代表位置矢量和时间，E_0、ω_0、$\boldsymbol{k}_0$ 和 E_s、ω_s、$\boldsymbol{k}_s$ 分别为入射和散射波电场的振幅、频率和波矢。波矢方向就是波的传播方向。

图 2.1 中的入射束和散射束也可以是中子或电子等粒子束。此时，散射过程也可以用图 2.2 所示的粒子碰撞模型加以描述。在粒子碰撞模型中，首先，能量为 E_0 和动量为 $\hbar\boldsymbol{k}_0$ 的粒子束射向能量为 E 和动量为 $\hbar\boldsymbol{q}$ 的靶粒子；接着，入射粒子和靶粒子发生碰撞；最后，产生了能量为 E_s 和动量为 $\hbar\boldsymbol{k}_s$ 的散射粒子。

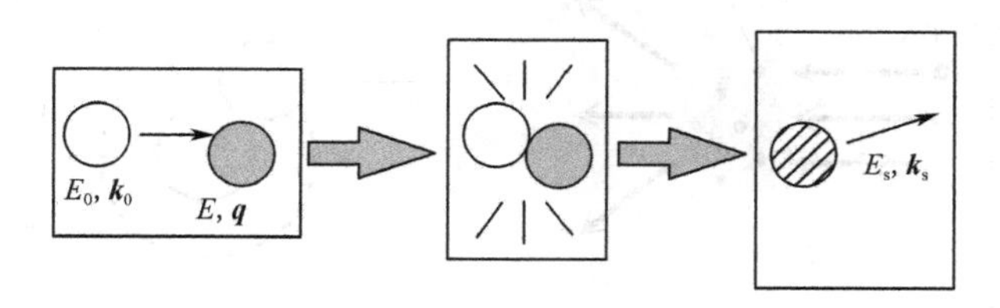

图 2.2　散射过程的粒子碰撞模型

根据能量和动量守恒定律，碰撞体系的能量和动量有下列关系

$$E_0 - E_s = E \tag{2.3}$$

$$\hbar(\boldsymbol{k}_0 - \boldsymbol{k}_s) = \hbar\boldsymbol{q} \tag{2.4}$$

如果把描述粒子和电磁波的物理量相互对应起来，它们之间的关系如表 2.1 所示。

以上讨论表明，波的散射过程也可以用粒子碰撞过程加以描述。所以，人们也常把散射问题称为碰撞问题。在碰撞过程中，如果散射粒子能量相对于入射粒子能量发生了改变，称为非弹性碰撞，否则，称为弹性碰撞。相应地，散射波的能量不同于入射波能量的散射，称为非弹性散射，否则为弹性散射。

表 2.1 描述粒子和电磁波的物理量的相互对应关系

粒　子	波
能量 $E=\hbar\omega$	频率 $\omega=kc=2\pi c/\lambda$
动量 $\boldsymbol{P}=\hbar\boldsymbol{k}$	波矢 $\lvert\boldsymbol{k}\rvert=2\pi/\lambda$

注：λ 是波长

2. 散射概率和微分散射概率

在单位时间内，被散射的入射粒子数占总入射粒子数之比，称为散射概率。如果，只考虑在单位时间内，被散射到单位立体角的散射粒子数，或者考虑散射到单位立体角内且能量落在某一范围内的散射粒子数占总入射粒子数的比值，则均称为微分散射概率。

在散射实验中，散射概率和微分散射概率都是基本的物理量，它们在实验上是可以测量的，如散射光谱就是对散射概率一种测量；而在理论上也是可以计算的。人们可以通过两者的比较，揭示实验现象的本质和自然界的奥秘。

2.1.2 散射截面和微分散射截面

用图 2.3 所示的硬球薄膜靶模型讨论散射概率问题。模型中入射粒子以 A 标记，靶是含有 N 个靶粒子 B 的面积为 F 的薄膜，并设薄膜只含一层靶粒子，使得散射过程中不发生次级(二级)碰撞。

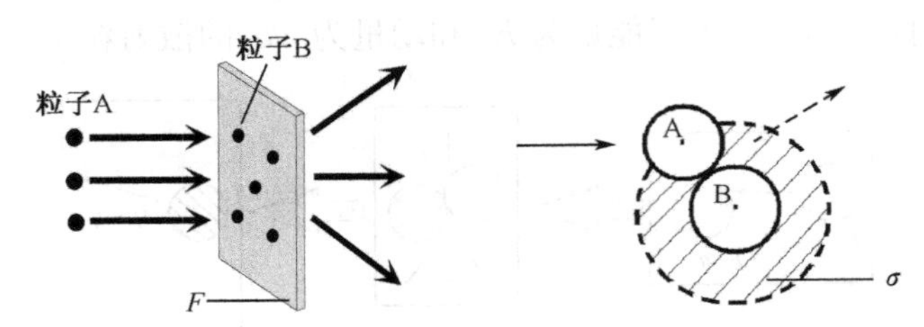

图 2.3 散射概率的硬球薄膜碰撞模型

1. 散射截面

假定只有当半径为 a 的入射粒子 A 进入到以半径为 b 的靶粒子 B 为中心的半径为 $a+b$ 的面积 σ 内时，才出现碰撞，于是，σ 的大小就反映该体系发生碰撞概率的大小，并被称为散射截面。它的大小由体系本身性质决定。

显然，入射粒子 A 进入面积 F 并与靶粒子 B 发生碰撞后被散射的概率 ρ，应为总散射面积($N\times\sigma$)除以靶的面积 F，即

$$\rho\equiv \text{总散射面积} / \text{靶的面积} = N\times\sigma / F \tag{2.5}$$

另一方面，如果假定每秒入射至面积 F 的A粒子数为 N_0，其中被散射数为 $N_{0,s}$，显然，散射概率应为

$$\rho \equiv N_{0,s}/N_0 \tag{2.6}$$

以 $\boldsymbol{j}_0$ 标记入射粒子A每秒通过单位面积的总数，即流密度，并记沿 z 方向入射的粒子流密度为 $j_{0,z}$，则式(2.6)可以改写成

$$\rho \equiv N_{0,s}/(j_{0,z} \times F) \tag{2.7}$$

比较式(2.5)和式(2.7)，便得到了散射截面

$$\sigma \equiv (1/N)\ N_{0,s}\ /\ j_{0,z} \tag{2.8}$$

2. 微分散射截面

实验中很少测量散射截面，往往是测量微分散射截面。微分散射截面的一种定义是，散射到立体角 $\mathrm{d}\Omega$ 且能量在 $E_1 \rightarrow E_1 + \mathrm{d}E_1$ 范围内的粒子数与入射粒子数的比值，它的大小与测量条件有关。

用如图2.4所示的极坐标形式讨论微分散射截面的表达式。令在位置 $\boldsymbol{r}$ 处的能量为 E_1 的散射粒子的流密度为 $\boldsymbol{j}_1(\boldsymbol{r})$，并注意到 $r^2\mathrm{d}\Omega$ 是在 r 处立体角 $\mathrm{d}\Omega$ 所张的面积，那么，散射到立体角 $\mathrm{d}\Omega = \sin\theta\mathrm{d}\theta\mathrm{d}\varphi$ 内的能量在 $E_1 \rightarrow E_1 + \mathrm{d}E_1$ 的粒子数为

$$\boldsymbol{n} \cdot \boldsymbol{j}_1(\boldsymbol{r}) r^2 \mathrm{d}\Omega \mathrm{d}E_1 \tag{2.9}$$

式中，$\boldsymbol{n}$ 为 $\boldsymbol{r}$ 的方向子，也代表散射束的方向。

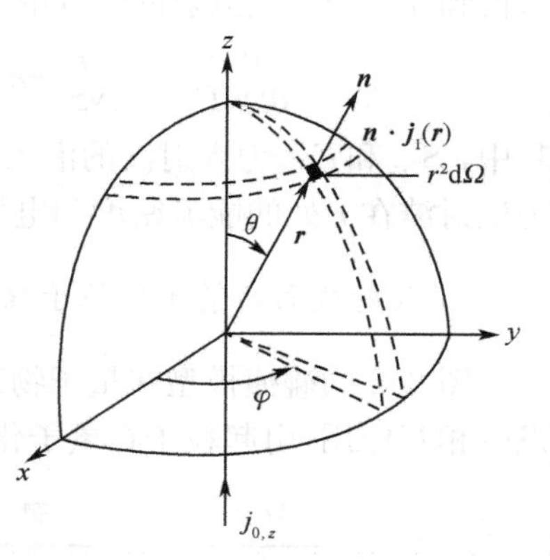

图2.4　微分散射截面的示意图

当粒子沿 z 方向入射并且它的流密度为 $j_{0,z}$ 时，可以立刻得到，流密度为 $j_{0,z}$ 入射粒子被散射到立体角 $\mathrm{d}\Omega$ 内且能量在 $E_1 \rightarrow E_1 + \mathrm{d}E_1$ 范围内的微分散射截面为

$$\frac{\mathrm{d}^2\sigma}{\mathrm{d}\Omega\mathrm{d}E_1} = \frac{r^2}{N \times j_{0,z}} \boldsymbol{n} \cdot \boldsymbol{j}_1(r) \tag{2.10}$$

以上推导没有涉及入射粒子和靶粒子的具体性质，因此，所获得的微分散射截面的表达式具有普遍意义，可以适用于各类散射，只是在不同类型的散射中，流密度 $\boldsymbol{j}$ 所对应的具体物理量会有所不同。

2.1.3　散射截面的经典物理和量子物理表述

1. 散射截面的经典电磁波表述[4]

在经典电磁场理论中，光散射被看作是靶粒子在受入射光波作用后感生了散

射光波的事件。在光散射中，电磁波的磁分量 $\boldsymbol{B}$ 的作用通常可以忽略，因此可不考虑磁场的作用，光就可以仅用电场 $\boldsymbol{E}$ 表达

$$\boldsymbol{E}(\boldsymbol{r},t)=E\mathrm{e}^{\mathrm{i}(\boldsymbol{k}\cdot\boldsymbol{r}-\omega t)} \tag{2.11}$$

式中，E 是电场 $\boldsymbol{E}$ 的振幅；$\boldsymbol{k}$ 是波矢，代表光的传播方向；ω 是光波的频率。在电磁辐射中，代表单位时间内通过单位面积的电磁场能量以坡印亭矢量 $\boldsymbol{S}$ 表示，它的表达式为

$$\boldsymbol{S}=\frac{c}{8\pi}\boldsymbol{E}\times\boldsymbol{B} \tag{2.12}$$

其中，c 为光速。若记 $\boldsymbol{n}$ 是电磁波能量传播的方向子，在不考虑磁场作用的情况下，在方向 $\boldsymbol{n}$ 的能流密度的时间平均为

$$\frac{c}{8\pi}\boldsymbol{n}\langle|E|^2\rangle \tag{2.13}$$

因为坡印亭矢量 $\boldsymbol{S}$ 等价于流密度 $\boldsymbol{j}$，因此，根据式(2.10)和式(2.11)，可以很容易得到在 $\boldsymbol{r}$ 处的光散射的微分散射截面的经典电磁波的表述：

$$\frac{\mathrm{d}^2\sigma}{\mathrm{d}\Omega\mathrm{d}E_1}=\frac{r^2}{NS_{0,z}}\boldsymbol{n}\cdot\boldsymbol{S}_1(\boldsymbol{r})=\frac{r^2}{N\langle E_{0,z}^2\rangle}\boldsymbol{n}\langle|E_1(\boldsymbol{r})|^2\rangle \tag{2.14}$$

其中，$S_{0,z}$ 和 $E_{0,z}$ 为入射波的沿入射方向 z 的能流密度和电场强度，$\boldsymbol{S}_1(\boldsymbol{r})$ 和 $E_1(\boldsymbol{r})$ 为散射波在 $\boldsymbol{r}$ 处的能流密度和电场强度。

2. 散射截面的量子化粒子描述

图 2.2 的碰撞模型在量子物理描述中，可以被看作是由于入射粒子和靶粒子发生相互作用，引起粒子在量子化能级间跃迁的事件，如图 2.5 所示。

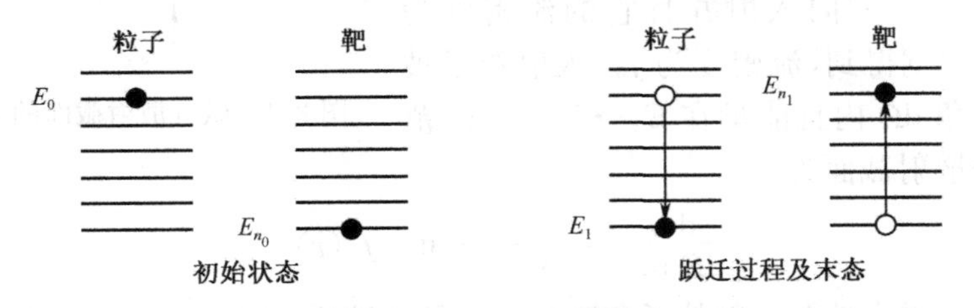

图 2.5　量子化粒子的散射跃迁示意图

设系统在入射粒子与靶发生作用之前有概率为 P_{n_0} 的 N_0 个入射粒子处于能量为 E_0 的平面波态 $|\boldsymbol{k}_0\rangle$，n_1 个靶粒子处在能量为 E_{n_0} 的本征态 $|n_0\rangle$。当两者发生相互作用后，入射粒子被散射到($\boldsymbol{k}$,d^3k_1)的量子态。图 2.5 是上述过程的示意图，入射和散射粒子发生相互作用前后的量子态可分别表达为

$$|n_0,\boldsymbol{k}_0\rangle=|n_0\rangle|\boldsymbol{k}_0\rangle \tag{2.15}$$

和

$$|n_1,\boldsymbol{k}_1\rangle = |n_1\rangle|\boldsymbol{k}_1\rangle \tag{2.16}$$

如果把在时间 t 内，粒子从量子态 $|n_0,\boldsymbol{k}_0\rangle$ 跃迁到 $|n_1,\boldsymbol{k}_1\rangle$ 的概率写成 $P(n_0,\boldsymbol{k}_0;n_1,\boldsymbol{k}_1;t)$，那么，单位时间的跃迁概率

$$R(n_0,\boldsymbol{k}_0;n_1,\boldsymbol{k}_1;t) \equiv \frac{\mathrm{d}}{\mathrm{d}t}P(n_0,\boldsymbol{k}_0;n_1,\boldsymbol{k}_1;t) \tag{2.17}$$

考虑到入射粒子和靶粒子的相互作用主要发生在靶粒子能量与入射粒子能量相等的情况下，假定在碰撞开始前，靶粒子能量处在与入射粒子能量 E_0 相等的能量本征态的概率是 P_{n_0}，也就是说，粒子的散射概率将与靶粒子处在入射粒子能量 E_0 本征态的概率 P_{n_0} 成比例。因此，入射粒子每秒被散射到 $\boldsymbol{k}_1$ 附近$(\boldsymbol{k}_1,\mathrm{d}^3k_1)$的状态内的总数显然是

$$N_0\sum_{n_0,n_1}P_{n_0}R(n_0,\boldsymbol{k}_0;n_1,\boldsymbol{k}_1;t)N(\boldsymbol{k}_1)\mathrm{d}\boldsymbol{k}_1 \tag{2.18}$$

其中，N_0表示在平面波态$|\boldsymbol{k}_0\rangle$中的入射粒子总数，$N(\boldsymbol{k}_1)\mathrm{d}\boldsymbol{k}_1$ 是处在$(\boldsymbol{k}_1,\mathrm{d}^3k_1)$范围内的入射粒子态的数目。用类似于图 2.4 的极坐标描述动量空间，并注意到粒子的质量为 m 和 $E_1=\dfrac{\hbar^2k_1^2}{2m}$，则 $\mathrm{d}k_1=\dfrac{m}{\hbar^2k_1}\mathrm{d}E_1$，而动量空间的体积元

$$\mathrm{d}^3k_1 = \sin\theta\mathrm{d}\theta\mathrm{d}\varphi k_1^2\mathrm{d}k_1 = \frac{mk_1}{\hbar^2}\mathrm{d}E_1\mathrm{d}\Omega \tag{2.19}$$

于是，就得到了每秒散射到立体角 $\mathrm{d}\Omega$ 的能量为 $E_1\to\mathrm{d}E_1$ 的粒子数为

$$\boldsymbol{j}_1(\boldsymbol{r})\cdot\boldsymbol{n}\,r^2\mathrm{d}E_1\mathrm{d}\Omega = N_0\frac{m_nk_1}{\hbar^2}N(\boldsymbol{k}_1)\sum_{n_0,n_1}P_{n_0}R(n_0,\boldsymbol{k}_0,n_1,\boldsymbol{k}_1;t)\mathrm{d}E_1\mathrm{d}\Omega \tag{2.20}$$

其中，$\boldsymbol{j}_1(\boldsymbol{r})$和 $\boldsymbol{n}$ 分别代表散射粒子的流密度和散射方向。于是，由式(2.10)，微分散射截面可以表达为

$$\frac{\mathrm{d}^2\sigma}{\mathrm{d}E_1\mathrm{d}\Omega} = \frac{mk_1}{\hbar^2j_{0,z}}N(\boldsymbol{k}_1)\sum_{n_0,n_1}P_{n_0}R(n_0,\boldsymbol{k}_0;n_1,\boldsymbol{k}_1;t) \tag{2.21}$$

式中，$j_{0,z}$是入射粒子在入射方向上的流密度。

本小节的讨论表明，光散射和粒子散射中的流密度 $\boldsymbol{j}$ 分别对应于坡印亭矢量 $\boldsymbol{S}$ 和跃迁概率R；坡印亭矢量 $\boldsymbol{S}$ 和跃迁概率R 可以分别通过求解经典电动力学方程和量子力学的含时间薛定谔方程获得。在凝聚态物质的散射中，$\boldsymbol{S}$ 和 R(即微分散射截面)还可以用空间-时间关联函数的形式表达，此时，微分散射截面将给出关于散射靶的微结构和元激发谱的信息。这些内容将在以后的章节中陆续进行具体的讨论。

2.2　光散射的宏观理论

在光散射的宏观理论中，人们通常以经典电动力学中的电偶极辐射理论作为

理论的基础。在用电偶极辐射理论处理光散射时，把靶中的散射体，如电子、原子、分子和固体的各种如声子、准电子、自旋子等元激发，均模拟为经典的偶极子。

2.2.1 电偶极辐射和感生电偶极矩

1. 电偶极辐射

根据经典电动力学[4]，如图 2.6 所示，在坐标原点($\boldsymbol{r}=0$)的角频率为 ω 的振荡电偶极矩 $\boldsymbol{P}$，在离原点远远大于光波波长的地方 $\boldsymbol{r}$，$\boldsymbol{P}$ 所产生的辐射电场 $\boldsymbol{E}$ 可以表达为

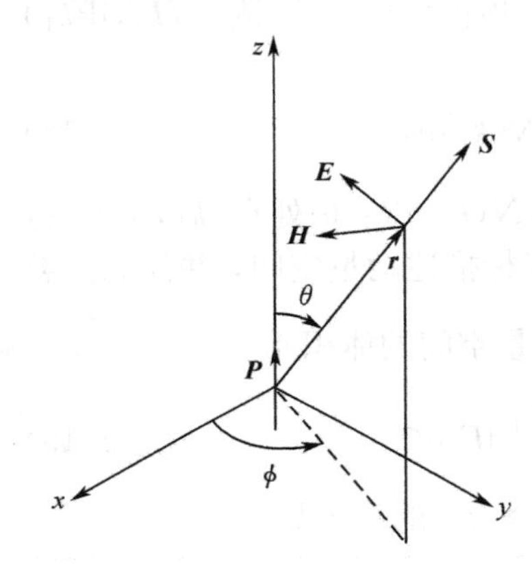

图 2.6 电偶极辐射示意图

$$\boldsymbol{E}=-\frac{\omega^2 p\sin\theta}{c^2 r}\cos(\omega t-kr)\boldsymbol{e}_E \tag{2.22}$$

式中，p 是偶极矩的振幅；c 是真空中的光速；$k=\omega/c$，是波矢 $\boldsymbol{k}$ 的幅度；$\boldsymbol{e}_E$ 代表在 $\boldsymbol{r}$ 和 $\boldsymbol{P}$ 组成的平面上垂直于 $\boldsymbol{r}$ 方向上的单位矢量，θ 是 $\boldsymbol{r}$ 和 $\boldsymbol{P}$ 之间的夹角。

根据式(2.22)和式(2.12)，在 $\boldsymbol{r}$ 的电偶极矩 $\boldsymbol{P}$ 辐射的能流密度 $\boldsymbol{S}$ 是

$$\boldsymbol{S}=\frac{\omega^4 p^2\sin^2\theta}{4\pi^2 c^3 r^2}\cos^2(\omega t-kr)\boldsymbol{e}_r \tag{2.23}$$

$\boldsymbol{e}_r$ 代表 $\boldsymbol{r}$ 方向上的单位矢量，即 $\boldsymbol{S}$ 的方向。根据式(2.13)，在一个周期内来自 $\boldsymbol{P}$ 的平均能流密度

$$\langle\boldsymbol{S}\rangle=\frac{\omega^4 p^2}{8\pi c^3 r^2}\sin^2\theta\boldsymbol{e}_r \tag{2.24}$$

于是，根据微分散射截面的式(2.10)，得到光散射微分散射截面为

$$\frac{\mathrm{d}^2\sigma}{\mathrm{d}\Omega\mathrm{d}E}=\frac{1}{Nj_{0,z}}\frac{\omega^4}{8\pi c^3}p^2\sin^2\theta \tag{2.25}$$

式中，N 是感生电偶极矩数目，$j_{0,z}$ 是在入射方向 z 的入射能流密度。

从以上讨论可以了解到，求光散射的微分散射截面必须知道产生散射光的电偶极矩 $\boldsymbol{P}$。于是，在经典的光散射理论中，求解微分散射截面的问题进一步归结为寻找由入射光场感生的电偶极矩问题。

2. 感生电偶极矩和极化率张量

当一束光入射至含有带电粒子的体系时，受此入射波作用，如该带电粒子受迫做局域运动，结果出现了感生电偶极矩。当入射光不太强时，如太阳光、汞灯和氙灯作为入射光源时，感生电偶极矩 $\boldsymbol{P}$ 与入射光波电场 $\boldsymbol{E}$ 成线性关系，由下式表达：

$$\boldsymbol{P} = \boldsymbol{\alpha} \cdot \boldsymbol{E} \tag{2.26}$$

式中,$\boldsymbol{\alpha}$ 称极化率，它反映介质本身的性质。

一般情况下,$\boldsymbol{P}$ 和 $\boldsymbol{E}$ 不在一个方向上,所以 $\boldsymbol{\alpha}$ 是一个二阶张量，可以写成如下张量形式

$$\boldsymbol{\alpha} \equiv \begin{pmatrix} \alpha_{xx} & \alpha_{xy} & \alpha_{xz} \\ \alpha_{yx} & \alpha_{yy} & \alpha_{yz} \\ \alpha_{zx} & \alpha_{zy} & \alpha_{zz} \end{pmatrix} \tag{2.27}$$

相应地，式(2.26)的矩阵形式就是

$$\begin{pmatrix} P_x \\ P_y \\ P_z \end{pmatrix} = \begin{pmatrix} \alpha_{xx} & \alpha_{xy} & \alpha_{xz} \\ \alpha_{yx} & \alpha_{yy} & \alpha_{yz} \\ \alpha_{zx} & \alpha_{zy} & \alpha_{zz} \end{pmatrix} \begin{pmatrix} E_x \\ E_y \\ E_z \end{pmatrix} \tag{2.28}$$

在上述表达式中，E_x、E_y、E_z 和 P_x、P_y、P_z 分别代表入射光场 $\boldsymbol{E}$ 和偶极矩 $\boldsymbol{P}$ 的 3 个笛卡儿坐标分量。

下面根据经典的电偶极辐射理论,从最简单的散射体——原子和分子的光散射开始,求解光散射的微分散射截面,并据此探讨光散射的机制和光散射谱的基本特征。

2.2.2　孤立原子的光散射

原子可以看成由原子核和被核束缚而绕核运动的电量为 e 和质量为 m 的电子构成;电子绕核的运动可以用简谐振动描述,它的本征振动频率 $\omega=(K/m)^{1/2}$，其中 K 是简谐振动的力常数。

根据经典电动力学的理论,如果电子有位移,就会产生电偶极矩。而由简谐振动导致的电子的位移 $\boldsymbol{r}(t)$所产生的电偶极矩可以表达为

$$\boldsymbol{P}(t) = -e\boldsymbol{r}(t) \tag{2.29}$$

在振动方向为 $\boldsymbol{n}_0$，频率为 ω_0 的入射光波电场

$$\boldsymbol{E}_0 = \boldsymbol{n}_0 E_0 \mathrm{e}^{-\mathrm{i}\omega_0 t} \tag{2.30}$$

的作用下，可以用下列经典运动方程求解被原子核束缚的电子的位移 $\boldsymbol{r}$

$$m\ddot{\boldsymbol{r}} = -K\boldsymbol{r} - m\gamma\dot{\boldsymbol{r}} + e\boldsymbol{n}_0 E_0 \mathrm{e}^{-\mathrm{i}\omega_0 t} \tag{2.31}$$

式中,右边第一项是原子核对电子的束缚力,K 是简谐振动的力常数,第二项是阻尼力,γ 是阻尼系数,第三项是电场的作用力。该微分方程的解为

$$\boldsymbol{r}(t) = \left(\frac{e}{m}\right)\frac{1}{\omega_0^2 - \omega^2 + \mathrm{i}\omega_0\gamma}\boldsymbol{n}_0 E_0 \mathrm{e}^{-\mathrm{i}\omega_0 t} \tag{2.32}$$

把式(2.32)代入式(2.29)并与式(2.26)比较,得到了原子极化率 $\boldsymbol{\alpha}(\omega_0)$的表达式为

$$\alpha(\omega_0)=\left(\frac{e^2}{m}\right)\frac{1}{\omega^2-\omega_0^2-\mathrm{i}\omega_0\gamma} \tag{2.33}$$

利用 2.2.1 节中的电偶极辐射的有关公式，可以得到原子感生电偶极矩辐射场的强度和能流密度。将它们代入微分散射截面的公式(2.14)，便可得到孤立原子光散射的微分散射截面

$$\frac{\mathrm{d}^2\sigma}{\mathrm{d}\Omega\mathrm{d}E}=\frac{1}{Nj_{0,z}}\frac{e^4E_0^2}{8\pi m^2c^3}\frac{\omega^4}{(\omega_0^2-\omega^2)^2+\omega_0^2\gamma^2}\sin^2\theta\boldsymbol{e}_r \tag{2.34}$$

2.2.3 分子的光散射[5]

1. 介质的极化

假设在所研究的光散射的频率范围内，被研究的介质是非导体以及非磁和无光吸收的，同时假定，被研究介质的原子之间的平均距离 a 远远小于入射光的波长 $\lambda\approx 10^3\,\mathrm{nm}$。于是，介质的微观极化 $\boldsymbol{P}_{\mathrm{micro}}(\boldsymbol{r},t)$可以认为是构成原子的电偶极矩之和，如果 $\boldsymbol{r}_i(t)$和 $\boldsymbol{p}_i(t)$分别表示第 i 个原子的位置和电偶极矩，则微观极化可表述为

$$\boldsymbol{P}_{\mathrm{micro}}(\boldsymbol{r},t)\equiv\sum_i\boldsymbol{p}_i(t)\delta(\boldsymbol{r}-\boldsymbol{r}_i(t)) \tag{2.35}$$

而介质的宏观极化 $\boldsymbol{P}(\boldsymbol{r},t)$则是微观极化 $\boldsymbol{P}_{\mathrm{micro}}(\boldsymbol{r},t)$的平均，如图 2.7 所示，如果体积元 ΔV 的尺度 d 满足 $a\ll d\ll\lambda$ 时，那么，宏观极化

$$\boldsymbol{P}(\boldsymbol{r},t)\equiv\frac{1}{\Delta V}\int_{\Delta V}\mathrm{d}r'^3\boldsymbol{P}_{\mathrm{micro}}(\boldsymbol{r}+\boldsymbol{r}',t) \tag{2.36}$$

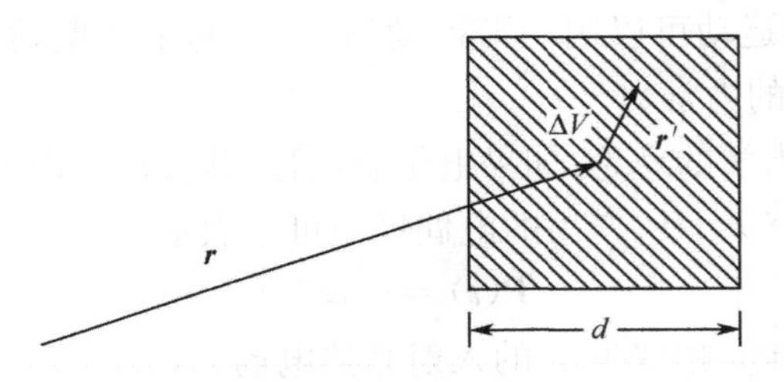

图 2.7 求宏观极化 $\boldsymbol{P}(\boldsymbol{r},t)$的示意图

2. 分子的极化率与感应偶极矩

分子由原子(或离子)构成，因此，根据以上关于极化的讨论，分子极化就是分子中各个原子电偶极矩之和。如果由于热运动等原因，分子中的原子在平衡位置附近振动，那么，描述振动分子极化的分子极化率 $\boldsymbol{\alpha}$ 将和分子处于平衡状态时的分子极化率不相同，显然，振动分子的极化率 $\boldsymbol{\alpha}$ 将与原子在分子中的位置 $\boldsymbol{r}$ 的偏移相关。于是，振动分子的极化率 $\boldsymbol{\alpha}$ 将是原子核坐标的函数，可以用简正坐标 Q 作展开。$\boldsymbol{\alpha}$ 的分量 α_{ij} 对 Q 的泰勒展开式为

$$\alpha_{ij} = (\alpha_{ij})_0 + \sum_k \left(\frac{\partial \alpha_{ij}}{\partial Q_k}\right)_0 Q_k + \frac{1}{2}\sum_{k,l}\left(\frac{\partial^2 \alpha_{ij}}{\partial Q_k \partial Q_l}\right)_0 Q_k Q_l \tag{2.37}$$

其中，Q_k、Q_l 是频率为 ω_k、ω_l 振动模的简正坐标，求和遍及全部简正坐标；符号 $(\ \ )_0$ 表示括号内的物理量是分子处于平衡状态时的值，因此，$(\alpha_{ij})_0$就是原子处在平衡位置的极化率。

为避免复杂的数学推导，突出物理问题的阐述，在下面的讨论中，首先，只保留式(2.37)至一级项，它对于原子偏离平衡位置很小的振动是很好的近似；其次，为问题讨论的简洁又不失普遍性，只讨论对应于简正坐标 Q_k 的振动，则相应的极化率 $\boldsymbol{\alpha}_k$ 的分量为

$$(\alpha_{ij})_k = (\alpha_{ij})_0 + (\alpha'_{ij})_k Q_k \tag{2.38}$$

其中

$$(\alpha'_{ij})_k = \left(\frac{\partial \alpha_{ij}}{\partial Q_k}\right)_0 \tag{2.39}$$

与分量表达式(2.38)对应的极化率张量就表达为

$$\boldsymbol{\alpha}_k = \boldsymbol{\alpha}_0 + \boldsymbol{\alpha}'_k Q_k \tag{2.40}$$

当分子内原子振动的幅度不大时，还假定振动可近似认为是简谐振动，于是振动坐标 Q_k 与时间 t 之间的关系就可以用下式表示

$$Q_k = Q_{k0}\cos(\omega_k t + \varphi_k) \tag{2.41}$$

式中，Q_{k0}表示振动的幅度，ω_k、φ_k 分别是振动的频率和初相位。把式(2.41)代入式(2.38)和式(2.40)，分别得

$$(\alpha_{ij})_k = (\alpha_{ij})_0 + (\alpha'_{ij})_k Q_{k0}\cos(\omega_k t + \varphi_k) \tag{2.42a}$$

$$\boldsymbol{\alpha}_k = \boldsymbol{\alpha}_0 + \boldsymbol{\alpha}'_k Q_{k0}\cos(\omega_k t + \varphi_k) \tag{2.42b}$$

频率为 ω_0 的光波的电场 $\boldsymbol{E}$ 通常写成如下形式

$$\boldsymbol{E} = \boldsymbol{E}_0 \cos\omega_0 t \tag{2.43}$$

式中，$\boldsymbol{E}_0$ 是电场 $\boldsymbol{E}$ 的振幅矢量。从前面关于感应偶极矩问题的讨论可以知道，受电场为 $\boldsymbol{E}$ 的光波照射，分子将产生一个感生偶极矩 $\boldsymbol{P}$。由于只讨论某个典型振动 Q_k，把式(2.40)和式(2.43)代入式(2.26)，就得到了由外场 $\boldsymbol{E}$ 作用而产生的振动模 Q_k 的感生偶极矩 $\boldsymbol{P}_k$

$$\begin{aligned}\boldsymbol{P}_k &= \boldsymbol{\alpha}_k \cdot \boldsymbol{E} \\ &= \boldsymbol{\alpha}_0 \cdot \boldsymbol{E}_0 \cos\omega_0 t + \frac{1}{2}Q_{k0}\boldsymbol{\alpha}'_k \cdot \boldsymbol{E}_0 \cos[(\omega_0 - \omega_k)t + \varphi_k] \\ &\quad + \frac{1}{2}Q_{k0}\boldsymbol{\alpha}'_k \cdot \boldsymbol{E}_0 \cos[(\omega_0 + \omega_k)t + \varphi_k]\end{aligned} \tag{2.44}$$

引入符号

$$\boldsymbol{P}_0 = \boldsymbol{\alpha}_0 \cdot \boldsymbol{E}_0 \tag{2.45}$$

$$\boldsymbol{P}_{k0}=\frac{1}{2}Q_{k0}\boldsymbol{\alpha}'_k\cdot\boldsymbol{E}_0 \tag{2.46}$$

则式(2.45)可改写为

$$\boldsymbol{P}_k=\boldsymbol{P}_0\cos(\omega_0 t)+\boldsymbol{P}_{k0}\cos[(\omega_0-\omega_k)t+\varphi_k]+\boldsymbol{P}_{k0}\cos[(\omega_0+\omega_k)t+\varphi_k] \tag{2.47}$$

进一步引入

$$\boldsymbol{P}_0(\omega_0)=\boldsymbol{P}_0\cos(\omega_0 t) \tag{2.48}$$

$$\boldsymbol{P}_0(\omega_0\pm\omega_k)=\boldsymbol{P}_{k0}\cos[(\omega_0\pm\omega_k)t+\varphi_k] \tag{2.49}$$

则式(2.47) 可进一步写为

$$\boldsymbol{P}_k=\boldsymbol{P}_0(\omega_0)+P_k(\omega_0-\omega_k)+\boldsymbol{P}_k(\omega_0+\omega_k) \tag{2.50}$$

将式(2.44) 代入式(2.25)，我们就得到振动 k 的微分散射截面

$$\left(\frac{\mathrm{d}^2\sigma}{\mathrm{d}\Omega\mathrm{d}E}\right)_k=\frac{1}{Nj_{0,z}}\frac{\omega^4}{8\pi c^3}(\boldsymbol{\alpha}_k\cdot\boldsymbol{E})^2\sin^2\theta \tag{2.51}$$

2.2.4　经典光散射理论对光散射机制和基本特征的描述

从 2.2.3 节用经典理论处理原子和分子光散射的讨论中，可以初步了解到光散射的机制和光谱的基本特征。

1. 原子和分子光散射机制和散射强度特性的异同

1）散射机制

首先，从以上两小节的讨论，可以看到原子和分子光散射的具体机制是不同的。原子和分子的光散射分别源于原子中的束缚电子和分子中原子(离子)在其平衡位置附近的振动。在原子的拉曼散射中，原子中的电子能量有变化；但在分子的拉曼散射中，电子能量在散射前后没有变化，在以后我们会说明，电子所起的作用是作为分子中原子在平衡位置附近振动引发光散射的中介体；也就是说，从散射性质上看，原子的光散射是构成原子的束缚电子引起的散射，原子的能量有改变，而分子的光散射是源于原子在平衡位置附近的振动，因此，构成分子的原子本身的能量并没有变化。

2）强度特性

比较微分散射截面的表达式(2.34)和式(2.51)，可以看到对于孤立原子和分子振动光散射的强度特性也是不同的。例如，分子散射强度与散射波的频率 ω 的 4 次方成比例，即与入射波频率 ω_0 的 4 次方近似成比例，而原子散射强度与入射波频率 ω_0 的关系就复杂得多。式(2.34)中的 ω_0 和 ω 分别代表入射光和原子中电子振动的频率，那么，根据表达式(2.34)，可以把孤立原子的微分散射截面和入射光频率的关系示于图 2.8，微分散射截面随入射光频率 ω_0 和电子振动频率 ω 的

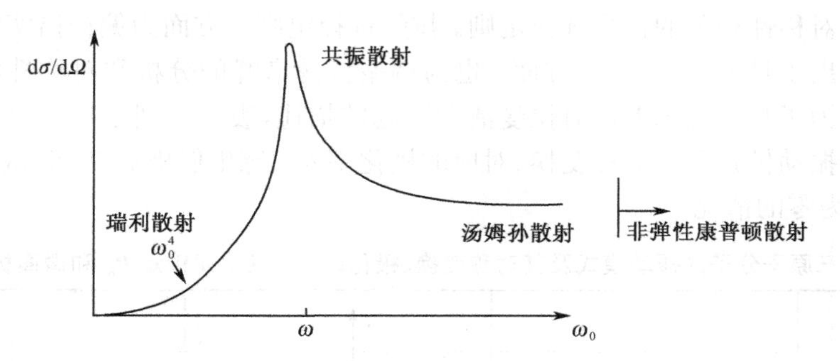

图 2.8　孤立原子微分散射截面和入射光频率关系的示意图

具体变化行为可分述如下：

(1) $\omega_0 \ll \omega$，即入射光频率很低。此时极化率 $\alpha(\omega_0)$ 变成常数，根据式(2.34)源自感生偶极矩的散射光的频率将与入射电场频率相同，即为瑞利散射，并且由式(2.34)立即得

$$\mathrm{d}\sigma/\mathrm{d}\Omega \propto \omega_0^4$$

这就是著名的瑞利散射定律。

(2) $\omega_0 \approx \omega$，即入射光的频率 ω_0 与电子振动的本征频率 ω 接近时，出现了一个强烈的“共振散射”，这时，微分散射截面很大。

(3) $\omega \ll \omega_0 < mc^2/\hbar$，即入射光频率很高，此时的电子可以看作是原子核对其束缚不起作用，微分散射截面

$$\frac{\mathrm{d}\sigma}{\mathrm{d}\Omega} = \frac{1}{2}(1 + \cos^2\theta)\left(\frac{e}{mc^2}\right)^2 \tag{2.52}$$

也就是说，此时对应于自由电子的汤姆孙散射。从式(2.52)可见，汤姆孙散射的散射强度与入射光频率无关。

(4) $\omega_0 \geqslant \frac{mc^2}{\hbar}$，即更高频率的光子入射，或说，入射光子能量 $\hbar\omega_0$ 大于电子相应的静止质量 mc^2，这时经典理论失效，发生非弹性康普顿散射。

2. 拉曼活性

当某个散射源，例如，分子的某个振动模 K，在入射光激发下可以产生拉曼散射，则称该振动模是拉曼活性的。从式(2.46)可以看到，拉曼活性的条件是振动 K 的微商极化率 $\boldsymbol{\alpha}'_K \neq 0$。

极化率 $\boldsymbol{\alpha}$ 张量矩阵的结构由散射体系的对称性决定，就是说，振动模 K 的极化率 $\boldsymbol{\alpha}_K$ 张量矩阵中的非零矩阵元 $(\alpha_{ij})_K$ 由体系对称性质决定。当然，非零矩阵元 $(\alpha_{ij})_K$ 的具体表达和数值，对于不同的散射源是会有差别的。由此，可以认识到，振动模的拉曼活性是由体系的空间对称性决定的。在偏振谱的测量中，它就导致

了与空间对称性相关的拉曼选择定则。拉曼选择定则一方面为偏振谱实验时的几何配置提出了具体要求，另一方面，也为偏振拉曼谱峰的分析和对称性归属提供了判据。为了具体展示上述对拉曼活性问题的描述，表 2.2 列举了一个三原子分子的不同振动模式及其对称变换、对应的极化率 $\boldsymbol{\alpha}_K$、感生偶极矩 $\boldsymbol{P}_K$ 和微商极化率 $\boldsymbol{\alpha}'_K$ 是否为零的情况。

表 2.2 三原子分子的振动模式及其对称变换、极化率 $\boldsymbol{\alpha}_K$、感生偶极矩 $\boldsymbol{P}_K$ 和微商极化率 $\boldsymbol{\alpha}'_K$

分子结构			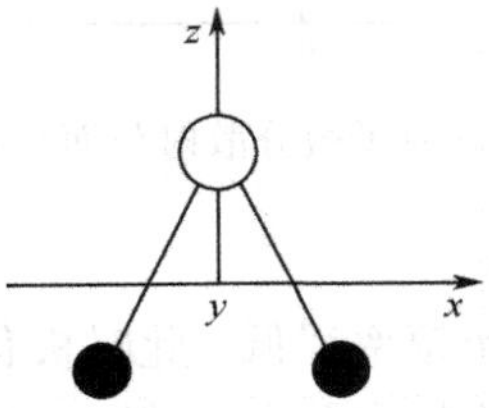 z, y, x	
振动模式 K		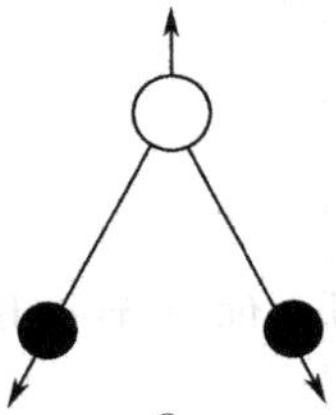 Q_1	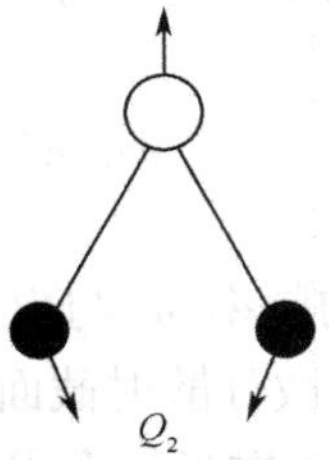 Q_2	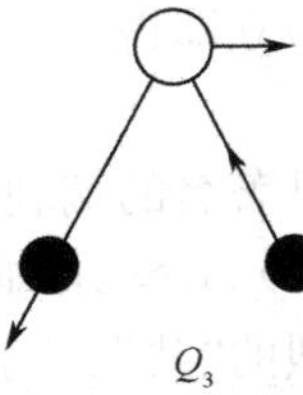 Q_3
对称变换	E	1	1	1
	$C_2(z)$	1	1	−1
	σ_{xz}	1	1	1
	σ_{yz}	1	1	−1
对称性		全对称	全对称	$C_2(z)$、σ_{yz} 对称
$\boldsymbol{\alpha}_K$		$\begin{pmatrix}\alpha_{1,xx} & 0 & 0\\ 0 & \alpha_{1,yy} & 0\\ 0 & 0 & \alpha_{1,zz}\end{pmatrix}$	$\begin{pmatrix}\alpha_{2,xx} & 0 & 0\\ 0 & \alpha_{2,yy} & 0\\ 0 & 0 & \alpha_{2,zz}\end{pmatrix}$	$\begin{pmatrix}0 & 0 & \alpha_{3,xz}\\ 0 & 0 & 0\\ \alpha_{3zx} & 0 & 0\end{pmatrix}$
$\boldsymbol{P}_K$		$\begin{pmatrix}\alpha_{1,xx}E_x\\ \alpha_{1,yy}E_y\\ \alpha_{1,zz}E_z\end{pmatrix}$	$\begin{pmatrix}\alpha_{2,xx}E_x\\ \alpha_{2,yy}E_y\\ \alpha_{2,zz}E_z\end{pmatrix}$	$\begin{pmatrix}\alpha_{3,xz}E_z\\ 0\\ \alpha_{3,zx}E_x\end{pmatrix}$
$\boldsymbol{\alpha}'_K$		$\neq 0$	$\neq 0$	$\neq 0$
拉曼活性		是	是	是

如物体具有在某种对称变换下不变的性质，则认为其具有某种对称性。表 2.2 所示的三原子分子有不动、绕 z 轴转 180°、x-z 平面反演和 y-z 平面反演等 4 种对称变换，它们依次被标记为 E、$C_2(z)$、σ_{xz} 和 σ_{yz}。在这些对称变换操作下，表 2.2 所示的 Q_1、Q_2 和 Q_3 三种振动模式的变换情况列于表 2.2 中，其中"1"表示不变（自身重合），"−1"表示改变（自身不重合）。从表 2.2 可以看到，Q_1 和 Q_2 在 4 种对称操作下都与

自身重合，具有全对称性，而 Q_3 则不是。与此对称性相适应的极化率张量 $\boldsymbol{\alpha}_K$ 的矩阵结构以及微商极化率 $\boldsymbol{\alpha}'_K$ 和拉曼活性的情况均一并列于表 2.2 中。

从表 2.2 可以发现：

(1) 对称性质相同的振动模(如 Q_1 和 Q_2)，极化率张量 $\boldsymbol{\alpha}_K$ 和偶极矩 $\boldsymbol{P}_K$ 的结构是一样的，但是，对称性不同的振动模(如 Q_1(Q_2)和 Q_3)，极化率张量 $\boldsymbol{\alpha}_K$ 和偶极矩 $\boldsymbol{P}_K$ 的结构完全不同。因此，在同一偏振性质的激发光作用下，所产生的散射辐射的特征(如散射谱线的数目和偏振特性等)，对于 Q_1 和 Q_2 是相同的，而在 Q_1 和 Q_3 以及 Q_2 和 Q_3 之间是不同的。

(2) 表 2.2 还显示，振动模 Q_1、Q_2 和 Q_3 都是具有拉曼活性的，但是，因为它们的极化率张量 $\boldsymbol{\alpha}_K$ 和偶极矩 $\boldsymbol{P}_K$ 的结构并不相同，对产生拉曼散射的入射光和观察散射光的条件就有一定要求，也就是说，有选择定则的限制。例如，在入射光和散射光的偏振是平行配置的情况下，对于振动模 Q_1 和 Q_2，就会产生拉曼散射，而 Q_3 就根本不可能，但是在入射光和散射光的偏振是交叉配置时，则情况恰巧相反。

在讨论和得出以上结论的过程中，并没有涉及有关分子振动的其他属性(如质量、力常数等)，因此，只要对称性相同，上述论述具有普遍意义。例如，图 2.9 所示的几个半导体晶体，它们的组分各不相同，但是因为对称性均属于简立方群的闪锌矿结构，它们的拉曼谱线的数目等特征是一样的，但是因为它们的质量、力常数等属性不一样，反映在频率数值上就各不相同。

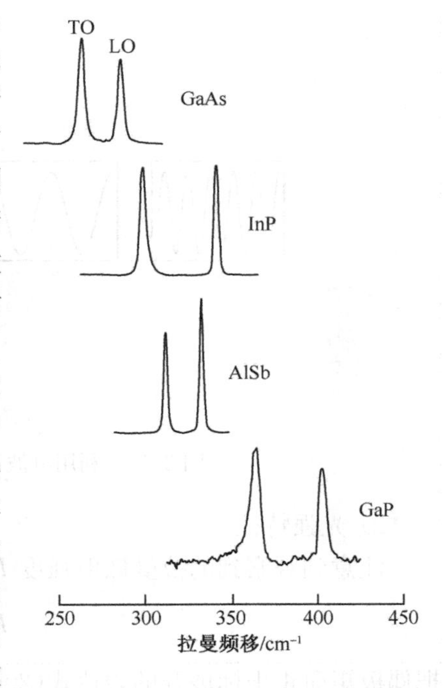

图 2.9　晶体结构均为闪锌矿结构，但是组分不同的半导体的特征拉曼谱

通过上述例子的讨论，也可以具体看到，拉曼光谱是研究散射体对称性质的有力工具，特别对于晶体的拉曼散射更是如此。因此，了解晶体的结构及其对称性是进行晶体拉曼光谱学研究的重要基础。

3. 散射光的基本特征

一束光的特征通常用频率、偏振、强度和相位等进行描述。下面主要以分子的光散射为样本，叙述经典光散射理论对这些特征的描述。

1) 频率特征

式(2.50) 表明，感生偶极矩具有三个不同频率的分量 $\boldsymbol{P}_0(\omega_0)$、$\boldsymbol{P}_0(\omega_0+\omega_k)$、

$\boldsymbol{P}_0(\omega_0-\omega_k)$，因此，发生光散射时必定同时分别产生频率为 ω_0、$\omega_0-\omega_k$、$\omega_0+\omega_k$ 的辐射，它们分别就是瑞利散射以及斯托克斯和反斯托克斯拉曼散射。

此外，还可以看到，光散射的过程与电波的调频（注意，不是调幅）或非线性光学中的混频过程相似[6]。图 2.10 模拟了电波的调频过程，在此调频过程中，入射光波相当于一个频率为 ω_0 载波，而散射体的振荡波相当于频率为 ω_k 的信号波，载波经信号波调制后，输出波中除了有频率 ω_0 的载波外，还包含了和频（$\omega_0+\omega_k$）以及差频（$\omega_0-\omega_k$）的辐射。在光散射中，它们就分别是瑞利、反斯托克斯和斯托克斯散射。

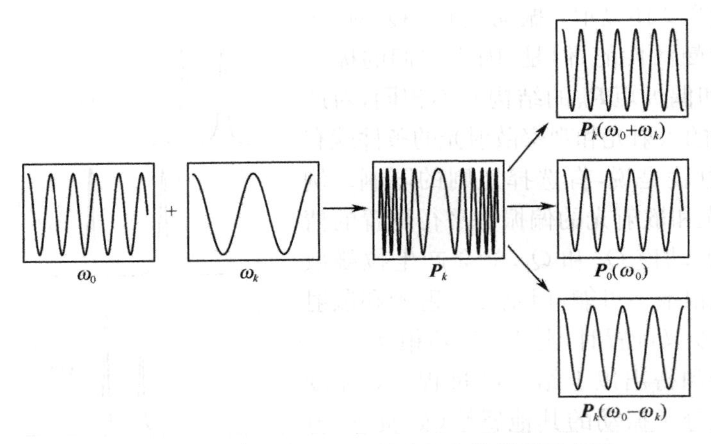

图 2.10　利用电波调频机制诠释光散射的示意图

2） 光强特征

注意到观察到的拉曼散射强度 I 直接与微分散射截面相关，即

$$I=\frac{\mathrm{d}^2\sigma}{\mathrm{d}\Omega\mathrm{d}E} \tag{2.53}$$

把偶极矩简正坐标展开的表达式(2.44)代入式(2.25)，就得到光散射强度

$$I_k=\left[\frac{\langle Q_{k0}\rangle(\omega_0\mp\omega_k)^4}{32\pi c^3}\sin^2\theta\right]\left|\boldsymbol{\alpha}'_k\cdot\boldsymbol{E}_0\right|^2 \tag{2.54}$$

式中，拉曼散射的强度正比于入射光强 $|\boldsymbol{E}_0|^2$，与散射光频率（$\omega_0\mp\omega_k$）的四次方成正比。后者说明，历史上著名的瑞利定律，即散射光强度与入射光频率 ω_0 的四次方成正比，实际上是一个近似的定律。

3） 偏振特征

2.2.1 节已说明，入射光和散射光的偏振状态通过极化率张量关联。根据感生偶极矩 $\boldsymbol{P}$ 的表达式(2.28)，可以了解到：

（1） 在偏振方向确定的外电场作用下，对于空间取向固定的分子或原子/分子体系（如晶体），一般情况下，散射光也是偏振的，但与入射光的偏振方向并不一定相同。

(2) 对于空间取向不固定的分子或原子/分子体系，一般说来，即使是平面偏振光入射，散射光的偏振方向不仅会与入射光不同，而且散射光本身都有可能不再是平面偏振光。

从表达式(2.28)可以看到，在 E_x、E_y和 E_z 确定，即偏振方向确定的入射光作用下，P_x、P_y和 P_z是否为非零，完全由极化率张量 $\boldsymbol{\alpha}$ 决定，因为极化率张量 $\boldsymbol{\alpha}$ 的结构完全由体系的对称性质决定。因此，偏振拉曼谱将能给出体系对称性质的信息。

此外，从光散射的微分散射截面的表达式（2.25）可以看到，与散射光的偏振状态直接联系的感生偶极矩 $\boldsymbol{P}$，直接影响微分散射截面也就是观察到的散射光强度，因此，在偏振光谱测量中，散射光偏振状态的改变是通过光强表现出来的。从而，要从拉曼光谱了解散射对象的对称性质，必须进行偏振拉曼光谱的测量。

4) 相位特性

在式(2.23)中，$kr = (\omega/c)r$ 就是相位 φ 的表述。在光散射实验中，相位并不如频率、偏振和强度那样有明显的反映和可直接测量；相位通常通过影响光散射的强度及其在空间的分布来表现。

如果不同光束之间在相位上存在关联，则它们会产生干涉，干涉的结果会使光在某一方向得到加强，在另一方向出现减弱。因此，如果入射光和散射光以及由不同散射体发出的光波之间在相位上存在关联，总的散射光强度一般将不会是各个散射体发出的光波的简单相加。

(1) 散射光与入射光的相位问题。

从感生电偶极矩的表达式(2.47)，可以看到，对于瑞利散射，散射光与入射光的相位是相同的，而对拉曼散射则不是。因此，瑞利散射光与入射光是相干的，会出现干涉现象，使得瑞利散射的强度分布在空间具有方向性，但是，因为拉曼散射光与入射光的不存在相位关联，因此，拉曼散射光强度在空间不存在瑞利散射那样的方向性。

(2) 不同散射体发出的光波的相位问题。

以上讨论仅限于单个散射体，而实际散射实验中所涉及的散射一般是多个散射体散射的结果。由于式(2.44)中存在相位因子 φ_k，因而使得不同散射体间(如来自不同分子的拉曼散射光)并不相干，所以对于多分子体系，其拉曼散射总强度是各个分子拉曼散射强度的代数和。

光散射的宏观理论对光散射的机制和光散射谱的特性，给出了许多满意的解释。但是，在涉及微观机制的一些问题上，如斯托克斯和反斯托克斯散射的强度和某些选择定则等，经典理论就显得无能为力，需要借助于微观理论了。

2.3 光散射的微观理论

用微观理论描述光散射时，如果用量子场论描述[7]，整个散射体系都由量子化的粒子构成，即入射和散射束是光波场的量子(即光子)，散射靶是由量子化的粒子或准粒子组成，而散射过程是在光子和靶粒子相互作用下，入射光子、靶粒子和散射光子的产生和湮没的过程。

但是，因为本书所讨论的参与光散射的光子基本上是可见光频段的光子，所以入射和散射光可以不用光子，而用电磁波来描述，但是靶粒子仍被认为是量子化的粒子，只是把靶粒子的产生和湮没等价为靶粒子的量子态的改变。也就是说，用非相对论情况下的量子场论——量子力学来讨论光散射问题。由于量子力学的讨论已能很好地诠释线性光散射的机制和基本特征等问题，而且量子场论已超出本书大部分读者的理论基础，故本书关于光散射的微观理论的讨论只限于用量子力学理论。

2.3.1 微分散射截面与量子跃迁概率

在光散射的量子力学描述中，图 2.11 形象化地显示了振动光散射的量子力学描述，图中的实线和虚线分别表示实的和虚的能级跃迁。光散射过程被描述为，入射光照射靶粒子体系后，靶粒子受光波的作用，从一个量子态跃迁到另一个量子态，并同时辐射出散射波。不同的能级跃迁方式分别产生了瑞利、反斯托克斯和斯托克斯散射。

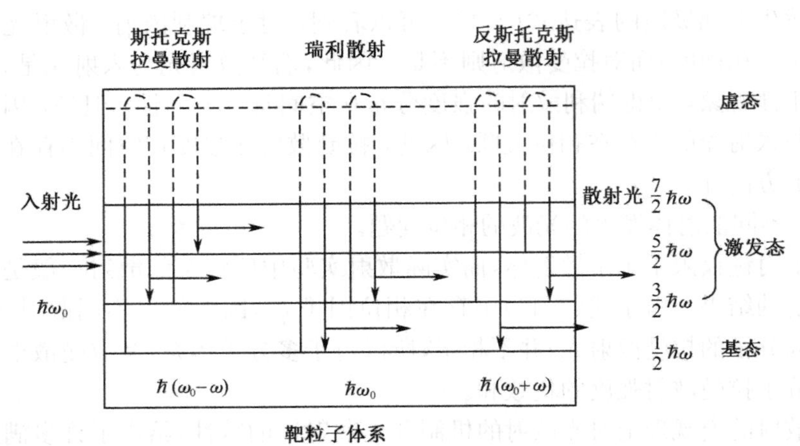

图 2.11　振动光散射的量子力学描绘的示意图

正如 2.1.3 节中所指出，根据式(2.21)，微分散射截面$\frac{d^2\sigma}{dEd\Omega}$与发生能级跃迁

的概率 R 成比例,因此,求解跃迁概率 R 是得到微分散射截面 $\frac{d^2\sigma}{dEd\Omega}$ 和用量子力学解释光散射的关键。

2.3.2 量子跃迁概率与含时间微扰论[8]

在光散射事件中,由入射光波与靶粒子相互作用发生的跃迁概率 R 通过求解下列含时间的薛定谔方程获得

$$\hat{H}(t)\psi(\boldsymbol{r},t) = i\hbar \frac{\partial}{\partial t}\psi(\boldsymbol{r},t) \tag{2.55}$$

式中,$\hat{H}(t)$ 是含时间的哈密顿算符,$\psi(\boldsymbol{r},t)$ 是描写体系状态的波函数。假设 H_0 和 $\hat{H}'(t)$ 分别是与时间 t 无关和相关的哈密顿算符,并设哈密顿算符可以分写成

$$\hat{H}(t) = \hat{H}_0 + \hat{H}'(t) \tag{2.56}$$

含时间的薛定谔方程就可以改写为

$$\{\hat{H}_0 + \hat{H}'(t)\}\psi(\boldsymbol{r},t) = i\hbar \frac{\partial}{\partial t}\psi(\boldsymbol{r},t) \tag{2.57}$$

而 $\hat{H}_0$ 的本征函数和本征值 ε_n 可以由下列定态薛定谔方程获得

$$\hat{H}_0\varphi_n(\boldsymbol{r}) = \varepsilon_n\varphi_n(\boldsymbol{r}) \tag{2.58}$$

在光散射事件中,$\hat{H}_0$ 和 $\hat{H}(t)=\hat{H}_0+\hat{H}'(t)$ 分别代表光波和靶粒子之间不存在和存在相互作用时的哈密顿算符,而光波对靶粒子作用 $\hat{H}'(t)$ 可以看成是对体系的微扰,也就是说,$\hat{H}'(t)$ 与 $\hat{H}_0$ 相比是小量,于是,可以用含时间的微扰论方法,求解含时间的薛定谔方程。

在含时间的微扰论方法中,将 $\psi(\boldsymbol{r},t)$ 按 $\hat{H}_0$ 与时间相关的本征函数

$$\psi_n(\boldsymbol{r},t) = \varphi_n(\boldsymbol{r})\exp(-i\varepsilon_n t/\hbar) \tag{2.59}$$

作展开,得到

$$\psi(\boldsymbol{r},t) = \sum_n C_n(t)\varphi_n \tag{2.60}$$

显然,$C_n(t)$ 就是 $\psi(\boldsymbol{r},t)$ 在以 φ_n 为基矢的坐标系中的波函数,也代表微扰后的体系 $\psi(\boldsymbol{r},t)$ 在态 φ_n 概率,于是,$|C_n(t)|^2$ 就代表了由初态 φ_k 跃迁到 φ_n 的概率。因此,求出 $C_n(t)$ 就能进而导出跃迁概率 R。

按微扰论方法,$\hat{H}'(t)$ 可以进一步从分成 0, 1, 2…若干级微扰,与此相应,$C_n(t)$ 可以写成

$$C_n(t) = C_n^{(0)}(t) + C_n^{(1)}(t) + C_n^{(2)}(t) + \cdots \tag{2.61}$$

其中,0 级的 $C_n^{(0)}(t)$ 实际上就是无微扰时的情形,可以假设它处在 $\hat{H}_0$ 的第 k 个本征态 $\varphi_k(\boldsymbol{r})$,而通过解含时间的薛定谔方程,得到对应于一级微扰的

$$C_n^{(1)}(t) = \frac{1}{\mathrm{i}\hbar}\int_0^t \exp(\mathrm{i}\omega_{nk}t)H'_{nk}\,\mathrm{d}t \tag{2.62}$$

其中的矩阵元

$$H'_{nk}(t) = \langle \varphi_n(\boldsymbol{r}) | H'(t) | \varphi_k(\boldsymbol{r}) \rangle \tag{2.63}$$

$$\omega_{nk} = (\varepsilon_n - \varepsilon_k)/\hbar \tag{2.64}$$

因此，从态 $\varphi_k(\boldsymbol{r})$跃迁至态 $\varphi_n(\boldsymbol{r})$的概率是

$$R_{nk}(t) = \frac{1}{\hbar^2}\left|\int_0^t \exp(\mathrm{i}\omega_{nk}t)H'_{nk}\,\mathrm{d}t\right|^2 \tag{2.65}$$

2.3.3　原子光散射的量子力学描述[8]

在 2.2.2 节已经指出,原子可以看作一个用简谐振动描述的电子绕核运动的体系,原子的光散射源于原子中束缚电子的散射。

首先假定入射光波的电场 $\boldsymbol{E}$ 在原子范围内并不变化,即入射电场 $\boldsymbol{E}$ 看成空间均匀的电场，即振幅 $\boldsymbol{E}_0$ 不是坐标 $\boldsymbol{r}$ 的函数，于是电场可写成

$$\boldsymbol{E} = \boldsymbol{E}_0\cos\omega_0 t \tag{2.66}$$

电场相应产生的电势是

$$\chi = -\boldsymbol{E}\cdot\boldsymbol{r} \tag{2.67}$$

考虑到电子位移 $\boldsymbol{r}$ 将产生电偶极矩 $\boldsymbol{P}$，因为

$$\boldsymbol{P} = -e\boldsymbol{r} \tag{2.68}$$

于是,$\hat{H}'(t)$可以写成

$$\hat{H}'(t) = -e\chi = e\boldsymbol{E}\cdot\boldsymbol{r} = -\boldsymbol{P}\cdot\boldsymbol{E} = -\boldsymbol{P}\cdot\boldsymbol{E}_0\cos\omega_0 t \tag{2.69}$$

那么,将式(2.69)代入式(2.62)有

$$C_{nk}^{(1)}(t) = -\frac{\boldsymbol{P}_{nk}\cdot\boldsymbol{E}_0}{2\hbar}\left\{\frac{\exp[\mathrm{i}(\omega_{nk}+\omega_0)t]-1}{\omega_{nk}+\omega_0} + \frac{\exp[\mathrm{i}(\omega_{nk}-\omega_0)t]-1}{\omega_{nk}-\omega_0}\right\} \tag{2.70}$$

式中的跃迁矩阵元

$$\boldsymbol{P}_{nk} = \langle \varphi_n(\boldsymbol{r}) | P | \varphi_k(\boldsymbol{r}) \rangle \tag{2.71}$$

于是，得到了跃迁概率

$$R_{nk}(t) = \frac{|\boldsymbol{P}_{nk}\cdot\boldsymbol{E}_0|^2}{4\hbar^2}\,\frac{\sin^2[(\omega_{nk}-\omega_0)t/2]}{[(\omega_{nk}-\omega_0)/2]^2} \tag{2.72}$$

2.3.4　分子光散射的量子力学理论

2.3.2 节已经从经典理论角度,描述了分子光散射的机制，认为分子振动的光散射是由于分子中的原子在平衡位置附近振动,而在外电场 $\boldsymbol{E}$ 作用下，感生了

由式(2.44)表达的宏观极化 $\boldsymbol{P}(\boldsymbol{r},t)$，该感生电偶极矩产生的辐射就是分子振动的散射光。

在这里可以直接借用 2.3.3 节结果，只要用分子振动的感生电偶极矩 $\boldsymbol{P}^{G}$ 来替换式(2.71)的原子电偶极矩 $\boldsymbol{P}$ 的跃迁矩阵元。参照式(2.26)，可得到感生电偶极矩 $\boldsymbol{P}^{G}$ 的跃迁矩阵元

$$\boldsymbol{P}_{nk}^{G}=\langle\varphi_n(\boldsymbol{r})|\boldsymbol{P}^{G}|\varphi_k(\boldsymbol{r})\rangle=\langle\varphi_n(\boldsymbol{r})|\boldsymbol{\alpha}\cdot\boldsymbol{E}|\varphi_k(\boldsymbol{r})\rangle=\langle\varphi_n(\boldsymbol{r})|\boldsymbol{\alpha}|\varphi_k(\boldsymbol{r})\rangle\cdot\boldsymbol{E} \tag{2.73}$$

引入符号$[\boldsymbol{\alpha}]_{nk}$表示式(2.73)中的极化率跃迁矩阵元

$$[\alpha_{ij}]_{nk}=\langle\varphi_n(\boldsymbol{r})|\alpha_{ij}|\varphi_k(\boldsymbol{r})\rangle \tag{2.74}$$

由于极化率 $\boldsymbol{\alpha}$ 是实数，因此，$\boldsymbol{\alpha}$ 是对称矩阵，因此，极化率张量的 9 个分量，只有 6 个独立分量，相应地，式(2.74)只有下列 6 个分量

$$\begin{aligned}
[\alpha_{xx}]_{nk}&=\langle\varphi_n(\boldsymbol{r})|\alpha_{xx}|\varphi_k(\boldsymbol{r})\rangle\\
[\alpha_{yy}]_{nk}&=\langle\varphi_n(\boldsymbol{r})|\alpha_{yy}|\varphi_k(\boldsymbol{r})\rangle\\
[\alpha_{zz}]_{nk}&=\langle\varphi_n(\boldsymbol{r})|\alpha_{zz}|\varphi_k(\boldsymbol{r})\rangle\\
[\alpha_{xy}]_{nk}&=\langle\varphi_n(\boldsymbol{r})|\alpha_{xy}|\varphi_k(\boldsymbol{r})\rangle\\
[\alpha_{xz}]_{nk}&=\langle\varphi_n(\boldsymbol{r})|\alpha_{xz}|\varphi_k(\boldsymbol{r})\rangle\\
[\alpha_{yz}]_{nk}&=\langle\varphi_n(\boldsymbol{r})|\alpha_{yz}|\varphi_k(\boldsymbol{r})\rangle
\end{aligned} \tag{2.75}$$

2.3.5 光散射的量子力学诠释

1. 拉曼散射机制

从电偶极矩的跃迁矩阵元 $\boldsymbol{P}_{nk}^{G}$ 的公式(2.73)和极化率跃迁矩阵元$[\alpha_{ij}]_{nk}$的公式(2.74)可以看到，若极化率 $\boldsymbol{\alpha}$ 为常数C，就可以将它们提到积分号前面，由于波函数 $\varphi_n(\boldsymbol{r})$和 $\varphi_k(\boldsymbol{r})$的正交性，则有

$$\boldsymbol{P}_{nk}\text{ 或 }[\boldsymbol{\alpha}]_{nk}=\begin{cases}C, & n=k\\ 0, & n\neq k\end{cases} \tag{2.76}$$

$n=k$ 或 $n\neq k$ 分别表明跃迁出现在同一和不同能量的能级间，如出现光散射，则必定分别对应于入射光能量不变的瑞利散射和能量变化的拉曼散射。这也意味着，原子和分子要产生拉曼散射的条件是电子的 $\boldsymbol{r}$ 和分子的极化率 $\boldsymbol{\alpha}$ 发生改变，而这种改变就是原子中电子在平衡位置附近出现振动，分子中原子在平衡位置附近存在振动。于是，量子力学理论在微观运动的层次上解释了拉曼散射的机制。

2. 瑞利、斯托克斯和反斯托克斯散射

跃迁概率 $R_{nk}(t)$的公式(2.72)有解的充要条件为 $\omega_0+\omega_{nk}>0$，而由式(2.64)，可写出 $\omega_n-\omega_k$。满足这个条件的情况，有以下三种：

(1) $\omega_n=\omega_k$时,则$\omega_0+\omega_{nk}=\omega_0$。此时,初态和末态能级为同一能级。

(2) $\omega_n<\omega_k$时,则$\omega_0+\omega_{nk}<\omega_0$。此时,初态能级低,末态能级高,相当于散射光频率比原入射光频率降低的状态。

(3) $\omega_n>\omega_k$时,$\omega_0+\omega_{nk}>\omega_0$。此时,初态能级高,末态能级低,相当于散射光频率比原入射光频率高的状态。

以上分析表明,瑞利散射、斯托克斯和反斯托克拉曼散射三类过程正依次对应于上述三种可能出现的情况。

3. 选择定则

从跃迁概率$R_{nk}(t)$的式(2.72)、感生电偶极矩$\boldsymbol{P}^{G}$的跃迁矩阵元式(2.73)和极化率跃迁矩阵元式(2.74),还可以发现,只有极化率跃迁矩阵元

$$[\alpha_{ij}]_{nk}=\langle\varphi_n(\boldsymbol{r})|\alpha_{ij}|\varphi_k(\boldsymbol{r})\rangle$$

至少有一个不为零,对应于极化率分量α_{ij}的振动模从振动态$|\varphi_k(\boldsymbol{r})\rangle$至振动态$|\varphi_n(\boldsymbol{r})\rangle$的跃迁才是拉曼活性的。这就是拉曼选择定则的微观理论基础。

从群论角度看,上述定则就是要求$\varphi_n(\boldsymbol{r})\alpha_{ij}\varphi_n(\boldsymbol{r})$的三重乘积属于包含全对称的表示,因此从空间对称性可以导出拉曼选择定则。拉曼选择定则对于晶体拉曼散射研究特别重要。在晶体中,拉曼选择定则的严格的群论推导和讨论,已由Loudon在20世纪60年代完成[9]。一些著作对此有详细叙述[10]。

4. 斯托克斯和反斯托克斯散射的光强

能级上的粒子数在平衡状态时遵从玻尔兹曼分布。以上讨论和图2.11已经清楚表明,斯托克斯或反斯托克斯拉曼散射分别对应于从低能级到高能级的跃迁或从高能级到低能级的跃迁。因此,拉曼散射的斯托克斯线的光强$I_{k,S}$和反斯托克斯线光强$I_{k,AS}$分别为

$$I_{k,S}\propto 1/[1-\exp(-\hbar\omega_k/k_B T)] \tag{2.77}$$

$$I_{k,AS}\propto 1/[\exp(+\hbar\omega_k/k_B T)-1] \tag{2.78}$$

其中,k_B和T分别是玻尔兹曼常量和绝对温度。二者的强度比是

$$I_{k,S}/I_{k,AS}\propto\exp(\hbar\omega_k/k_B T) \tag{2.79}$$

一般情况下,$\exp(\hbar\omega_k/k_B T)$比1大许多,因此量子理论正确地说明了经典理论不能解释的斯托克斯散射强度大于反斯托克斯散射强度的问题,并且很容易就可获得斯托克斯和反斯托克斯散射强度的比值。

5. 光谱的线形和线宽[11]

在以上所有关于光谱问题的讨论中,都没有涉及粒子能级E的宽度ΔE,也就是说,都假定能级有确定的能量值。显然,由具有确定能量的能级间跃迁所产生的

辐射的频率是严格“单色”的，不存在线宽问题。但是，实际的能级都是有宽度的，因此，由能级跃迁所产生的辐射总有一定的频率展宽，光谱中各个单色分量的强度是随着频率发生变化的，如图 2.12 所示。光谱强度频率分布曲线 $I(\nu)$ 的形状，称为光谱线形。一般情况下，$I(\nu)$ 在中心强度最大处频率 ν_0 称为中心或峰值频率。此外，人们常常把对应 ν_0 强度一半处的 $I(\nu)$ 的高、低频率差 $\Delta\nu$（半高全宽，FWHM）定义为光谱线宽。

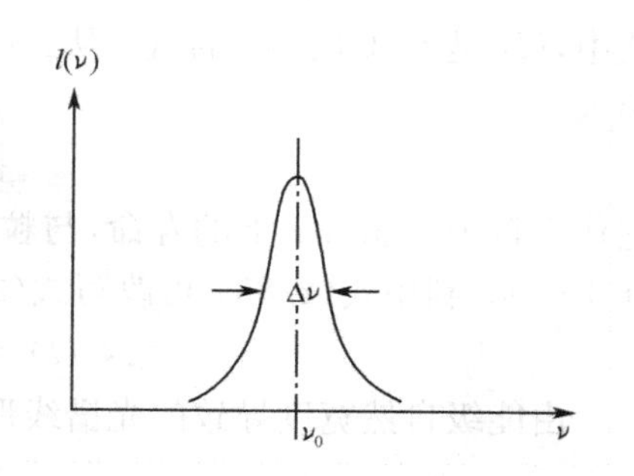

图 2.12　光谱强度按频率分布的示意图

根据测不准原理，能级 E 的宽度 ΔE 与粒子在能级 E 的滞留时间（寿命）Δt 有关系

$$\Delta E \cdot \Delta t \propto \hbar \tag{2.80}$$

因此，粒子在能级间发生跃迁和产生了辐射，粒子在能级 E 的寿命 Δt 就缩短，也就是说，能级跃迁（辐射）概率的大小决定了寿命 Δt 和能级宽度 ΔE，进而影响了光谱的线形和线宽。由于导致能级跃迁（即产生辐射）的机制不只一种，因此，会有多种类型的能级展宽和光谱线形。下面将对此作一简要的介绍。

1）自然展宽

辐射存在自发辐射、受激吸收和受激辐射等三个过程，图 2.13 描述了这三种辐射过程，图中的符号 A_{21}、B_{12} 和 B_{21} 分别表示三种辐射的爱因斯坦系数，其中 A_{21} 与粒子从能级 2 至能级 1 的跃迁概率成比例；自发辐射是与外界影响无关的自然现象。

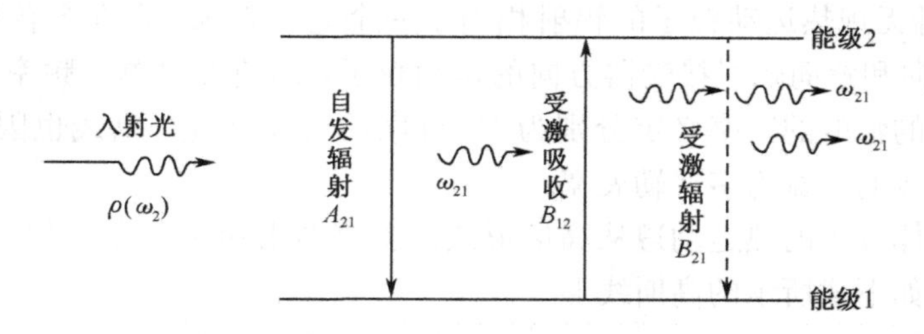

图 2.13　辐射过程的三种基本类型

由于自发辐射，在上能级 2 的粒子数 N_2 将随时间减少。假设在时刻 t 能级 2 上的粒子数为 $N_2(t)$，则由于自发辐射使得粒子减少的量显然为

$$\mathrm{d}N_2(t) = -A_{21}N_2(t)\mathrm{d}t \tag{2.81}$$

对式(2.81)积分得

$$N_2(t) = N_{20}\exp(-A_{21}t) \tag{2.82}$$

式中，N_{20}是 $t=0$ 时 N_2 的值。从式(2.82)可以看到 A_{21}倒数的量纲是时间，为此，引入

$$\tau = 1/A_{21} \tag{2.83}$$

它代表粒子在能级 2 上的寿命，与粒子本身的结构和性质有关，它的数量级一般在 10^{-8}s。利用式(2.83) 可改写式(2.82)为

$$N_2(t) = N_{20}\exp(-t/\tau) \tag{2.84}$$

由能级自然宽度导致的光谱线形 $I(\nu,\nu_0)$是如下式所示的洛伦兹函数

$$I_L(\nu,\nu_0) \propto \frac{\Delta\nu_L/\pi}{[(\nu-\nu_0)^2+\Delta\nu_L^2]} \tag{2.85}$$

式中，$\Delta\nu_L=1/2\tau$ 代表线宽。

这种由能级自然宽度导致的谱线宽度是一种固有的宽度，称为自然线宽。不同元素的原子，或同一原子的不同谱线，它们的自然线宽是不同的，但都是实际能够测量到的谱线的最小宽度。

2）碰撞展宽

由于各种原因，粒子会发生碰撞，碰撞加大了粒子的跃迁概率，这等价于粒子寿命 Δt 的缩短和能级宽度 ΔE 的展宽，从而也使光谱线出现了所谓碰撞展宽。碰撞展宽谱线的形状也是洛伦兹线形。

对于气体介质，碰撞概率与粒子密度相关，而粒子密度与气体的压强相联系，随着气压的增高，碰撞谱线的中心频率将发生移动，谱线形状也发生变化。因此，碰撞展宽有时也称为压力展宽。

3）多普勒展宽

在非零温度时，粒子在空间必定有无规热运动。相对于空间位置固定的辐射接受器，这种无规热运动粒子的辐射相当于一个运动光源，存在多普勒效应，也就是说，面向和背向辐射接受器方向的运动粒子，即使发射单一频率 ν_0 的辐射，实际接收到的辐射的频率必定分别为大于和小于 ν_0，于是，谱线也因此而展宽，并称这种谱线的展宽为多普勒展宽。

由于气体分子的热运动遵从高斯形式的麦克斯韦速率分布，因此，多普勒谱线的形状是如下式所示的高斯线形

$$I_D(\nu,\nu_0) \propto \frac{1}{\Delta\nu_D}\exp\left[-\frac{mc^2}{2k_BT}\frac{(\nu-\nu_0)^2}{\nu_0^2}\right] \tag{2.86}$$

式中，m 为原子质量，k_B 为玻尔兹曼常量，T 为热力学温度，ν_0 为谱线的中心频率，$\Delta\nu_D$ 为多普勒线宽，其值为

$$\Delta\nu_D = 2\nu_0(2k_BT\ln 2/mc^2)^{1/2} \tag{2.87}$$

式(2.87)表明，原子量较小、温度较高的粒子体系，多普勒线宽较大，随温度升高谱线宽度很快增加。

图 2.14 展示了积分强度 I 和线宽 $\Delta\nu$ 均相等的洛伦兹和高斯线形光谱的示意图[12]。

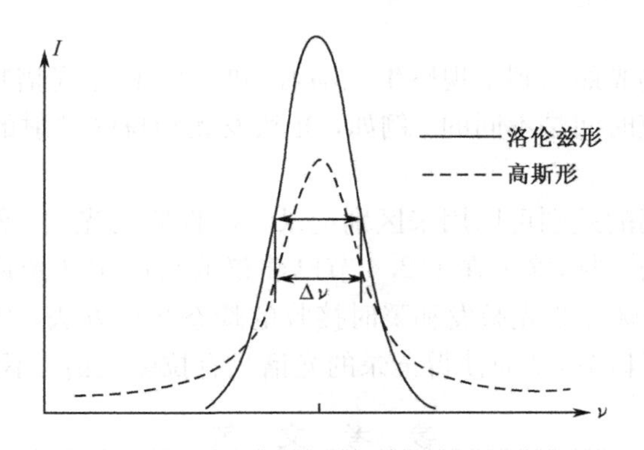

图 2.14　积分强度 I 和线宽 $\Delta\nu$ 均相等的洛伦兹和高斯线形光谱的示意图[12]

4）光谱的实际线形和线宽

（1）在实际形成的光谱中，上述三种线形和线宽往往是同时存在的。因此，在作实验谱线的理论拟合和分析时，必须首先对实验光谱的物理机制进行分析，以保证采用正确的线形进行拟合。例如，如果碰撞加宽与自然加宽两种机制同时起作用，则谱线形状仍为洛伦兹线型，而线宽等于两者之和。

了解由不同机制形成的谱线宽度的数量级，对实验光谱机制的分析是很有用的。在上述三种不同机制形成的光谱中，自然线宽 $\Delta\nu_L$ 最窄，例如，氖原子所发射的 632.8nm 谱线的 $\Delta\nu_L$ 约为 20 兆周，相应波长宽度的量级约为 10^{-5}nm。对于碰撞线宽，在 100000Pa 大气压和室温条件下，原子的碰撞时间 $\tau_p=3\times10^{-11}$s，可见光的频率 $\nu_0\approx3\times10^{15}\text{s}^{-1}$，所以 $\nu_0\tau_p\approx9\times10^4$，因此，碰撞线宽大约是自然线宽的 100 倍。至于多普勒线宽度，室温下与碰撞线宽大致相同。

（2）实际光谱的线形和线宽还有来自上述三种机制以外的根源。例如，低维体系的小尺寸效应，也使光谱的线形和线宽与传统的预期有很大差别。这些将在以后章节讨论。

（3）人们实际测量到的光谱线形和线宽还要受到测量仪器分辨率和响应效率色散等性能的影响。例如，用分辨率低于光谱线宽的仪器不可能正确地测出光谱，而用未经响应效率色散曲线校正过的光谱仪，所测量到的光谱经常是变形了的光谱。如何克服和减少由仪器带给测量光谱的影响，将在第 3 章给以较详细的讨论。

从以上的讨论，再一次看到，用量子理论讨论光谱线形和线宽的机制时，不仅避免了用经典电磁波理论讨论时的繁杂推导，而且很简洁地从微观本质上阐明了产生光谱线形和线宽的机制。

6. 光谱的响应时间

从体系在受到光照后到出现感生光辐射的时间，称作光谱响应时间。不同性质光谱的光谱响应时间是不同的。例如，光致发光和拉曼散射的响应时间分别是 10^{-11}s 和 10^{-13}s。

光谱响应时间的差别可以用来区别记录不同性质的光谱。例如，为避免光致发光对拉曼散射的干扰,除了在 1.2.4 节已建议的采用避开光致发光波段的激发光源外，还可采用脉冲激光激发和瞬时接收的瞬态光谱方法，从时间上把光致发光和拉曼散射加以区分,从而使得记录的光谱只有拉曼光谱，不出现光致发光谱。

参 考 文 献

[1] Rayleigh L. Phil. Mag. , XLI, 1871, 274:447.

[2] Brillouin L. Ann. Phys. (Paris), 1922, 17: 88.

[3] Smekal A. Naturwiss, 1923, 11: 873.

[4] 曹昌祺. 电动力学. 北京：高等教育出版社,1981.

[5] Long D A. Raman Spectroscopy. New York: McGraw-Hill International Book Company,1977; Long D A. 拉曼光谱学. 顾本元译. 北京:科学出版社,1977, 1982.

[6] 邹英华，孙陶亨. 激光物理学. 北京:北京大学出版社，1991.

[7] 曹昌其. 辐射和光场的量子统计理论. 北京：科学出版社，2006.

[8] 曾谨言. 量子力学导论. 北京:北京大学出版社，1992.

[9] Loudon. Proc. Roy. Soc. (London)A, 1963, 275: 218.

[10] 张光莹，蓝国祥. 晶格振动光谱学. 北京:高等教育出版社,1991.

[11] 赵凯华. 光学，北京：高等教育出版社,2004.

[12] Bates D R, Bederson B. Advances in Atomic and Molecular Physics, 1957, 11:331.

第 3 章　拉曼光谱的实验基础

3.1　实验的基础知识

3.1.1　拉曼光谱实验的内容和拉曼光谱的分类

第 2 章已经阐明微分散射截面$\frac{d\sigma}{d\Omega dE}$是散射事件的基本物理量，它包含了由散射事件产生的信息。拉曼光谱实验的内容就是测量微分散射截面$\frac{d\sigma}{d\Omega dE}$，即测量确定立体角内的散射光强度 I 随能量 E（即频率 ν，或角频率 ω）的变化，所获得的结果就是拉曼散射的“频谱”，即“拉曼光谱”。图 3.1 表示了图 1.5 所示拉曼光谱与微分散射截面$\frac{d\sigma}{d\Omega dE}$的对应关系。

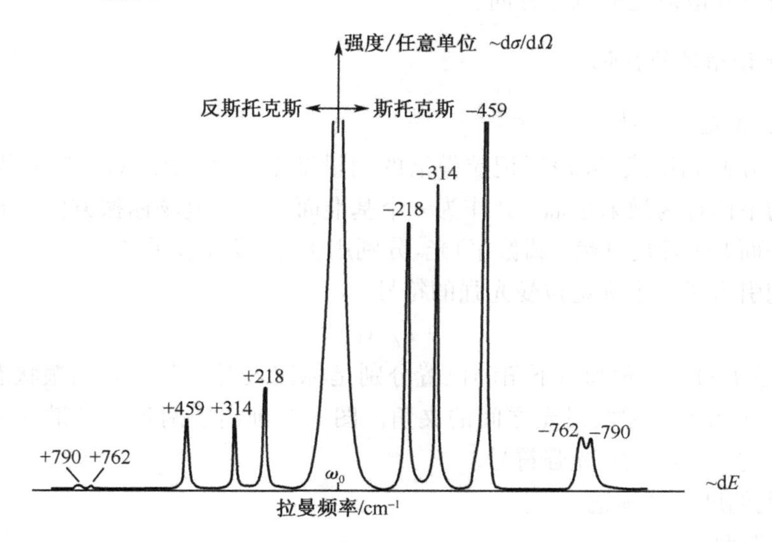

图 3.1　微分散射截面$\frac{d\sigma}{d\Omega dE}$与拉曼光谱对应关系的示意图

因实验条件不同，就出现了不同类型的拉曼光谱。例如，如果所用的激发光源和收集的散射光都有确定的偏振方向，得到的光谱便是“偏振拉曼谱”；当激发光束的传播方向确定时，记录下散射方向不同的散射光的光谱，就叫做“角分布拉曼谱”；如果在样品处于高低温、高压和外电、磁场等非常规条件下做实验，这时获得的光谱就统称为“极端条件下的拉曼谱”，或者分别称高温、低温和高压拉曼光谱等；用显微外光路做的拉曼谱，就叫显微或空间分辨拉曼光谱；采用脉冲激光激发和瞬时接收方法获得的拉曼光谱，称为瞬态或时间分辨拉曼光谱；如果实验样品是有表面拉曼增强作用的，所获得的拉曼光谱称为表面增强拉曼光谱；由非线性光学效应产生的拉曼光谱，就称为非线性拉曼光谱。

3.1.2 拉曼光谱实验条件和实验结果的标示

为了明白标示不同的实验条件以及不同类型的光谱，引入了一些与实验条件和光谱结果有关的标记符号。

1. 实验条件的标记

为了标记不同的实验条件，引入了所谓“几何配置”(geometry)符号如下[1]

$$G_1(G_2G_3)G_4 \tag{3.1}$$

实验的几何配置通常采用笛卡儿坐标系，因此，在式(3.1)中的 G_i 用 X、Y 和 Z 表示，其中 G_1 和 G_4 分别表示入射光的传播方向和散射光的收集方向，G_2 和 G_3 分别表示入射光和散射光的偏振方向。

2. 光谱结果的标记[2]

1) 拉曼光强符号

为了方便利用式(3.1)标记拉曼谱的测量结果，人们把由 G_1 和 G_4 两个方向所构成的平面称为散射平面，并作为一个基准面使用。电场偏振方向垂直或平行于散射平面，或者是自然（圆偏振）光，分别用⊥、//或 n 表示。

人们引入了一个标记拉曼光强的符号

$$^{\perp}I_{/\!/}(\theta) \tag{3.2}$$

其中，符号 I 的左上角和右下角的位置分别是标记入射和散射光偏振状态标记的地方，θ 标记入射光和散射光之间的夹角。图 3.2 画出了两种拉曼散射实验配置及其对应的几何配置和光强符号。

2) 退偏度及其标记

(1) 退偏度。

在 2.2.4 节的关于散射光偏振特征的讨论中已经指出，对于空间取向不固定的分子或分子取向无规则的原子/分子体系，一般说来，即使是平面偏振光入射，散射光的偏振方向不仅会与入射光不同，而且散射光本身都有可能不再是平面偏振光。而实际工作中遇到的散射体常会是一个分子(粒子)取向无规则的多分子(粒子)体系。例如，气体和液体基本上就是这样的体系。人们在用拉曼光谱研究这种体系时，引入了退偏度 $\rho_w(\theta)(w = n, /\!/, \perp)$ 的概念。它的定义如下：

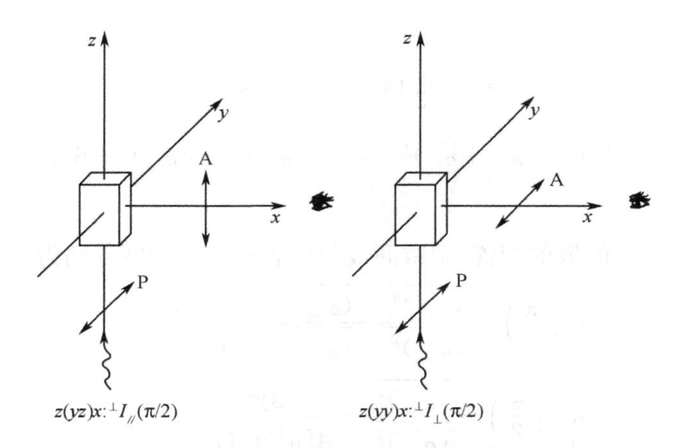

图 3.2　两种拉曼散射实验配置及其对应的几何配置和光强符号

$$\rho_{\mathrm{n}}(\theta)=\frac{{}^{\mathrm{n}}I_{/\!/}(\theta)}{{}^{\mathrm{n}}I_{\perp}(\theta)} \tag{3.3}$$

$$\rho_{\perp}(\theta)=\frac{{}^{\perp}I_{/\!/}(\theta)}{{}^{\perp}I_{\perp}(\theta)} \tag{3.4}$$

$$\rho_{\mathrm{s}}(\theta)=\frac{{}^{/\!/}I_{\perp}(\theta)}{{}^{\perp}I_{\perp}(\theta)} \tag{3.5}$$

其中，θ 表示入射光传播方向和散射光收集方向之间的夹角；$\rho_{\mathrm{n}}(\theta)$ 和 $\rho_{\perp}(\theta)$ 分别表示入射光是自然光和偏振方向垂直于散射平面时的退偏度，$\rho_{\mathrm{s}}(\pi/2)$ 是入射光偏振方向改变而散射光偏振方向不变时的退偏度。根据 $\rho_{\mathrm{s}}(\pi/2)$ 的定义，在测量 $\rho_{\mathrm{s}}(\pi/2)$ 时，不用改变散射光偏振方向，因此，对光谱仪的响应效率色散不用做修正，也就是说，在谱仪的散射光路中无须把偏振光改变成等价于自然光的圆偏振光的元件，从而给测量带来很大方便。

(2) 退偏度的微商极化率表达和对称性。

利用式(2.51)和式(2.44)，退偏度可以用微商极化率张量 $\boldsymbol{\alpha}'$ 中各个分量 α'_{ij} 二次乘积的空间平均值来表达。对于无规取向的分子，α'_{ij} 二次乘积的空间平均值

$$\overline{(\alpha'_{xx})^2}=\overline{(\alpha'_{yy})^2}=\overline{(\alpha'_{zz})^2}=\frac{1}{45}(45a^2+4\gamma^2) \tag{3.6}$$

$$\overline{(\alpha'_{xy})^2}=\overline{(\alpha'_{yz})^2}=\overline{(\alpha'_{zx})^2}=\frac{1}{15}\gamma^2 \tag{3.7}$$

$$\overline{(\alpha'_{xx}\alpha'_{yy})}=\overline{(\alpha'_{yy}\alpha'_{zz})}=\overline{(\alpha'_{zz}\alpha'_{xx})}=\frac{1}{45}(45a^2-2\gamma^2) \tag{3.8}$$

而 $\boldsymbol{\alpha}'$ 二阶张量中的其他分量的二次平均值均为零。

上面各等式右方中的 a 称为平均极化率，是极化率的一种度量；γ 称为各向异性率，是极化率各向异性的度量。这两个量在坐标转动时均不变，具体表达式分

别为

$$a=\frac{1}{3}(\alpha'_{xx}+\alpha'_{yy}+\alpha'_{zz}) \tag{3.9}$$

$$\gamma^2=\frac{1}{2}[(\alpha'_{xx}+\alpha'_{yy})^2+(\alpha'_{yy}+\alpha'_{zz})^2+(\alpha'_{zz}+\alpha'_{xx})^2+6(\alpha'_{xy})^2+6(\alpha'_{yz})^2+6(\alpha'_{zx})^2] \tag{3.10}$$

对于如图 3.2 所示的散射配置，用微商极化率表达的退偏度分别为

$$\rho_{\mathrm{n}}\left(\frac{\pi}{2}\right)=\frac{\overline{(\alpha'_{zx})^2}+\overline{(\alpha'_{xy})^2}}{\overline{(\alpha'_{yx})^2}+\overline{(\alpha'_{yy})^2}}=\frac{6\gamma^2}{45a^2+7\gamma^2} \tag{3.11}$$

$$\rho_{\perp}\left(\frac{\pi}{2}\right)=\frac{\overline{(\alpha'_{zy})^2}}{\overline{(\alpha'_{yy})^2}}=\frac{3\gamma^2}{45a^2+4\gamma^2} \tag{3.12}$$

$$\rho_{\mathrm{s}}\left(\frac{\pi}{2}\right)=\frac{\overline{(\alpha'_{yz})^2}}{\overline{(\alpha'_{yy})^2}}=\frac{3\gamma^2}{45a^2+4\gamma^2} \tag{3.13}$$

第 2 章已经提到，微商极化率的具体表达式由分子及其振动的对称性质决定。因此，式(3.11)～式(3.13) 表明，我们可以从退偏度直接判断散射光的偏振状态和振动的对称性；于是，测量退偏度成为鉴认振动对称性质的一个有力方法。例如，根据式(3.11)～式(3.13)，当退偏度 $\rho_{\mathrm{n}}\left(\frac{\pi}{2}\right)=\rho_{\perp}\left(\frac{\pi}{2}\right)=\rho_{\mathrm{s}}\left(\frac{\pi}{2}\right)=0$ 时，说明各向异性率 γ 必等于零，此时的散射光是完全偏振的；当退偏度 $\rho_{\perp}\left(\frac{\pi}{2}\right)=\rho_{\mathrm{s}}\left(\frac{\pi}{2}\right)=\frac{3}{4}$ 和 $\rho_{\mathrm{n}}\left(\frac{\pi}{2}\right)=\frac{6}{7}$ 时，说明平均极化率必为零，这时的散射光是完全退偏的；当退偏度 $\rho_{\perp}\left(\frac{\pi}{2}\right)$ 和 $\rho_{\mathrm{s}}\left(\frac{\pi}{2}\right)$ 取值在 $0\sim\frac{3}{4}$ 和 $0<\rho_{\mathrm{n}}\left(\frac{\pi}{2}\right)<\frac{6}{7}$ 时，散射光就是部分偏振光。

3.1.3　与实验条件相关的拉曼光谱特性

在第 1 和第 2 章中讨论的拉曼光谱特性，都是散射机制本身的反映。而在拉曼光谱测量时，如果所设定的实验条件不同，也会使所获得的拉曼光谱特性有所不同。

1. 与入射光能量不确定性有关的特性

在本书的表 1.1 已经列出，中子、可见光和 X 射线散射中所用的入射粒子(光)束的能量 E 分别为 10^{-2} eV、10^{0} eV 和 10^{3} eV，能量不确定性 $\Delta E/E$ 分别是 10^{-4}、10^{-8}和 10^{-2}。根据不确定原理，入射粒子能量不确定性 $\Delta E/E$ 所对应的时间不确定 Δt 的数值分别为

$$中子 \approx 10^{-10}\,\mathrm{s}$$
$$可见光 \approx 10^{-8}\,\mathrm{s}$$
$$X射线 \approx 10^{-17}\,\mathrm{s}$$

拉曼光谱主要研究由原子/离子运动产生的散射，如果 $I(t_0)$ 代表在时刻 t_0 的拉曼散射的强度，而实际测量是在时间 $-\tau \sim \tau$ 的一段时间内进行的，则测量结果应是

$$\langle I(t_0) \rangle = \frac{1}{2\tau}\int_{-\tau}^{\tau} I(t' + t_0)\,\mathrm{d}t' \tag{3.14}$$

瞬时原子位形的改变时间(即原子运动的特征时间)一般是 $10^{-12}\,\mathrm{s}$。因此，相对于原子运动的特征时间，中子和可见光散射实验所获得的光谱，原则上只能是原子位形涨落的时间平均谱。但是，对于包含 X 射线散射在内的所有静态散射实验,完成测量的所需时间均长于原子位形的改变时间，所以，拉曼散射和中子散射以及静态 X 射线散射实验所获得的光谱，实际上都是原子或离子运动的非即时的时间平均谱。

2. 与入射和散射光动量有关的特性

如果 $\boldsymbol{k}_\mathrm{i}$、$\boldsymbol{k}_\mathrm{s}$ 和 $\boldsymbol{q}$ 分别代表入射光、散射光和被测量对象的动量,根据动量守恒定律,我们有

$$\boldsymbol{k}_\mathrm{i} = \boldsymbol{k}_\mathrm{s} + \boldsymbol{q} \tag{3.15}$$

式(3.15)可以用几何图像形象地描绘如图 3.3 所示。

动量 $\boldsymbol{k}_\mathrm{i}$、$\boldsymbol{k}_\mathrm{s}$ 和 $\boldsymbol{q}$ 的方向也分别代表入射光、散射光和被测量对象振动波的传播方向,图 3.3 中的 θ 就是入射光和散射光传播方向的夹角。因此，通过改变 θ 可以选择探测不同波矢的散射对象。例如,在背散射，即入射光的传播方向和散射光的收集方向相反，即实验几何配置被记为 $X(G_3G_4)\overline{X}$ 时，由图 3.3 可以立刻看出，此时拉曼光谱所测量的是 $\boldsymbol{q} \approx 0$ 的散射对象。

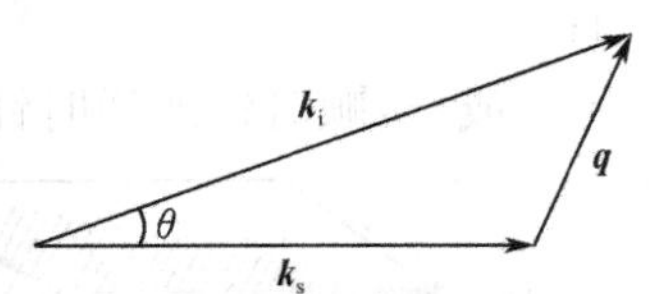

图 3.3　入射光、散射光和被测量对象 $\boldsymbol{k}_\mathrm{i}$、$\boldsymbol{k}_\mathrm{s}$ 和 $\boldsymbol{q}$ 守恒的示意图

对于固体中的晶格振动波，即所谓声子，它的能量在 10^{-2} eV 量级，与能量约为 1 eV 的激发光相比，入射光与散射光能量的改变可以忽略，因此，有 $\boldsymbol{k}_\mathrm{i} \approx \boldsymbol{k}_\mathrm{s}$，得到声子的波矢

$$\boldsymbol{q} \approx 2\boldsymbol{k}_\mathrm{i} \sin\frac{\theta}{2} \tag{3.16}$$

因而，在背向散射时,所测量的拉曼光谱是波矢近似为零的长波声子的光谱。

3.1.4 振动拉曼光谱实例——CCl_4 的拉曼光谱[3]

四氯化碳(CCl_4) 在常态下以液体形式存在，是一个空间取向无规则的分子体系。下面把 CCl_4 的分子结构、对称性、振动模式和拉曼光谱作为拉曼光谱研究的一个具体例子进行一些介绍。

1. 四氯化碳的分子结构及其对称性

四氯化碳分子由一个碳原子和四个氯原子组成。它的结构如图 3.4(a)所示，四个氯原子位于正四面体的四个顶点，碳原子在正四面体的中心。

物体绕其自身的某一轴旋转一定角度、或进行反演($\boldsymbol{r}\rightarrow-\boldsymbol{r}$)、或旋转加反演之后物体又自身重合的操作称为对称操作。四氯化碳分子所具有的旋转和旋转-反演轴列于图 3.4(b)，由该图可以看到，四氯化碳分子的对称操作有 24 个(包括不动操作 E)。这 24 个对称操作分别归属于五种对称素，这五种对称素是

$$E，3C_2^m，8C_3^j，6iC_2^p，6iC_4^m$$

上述符号的具体含义如下。

C_n:旋转轴，下标 n 表示转角为 $2\pi/n$；

i:反演；

m:旋转轴方位是 x,y,z 轴；

j:旋转轴方位在过原点 O 的体对角线方向，$j=1，2，3，4$；

p:旋转轴方位在过原点 O、立方体相对棱边中点连线方向，$p=$a，b，c，d，e，f；

$+$或$-$:顺时针或逆时针旋转方向。

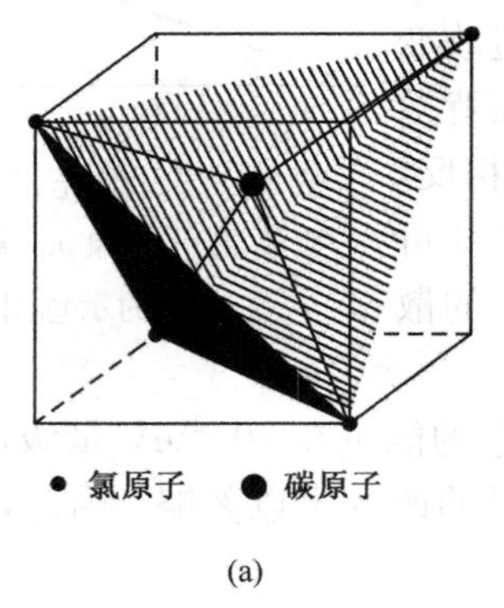

(a)

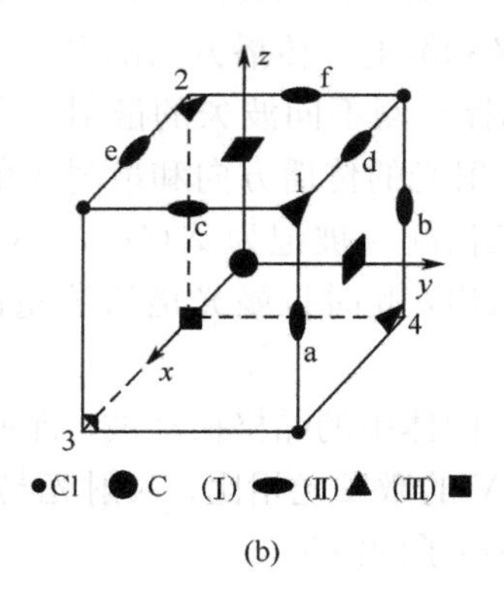

(b)

图 3.4 四氯化碳(CCl_4)的分子结构(a)及其对称素(b)

(I)过碳原子和立方体相对棱边中点连线的旋转反演轴(转角为 $\pi/2$)；(II)过碳原子的体对角线的旋转角(转角为$\pm2\pi/3$)；(III)x、y、z 旋转轴(转角$\pm\pi$)和旋转一反演轴(转角$\pm\pi/2$)

上述符号前面的阿拉伯数字代表该对称素包含的对称操作数。

2. 四氯化碳分子的振动模式及其偏振拉曼光谱

当 $N \geqslant 3$ 时，N 个原子构成的分子有 $3N-6$ 个内部振动自由度，因此四氯化碳分子应有 9 个简正振动模式，这 9 个简正振动模式还可以分成四类，图 3.5(a) 就是四氯化碳的 9 个简正振动模式。这四类振动根据其反演对称性的不同还有对称振动和反对称振动之分，如图 3.5(a)所示，其中除第Ⅰ类是对称振动外，其余三类都是反对称振动。

一般说来，同一类振动只能有 1 条基本振动拉曼线。当然，如果考虑到振动间耦合引起的微扰，有的谱线分裂成两条。每类振动所具有的振动模式数目对应于量子力学中能级简并的重数，所以如果某一类振动有 g 个振动模式，就称该类振动是 g 重简并的。

图 3.5(b)是用 RBD-Ⅱ型小型激光拉曼光谱仪测量的四氯化碳的偏振拉曼光谱。其中最弱的位于 762cm^{-1} 和 790cm^{-1} 的双重线，就是由分别位于 314cm^{-1} 和 459cm^{-1} 的最强和次强的两条谱线所对应的振动耦合而成的 773cm^{-1} 振动线，由于振动间耦合引起的微扰所分裂成的双重线。

根据退偏度 $\rho_s(\pi/2)$ 的定义，从图 3.5(b)得到四氯化碳的各个振动谱线 $\rho_s(\pi/2)$ 实验值随同它们的理论值一起列于表 3.1。从表中的数据可以看到，实验结果非常好地符合理论预期，证明了位于 278cm^{-1} 和 314cm^{-1} 振动模确实是完全退偏的，而 519cm^{-1} 的振动模是完全偏振的。

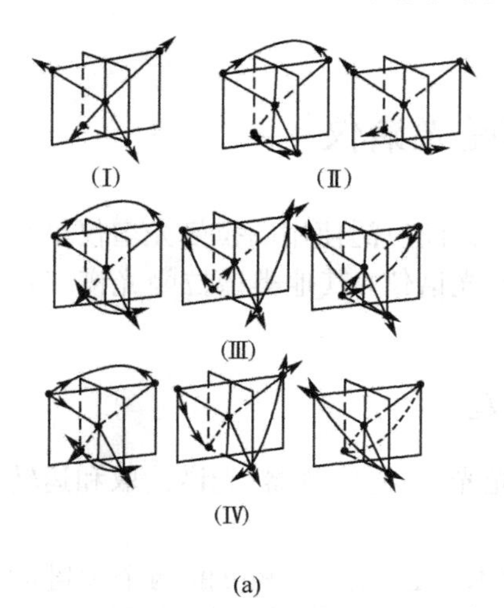

(a)

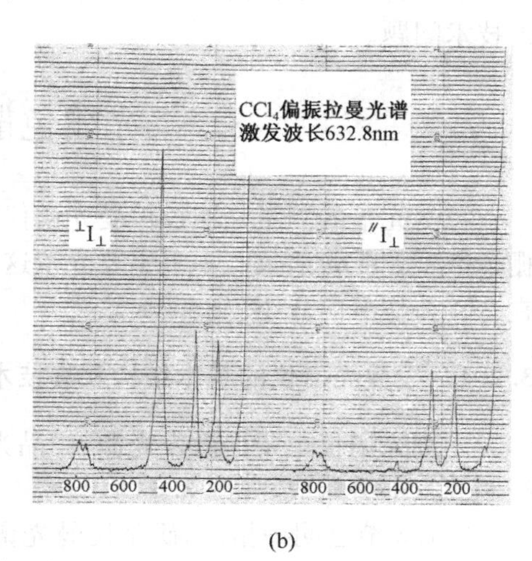

(b)

图 3.5　四氯化碳的振动模式(a)和偏振拉曼光谱(b)

表 3.1　四氯化碳振动模的拉曼线及其退偏度 $\rho_s(\pi/2)$ 的理论和实验值

谱　线		278cm^{-1}	314cm^{-1}	459cm^{-1}
$\rho_s(\pi/2)$	理论值	0.75	0.75	0.00
	实验值	0.74	0.73	0.02

3.1.5　拉曼光谱实验的技术关键

在第 1、2 章讨论中已提到，一方面，拉曼散射的强度非常弱。例如，最强的常规拉曼散射只有入射激发光强度的 10^{-6}，而固体介质的常规拉曼散射甚至只有 10^{-12}；另一方面，在激发拉曼散射同时，必然产生瑞利散射，有时还产生与拉曼散射在同一波段的光致发光，后两者的强度通常均大于拉曼散射几倍至上千倍。拉曼散射的上述两个特点，是测量拉曼散射的本质性困难，同时，也指明了研制拉曼光谱仪和测量拉曼光谱在技术上必须注意解决的关键问题：

(1) 尽可能增大在样品上激发光的功率密度和谱仪接收散射光的效率。

(2) 尽可能减少谱仪接收到的杂散光强度，主要是最大限度的抑制激光中非激发波长的杂散光功率（如气体激光器产生的等离子线）和光谱仪接收到的瑞利散射光强度。

当今的光电探测器已达到可检测单光子的水平而光源又是激光器，因此，目前仪器设计和光谱测量的关键是提高谱仪接收到的拉曼信号相对于其他一切杂散信号的信噪比，而主要不在于增大拉曼散射的绝对强度。

下面将从测量仪器和测量技术两个角度，依次讨论应如何具体解决这两个关键技术问题。

3.2　光栅色散型拉曼光谱仪

拉曼光谱的测量是通过拉曼光谱仪实现的。目前广泛使用的拉曼光谱仪是光栅色散型拉曼光谱仪。本节主要介绍这一类拉曼光谱仪，其他类型拉曼光谱仪将在 3.4 节作专门介绍。

3.2.1　拉曼光谱仪的基本结构及其技术进步历程

光栅光谱仪主要由激发光源、样品光路、分光光路、光探测器、光谱读取和运转控制等六部分构成，如图 3.6 所示。

3.1.5 节已明确指出，研制拉曼光谱仪在技术上必须注意解决的两个关键问题。拉曼光谱仪只有在基本解决上述两个技术难题后，才能被人们广泛应用。在发现拉曼光谱后的数十年内，人们为此作了不懈的努力，下面将把这些努力和得到的效果加以概述性的介绍。

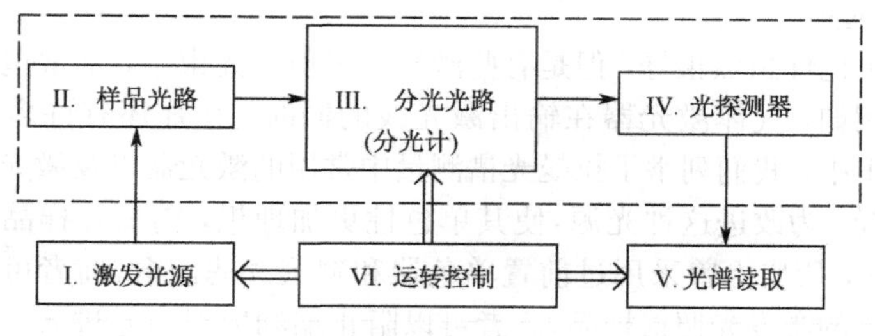

图 3.6　光栅拉曼光谱仪的结构框图

1. 极强散射光的产生和极弱光信号的探测

第 2 章已阐明拉曼散射的强度与入射光的电场强度 E^2 成正比，因此，极强拉曼信号产生的关键是增大在样品上的电场强度，即激发光的功率密度。为达到此要求，一方面，要有高亮度的激发光源，另一方面，要实际增加在样品上的激发光的功率密度，以及通过入射狭缝进入分光光路的光谱信号强度。前者因 1960 年激光器的发明并被作为拉曼光谱仪的光源，而得到很好解决。后者，主要依赖于样品光路的高效率；近年用显微镜做样品光路的核心部件，在样品光路的高效率和使用方便方面显示了很大的优点，并特称这种拉曼光谱仪为显微拉曼光谱仪。

极弱的拉曼信号经过分光光路后的信号则更为微弱，而微弱的散射光信号的高效探测实际上等价于利用高功率的激发光和产生极强的散射光。在 20 世纪 50 年代前，光谱仪的光信号探测一直用照相干板，探测效率很低。50 年代后，光电倍增管被引入光谱仪，微弱信号探测的技术难题基本上得以解决。

2. 杂散信号的抑制

上述关于增加激发光的功率密度和提高光探测器的灵敏度，同样也使接收到的瑞利散射等杂散光得到了增强。而正如 3.1.5 节所指出的那样，在当今光信号探测器已达到单光子水平的情况下，光谱的信噪比水平实际上已成为拉曼光谱仪的关键指标，因此，杂散光抑制已成为当今拉曼光谱仪和光谱测量需要解决的关键技术问题。在光谱仪方面，人们为抑制杂散光所采取的措施主要有：

1）提高激发光源的单色性

由于拉曼散射频率 ω_s 与激发光频率 ω_i 一一对应，多频率光源必相应产生多频率的散射光，这样必然造成所需某个单一频率拉曼光谱的信噪比的降低，因此，对拉曼光谱仪而言，激发光源的单色性是首先要求的。高单色性的激光作为拉曼光谱仪激发光源后，此问题已经得到较好的解决。

2）采用前置滤波器

激光的单色性虽然很好，但是有些激光器出射的光束中，常常包含有主频以外的辐射。例如，气体激光器在输出激光线的同时，往往还有许多等离子线输出。在附录Ⅰ中，我们列举了拉曼光谱测量中常用的激光器以及激光器输出的谱线和等离子线。为改进这种光源，使其单色性更加理想，需要在样品光路中设置滤波器。为此，历史上曾采用过前置单色器和碘蒸气滤波盒，前者可以减少激发所需波长以外的激发光照射样品，后者可以阻止瑞利散射信号进入分光光路。但是，由光栅构成的前置单色器，在滤去非激发波长激光线的同时，也降低激发光的功率，降低程度一般达到70％～90％。

20世纪90年代初，全息陷波片（notch filter）作为滤波器引入拉曼光谱仪，使得在抑制瑞利散射光的同时，使拉曼信号比采用光栅前置单色器增大了100倍以上。问题终于得到了较满意的解决，但是，由于目前一般陷波片的陷波带宽是100cm^{-1}左右，因此，在这种谱仪上无法测量低波数的拉曼光谱。

3）增加分光光路的色散

在摄谱仪或单色仪作为分光光路的情况下，增加摄谱仪或单色仪的线色散，可以使拉曼谱线远离瑞利线，从而提高接收到的拉曼光谱的信噪比。在20世纪80年代前的几十年中，人们主要通过加大光谱仪的焦距或者增加单色仪的级数方法，以增加摄谱仪或单色仪的线色散，如有的单色仪焦距都做到了1m以上，有的光谱仪采用了二或三个单色仪串联的结构。这样做的结果，已经达到了相当好的抑制瑞利散射等杂散光的目的，如左旋酰胺酸的低至8 cm^{-1}的谱线已能在1m焦距的双单色仪上测量到。但采用这样的增加色散抑制杂散光的办法，光谱仪的通光效率受到了极大损失，因而拉曼信号也同时大为降低，即使采样积分时间增加到以小时计，许多弱拉曼信号有时依然探测不到。图3.7展示了一个实测的单、双和三光栅单色仪散射光强随拉曼频率的变化图，从图可以清楚看到，增加分光光路色散，虽然可以使瑞利杂散光得到抑制，但是拉曼信号也遭到了几个量级的减小。

4）增加取样积分时间

因为随机信号的大小与测量次数 n 有 $1/\sqrt{n}$ 的关系，因此，增加测量光谱的取样积分时间，将可以抑制各种光、电和环境等产生的随机噪声信号，提高光谱的信噪比。20世纪90年代以后，商品谱仪开始广泛采用增强型硅光电二极管列阵和电荷耦合探测器（CCD）等多通道光探测器，代替单通道光探测器——光电倍增管，使得在同一时间内光谱的采样积分时间增加了2或3个数量级，极大地提高了探测到的拉曼光谱信号的信噪比。

在表3.2内，按年份次序列出了为改进拉曼光谱仪所引进的重要部件，并按引进重要部件而相应产生的商品拉曼光谱仪加以分代，供读者参考。

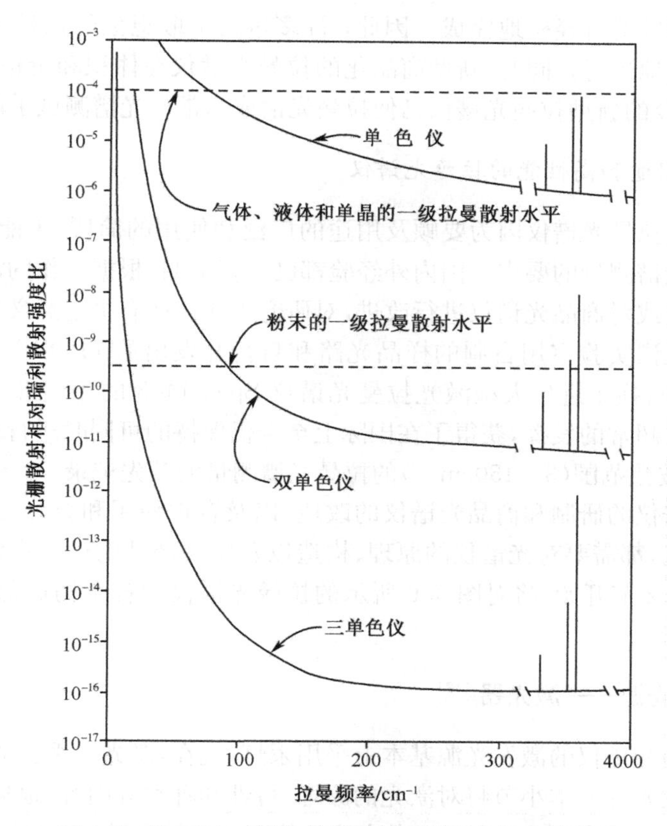

图 3.7　单、双和三单色仪的散射光强度与频率的关系

其中锐线是光栅的鬼线(源自 Spex 公司)

表 3.2　商品拉曼光谱仪分代及其相应引进重要部件的情况

仪器	年代	激发光源	样品光路	分光光路	光探测器	数据读取	效果
Ⅰ代	30～40	汞灯	透镜	棱镜摄谱仪	乳胶感光版	显微读数仪	采谱需数小时
Ⅱ代	50～60			棱镜单色仪	**光电倍增管(PMT)**	**长图记录仪**	采谱需几十分钟
Ⅲ代	70～80	**连续/脉冲激光器**	前置单色器	**光栅双单色仪**		**专用计算机**	采谱需几分钟;时间分辨
Ⅳ代	90～2000		**显微镜陷波片**	光栅摄谱仪;	**电荷耦合器(CCD)**	**通用计算机**	空间分辨
Ⅴ代	2000后		**近场显微镜**				空间超分辨

注:黑体字母代表引进的重要部件。

当今的商品拉曼光谱仪已使拉曼光谱测量变得非常容易和快捷。例如,20 世纪 30 年代测量 CCl_4 拉曼光谱所需时间常常以小时甚至几十小时计,现在类似的

测量不用 1 秒钟就可轻松地完成。因此，许多过去不敢想象的拉曼光谱测量，现在都能很容易地进行。同时，新型商品化的拉曼光谱仪在体积和价格上也大为降低。因此，当今的新型拉曼光谱仪已使拉曼光谱成为常规光谱测试手段。

3. 特殊用途和高性能的拉曼光谱仪

商品化的拉曼光谱仪因为要顾及用途的广泛和使用的简便，不能满足一些特殊和高性能光谱测量的要求。国内外经验都已反复证明，根据工作的需要，自己研制拉曼光谱仪或对商品光谱仪进行改进，对研究工作往往有决定意义。例如，北大物理系拉曼光谱实验室用自制的样品光路和自行开发出 BD-POWX 计算机控制软、硬件[4, 5]，替换了进口大型激光拉曼光谱仪 Spex 1403 的相应部件后，光谱仪的性能得到了超常的发挥，获得了在国际上至今仍保持的可同时进行极低波数(约 $3cm^{-1}$)和宽波数范围($3\sim150cm^{-1}$)的拉曼光谱测量的领先记录[6]。

拉曼光谱仪的研制和商品光谱仪的改造，以及合理使用和充分发挥商品拉曼光谱仪的效能，都需要对光谱仪的原理、构造以及相关部件的性能有清楚的了解。为此，从 3.2.2 节开始，将对图 3.6 所示的拉曼光谱仪的各个构成部分分别予以较具体的介绍。

3.2.2 激发光源——激光器[7,8]

早期拉曼光谱仪的激发光源基本上采用汞灯，现在，激光几乎已成为拉曼光谱仪的唯一激发光源。本小节将对激光的原理、特性和种类等内容，根据拉曼光谱测量的需要做一简要介绍，以利于对激光器的使用和拉曼光谱的测量。

1. 激光产生的原理和激光器的结构

2.3.5 节已经提到辐射存在自发辐射、受激吸收和受激辐射等三个过程。形成激光必须使受激辐射超过自发辐射和受激吸收，但是，在热平衡条件下，自发辐射和受激吸收的光子数都大于受激辐射约 10^5 倍。因此，形成激光的第一个条件是上能级的粒子数必须多于下能级的粒子数。但是在通常情况下，上能级的粒子数远远少于下能级的粒子数，因此要产生受激辐射的条件有：

第一，出现上、下能级上的粒子数反转，这是前提条件。做到这一点的重要基础是体系存在亚稳态，图 3.8 展示了两种常见的有亚稳态的三能级和四能级的能级结构及其对应的激励、抽运和辐射的方式。当然，为达到受激辐射，除了有合适介质可以造成粒子数反转的条件外，还需要有外加泵浦使粒子数稳定地反转。

第二，形成激光还需要对受激辐射进行有效的限制，只使某一特定状态光子的自发辐射得到受激放大。

第三，形成激光还应使受激辐射的放大过程维持足够长。

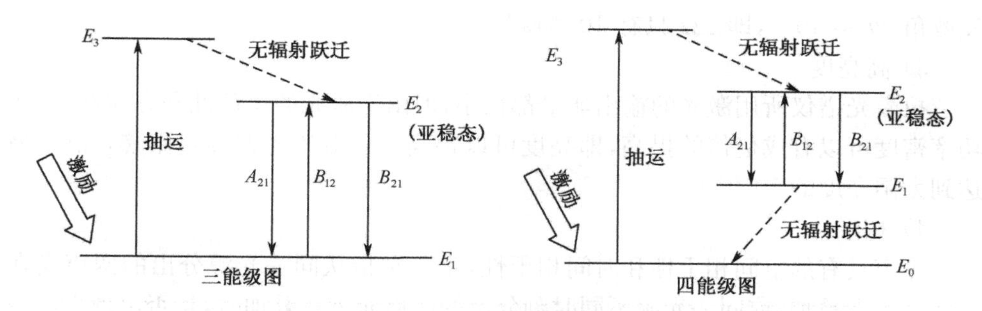

图 3.8 三能级和四能级结构及其反转模式图

光学谐振腔却正好可以满足后两个要求。因此，激光器的基本结构将主要包括如图 3.9 所示的三个部分:工作介质、光学谐振腔和激励能源。

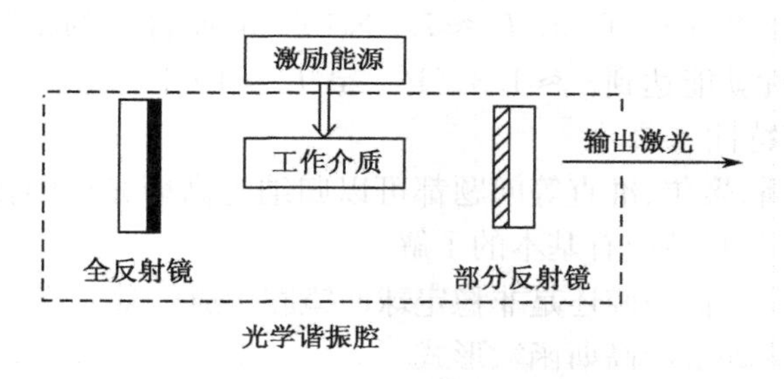

图 3.9 激光器的基本结构

2. 激光的基本特性

激光最基本的特性是其辐射的能量在光子的量子态或光波的模式上的高度集中性，即主光子的高简并度或主模式的单一性。这一激光的最基本的特性表现出下述几个方面的具体特性。

1) 单色性

光源的单色性通常用频谱分布描述，而一条谱线的单色性用线宽 $\Delta\lambda$ 表示，频率一致性好和线宽窄，则单色性好。人们常用波长 λ 处的线宽 $\Delta\lambda$ 的相对值 $\Delta\lambda/\lambda$ 定量描述光源的单色性。

激光的单色性好是它的重要特性。例如，在低温下，^{86}Kr 放电灯的 605.7nm 的谱线，因其单色性好($\Delta\lambda/\lambda\approx8\times10^{-7}$)，历史上曾被作为长度基准。但是，它比稳频的 He-Ne 激光器单色性 $\Delta\lambda/\lambda\approx10^{-11\sim-13}$还是低了 4～6 个数量级。

2) 方向性

光源发出光束的方向性常用光束的发射角 2θ 或所占空间立体角 $\Delta\Omega\approx(2\theta)^2$ 描述。普通光源的 $\Delta\Omega=4\pi$，一般激光器的发散角都接近于该激光器出射孔径 d 所决定的衍射极限，即 $2\theta\approx\lambda/d$，一般只有 10^{-3}rad 量级。如单模 He-Ne 激光器的

发散角 $2\theta \approx 10^{-3}$，即 $\Delta\Omega$ 只有 10^{-6} rad。

3）高亮度

拉曼光谱仪所用激光的输出能量都很小，但由于激光的单色性和方向性好，使功率密度可以有成亿倍的提高，即亮度可以很高。一般激光器经过聚焦，很容易达到太阳亮度的 10^6 以上。

4）相干性

光束具有的空间相干性和时间相干性，是分别指从同一光源分出的两束光在空间某一点叠加，或同一光源不同时刻分出的两束光进行叠加时，是否出现干涉条纹而说它们是相干或不相干。空间相干性和时间相干性分别用相干时间 τ_c 和相干长度 L_c 描述。

激光具有很好的时间和空间的相干性。例如，低温下的 Kr^{86} 放电灯 6057Å 谱线的相干性为 $\tau_c \approx 2.5 \times 10^{-9}$ s；$L_c \approx 7.5 \times 10^1$ cm，而普通的稳频 He-Ne 激光器 6328Å 谱线相干性就能达到 $\tau_c \approx 1.3 \times 10^{-4}$ s；$L_c \approx 4 \times 10^6$ cm。

5）高斯光束特性

激光束的传播、聚焦、准直等问题都可以归纳为高斯光束的传播和变换问题，因此，对高斯光束的特性应有基本的了解。

无论是由稳定球面镜腔还是非稳定球面镜腔构成的激光器，它们的基模激光束的电场都表达为如下的高斯函数形式

$$E(x,y,z) = [A_0/w(z)]\exp\{-(x^2+y^2)/w^2(z)\} \cdot \exp\{ik[z+(x^2+y^2)/2R(z)] - i\varphi(z)\} \tag{3.17}$$

其中 A_0 对确定的光束是常数，$w(z)$、$R(z)$ 和 $\varphi(z)$ 是分别与光束直径、等相面曲率半径和相移相关的参量。式(3.17)表明，激光束不是通常熟悉的平面波或均匀球面波，而是高斯球面波（高斯光束），高斯光束的虚指数（即相位）部分反映了高斯光束的波阵面的形状及其在波的传播过程中的变化，而振幅部分即实数部分反映了高斯光束振幅的分布和传播过程中振幅分布的变化。图 3.10 给出了高斯光束特性的描述。从上述表达式可以了解到高斯光束有下列特点：

(1) 令 $\rho = (x^2+y^2)^{1/2}$ 表示离光轴的距离，则振幅部分表示为

$$[A_0/w(z)]\exp[-\rho^2/w^2(z)] \tag{3.18}$$

即高斯光束的振幅随离轴的距离增大而减小，呈现高斯分布，光斑半径随 ρ 不断变化。$\rho=0$ 处，振幅最大，等于 $A_0/w(z)$，称为光斑中心振幅。如果在 $\rho = w(z)$ 处，振幅下降到光斑中心的 1/e，$w(z)$ 称为光斑半径。

此外，高斯光束除了上面讨论的基模外，还有高阶模的高斯光束。经常可以看见激光束有复杂的横向的光强分布，就是不同阶次横模的表现。基频横模的横向光强是连续分布的，而高阶模则不是，如图 3.10(b)所示。拉曼光谱测量一般要用基模激光。

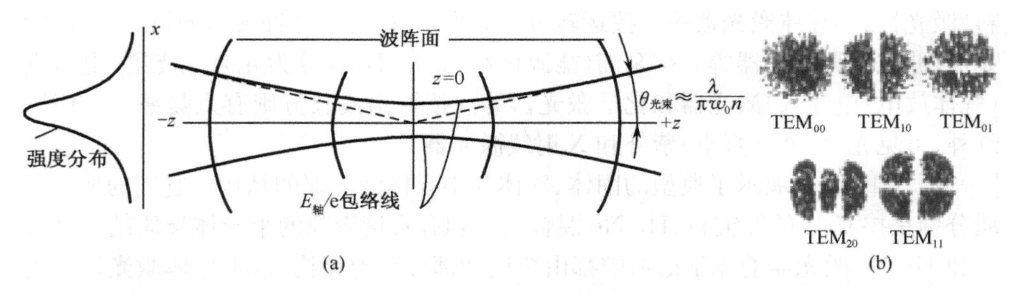

图 3.10　高斯光束的强度分布和波阵面(a)以及不同模式横向光强分布花样的示意图(b)[7]

(2) 在传播过程中，因为高斯光束是发散的高斯球面波，因此在传播过程中光斑半径不断变化，如图 3.10(a)所示，在 $z=0$ 时光斑的半径最小，此时的 w_0 称为高斯光束的腰粗，沿 z 方向传播时，光斑的半径不断增大，光斑中心的振幅不断减小，即光束不断发散。人们定义高斯光束的发散角为 $2\theta=\mathrm{d}w(z)/\mathrm{d}z$，而在 z 为无穷大时可以得到远场发散角 $\theta=\lambda/\nu\pi w_0$。

(3) 高斯光束的变换和传播规律与普通的球面波相似。它经过薄透镜的变换遵守变换公式

$$\frac{1}{R_2}=\frac{1}{R_1}-\frac{1}{f} \tag{3.19}$$

式中，R_2 和 R_1 是高斯光束变换前后在透镜处等相面的曲率半径，f 是透镜焦距。图 3.11 描述了高斯光束经薄透镜变换的图像。在一定条件下，可以将入射和出射高斯光束腰分别与物点和像点对应，用几何光学成像公式处理高斯光束。实际工作中，人们就常用几何光学成像公式处理高斯光束经薄透镜的变换和传播。

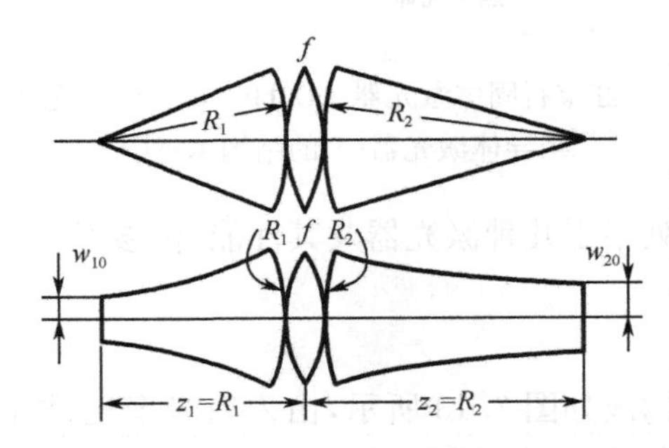

图 3.11　球面波(上)和高斯光束(下)经薄透镜变换的示意图[7]

3. 激光器的种类

激光器按工作介质的特性分类，可以分为固体激光器、气体激光器、液体(染

料)激光器、半导体激光器等。按运转方式分类,可以分为脉冲式激光器、连续波激光器、波长可调激光器等。按泵浦(能源供给)机制不同,分为光泵激光器、电激发(气体放电/电注入)激光器和化学激光器等。按输出波长分则有太赫兹、远红外、红外、可见光、紫外、(真空)紫外和X射线激光器等。

图3.12简单展示了典型的固体、气体和半导体激光器的结构。它们的增益介质分别是掺 Cr^{3+} 的红宝石、He-Ne混合气体和有直接带隙的半导体异质结。红宝石和He-Ne激光器的光学谐振腔都由全反和部分反射镜构成,半导体激光器的光学谐振腔由半导体的两个自然解理面形成。

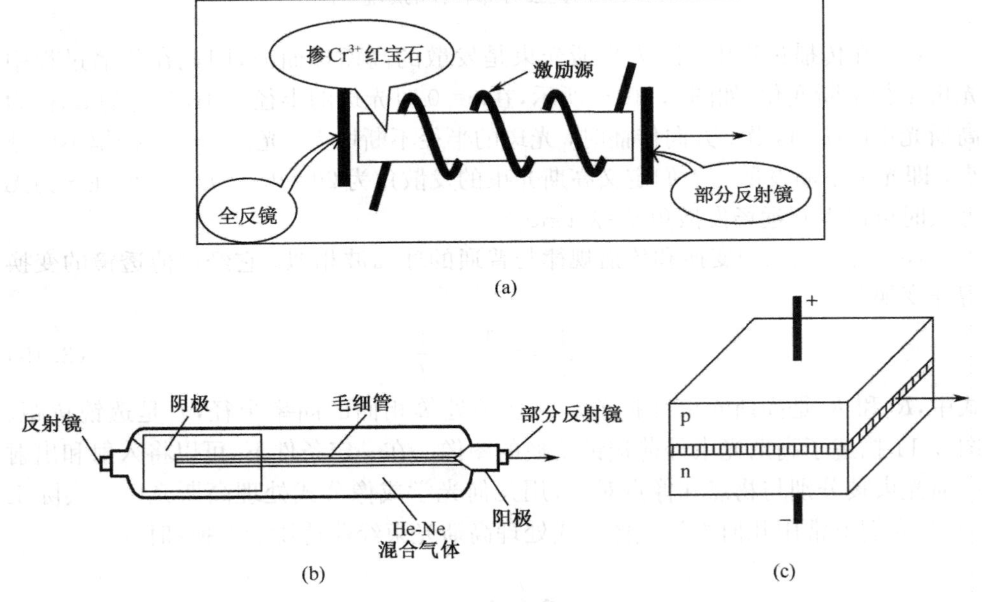

图3.12　红宝石固体激光器(a) He-Ne气体激光器(b)和半导体激光器(c)的结构示意图

在本书附录Ⅰ中列举了几种激光器及其性能,供参考。

3.2.3　样品光路

样品光路的整体构成如图3.13所示,由入射光聚光、样品架和散射光收集等三部分构成。为满足实验需要,样品光路中还配备有衰减光强和改变偏振的元件。人们常把样品光路称为外光路,相应地,把在样品光路后的分光光路称作内光路。下面介绍样品光路的各个部分和它们的元件。

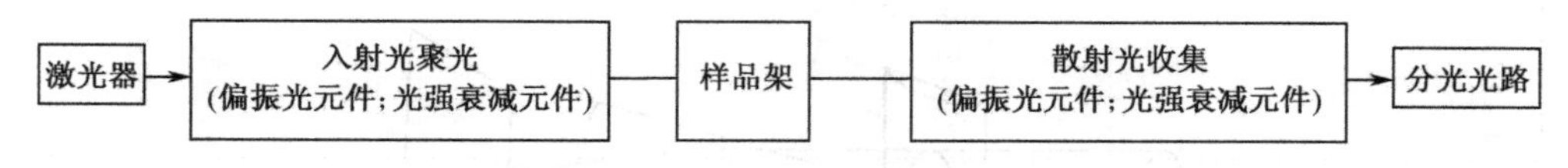

图 3.13　样品光路构成的示意图

1. 样品光路各部分简介

1) 入射光聚光部分

设立入射光聚光部分 (简称聚光部分) 的目的是增强入射光在样品上的辐照功率密度，即亮度。因此，为完全达到聚光目的，本部分包含光束导向、扩束和会聚等光学元件。

(1) 光束导向元件。用于改变光束传播方向。历史上曾大量使用玻璃直角和五角棱镜用于改变光束传播方向，但近年已大量改用介质膜反射镜。

(2) 聚光元件。使用聚光元件的目的是尽可能地减小样品上光斑横向的直径和纵向深度，以增加样品上的辐照功率和进行空间分辨光谱的测量。会聚光学元件通常使用透镜或透镜组。用透镜或透镜组进行聚焦时，如图 3.14 所示。样品应正好处于会聚激光束由横向直径 d 和纵向深度 L 构成的腰部。d 和 L 与聚焦前平行光束直径 D 和透镜焦距 f 有如下的近似关系

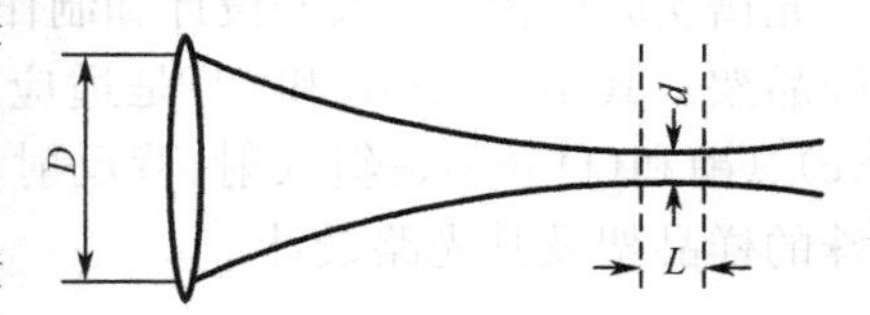

图 3.14　激光聚焦光路示意图[3]

$$d \approx \frac{4\lambda}{\pi}\frac{f}{D} \tag{3.20}$$

$$L \approx \frac{16\lambda}{\pi}\left(\frac{f}{D}\right)^2 \tag{3.21}$$

根据式(3.20)和式(3.21)，当激光波长 $\lambda = 500.00\text{nm}$，$D = 10\text{mm}$ 和 $f = 50\text{mm}$ 时，$d \approx 0.003\text{mm}$，$D/d \approx 3\times10^3$。从这个例子看，样品的单位面积上辐照功率比未聚焦前增强了 3×10^6 倍，但考虑到透镜的像差等因素以后，效果当然会减弱许多。

(3) 扩束元件。主要用来增大光束直径，以根据式(3.20)和式(3.21)增加会聚透镜的会聚效果。例如，更多地减小光斑直径，增大功率密度。有时扩束器也用来减少样品上的功率密度，避免加热或损伤样品。扩束元件可以用凹透镜，但是更多地用凸透镜或倒装望远镜。

聚光元件还可以采用柱面透镜。如图 3.15 所示，用两个柱面透镜进行光束聚焦，可以使会聚光在样品上的光斑呈矩形，与入射狭缝的形状匹配，使散射光几乎能全部进入分光光路，因此，对于提高聚光效率又减少杂散光干扰是很有效的。

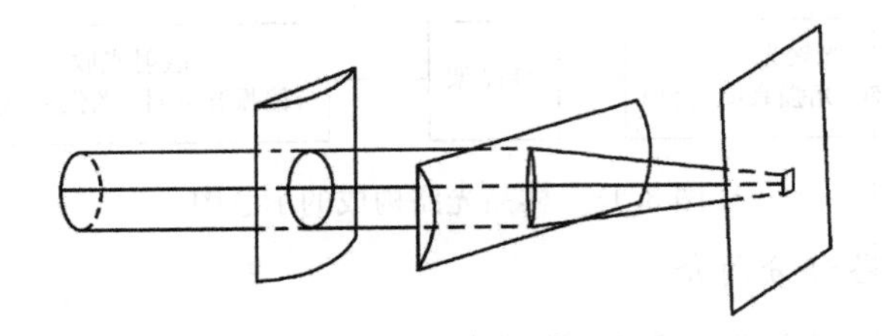

图 3.15　柱面透镜聚焦入射激光束的示意图

2）样品架

样品架除了要能正确和稳定地放置样品外，还应保证经过聚光的入射光有最大激发效率和最小的杂散光干扰，特别应避免造成入射光通过入射狭缝直接进入分光光路。因此，样品架的设计常常与聚光和收集光路统一考虑。为适应各种拉曼光谱实验的需要，人们设计和制作了多种样品架，图 3.16 列举其中比较典型的样品架。其中(a)、(b)和(d)是适应不同样品和实验条件垂直配置样品架光路，(c)、(e)和(f)分别是斜入射、背反射和前向散射样品架光路。下面介绍两个较特殊的样品架及其光路设计。

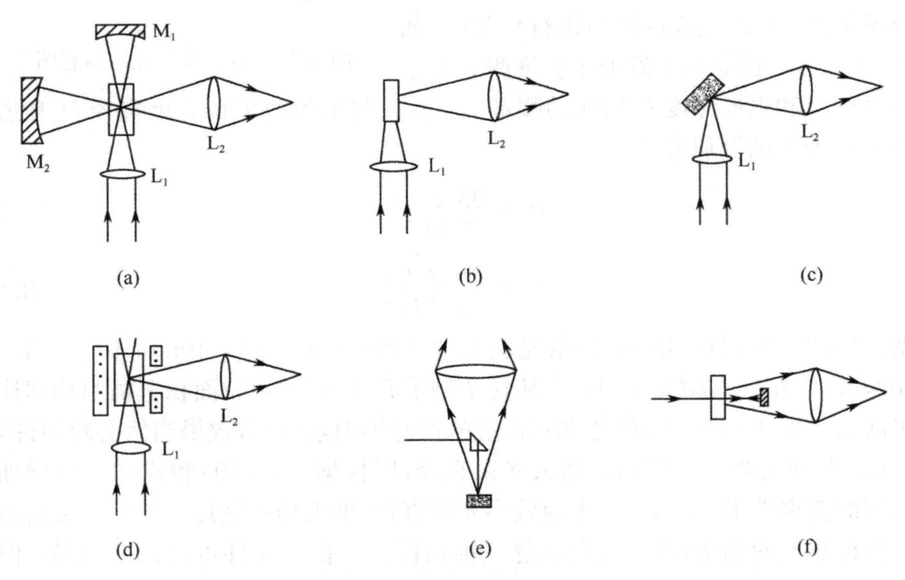

图 3.16　适用于不同拉曼光谱实验的样品架光路设计[3]

(1) 布儒斯特角入射光路。如图 3.17 所示，使入射激光束与样品法线成布儒斯特角。布儒斯特角 φ_B 定义为 $\tan\varphi = n_2/n_1$，其中 n_2 和 n_1 在拉曼光谱实验中分别为样品和空气的折射率，空气折射率 $n_1=1$，故 $\tan\varphi_B = n_2$。如果 n_2 较大(大部分半导体都是这种情况)，则以 φ_B 入射时可以看成近似为垂直样品表面入射，而且因为入射激光偏振方向平行于入射平面时，入射光几乎全部进入样品，因而不会产生反射光。其结果是，既最大限度地提高了入射激光利用效率，又避免了做背散射实验时，激光从样品表面反射并通过入射狭缝进入光谱仪，从而可以极大地降低杂散光水平。总之，这种设计特别适用于表面平整的不透明的固体样品，对高折射率样品，则布儒斯特角入射光路很近似于背散射光路，但又没有背散射光路存在的杂散光强的缺点。

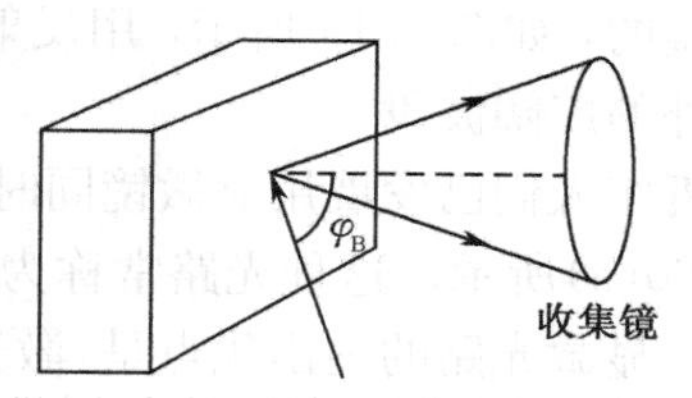

图 3.17　布儒斯特角照明光路图

(2) 新型毛细管样品架。图 3.18 展示的是一个专利"拉曼样品架"[9]，它用一个特制的底部两面均是平面的毛细管作容器，激光垂直毛细管底部入射，不存在常规毛细管的弧形底部的散射，这使得入射光得到充分利用，其结果是样品照亮部分的像与谱仪的长条入射狭缝匹配，散射光在样品中吸收和散射损失又最少，因而也大大增加了散射光的利用效率，从而在整体上提高了光谱的信噪比。

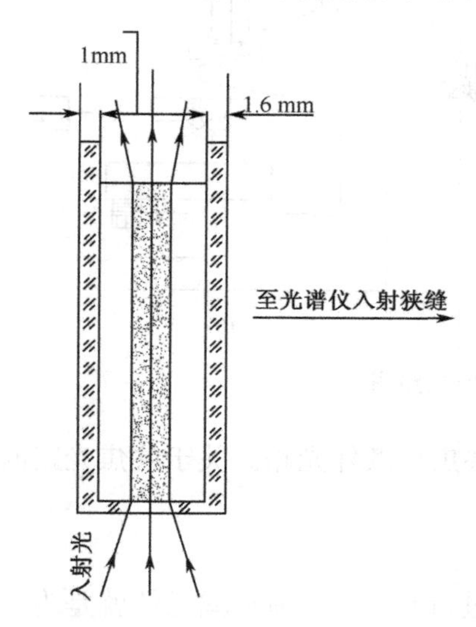

图 3.18　用于直角散射的专利毛细管样品架[9]

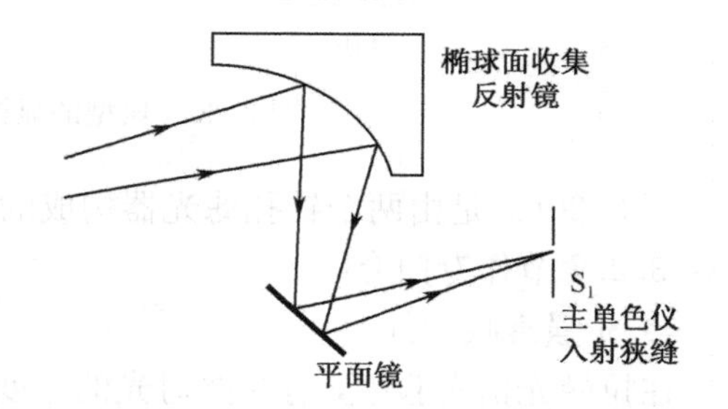

图 3.19　用反射镜做收集透镜的示意图

3) 散射光收集部分

设置散射光收集部分是为了使分光部分能高效地收集到来自样品的散射光，同时又能抑制杂散光。通常要求收集透镜的相对孔径尽可能大，一般选用数值孔径 1 左右的透镜组，有时为了增强和收集更多散射光，还在样品架相对于入射和收集镜的方向上设反射镜，如图 3.16(a)所示。现今，在拉曼光谱仪中收集散射光的光学元件一般都是特制的透镜组或借用高性能的照相机镜头。也有用反射镜作收集透镜的，如图 3.19 所示，用反射镜做收集透镜的优点在于可以应用于从紫到近红外的广阔波段。

近年人们已发展用显微镜同时作为入射光聚光、散射光收集和样品架使用，如图 3.20(a)所示。这种光路常称为显微外光路，相应地，传统的光路系统被称作大光路。显微光路的突出优点是，激光光斑可以很容易聚集到很小，在显微镜样品台配上数控微动装置后，可以精确定位照明光斑的位置，做拉曼光成像和进行精密定位的测量。显微镜作为样品光路，还有使调节方便快捷的优点，但是对于入射光聚光和散射光收集用同一台显微镜的光路结构，它也有对不透明样品只能作背散射研究，同时杂散光较强的缺点[10]。此外，显微外光路可设计成只作为散射光收集光路使用，如图 3.20(b)所示。

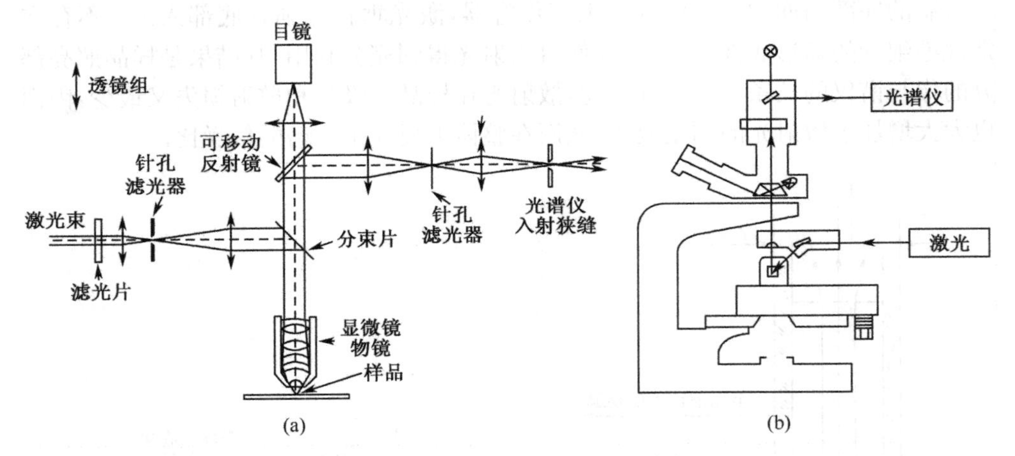

图 3.20　典型的显微外光路图[10]

图 3.20(a)是由两个针孔滤光器构成的共焦显微外光路。关于共焦光路问题将在 3.2.7 节作专门介绍。

4) 光强衰减元件

在拉曼光谱实验中，有时要对光的强度进行衰减，光强衰减元件就是为这一目的设立的。需要进行光强衰减的光有两类，一类是对入射激光的强度进行衰减，以避免强激光对样品的损伤或破坏，另一类是对激光等离子线和瑞利散射等杂散光进行衰减，以抑制它们对拉曼光信号的干扰。

(1) 在样品照明光路中，为了减少强激光对样品引起的热效应，就常常加入中性衰减片。为减少激光等离子线和瑞利散射的干扰，一般就在于聚光或收集光路中设置前置单色器或窄带滤(或陷)波片。

因为激光束能量基本上集中在光束直径 80%的面积内，因此在外光路中合理利用小孔光阑，是避免杂散干扰的一个方便和廉价的方法。在做偏振谱测量时，也常在样品后的光路中加入小孔光阑，减小光束的直径，以提高样品散射光的偏振质量。

(2) 在散射光收集光路中，为了消除散射光信号中瑞利散射和残余激光的干扰，现今的拉曼光谱仪大多加入了全息陷波片。

5) 偏振元件

偏振元件用于改变光束偏振性质以适应实验要求。

(1) 改变入射激光偏振方向。它们通常是偏振旋转器或 $\lambda/2$ 波片，前者可以改变不同波长的偏振光的偏振方向，后者只能改变特定波长 λ 的偏振光的偏振方向。

(2) 确定和改变散射光的偏振方向。主要用在散射光收集光路中，例如，在做偏振谱测量时，散射光收集路中需加入检偏器，同时，为避免分光计和光探测器对不同波长和不同偏振方向光波必然存在的响应色散，而导致的测量误差，一般还需要在检偏器的后方加入偏振扰乱器或 $\lambda/4$ 波片，使经过检偏器后的偏振方向确定的散射光都改变为偏振效果相当于自然光的圆偏光。偏振扰乱器能改变不同波长的偏振光为圆偏光，$\lambda/4$ 波片只能改变特定波长 λ 的偏振光为圆偏光，因此，对波长不在 λ 的拉曼散射的测量结果会引入一定误差。

(3) 获得左旋和右旋圆偏振光。在做旋光拉曼谱测量时，需要测量圆偏振强度(CID)$\Delta = I_R - I_L/(I_R + I_L)$，其中 I_L 和 I_R 分别为左旋和右旋圆偏振光激发所产生的拉曼散射光的强度。因此，除了如上所述，在散射光收集光路中，需要加入起偏振扰乱作用的部件外，在入射激光的样品光路中，还需要放置能使线偏振激光改变为左旋或右旋圆偏振光的光弹调制器或光电调制器。

2. 样品光路的整体设计

在设计样品光路时，在总体上应达到：一方面，使激发光能以最大的功率密度照明样品，但又可以使样品不易受损或变性，以及产生过多的杂散光；另一方面，保证来自样品的散射光能最大限度地被收集和进入光谱仪，并被充分利用。

1) 光路匹配

要满足实验要求，除了尽可能满足上面所述的对各个元部件的要求外，使各个部件互相匹配是很重要的，其中使内、外光路做到光路匹配是十分关键的要求。

用图 3.21 来讨论光路匹配。图的左、右两个光束交叉处分别代表样品和光谱仪入射狭缝的所在位置。如果光谱仪入射狭缝对散射光收集透镜孔径的张角 ϕ 和对光谱仪内第一块反射镜直径的张角 ϕ' 相等，也就是两者的孔径角相等，则认为光路是匹配的。如果以 d 和 l 分别表示散射光收集透镜的孔径和它与光谱仪入射狭缝之间的距离，d' 和 l' 为光谱仪内第一块反射镜的直径和它至入射狭缝之间的距离，则光路匹配就是需要满足

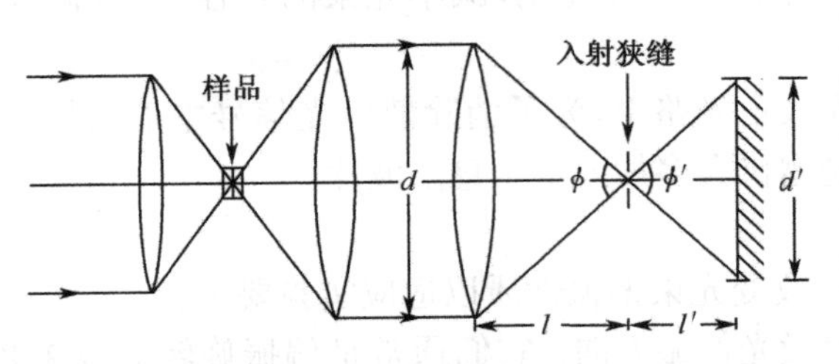

图 3.21　内、外光路匹配示意图

$$d/l = d'/l' \tag{3.22}$$

同样，对样品前后的照明光路的匹配也可以进行类似的讨论。

内、外光路匹配的好处，一方面在于能保证散射光束能全部进入收集透镜和入射狭缝，另一方面，又保证进入光谱仪的散射光束恰好照满整个光栅而又不溢出光栅。于是，在充分利用了散射光的同时，因为光栅恰好整个被照满，既保证了获得最大分辨率，又不会因散射光溢出光栅在光谱仪内产生新的杂散光。

2）实际样品光路示例

图 3.22 展示了有底射光路、侧射光路和显微光路等三种样式的复合三合一样品光路结构，各元件的名称和光线的路径在图上已标明。下面主要介绍底射光路和侧射光路。

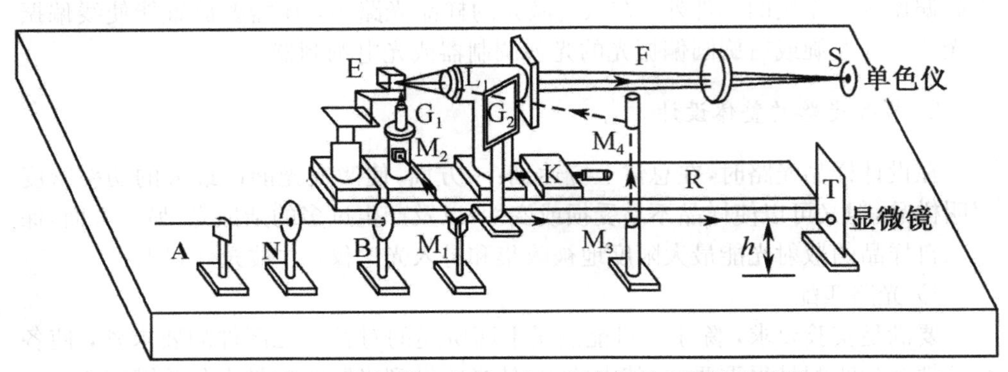

图 3.22　底射、侧射和显微三合一复合样品光路的示意图

A：前置滤光器；B：小孔光阑；E：样品架；G_1、G_2：激光聚光透镜；L_1：散射光聚光透镜；S：光谱仪入射狭缝；K：集光镜聚焦微调旋钮；N：偏振旋转器；F：检偏器；M_1，M_2：底射光路用反射镜；M_3，M_4：侧射光路用反射镜；T：准直光靶与显微镜激光入口

如图 3.16(a)，(b)和(e)所示，底射光路用于垂直散射配置，可作透明液体和固体或者放在加热炉、外磁场内的样品。而如图 3.16(c)所示的侧射光路主要用

于不透明样品以及做背散射和侧(布儒斯特角)入射实验。底射和侧射光路有一段共用光路:激光器发出的光先经过前置滤光器 A(滤光片或前置单色器),然后经过一个偏振旋转器 N 和小孔光阑 B。此时,可以根据需要选择直行、底射或侧射光路进入样品,其中直行光路的光束直接与显微光路耦合。底射光路的光线经棱镜 M_1 和 M_2 反射后,由下向上经过透镜 G_1 聚焦在样品上;侧射光路的光线经 M_3 和 M_4 反射后,经透镜 G_2 聚焦在样品上。此时,如使入射光束与样品法线成布儒斯特角时,即成布儒斯特角入射光路。样品的散射光通过聚光镜 L_1 成像于双单色仪的入射狭缝 S 处。可以根据需要在 S 前加装检偏器,或 $\lambda/4$ 波片,或偏振扰乱器。

上述样品光路使得样品产生的散射光最强,光谱仪可以获得尽可能强的来自样品的散射光,同时,接收到的杂散光又最小。因此,用它已记录下了 3～120cm^{-1} 范围内 Ge_xSi_{1-x} 合金超晶格的全部声学声子的拉曼信号[6]。

3.2.4　分光光路[11～13]

分光光路是拉曼光谱仪的核心部分。它的主要功能是将散射光按能量(频率)进行分解,以便可以测量散射光的微分散射截面。分光光路分为色散和非色散型两类。法布里-珀罗干涉仪和光栅光谱仪属于色散型光谱仪,而傅里叶变换光谱仪属于非色散型光谱仪。前者将光谱按能量(波长)在空间展开,而后者在时序上分开。由于目前主要使用光栅色散型拉曼光谱仪,所以本节将主要介绍光栅色散型拉曼光谱仪的分光光路。

光栅色散型分光光路主要由准直、色散和聚焦等三部分构成,如图 3.23 所示。

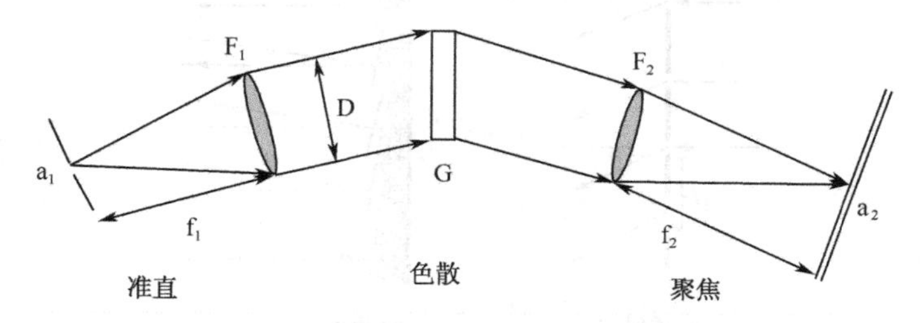

图 3.23　光栅色散型分光计基本构成的示意图

(1) 准直。它的功能是使从入射狭缝进入光谱仪的光,经准直镜 F_1 压缩发散角后变成平行光束,以最大限度均匀照明分光元件。

(2) 色散。其功能是使光在几何空间按不同波长以不同角度分散传输。

(3) 聚焦。用聚焦镜将经色散元件分光的按不同角度分开的散射光成像在接收面 a_2 的不同位置,以供光探测器加以接收。

准直和聚焦镜可用透镜或反射镜。镀铝的反射镜与透镜相比的好处是可用波段比较宽。

分光计的光束入射处都做成狭窄的条状窗口，称为入射狭缝。如果出射平面 a_2 用矩形窗口，允许较宽波长范围的光谱线同时通过，就称为摄谱仪(spectrograph)，如果出射平面 a_2 处也做成狭缝，只允许很窄的光束通过，就称分光计(spectrometer)。摄谱仪一次可以采集到较宽波长范围的光谱，而分光计一次只能记录很窄波长的光谱。

1. 光栅

1）光栅的结构和种类

分光计中所用的光栅是一种平行、等宽又等间距的条状的周期性结构。光栅如制作在透明基底上，成为透射光栅，如图 3.24(a)所示，否则为反射光栅，如图 3.24(b)所示；目前分光计中基本上用反射光栅。按制作方式的不同，光栅又分为刻划光栅、全息光栅和复制光栅三种。全息光栅是让两束相干的平面波相交得到的干涉条纹成像在光刻胶上，经显影、镀膜所得到的光栅。改变两束相干的平面波光束的交角即可以改变光栅常数。全息光栅条纹均匀，没有“鬼线”，杂散光小，而且成本低，但闪耀效率低。目前大型分光计中几乎都用这种全息光栅。光栅基底面分凹面和平面两种，并相应称之为凹面和平面光栅。现今分光计基本上使用平面光栅。

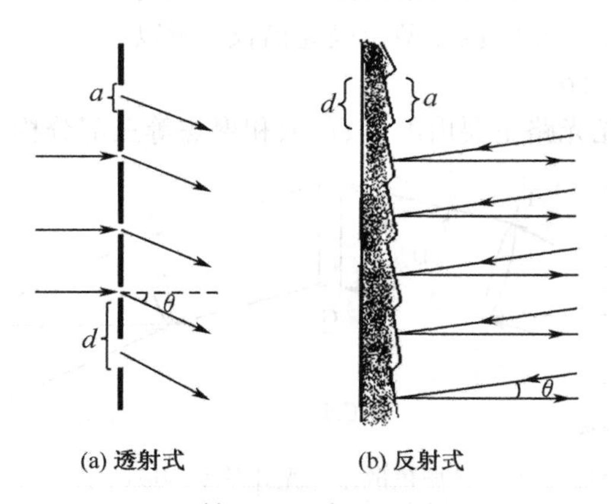

图 3.24　透射(a)和反射(b)光栅的示意图

2）光栅的衍射

图 3.25(a) 是平面反射光栅剖面结构示意图。其中衍射槽面与光栅平面的夹角为 θ，α、β 为入射光及衍射光与光栅平面法线的夹角，当 β 与 α 在光栅法线的同侧时，β 为负，在异侧时为正，d 为光栅常数。当平行光束入射到光栅上，由于槽面的衍射以及各槽面衍射光的相干叠加，不同方向的衍射光束的强度不同。考虑槽面间的干涉，当满足光栅方程

$$d(\sin\alpha - \sin\beta) = m\lambda \tag{3.23}$$

时，光强有一极大值。$m = \pm 1, \pm 2 \cdots$ 表示干涉级序，λ 是出现亮条纹的光的波长。

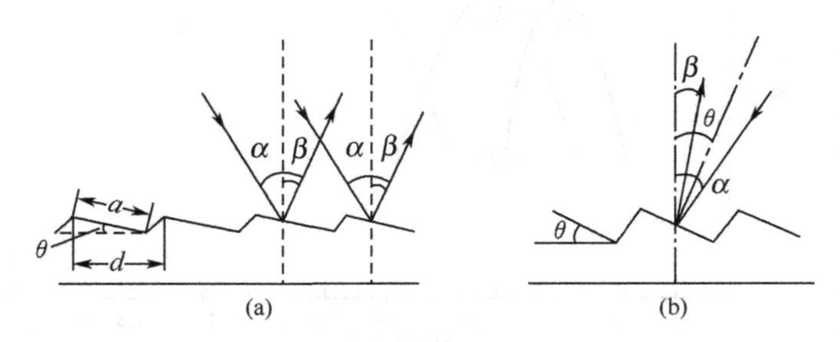

图 3.25　反射光栅的剖面结构示意图

3）光栅的闪耀

光栅方程只给出了各级干涉极大的方向，而干涉极大的相对强度决定于单槽衍射的强度分布。槽面衍射的主极大方向，对于槽面来说正好是服从几何光学的反射定律的方向。当满足光栅方程的某一波长的某一级衍射方向正好与槽面衍射的主极强方向一致时，即说光栅产生闪耀，从这个方向观察到的光谱线特别亮。由图 3.25(b)可知，此时，对槽面法线而言，入射角为 $\alpha-\theta$，反射角为 $\theta-\beta$，所以，当计及 β 为负值，闪耀时满足

$$\alpha - \theta = \theta - \beta = \psi$$

即

$$\alpha + \beta = 2\theta \tag{3.24}$$

因此，闪耀时必须同时满足方程(3.23)和(3.24)，将两式合并得

$$2d\cos\psi\,\sin\theta = m\lambda \tag{3.25}$$

这就是闪耀条件。

对满足闪耀条件的波长而言，衍射效率最高，目前光谱仪中应用光栅多是闪耀光栅，习惯上说明仪器性能规格时，闪耀波长是指 $m=1$ 的情形。但是，闪耀波长两侧光波不能同时满足闪耀条件，衍射效率下降，而且随干涉级的增加，下降速度加快，如图 3.26 所示。

4）光栅的色散率

光栅的色散率是用来量度光栅的入射光色散后的不同波长光线的分开程度。对表征光栅性能有意义的是角色散率。它定义为衍射角 β 随波长 λ 的变化 $\mathrm{d}\beta/\mathrm{d}\lambda$，由光栅方程(3.23)得到角色散率

$$D_{\theta} = \mathrm{d}\beta/\mathrm{d}\lambda = (m/d)/\cos\beta \tag{3.26}$$

角色散率越大，不同波长的同级光的光谱分得越开，高分辨测量就越可能做到。

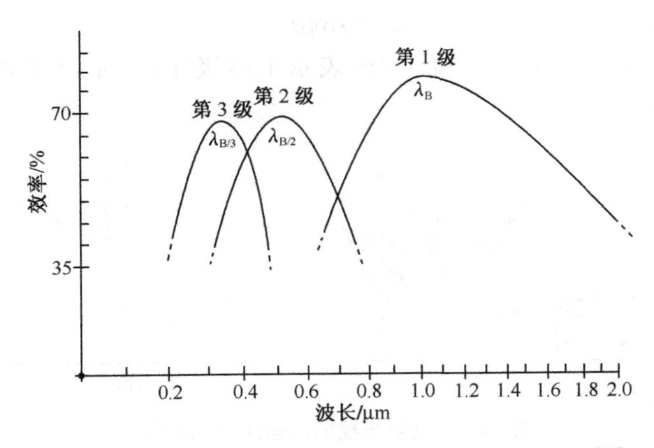

图 3.26　刻划光栅闪耀效率随干涉级变化的示意图[14]

实际上衍射角 β 不太大时，$\cos\beta$ 变化并不大，从而 $d\beta/d\lambda$ 趋向常数，因此光栅的色散可以认为是均匀的。

5）光栅的效率

光栅的衍射效率不仅与衍射级有关，还与刻线数和入射光的偏振性质有关。图 3.27(a)是在近利特罗（Littrow）条件下 1800 刻线/mm 和闪耀角为正弦的光栅，以 45°偏振光入射时的效率曲线。从中可以看到它与作为对比的铝的反射曲线是截然不同的。图 3.27(b)和(c)是分别为 1800 刻线/mm 的全息光栅和 1200 刻线/mm 刻划光栅的效率曲线，图中的字母 O、$E_\perp$ 和 $E_{/\!/}$ 分别表示自然、垂直和平行偏振光。从图可以明显地看到，对于不同的偏振光以及自然光入射，不论全息或刻划光栅，效率都是不同的。

6）光栅的适用光谱范围

（1）光栅工作波段。由于入射角和衍射角均不能超过 90°，由光栅方程式(3.23)可以了解到，光栅工作的长波上限 λ_M 受光栅常数 d 和衍射级数 m 的限制，导致一定光栅常数 d 的光栅有其极限的工作波段。因此，在不同波段工作的光栅要选择光栅常数 d（刻线密度）不同的光栅，在长波和短波区工作光栅就需要分别选取大的和小的光栅常数 d 的光栅。

（2）拉曼光谱对光栅工作波段的要求。根据第 1 章关于拉曼光谱基本特征的描述，知道拉曼光谱测量的是散射体系 K 的能量 $\hbar\omega_K$，因此，对能量同样为 50～5000cm^{-1} 的测量对象，一般拉曼谱仪所需的波长覆盖范围是 400～800nm，但是，对红外吸收光谱仪就需要有 100（紫外）～20000nm（远红外）波长的覆盖范围。因此，对于测量同一能量范围的振动光谱，红外吸收光谱仪需要用数块光栅时，拉曼光谱仪只需要一块光栅即可满足同样的要求。

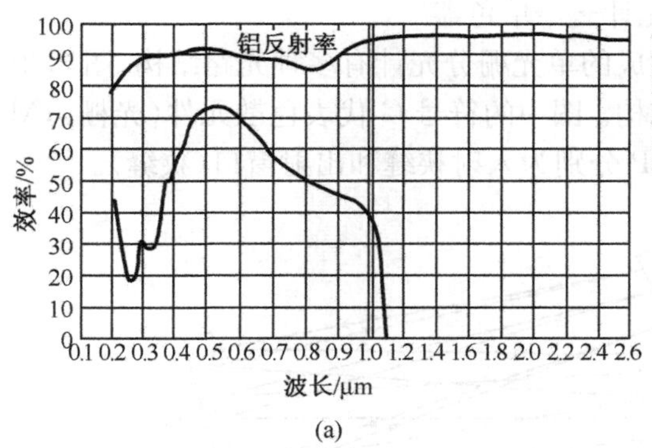

(a)

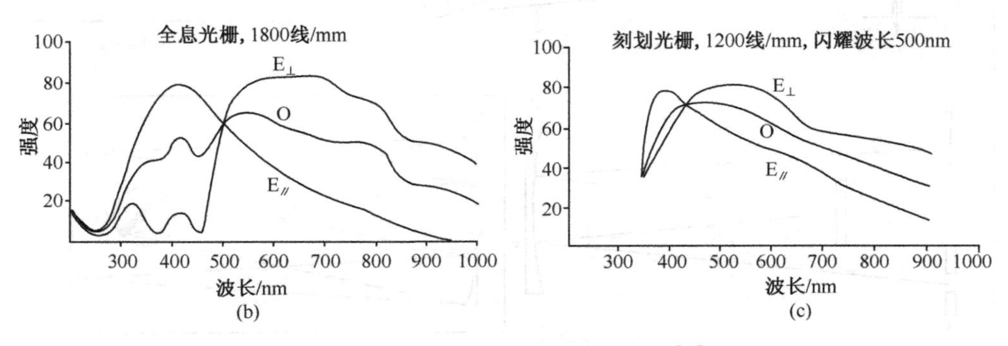

(b)　　(c)

图 3.27　衍射光栅的衍射效率曲线[14]

(3) 自由光谱范围。由光栅方程 $\sin\theta=m\dfrac{\lambda}{d}$ 可知，当 $2\times\dfrac{\lambda_{\max}}{d}=3\times\dfrac{\lambda_{\min}}{d}$ 时，第 2 和第 3 级谱线重合，光栅光谱仪工作波段的上限(长波) λ_M 与下限(短波) λ_m 受到不重叠的光谱范围的限制，此不重叠的光谱范围 $\lambda_m\sim\lambda_M$ 称为自由光谱范围。根据经验，当光栅常数较大($d>2\lambda$)时，自由光谱范围 $\lambda_{\min}\sim\lambda_{\max}$ 由下面的经验公式确定

$$\frac{2\lambda_b}{2m+1}<\lambda<\frac{2\lambda_b}{2m-1} \tag{3.27}$$

式中，λ_b 为一级闪耀波长，m 为光谱级次。在该范围内相对效率大于 0.4。

2. 光栅分光计

用不同的光学元件和光路设计可以构成结构和性能不同的分光计。以光栅为分光元件的分光计叫光栅分光计。历史上把配置一个色散元件的分光计叫单色器，近年的单色仪常常配置了可以变换使用的多个光栅，相应地就被称作多色器。

1）单光栅分光计——单色器

用反射光栅做成的单光栅分光计有多种光路结构，图 3.28 展示了当今常用的三种典型的光路结构。图中的符号 G 代表色散元件（光栅），M 是作为准直和聚焦用的反射镜，S 和 P 分别为入射狭缝和出射窗口（狭缝）。

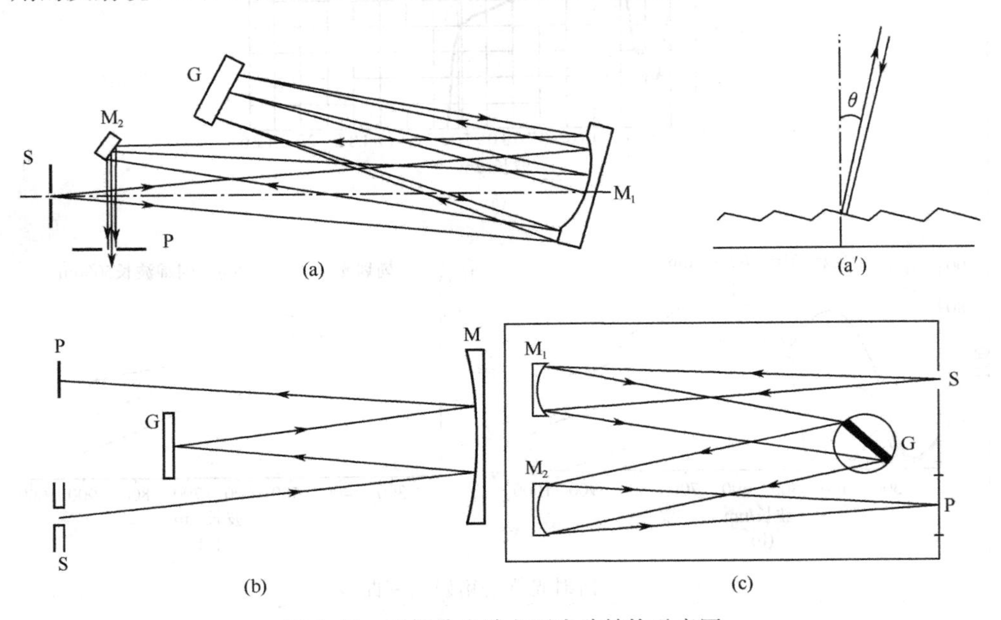

图 3.28　光栅分光计主要光路结构示意图

(a) 利特罗型；(b) 艾伯特型；(c) 切尔尼-特纳型

图 3.28 (a) 是利特罗结构光路。设入射和反射光束与光栅槽面的夹角 θ 是相同的，如图 3.28 (a′) 所示，它对应于图 3.25 中的 $\alpha=\beta$ 的布置。此时 $\alpha=\beta=\theta_b$，$\psi=0$，闪耀条件为

$$2d\ \sin\theta = m\lambda \tag{3.28}$$

习惯上说明仪器性能规格时，闪耀波长是指 $m=1$ 情形，即

$$\lambda_B = 2d\ \sin\theta \tag{3.29}$$

图 3.28(b)和(c)分别称为艾伯特(Ebert)和切尔尼-特纳(Czerny-Turner)型光路，前者准直和聚焦共用一块反射镜，但入射和出射狭缝不在同一平面上。切尔尼-特纳光路是艾伯特型的变种，它用两块反射镜分别作准直和聚焦用，特点是入射和衍射光束间的夹角不变。

小光栅和大光栅分光计常常分别选用利特罗、艾伯特和切尔尼-特纳型光路结构。

2）多光栅分光计[13]

除了单光栅分光计，人们还研制了多光栅分光计，如双光栅分光计和三光栅

分光计。

如图 3.29 所示，两个光栅的总色散是可以设计成色散相加和相减的，虽然色散相减不能提高光谱分辨率，但是可以抑制杂散光和提高光通量。三光栅分光计往往设计成色散相加和相减的形式，或者还可以工作于单光栅状态。

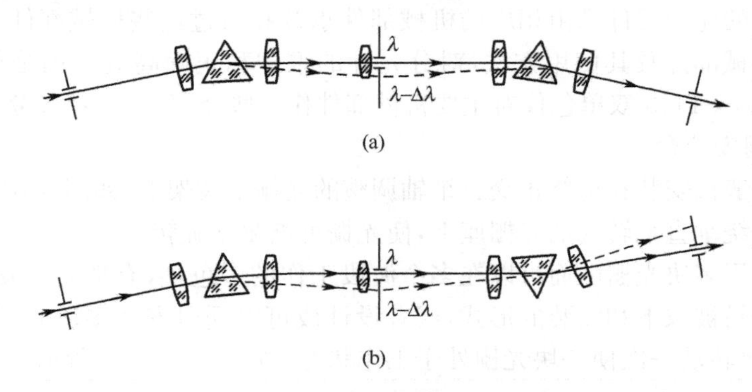

图 3.29　两个光栅的色散相加(a)和相减(b)的光路图[13]

图 3.30(a) 和 (b) 分别展示了 Spex-1403 双光栅和 T-800 三光栅分光计的光路结构。其中 G_1、G_2 和 G_3 代表光栅，M_1～M_6 是凹面反射镜，S_1 和 S_4 为入射和出射狭缝，S_2 和 S_3 为用来减少杂散光的中间狭缝。从光路图可以看到，双光栅和三光栅分光计的光路分别是平面和立体结构的，都是改进型的切尔尼-特纳色散相加型结构。

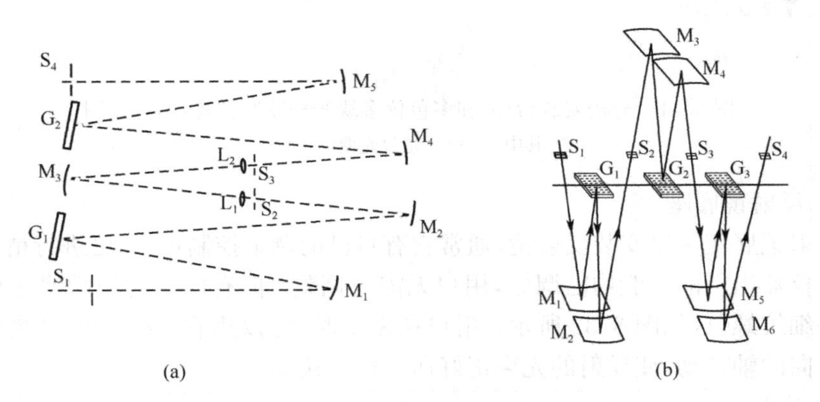

图 3.30　双光栅(a) 和三光栅(b) 分光计的典型光路结构图

3. 光栅摄谱仪

历史上，早期的光谱测量多用摄谱仪，摄谱仪的色散元件(棱镜或光栅)在测量过程中是固定不转动的，在分光计的光谱成像平面上，设计了适应用于照相干板探测的宽大窗口。近年，因为光探测器改用大面积的电荷耦合探测器(CCD)，光谱测量又重新开始使用摄谱仪。

4. 分光计的主要机械部件[13]

分光计的光学元件都由相应的机械部件承载和通过这些机械部件进行运转。了解这些机械部件及其使用方法，对分光计的维护和正确高效使用是很必要的。下面参照 Spex-1403 双单色仪对主要机械部件作一些介绍，供读者参考。

1) 光栅安装台

光栅一般被安装在可绕正交三维轴调整的光栅安装架上，如图 3.31(a) 所示。然后固定在绕垂直轴转动的光栅座上，使光栅可被驱动旋转。

对于使用多块光栅因而可以在多个波段工作的多色器，有把光栅安装台设计成光栅很容易被取下和安装的形式，或者设计成可以同时安装多块光栅和定位转动的形式，每转动一次使一块光栅处于工作状态，如图 3.31(b) 所示。

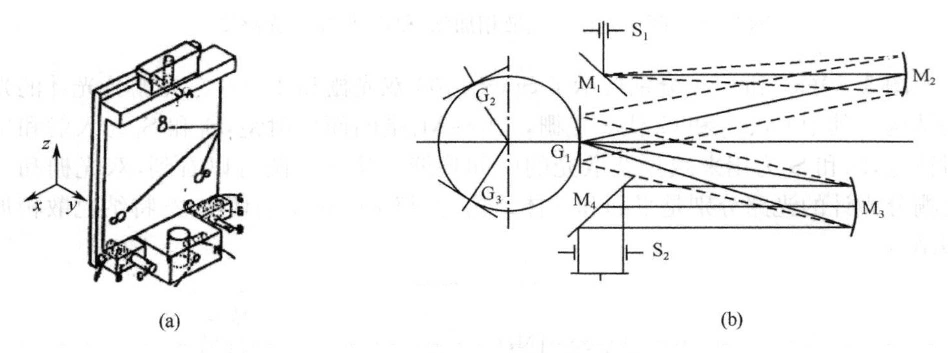

图 3.31　光栅安装台(a)和多色仪多块光栅安装位置(b)示意图

其中 G_1～G_3 是放光栅的位置

2) 反射镜底座

反射镜底座用以安装反射镜，通常它有自己的调整控制机构，可进行精密的定位。在仪器出厂前一般均已调好，用户无需再调整。但有的反射镜的底座板上加设有一细纹螺钉，如图 3.32 所示，用户在需要时，可以用它调整反射镜绕垂直于光束方向的轴转动，使反射的光束正好通过相关狭缝。

3) 狭缝

图 3.33 是一种狭缝的示意图。狭缝由一个推拉式的、左右对称的和连续可调的滑片构成。狭缝宽度一般在 3μm～3mm，可以用螺旋千分尺调整。千分尺的标度可达 1μm/格，千分尺延伸到谱仪顶盖的上方，以便容易读数和操作。

入射狭缝还有一个推拉片，它使狭缝高度可以打开到某一需要高度，并称它为哈德曼光阑。当把推拉片完全推入时，入射狭缝被完全关闭。

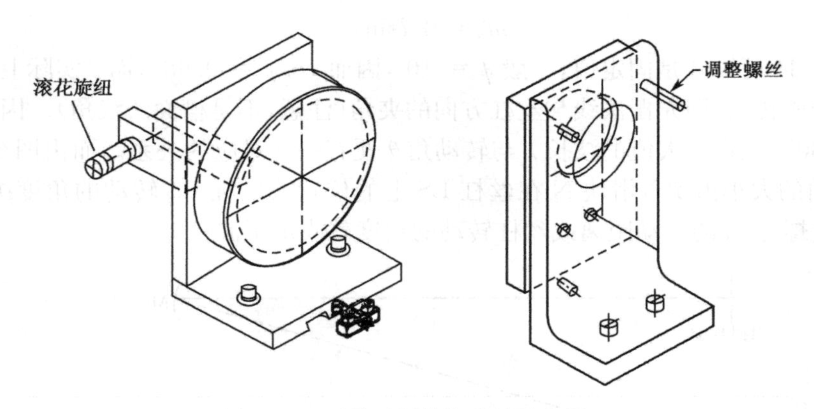

图 3.32　两种反射镜底座的示意图

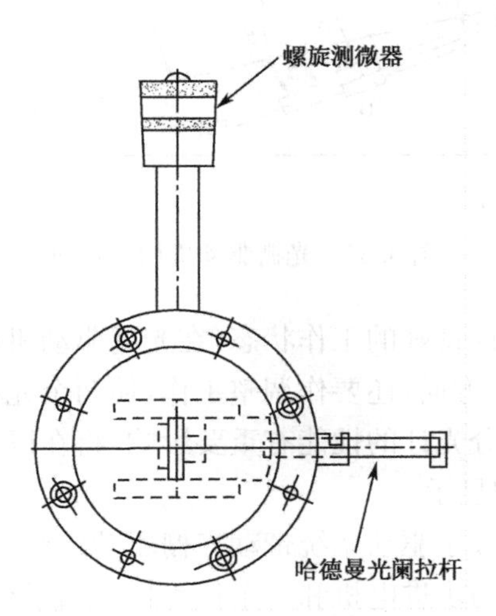

图 3.33　分光计狭缝的示意图

4）光栅驱动机构

图 3.34 是一个光栅驱动机构的示意图。其中带箭头的点划线标示出了入射和散射光束的路径，M_4 和 M_5 是反射镜，G 是光栅，LS 和 N 分别是丝杠和螺母滑块，丝杠固定在上述入射光线反射光线之间的夹角 2ϕ 一半的方向上，沿光栅法线方向有一根一端固定在光栅底座上的滑杆，滑杆上有滑块 B，A 是丝杠螺母滑块 N 和光栅滑杆滑块 B 之间的连杆，通过该连杆，滑杆 DR 上的滑块 B 带动光栅转动。

对于上述光栅驱动装置，注意到光栅法线与滑块 B 所在的滑杆方向重合，θ 是丝杠 LS 和滑杆之间的夹角，则光栅方程

$$m\lambda = d(\sin\alpha - \sin\beta)$$

可化为

$$m\lambda = 2d\sin\theta\cos\phi \tag{3.30}$$

从图 3.34 可知 ϕ 是固定值，一般 $\phi = 10°$，因而 $\cos\phi = 0.984$，而 θ 实际上是所测量的光栅转角，即光栅法线与丝杠方向的夹角(注意，不是槽面法线角)。因而根据式(3.30)，光强极大值的波长 λ 与转动角 θ 便有一一对应的关系。而由图 3.34 可知，θ 角的大小由螺母滑块 N 在丝杠 LS 上的位置或丝杠 LS 转动的角度决定，因此滑块螺母 N 的移动距离或丝杠转动的角度就决定了波长 λ。

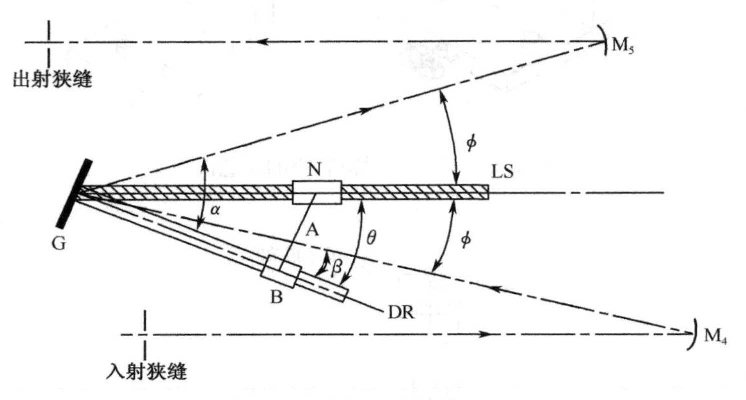

图 3.34　光栅驱动机构示意图

为保证多光栅分光计良好的工作状态，在光栅驱动机构上，一方面，两个光栅在机械上是联动的；另一方面，还要作调整工作，使两个光栅是同步工作的。因此，双光栅分光计的调整对分光计的性能有重要影响，将在以后作专门介绍。

5）分光计的扫描和显示

谱仪的扫描是通过数字驱动系统带动光栅驱动机构进行的。数字驱动系统一般用带动光栅驱动机构的步进电机和一个计算机控制系统构成。

波长或波数值可由测量驱动光栅的螺母转数的机械读出器显示，也可以由摩尔条纹直接测量螺母在丝杆上的位移表示，它们都可以在计算机上显示。一般情况，后者的读数精度优于前者。

当今分光计的扫描范围一般为 $31000 \sim 11000\text{cm}^{-1}$。在驱动机构的两端有锁动装置，可以防止扫描时超越了驱动装置的极限范围而造成损害。尽管如此，设置扫描参数时还是要避免接近扫描范围的两端。

3.2.5　光探测器和光谱读取

在分光计出射狭缝或出射窗口出现的光信号是最终需要探测的信号，它既包含了需要的光谱信息，也混有不需要的干扰信号。为了利用光谱信息，首先必须探测到它们，再把探测到的信号存储到某一载体上，使之可以阅读和处理。

20世纪50年代以前，光谱信号探测的载体是利用光化学反应的照相干板，然后用光学读数显微镜阅读和处理光谱信息。但是，现在的光谱信号探测几乎都是利用光电效应的光电探测器完成，然后借助于电子仪器和计算机进行信号的处理和读取。

分光计最终得到的信号一般都是极为微弱的光信号，光电探测器的探测和后续光电信号的处理所面临的是微弱信号的检测、放大和显示等一系列问题。下面简要介绍这些问题。

1. 光电探测器

1）光电倍增管

光电倍增管一般用于单道探测。

（1）工作原理[13]。光电倍增管的工作基础是光电效应，它的结构示于图3.35，其中K是阴极，A是阳极，$D_1 \sim D_n$ 是中间级。由于光电效应，入射的光子打在阴极K上产生光电子，光电子在电场作用下被加速撞击后面的极板D上打出更多次级电子，经 $D_1 \sim D_n$ 多级放大后电子数越来越多，最后由每 $10^6 \sim 10^7$ 个电子在阳极A产生一个负脉冲信号，于是在负载电阻 R_1 上就出现毫伏级负电压降后，就可以耦合进入光子计数器进行信号的后续处理。

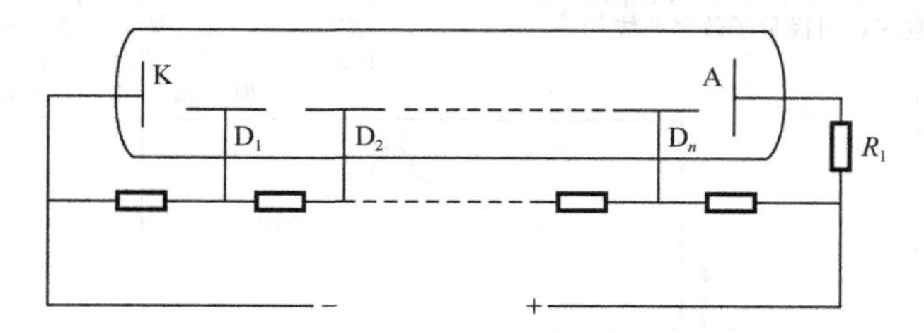

图3.35　光电倍增管结构示意图

（2）光电倍增管的工作条件。为使光电倍增管能良好工作，必须配备高质量的电压范围可调的高压电源，电压调整范围一般在－200～－2000V。

为了降低光电倍增管的暗电流和保持探测器的温度稳定性，光电倍增管一般被放置在有磁屏蔽和恒低温条件的所谓光电倍增管外套内。光电倍增管的恒低温条件一般由半导体制冷元件产生，制冷元件与有磁屏蔽效应的金属一起制成一个通常称为光电倍增管外套的金属盒。半导体制冷元件的冷源由制冷剂（如液氮）、冷水（水冷）或冷空气（风冷）提供，视工作需要和设备状态，工作温度一般设在－40～－180℃。

（3）光电倍增管的响应效率。光电倍增管的光谱响应主要由阴极所用的材料和倍增管的结构等因素决定。例如，光电倍增管的不同阴极材料，如GaAs、CsTe、

GaInAs 和碱金属等光阴极的响应效率，对光的波长和偏振都是有色散的，如图 3.36所示。其次，光电阴极材料的响应时间也各不相同，一般情况下光电倍增管的时间常数在 $10^{-8}\sim10^{-9}$ s。

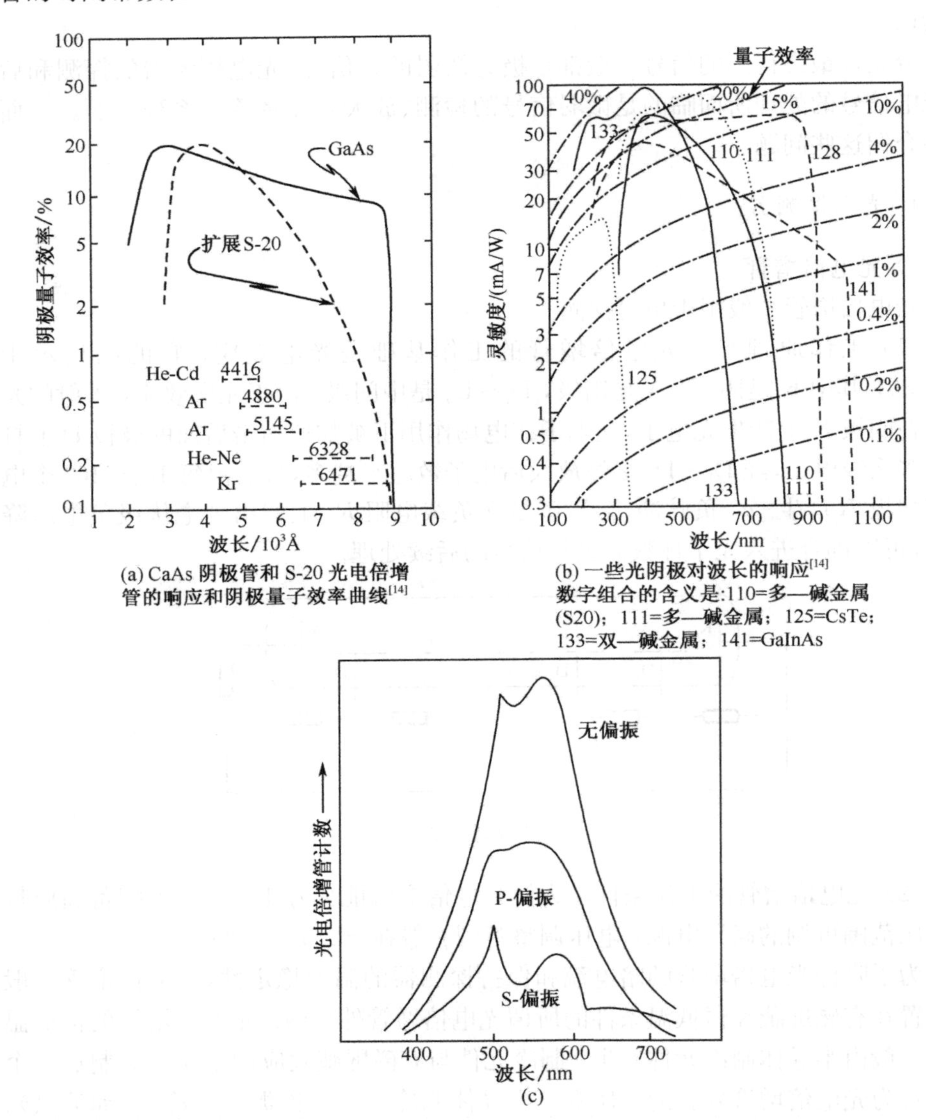

图 3.36　光电倍增管对波长(a)、(b)和偏振(c)响应曲线示例[14]

2）电荷耦合探测器(CCD)[13]

早期用的照相干板摄谱是典型的多道探测，照一次相就能获取在一个很宽频率范围内的全部光谱，但是由于照相干板的灵敏度很低，后来基本上被灵敏度很高,但一次只能记录频率范围很窄光谱的光电倍增管(即所谓单道探测)取代。用光电倍增管，只能进行逐段频率记录的方式，直至覆盖所需的全部光谱区域,因此，十分耗时。而电荷耦合探测器(charge coupled device，CCD)同时具有照相干板和光电倍增管的优点,是灵敏度很高的多道探测器件，已成为当前流行的摄谱仪的光探测器。

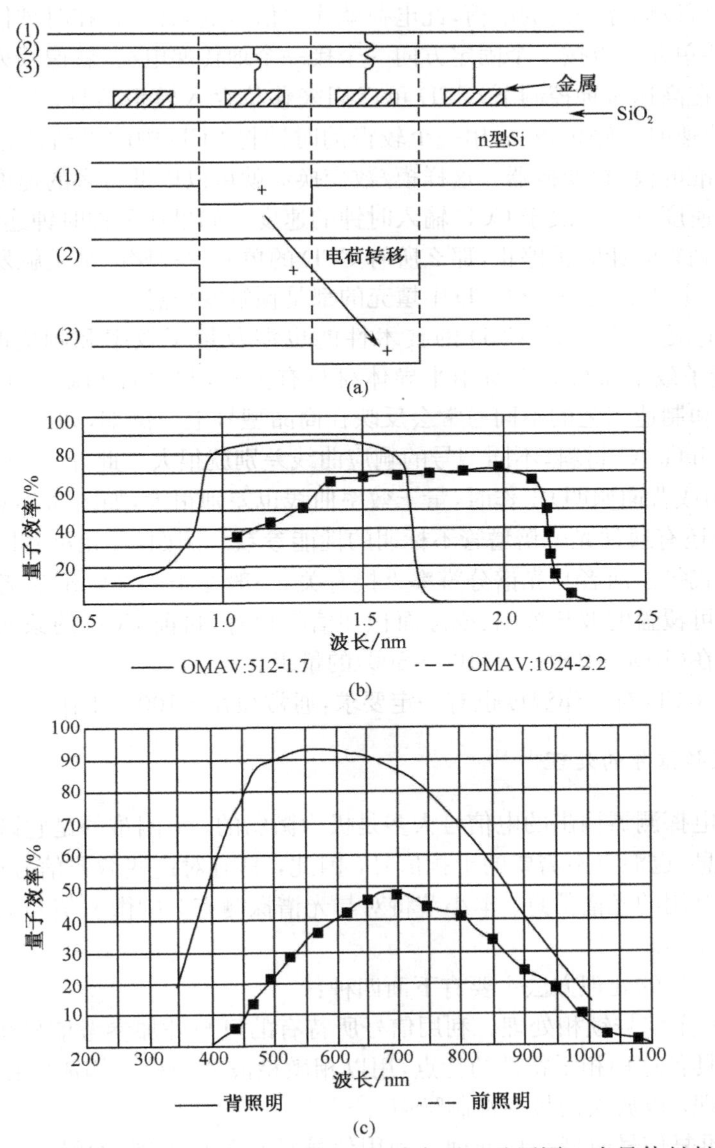

图 3.37　电荷耦合探测器(CCD)的工作原理示意图以及用同一半导体材料制备的元件,但不同型号,即设计和工作方式不同的量子效率曲线(b)、(c)[8]

电荷耦合器件由美国贝尔实验室的 W. S. 博伊尔 和 G. E. 史密斯于 1969 年发明，是一个用电荷量来表示不同状态的动态位移寄存器，通过由时钟脉冲电压来产生和控制半导体势阱的变化，实现存储和传递电荷信息的固态光电子器件。它的具体结构如图 3.37 所示，由一组规则排列的金属-氧化物-半导体(MOS)电容器阵列和输入、输出电路组成。它可以看成是一个由很多小单元组成的阵列，每个单元都可以储存一定的电荷，此电荷就代表信号的采样值，在时钟信号的命令控制下，这些单元可以按一个固定方向一个接一个地传递电荷，就像救火队员传递水桶一样。在高速时钟控制下，CCD 可以用来移位存入模拟信息，当所有的单元都填满时，快速时钟停止，然后用一个较慢的时钟将 CCD 中的电荷信息移位取出送入一个标准的模/数变换器。这样模/数变换器就可以以低得多的速度工作。而波形采集的速度仅仅取决于 CCD 输入时钟的速度。如果让采样时钟连续运行，而当触发事件到来时让时钟停止，那么所有 CCD 的单元中存储的都是触发时刻之前采集的信息，也就是说，整个 CCD 中填充的都是预触发信息。

与光电倍增管类似，CCD 的技术性能也涉及量子效率和响应时间等参数。CCD 的量子效率除与器件所用半导体材料有关外，与设计和制造工艺有很大关系。设计和制造工艺的不同通常会反映在商品型号上。例如，如图 3.37(b)所示，对同样的 InGaAs 材料，不同型号的响应曲线差别就很大。此外，CCD 以不同方式(前向照明或背向照明)工作时，量子效率曲线也差别很大，如图 3.37(c)所示。

CCD 还有通常光电倍增管不标明的性能参数。例如，象元尺寸以及象元数目和排布方式等。前者与光谱分辨率直接有关，一般在 10～20μm；后者关系到一次扫描光谱可覆盖的波长范围、成像面积和信噪比等，目前 CCD 的象元数目和排布方式一般在(1000～2000)×(100～500)的量级。

此外，CCD 对工作温度也有一定要求，通常须在－100℃工作。

2. 微弱信号的处理[13,15]

由光电探测器输出的电信号大多是极为微弱的，更困难的是它既包含了需要的光谱信息，也混有不需要的干扰信号，因此，只有对这些微弱信号进行处理后，才能获取有用的光谱信息。本小节将对与光谱探测有关的微弱信号的处理问题进行扼要的介绍。

微弱信号的处理方法主要有下面四种：

(1) 相干信号锁相处理。利用信号所特有的可与外加参考信号相干，而噪声一般并不具备这种相干特性的特点，用以相敏检波器为核心构成的锁定放大器进行信号处理，以放大信号和抑制噪声。

(2) 重复信号时域平均处理。利用信号具有重复出现，而噪声是随机发生的特点，重复取样 n 次，测量结果的信噪比可改善$\sqrt{n}$倍的规律，用取样积分器(box-

car)进行信号处理。

(3) 离散信号统计处理。利用微弱光是量子化的光子和光子流，具有离散信号的特性，采用单道和多道分析器处理。

(4) 计算机处理。用计算机进行曲线拟合、平滑、数字滤波、快速傅里叶变换等,以提高信噪比,进行微弱信号的提取。

对于光谱的信号处理,在历史上前两种方法曾是主流,但目前通用的是后两种方法相结合的方法。根据探测器采用的是单道或多道探测器的不同，微弱信号处理方法相应也分为单道和多道两种方法。

1) 单道信号处理——光子计数器

图 3.38 是光子计数器的结构框图,它包括前置放大器、甄别器、计数器等。光电倍增管产生的脉冲经过放大器放大后送入甄别器;甄别器将大于上阈值并小于下阈值的脉冲滤掉,目的是滤除各种噪声信号;甄别器送出的脉冲由计数器计数。

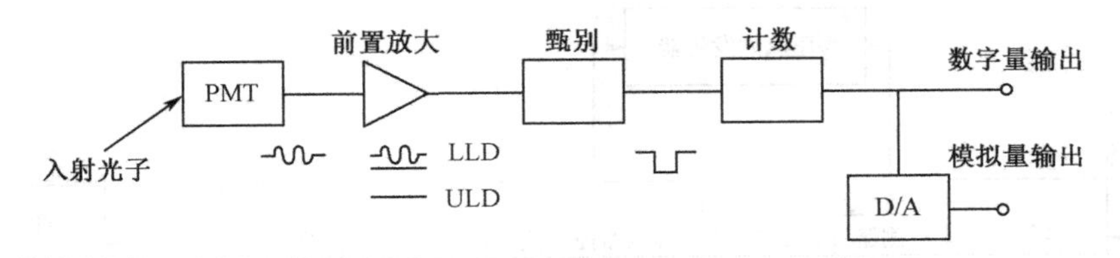

图 3.38　光子计数器的结构框图[13]

(1) 前置放大器。前置放大器的作用是放大光电倍增管的输出脉冲,适应甄别器工作范围的要求。前置放大器要求有一定增益,上升时间≤3ns,即其频带宽达 100MHz,以及有较宽的线性动态范围及较低的噪声系数。

(2) 甄别器。因为光子计数不能区分光谱信号和背景噪声信号,因此根据噪声背景信号的特性,设置甄别器，以弃除低幅度和高幅度的噪声脉冲,降低光子计数器的背景计数率,提高测量结果的信噪比。

甄别器工作原理和方式如图 3.39 所示。图 3.39(a)中的第一甄别电平 I,可以滤去低电平的热电子噪声脉冲和放大器噪声脉冲"计 0";图 3.39(b)上方的第二甄别电平 II,可滤去正离子和契连科夫离子造成的高幅度噪声脉冲"计 2"。一般甄别器就设置如(b)所示的以第一和第二甄别电平 I 和 II 为上、下限的窗口工作模式,允许以光谱信号为主的幅度为"计 1"的电脉冲通过。甄别器要求甄别电平稳定,可甄别的最小脉冲幅度较高,时间滞后尽可能小,死时间小,脉冲建立时间短,脉冲对分辨率不大于 10ns[2]等。

(3) 计数器。计数器的功能是在规定的测量时间间隔内，把甄别器输出的标准脉冲累计并输出用于进行信号的显示。一般要求计数器的速率达到 100MHz。

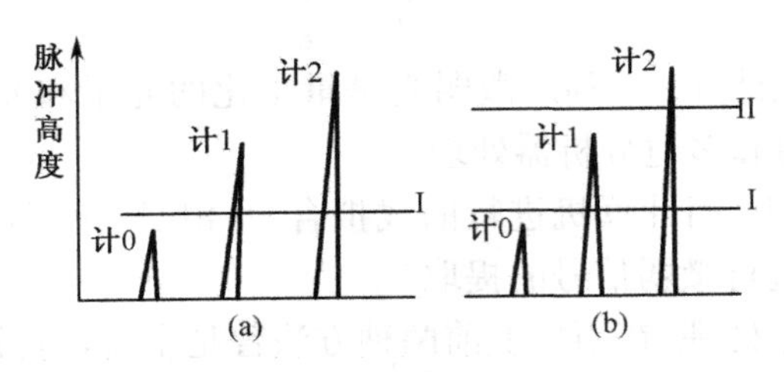

图 3.39　甄别器的工作方式[13]

2）多道信号处理——多道分析器

当光探测器是电荷耦合探测器(CCD)时，由它输出的电信号需要由多道分析器进行数据处理和分析。它的具体功能有两个，一是脉冲幅度分析，即在同一时间内记录大量粒子的脉冲幅度分布；二是多度定标功能，即在不同的相等长度的时间段内统计粒子的数量分布。图 3.40 表示了一个多通道分析器的结构框图。

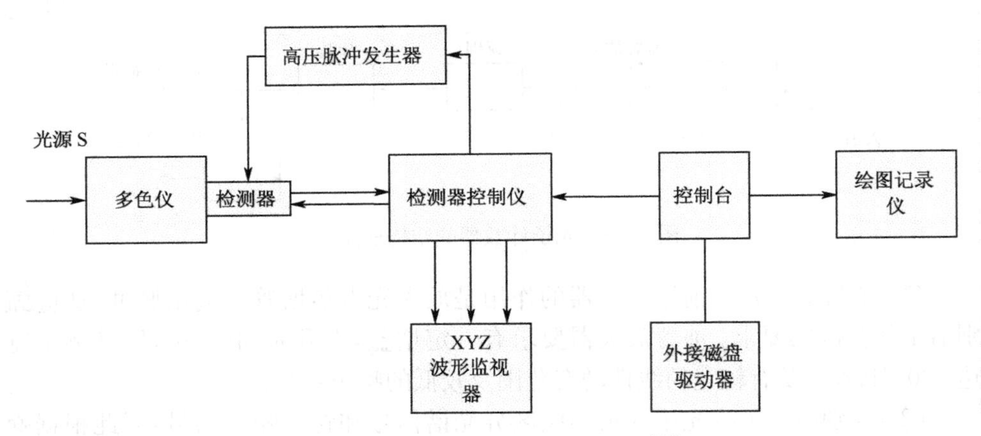

图 3.40　多通道分析器结构框图[13]

3. 信号探测的信噪比[13, 15]

由于上述单道或多道探测器均属于微弱信号检测，因此，了解探测的信噪比，对正确和高效使用这些探测技术是很有必要的。

1）信号、噪声和信噪比

信号是人们在一定条件下所寻求的信息的反映。如果它以波的形式出现，则信息就以波形、波幅、调制深度和频谱分布等形式存在。而噪声一般泛指所需信号以外的所有“信号”。

为衡量一个系统对噪声的抑制能力，人们定义信噪比(SNR)和测量误差分别为

$$\text{SNR} = \text{信号} / \text{噪声} = S/N \tag{3.31}$$

$$\text{测量误差} = 1/\text{SNR} \tag{3.32}$$

信噪比改善(SNIR)为

$$\text{SNIR} = \text{SNIR}_0 / \text{SNIR}_i = (S_0/R_0)/(S_i/R_i) \tag{3.33}$$

式中，S 和 N 分别代表信号和噪声的幅度，下标 0 和 i 分别代表不同次的测量。

2) 噪声的来源与信噪比的提高

微弱信号检测中的噪声的来源是多方面的，主要是本底噪声和环境噪声两类。

本底噪声包含有信号源电阻热噪声、电子仪器线路的噪声、光电倍增管和CCD的量子噪声等暗噪声，一般可归纳成下列 3 类：

(1) 热噪声。由电阻和导体中自由电子随机运动引起。

(2) 散粒噪声。由晶体管中电荷载流子以扩散方式通过 p-n 结或电子从阴极表面发射时速度不一致导致电流的波动引起。

(3) $1/f$ 噪声。也称闪烁噪声或低频噪声，主要由电子器件中载流子在半导体表面能级上产生和复合引起；又如在电阻器件中，直流电流流过不连续介质时也可产生 $1/f$ 噪声。

至于环境噪声，它是与仪器本身无直接关联的噪声。如进入仪器的由环境照明光、激光线、激光等离子线、瑞利散射光等杂散光，以及外电流电压的起伏、环境电磁波和宇宙射线等干扰信号。

提高信噪比的方法，如以光谱信号检测为例，则可以采用如下一些方法：

(1) 利用物理效应增强光谱信号。如把样品放入外腔式激光器的内腔中，增强光的激发效率和减少杂散光，又如用受激拉曼散射来增强光谱信号。

(2) 采用光谱滤波消除或抑制杂光。如在分光计的样品光路中设置前置单色器、窄带干涉滤光片、全息陷波片和 F-P 标准具等，进行光谱滤波，滤去杂散光。

(3) 采用时间符合电路。在用脉冲激光作为光源时，可以从光源引出脉冲信号作为同步参考信号来锁定只探测脉冲光激发的光谱信号。

(4) 采用空间滤波技术限制背景噪声。最简单的空间滤波方法是在光路中放置合适的小孔光阑。

(5) 在光电倍增管方面，可以采取降低管子温度、选用小面积的光阴极和倍增极以及选取最佳的工作电压和甄别电平等措施，以降低本底噪声。

(6) 良好的接地。在电路方面，采用良好的工作接地点，把电子设备工作和测量时的公共参考点接到独立的接地线端子，它能减少公共阻抗产生的噪声电压，抑制电容性耦合，以及避免构成接地回路及地电感性耦合。

(7) 屏蔽。光屏蔽和电屏蔽都能使仪器与外界光和电磁干扰隔绝。在采取有电屏蔽的机箱时，必须注意机箱的良好接地。

3）谱仪的杂散光水平

在第 1 章和第 2 章讨论中已提到，一方面，拉曼散射的强度非常弱，另一方面，又存在强烈的瑞利散射和光致发光，因此，标志光谱仪器信噪比的杂散光抑制水平就成为拉曼光谱仪的一个特有指标，并且引入了杂散光本领 $\eta_{\Delta\nu}$ 加以描述。杂散光本领 $\eta_{\Delta\nu}$ 定义为

$$\eta_{\Delta\nu} = I_{(\nu_0+\Delta\nu)}/I_{\nu_0} \tag{3.34}$$

其中 ν_0 为瑞利线的波数值，I_{ν_0} 为谱仪接收到瑞利线的强度，$I_{(\nu_0+\Delta\nu)}$ 为在 $\nu_0+\Delta\nu$ 处谱仪接收到的光强。通常以 $\Delta\nu=20\text{cm}^{-1}$ 和左旋酰胺酸样品为标准标定 $\eta_{\Delta\nu}$。

已有拉曼光谱仪的 $\eta_{(\Delta\nu=20\text{cm}^{-1})}$ 可以做到优于 10^{-14}。谱仪的 $\eta_{(\Delta\nu=20\text{cm}^{-1})}$ 优于 10^{-4} 才能开始用来做气体或透明的液体和晶体的强拉曼散射谱。如果谱仪的 $\eta_{(\Delta\nu=20\text{cm}^{-1})}$ 低于 10^{-3} 时就很难用来测量拉曼光谱了。

3.2.6　光栅拉曼光谱仪的整体结构

以上几小节先后介绍了光栅拉曼光谱仪的各个构成部分及其元件，现在介绍光栅拉曼光谱仪的整体结构。

1. 单光栅光谱仪

图 3.41 是北京大学物理系和仪器厂联合研制并由北京大学仪器厂从 1984 年开始生产的 RBD-Ⅱ型单光栅光谱仪的整体结构示意图。它是一个立体结构的光谱仪，因此具有占地面积小的优点。样品架 S 采用了中国的专利技术[9]，集光镜 L_1 利用了照相机镜头，DWG 是谱仪的分光部件—单光栅分光计，光电倍增管 D 是非制冷的，这些部件都用了中国产品。

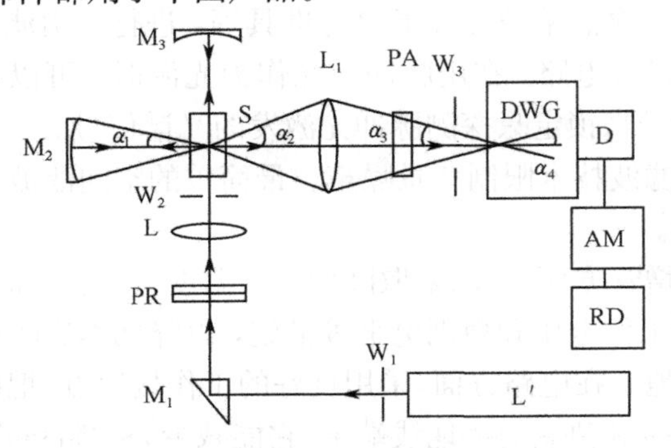

图 3.41　一个单光栅光谱仪的整体结构示意图

L′：He-Ne 激光器；W_1～W_3：小孔光阑；M_1：光束导向直角棱镜；PR：偏振旋转器（1/2 波片）；L：入射激光聚焦镜；M_2：散射光辅助反射增强系统；M_3：入射激光辅助聚焦镜；S：样品架；L_1：散射光收集镜；PA：检偏器；DWG：分光计；D：光电倍增管；AM：光子计数器；RD：数据处理和显示

2. 双光栅光谱仪

图 3.42 是在双光栅分光计基础上组建的实验室用双光栅拉曼光谱仪的结构图。其中“9”采用了 Spex-1403 双光栅分光计；“1”配备了多个但可方便转换使用的氩离子激光器、He-Ne 气体激光器以及染料和钛蓝宝石波长可调激光器。“6”的样品架空间大和可调性好，可以放置 500 K 高温样品炉和液氦、液氮光学杜瓦瓶，以及高压对顶砧样品室。样品光路可以在直角和斜角（布儒斯特角）散射等几何配置间进行方便地转换。

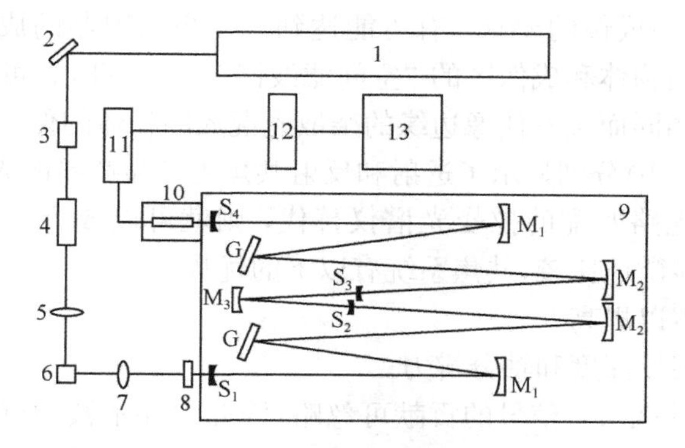

图 3.42　一个双光栅拉曼光谱仪整体结构示意图
1：激光器；2：光束导向反射镜；3：偏振旋转器；4：前置单色器；5：入射激光聚焦镜；6：样品架；7：散射光收集镜；8：检偏器和偏振扰乱器；9：双光栅分光计；10：光电倍增管；11：前置放大器；12：光子计数器；13：计算机

3.2.7　共焦拉曼光谱仪[16]

所有光谱仪的内外光路中都涉及光学成像问题。光学成像理论告诉我们，一方面，只有光轴上物体的像才可能达到无像差的理想成像；另一方面，所谓理想成像最终都受衍射限制，分辨率不可能超过波长的 1/2。因此，当需要在极小几何空间进行光谱取样时，解决像差问题就显得很突出。为此，发展了所谓共焦拉曼光谱仪。

要做到理想成像就是使轴上的物点和像点是互相共轭的，即所谓“共焦”。实际共焦装置的本质特征是，照明光阑和探测光阑是互相共轭的，使得空间滤波器对照明点和接收点的影响都得到放大，因而可以提高空间分辨力并且抑制了样品焦外区域(out-of-focus regions)的杂散光。因此，只要在技术上满足了上述条件，都能做到所谓“共焦”和理想成像。下面介绍两个共焦激光拉曼光谱仪光路的技术设计方案。

1. 针孔共焦显微镜光路

在 3.2.3 节介绍样品光路时，已经提到，近年来人们已发展用显微镜同时作为入射光聚光、散射光收集和样品架使用的外光路的设计。在常规光学显微镜中，一个较大面积的物体被照明并成像，因为，没有保证只对光轴上物体成像，必然出现成像质量差的缺点。但是，共焦光学显微镜是采用点光源(最常用的是激光)经一个显微镜透镜聚焦成轮廓鲜明的仅受衍射限制的一个小光点去照明物体和提取信息，并且，只对该小光点照明的物体进行成像。也就是说，只对光轴上物体成像，即达到了理想成像的要求，有可能达到只受衍射限制的成像。共焦的关键部件是置于被照明物体和成像区的“空间滤波器”——针孔，它可以保证形成一个和照明物体面积相同而又不使像边缘的杂散光混入的物体的像。

图 3.43(a)和(b)分别显示了透射和反射共焦光学显微镜的光路图。如果将其中的光探测器用光路匹配的拉曼光谱仪替代，则就可以成为一个共焦拉曼光谱仪。与常规光学显微镜比较，共焦系统有以下的优势：

(1) 反衬度得以提高。

(2) 提高了视场深度和轴分辨力。

由于样品焦外区域对信号的贡献可忽略，因此它并不被检测。只有靠近严格焦平面的一个薄层的信息才能到达探测器。这说明共焦系统具有实现样品的“光学切片”的独特能力。对应于 XY 平面二维扫描，每一个“光学切片”的信息被数字

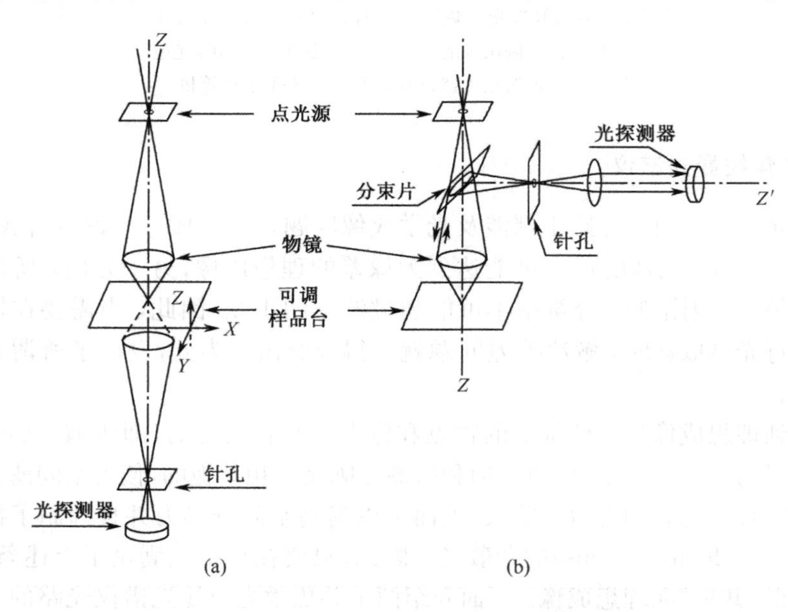

图 3.43　透射 (a)和反射(b)共焦光学显微镜的光路图

化后存入计算机。这样的显示结果就像扫描电子显微镜得到的像那样。通过一个电动聚焦的附属装置对沿 Z 坐标(沿光轴方向)的不同值得到的一系列“光学切片”,便可用来重构成一个三维的图形。

(3) 提高了横向分辨力。

照明用的点光源和像平面上的小孔光阑滤波器的组合可得到比一般的光学显微镜更窄的“点扩展函数”;共焦装置的横向分辨力可以接近理想极限值即经典分辨力的 0.7 倍。这种特性的一个应用已在高密唱机上开发出来,那里的“读取头”使用了一个处于共焦系统中的二极管激光器。

图 3.44(a)和(b)分别描述了共焦显微镜(实线)和传统显微镜(虚线)轴向和横向分辨率的比较情况。图 3.44(a)中的分辨率是由测得的信号强度与沿光轴方向样品薄层 Z 的位置之间的函数曲线来定义的。FWHM(半高全宽)表示强度为最大值一半时的峰宽。

共焦成像的一个重要的用途是,对所观察面积沿 XY 扫描和通过光探测器取得的光谱信号,进行计算机数据处理后,便能清晰地构成只由特征谱线所对应物质的二维图像。例如,对于碳材料,如果只选择金刚石的拉曼特征谱线进行光谱成像操作,则在光谱像中不会出现除金刚石外(如石墨和非晶碳等任何其他碳材料)的图像。

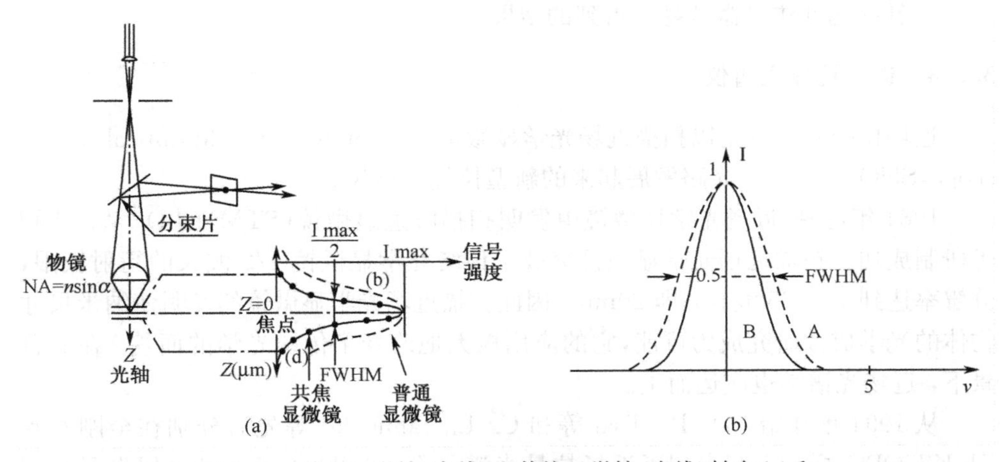

图 3.44　共焦显微镜(实线)和传统显微镜(虚线)轴向(a)和横向(b)分辨率比较的示意图

2. 无针孔共焦光路[17~19]

利用摄谱仪的入射狭缝及其电荷耦合探测器的像元,可以构建成一个不用机械针孔的共焦系统,成为所谓无针孔共焦光谱仪。如图 3.45 所示,在该系统中,外光路系统设计成在入射狭缝产生一个约 10μm 的照明样品的像点，并把入射狭缝也开到约 10μm，作为一个空间滤波器，它隔绝了样品聚焦照明区域外的信号进入摄谱仪。如图 3.45 所示，该系统的光学共轭点由 CCD 像素的尺寸保证。上述样品光斑的聚焦、入射狭缝的调整和 CCD 像素尺寸的控制都可以通过计算机的软件来完成，因此，仪器容易调整是该系统的一大优点。

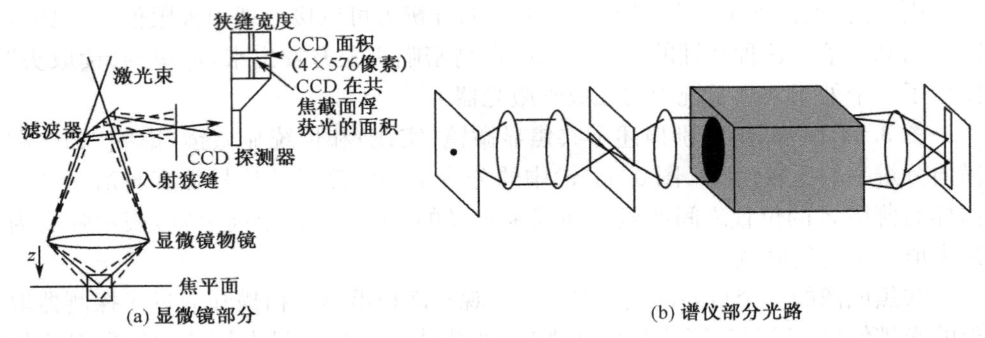

图 3.45　无针孔共焦光路示意图

实验已经证明，用 50 倍显微物镜和取 4 个尺寸为 5μm 的 CCD 像素作为像共轭点的情况下，取样深度分辨率达到了优于 2μm，类似于用 100 倍物镜和耦合 300μm 针孔的共焦显微拉曼谱得到的结果。

3.2.8　近场拉曼光谱仪[20～24]

近场拉曼光谱仪是以扫描近场光学显微镜(scanning near-field optical microscope，SNOM)为样品光路发展起来的新型拉曼光谱仪。

1984 年，扫描近场光学显微镜由发明扫描隧道显微镜(STM)的 D. W. Pohl 等研制成功。扫描近场光学显微镜突破了传统光学显微镜 1/2 波长的衍射极限，分辨率达到了 1/25 波长，即 20nm。因此扫描近场光学显微镜的发明使纳米尺寸物体的光学成像研究成为可能，它的应用极大地改变了传统光学的面貌。在此背景下，近场光谱学也应运而生。

从 1994 年开始，D. P. Tsai 等和 C. L. Jahnchke 等先后分别在金刚石和 Rb-$KTiOPO_4$ 样品上观察到了近场拉曼光谱[25, 26]。1999 年王晶晶等报告了中国学者做的第一个近场拉曼光谱工作[27]。图 3.46 就是王晶晶等研制成功的近场拉曼光谱仪的结构示意图。

由于光谱仪接收到的拉曼信号极弱的问题一直没有被根本解决，因此，至今近场拉曼光谱仪仍不能进行广泛应用。

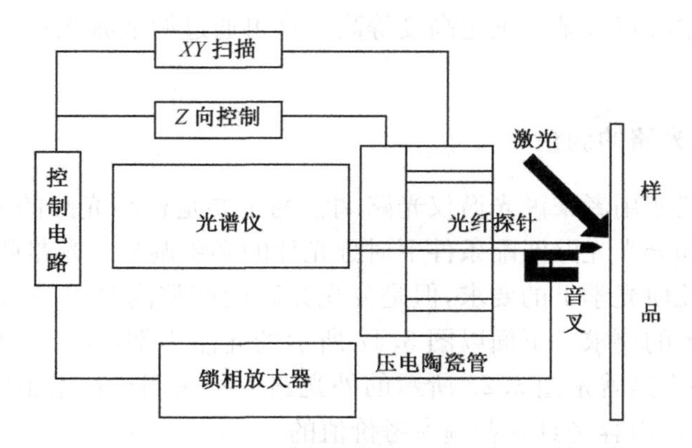

图 3.46　一个近场拉曼光谱仪的结构示意图[27]

3.3　拉曼光谱测量技术

在选定光谱仪后，要在实验上获得合乎要求的拉曼光谱除了要求能对谱仪进行必要的改造和改进，以适合测量的技术要求外，测量技术是关键因素。好的测量技术至少包含会调整光谱仪使之处于良好的技术状态以及选择合理的参数使光谱仪正常合理运转两个方面。要把这两方面做好，首先，要对拉曼光谱的机制以及拉曼光谱仪的工作原理、结构和仪器参数有正确理解；其次，一定的实践经验也是重要的。

3.3.1　光谱仪的安全放置和进行调整的条件

拉曼光谱仪属精密仪器。实验室的环境应尽可能做到恒温、防尘和不潮湿，并有一个不变形并防振的平台放置仪器。

光谱仪调整是为了保证仪器达到或甚至超过其技术指标。商品光谱仪在出厂前或从销售商手中接收时，一般都由专业人员进行了调整。但是，仪器会因长期使用和气候变化等各种原因而失调或性能下降。例如，在暖气和空调开放前、后室温一般都会发生剧烈变化，由此会导致光谱仪状态有较大变化。因此，经常对光谱仪进行调整是很必要的。在进行光谱仪调整前，必须首先做到：

(1) 调整放置光谱仪的平台使台面处于水平状态。

(2) 使光谱仪水平地放置在光学平台上。为此，可通过调节光谱仪的三个支撑腿和观察光谱仪里面的水准泡，使谱仪放置水平。如谱仪内没有水准泡的，要临时在谱仪内放置水准器具。安放仪器时，如果使光谱仪的外缘与光学平台的两条边平行，则会有利于光谱仪的后续调整工作。

(3) 使从光源激光器出射的激光束与处于水平状态的光学平台平行，并与光谱仪入射狭缝中心点或某一确定高度等高。这可通过调节激光器的支撑腿等措施达到。

3.3.2　光谱仪光路的调整

对于光谱仪使用者来说光谱仪光路调整的主要是样品光路的调整，有时也包括在样品光路和分光光路匹配条件下对分光计的必要调整。光路调整主要是为了满足光谱仪在几何光学上的要求，但是分光光路的调整同时也是为了满足在物理光学(光谱学)上的要求。下面以图 3.47 所示的光路为例，介绍光路调整的知识。图 3.47 中的外光路就是图 3.22 所示的外光路。所述调整技术虽针对图 3.47 的具体光路，但这一内容是具有普遍参考价值的。

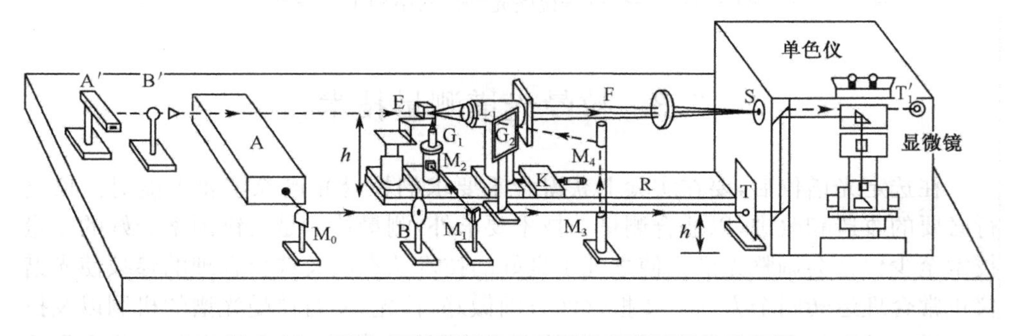

图 3.47　底射、侧射和显微复合样品光路调整的示意图

A、A′:激光器；B、B′:小孔光阑；E:样品架；G_1、G_2:聚光透镜；L_1:散射光聚光透镜；S:光谱仪入射狭缝；K:集光镜聚焦微调旋钮；M_0～M_5:反射镜；F:检偏器；R、T:准直光靶与显微镜激光入口；T′:单色仪第一反

1. 基准光束的设立

基准光束代表光路中的理想光轴，所有光学元件都要与它共轴，才能满足光谱仪在几何光学上的要求。基准光束及其数目应根据不同仪器的要求设立。例如，对于图 3.47 所示的光路需要两条独立的基准光束，分别用于入射光聚光光路和散射光收集光路。

作为基准光束的激光束要有较小的发散角，如果发散角过大可以在激光束中放置一小孔径的光阑或者一个倒装望远镜，通过小孔光阑的光束将使到达目标的光斑变小，而倒装望远镜将压缩发散角，使激光束变成一支不发散的平行光束。如该光束再经过小孔光阑，则可以得到一条直径很小的高质量的基准光束。

在基准光束经过的光路上，要设置一个小孔光阑和一个光靶，它们的中心位置距离已调水平的防振平台高度 h 相等(其绝对高度视需要而定)，并且与放置谱仪的防震台的边缘平行。调节激光束正好同时穿过两者的中心，则基准光束建立。

入射光聚光路的基准光束可以是光谱仪器激光源 A 形成的光束(图中的实箭头线),其中小孔光阑和光靶分别是在图中的 B 和 T 的位置,T 的高度 h 是以满足显微光路的要求而定的,调节好的从 B 至 T 的光束就是入射光聚光光路的基准光束。

散射光收集光路的基准光束的光源是单设的 He-Ne 激光器 A′。氦氖激光器架设在三维调整架上,放置在离谱仪入射狭缝前方尽可能远的地方,通过调节三维调整架,使氦氖激光束正好穿过光谱仪的入射狭缝 S 的中心并打在光谱仪第一块反射镜 T′的中心,这种与光谱仪光路共轴的激光束就是散射光收集光路的基准光束(图中的虚箭头线)。

2. 样品光路的准直调整

1) 入射光聚光光路的调整

对于显微光路而言,通过调节显微镜的可调反射镜,使显微镜与样品光路的基准光束共轴。对于底射和侧射光路而言,是通过分别调节 M_1 和 M_2 以及 M_3 和 M_4 把样品光路的基准光束延伸到样品架的中心,使得光束能直射到样品的中心。然后,加入和调节相关聚焦透镜 G_1 和 G_2 以及偏振元件等,使这些光学元件的光轴与基准光束共轴。共轴判断的一个标准是加入新的光学元件后,基准光束横截面的光强分布不变并且光斑的中心依然在形成基准光束光靶的中心。

2) 散射光收集光路的调整与内外光路匹配

散射光收集光路的准直要在内外光路匹配条件下进行。根据 3.2.3 节中关于"内、外光路匹配"的阐述,散射光收集光路准直的具体做法可以:

(1) 使放置收集光透镜组的导轨 R 与收集光路的准直光束平行。方法是,将一小孔光阑放在导轨上,调节导轨,使得在导轨上的光阑在前后移动过程中,保证基准光束始终从光阑的中心小孔穿过。

(2) 使集光透镜组 L_1 与散射光收集光路的基准光束共轴。方法是利用透镜组 L_1 调节架 K 上的调节旋钮,使得前后移动集光透镜组时,光束都能均匀穿过入射狭缝的小孔并打在光谱仪第一反射镜的正中心。为正确确定反射镜中心,可以在单色仪第一反射镜 T_1 罩上一个中心小孔与反射镜中心同心的光靶。

(3) 将集光透镜组 L_1 定位在导轨上能保证内外光路匹配的位置。该位置是使光谱仪入射狭缝对透镜孔径的张角与对光谱仪第一反射镜 T_1 的张角相等的地方。

(4) 验证光谱仪内部光路的准直状态。方法是去掉光电倍增管,在出射狭缝处用肉眼或望远镜观察出射光束(当然,谱仪此时应调至 He-Ne 激光的波数位置),保证在不去掉靶 T′的情况下也能观察到出射的 He-Ne 激光。分光计光路的准直一般不会有问题，如发现有问题，应请厂方的技术人员进行调整。

按照上述方法调整好样品光路后，入射光聚光和散射光收集光路中的各个元件均已共轴并在合适位置，此时各元件必须加以固定，并不准沿垂直仪器台面的平面上的任一方向移动。如果为了将散射光精确地聚焦在入射狭缝上，可以沿前后方向微调散射光收集透镜，但是一般不再允许沿垂直散射光收集光路方向移动。

3. 分光计的调整

分光计在原产厂已经过仔细地调整，用户一般不需要也不要轻易地进行分光计光路的调整。但是，光谱仪在搬迁、室温有剧烈变化（如暖气和冷气开放前后）或使用一段时间后，应检查谱仪的读数性能，即对已知波长的标准谱线（如光谱汞灯的谱线）进行扫描，如发现实测波长（波数）读数和标准值之间的误差过大（如$\pm 1 \sim 2\mathrm{cm}^{-1}$）时，就需要对分光计进行波长校准、光栅同步和偏差均布等内容的调整。作为光谱仪调整用的标准谱线在附录Ⅱ中已详细列出，供参考。

分光计在进行调整前后和调整过程中，观察标准谱线是否能正确通过所调整的分光计，是判断分光计是否需要调整和调整是否合适的基本判断方法。有两种方法可以用来进行这种判断：

（1）光电记录法。利用光谱仪原有的光电探测系统作判别，以输出最大为准。

（2）肉眼观察法。拆除光探测器（如光电倍增管），把望远镜或低倍显微镜架设在出射狭缝和窗口前，并使其聚焦在出射狭缝或窗口的平面上，当通过望远镜或低倍显微镜或用肉眼观察到谱线正好处在狭缝或窗口的中间时，即表明该谱线正确通过了所调整的分光计。

肉眼观察法因为避免了光电倍增管所增加的光学件（如光电倍增管前用于聚焦的悬浮透镜）引入的附加误差，因此，它的精度一般会高于光电记录法。

1）单光栅分光计的调整

以图 3.48 所示的单光栅分光计为例，叙述单光栅分光计的调整。

调整时需要准备一支光谱灯，如光谱汞灯和氖灯。调整光谱仪时，把光谱灯尽可能放在靠近狭缝正前方的位置上。

（1）波长校准。波长校准的目的是调整谱仪的波长（波数）读数与标准光谱线的数值一致。具体做法有：

① 把狭缝 S_1 和 S_2 依次设置为 $25\mu\mathrm{m}$（高 2mm）和 2mm（高 2mm）。

② 参考厂家给出的谱仪光栅的性能数据，精确选定最接近光栅闪耀波长的光谱线作为调整用的光源，如光栅闪耀波长在 500nm 左右的，可以选汞灯的 546.07nm / $18312.5\mathrm{cm}^{-1}$线。从高于选定谱线的 $200\mathrm{cm}^{-1}$处开始进行扫描，直到仪器记录到最大光强或肉眼观察到该谱线在 S_2 狭缝的中间位置，读取此时谱仪的波数值。这样就得到了读数偏差，决定是否有必要进行调整。

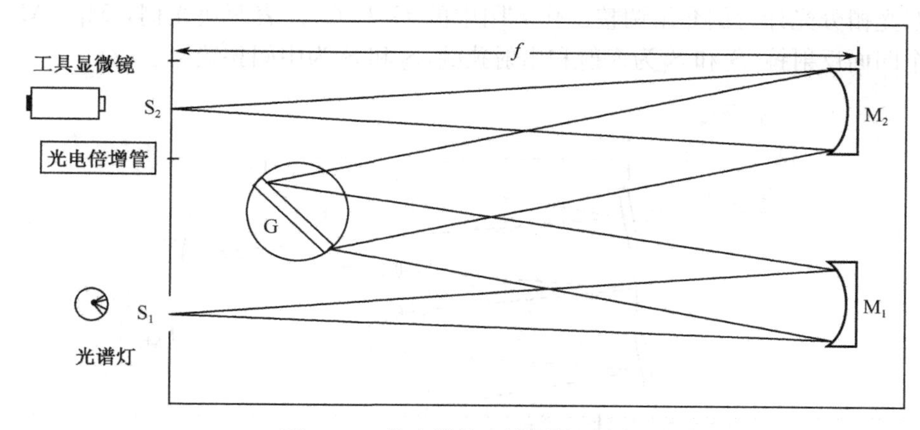

图 3.48　单光栅分光计调整示意图

③ 在确定需要进行新的谱仪调整后，将谱仪波数的读数固定在标准光谱线的标准值上。

④ 将 S_2 逐渐关小至 25μm，同时，调节 M_1，或光栅 G，使光子计数器继续记录到最大光强或观察到的谱线依然在 S_2 狭缝中间。如果当 S_2 关小至 25μm 时，仪器仍能记录到最大光强或肉眼观察到的谱线依然在 S_2 狭缝中间，则波长校准即完成。

(2) 偏差分布调整。上述波长校准是针对一个波长的标准谱线进行的，而光谱仪是在很宽的波长范围内工作的，所以，波长校准完成后，需要完成多个光谱线的波长读数精度的校正，这就是所谓的"偏差分布调整"。其具体做法可以为：

① 如果用汞灯作校准，一般选择 27396.1/365.015、22944.3/435.837、18312.5/546.07、11472.2/871.6(cm^{-1}/nm)4 条谱线进行扫描，检查其波数/波长读数，以确定是否需要进行偏差分布调整。如发现有的谱线的读数与标准值之间的误差偏大(如对焦长 500 mm 的单色仪是±1～2 cm^{-1}以上)时，就需要做偏差分布的调整。

② 偏差分布调整有两种标准。一种是使各个谱线的读数误差大体相近并均匀分布，一般情况都采用这种方法。另一种是使某一波长的偏差最小，而不考虑其他波长的偏差。后者往往是为了某种特殊需要，如要检测某波长附近的弱信号，或测量某波长激发的共振拉曼谱。

③ 偏差均布的调整方法与前述的波长校准一样。具体调整时，可以通过改变某一谱线的偏差，引起其他谱线的偏差发生改变，从而达到偏差均布或偏差集中的目的。

2) 双光栅分光计的光路调整

图 3.49 是对图 3.30(a)所示双光栅分光计进行光路调整的示意图。下面以

此双光栅分光计为例介绍调整工作。图中的 G_1 和 G_2 代表两块光栅，$M_1 \sim M_5$ 为五个凹面反射镜，S_1 和 S_4 为入射和出射狭缝，S_2 和 S_3 为中间狭缝。

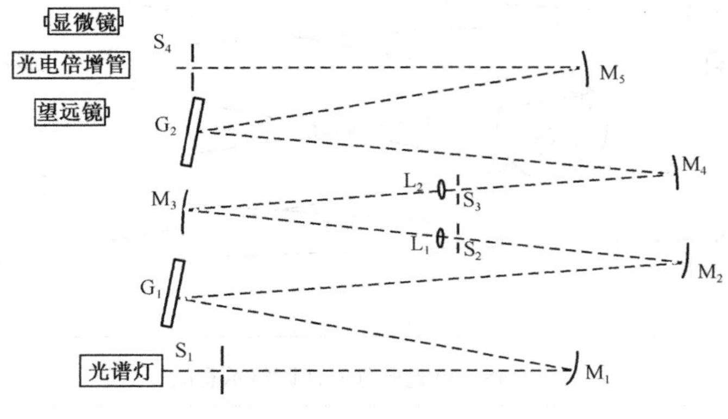

图 3.49　双光栅分光计光路调整示意图

(1) 调整的必要性判断和基本原则。

① 调整的必要性判断。运转光谱仪，使其对光谱灯的某一条谱线进行扫描，当观察到这条谱线时，令 $S_4 = 25\mu m$，重扫谱线，直到能够确定这条谱线的最强位置，检查此时的谱仪读数，如果超出谱仪所给技术指标，则需要进行谱仪调整。

② 调整的基本原则。双光栅分光计的调整原则：首先，把双光栅分光计分割为两个单光栅分光计，分别类似于单光栅分光计那样进行单独地调整。然后，进行两个分光计的同步调整。

(2)第二单色仪的波长校准。具体做法有两种：一种是在第二单色仪入射狭缝 S_3 前放置光谱灯，对第二单色仪进行独立地调整；另一种是把第一单色仪设置成相当于一个窄带滤波器，即把光谱灯放在第一单色仪前，但是将第一单色仪入射和出射狭缝开得尽可能大，使光谱灯的相应波长的谱线能不受阻碍地通过第一单色仪到达第二单色仪的入射狭缝，使光谱灯等价于放在第二单色仪入射狭缝 S_3 前，然后对第二单色仪进行独立地调整。下面具体介绍第二种调整方法：

① 将光谱灯放置得尽可能靠近第一单色仪的入射狭缝。

② 令狭缝 $S_1 \sim S_4$ 依次设置为：2mm(高 2mm)、2mm、25μm、2mm。

③ 将 S_4 看作单光栅分光计的出射狭缝，然后按上述单光栅分光计的调整方法进行调整。

(3) 第一单色仪的调整和双光栅同步。现在，完成波长校准的第二单色仪相当于第一单色仪的出射狭缝，接着要做的工作是调整第一单色仪，并使第一单色仪与第二单色仪互相协调，也就是使两个光栅能同步工作。具体做法为：

① 保证第二单色仪相当于第一单色仪的出射狭缝。

准直中间狭缝 S_2 和 S_3。目的是保证从 S_2 出射的光束从狭缝 S_3 的刀口中间穿过，即保证从第一单色仪出射的光必定进入第二单色仪。

设置 S_2 为 25μm 宽，将 S_3 从 2mm 逐渐减小至 25μm。在减小过程中，不断调节反射镜 M_3，用聚焦在 S_4 刀口的低倍显微镜，或聚焦在 S_3 刀口上的望远镜，或肉眼直接观察标准谱线是否在狭缝 S_3 或 S_4 的正中间，或通过光谱仪原有的光子计数器，记录到最大的出射光强的方法。当观察到 S_3 减小至 25μm 时，从 S_2 出射的谱线仍然通过狭缝 S_3 的中间，则准直中间狭缝 S_2 和 S_3 的目标达到。

此时狭缝 S_1～S_4 依次为 2mm(高 2mm)、25μm、25μm、25μm，即第二单色仪实际上已可认为是第一单色仪的出射狭缝。

② 第一单色仪调整和双光栅同步。

目的是使得第一单色仪与第二单色仪一样，可以通过同一标准谱线。

调整方法与前述单色仪所做的"波长校准"方法完全相似。光栅同步完成时，狭缝 S_1～S_4 的宽度均为 25μm。

上述"波长校准"和"光栅同步"的调整和各步调整的内容，必要时可以依次反复进行，直到波数读数值与标准的数值符合得最理想为止。

(4) 偏差分布调整。上述波长校准和光栅同步都是针对一个波长的标准谱线进行的，而光谱仪是在很宽的波长范围内工作，所以，波长校准和光栅同步完成后，还需要检查多个光谱线的波长读出精度，实测的各谱线的误差是否大体相近，且偏差情况如何，视需要进一步做偏差分布的调整。偏差分布的调整要求与单光栅分光计的调整相似，只是此时的 4 个狭缝 S_1～S_4 依次设置为 10 μm(高 2mm)、100μm、100μm、10μm，然后按需要进行。

3.3.3　显微拉曼光谱仪的光路调整

近年来，显微拉曼光谱仪已被广泛应用。显微拉曼光谱仪与 3.3.2 节介绍进行调节的拉曼光谱仪有明显的不同，例如，显微拉曼光谱仪的样品光路不是大光路而是显微镜光路，分光光路大部分是摄谱仪，因此，显微拉曼光谱仪的调整与上面所介绍的大光路分光计的调整并不完全相同。本小节将以图 3.50 所示的显微拉曼光谱仪的光路为例，介绍显微拉曼光谱仪的光路调整工作。

图 3.50 所示显微拉曼光谱仪有三个一般光谱仪中没有的特殊部件：

(1) 由两个透镜(C 和 D)和针孔 N 构成的具有针孔滤波、聚焦和激光扩束等多种功能的部件。

(2) 具有反射入射激光同时又阻挡瑞利散射光进入摄谱仪等两种功能的全息陷波片装置 G_1。

(3) 入射光聚焦光路和散射光收集光路共用一个显微镜。图中以 M—L_1 代表。

下面结合对上述三个特殊部件的调整，叙述显微拉曼光谱仪的调整。

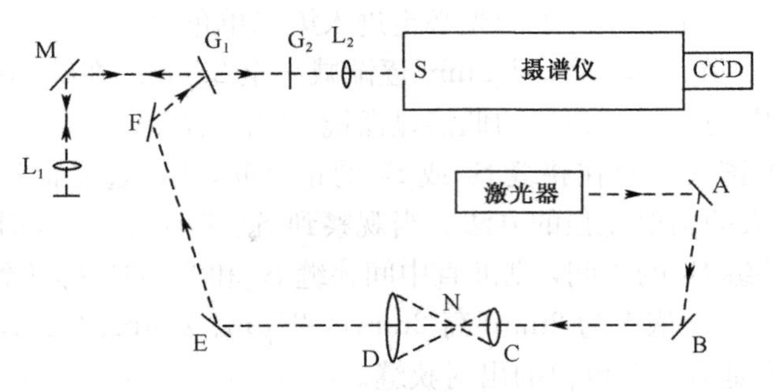

图 3.50　一个显微光谱仪的光路示意图

1）建立基准光束

基准光束主要用于小孔径和非平面的光学元件的布置和调整，在图 3.50 所示光路的调整中，只需在入射光聚焦光路的 B～E 间建立基准光束。在 B～E 段插入一个小孔光阑，通过调节反射镜 A 和 B，使小孔中心的位置与针孔 N 重合。当光靶紧贴台面和仪器后箱板前后移动时，激光器的出射光束始终穿过光阑的中心小孔，则基准光束便建立起来了。

2）透镜 C 和 D 的共焦和共轴

这一步相当于入射光聚光光路的调整。

装上物镜 C，而后装上透镜 D。调节 C 和 D，使得基准光束通过 C 和 D 以后，出射的基准光束的光斑是在轴上的圆形光斑，光斑的亮度均匀并且在圆心处达到最大时，则说明调整完成。

3）全息陷波片的调整

在 G_1～L_1 的光路中，M 是显微镜内的半反半透的介质膜反射镜，G_1 和 G_2 是两个全息陷波片，其中陷波片 G_1 还起改变入射激光传播方向，使之正确进入显微镜。

全息陷波片的调整光源是显微镜内的白光灯，调整时起监视作用的是 CCD 探测器的输出信号。具体调整如下述：

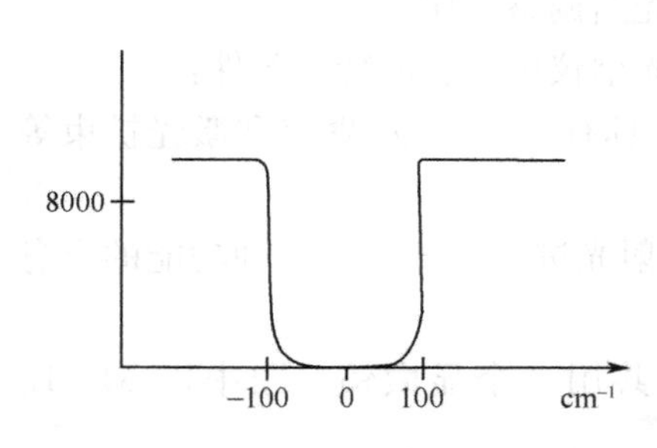

图 3.51　陷波阱的形状和位置

调节入射狭缝前的散射光聚焦透镜 L_2，使 CCD 输出信号最强，然后调节陷波器 G_1 和 G_2，得到扫描的光谱不仅强度最大而且陷波效果最好。然后，通过协作调节聚焦镜 L_2 和两个陷波片 G_1 和 G_2，使得从光谱上观察到的陷波阱变得又窄又陡，且陷波阱外光谱强度越来越大，如图 3.51 所示。

调节聚焦透镜 L_2 的左右位置，观察在摄谱仪入射狭缝和 CCD 窗口上亮斑，使亮斑在入射狭缝和 CCD 的屏幕上，如图 3.52 所示。

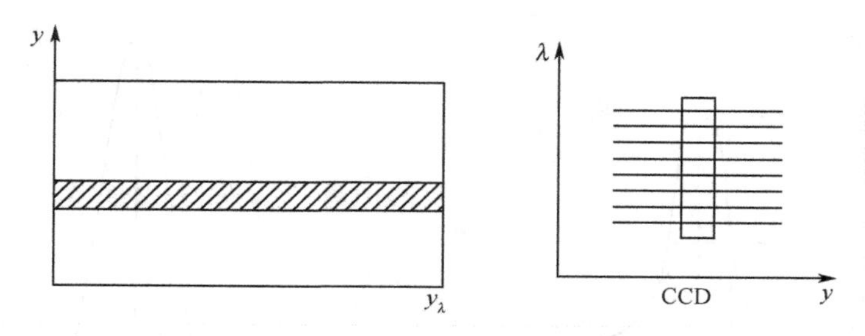

图 3.52　摄谱仪入射狭缝和 CCD 窗口上聚焦亮斑形状的示意图

4）显微光路与入射激光束共轴

这一步相当于散射光收集光路的共焦和共轴调整。具体做法为：

（1）粗调反射镜 E 和第一陷波片 G_1，使在显微镜中能观察到激光的光斑。

（2）细调 E 和 G_1 使激光聚焦在十字叉丝上。当上下移动显微镜筒，改变聚焦状况，导致光斑放大或缩小时，光斑中心应保持在十字叉丝上，且依然呈均匀的圆形光斑。

5）调整的指标

以上的调整可反复进行，直到在入射狭缝为 10μm、激光输出功率约 20mW 和积分时间为 1s 时，达到如下技术指标为止：

（1）S_i 的 520cm^{-1} 拉曼线的光子计数在 5000/s 以上；而在入射狭缝打开至 50mm 时，达 10000/s 以上。

（2）S_i 的 520cm^{-1} 拉曼线宽尽可能接近 HWMH$\leqslant$2cm^{-1} 的本征宽度。

（3）抑制瑞利线到至少可观察到位于 100cm^{-1} 附近的谱线。

3.3.4　光谱的特性和光谱的分辨

为了能最佳地测量和记录光谱，还需要对用以描述光谱特性的参数以及光谱的分辨问题有所了解。

1. 光谱基本特征的描述

图 3.53 展示了散射光功率密度函数 $p(\nu)$ 随频率 ν 变化的曲线，它就是人们常说的光谱线。其中 p_0 代表功率谱密度函数最大值，通常称 p_0 对应的频率 ν_0 为光谱频率，它常常是光谱的中心频率。光谱的积分强度指整个谱线的总光功率，数值上等于图中 $p(\nu)$ 曲线所围的面积值；ν_0 处对应的强度则称为峰值强度。至于光谱线宽，如指半高半宽 $\Delta\nu$，则是$\dfrac{p_0}{2}$处对应的两个频率 ν_H 和 ν_L 之差的二分之一，即

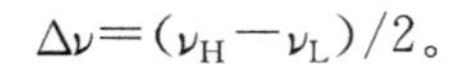

$\Delta\nu=(\nu_H-\nu_L)/2$。

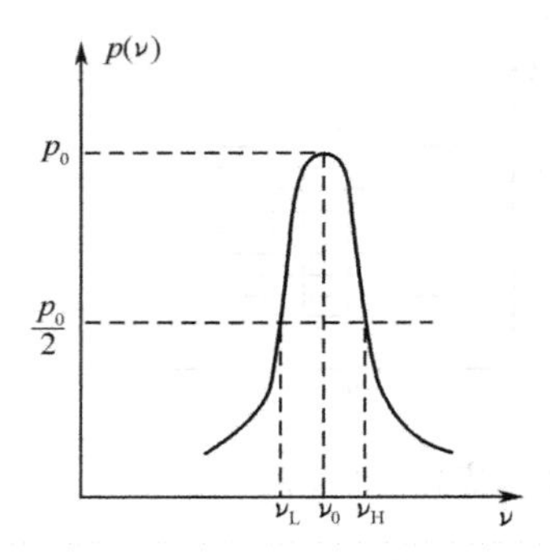

图 3.53　光谱线的轮廓及其参数示意图

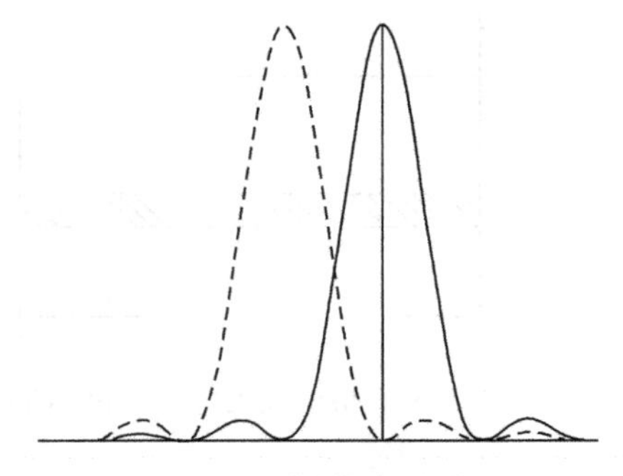

图 3.54　瑞利判据示意图

2. 光谱线的分辨

1）瑞利判据

当两个谱峰相邻或部分重合时，它们是否可以分辨为两个单一谱峰，以便利用上述光谱的基本特征加以描述和分析是很重要的。

但是，对两个谱峰分辨的判断是因人而异的；为此，人为地定义了一个判断的根据，即所谓瑞利判据。瑞利判据说，当两条谱线中的一条谱线的极强正好落在邻近另一条谱线光强的极弱处，就认为这两谱线恰可分辨的，图 3.54 正好表示了用瑞利判据谱线可分辨的情况。

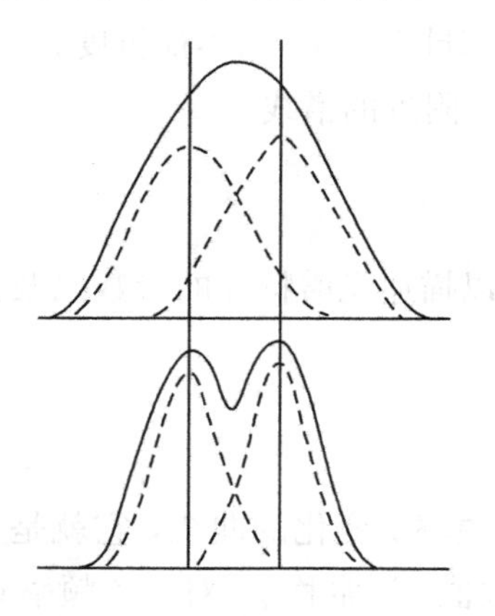

图 3.55　相同色散率光栅谱仪记录下分辨率不同的光谱的示意图

2）线形问题

用同一光谱仪，但是用不同扫描参数记录的光谱线形也可能不相同，图 3.55 的上部、下部的虚线表示了两条光谱线，正如竖线所示，它们的峰值均位于 λ 和 λ＋Δλ。如果它们的峰形是同一个类型（如高斯型），仅峰宽不同，上部两个峰的峰宽大，下部两个峰的峰宽小，结果合成的光谱（如实线所示），上部的不可分，而下部的符合瑞利判据，恰好可以分辨。由此可见，能否分辨两条谱线不仅与峰值分离程度有关，还涉及线形、峰宽等光谱特征。

3.3.5　光谱仪性能的描述

3.3.4 节的讨论也表明，用同一谱仪实际记录到的光谱特征还与测量时选择的光谱仪运转参数有关。而了解和熟悉光谱仪有关性能参数的含义，是正确选择谱仪的运转参数和快捷记录高质量光谱的重要前提条件。

1. 分光计的色散率和分辨本领

1）分光计的色散率——线色散率

分光计的色散率是分光计最重要的技术参数之一。在 3.2.4 节定义的光栅色散率是角色散 D_θ，它表示两束光线分开的角度，即光栅的角色散率只决定了波长为 λ 和 $\lambda+\Delta\lambda$ 的两个谱线在空间分离的角度，但是，光栅的角色散率大，并不能保证分光计可以分辨两条位于 λ 和 $\lambda+\Delta\lambda$，而 $\Delta\lambda$ 又很小，即波长靠得很近的两条光谱线。

实际上，光谱测量所关心的是两条谱线在如图 3.23 中所示分光计的谱面 a' 上的分开距离 Δl。因此，对分光计有意义的是所谓"线色散率"。由于分光计的 $\Delta l=f_1\Delta\beta$，f_1 为分光计准直透镜的焦距，$\Delta\beta$ 是光栅 G 的角色散，因此，线色散率定义是

$$D_l = \mathrm{d}l/\mathrm{d}\lambda = f_1\mathrm{d}\beta/\mathrm{d}\lambda = f_1 D_\theta \tag{3.35}$$

式中，D_θ 是光栅的角色散率。

通常用线色散的倒数 $\mathrm{d}\lambda/\mathrm{d}l$ 来表征分光计的性能。它表示谱面 a′上单位距离内所涵盖光谱的波长范围；它的数值越小表示分光计的光谱分辨性能越好。

2）分光计的色分辨本领

由光谱仪记录到的光谱线的线形是随光谱仪的性能和设置的运转参数不同而异，因此，位于 λ 和 $\lambda+\mathrm{d}\lambda$ 的两条谱线，即使用同一光谱仪，但是用不同扫描参数记录下的光谱线形也可能并不相同。3.3.4 节的讨论表明，即使光谱仪的线色散率高，即可以使两条光谱线的中心频率在谱面 a′上的分开距离 $\mathrm{d}l$ 大，也可能因为谱线宽度大而无法分辨两条谱线。因此，为表述分光计分辨两条谱线的能力，定义了色分辨率

$$R \equiv \frac{\lambda}{\mathrm{d}\lambda} = \frac{\nu}{\mathrm{d}\nu} = \frac{\omega}{\mathrm{d}\omega} \tag{3.36}$$

式中 ν 是频率，ω 是角频率。表示在波长 λ 附近光谱仪恰能分辨波长间距为 $\mathrm{d}\lambda$ 的两条谱线的能力。

3）分光计元件与分辨本领

（1）狭缝。若分光计的狭缝无穷窄（理想情况），由于光栅衍射，必定存在衍射线宽 a_0 和半角宽 φ，它们分别为

$$a_0 = f_2\lambda/D \tag{3.37}$$

$$\varphi = \lambda/D \tag{3.38}$$

其中 f_2 和 D 分别是图 3.23 中聚焦镜焦长和准直光束的直径。于是，狭缝无穷窄时的分光计的色分辨率为

$$R_0 = \frac{\lambda}{\mathrm{d}\lambda} = \frac{\lambda D_\theta}{\mathrm{d}\theta} = \frac{\lambda D_\theta}{\varphi} = DD_\theta \tag{3.39}$$

若以无穷窄狭缝衍射线宽 $a_0 = f_2\lambda/D$ 为单位度量狭缝宽度，则入射狭缝宽度可以表达为

$$a_{\mathrm{i}} = \mu a_0 \tag{3.40}$$

其中，μ 称为简约线宽。

$$\mu = \frac{a_{\mathrm{i}}}{a_0} = \frac{a_{\mathrm{i}} D}{f_2\lambda} \tag{3.41}$$

（2）光栅。上面的讨论已清楚表明，分辨率与光栅的性能密切相关。以透射式光栅为例，光线垂直入射时，光栅方程给出光栅衍射主极强方向下式决定

$$d\sin\beta = m\lambda \tag{3.42}$$

其中，d 为光栅常数，β 为衍射角，λ 为光波长，m 为衍射级。由光栅衍射光场分布很容易得到主极强的半角宽

$$\Delta\beta \approx \frac{\lambda}{Nd\cos\theta} \tag{3.43}$$

对光栅方程微分得角色散率

$$D_\theta = \frac{m}{d\cos\beta} \tag{3.44}$$

此外，光栅的理论分辨率为

$$R = mN = Nd(\sin\alpha - \sin\beta)/\lambda \leqslant 2Nd/\lambda \tag{3.45}$$

其中，m 是衍射级数，N 是光栅刻线总数。在正常的狭缝宽度情况下，在一级谱中，实际分辨率只有理论值的 70%～80%，在二级谱中，为 60%左右。狭缝的正常宽度 S_0 为理论上光栅的最小可分辨角与谱仪焦距 f_1 之积。

$$S_0 = \lambda f_1/Nd \tag{3.46}$$

当光栅被全部照明时，有

$$R = DD_\theta = W\cos\theta \cdot \frac{m}{d\cos\theta} = Nm \tag{3.47}$$

其中 W 是光栅宽度。因此，当光栅被全部照明时，谱仪达到了它的极限分辨率，即光栅的理论分辨率。也就是说，在实验时，应尽可能使散射光照明光栅的全部刻线面。

4）影响分辨本领的因素

根据以上讨论，可以了解到，对于一台分光计，影响分辨率的因素可分为两

大类：

（1）不可调整的因素。由于实验中总是使用固定的准直和聚光透镜，而且，光栅通常也是确定的，因而刻线总数和光栅面积等也不会改变，所以这两者是不可调整的因素。

（2）可调整的因素。前面已讨论到，狭缝的宽与高会影响谱仪的分辨率，因此，狭缝的宽与高是影响分辨率的可调因素。当减小缝宽时，谱仪的分辨率会增加，但是同时光通量也会减小，因此对于一定的光源强度和散射光，存在最佳的缝宽。而增加狭缝的高度会减小谱仪的分辨率，这是由于在谱仪的出口平面上谱线的弯曲造成的。因此，为提高分辨率，也必须控制狭缝的高度。

因为实际入射狭缝有一定宽度，因此实际分辨率可以接近但不能超过 R_0。当 $\mu \gg 1$ 时，衍射效应可忽略，此时 $R=R_0/\mu$，R 和 μ 的关系如图 3.56 所示。

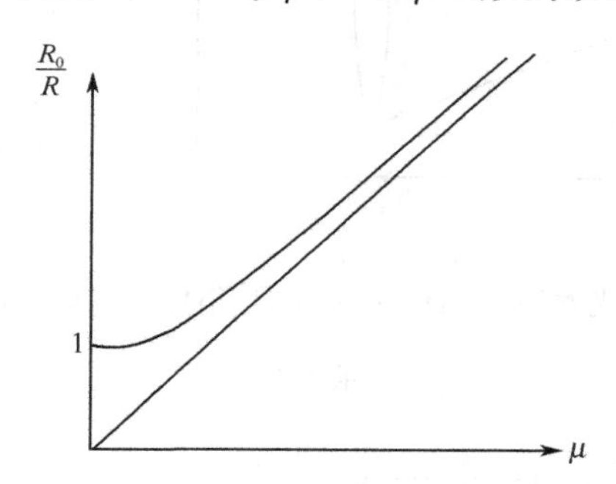

图 3.56　分辨率 R 和简约线宽 μ 的关系

2. 分光计的聚光本领

只有通过分光计的光谱具有足够光强，光谱才能被记录下来。因此，分光计的聚光本领与分辨本领一样，是反映分光计性能的重要指标。

如令 a_1、b_1 和 a_2、b_2 分别是入射和出射狭缝的宽和高，a' 和 b' 为谱线的宽和高。对于图 3.23 所示的对称式分光计光路，有 $a_1=a_2=a'$，$b_1=b_2=b'$。如图 3.57 所示，设入射狭缝通光面积为 A_s，狭缝对透镜所张立体角为 Ω，透镜面积为 A_1，入射光亮度为 L_λ，则入射光通量表示为

$$\varphi_\lambda = L_\lambda A_s \Omega = L_\lambda a_1 b_1 \frac{A_1}{F_1^2} \tag{3.48}$$

出射光通量可以写成

$$\varphi' = \tau_\lambda \varphi_\lambda = \mathscr{L}(\lambda) L_\lambda \tag{3.49}$$

式中，比例系数 τ_λ 和 $\mathscr{L}(\lambda)$ 分别定义为仪器透射率和仪器的聚光本领。如图 3.23 和图 3.57 所示它们只和仪器本身有关。由几何光学可得

$$\mathscr{L}(\lambda) = \tau_\lambda H\beta\lambda\mu = \mathscr{L}_0\mu \qquad (3.50)$$

式中，$\beta=\dfrac{b_2}{F_2}$是出射狭缝的角宽度。H 为孔径光阑的高。对确定的波长，$\mathscr{L}_0$ 是常数。以上完全是由几何光学定出的聚光本领，它和入射狭缝的宽度成正比。实际上当 $\mu<1$ 时，因衍射展宽了像的宽度，使 $\mathscr{L}$ 急剧下降，如图 3.57(b)所示。

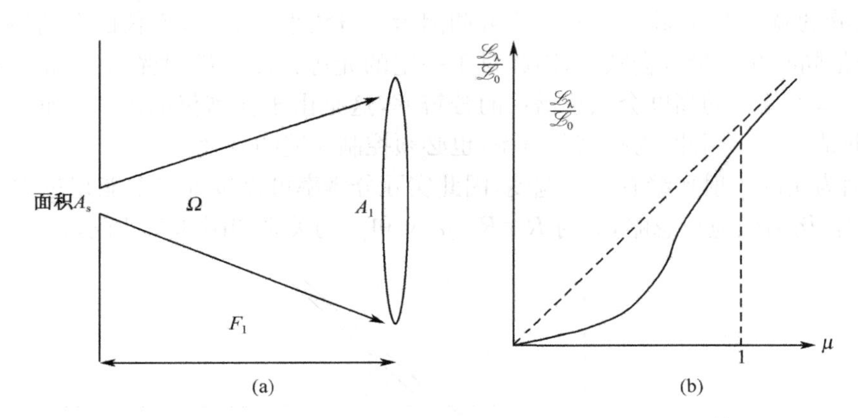

图 3.57　仪器的聚光本领 $\mathscr{L}_\lambda$(a) 和 $\mu<1$ 时，衍射展宽与聚光本领$\frac{\mathscr{L}_\lambda}{\mathscr{L}_0}$关系(b)的示意图

3. 分光计和狭缝的光谱宽度

分光计的光谱宽度是指一定频率宽度的波列经过分光计后从出射狭缝得到的单位几何长度内所涵盖的光谱频率范围。显然，随分光计的分辨率不同，同一几何尺度的光谱宽度是不同的。因此，从光谱宽度的角度看，分光计的狭缝不仅仅是几何意义上的缝隙，实际上是一个光谱带通。

假设线色散率为 $\mathrm{d}l/\mathrm{d}\lambda$，狭缝几何宽度为 ΔL，则狭缝对应光谱宽度 $\Delta f'$，为线色散率的倒数乘以狭缝几何宽度

$$\Delta f' = \frac{\mathrm{d}\lambda}{\mathrm{d}l}\Delta L \qquad (3.51)$$

在测量中，如狭缝宽度是 Δf，光谱仪测量到的是如图 3.58 所示光谱强度轮廓 $g(f)$的光谱频率在 f 到 $f+\Delta f$ 之间的光强 ΔI，即光谱密度函数$p(f)$ 与坐标轴 f 到 $f+\Delta f$ 之间围成的面积，而由分光计实际测量到的整个光谱线强度 $g(f)$可以表达为

$$g(f) = \int_{f-\frac{\Delta f}{2}}^{f+\frac{\Delta f}{2}} p(f)\mathrm{d}f \qquad (3.52)$$

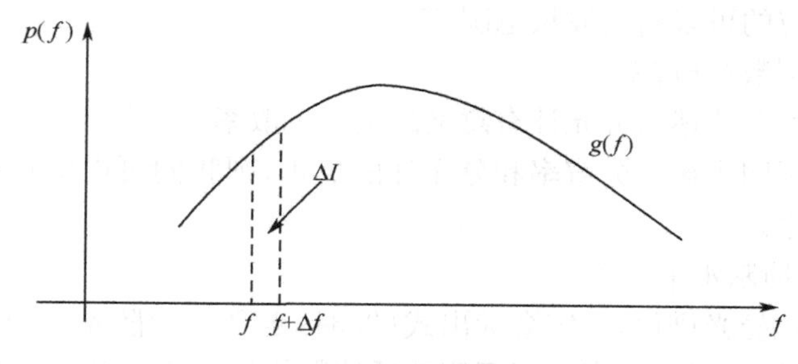

图 3.58　光谱带通的理解和定义

显然，Δf 越小，测量到的 $g(f)$ 就越能真实反映光谱的形貌，但此时光通量 $L(\lambda)$ 的值也会减小，即光谱强度变低，接收变得更困难。实际上，如果只是关心光谱频率值，而不计较谱线的形貌，这时只需要使 Δf 与 $\Delta f'$ 差不多就可以了。如果需要了解光谱的真实形貌，就必须使 Δf 比光谱宽度 $\Delta f'$ 小得多。另外，如果 Δf 比谱仪本身的极限分辨率所能分辨的频率间隔大，说明并没有完全发挥谱仪分辨率的性能，此时减小狭缝宽度仍能提高分辨率，但是，当 Δf 比谱仪本身的极限分辨率所能分辨的频率间隔还小时，对于分辨谱线是没有任何意义的。也就是说，Δf 的大小总是相对于被测光谱的线宽和测量要求来确定的。

对确定的谱仪来说，线色散率一定，Δf 只与狭缝宽度有关。因而，狭缝的缝宽既影响分辨本领又影响聚光本领。

3.3.6　商品光谱仪的性能参数

要正确选择测量光谱时谱仪的运转参数，必须对谱仪性能参数有正确了解。但是，不同厂家定义和列举的商品拉曼光谱仪的性能参数并不完全相同。在此作一般性介绍。

1. 分光计的性能参数

涉及分光计的性能参数，一类是综合性的，如光路结构和光谱范围等。一类是涉及如光栅等的关键元件的。给出这些关键元件参数，让使用者可以据此选取采谱的参数。

1）光路结构

标明分光计或摄谱仪光路的结构，如标出是图 3.28 所示的利特罗、艾伯特或切尔尼-特纳型中的哪一种。

2）光谱范围/波长范围

标明光谱仪工作的适用光谱范围。光谱仪可以工作的波长范围主要由 3.2.4 的节中已讨论过的光栅的自由光谱范围决定。此外，光谱仪常标出使用不同的刻线数光栅所对应的可采谱的波长范围。

3)线色散倒数/分辨率

根据 3.3.5 节所述对分光计有意义的是线色散率。

光谱仪常标明光栅角分辨率和分光计的焦距，则我们可以由式(3.35)计算出谱仪的线色散率。

4) 杂散光抑制水平

对于大型拉曼光谱仪，一定会标出式(3.34)定义的杂散光抑制水平。对近年出现的显微拉曼光谱仪，厂家常用可测最低波数值代替杂散光抑制水平。

5) 光栅

有关光栅部分，一般要提供下列技术参数：

(1) 光栅类型。标明是刻划光栅、全息光栅和复制光栅三种中哪一种，平面和凹面、透射或反射中的哪一种以及光栅的材质等。

(2) 闪耀波长。如是闪耀光栅，要标明光栅的闪耀波长。

(3) 角色散率。

(4) 光栅划线数和面积。

6) 透镜/反射镜的性能参数

(1) 焦距。通常指第一块准直镜的焦距。一般的小型谱仪在 30～50cm，大型谱仪在谱仪在 60～100cm，最长的有超过 200cm 的。

(2) 相对孔径。相对孔径数实际上反映第一块准直镜的孔径(直径)。相对孔径大、集光效率高。一般谱仪在 1 左右。

(3) 材质。一般应标明透镜或反射镜的材质，以明确使用的波长范围。

7) 狭缝

狭缝是一个精密机械元件。在性能参数中要标明狭缝形状(直线形或弯月形)，可改变的宽度、步距和高度等。

8) 光栅驱动机构

(1) 机械驱动类型。标明光栅驱动机构是 sin 或 cos 型的，即说明谱仪扫描是对波长还是波数线性读数。

(2) 读数方式。在图 3.34 已经指出滑块螺母 N 的移动距离或丝杠转动的角度决定了波长的数值，因此，分光计的性能参数中应说明读取波长的数值的方法。

(3) 扫描速度。指一分钟可以走过多少个波长/波数的能力。

(4) 精度。实际上是与线色散和其他光学元件参数相关的一个综合参数，表明在理论上一级光谱最小可分辨的波长或波数值。

(5) 重复性。指在重复扫描过程中，光谱在同一波长/波数上的再现性或偏差。

2. 样品光路

1) 显微镜

在用显微镜作样品光路时，通常应标明所用显微镜的型号、性能和相关技术参数。

2) 光学元件

这里要标明在样品光路中仪器必备和选用的光学件，如偏振附件、衰减片及其性能等。

3. 光探测器

(1) 光电倍增管。要标明阴极材料、工作波长范围、外加高压值和对工作温度的要求等。

(2) CCD。要标明像素面积、像素总个数、像素排列方式（平面和线型），以及器件的面积等。

3.3.7　光谱仪运转参数的选择

1. 样品的放置和样品光路的调节

对于入射光聚光光路和散射光收集光路调整得好的光谱仪，入射激光在样品位置的聚焦点和散射光收集透镜的前焦点是重合的，同时收集透镜的后焦点也正好处于入射狭缝中心位置。已达到这样要求的样品光路，在把样品放到样品架上时，一般不应再调节任何光学元件，而是沿上、下、左、右、前、后等六个方向反复地调节样品架，使得在样品和入射狭缝上可以分别清晰地观察到入射激光和散射光的聚焦斑点。这表明此时的样品已放在正确位置。如果对此时样品在入射狭缝上的聚焦像不满意，可对集光透镜 L_1 进行前后的细小的移动，以使样品在入射狭缝上的像更清晰。对于入射狭缝后有潜望镜的谱仪，在进行了上述调节后，还可以进一步前后细调集光透镜组的位置，通过潜望镜观察直到样品成像于狭缝中央而且像的亮度最大和边缘十分清晰为止。在做如上所述的放置样品和微调样品光路的操作后，不仅激光聚焦和散射光收集会处于最佳状态，而且内、外路匹配的要求一般也会自然满足，无须进行额外的调节。

2. 光谱仪运转参数的选择

从 3.3.5 节介绍中，可以了解到谱仪的技术参数对光谱数据测量的影响是多方面和相互关联的。因此，必须在进行综合考虑后才能正确选择运转参数。

首先，要了解或预计待测光谱可能的频率覆盖范围和各个谱峰的大体频率值、峰宽和峰强，以及噪声信号的频率、宽度和强度等。如果上述预计不能或不能全部做到，可进行大范围的快速预扫描，以获得测量样品的光谱的上述信息，为设置光谱仪的运转参数打下基础。

其次，根据预计或预测的光谱位置，设置相应的运转参数。

1）扫描范围

根据所需光谱的频率覆盖范围确定光谱扫描的起始和终止波长(波数)值。

2)狭缝宽度

如 3.3.5 节所述，狭缝宽度直接影响谱仪的光谱分辨率和光通量，而两者是互相矛盾的，因此，要综合权衡后才设置狭缝宽度。通常根据狭缝光谱宽度必须等于或小于待测光谱线宽的要求，并考虑尽可能加大仪器光通量的需要，来设置狭缝宽度。一般情况下，入射和出射狭缝取相等宽度值。对于双单色谱仪的两个中间狭缝值，因为对分辨率影响不大，因此一般大于入射狭缝宽度的 20%～50%以上。

当光谱线在光谱仪狭缝平面上所生成的像是一条理想的直线时，在 3.3.5 节已经说明，应该把狭缝看作是一个光谱带通，而不仅仅是一个机械意义上的缝隙。为了正确有效地工作，必须要了解所用光谱仪单位狭缝宽几何尺度所对应的光谱带通值，例如，对于波长 515nm 处的线色散率倒数为 $10cm^{-1}/mm$ 的分光计，$100\mu m$ 宽的狭缝所对应的光谱带通是 $1cm^{-1}$，在狭缝不同高度时狭缝最小宽度和相应可以达到的分辨率的数值如表 3.3 所列。

表 3.3　波长 515nm 处的线色散率倒数为 $10cm^{-1}/mm$ 的分光计，在狭缝不同高度时入射狭缝最小宽度所对应的分辨率

狭缝高度/mm	最小入射狭缝宽度/μm	分辨率/ nm
2	10	0.01
5	10	0.01
10	15	0.01
20	20	0.02

3）扫描步距

一般根据一个光谱峰至少 5 个取样点的原则，确定扫描取样的步距。

4）取样时间和扫描次数

取样时间和重复扫描次数对提高光谱信噪比有重要意义。应根据信噪比情况，确定这两个参数，并通过试验最后确定，当样品状况随时间起伏较大时，以加大取样时间为好。

5）初始波长(波数)读数

初始波长(波数)读数用以标志当前仪器所在的波长或波数值，作为谱仪运转的初始参数值。这个数值设定的正确与否，关系到其他所有扫描设置和所测光谱波长或波数值的正确性。为正确设定该数值，方便快捷的方法是将已知的激光线波长或波数值作为标准，通过测量和比较，设定仪器初始的波长或波数读数值。

6）瑞利线阻挡的上限和下限

该设置通常用来消除瑞利散射或强激光对光探测器的破坏，以及对记录正常拉曼光谱的干扰。这种设置在许多光谱仪里是入射狭缝后或出射狭缝前设置一个挡板，当光谱仪扫描经过设定的上、下限波数范围时，挡板自动落下，阻挡瑞利和激光线进入光探测器。

7）扫描方向、范围和回扫终止点

光谱仪扫描时应从高绝对波数向低绝对波数，即绝对波数减小的方向扫描，且扫描范围不能超出仪器允许的最大量程。回扫终止点位置应比扫谱需要的起始值多10个单位，这样可以消除光栅转动螺距的回程差。

8）光电倍增管(PPT)及其工作电压的选取

（1）光电倍增管选取。对于光谱仪上用的光电倍增管选取，首先，要求其光谱响应适合于所用的工作波段，其次，要求灵敏度和信噪比高，即量子效率高，暗计数电流又要小。再次，响应速度快，在测量瞬态光谱时，这一点特别重要。最后，要求光谱响应曲线尽可能平坦。此外，光阴极稳定性高也是很重要的，它使不同时间测量的前后结果是可比的。图3.36(a)、(b)和(c)已列举了一些光电倍增管对不同阴极材料和偏振光的效率波长响应曲线。一方面它们可作为选择光电倍增管的参数，另一方面也使我们看到当所测光谱范围较宽时，只有经过响应曲线校正的光谱数据才是可靠的。

（2）光电倍增管工作电压选择。光电倍增管确定后，选择正确的工作电压是很重要的。一般说，电压过高虽然可以提高探测灵敏度，但通常也会增加无光照时光电倍增管的本底电流，即所谓暗电流。而电压过低，则探测灵敏度会降低。因此，光电倍增管的工作高压必须取一适中值。其选取方法如下：把狭缝开到4～8cm^{-1}带通，固定观察某样品的谱线，如四氯化碳的314cm^{-1}线，以50V的步距增加电压，至某一个电压值，如再进一步增加电压，本底光子计数继续增加而光谱信号的光子计数基本保持不变，则该电压值即为合适的工作高压值。

9）电荷耦合探测器(CCD)的选取

因为CCD是多道探测器。选取时，首先，要关注工作的光谱波长范围及其灵敏度。其次，像元的几何尺寸。因为它们直接和光谱分辨率相关。第三，要选择合适的像元的数目和排布形式(线或面)，因为它们关系到取谱的时间和形式。

10）样品上光照的功率密度

在可以获取满意光谱的前提下，尽可能使样品上的光照的功率密度最低，以免出现热效应或损坏样品。

11）试验和更改运转参数以及在谱仪的实际运转过程

此过程中，要绝对避免激光束和瑞利散射光进入光谱仪。

3.3.8 光谱仪透光率的色散及其影响的消除

目前拉曼光谱仪可工作的波长范围已覆盖近紫外到近红外。在这个波长范围内,光谱仪内的包括光栅在内的所有元件对不同波长的响应几乎也都不是常数,例如,普通光学玻璃制成的光学元件在近红外和紫外区几乎是不透光的,此外,光学元件对自然光与偏振光的响应也可能是不同的。总之,光谱仪对光谱强度的响应是光的波长和偏振的函数,存在色散现象。

在测量很宽范围的光谱时,例如,在多声子拉曼谱、光致发光谱以及包含反斯托克斯谱的测量时,光谱复盖范围就会很宽,对获得的光谱就需要进行光谱仪响应函数的校正。这种校正虽然是光谱强度的校正,但是由于强度变化往往导致光谱峰位的移动,因而,实际上也会导致频率的改正。由此可见,原则上说,每台光谱仪应有各自的“光谱响应函数”或“透过率曲线”。

关于获得光谱仪响应函数的方法,一种是用发光强度色散已知的所谓标准光谱灯作光源,测量和推算出谱仪的响应函数;另一种方法是利用一高稳定电源供电的白炽灯作光源,利用响应函数的理论公式和有关参数,测量和推算出谱仪的响应函数。下面对后一种方法作一简单的介绍。

光谱仪的以频率 ν 为单位的光谱响应函数 $S(\nu)$ 定义为

$$S(\nu) = I(\nu) / \Phi(\nu) \tag{3.53}$$

其中 $I(\nu)$ 对应于波数移动在 $\nu \sim \nu+\Delta\nu$ 的光谱仪显示的表观光谱强度,$\Phi(\nu)$ 对应于波数移动在 $\nu \sim \nu+\Delta\nu$ 的谱仪输入的真实光谱强度,$\Phi(\nu)$ 可以表达为

$$\begin{aligned}\Phi(\nu) &= \alpha \times E(\nu) \times T(\nu) \times \Delta\nu \\ &= \alpha \times e(\nu) \times B(\nu) \times R(\nu) \times \Delta\nu\end{aligned} \tag{3.54}$$

其中 α 为比例系数,$E(\nu)$ 为标准钨带灯的发射谱密度,$T(\nu)$ 为谱仪外光路的透过率,$R(\nu)$ 为实验中外光路所用反射镜或透镜的反射和透射系数,一般情况下可以假定 $T(\nu)=R(\nu)$,$\Delta\nu$ 为谱仪带宽,$e(\nu)$ 为钨带灯的发射率,$B(\nu)$ 为黑体辐射谱密度。原则上讲,$\Delta\nu$ 是 ν 的函数,但一般谱仪的软件设计者已使 $\Delta\nu$ 基本不随 ν 而变。因此,式(3.54)可简化为

$$\Phi(\nu) = \alpha' \times e(\nu) \times B(\nu) \times R(\nu) \tag{3.55}$$

其中

$$B(\nu) = (2\pi hc^2\nu^5) \Big/ \left[\exp\left(\frac{hc\nu}{kT}\right)^{-1}\right] \tag{3.56}$$

令 $B'(\nu)$ 为黑体辐射单色能量密度

$$B'(\nu) = (8\pi h\nu^3) / c^3 \left[\exp\left(\frac{h\nu}{kT}\right)^{-1}\right] \tag{3.57}$$

其中 c 是光速,$e(\nu)$ 和 $R(\nu)$ 均可查表得到。因此

$$S(\nu) = \alpha'' \times I(\nu) / [e(\nu) \times R(\nu) \times B(\nu)] \quad (3.58)$$

用钨带灯做光源，在频率(波长)范围 25430cm^{-1} (393nm) ~ 11430cm^{-1} (875nm)，对一个显微光谱仪分别用515nm、633nm和785nm陷波片时，所测量和计算得到谱仪响应函数曲线如图3.59所示。结果显示陷波片对谱仪响应曲线也有影响。

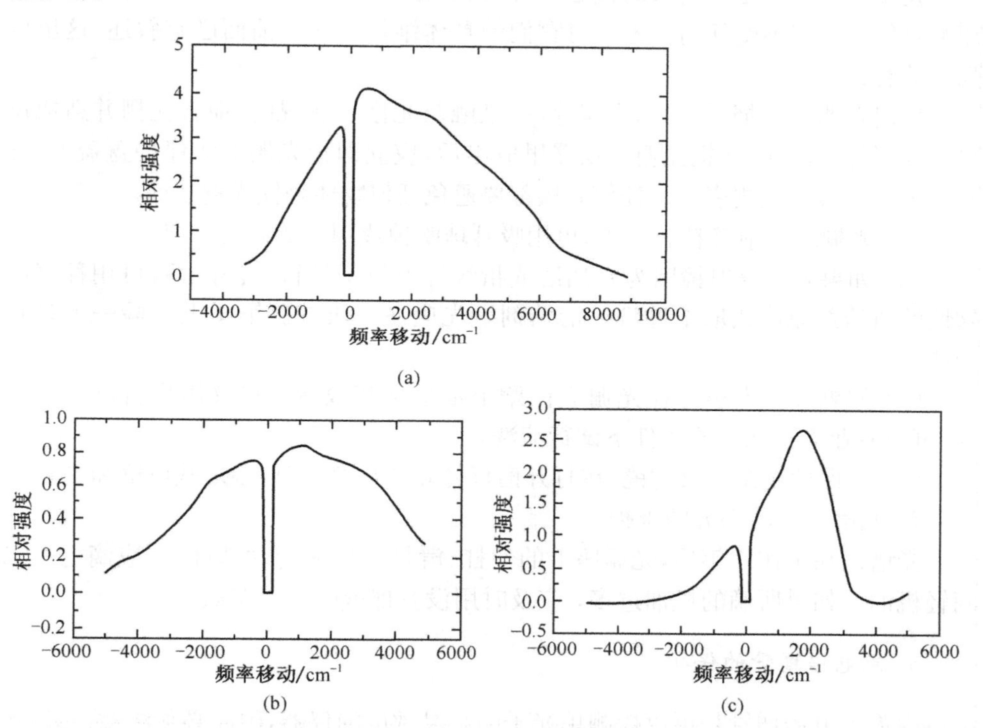

图3.59　在分别用515(a)、633(b)和785nm(c)陷波片时，一个显微拉曼光谱仪透过率响应曲线图

3.3.9　谱仪的日常维护

为使光谱仪能正常、稳定和长期处于良好技术状态，做好光谱仪的维护是基本保障，有如下维护工作的内容和做法。

1. 保持良好的外部环境

(1) 光谱仪所在的实验室要求防尘、恒温和干燥。

(2) 光谱仪应常年处于密闭状态，尽可能防止灰尘进入谱仪内部。如发现有灰尘进入了光谱仪，应及时用干净的无绒毛湿布巾或纸巾擦去。

(3) 光电倍增管的冷却器和高压电源最好长期处于工作状态，以保持光电管性能稳定和减少电和温度等引起的冲击损伤。

2. 做好分光计内部的维护工作

1）光栅或反射镜的维护

光栅和反光镜是光谱仪的核心部件，而且是损伤后基本无法修复的部件，必须绝对保证它们不受任何污染。对它们的具体维护方法在前面已有叙述，这里要强调的有：

任何东西包括烟、灰尘和指印等，一旦触及光栅表面，都会损害光栅并造成反射率的下降。因此，在把光栅从仪器里取出后，应立即把光栅上的保护盖盖上，并使保护盖不碰到光栅表面。任何时候都要避免任何物体碰撞光栅表面。

(1) 光栅或反射镜粘有灰尘，可用吸耳球吹掉或用干燥氮气吹掉。

(2) 如果万一反射镜因为有油渍或指纹等不得不进行清洗的话，可用稀释的软性的清洁剂原位或取下冲洗。清洁剂事先应在一块试验镜子上试验一下是否合适。

(3) 如果万一不小心在光栅表面蹭上油渍或指纹等，建议用户自己不要处理，可请专业人士在专业条件下试行清洗。

(4) 为保护光栅和反射镜，在打开谱仪外壳调整仪器时，必须戴口罩和手套。

2）光谱仪传动部分的维护

光谱仪在工作一年后，光栅座上的丝杠、滑杆等机械传动部件上，应滴上一二滴轻机油。如果所滴的机油过多，应及时用没有棉绒的纸或布擦去。

3. 光电倍增管的保护

因为光电倍增管是可以探测单光子的高灵敏度的仪器，因此必须注意：无论何时光电倍增管的阴极绝对不许暴露在强光下。谱仪扫描过程中接收的瑞利线和其他强光是导致光电倍增管损坏的重要原因。如果光电倍增管不得不移出低温恒温器，必须关闭电源并把它滞留在低温恒温器内，或放在一个密闭的盒子里。万一光电倍增管受过度光照，必须立刻关闭电源和分光仪的出射狭缝，让管子在无光照情况下休息恢复 2～24h，然后再用工作电压维持恢复一段时间，才能重新开始工作。

此外光电倍增管从低温恒温器内取出重新组装时，要避免水珠凝聚在光电倍增管玻璃外壳上，如出现时，要用干燥的氮气或空气吹干，再装入低温恒温器内。

3.4 干涉型光谱仪

从 20 世纪七八十年代后，干涉型光谱仪开始进入光散射光谱的研究和应用领域。本节将对干涉型光谱仪作一简要介绍。

3.4.1　傅里叶变换(FT)光谱仪

傅里叶变换光谱仪与色散型光谱仪不同，它是利用干涉原理而不是衍射原理工作的光谱仪，与色散型光谱仪中起“分光”作用的光栅类似的部件是迈克耳孙(Michelson)干涉仪。

1. 迈克耳孙干涉仪

图3.60是迈克耳孙干涉仪的结构示意图。在迈克耳孙干涉仪中，一束光强为I_0，波长为λ(对应频率为ν)的入射光通过分束板G_1分为强度相等的两束光，分别经过移动和固定反射镜M_1和M_2后，两束光出现光程差$\Delta=2d$，相应出现相位差

$$\delta = 2\pi\Delta/\lambda = 2\pi\nu\Delta \tag{3.59}$$

两束光发生干涉，光探测器D接收到干涉光强为

$$I = I_0(1+\cos\delta) = I_0[1+\cos(2\pi\nu\Delta)] \tag{3.60}$$

式中，第一项是常数，在接收器上显示为一个背景光，因此在讨论中可以略去，于是

$$I = I_0\cos\delta = I_0\cos(2\pi\nu\Delta) \tag{3.61}$$

显然，光强I随相位差δ的规律性变化。对于单色光，如设$\nu=\nu_1$，当反射镜M_1移动时，光程差Δ也跟着不断改变，于是，迈克耳孙干涉仪的光探测器接收到的光强I的极大值将依次出现在$\Delta=0,\ 1/\nu_1,\cdots,(n-1)/\nu_1,\ n/\nu_1,\ (n+1)/\nu_1\cdots$处。入射光为$I_0$时，迈克耳孙干涉仪出射光强$I$随光程差$\Delta$的变化将如图3.61(a)所示。

对于多色光，从式(3.60)可以看到，在反射镜M_1不移动因而光程差Δ固定时，相位差δ会因入射光的频率ν的不同而不同，也就是说，不同频率的光通过迈克耳孙干涉仪后，将按式(3.61)各自发生干涉。设入射光由ν_1和ν_2的两束单色光构成，当$\nu_1\Delta=n$，ν_1的光强达极大；$\nu_2\Delta=n-1/2$时，ν_2的光强达极小；而在$\Delta=1/2(\nu_1-\nu_2)$时，光强达到极大的ν_1光和光强达到极小的ν_2光重合。于是，干涉图的衬比达到极小值，而在$\Delta=1/(\nu_1-\nu_2)$时，ν_1和ν_2的光强都达到极大，于是，干涉图衬比也到达极大值。图3.61(b)展示了ν_1和ν_2的两束单色光通过迈克耳孙干涉仪后，光强I随光程差Δ的变化行为。

若光源是$\nu=0\sim\infty$的亮度分布为$B(\nu)$的连续光。对应于在ν附近$\mathrm{d}\nu$间隔内迈克耳孙干涉仪光探测器D接收到的干涉光强则

$$B(\nu)\cos(2\pi\nu\Delta)\mathrm{d}\nu \tag{3.62}$$

那么，探测器D接收到的总的干涉光强显然可以写成

$$I(\Delta) = \int_0^\infty B(\nu)\ \cos(2\pi\nu\Delta)\mathrm{d}\nu \tag{3.63}$$

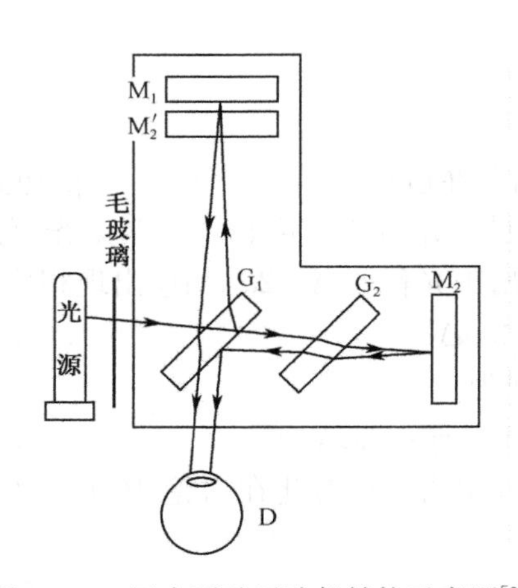

图 3.60　迈克耳孙干涉仪结构示意图[28]

G_1：分束板；G_2：补偿板；M_1：移动反射镜；M_2：固定反射镜；D：光探测器

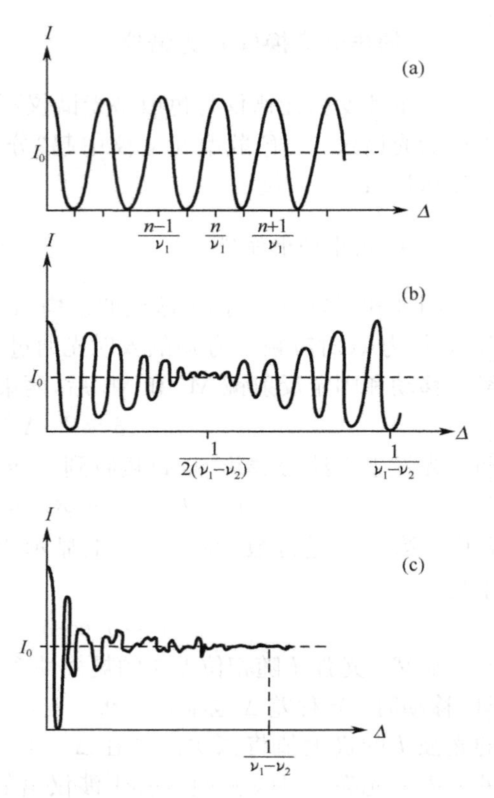

图 3.61　迈克耳孙干涉仪在入射光为 I_0 时出射光强 I 随光程差 Δ 变化的示意图[13]

从数学上看，上述公式恰好是为光源亮度谱 $B(\nu)$ 的傅里叶积分。图 3.61(c) 展示了由式(3.63)表述的频率在 ν_1 和 ν_2 之间的连续光的干涉光强 $I(\Delta)$ 随光程差 Δ 变化的示意图。

2. 傅里叶变换光谱仪

既然对于迈克耳孙干涉仪，图 3.60 中光探测器 D 接收到的连续光的干涉光强可以用光源亮度谱 $B(\nu)$ 的傅里叶积分式(3.63)表达，那么，就可以通过对式(3.63)进行逆傅里叶积分，从干涉光强得到入射光亮度的谱，也就是入射光源的光谱

$$B(\nu) \propto \int_0^\infty I(\Delta)\ \cos(2\pi\nu\Delta)\,\mathrm{d}\Delta \tag{3.64}$$

因此，利用迈克耳孙干涉仪和傅里叶变换技术可以构成新型的不用光栅分光的光

谱仪。

上述傅里叶变换的计算量是很大的，因此，只有在计算机技术相当发达后的 1986 年，傅里叶变换光谱仪才进入商品化实用阶段。图 3.62 是傅里叶变换光谱仪的结构示意图。它的主要部件简介如下。

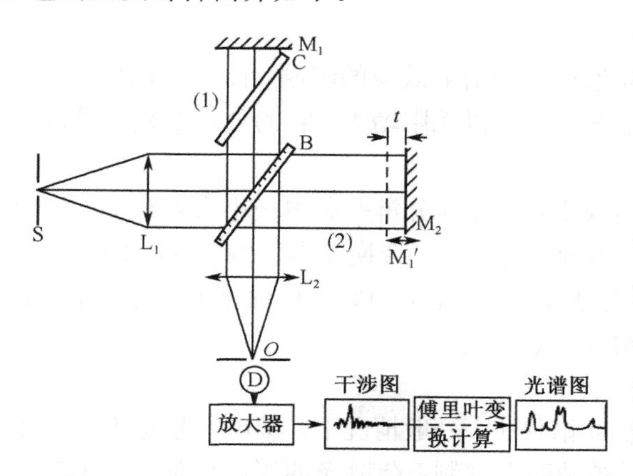

图 3.62　傅里叶变换光谱仪的结构示意图[13]

1）光源

图 3.62 中的 S 代表光源。傅里叶变换光谱仪的光源大都采用激发波长为 1064nm 的 Nd:YAG 近红外激光器代替传统的可见光激光器，近来还发展了高效率的二极管泵浦固体 Nd:YAG 激光器，波长也从 1064nm 增加到了 1300nm。

2）迈克耳孙干涉仪

迈克耳孙干涉仪是傅里叶变换光谱仪的核心部件。

M_1 和 M_2 分别是固定镜和动镜。动镜与马达相连，通过马达带动使它在水平方向沿 M_1' 移动，移动距离在图中以 t 表示。分束器 B 是镀有介质膜的半反半透镜片，它能使大约一半的光束透过至动镜 M_2，而将另一半光束以 45°角反射至固定镜 M_1。C 是补偿板，对于多色光入射是必需的。

L_1 和 L_2 是透镜，分别用于提供光束的准直和聚焦。

3）光探测、放大和数据处理系统

光探测器 D 一般为液氮冷却的在近红外波段响应较好的锗二极管或铟镓砷探测器。探测到的干涉光信号经放大后在数据处理系统进行傅里叶变换，即获得光源的光谱图。

由于在傅里叶变换光谱仪中马达驱使动镜以速度 v 移动，于是光程差 Δ 是时间 t 的函数，可以写成

$$\Delta = 2d = 2vt \tag{3.65}$$

所以 $I(\Delta)$ 就转变为时间的函数 $I(t)$；也就是说，迈克耳孙干涉仪的功能是将光源

亮度谱 $B(\nu)$ 在时间域作展开，而傅里叶变换的作用是将时间谱再变换为在空间域色散的谱，即常说的光谱。

3. 傅里叶变换光谱仪的优缺点

1）分辨本领

空间色散型光谱仪的受衍射效应的限制，而对于傅里叶变换光谱仪，原则上没有限制，只要光程差 Δ 可以无限增大，它的分辨本领就可以无限制地提高。

2）通光本领

在色散型光谱仪中，为提高分辨率必须减小入射狭缝的宽度或采用多个单色器，从而降低通光本领。而傅里叶变换光谱仪的通光本领仅与干涉仪的平面镜大小有关，因此同样分辨率下，通光本领要比色散型的大很多，一般情况下，可以比常用的色散型光谱仪大数百倍。

3）信噪比

在傅里叶变换光谱仪中，一般情况下，噪声信号是不受傅里叶变换的直流信号影响的，很容易被消除和抑制，杂散光的影响可低于 0.05%。因此，傅里叶变换光谱仪信噪比可以达到很高。

4）扫描速度和精度

理论上说，傅里叶变换光谱仪一次扫描即可完成全波段的测量，因此，具有扫描速度快和波数精度高等优点。

5）应用于拉曼光谱测量

由于傅里叶变换光谱仪多用入射波长为 1064nm 等近红外光源，因此可以避免荧光对拉曼光谱的干扰，但是，由于拉曼散射强度与入射光波长的 4 次方成反比，因此，也存在因为有用近红外光源激发，拉曼散射强度低的缺点。

3.4.2　法布里-珀罗干涉仪

法布里-珀罗干涉仪主要用于布里渊散射谱的测量，所以，人们常把以法布里-珀罗干涉仪作为分光部件的光谱仪，称为布里渊散射谱仪。

1. 法布里-珀罗干涉仪的构造和原理

法布里-珀罗干涉仪的构造如图 3.63 所示，由两块精确平行的玻璃板或石英板构成，两板表面平整度好于 1/50 波长，板的表面镀有达 98%的高反射率金属膜或介质膜。两板的间隔是 d，通常在零点几毫米至几厘米之间；F 是焦距为 f 的透镜，r 和 T 分别是平行玻璃板的反射率和透射率，A_0 表示入射光的振幅。

与平板法线成 θ 角入射的光线，在两板间经过多次反射形成出射光束，两相邻透射光束间的光程差为

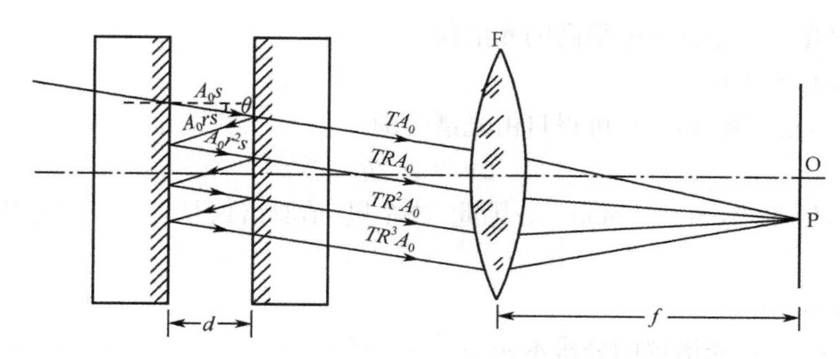

图 3.63 法布里-珀罗干涉仪构造示意图

$$\Delta = 2n_0 d\cos\theta \tag{3.66}$$

式中，n_0 是两平板间介质的折射率。当 Δ 是波长 λ 的整数 n 倍时，形成等倾干涉，即

$$2n_0 d\cos\theta = n\lambda \tag{3.67}$$

时，出射光在聚焦透镜 F 的后焦面上的光强为极大。

当一束频率为 ν 的单色光入射时，在 F 后焦面的干涉条纹为一系列同心圆，n 级圆的半径

$$r = f\theta_n \tag{3.68}$$

θ_n 是 n 级干涉条纹的入射角。

因为入射角 θ 一般很小，d 在零点零几至几厘米间，所以 n 在 $10^3 \sim 10^5$ 的范围内。

2. 法布里-珀罗光谱仪的性能

1）角色散率

对式(3.67)求微分得

$$n\mathrm{d}\lambda/\mathrm{d}\theta = 2n_0 \mathrm{d}\sin\theta$$

由于 θ 很小接近于零，因此，法布里-珀罗干涉仪的角色散

$$D_\theta = \mathrm{d}\theta/\mathrm{d}\lambda = 1/(\theta\lambda) \tag{3.69}$$

式(3.69)说明角色散与 d 无关，且有 $\theta=0°$，$D_\theta \to \infty$。

2）线色散倒数

法布里-珀罗光谱仪的线色散倒数

$$\mathrm{d}\lambda/\mathrm{d}l = \theta\lambda/f = 0.1\lambda/f^2 \tag{3.70}$$

因此，在距圆心 1mm 处，若 $f=50\mathrm{cm}$，$\lambda=500\mathrm{nm}$，线色散倒数 $\mathrm{d}\lambda/\mathrm{d}l=0.002$ nm/mm。而一个焦距为 1m，光栅为 1200 刻线/mm 的高分辨光栅光谱仪，其 $\mathrm{d}\lambda/\mathrm{d}l=0.40$ nm/mm，线色散倒数也只有上述法布里-珀罗光谱仪的 1/200。可见，法

布里-珀罗光谱仪是分辨率很高的光谱仪。

3）自由光谱范围

由相邻光谱级 $\Delta n=1$，可得自由光谱范围

$$\Delta\nu = 1/2\theta \tag{3.71}$$

如果 $d=1\text{cm}$，$\Delta\nu=0.5\text{cm}^{-1}$。因此，法布里-珀罗谱仪是自由光谱范围非常小的光谱仪。

4）分辨本领

法布里-珀罗光谱仪的分辨本领

$$R_0 = nF \tag{3.72}$$

式中，F 是精细度系数，定义为自由光范围 $\Delta\nu$ 与谱线半宽 $\delta\nu$ 之比，描述干涉花样的精细程度。它与法布里-珀罗干涉仪反射率有关。表 3.4 列出了两者的关系。比较光栅光谱仪的分辨本领式(3.47)，可以了解到 F 相当于光栅刻线总数 N，即有效干涉光束的数目。

表 3.4　法布里-珀罗干涉仪反射率与精细度系数的关系

反射率	0.60	0.70	0.80	0.90	0.95	0.98	1.00
精细度系数	6	9	14	30	60	155	∞

从以上参数可以知道，法布里-珀罗光谱仪的突出优点是分辨率极高，但是缺点也很明显，它的自由光谱范围太小了。因此，在光散射领域，把它用来测量布里渊散射谱。但是，有时也把法布里-珀罗干涉仪与光栅光谱仪联合使用，以综合发扬两者的优点，如有人就用这样的光谱仪探测到低至 1cm^{-1}附近的超晶格声学声子的拉曼散射谱线[29]。

3.4.3　光谱仪与傅里叶变换光学

从本章的讨论，可以了解到，光栅光谱仪、法布里-珀罗（布里渊散射）谱仪和傅里叶变换光谱仪的核心部件依次是衍射光栅、法布里-珀罗干涉仪和迈克耳孙干涉仪。光栅光谱仪是基于衍射机制的光谱仪，而法布里-珀罗光谱仪和傅里叶变换光谱仪是利用干涉原理制造的光谱仪。光栅光谱仪和法布里-珀罗光谱仪是（空间）色散型光谱仪，而傅里叶变换光谱仪则是非（空间）色散型光谱仪，也就是说，光栅光谱仪和法布里-珀罗光谱仪的直接输出是光源的频域谱，即传统意义上所说的光谱。而傅里叶变换光谱仪的直接输出是光源的时域谱，经过傅里叶积分计算才能得到光源的频域谱，人们就突出它独有的傅里叶积分计算，称为傅里叶变换光谱仪而不叫迈克耳孙光谱仪。实际上，光栅光谱仪和法布里-珀罗光谱仪都可以从傅里叶变换光学角度进行描述和处理。

3.5 实验拉曼光谱的数据处理

在拉曼光谱测量中,即使测量所用样品已制备得尽可能好,并按3.4节所述,对光谱仪进行了细致的调整,选择了合适的运转参数,但实际测得的“原始光谱”除了包含有我们所期望和确实存在的“真实光谱”外,往往会有或多或少的“噪声谱”。因此,在获得实验拉曼光谱后,一般都要首先进行光谱的数据处理工作。

上面提到的真实光谱,类似于教科书中论述实验误差和数据处理时所谓的“真值”,而噪声谱类似于所谓“误差”。但是两者还是存在差别,例如,通常教科书所涉及的误差分析和数据处理的对象基本上是长度、电量、温度等单一变量和由他们构成的一元函数值。而实验拉曼光谱往往是许多“子光谱”的叠加谱,而不同子谱又常是不同变量的函数。因此,光谱数据处理一般要比通常的数据处理复杂些,但是教科书中叙述的数据分析和处理的原理和方法依然是拉曼光谱数据处理的基础。

本节将在普遍的实验误差和数据处理理论的基础上,讨论实验拉曼光谱的数据处理问题。在下面的讨论中将不再具体论述实验误差和数据处理的一般理论和方法。有需要的读者可参考所附参考书[15]、[30]、[31]。

3.5.1 原始光谱的成分及其光谱特征

分析清楚测量得到的“原始光谱”中各个叠加“子谱”的性质和特征,是光谱数据处理的基础。在本小节,将专门讨论原始拉曼光谱中可能存在的子谱的种类和特征。

一般情况下,实验所得的光谱主要由三个成分构成:来自样品的谱、来自环境的干扰谱和光谱仪自身产生的“背景”谱。

1. 来自样品的光谱

这里所说的“样品(sample)”是指专门为光谱测量制备的广义上的所谓样品,它除了有要研究的对象外,一般会包括用于生长研究对象的衬底和保存样品的溶液、容器以及生长过程中引入和产生的物质等;今后把仅含研究对象的样品称“样本(specimen)”。

1) 真实光谱

这里所说的“真实光谱”是指来自样本的光谱。它是我们进行实验测量所希望得到的光谱,是用拉曼光谱进行鉴认表征和研究应用的基础数据。

2) 非样本光谱

(1) 杂质和缺陷光谱

对于目前的光谱测量,制作晶体硅等半导体材料的理想样本已证明是可以实现的,但是对于许多其他材料,特别是当今的纳米材料,情况远非如此。例如,当今制备的许多纳米材料，就常常含有未反应完的原材料和中间产物。又如，生长样品所用的衬底也是一种“杂质”。此外，来自样品在生长过程中所出现的结构缺陷产生的谱也是也是一种非样本谱。

(2) 样品变质的光谱

样品由于长期暴露在空气中或由于保管不善等原因，会受到污染和变质。例如，长时间暴露在空气中的样品表面会发生氧化，甚至整个材料都会发生质的变化，这种情况对于纳米材料更易发生。这些变化表现在原始光谱中，就成为样品的杂质光谱之一。

3) 非拉曼光谱

原始拉曼光谱中常会出现来自包含样本在内的样品的非拉曼散射谱，其中主要是光致发光谱。由于光致发光谱的强度一般大于拉曼光谱几个数量级，常常把拉曼谱掩盖。

所有上述光谱有一个共同点，即它们的光谱特征都与来源的特征光谱的特征一样。例如，某个纳米硅样品中含有 SiO_2 杂质，那么纳米硅中的杂质谱特征就会与 SiO_2 特征谱的特征类似。

2. 来自环境的干扰光谱

环境的干扰谱主要包括以下几种。

1) 特殊实验条件引入的干扰谱

在做高温、外电磁场、高压等特殊条件光谱实验时，常会引入干扰谱。以高温实验为例，如果温度很高，样品和加热炉的黑体辐射，会出现在所测拉曼光谱的频率范围内，从而出现一个具有黑体辐射谱特征的干扰谱。

2) 来自非激发光源的干扰光谱

实验室内的非激发光源通常是自然光和照明光。如果对照明光屏蔽不彻底，在所测光谱中会含有照明光的干扰谱。照明干扰光谱的特征是，对于日光灯照明光源，它往往在汞的特定波长 546.07nm 处出现干扰谱；如果是白炽灯，则会发出在可见区连续的光波，使这些波长范围内的本底明显的增强。此外，激光器输出的来自非受激发射的光线也是重要的干扰源，如气体激光器中的等离子线谱，这些谱的特点是谱线的波长固定。

3) 实验环境条件变化引起的干扰谱

如光谱测量在一个较长时段内进行，很难保证环境不发生变化，而这些变化也会对测量结果产生影响，例如，环境的温度变化会导致拉曼光谱的飘移；环境中光强的变化会导致拉曼光谱本底强度的变化；由于环境或市电造成的电磁场的变化会增加光谱的噪声；因环境因素造成光谱仪的振动也会导致光谱出现不稳定。所有这些因素产生的光谱都成为了噪声谱的一部分，它们的光谱特征往往具有随机和缓变的特征。

4）来自宇宙射线的干扰谱

在实验时常会记录到宇宙射线产生的光谱。宇宙线的谱最大的特征是峰形十分尖锐和峰强极大，并且是无规出现的。

3. 来自光谱仪器自身的噪声谱

1）仪器自身的固有噪声

主要有3.2.5节所述的来自电子仪器线路和光电探测器（光电二极管，光电倍增管和电荷耦合探测器CCD）等的噪声。

仪器本身固有的噪声谱大都具有随机谱的特征。

2）仪器调节不当产生的噪声谱

当谱仪存在波长校准和标定不准确，会使所测光谱中出现额外谱线和频率发生移动。这种额外谱线和频率移动对所有光谱都是相同的，因此是一种系统误差性质的噪声谱。

3.5.2 噪声谱的消除和减少

通过3.5.1节对原始光谱成分和特征的分析，就可以根据子谱的种类和特征，采用相应的方法，消除和减小噪声谱。

1. 平滑法

由于仪器本身的噪声谱强度较大而来自样品的光谱强度又太弱，原始光谱常有信号起伏很大的情况出现，于是，人们很难正确读出峰值、峰形和峰宽等光谱参数。因此，解决光谱起伏的问题往往是进行光谱数据处理需要做的第一步工作。

叠加在原始光谱上的起伏大多是随机性质的谱。因此，可采用光谱平滑方法加以减小和消除。光谱平滑的方法在文献[1]～[3]中都有介绍，在此不再赘述。需要提示的是，光谱的平滑以及解谱、拟合等工作，目前大都可以用如Origin和MATLAB等计算机软件完成，而且，几乎所有市售拉曼光谱仪上都附带有各种光谱平滑软件供人们使用。因此，目前平滑就常和解谱结合进行，使平滑更加可信。图3.64就显示在光谱平滑同时分解出了4个子光谱结构的情况。

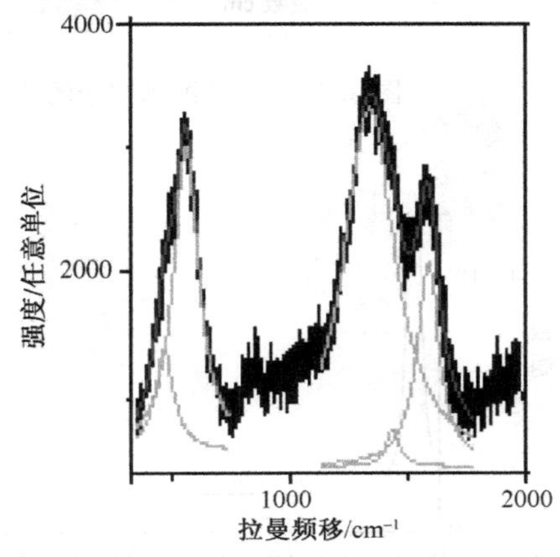

图3.64 唐代古铜镜的原始拉曼谱（深色线）和平滑处理后的光谱（浅色线）图

这里要强调的是，无论哪种平滑处理方法在本质上都是数学变换，它并不保证平滑和拟合后的光谱在物理上的合理性，因此，要在保证物理上合理的基础上，进行平滑或拟合工作。

光谱平滑处理不能解决原始光谱中非真实光谱中非随机起伏光谱的消除和减小问题，而这个问题的解决对拉曼光谱是特别重要的，对于非随机起伏的噪声谱，一般就需要采用扣除法，在下面将对此作专门介绍。

2. 扣除法

1) 直接扣除法

(1) 宇宙射线干扰谱。在图 3.65(a) 所示的 GaN 纳米粒子(NP)的原始谱中，可以看到光谱中出现了许多又细又高的尖峰，这些尖峰是典型的宇宙射线谱，因此可以直接用扣除法将它们扣除。扣除后，取尖峰根部左右两边若干点的光谱数据，拟合一段新谱线，补上因扣除宇宙线峰而出现的光谱空缺，图 3.65(b)就是用上述方法进行宇宙射线谱扣除后的 GaN 纳米粒子的真实谱。

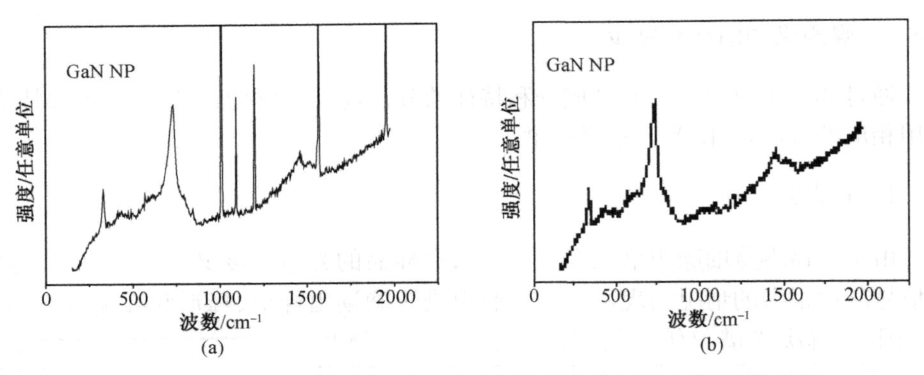

图 3.65　GaN 纳米粒子的原始(a)和扣除宇宙线干扰后(b)的拉曼谱

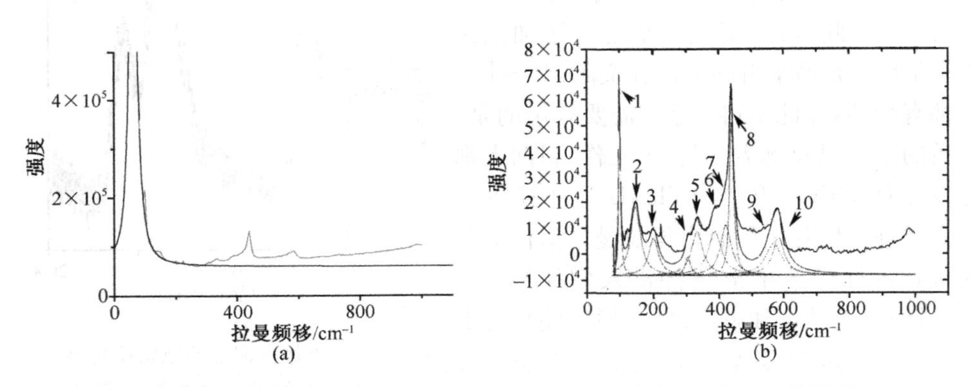

图 3.66　ZnO 纳米粒子原始的拉曼谱(a)和经过瑞利谱线扣除后的拉曼谱(b)

(2) 瑞利散射干扰谱。瑞利线背景很强，常常掩盖了真实光谱。图 3.66(a)就是 ZnO 纳米粒子原始的拉曼谱，从图中可以看到瑞利谱线很强，大于 10^6 光子数/秒，经过瑞利谱线(图中深色实线)扣除，如图 3.66(b)所示，强度只有 10^4 光子数/秒的真实谱就显露出来了。经对解谱所获得的峰位强度、线宽(见表 3.5)的分析指认，最终确认了 ZnO 纳米粒子的拉曼谱。

表 3.5　ZnO 纳米粒子拉曼峰位、强度和线宽表

峰　号	1	2	3	4	5	6	7	8	9	10
峰位/cm^{-1}	100.0	147.5	201.9	305.2	333.9	387.6	421.3	439.4	568.5	583.7
积分强度	479869.1	909779.0	507727.7	142664.4	713564.1	827749.8	785365.7	905948.4	724144.5	635704.8
线宽/cm^{-1}	6.2	35.9	35.7	19.1	41.6	48.4	40.0	14.5	58.7	42.9
指认	$E_2(L)$	?	2TA	$3E_2(L)$	2TA+$E_2(L)$	A_{1T}	E_{1T}	$E_2(H)$	A_{1L}	E_{1L}

(3) 杂质干扰谱。图 3.67(a)-a 是 SiC 纳米棒(NR)的原始拉曼谱，它与预期的光谱特征差别很大，除了可以看到一个光致发光谱的连续背景谱以外，在大于 $1000cm^{-1}$ 的频率区出现了很强的光谱结构。考虑到所研究的 SiC NR 样品是用碳纳米管(CNT)与 SiO 蒸气在高温下反应制成的，在这样制成的 SiC NR 样品中，就可能含有未反应完的碳纳米管，因此，图 3.67(a)-a 很可能是 SiC 纳米棒和碳纳米管合成的拉曼光谱。通过比较 SiC NR 样品的原始拉曼光谱和碳纳米管的拉曼光谱(见图 3.67(a)-b)，发现碳纳米管在 $1000cm^{-1}$ 到 $3000cm^{-1}$ 处的拉曼峰和 SiC NR 样品的峰是一一对应的。因此就可以判断 SiC NR 样品在 $1000cm^{-1}$ 到 $3000cm^{-1}$ 范围内的峰是来自碳纳米管的峰，于是通过直接扣除光致发光背景谱和 $1000cm^{-1}$ 以上的光谱，就得到了如图 3.67(b)所示的 SiC 纳米棒的真实拉曼谱。

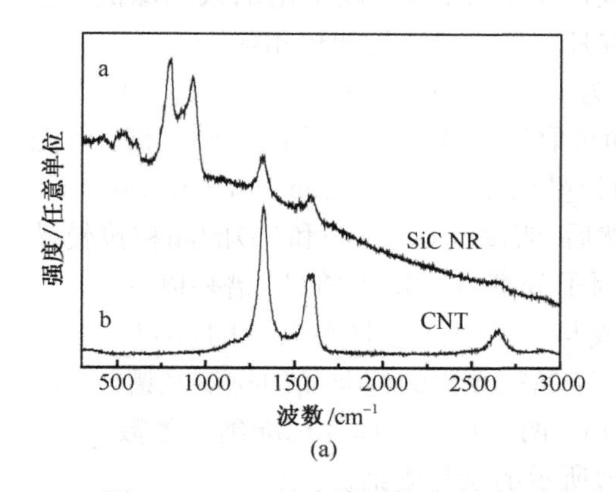

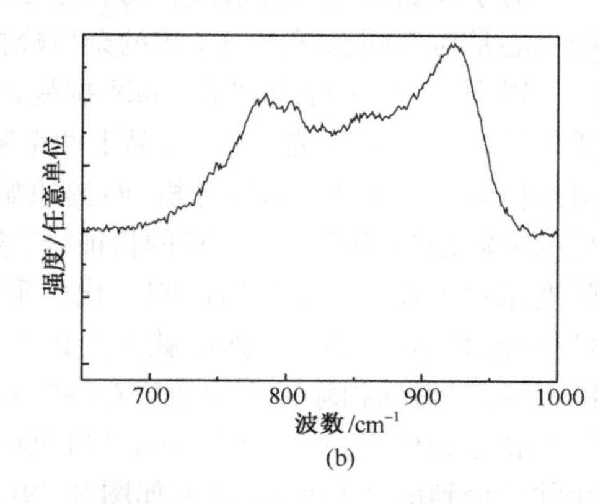

图 3.67　SiC 纳米棒原始((a)-a)，碳纳米管((a)-b)和 SiC 纳米棒真实的拉曼谱(b)

2）解谱扣除法

有时候对样品的成分或者子谱的来源并不确切知道，这时候往往可以采用解谱扣除法获得样本的真实光谱。如在文献[31]中，作者得到金刚石薄膜样品的原始拉曼谱如图 3.68(a)中的实线部分所示，它与典型金刚石的拉曼谱的差别很大。为得到样本的真实谱，他们用 7 个高斯线形谱拟合了样品的原始谱，如图 3.68(a)中的虚线所示。在对 7 个拟合子谱进行了光谱指认后，扣除了非金刚石的杂质谱，最终得到了如图 3.68(b)所示的纳米金刚石和石墨的谱。

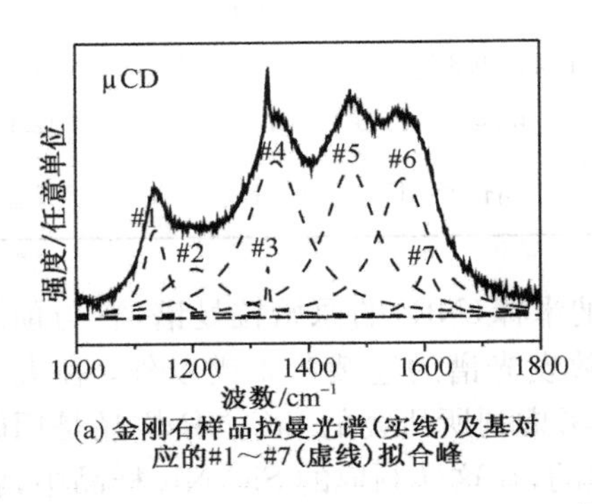

(a) 金刚石样品拉曼光谱(实线)及基对应的#1～#7(虚线)拟合峰

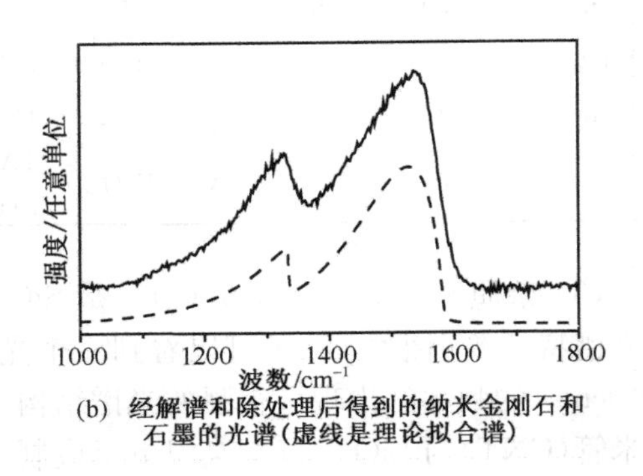

(b) 经解谱和除处理后得到的纳米金刚石和石墨的光谱(虚线是理论拟合谱)

图 3.68[32]

在解谱工作中，分解和拟合用的光谱线型的选择是十分关键的问题，必须根据对子谱光谱特性的了解进行选择。通常遇到的光谱线型大多是高斯或洛伦兹线型。

3）加权扣除法

对于样品不同位置杂质相对含量不同产生的光谱，可以采用加权扣除法。它的核心是对不同取样点的子谱的杂质峰按其含量多少进行加权扣除。

以文献[33]中获取非晶 GaN 拉曼谱为例，图 3.69(a)和(b)是从含有作为杂质的晶粒 GaN 的非晶 GaN 样品上两个随机取样点 A 和 B 获得的拉曼光谱。首先对杂质峰进行鉴认。通过分析，两幅原始拉曼谱中 530cm^{-1}、560cm^{-1} 和 740cm^{-1} 处的尖峰是“杂质”GaN 晶粒的特征峰。然后，假设图 3.69(a)和(b)的晶粒拉曼谱强度相对于各自的非晶谱的归一化权重因子分别为 α 和 β，将(b)谱乘以 $\chi=\alpha/\beta$，(b)中晶粒 GaN 的光谱强度就人为地变成与(a)一样了，将乘以 χ 的(b)与(a)相减，就可以得到扣除了作为杂质看待的 GaN 晶粒光谱的纯非晶的拉曼光谱。文献[33]就是利用 GaN 晶粒 530cm^{-1} 和 560cm^{-1} 两个特征峰作为标准确定系数 χ 的。扣除后得到的纯非晶 GaN 的如图 3.69(c)所示的拉曼光谱。

这种方法除了可以有效的处理由于材料本身的缺陷和杂质所产生的杂质谱外，来自样品垫底、样品容器的谱也可以用这种方法加以消除或减小。

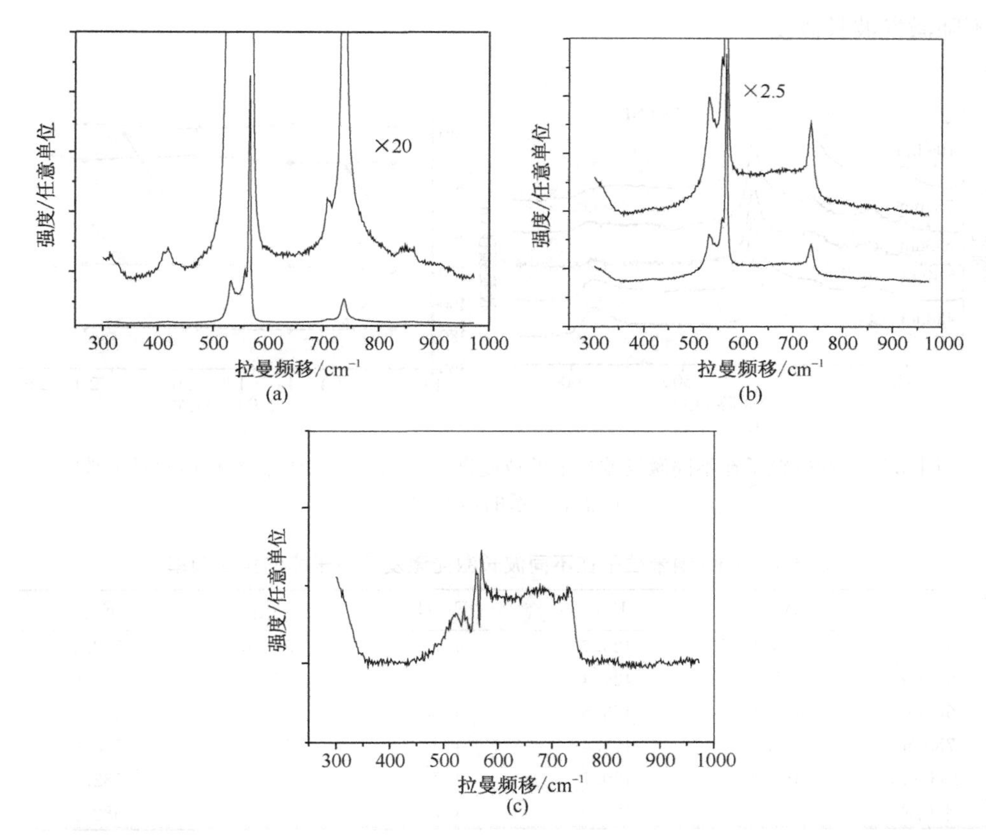

图 3.69 从非晶 GaN 样品的随机取样点 A(a)和 B(b)获取的原始拉曼光谱以及利用加权扣除法得到的纯非晶 GaN 的拉曼光谱(c)[32]

3.5.3 光谱参数的获取

光谱参数是用光谱做表征和研究的基础。对于光谱实验，在获取光谱参数后，才能使实验获取的光谱可以加以应用。除了少数例外，大多数情况下，要在采取前小节所说的消除和减小杂质谱的措施获取真实光谱后，才能进行获得正确光谱参数的工作。

目前获取光谱参数的基本方法是，用计算机软件进行扣除干扰谱和拟合光谱的同时，从最佳拟合中取得相关的光谱参数。图 3.70(a)是 ZnO 纳米粒子在不同波长激光激发下的光谱，通过计算机解谱拟合，得到了各个波长激光激发的各个声子模的拉曼谱频率及不同波长激发的光谱频率的平均值，并列于表 3.6。表 3.7 列出了各个频率值与平均值的标准偏差。图 3.70(b)把所获得的光谱参数画成了与激发光能量的关系，清楚地显示了一个有重要意义的新规律：不同声子模的频率不随激发波长改变[34]。

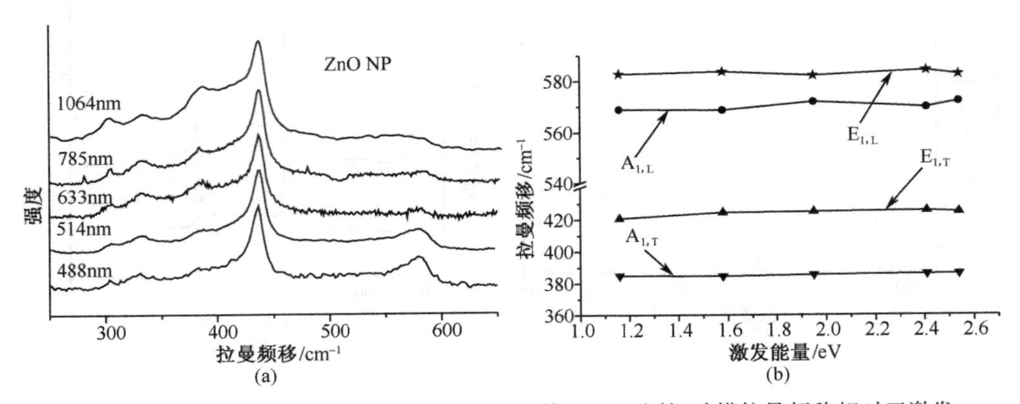

图 3.70 ZnO 粒子在不同激发波长下的拉曼谱(a)和不同振动模拉曼频移相对于激发光能量关系的示意图(b)

表 3.6 ZnO 纳米粒子在不同波长激光激发下声子模的拉曼频率

模	$A_{1,T}$	$E_{1,T}$	E_2(H)	$A_{1,L}$	$E_{1,L}$
488nm	386.1	423.7	437.3	572.0	582.4
514nm	385.9	425.4	439.4	569.7	583.0
633nm	385.4	423.8	438.2	571.8	582.0
785nm	383.7	423.4	436.8	568.7	583.6
1064nm	385.0	420.7	437.8	569.0	582.7
平均值	385.4	423.0	437.9	570.2	582.9

表 3.7 ZnO 纳米粒子各声子模频率与平均值的标准偏差

模	$A_{1,T}$	$E_{1,T}$	E_2(H)	$A_{1,L}$	$E_{1,L}$
488nm	+0.7	+0.7	−0.6	+1.8	−0.5
514nm	+0.4	+1.4	+1.5	−0.5	+1.1
633nm	0	+0.8	+0.3	+1.6	−0.9
785nm	−0.7	+0.4	−1.1	−1.5	+0.7
1064nm	−0.4	−3.3	−0.1	−1.2	−0.2
标准偏差	0.59	1.88	0.99	1.56	0.84

参 考 文 献

[1] Porto S P S, Wood D L. J. Opt. Sco. Am., 1962, 52:251.

[2] Long D A. Raman Spectroscopy. New York: McGraw-Hill International Book Company,1977; Long D A. 拉曼光谱学. 顾本元译. 北京:科学出版社,1977, 1982.

[3] 张树霖,刘丽玲,容祖秀,石志光. 振动拉曼光谱. 见:王祖铨,吴思诚. 近代物理实验. 第二版. 北京:

北京大学出版社，1998，1-7：80～95.
[4] 徐永永，彭卫群，欧榕，卫国恒，张树霖. 现代科学仪器，1995，1:27.
[5] 张树霖. 现代科学仪器，1998，4：18.
[6] Jin Y，Zhang S L，Qin G G，Zhou G L，Yu M R. J. Phys. :Condens. Matter，1991，3：3867.
[7] 邹英华，孙陶亨. 激光物理学. 北京：北京大学出版社，1991.
[8] (a)刘颂豪. 光子学技术与应用. 广州：广东科技出版社，合肥：安徽科学技术出版社，2006. (b)Princeton Ins. /Acton，Spectroscopy Product Overview. 2006，3～4.
[9] 张树霖，刘丽玲，周赫田. 实用新型专利"拉曼光谱样品架"，专利号 85200108.8，中华人民共和国专利局，1985 年 12 月 26 日.
[10] Barbillat D P J，Adelhaye A. Spectroscopy Europe，1993，5/2:16.
[11] 母国光，占元令. 光学，北京：人民教育出版社，1978.
[12] 赵凯华，钟锡华. 光学. 北京：北京大学出版社，1983.
[13] 吕斯华，朱印康. 近代物理实验技术 (I). 北京：高等教育出版社，1991.
[14] Spex1403 双单色仪和第三单色仪说明书.
[15] 王祖铨，吴思诚. 近代物理实验. 北京：北京大学出版社，1998.
[16] 张树霖. 现代科学仪器，1993，4:47.
[17] Puppels G J，de Mul F F M. Oho C，Greve J，Arndt-Jorin D J，Jovin T M. Nature，1991，347：301.
[18] Tabakasblat R，Meier R J，Kip B J. Appl. Spectroscopy，1992，46：60.
[19] Williams K P J，Pitt G D，Batchelder D N，Kip B. J. Appl. Spectroscopy，1994，48：232.
[20] 张树霖. 近场光学显微镜及其应用. 北京：科学出版社，2003.
[21] Zhang S L，Zhang Z H，Wang J J，Zhu X. Near-field Raman spectroscopy(Invited Report). In：Mink J，Jalssovszky G，Keresztury G. Proceedings of the XVIIIth International Conference on Raman Spectroscopy，Pub. by John Wiley & Sons，Ltd，August 2000，20-25，Budapest Hungary，189.
[22] 张树霖，祖晓敏. 近场光谱仪与近场光谱学. 现代科学仪器，1996，4:9.
[23] 张树霖. 突破分辨极限的拉曼光谱学. 光散射学报，1997，9:45.
[24] 李碧波，张树霖. 近场扫描光学显微镜和近场光谱学的进展. 光谱学与光谱分析，1997，17:25
[25] Tsai D P. Appl. Phys. Lett.，1994，64：1768.
[26] Jahnchke C L，Paesler M A，Hallen H D. Appl. Phys. lett.，1995，67:2483.
[27] 王晶晶，阎宏，邓宇俊，李红东，张玉峰，张帆，夏宗炬，高巧君，邹英华. 光散射学报，2001，13:12.
[28] 赵凯华. 光学. 北京：高等教育出版社，2006.
[29] Jin Y et al. J. Phys.：Condens. Matter，1991，3:3867.
[30] 贾玉润. 大学物理实验. 上海：复旦大学出版社，1987.
[31] 吕助增，邹伯昆. 实验物理方法. 台北：出版事业公司，1990.
[32] Yan Y et al. Chinese Sci Bull，2001，46：1865.
[33] Gao M et al. Spectroscopy and Spectral Analysis，2007，27:928～931.
[34] Zhang S L et al. Appl. Phys. Lett.，2006，89:063112.

第 4 章　固体拉曼散射的理论基础

第 2 章在介绍光散射理论时,为了简单也为了便于揭示散射的机制,只以原子和分子作为散射体进行讨论。但是,实际研究的光散射对象大都是含有大量原子和分子的凝聚态物体,如固体、液体和生物体等,本章将以固体为散射体,介绍拉曼散射的理论,也作为第 2 章讨论的拉曼散射理论基础的补充和扩展。

固体由排列在空间的原子构成。为了描述原子在空间的排列,人们想象存在一个空间网格,原子都排列在网格的格点上,并称其为"格子(lattice)"或晶格(crystal lattice)。如果网格是周期性排列的,晶格就是长程有序的,相应的固体就称为晶体,否则就是非晶体。图 4.1(a)和图 4.1(b)就是由计算机产生的从硅的(110)面看到的与实验符合得较好的晶体和非晶体硅的晶格图像[1]。

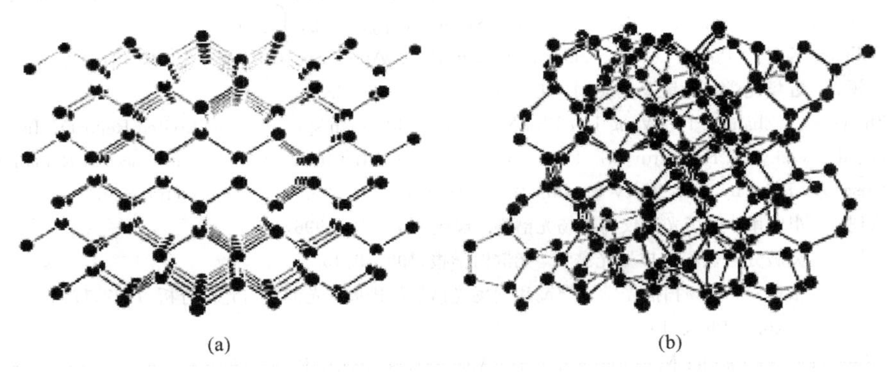

图 4.1　由计算机产生并能与实验较好符合的晶体硅(a)和非晶硅(b)从(110)面观察的结构图[1]

光与固体的相互作用主要发生在光和固体中的所谓"元激发(exciton)"之间。在固体拉曼散射中,最重要的元激发是"晶格振动"。晶格振动不仅与拉曼散射有关,还与固体的热学、光学、电学、超导、磁学和结构相变等其他物理性质相关。本书主要讨论晶格振动的拉曼散射,因此,我们在本章将主要简介晶格动力学和晶格振动的拉曼散射理论。

4.1　晶格动力学的基础知识[2~6]

包括晶格振动在内的固体物理性质,可以通过求解薛定谔或牛顿方程进行研究。但是，由于固体内所含原子的数量巨大，严格求解运动方程实际上是不可能的，即使计算技术高度发达的今天，依然只有对数量级在 $10^2 \sim 10^3$ 粒子的体系才有可能严格求解。因此，通常都是在不影响问题的物理本质的前提下，做各种合理的近似，求解简化了的方程。

4.1.1 运动方程的简化与晶格动力学

描写晶体的总哈密顿 $\mathscr{H}$ 可以写成

$$\mathscr{H}=-\sum_i \frac{P_i^2}{2M_i}+\sum_j \frac{p_j^2}{2m_j}+\mathscr{H}_{\text{int}}(\boldsymbol{R},\boldsymbol{r}) \tag{4.1a}$$

式中的第一项和第二项代表体系内所有原子核和电子的动能，M_i、m_j 和 P_i、p_j 分别是核和电子的质量和动量，第三项是体系内包括原子核之间、电子之间以及原子核和电子之间的相互作用总能，$\boldsymbol{R}$ 和 $\boldsymbol{r}$ 分别代表原子核和电子的空间坐标。

1. 原子内层和外层电子的分离与离子实

首先，可以将固体中的电子分为内层和外层电子两类。内层电子是原子的满壳层电子，它们与原子核形成了一个“离子实”，外层电子是不满壳层的价电子，固体中的电子能带主要由它们决定。

2. 玻恩-奥本海默(绝热)近似与离子实和电子运动的分离

原子核质量比电子质量大得多，因此，原子核振动的频率一般小于 10^{13} Hz，而电子运动的频率约为 10^{15} Hz，从量子力学的角度看，上述振动频率的差别表明原子核和电子的能量差了 2～3 量级，原子核和电子之间可以近似看作不存在相互作用和能量交换，是处于所谓“绝热”状态。于是，人们引入了绝热近似，即玻恩-奥本海默近似(Born-Oppenheimer approximation)。在绝热近似条件下，原子核(即离子实)与电子的运动可以分离，即在讨论电子运动时，原子核是处于它的瞬时位置上，而讨论原子核运动时，原子核相对于电子是静止的，不用考虑电子在空间的瞬时分布认为原子核只是受到电子的有效势能 $\Phi(x)$ 的作用。也就是说，体系的哈密顿 $\mathscr{H}$ 现在可以写成核(离子实)哈密顿 $\mathscr{H}_{\text{ion}}$ 和电子哈密顿 $\mathscr{H}_{\text{e}}$ 之和

$$\mathscr{H}=\mathscr{H}_{\text{ion}}(\boldsymbol{R})+\mathscr{H}_{\text{e}}(\boldsymbol{r},\boldsymbol{R}_0) \tag{4.1b}$$

如果令 $\chi(\boldsymbol{r})$ 为电子的波函数，$\varphi_n(\boldsymbol{R},\boldsymbol{r})$ 是电子在 $\boldsymbol{r}$ 和离子实在 $\boldsymbol{R}$ 并具有能量等于能级 n 的波函数，那么，在绝热近似条件下，体系波函数 $\psi(\boldsymbol{R},\boldsymbol{r})$ 可以写成电子波函数和原子核波函数的乘积，即

$$\psi(\boldsymbol{R},\boldsymbol{r})=\varphi_n(\boldsymbol{R},\boldsymbol{r})\chi(\boldsymbol{r}) \tag{4.2}$$

整个体系的薛定谔方程是

$$[\mathscr{H}_{\text{ion}}(\boldsymbol{R})+\mathscr{H}_{\text{e}}(\boldsymbol{r},\boldsymbol{R}_0)]\varphi_n(\boldsymbol{R},\boldsymbol{r})\chi(\boldsymbol{r})=E\varphi_n(\boldsymbol{R},\boldsymbol{r})\chi(\boldsymbol{r}) \tag{4.3}$$

对式(4.3)进行分离变量，可以分别得到电子和原子核运动的薛定谔方程

$$\mathscr{H}_e(\boldsymbol{r},\boldsymbol{R}_0)\varphi_n(\boldsymbol{R},\boldsymbol{r}) = E_n\varphi_n(\boldsymbol{R},\boldsymbol{r}) \tag{4.4}$$

和

$$[\mathscr{H}_{\text{ion}}(\boldsymbol{R}) + E_n]\chi_\nu(\boldsymbol{r}) = E_{n,\nu}\chi_\nu(\boldsymbol{r}) \tag{4.5a}$$

式(4.4)中的 E_n 是电子处于态 n 的能量本征值，它在描写原子核运动的薛定谔方程(4.5a)中起着前面提到的有效势能 $\Phi(\boldsymbol{x})$ 作用，所以式(4.5a)可以改写为

$$[\mathscr{H}_{\text{ion}}(\boldsymbol{R}) + \Phi(\boldsymbol{R})]\chi_\nu(\boldsymbol{r}) = E_{n,\nu}\chi_\nu(\boldsymbol{r}) \tag{4.5b}$$

方程(4.4)是原子核固定在位置 $\boldsymbol{R}$ 时电子的运动方程，而方程(4.5)是电子在某一定态能量决定的有效势能 $\Phi(\boldsymbol{x})$ 下的原子核的运动方程。求解方程(4.4)是电子运动论问题，而求解方程(4.5)就是晶格动力学问题。前者的求解可以了解固体中电子的能带结构等，是常规光谱的重要理论基础；后者的求解可以获得振动模的频率 ω、数目与动量 $\boldsymbol{q}$ 的关系，即所谓声子的色散关系和态密度，因而与光散射和拉曼光谱直接相关。

3. 平均场近似和单电子论

半导体中电子浓度达 $10^{23}/\text{cm}^3$，严格求解电子运动方程(4.4)是很困难的，为此，人们引入了所谓平均场近似，即忽略固体中各电子之间的相互作用，把每个电子运动看成在一个其他电子和离子实形成的平均场中的运动，于是，多电子问题的求解化成为单电子问题。平均场近似也称单电子近似或哈特里-福克(Hartree-Fock)近似。历史上的电子能带理论就是建立在单电子近似基础上的。

4. 小振动和简谐近似

只要绝对温度不为零，原子核显然不可能钉扎在格点上，而是时时刻刻在格点位置附近运动。只要这种运动是运动幅度很小的“小振动”，就可以做简谐近似(harmonic approximation)，以简谐振动描写原子核(离子实)在格点附近的运动。

4.1.2 经典力学理论——格波

晶格的简谐振动是经典力学理论中的典型的小振动问题。假定体系内包含 N 个原子，第 n 个格点的平衡位置为 $\boldsymbol{R}_n$，在 n 格点的原子偏离 $\boldsymbol{R}_n$ 的位移用 $\boldsymbol{u}_n$ 描述，则原子在时刻 t 的位置可记为

$$\boldsymbol{R}_n(t) = \boldsymbol{R}_n + \boldsymbol{u}_n(t) \tag{4.6}$$

如果位移矢量用分量表示，则 N 个原子有 $3N$ 个平衡位置矢量的分量 $R_i(i=1,2,\cdots,3N)$ 和 $3N$ 个位移矢量的分量 $u_i(i=1,2,\cdots,3N)$。

在下面，我们将用正则方程(canonical equation)的形式讨论晶格振动问题[7]。为此,我们首先写出体系的势能函数 V,V 是位移 u_i 的函数，可以对位移 u_i 进行泰勒级数展开

$$V = V_0 + \sum_{i=1}^{3N}\left(\frac{\partial V}{\partial u_i}\right)_0 u_i + \frac{1}{2}\sum_{i=1,j=1}^{3N}\left(\frac{\partial^2 V}{\partial u_i \partial u_j}\right)_0 u_i u_j + \cdots \tag{4.7}$$

式中的下标0表示该函数取平衡位置时的值。设静止时的势能 $V_0=0$,并且取

$$\left(\frac{\partial V}{\partial u_i}\right)_0 = 0$$

因为讨论的是小振动,势能 V 可以仅取到 u_i 的二次方项，因此,有

$$V = \frac{1}{2}\sum_{i=1,j=1}^{3N}\left(\frac{\partial^2 V}{\partial u_i \partial u_j}\right)_0 u_i u_j \tag{4.8}$$

其次,需要写出 N 个原子体系的动能 T,显然

$$T = \frac{1}{2}\sum_{i=1}^{3N} M_i \dot{u}_i^2 \tag{4.9}$$

为使势能和动能函数具有无交叉项的简单形式,引入简正坐标 Q_i($i=1,2,\cdots,3N$)替代位移坐标 u_i,两者之间由以下列正交变换关系相联系

$$\sqrt{m_i}\,u_i = \sum_{j=1}^{3N} a_{ij} Q_j \tag{4.10}$$

于是，在简正坐标系中

$$T = \frac{1}{2}\sum_{i=1}^{3N} \dot{Q}_i^2 \tag{4.11}$$

$$V = \frac{1}{2}\sum_{i=1}^{3N} \omega_i^2 Q_i^2 \tag{4.12}$$

式(4.12)中的系数写成平方形式的 ω_i^2,是为了表示该系数是一个正值,反映原子在格点上是稳定平衡的。

由式(4.11)和式(4.12),可以立刻写出拉格朗日函数 $L=T-V$,并且得到正则动量

$$P_i = \frac{\partial L}{\partial \dot{Q}_i} = \dot{Q}_i \tag{4.13}$$

于是体系的哈密顿量是

$$\mathscr{H} = T + V = \frac{1}{2}\sum_{i=1}^{3N}(p_i^2 + \omega_i^2 \dot{Q}_i^2) \tag{4.14}$$

从而得到正则运动方程

$$\ddot{Q}_i + \omega_i^2 Q_i = 0 \tag{4.15}$$

上述正则运动方程有 $i=1,2,\cdots,3N$ 个，它们彼此互不相关,因此有 $3N$ 个独立的解。于是,多体问题被化解为了单体问题。因为任意简正坐标的解为一简谐

函数，因此，有解

$$Q_i = A_i \sin(\omega_i t + \varphi_i) \tag{4.16}$$

而对应的位移则为

$$u_i = \frac{1}{\sqrt{m_i}} \sum_{i=1}^{3N} a_{ij} A_j \sin(\omega_j t + \varphi_j) \tag{4.17}$$

由式(4.16)和式(4.17)，可以看到，简正坐标的每一个振动解，并不代表某一个原子的振动，而是整个体系所有原子都参与的振动，这种集体性的振动被称为“振动模”。这种整个体系所有原子都参与的振动模具有波的特性，于是，人们也把晶格振动模称为“格波”。

4.1.3　一维双原子线性链的晶格振动[2,3]

前面已提到，由于晶体包含了巨大数目的原子，对于三维固体晶格动力学的经典力学或量子力学的严格计算，实际上都是不可能的。但是，为了得到晶格动力学的一些基础知识，在本小节用一维双原子线性链来模拟一个假想的晶体，进行“严格”的经典动力学计算。

1. 牛顿方程及其求解——声学波和光学波

一维双原子链模型的结构如图 4.2 所示。该结构实际上可以看作一维双原子晶体。晶体的一个原胞含有质量为 M_1 和 M_2 的两个原子原子Ⅰ和原子Ⅱ，a 是晶格常数，原子间距为$\frac{a}{2}$。我们用 $2n-1$、$2n$ 和 $2n+1$ 等用来标记原子的编号，只讨论原子在沿链方向即纵向的运动，假定原子间只存在近邻的弹性相互作用，即作用力可以表示为

$$F = -f\delta \tag{4.18}$$

式中，f 是力常数，δ 是原子的相对位移。对于在位置 $2n$ 的原子Ⅰ和位于位置 $2n+1$的原子Ⅱ的相对位移 δ_{2n}和δ_{2n+1}分别为

$$\begin{aligned} \delta_{2n} &= 2u_{2n} - u_{2n+1} - u_{2n-1} \\ \delta_{2n+1} &= 2u_{2n+1} - u_{2n+2} - u_{2n} \end{aligned} \tag{4.19}$$

根据牛顿方程，可以分别写出原子Ⅰ和原子Ⅱ的运动方程为

$$\begin{aligned} M_1 \ddot{u}_{2n+1} &= -f(2u_{2n+1} - u_{2n} - u_{2n+2}) \\ M_2 \bar{u}_{2n} &= -f(2u_{2n} - u_{2n+1} - u_{2n-1}) \end{aligned} \tag{4.20}$$

在这两个运动方程中，当原子链包含 N 个原胞，即全链有 N 个原子Ⅰ和 N 个原子Ⅱ时，它是 $2N$ 个方程的联立方程组。这个方程组有下列形式解

$$\begin{aligned} u_{2n} &= A e^{i(\omega t - naq)} \\ u_{2n+1} &= B e^{i[\omega t - (n+1/2)aq]} \end{aligned} \tag{4.21}$$

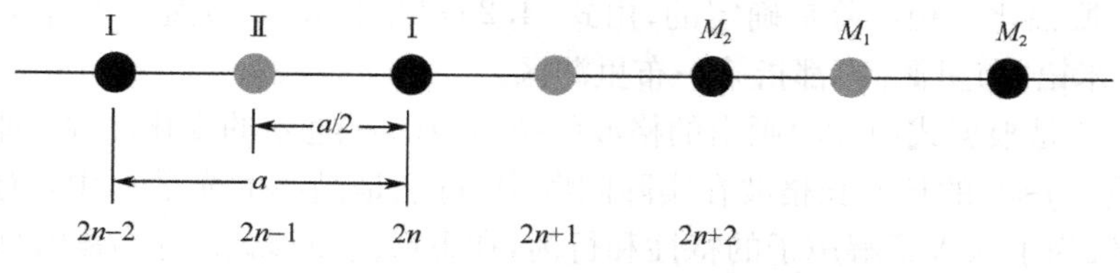

图 4.2　一维双原子线性链模型的示意图

代入运动方程(4.20)。可以得到

$$
\begin{aligned}
-M_1\omega^2 B &= f(\mathrm{e}^{-\frac{1}{2}\mathrm{i}aq}+\mathrm{e}^{\frac{1}{2}\mathrm{i}aq})A-2fB \\
-M_2\omega^2 A &= f(\mathrm{e}^{-\frac{1}{2}\mathrm{i}aq}+\mathrm{e}^{\frac{1}{2}\mathrm{i}aq})B-2fA
\end{aligned}
\tag{4.22}
$$

上述方程与 n 数,即与原胞的具体位置无关,表明所有联立方程对于解(4.21)都归结为同一对方程,式(4.22)可以看作是以 A 和 B 为未知数的线性齐次方程

$$
\begin{aligned}
(M_2\omega^2-2f)A+2f\cos(aq/2)B &= 0 \\
2f\cos(aq/2)A+(M_1\omega^2-2f)B &= 0
\end{aligned}
\tag{4.23}
$$

它的有解条件是要求式(4.23)的系数行列式为 0,即

$$
\begin{vmatrix} M_2\omega^2-2f & 2f\cos(aq/2) \\ 2f\cos(aq/2) & M_1\omega^2-2f \end{vmatrix}=0 \tag{4.24}
$$

显然,由式(4.24)可以得到 ω^2 的解,它们是

$$
\omega^2=f\frac{M_1+M_2}{M_1M_2}\left\{1\pm\left[1-\frac{4M_1M_2}{(M_1+M_2)^2}\sin^2(aq/2)\right]^{1/2}\right\} \tag{4.25}
$$

把 ω_+ 和 ω_- 代回式(4.23),就可以求出 A 和 B 的解

$$
\left(\frac{B}{A}\right)_+=-\frac{M_2\omega_+^2-2f}{2f\cos(aq/2)} \tag{4.26}
$$

$$
\left(\frac{B}{A}\right)_-=-\frac{M_2\omega_-^2-2f}{2f\cos(aq/2)} \tag{4.27}
$$

由式(4.21)可以知道相邻原胞之间的相位差即相邻原胞的同类原子的相位差为 aq,显然,如果把 aq 改变 2π 的整数倍,所有原子的振动实际上没有任何不同,这表明波矢 q 的取值只需限制在

$$
-\frac{\pi}{a}<q\leqslant\frac{\pi}{a} \tag{4.28}
$$

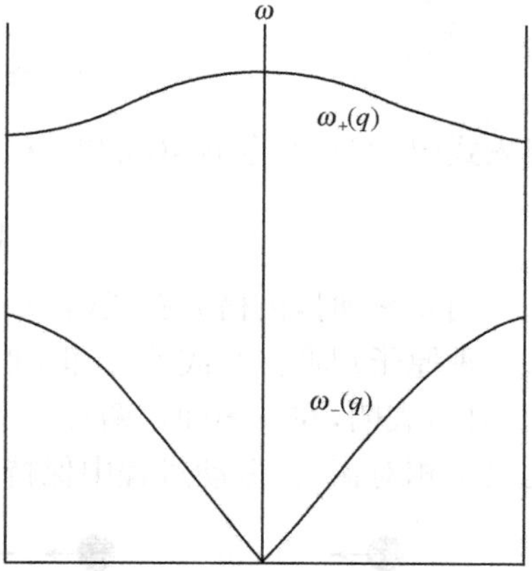

图 4.3　一维双原子链晶体声学波和光学波的色散关系

这个受限制的范围就是一维双原子晶体的"第一布里渊区",在这个范围内任意的波数 q 有两个格波解,它们的频率 ω_+ 和 ω_- 由式(4.25)给出,和一般波一样,格波可以有任意的振幅和相位,但是原子Ⅰ和原子

Ⅱ振动的振幅比和相位差是确定的，由式(4.26)和式(4.27)决定。以后，如果未做说明，术语“布里渊区”都指第一布里渊区。

图 4.3 是根据式(4.25)画出的格波频率 ω_+ 和 ω_- 随 q 的变化曲线，即格波的色散曲线。$q\approx0$ 的长波长格波在实际问题中，特别是晶体的光散射中，有特别重要的意义；为了深入了解声子的特性和行为，在下面简单讨论一下 $q\approx0$，即长波极限下一维双原子线性链格波的特性和行为。

1) 格波 ω_-

从式(4.25)可以看出，正如图 4.3 中所示，当 $q\rightarrow0$ 时，$\omega\rightarrow0$。当 q 很小时

$$\frac{4M_1M_2}{(M_1+M_2)^2}\sin^2(aq/2)\ll1 \tag{4.29}$$

把式(4.25)中根式对 q^2 展开得到

$$\omega_-\approx\frac{a}{2}\sqrt{\frac{2f}{M_1+M_2}}q \tag{4.30}$$

式(4.30)表明 ω_- 支格波的频率正比于波数 q。说明在长波极限下 ω_- 支格波类似于介质中的弹性波，所以，人们把 ω_- 支格波称为声学波。此外，当 $q\rightarrow0$ 时，$\omega\rightarrow0$，由式(4.27)有

$$\left(\frac{B}{A}\right)_-\rightarrow1 \tag{4.31a}$$

表明对于长声学波，原胞中两种原子的运动完全一致，振幅和相位都没有区别。

2) 格波 ω_+

对于格波 ω_+，当 $q\rightarrow0$ 时，频率趋于下列有限值

$$\omega_+\rightarrow\sqrt{2f\Big/\left(\frac{M_1M_2}{M_1+M_2}\right)} \tag{4.32}$$

代入式(4.26)，并令 $\cos(aq/2)\rightarrow1$，我们有

$$\left(\frac{B}{A}\right)_+\rightarrow-\frac{M_2}{M_1} \tag{4.31b}$$

当 $q\rightarrow0$ 时，由格波解式(4.25)可以了解到，同一种原子具有相同的相位，所以每一种原子(原子Ⅰ或原子Ⅱ)形成的格子像一个刚体一样整体振动，因此式(4.31b)表明，在 $q\rightarrow0$ 时，两种原子振动有完全相反的相位，即原子Ⅰ或 原子Ⅱ两类格子相对振动，振动过程中保持它们的质心不变。如图 4.4 所示。

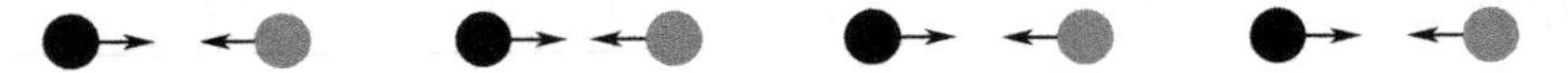

图 4.4 一维双原子链原子Ⅰ和原子Ⅱ具有相反振动相位的示意图

人们把这种两类原子做相对运动的格波称作光学波。

2. 周期性条件——波矢取值的限制

图 4.2 的一维双原子链是无穷长的链，因此所有原子都有相同的如式(4.20)所示的运动方程。实际的双原子链不可能是无穷长的，于是，在长链两端原子的物理状况显然就与长链内部其他原子的不同，这样一来，运动方程的求解就是非常复杂和很难进行的。为了避免出现上述问题，玻恩和卡门(Born，Karman)提出如图 4.5 所示的由包含 N 个原胞的环状链来模拟 N 个原胞的一维线性有限链。环状链虽然只包含有限数目的原子，然而能保持所有原胞完全等价，同时，因为 N 数很大，所以，沿环的运动仍旧可以看作是一维线性链的运动，使得运动方程(4.20)仍然成立。玻恩和卡门提出的这个模型等于要求标准解式(4.21)的相位部分满足下列条件：

$$e^{-iNaq} = 1 \tag{4.33}$$

也就是要求波矢

$$q = \frac{2\pi}{Na}K \tag{4.34}$$

式中，K 是整数。

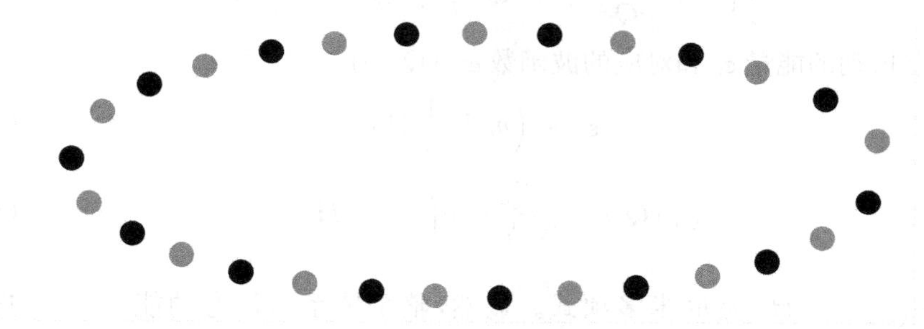

图 4.5　一维双原子链的玻恩-卡门边界条件的示意图

前面指出 q 的取值范围是$(-\pi/a, +\pi/a]$，于是，K 只能取$(-N/2, +N/2]$范围内的 N 个不同的数值。所以，由 N 个原胞构成的一维线性链，q 可以取 N 个不同值，因为每个 q 对应着两个格波，所以共有 $2N$ 个不同的格波。$2N$ 个格波数目正好是链的自由度数，这也证明，玻恩-卡门环状链可以保证得到链的全部振动模。

玻恩-卡门的环状链模型，实际上意味着一种周期性的边界条件，因而玻恩-卡门模型也被称为玻恩-卡门边界条件。

把一维双原子链模型推广到三维体系，原则上就可以进行实际晶体的晶格动力学计算，但是，由于它们的计算量依然很大，在历史上，有关三维体系晶格动力学的计算，大都通过唯象理论完成。晶格动力学的唯象理论将在下一节专门介绍。

在结束本小节讨论前,我们希望指出,上面关于声学声子和光学声子的特性、行为以及对声子波矢取值限制等结果,虽然来自一维双原子线性链,但是它们实际上具有普遍意义。

4.1.4 量子力学理论——声子

根据经典力学和量子力学的对应关系[8],只需把正则动量 p_i 和 Q_i 当作一对互不对易的量子力学共轭算符,把 P_i 写成量子力学算符 $-i\hbar\dfrac{\partial}{\partial Q_i}$,经典正则方程就过渡到了量子力学的波动方程

$$\sum_{i=1}^{3N}\frac{1}{2}\left(-\hbar^2\frac{\partial^2}{\partial Q_i{}^2}+\omega_i{}^2Q_i{}^2\right)\psi(Q_1,Q_2,\cdots,Q_{3N})=E\psi(Q_1,Q_2,\cdots,Q_{3N}) \tag{4.35}$$

显然,方程(4.35)是 $3N$ 个独立的简谐振动模的运动方程,对每一个简正坐标 Q_i 有方程

$$\frac{1}{2}\left(-\hbar^2\frac{\partial^2}{\partial Q_i{}^2}+\omega_i{}^2Q_i{}^2\right)\varphi_{n_i}(Q_i)=\varepsilon_i\varphi_{n_i}(Q_i) \tag{4.36}$$

每一简谐振动的能量 ε_i 和对应的波函数 $\varphi_{n_i}(Q_i)$ 为

$$\varepsilon_i=\left(n_i+\frac{1}{2}\right)\hbar\omega_i \tag{4.37}$$

$$\varphi_{n_i}(Q_i)=\sqrt{\frac{\omega}{\hbar}}\exp\left(-\frac{\xi^2}{2}\right)H_{n_i}(\xi) \tag{4.38}$$

其中 $\xi=\sqrt{\dfrac{\omega}{\hbar}}Q_i$,$H_n$ 是厄米多项式。显然,整个体系本征态的能量 E 和波函数 ψ 为

$$E=\sum_{i=1}^{3N}\varepsilon_i=\sum_{i=1}^{3N}\left(n_i+\frac{1}{2}\right)\hbar\omega_i \tag{4.39}$$

$$\psi(Q_1,Q_2,\cdots,Q_{3N})=\prod_{i=1}^{3N}\varphi_{n_i}(Q_i) \tag{4.40}$$

式(4.38)所描述的简正坐标 Q_i 的振动态 $\varphi_{n_i}(Q_i)$ 的本征能量由式(4.37)表达,式(4.37)表达的能量 ε_i 是以 $\hbar\omega_i$ 为能量的单位。在量子力学中,能量单位 $\hbar\omega_i$ 被看作是一个能量子,因而 $\hbar\omega_i$ 就被称为“声子”。当 $\varphi_{n_i}(Q_i)$ 的下标 $n_i=0$ 时体系处于最低态,对应的能量为 $\dfrac{1}{2}\hbar\omega_i$,我们就说体系处于基态,而 $n_i\neq0$ 时,就说处于具有 n_i 个声子的激发态。

声子不能像电子那样脱离固体独立存在,声子的动量 $\boldsymbol{q}$ 在相互作用过程中可

以不守恒。声子只是固体中原子的集体运动的激发单元，即所谓元激发(elementary excitation)，是准粒子。声子是玻色子(boson)，在能级上的占据数不受限制，在能级 $\hbar\omega_i$ 上的平均占据数由玻色-爱因斯坦分布

$$n_i(\boldsymbol{q}) = \frac{1}{e^{\hbar\omega_i(\boldsymbol{q})/k_B T} - 1}$$

给出，其中 k_B 是玻尔兹曼常量，T 是绝对温度。

4.1.5　电子-声子相互作用[5]

在4.1.1节提到的单电子论中，晶体中的电子是在晶格的周期势场中运动的，当存在晶格振动时，原子(离子)偏离格点位置，显然要破坏周期场，电子还要受到由晶格振动产生的附加的势场影响，因此，更合理地求解电子能带，必须计及晶格振动(声子)和电子的相互作用。此外，在可见光的散射过程中，光与声子的能量约差3个数量级，不能发生直接耦合，而是通过电子-声子相互作用这个“中介”进行间接耦合的。因此，在讨论晶格振动的光散射时，电子-声子相互作用必须计及。也就是说，晶体的总哈密顿 $\mathscr{H}$ 除了包含原子核运动的哈密顿 $\mathscr{H}_{\text{ion}}(\boldsymbol{r}_i, \boldsymbol{R}_j)$ 和电子运动的哈密顿 $\mathscr{H}_{\text{e}}(\boldsymbol{r}_i, \boldsymbol{R}_j)$，还应有反映电子-声子相互作用的哈密顿 $\mathscr{H}_{\text{e-ph}}(\boldsymbol{r}_i, \delta\boldsymbol{R}_j)$，即式(4.1b)应改写成

$$\mathscr{H} = \mathscr{H}_{\text{ion}},(\boldsymbol{R}_j) + \mathscr{H}_{\text{e}}(\boldsymbol{r}_i, \boldsymbol{R}_j) + \mathscr{H}_{\text{e-ph}}(\boldsymbol{r}_i, \delta\boldsymbol{R}_j) \tag{4.41}$$

晶格振动的光散射通常发生在声子波矢 $\boldsymbol{q}\approx 0$ 时，因此，对于长波长的晶格振动光散射，电子-声子相互作用就显得更为重要。下面将对长波近似条件下的横声学(TA)、纵声学(LA)、横光学(TO)和纵光学(LO)声子的电子-声子的相互作用作一简单的介绍。

1. 电子-声学声子相互作用

声学声子可以引起固体中原子的整体位移，从而导致晶体发生形变及其能带电子能量的改变。假设在能带边有效质量为 m^* 和波矢为 $\boldsymbol{k}$ 的电子能量是

$$\varepsilon_k = \varepsilon_c + \frac{\hbar^2 k^2}{2m^*} \tag{4.42}$$

式中，ε_c 为不计及晶格振动时电子在晶格的周期势场中的势能。当存在晶格振动而导致晶体形变时，晶格常数 a 和体积 V 要发生变化，因而导致电子带边能量发生变化，变化量 $\delta\varepsilon$ 可表述为

$$\delta\varepsilon = \left(\frac{\partial\varepsilon}{\partial V}\right)\delta V = V\left(\frac{\partial\varepsilon}{\partial V}\right)\frac{\delta V}{V} = a_c\frac{\delta V}{V} \tag{4.43}$$

a_c 就称为体形变势；形变势是由原子位移引起的，是一种短程相互作用。

2. 压电电子-声学声子相互作用

在非中心对称晶体(如ZnO，CdS，CdSe)中，应变力可以诱导出宏观电极化场

$\boldsymbol{E}$,这种效应称为压电效应。只要应变很小,在介电常数为 ε 的介质中,应变诱导电场 $\boldsymbol{E}$ 与应变成线性关系,可以表达为

$$\boldsymbol{E} = \hat{e}_m \cdot \boldsymbol{e}/\varepsilon \tag{4.44}$$

其中 $\hat{e}_m$ 是由应变引起的比例系数,称为电力张量。由于应变张量 $\boldsymbol{e}$ 是二阶张量,所以 $\hat{e}_m$ 是三阶张量。显然,上述关于静态应变的讨论,同样适用于由长波声学声子产生的应变场。因为声学声子的应变能量为 $\mathrm{i}\boldsymbol{q} \cdot \Delta\boldsymbol{R}$,因此,声学声子振动诱导出的宏观电极化场可以表述为

$$\boldsymbol{E}_{\mathrm{pe}} = \mathrm{i}\, \hat{e}_m \cdot \boldsymbol{q} \cdot \delta\boldsymbol{R}/\varepsilon \tag{4.45}$$

式中,$\boldsymbol{q}$ 和 $\delta\boldsymbol{R}$ 分别是声子波矢和原子位移。该电势纵向分量产生的标量势为

$$\varphi_{\mathrm{pe}} = -\mathrm{i}\boldsymbol{q} \cdot \boldsymbol{E}_{\mathrm{pe}}/(\mathrm{i}q^2) \tag{4.46}$$

于是,压电电子-声子哈密顿可写为

$$\mathscr{H}_{\mathrm{pe}} = -|e|\varphi_{\mathrm{pe}} = (|e|/q^2\varepsilon_\infty)\boldsymbol{q} \cdot \hat{e}_m \cdot (\boldsymbol{q} \cdot \delta\boldsymbol{R}) \tag{4.47}$$

3. 电子-光学声子形变势相互作用

光学声子不引起宏观应变,但可以看作在原胞内引起了微观形变。类似于声学声子,光学声子有两种途径影响电子的能量。在非极性晶体中,通过改变键长和键角影响电子的能量;它类似于声学声子中的形变势相互作用,因此称作电子-光学声子形变势相互作用。

假设在金刚石或闪锌矿结构晶体的原胞内两个原子间距为 a_0,与布里渊中心光学声子联系的这两个原子相对位移为 $\boldsymbol{u}$,可以定义描绘电子-光学声子相互作用唯象的光学声子形变势为

$$\mathscr{H}_{\text{e-OP}} = D_{n,\boldsymbol{k}}(\boldsymbol{u}/a_0) \tag{4.48}$$

比例系数 $D_{n,k}$ 就是能带 $E_{k,n}$ 的光学声子形变势,该形变势不依赖声子波矢 $\boldsymbol{q}$,是短程相互作用。

4. Fröhlich 相互作用

在极性晶体中,原胞内带电原子存在相对位移时,在晶体内将产生宏观电场。该宏观电场能与电子相互作用,产生长程库仑相互作用,即所谓 Fröhlich 相互作用。类似于声学声子中的压电场,长波纵光学声子可引起宏观极化,若定义 $\boldsymbol{u}_{\mathrm{LO}}$ 为正离子相对于负离子的位移,则 Fröhlich 相互作用导致的电场

$$\boldsymbol{E}_{\mathrm{LO}} = -F\boldsymbol{u}_{\mathrm{LO}} \tag{4.49}$$

其中

$$F = -[4\pi N\mu\omega_{\mathrm{LO}}^2(\varepsilon_\infty^{-1} - \varepsilon^{-1})]^{1/2} \tag{4.50}$$

式中,μ 是原胞的约化质量,用原胞内的所有 i 个原子质量 M_i 按式 $1/\mu = \sum_i 1/M_i$

定义，N 是单位体积晶体内的原胞数，ω_{LO}是 LO 声子的频率，ε_∞ 和 ε 分别是高频和低频介电常数。电场可以用标势表示，对于 $\boldsymbol{E}_{LO}$的纵向标量势 φ_{LO}可写成

$$\varphi_{LO} = (F/\mathrm{i}q)u_{LO} \tag{4.51}$$

相应的长程库仑相互作用哈密顿是

$$\mathscr{H}_F = -e\varphi_{LO} = (\mathrm{i}eF/q)u_{LO} \tag{4.52}$$

从式(4.52)可见，与电子-光学声子形变势相互作用与波矢 $\boldsymbol{q}$ 无关的特征不同，Fröhlich 相互作用与声子波矢 $\boldsymbol{q}$ 成反比。

此外，在极性晶体中，TO 声子产生横电场，它可以直接与光子耦合，导致远红外光吸收谱。

5. 大波矢的电子-声子的相互作用

电子与大波矢声子的相互作用，所涉及的是电子与布里渊区边界和近布里渊区边界的声子的相互作用，它们在非直接带隙光吸收和涉及热电子的现象中起重要作用。此外，多声子以及纳米半导体的拉曼散射也涉及大波矢和布里渊区边界声子的散射。

大波矢（近布里渊区边界）与小波矢（近布里渊中心区）电子-声子相互作用存在一些差别。例如，布里渊边界声子并不产生长程电场，所以它们与 Fröhlich 和压电相互作用不同，它们总是短程的，通常与声子波矢 $\boldsymbol{q}$ 近似无关。

在结束本小节的叙述前，我们以 Si 和 GaAs 半导体为例，介绍 TA、LA、TO 和 LO 四类长波声子所涉及的电子-声子相互作用的类型（见表 4.1）。

表 4.1　Si 和 GaAs 的长波 TA，LA，TO 和 LO 声子所涉及的电子-声子相互作用的类型[5]

声　子	Si		GaAs	
	导　带	价　带	导　带	价　带
TA	DP*	DP	PZ	DP，PZ
LA	DP	DP	DP，PZ	DP，PZ
TO		DP		DP
LO		DP	F	DP，F

* DP、PZ 和 F 分别代表形变势，压电相互作用和 Fröhlich 相互作用。

4.2　晶格动力学的微观模型

在晶格动力学的唯象理论中，对晶体有两种模拟，一种从构成晶体的原子（离子）出发的所谓微观模型，一种是把晶体看成连续介质的宏观模型。属于前者的模型通常对原子或离子间的相互作用进行不同模拟，如力常数模型、壳模型、键模

型和键电荷等模型就属于这一类。后者是在连续介质力学和经典电磁场理论基础上进行的，如连续介质模型和介电连续模型等。所有这些模型都是由具体晶体抽象概括而成的，所以，不同的模型都有各自的最佳适用对象。

1912 年，玻恩(M. Born)和冯·卡门(von Karman)提出了第一个唯象模型，进行了晶格振动的计算[9]。声子物理的奠基名著《晶格动力学理论》发展了这个模型[2]。玻恩和卡门的模型虽然在拟合实验色散曲线方面相当成功，但是不能提供关于键本质和对晶格动力学微观物理过程的深入了解，于是，在 20 世纪 50 年代，出现了包含离子和电子等因素的模型，如壳模型和键电荷模型等就是其中较有代表性的模型。而黄昆方程则是宏观模型中代表性的模型。在本节中将介绍微观模型，4.3 节专门介绍宏观模型。

4.2.1　三维晶体的经典晶格动力学

1. 三维晶体的牛顿方程

在 4.1.3 节，已经写出了一维双原子链的晶格动力学方程，现在写出三维晶体的经典晶格动力学的方程

$$M_\alpha \ddot{u}_{\alpha,ik} = -\sum_{\beta,j\gamma} \phi_{\alpha\beta,ik,j\gamma} u_{\beta,j\gamma} \tag{4.53}$$

其中 i,j 是原胞的标记，k,γ 是原子的标记，α,β 为位移 $\boldsymbol{u}$ 的直角坐标分量。$\phi_{\alpha\beta,ik,j\gamma}$ 的意义是，$(j,\boldsymbol{\gamma})$ 原子具有沿 β 方向的单位位移时，(i,k) 原子所受的沿 α 方向的力。

设尝试解为

$$u_{\alpha,ik} = M_k^{-\frac{1}{2}} u_{\alpha,k}(\boldsymbol{q}) \exp(-\mathrm{i}\omega t + \mathrm{i}\boldsymbol{q} \cdot \boldsymbol{R}_i) \tag{4.54}$$

其中 $\boldsymbol{R}_i$ 为格矢，$\boldsymbol{q}$ 为波矢，M_k 为 k 原子的质量，将上式代入式(4.53)得

$$\omega^2 u_{\alpha,k}(\boldsymbol{q}) = \sum_{\beta\gamma} D_{\alpha\beta,k\gamma}(\boldsymbol{q}) u_{\beta\gamma}(\boldsymbol{q}) \tag{4.55}$$

其中

$$D_{\alpha\beta,k\gamma}(\boldsymbol{q}) = (M_k M_\gamma)^{-\frac{1}{2}} \sum_{\boldsymbol{R}_i - \boldsymbol{R}_j} \phi_{\alpha\beta,ik,j\gamma} \exp[-\mathrm{i}\boldsymbol{q} \cdot (\boldsymbol{R}_i - \boldsymbol{R}_j)] \tag{4.56}$$

是动力学矩阵。对 $\boldsymbol{R}_i - \boldsymbol{R}_j$ 求和表示对所有格矢求和。

2. 晶格动力学方程的求解

动力学矩阵式(4.56)的本征值即为声子频率的平方 ω^2，求得声子频率 ω 就有了拉曼散射所需的如色散关系和态密度等基本信息，因此，晶格动力学的计算归结于解动力学矩阵 $D_{\alpha\beta,k\gamma}(\boldsymbol{q})$。而求解动力学矩阵 $D_{\alpha\beta,k\gamma}(\boldsymbol{q})$ 的关键是必须知道“力常数”$\phi_{\alpha\beta,ik,j\gamma}$，这在物理上是一个复杂的任务，在计算上也是十分繁杂的工作。为

此，人们引入了各种简化的模型进行具体的计算。

4.2.2　力常数模型（force constant model）

1. 概述

这里所说的力常数模型专指仅计及原子间机械力的模型。玻恩和卡门(Born，Karman)提出了第一个力常数模型[9]。在模型中，他们假设原子是用弹簧连接起来的硬球，并且只用了一个弹簧常数，而弹簧常数是通过拟合实验结果确定的．随后 Born 用了两个弹簧常数的力常数模型拟合碳和硅的实验结果[10]。至今，力常数模型仍然是一个常用的模型。

2. 计算实例[11]

论文[11]的作者等在力常数模型基础上，对高温超导体 $YBaCu_xO_{7-x}$ 进行群论对称性分析和振动频率的计算工作。图 4.6(a)是点群对称性为 $P_{2h}-mmm$ 的正交结构 $YBaCu_xO_{7-x}$ 单胞的示意图。

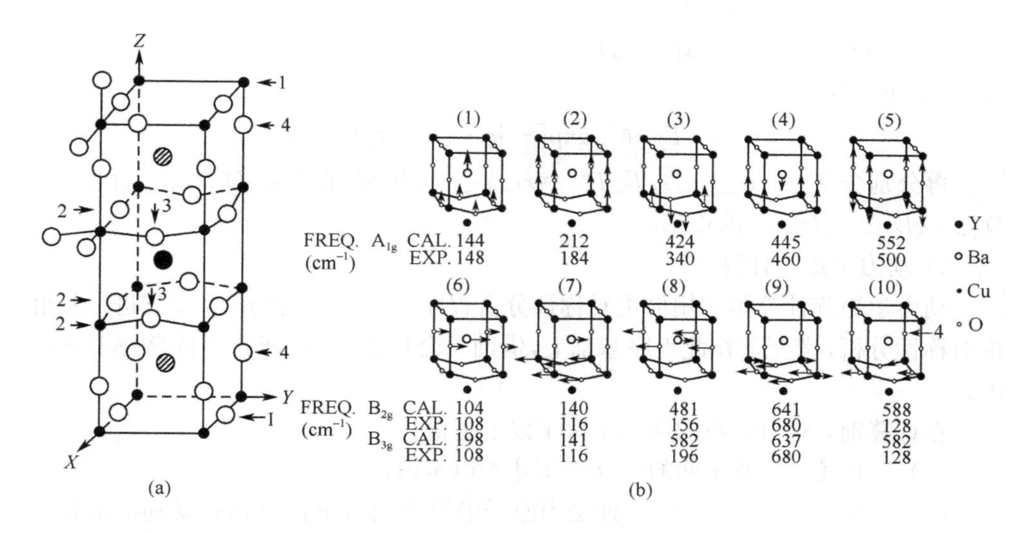

图 4.6　高温超导体 $YBaCu_xO_{7-x}$ 的单胞结构和在力常数模型基础上对振动模进行群论对称性分析和振动频率计算结果的示意图。图中 CAL 和 EXP 分别表示计算和实验的拉曼频率 ω_{cal} 和 ω_{exp} 的数据[11]

1）动力学矩阵

首先，设原子 i_1 和 i_2 间的力常数为 f_s，构造一个沿 i_1 和 i_2 方向的单位矢量 $\boldsymbol{x}_s$，并引入张量：$T^s_{\alpha\beta}=x_{s\alpha}x_{s\beta}f_s$，根据式(4.56)关于 $D_{\alpha\beta,i_1i_2}$ 的定义，当 $i_1\neq i_2$ 时，动

力学矩阵为

$$D_{\alpha\beta,i_1i_2} = [T^s_{\alpha\beta}/(M_{i_1}M_{i_2})^{\frac{1}{2}}]\exp[-\mathrm{i}\boldsymbol{q}\cdot(\boldsymbol{r}_i-\boldsymbol{r}_j)] + D^0_{\alpha\beta,i_1i_2}$$
$$D_{\alpha\beta,i_1i_2} = T^s_{\alpha\beta}/M_{i_1} + D^0_{\alpha\beta,i_1i_2} \tag{4.57}$$
$$D_{\alpha\beta,i_1i_2} = T^s_{\alpha\beta}/M_{i_2} + D^0_{\alpha\beta,i_1i_2}$$

式中，$\boldsymbol{r}_i$ 和 $\boldsymbol{r}_j$ 是原子 i 和 j 的位置矢量，上标“0”表示初值。其次，设原子 i_1、i_2 和 i_3 间的键角力常数为 f_b，它们的位置矢量分别为 $\boldsymbol{r}_1$、$\boldsymbol{r}_2$ 和 $\boldsymbol{r}_3$，令

$$\boldsymbol{r}_{12} = \boldsymbol{r}_1 - \boldsymbol{r}_2$$
$$\boldsymbol{r}_{32} = \boldsymbol{r}_3 - \boldsymbol{r}_2$$
$$\boldsymbol{x}_n = \boldsymbol{r}_{12} \times \boldsymbol{r}_{32}$$

再构造两个矢量 $\boldsymbol{x}_{b1}$ 和 $\boldsymbol{x}_{b2}$，它们的方向分别沿 $\boldsymbol{r}_{12}\times\boldsymbol{x}_n$ 和 $\boldsymbol{r}_{32}\times\boldsymbol{x}_n$ 的方向，长度分别为 $1/r_{12}$ 和 $1/r_{32}$。

令张量 $T^b_{\alpha\beta}=x_{b,\alpha}x_{b,\beta}f_b$，当 $i_1\neq i_2$ 时，有

$$D_{\alpha\beta,i_1i_2} = [T^b_{\alpha\beta}/(M_{i1}M_{i2})^{\frac{1}{2}}]\exp[-\mathrm{i}\boldsymbol{q}\cdot(\boldsymbol{r}_i-\boldsymbol{r}_j)] + D^0_{\alpha\beta,i_1i_2}$$
$$D_{\alpha\beta,i_1i_2} = T^b_{\alpha\beta}/M_{i1} + D^0_{\alpha\beta,i_1i_2} \tag{4.58}$$
$$D_{\alpha\beta,i_1i_2} = T^b_{\alpha\beta}/M_{i2} + D^0_{\alpha\beta,i_1i_2}$$

当 $i_1=i_2$ 时，有

$$D_{\alpha\beta,i_1i_2} = T^b_{\alpha\beta}/M_{i2}\exp[-\mathrm{i}\boldsymbol{q}\cdot(\boldsymbol{r}_i-\boldsymbol{r}_j)]+D^0_{\alpha\beta,i_1i_2} \tag{4.59}$$

再分别令 $T^b_{\alpha\beta}=x_{b_2\alpha}x_{b_2\beta}f_b$ 及 $T^b_{\alpha\beta}=x_{b_1\alpha}x_{b_2\beta}f_b$，则可算出 f_b 对 $D_{\alpha\beta,i_3i_2}$、$D_{\alpha\beta,i_3i_3}$、$D_{\alpha\beta,i_2i_2}$、$D_{\alpha\beta,i_1i_3}$、$D_{\alpha\beta,i_1i_1}$ 的贡献。

2) 动力学矩阵计算

动力学矩阵计算是利用群论对称性分析程序 ACMI 进行的[11(c)]，先进行了群论对称性分析，然后，在此程序基础上，借助一套自编程序，求声子的频率和本征矢。

在计算前，对力常数的选取采取了以下近似：

(1) 只有最近邻原子间的相互作用才予以考虑；

(2) 只考虑两种力常数. 一种是当原子沿键方向有单位位移时受到的沿连线方向的力(用 f_s 表示)；一种是表示是当三个原子间键角发生变化时，原子所受的力矩(用 f_b 表示)；

(3) 力常数值只由原子间距和键角决定。

在计算时，输入的晶体数据主要有格矢矢量，各个原子在原胞中的位置(用绝对坐标表示)，以及波矢坐标。

进行群论对称性分析时，首先，读入力常数数据，即 f_s 和 f_b 的数目和数值。等价原子间的数据只需输入一次，程序将自动用空间群变换得出等价的键。例如，

若 i_1 和 i_2 间力常数为 f_s，而空间群操作 δ 使 $F_0(i_1\delta)=i_3$，$F_0(i_1,\delta)=i_4$，若(i_3,i_4)不等于任何一对已经输入的力常数值的原子时，i_3 和 i_4 间力常数值亦赋为 f_s。f_b 情况也类似。其次，确定原子 i_1 周围所有最近邻 i_2 原子的数目和位置。方法是把 i_2 分别平移一些格矢，并比较它到 i_1 的距离。最近邻的位置由平移格矢决定，这些格矢也决定了动力学矩阵 $D_{\alpha\beta,k\gamma}(\boldsymbol{k})$中的相因子，即 ph 的值。这里，所有键的力常数数值都已确定。对于每一个键，计算 $\boldsymbol{x}_s$、$\boldsymbol{x}_{b1}$ 和 $\boldsymbol{x}_{b1}$ 及张量 $T^s_{\alpha\beta}$ 和 $T^b_{\alpha\beta}$，就可算出每个键对动力学矩阵的贡献，从而得到振动模及其对称性信息。

计算本征频率有两种途径。一是先利用群论分析的结果把动力学矩阵块对角化，进行分块对角化，从而求出属于各个不可约表示的频率。二是直接把动力学矩阵对角化以求出所有频率。第一个方法的优点是算出的各个频率的属性比较清楚，可用于对照，如偏振 Raman 光谱的结果。第二个方法的优点是计算所用时间要少得多，用于调节经验参数以符合实验结果则比较合适。下列结果是用第一种方法获得的。

3) 计算结果

图 4.6(b)是用上述群论对称性分析程序 ACMI 对高温超导体 $YBaCu_xO_{7-x}$ 振动模式分析和频率计算结果的示意图。

结果表明，对波矢 $\boldsymbol{q}=0$ 的声子，有 4 支振动模的频率为 0；其中 3 支为声学支，1 支为 Cu(1)原子沿晶体 b 轴的振动模。图 4.6(b)中形象的显示了 A_{1g}、B_{2g} 和 B_{3g} 对称振动模中各原子的具体振动模式图及其频率，在图中还分别列出了计算频率 ω_{cal} 和实验频率 ω_{exp}，两者的比较表明，只有小部分振动模的计算结果比较接近实验值。这一方面可能说明模型过于简单，另一方面也可能是因为初期的实验样品和光谱测量都较粗糙。但是在振动模式与对称性的理论分析方面还是取得了肯定的结果。

4.2.3　壳模型(shell model)

在许多情况下力常数模型显得简单一些。例如，即使像 Si 和 Ge 这样的非极性共价半导体，价电子也不是严格地局域于离子实，于是，Cochran 提出了如图 4.7 所示的模型[12]，假定每一个原子是由价电子壳层包围着一个刚性离子实组成，价电子壳层相对于离子实可以运动，这就是所谓的壳模型。

在壳模型中，Si 原胞中两个原子的相互作用以图 4.7 所示的弹簧表示。壳模型的一个重要特征是包括了原子之间的长程库仑作用，这是通过对壳赋予电荷，当壳相对于离子实移动时产生的。用感应偶极子间的相互作用模拟长程作用后，短程相互作用可以限于最近邻。在如此定义的壳模型中，Cochran 用五个可调整参数拟合了 Ge 的声子色散。而后，Dolling 和 Cowley 把短程作用扩大到次近邻，用一个 11 参数壳层模型拟合了 Si 的声子色散曲线[13]。

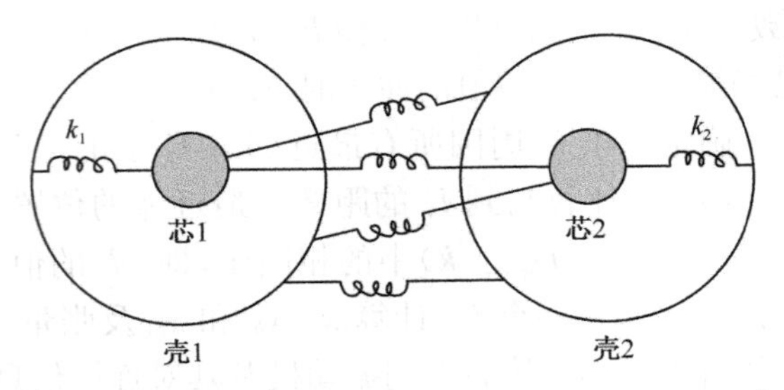

图 4.7 壳模型中两个可变形原子间典型的相互作用[12]

壳模型主要的争议是，在金刚石和闪锌矿型半导体中，价电子的分布并非是一个球壳。因此，从壳模型所确定的参数没有明确的物理意义，壳模型除了模拟声子色散曲线以外，其他应用非常有限。Phillips [14]指出壳模型最严重的问题出现在当它用于共价固体时，壳模型人为地将形成共价键的两个原子间的价电荷分开，实际上价电子是在两个原子间“按时间分配”的，它们在每个原子上都消耗部分时间。

4.2.4 键模型(bond model)

金刚石和闪锌矿型半导体中的价电子形成高取向键。这些价电子对于理解这些半导体的性质是很重要的，例如，它们对确定振动频率起着重要的作用。由共价键所形成的分子的振动性质，通常是根据键的长度和键角改变 $\delta\theta_i$(键弯曲)的价力场进行分析的，而力常数也可以从这些价力场中直接确定。对于如图 4.8 所示一个原胞含 A 和 B 两个原子的分子，仅仅用少数几个价力场就可以非常有效地计算声子色散。

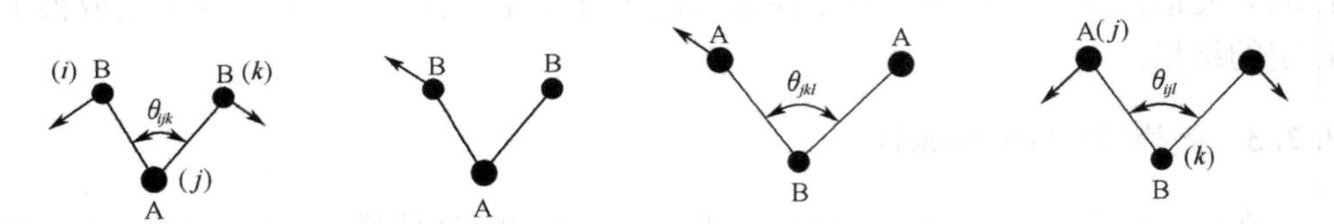

图 4.8 在每个原胞中含有两个原子 A 和 B 的晶体中的键弯曲构形

Musgrave 和 Pople 首先用键模型研究了金刚石的晶格动力学[15]。图 4.9 给出了 Nusimovici 和 Birman 用有八个可调整参数的价力场模型计算求得的纤锌矿型半导体 CdS 的声子色散曲线[16]

Keating 引入了价力场模型的一个简单方案[17]。对于共价半导体，该模型仅有两个参数，对于离子化合物有一个附加的电荷参数。由于 Keating 模型的简单性和参数所具有的清晰的物理意义，Keating 模型已广泛地用于研究共价半导体的弹性等问题。

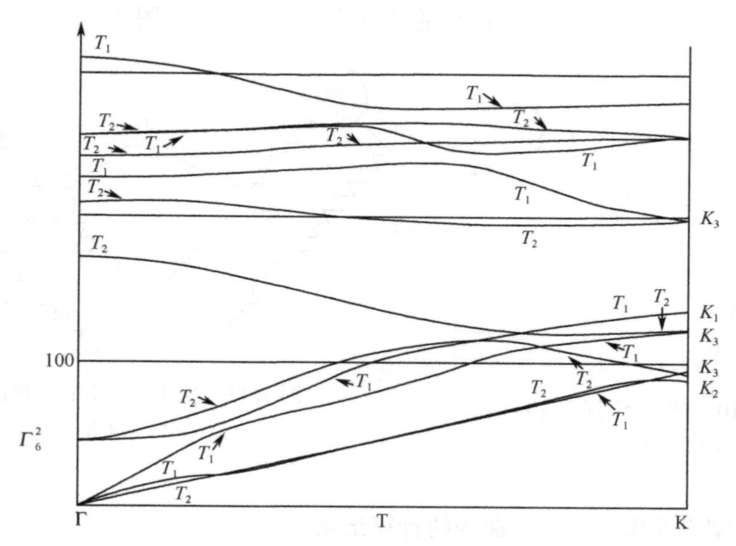

图 4.9　用有八个可调整参数的价力场模型计算求得的 CdS 的声子色散曲线[16]

4.2.5　键电荷模型(bond charge model)

在 4.1.1 节中,把原子核和内壳层电子一起看作一个离子实,而把价电子独立出来．但是,X 射线散射实验已证明，在 Si 和金刚石等共价键晶体中,这种价电子在沿键方向出现了电荷堆积[18]；这种共价键中的电荷堆积被称为键电荷。

Martin 以一个非常简单的唯象方式将键电荷引入半导体的晶格动力学计算[19]。以金刚石结构为具体对象的键电荷模型示于图 4.10 中,键电荷及其位置用 $\boldsymbol{R}_i(S)$标记,其中 $S=1$ 和 2 标示原子,$i=1\sim4$ 是电荷编号。每个原子上的四个价电子分为定域键电荷和近自由电子。每个原子贡献四个 $\frac{1}{2}$ 电荷,与它的四个最近邻形成四个键。这些键电荷是定域的,所以对 Si 离子不产生屏蔽。并假设每一个 Si 原子剩余的 4～2 个价电子是自由的，并可以屏蔽离子,决定声子频率的力如下：

(1) 键电荷之间的库仑排斥力；

(2) 键电荷与离子之间的库仑吸引力；

(3) 离子间的库仑排斥力；

(4) 用弹簧近似的离子之间的非库仑力。

Weber 提出了被称为绝热键电荷的模型(ABCM)[20],对 Martin 的束缚电荷模型做了进一步改进,吸收了键电荷模型、壳模型和 Keating 模型的特点,该模型有 4 个可调参数:离子间中心力 ϕ''_{i-i},离子与键电荷间中心势 ϕ''_{i-bc},键电荷间库

仑相互作用 z^2/ε 和 Keating 核模型的键弯曲参数 β 具体如图 4.11 所示。

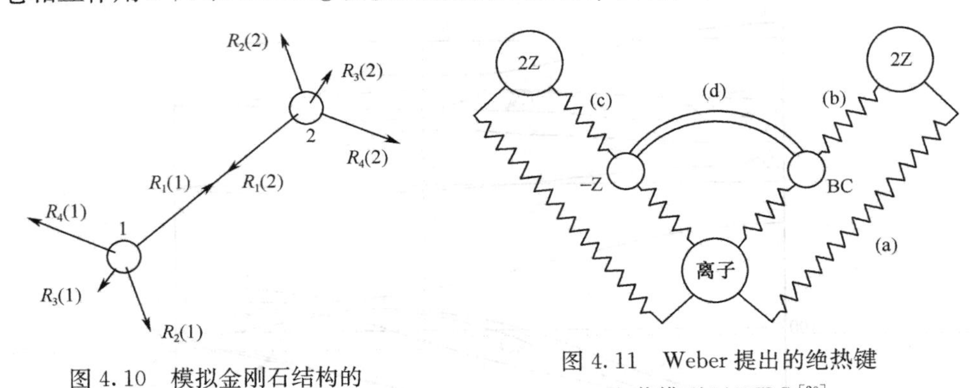

图 4.10　模拟金刚石结构的键电荷模型[19]

图 4.11　Weber 提出的绝热键电荷模型(ABCM)[20]

4.2.6　典型半导体声子色散曲线的计算结果

图 4.12 展示了用绝热键电荷模型(BCM)计算的具有立方金刚石结构的非极性半导体 Si、金刚石、Ge 和 α-Sn 的声子色散曲线。图 4.13 和图 4.14 是 Si 和金刚石理论色散曲线和实验结果的比较。图 4.15 是立方闪锌矿结构的极性半导体 GaAs 的声子色散曲线。图 4.19 是六角纤锌矿结构的极性半导体 GaN 的声子色散曲线。

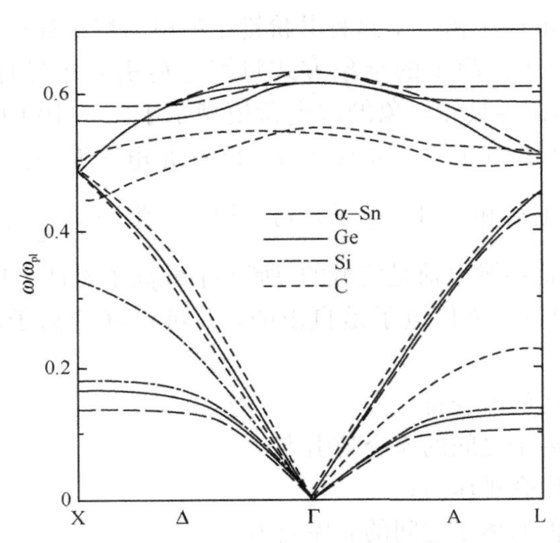

图 4.12　用绝热键电荷模型(ABCM)计算的立方金刚石结构 Si,C(金刚石),Ge 和 α-Sn 的声子色散曲线[20]

从图 4.13～图 4.15，可以发现，计算结果与实验测量值的符合程度均很好，说明计算的准确度还是相当高的，此外，比较图 4.12～图 4.16 的声子色散曲线后，可以发现它们有下列特征，例如：

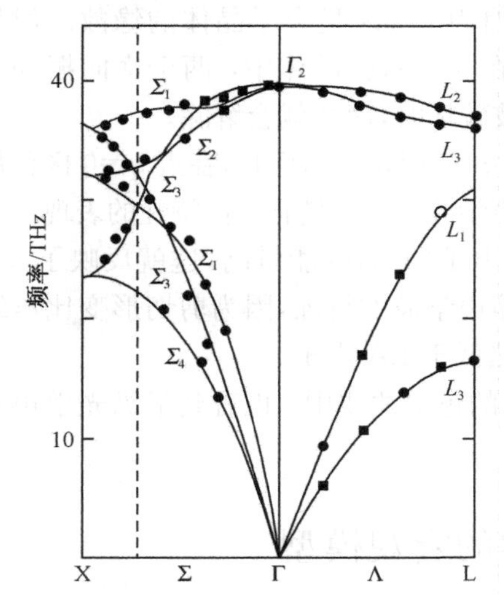

图 4.13　用绝热键电荷模型(ABCM)计算的 Si 的色散曲线与实验结果比较(圆点为实验值)[20]

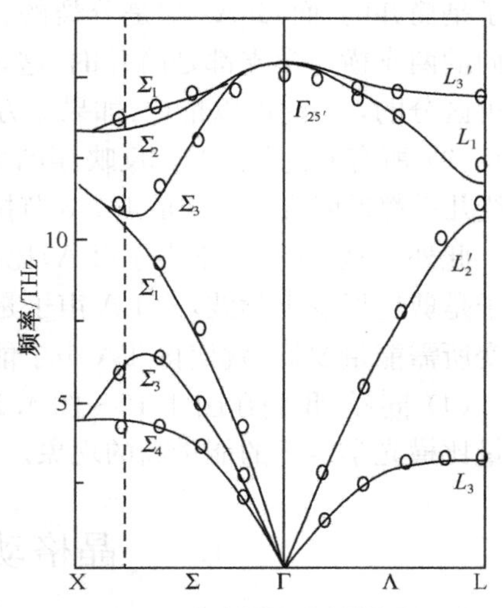

图 4.14　用绝热键电荷模型(ABCM)计算的金刚石色散曲线与实验结果比较(空心圆点为实验值)[20]

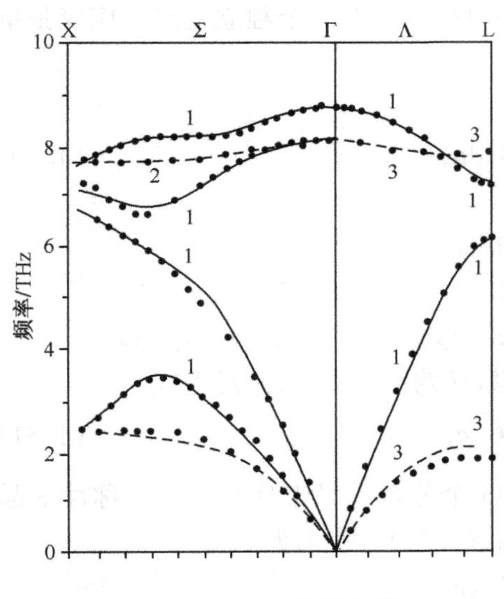

图 4.15　GaAs 色散曲线(圆点是实验结果)[21]

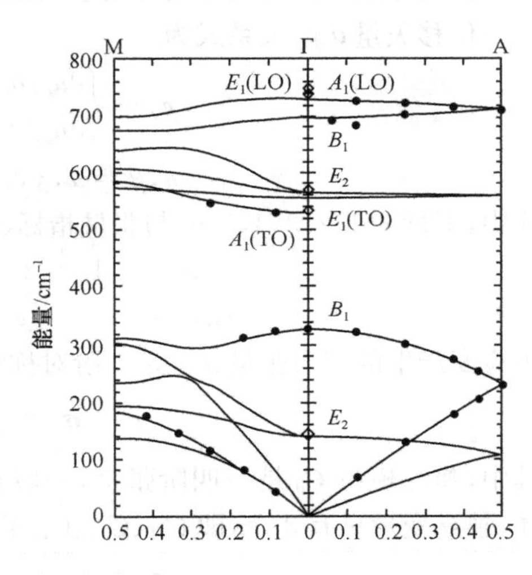

图 4.16　GaN 色散曲线(圆点是实验结果)[22]

(1) 立方对称的 Si 金刚石和 GaAs 三个晶体的色散曲线相当类似，但是与六角对称的 GaN 的色散曲线的数目和特征十分不同。

(2) 同是立方对称的晶体，在布里渊区中心，Si 的纵光学(LO)和横光学(TO)声子是简并的，而 GaAs 却是分裂的。这是因为 GaAs 是离子晶体的缘故。但是它们的两支横声学支都是简并的，这是因为在立方对称晶体中，两个横向振动是不可区分的，由此可以推论：如果立方对称被破坏时，简并就会解除。

(3) 所有的色散曲线都反映，声学声子在 $q=0$ 时，$\omega\to 0$，而且，在近 $q=0$ 区色散曲线几乎都近似线性。这是 4.1.3 节提到的声学波(声子)具有弹性特性的表现。

此外，还发现纵声学声子(LA)比横声学声子(TA)的能量高，这就反映了 TA 声子是剪切形变声学波，而 LA 声子是纵压缩声学波的特征，因为剪切形变比压缩形变所需能量要低，就使得 TA 声子能量自然低于 LA 声子。

(4) 同样，我们在图 4.12～图 4.16 所示的色散曲线中，也看到了纵光学声子能量比横光学声子的能量高的现象。

4.3 晶格动力学的宏观模型

4.3.1 连续弹性模型[23]

声学振动导致晶体发生宏观应变，对于远大于晶格常数的长波长的声学振动，晶体可以作为连续弹性介质处理。

弹性介质中的宏观形变可用应变张量 $\boldsymbol{e}_\rho$ 描述，$\boldsymbol{e}_\rho$ 有六个独立变量。应变张量 $\boldsymbol{e}_\rho$ 与位移矢量 $\boldsymbol{u}$ 的关系式为

$$\boldsymbol{e}_\rho=\begin{cases}\partial u_\alpha/\partial x_\alpha\\ \partial u_\alpha/\partial x_\beta+\partial u_\beta/\partial x_\alpha\end{cases}\tag{4.60}$$

$$\alpha,\beta=x,y,z$$

式中，下标 $\rho(1,2,3,4,5,6)$ 与张量指标 (α,β) 对应关系如下

ρ	1	2	3	4	5	6
(α,β)	xx	yy	zz	$zy(yz)$	$xz(zx)$	$xy(yx)$

由应变产生的应力张量 σ 也是二阶对称张量，在约化表示下，满足下式

$$\boldsymbol{\sigma}_i=\sum_j \boldsymbol{C}_{ij}\boldsymbol{e}_j\tag{4.61}$$

其中，弹性模量 $\boldsymbol{C}_{ij}$ 是一四阶张量，一般有 36 个分量。对于具有立方对称性的晶体，独立变量只有 3 个，即 C_{11}、C_{12}、C_{44} 于是式(4.61)可表示为

$$\boldsymbol{\sigma}_1=C_{11}e_1+C_{12}(e_2+e_3)$$

$$\boldsymbol{\sigma}_2=C_{11}e_2+C_{12}(e_1+e_3)$$

$$\boldsymbol{\sigma}_3=C_{11}e_3+C_{12}(e_1+e_2)$$

$$\boldsymbol{\sigma}_4 = C_{44}e_4$$
$$\boldsymbol{\sigma}_5 = C_{44}e_5 \tag{4.62}$$
$$\boldsymbol{\sigma}_6 = C_{44}e_6$$

考虑晶体中一小的单位体积在 z 方向所受到的力。根据牛顿第二定律，可得到该体积元在 z 方向的运动方程

$$\rho\frac{\partial^2 u_z}{\partial t^2} = F_z = \frac{\partial\sigma_3}{\partial z} + \frac{\partial\sigma_4}{\partial y} + \frac{\partial\sigma_5}{\partial x} \tag{4.63}$$

其中 u_z 是位移，ρ 是质量密度，$\sigma_3 = \sigma_{zz}$，$\sigma_4 = \sigma_{yz}$，$\sigma_5 = \sigma_{xz}$，σ_{ij} 代表在垂直于 i 轴的平面上沿 j 方向单位面积上的力。将式(4.60)和式(4.61)代入式(4.63)，得到

$$\rho\frac{\partial^2 u_z}{\partial t^2} = C_{44}\left(\frac{\partial^2 u_x}{\partial x^2} + \frac{\partial^2 u_y}{\partial y^2} + \frac{\partial^2 u_z}{\partial z^2}\right) + (C_{12} + C_{44})\frac{\partial}{\partial z}\left(\frac{\partial u_x}{\partial x} + \frac{\partial u_y}{\partial y} + \frac{\partial u_z}{\partial z}\right)$$
$$+ (C_{11} - C_{12} - 2C_{44})\frac{\partial^2 u_z}{\partial z^2} \tag{4.64}$$

置换坐标 x, y, z，就可得到在 x, y 方向的运动方程。

现在考虑晶体的声学振动 $\boldsymbol{u}(\boldsymbol{r},t)$，它可用平面波的形式表述为

$$\boldsymbol{u}(\boldsymbol{r},t) = \boldsymbol{u}\mathrm{e}^{-\mathrm{i}\boldsymbol{q}\cdot\boldsymbol{r}-\mathrm{i}\omega t} \tag{4.65}$$

其中 $\boldsymbol{u}$ 是振幅，是一常矢量，$\boldsymbol{q}$ 是波矢，ω 是振动角频率。假设 $\boldsymbol{q}$ 沿 z 方向，也就是声学波沿 z 方向传播。将式(4.65)代入运动方程(4.64)，就可得到三个方程

$$-\omega^2\rho u_z = -C_{11}q^2 u_z$$
$$-\omega^2\rho u_x = -C_{44}q^2 u_x \tag{4.66}$$
$$-\omega^2\rho u_y = -C_{44}q^2 u_y$$

其中 q 是 $\boldsymbol{q}$ 的模。由式(4.66)可见，这三个方程是相互独立的。第一个方程对应于纵波，振动方向与传播方向一致；后两个方程对应于横波，振动方向与传播方向垂直。由式(4.66)可求得频率与波矢的关系

$$\omega = \sqrt{C_{11}/\rho}\ q \quad \text{（纵波）} \tag{4.67a}$$
$$\omega = \sqrt{C_{44}/\rho}\ q \quad \text{（横波）} \tag{4.67b}$$

由式(4.67)可见，声学波的频率与波矢成正比，比例系数通常称为声速，它对于纵波和横波是不同的。

需要指出的是，只有当 q 较小，也就是波长比较长时，式(4.67)才成立。当 q 接近布里渊区边缘($q \approx \pi/a$)时，式(4.67)不再成立，因为这时的波长已相当于晶格常数 a，显然连续介质假设已不成立。严格的晶格动力学模型计算表明，当 q 趋近于布里渊区边缘时，ω 不再按 q 线性增大，而是随 q 较平缓地增大。

可以看到，上述弹性连续介质的结果与一维双原子链微观模型得到的关于 ω 与 q 关系的结果是吻合的。说明对于长波声学声子，弹性连续介质模型是合理的

近似。

4.3.2 介电连续模型——黄昆方程

本小节以前讨论的晶格动力学计算，所涉及的晶格原子大都是电中性的，这相当于非极性半导体，而自然界中的非极性半导体只有 Si、Ge、α-Sn 和金刚石四种，其余均是由离子性或强或弱的离子构成的极性半导体。本小节将集中讨论离子晶体的晶格振动。

在 4.1.3 节的一维双原子线性链的讨论中，指出光学波振动来自两原子之间的相对运动，如果这两个原子分别是正、负离子，晶体中这两个离子将产生极化并出现宏观电磁场，因此，讨论离子晶体的光学晶格振动时，必须计及宏观电磁场和振动模的相互作用。这也是离子晶体的晶格振动的重要特性。

1. 黄昆方程[2,3]

现在，以原胞只含质量分别为 M_+ 和 M_- 的一对离子的立方晶体为例，讨论离子晶体的长波晶格振动。在一宏观小区域，类似于弹性运动用单位体积的有效惯性质量-密度进行描述那样，对于光学类型运动来说，黄昆引入了宏观量 $\boldsymbol{W}$，它的定义为

$$\boldsymbol{W}=\left(\frac{\mu}{\Omega}\right)^{\frac{1}{2}}(\boldsymbol{u}_+-\boldsymbol{u}_-) \tag{4.68}$$

其中 μ 是约化质量，$\frac{1}{\mu}=\frac{1}{M_+}+\frac{1}{M_-}$，$\Omega$ 为原胞体积，$\boldsymbol{u}_+$ 和 $\boldsymbol{u}_-$ 为正负离子的位移，然后，黄昆用 $\boldsymbol{W}$ 建立了下列日后被称为“黄昆方程”的离子晶体的运动方程：

$$\ddot{\boldsymbol{W}}=b_{11}\boldsymbol{W}+b_{12}\boldsymbol{E} \tag{4.69}$$

$$\boldsymbol{P}=b_{21}\boldsymbol{W}+b_{22}\boldsymbol{E} \tag{4.70}$$

式中，$\boldsymbol{P}$ 是宏观极化强度，$\boldsymbol{E}$ 是宏观电场强度。第一个方程是离子相对振动的动力学方程，第二个方程表示，除了考虑正、负离子相对位移产生的极化外，还要考虑宏观电场存在时的附加极化；式(4.69)和式(4.70)中的系数 b_{ij} 不都是无关的，例如，动力学系数对称性要求 $b_{12}=b_{21}$。下面根据黄昆方程讨论离子晶体的介电极化问题。

1) 静电场

在静电场情况下，正、负离子显然将发生稳定的相对位移 W，则式(4.69)中 $\ddot{\boldsymbol{W}}$ 为 0，于是得到 $\boldsymbol{W}=-\frac{b_{12}}{b_{11}}\boldsymbol{E}$，代入式(4.70)得

$$\boldsymbol{P}=(b_{22}-b_{12}^2/b_{11})\boldsymbol{E} \tag{4.71}$$

根据静电场理论我们知道

$$\boldsymbol{P} = [\varepsilon - \varepsilon_0]\boldsymbol{E} \tag{4.72}$$

其中 ε 为介电常数，ε_0 为真空中介电常数，于是有

$$[\varepsilon - \varepsilon_0] = b_{22} - b_{12}^2/b_{11} \tag{4.73}$$

2) 高频电场

当电场频率远高于晶格振动的频率时，晶格位移跟不上电场变化，也就是说此时的 $\boldsymbol{W}=0$，由式(4.70)得到

$$\boldsymbol{P} = b_{22}\boldsymbol{E} \tag{4.74}$$

根据式(4.72)，有

$$[\varepsilon_\infty - \varepsilon_0] = b_{22} \tag{4.75}$$

其中 ε_∞ 为高频介电常数，把式(4.75)代入式(4.73)，得

$$[\varepsilon - \varepsilon_\infty] = - b_{12}^2/b_{11} \tag{4.76}$$

在考虑长光学波振动，横光学波频率 $\omega_0^2 = -b_{11}$，因而，黄昆方程各系数为，

$$\begin{aligned} -b_{11} &= \omega_0^2 \\ b_{12} = b_{21} &= [\varepsilon - \varepsilon_\infty]^{\frac{1}{2}}\omega_0 \\ b_{22} &= \varepsilon_\infty - \varepsilon_0 \end{aligned} \tag{4.77}$$

式中，ω_0 是横长光学波的频率。

2. 离子极化模型[4]

离子晶体的晶格振动也可以从微观意义上的原子极化角度进行研究。与以上讨论类似，依然用一个原胞仅含有一对正负离子的立方晶体为样本，从正、负离子对的极化出发，不仅可以导出黄昆方程，同时还可得到黄昆方程 4 个 b_{ij} 系数如下所列的表达式

$$b_{11} = -\frac{f}{M} + \frac{(q^*)^2}{3\varepsilon_0\Omega\mu}\Big/\left(1 - \frac{\alpha_+ + \alpha_-}{3\varepsilon_0\Omega}\right) \tag{4.78}$$

$$b_{12} = b_{21} = \frac{q^*}{(\mu\Omega)^{\frac{1}{2}}}\Big/\left(1 - \frac{\alpha_+ + \alpha_-}{3\varepsilon_0\Omega}\right) \tag{4.79}$$

$$b_{22} = \frac{\alpha_+ + \alpha_-}{\Omega}\Big/\left(1 - \frac{\alpha_+ + \alpha_-}{3\varepsilon_0\Omega}\right) \tag{4.80}$$

式中，f 是正负离子的力常数，q^* 是离子的有效电荷，α_+ 和 α_- 分别为正负离子的极化率。

黄昆方程是包含机械和电磁相互作用的运动方程，它既能求解声学波也能得到光学波的解。但是要使黄昆方程适用于整个晶体，位移必须与原胞无关，因此黄昆方程实际上是描述长波极限下晶格振动的方程，这一点使黄昆方程被限制主要用于计算波矢 $q\approx0$ 的长波光学声子。

3. 离子晶体长光学波的色散关系[3]

下面利用黄昆方程，以立方晶体为例，具体计算长光学波的频率。因为在立方晶体中长光学波有横波和纵波两种，因此，分别用 $\boldsymbol{W}_{\mathrm{T}}$ 和 $\boldsymbol{W}_{\mathrm{L}}$ 表示横波和纵波的 $\boldsymbol{W}$。由于横波和纵波性质的不同，即

$$\nabla \cdot \boldsymbol{W}_{\mathrm{T}} = 0 \tag{4.81a}$$

$$\nabla \cdot \boldsymbol{W}_{\mathrm{L}} \neq 0 \tag{4.81b}$$

$$\nabla \times \boldsymbol{W}_{\mathrm{L}} = 0 \tag{4.81c}$$

$$\nabla \times \boldsymbol{W}_{\mathrm{T}} \neq 0 \tag{4.81d}$$

并且，电场满足下列静电方程

$$\nabla \cdot \boldsymbol{D} = \nabla \cdot (\varepsilon_0 \boldsymbol{E} + \boldsymbol{P}) = 0 \tag{4.82a}$$

$$\nabla \times \boldsymbol{E} = 0 \tag{4.82b}$$

在式(4.82a)、式(4.82b)中采用式(4.70)中的 $\boldsymbol{P}$ 值，得 $\nabla \cdot (\varepsilon_0 \boldsymbol{E} + b_{21}\boldsymbol{W} + b_{22}\boldsymbol{E}) = 0$，从而有 $\nabla \cdot \boldsymbol{E} = \frac{-b_{21}}{\varepsilon_0 + b_{22}} \nabla \cdot \boldsymbol{W}$，因为 $\boldsymbol{W} = \boldsymbol{W}_{\mathrm{L}} + \boldsymbol{W}_{\mathrm{T}}$，而且 $\nabla \cdot \boldsymbol{W}_{\mathrm{T}} = 0$，$\nabla \times \boldsymbol{W}_{\mathrm{L}} = 0$，进而可以得到：$\nabla \cdot E = \frac{-b_{21}}{\varepsilon_0 + b_{22}} \nabla \cdot \boldsymbol{W}_{\mathrm{L}}$，故 $\boldsymbol{E}$ 的一个明显解为 $\boldsymbol{E} = \frac{-b_{21}}{\varepsilon_0 + b_{22}} \boldsymbol{W}_{\mathrm{L}}$。这个解事实上是唯一的，因为 $\boldsymbol{E}$ 必须是无旋的，再代入式(4.69)，得

$$\ddot{\boldsymbol{W}}_{\mathrm{T}} + \ddot{\boldsymbol{W}}_{\mathrm{L}} = \left(b_{11} - \frac{-b_{12}^2}{\varepsilon_0 + b_{22}}\right)\boldsymbol{W}_{\mathrm{L}} + b_{11}\boldsymbol{W}_{\mathrm{T}} \tag{4.83}$$

因为一个矢量函数无散和无旋部分的解是唯一的，故可令方程两边的无散部分和无旋部分分别相等。故无散部分

$$\frac{\mathrm{d}\boldsymbol{W}_{\mathrm{T}}^2}{\mathrm{d}t^2} = b_{11}\boldsymbol{W}_{\mathrm{T}} \tag{4.84}$$

根据式(4.77)的第一式，进一步有

$$\omega_{\mathrm{TO}}^2 = \omega_0^2 \tag{4.85}$$

而无旋部分

$$\frac{\mathrm{d}\boldsymbol{W}_{\mathrm{C}}^2}{\mathrm{d}t^2} = [b_{11} - b_{12}^2/(\varepsilon_0 + b_{22})]\boldsymbol{W}_{\mathrm{T}} = \omega_{\mathrm{LO}}^2 \boldsymbol{W}_{\mathrm{L}} \tag{4.86}$$

以及

$$\frac{\mathrm{d}\boldsymbol{W}_{\mathrm{L}}^2}{\mathrm{d}t^2} = -[\varepsilon/\varepsilon_\infty]\omega_0^2 \boldsymbol{W}_{\mathrm{L}} \tag{4.87}$$

因此有

$$\omega_{\mathrm{LO}}/\omega_{\mathrm{TO}} = [\varepsilon/\varepsilon_\infty]^{\frac{1}{2}} \tag{4.88}$$

式(4.88)称 LST(Lyddano-Sachs-Teller)关系，是纵波的色散关系。

1）纵波的色散关系

LST 关系表明：

（1）纵波的频率 ω_{LO} 不依赖于波矢 $\boldsymbol{q}$，它是一常值，因此在图 4.17 中纵波 ω_{LO} 的色散关系是一条水平直线。这是因为纵极化电场是一种无旋场，类似于静电场，所以电磁波与纵向极性晶格振动模不能发生耦合，纵波保持着机械振动的性质。

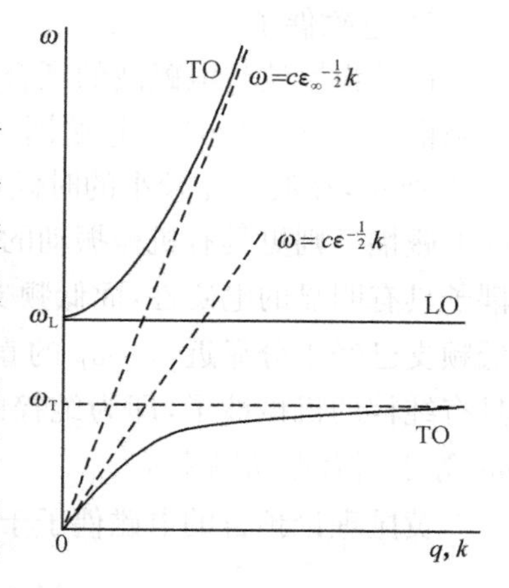

图 4.17　双离子立方晶体电磁偶子的色散关系[4]

（2）由于静电介电常数 ε 通常总是大于高频介电常数 ε_∞，从 LTS 关系，可以了解长光学纵波的频率 ω_{LO} 总是大于长光学横波的频率 ω_{TO}；这是因为离子性晶体中长光学波产生的极化电场，增加了纵波恢复力，从而提高了纵波的能量（频率）。极化电场的大小显然与正、负离子的有效电荷量 q^* 有关，有效电荷量越大，ω_{LO} 与 ω_{TO} 之差越大。因此人们就用可以用（$\omega_{LO}^2-\omega_{TO}^2$）来估算离子的电量 q^*。进而，也可以进一步推测，对于非极性半导体，像金刚石和 Si，因为 $q^*=0$，因此，它们的 ω_{LO} 与 ω_{TO} 应该是简并的，从而解释了图 4.13 和图 4.14 的结果。

2）横波的色散关系

利用式（4.81）和横波的表达式

$$\boldsymbol{E}_T=[\omega^2/\varepsilon_0(\boldsymbol{q}^2-c^2-\omega^2)]\boldsymbol{P} \tag{4.89}$$

可以得到介电常数 $\varepsilon=\boldsymbol{q}^2c^2/\omega^2$，由于 $\varepsilon=\varepsilon_\infty+(\varepsilon-\varepsilon_\infty)/[1-(\omega/\omega_T)^2]$，最终得到横波的色散关系是

$$\boldsymbol{q}^2c^2/\omega^2=\varepsilon_\infty+(\varepsilon-\varepsilon_\infty)/[1-(\omega/\omega_T)^2] \tag{4.90}$$

从式（4.90）可以看出，横波的频率与波矢 $\boldsymbol{q}$ 大小有关，但与其方向无关。对应于每一个允许的波矢 $\boldsymbol{q}$，式（4.90）给出两个解。譬如，当 $\boldsymbol{q}=0$ 时，式（4.90）给出 $\omega=0$ 和 $\omega=\omega_L$ 两个解。在图 4.17 中，用两条实线给出了 TO 的色散曲线，上面一条称为高频支，下面一条称为低频支，这两条色散曲线都是双重简并的。因此，对应于每个 $\boldsymbol{q}$ 值存在四个横振动模，其中两个来源于晶体的横向机械振动，另外两个来源于电磁场的横向振动。如果横向机械振动和横向电磁振动彼此不发生耦合，机械振动的频率应为 ω_T，它在图 4.17 中用不随波矢大小而变化的水平虚线标出。它就是不考虑电场 $\boldsymbol{E}$ 时的黄昆方程（4.69）的解。而横向电磁振动的频率为 $\omega=c\varepsilon_\infty^{-1/2}k$，这是一条通过原点且斜率为 $\nu=c\varepsilon_\infty^{1/2}$ 的直线，如图 4.17 中虚线所示，它就是不考虑离子振动时式（4.70）的解。然而，极性晶格振动的横波与具有横波性质的电磁波是耦合的，所以上述两条在图 4.17 中用虚斜线表示的色散直线就变成了由式（4.90）确定的两条双曲线形式的色散曲线。

3）电磁偶子

这种弹性波与电磁波的耦合振动模，在整体上不再是纯晶格振动，而是所谓电磁耦子（polariton）。电磁耦子是既有机械振动又有电磁振动的特性。如图4.17所示，在波矢比较小的时候，低频支的电磁耦子具有明显的电磁性，而高频支的电磁耦子则更具有机械振动的特性。相反，在波矢比较大的时候，高频支的电磁耦子具有明显的电磁性，而低频支的电磁耦子则更具有机械性。当 $q>5\omega_T/c$ 时，低频支已经十分靠近 $\omega=\omega_T$ 的直线，此时电磁耦子的电磁性几乎消失，而几乎只具有纯粹的机械性了，即为纯粹的晶格振动了。此时，横向极性晶格振动的频率 ω_T 等于固有振动频率 ω_0。

黄昆理论预言的电磁偶子于1965年在GaP材料中被观察证实[24]。

4.4 非晶体的晶格动力学[3]

在本章开头已指出非晶体在晶体结构上是长程无序的，但保留了短程有序，因此，非晶体不存在平移对称性，动量 $\boldsymbol{q}$ 不再是好量子数，格波概念不再成立，但是仍存在一系列本征振动，能量也是量子化的，因此，仍可保留“声子”的概念，但此时声子是没有“准动量”的能量子。于是，在非晶体中，声子频率的色散关系 $\omega(\boldsymbol{q})$ 不再存在，但是声子数的频率分布（声子态密度）依然存在。声子态密度（phonon density of states，PDOS）$g(\omega)$ 定义为单位体积内单位频率间隔内声子的数目，即

$$g(\omega)=\frac{\mathrm{d}N}{\mathrm{d}\omega} \tag{4.91}$$

其中 N 为单位体积内声子数目。在许多情况下，非晶声子态密度与声子色散曲线 $\omega(\boldsymbol{q})$ 有如下关系[25]

$$g(\omega)=\sum_i \oiint_S \frac{1}{|\nabla_q \omega_i(\boldsymbol{q})|}\frac{\mathrm{d}S}{8\pi^3} \tag{4.92}$$

$i=1,2,\cdots,3s$，s 为一个原胞中原子的个数，因此，$3s$ 也是振动模的数目，其中的积分曲面为第一布里渊区内 $\omega\equiv\omega(\boldsymbol{q})$ 的曲面。关于态密度和声子态密度的较详细的介绍，已放在附录Ⅳ中。

声子态密度 $g(\omega)$ 可以通过晶格动力学计算获得。图4.18(a)和图4.18(b)是分别用唯象模型[16]和从头算方法计算得到的晶体和非晶体Si的声子态密度。

从图4.18(b)可以看到，计算的非晶和晶体的声子态密度差别不大，这可能因为在计算中，对于晶体硅如同非晶硅那样，也只考虑了近邻原子间的相互作用有关。

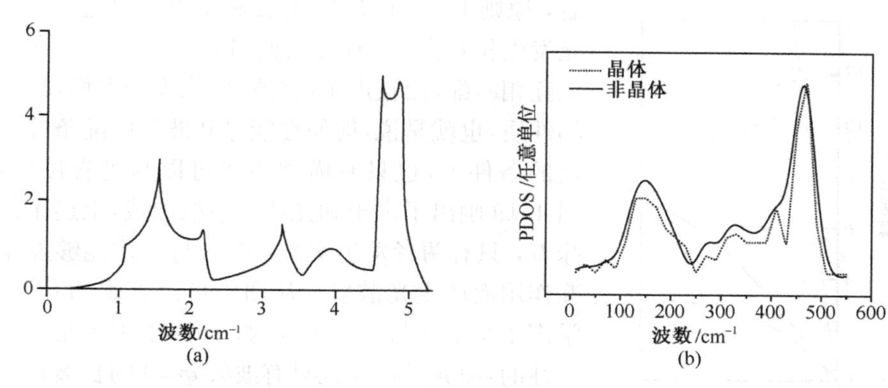

图4.18　唯象模型计算的非晶硅(a)的声子态密度[16]和第一性原理计算的晶体(虚线)和非晶硅(实线)的声子态密度。

4.5　固体的拉曼散射理论

在本节为了突出对理论本质的阐述，将把讨论限于固体晶格振动的单声子拉曼散射。并且限定所涉及的物质是非导电、非磁性和非吸收的固体。有兴趣了解固体中其他元激发光散射的读者，请阅读参考文献[26]、[27]。

4.5.1　概述

1. 出现拉曼散射的基本条件

1) 原子存在空间和时间涨落

在光与固体相互作用过程中，如果固体中的原子都是固定不动的，那么光散射场的强度可以通过将所有单个原子的光散射场求和得到。对于原子呈周期性排列的理想晶体，而且所涉及的光的波长又远远大于原子间距的情况，根据光的干涉原理[28,29]知道，来自原子或分子的光相当于相干的次波，对这些来自原子和分子的相干次波求和的结果是，在偏离光的入射方向上，各个原子或分子光波将相消相干，于是，除了光的前进方向外，其他方向不存在光的传播，也就是说光的散射现象不会出现。当然，相干的次波也存在相长干涉，不过，这种相长干涉的效果仅导致了光传播速度的降低。但是，如果考虑固体中的原子和分子是运动的，例如，在其平衡位置附近随时间存在涨落，上述相消的干涉效果就不存在，就会出现光的散射现象。上述分析清楚表明，对于固体(更一般的说，对于凝聚态物体)，如果忽略空间和时间的涨落，则不会出现光的散射现象。

2) 声子与光的能量、波矢和偏振的互相匹配

声子(格波)意味着原子在空间和时间的涨落，因此，声子与光发生相互作用

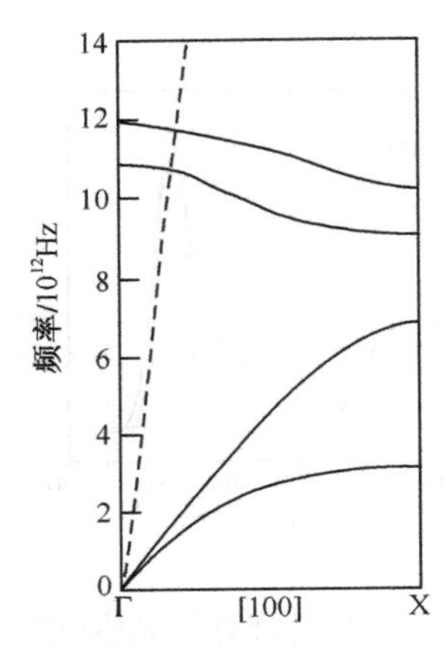

图 4.19 声子(实线)和光波(虚线)的色散曲线
声子散射曲线的上两支和下两支分别为光学支和声学支

后，原则上，可以出现光散射现象。但是，声子与光发生相互作用，还需要两者在能量(频率)和波矢上互相匹配，而且声子(格波)要像光场那样，具有横场性质，也就是说，即使在能量和波矢匹配条件都满足的条件下，也只有横波声子可以与光直接耦合。图 4.19 画出了声子和光波的色散曲线，上述条件意味着，只有两者发生交叉，声子与光才能够发生相互作用而产生光散射。从图中可以直观的看到，声学声子是不能与光波耦合的，即声学声子是非拉曼活性的，而光学声子也只有波矢 $q\approx0$ 的长波长声子才能与光有相互作用，因为声子的频率一般在 $10^{12}\sim10^{14}$ Hz，所以只有远红外光、太赫兹光才能与声子直接耦合。此外，只有产生电偶极矩的光学声子才能与光波发生直接作用，而能产生电偶极矩光学模只存在于极性半导体中，所以，最终只有极性晶格振动模可能是红外活性的。

实际上，固体中的声子在能量和频率上一般都不能满足上述条件，无法与可见光发生直接耦合；声子的拉曼散射一般是以电子作为“中介”进行的，所以声子的拉曼散射涉及两个复杂体系的相互作用，一个体系是有激子等多体效应的固体能带电子体系，另一个是具有色散和非谐相互作用的声子体系。

2. 晶体对称性与拉曼散射

晶体的对称性是它的基本属性。晶体结构除具有前面已提到过的平移对称性外，还有转动和反演等对称性。利用晶体的对称性可以使晶体的理论计算和实验工作的复杂性大为降低。为了方便运用对称性分析，我们在附录Ⅲ中列举了晶体的结构及其对称性的具体知识。

例如，在 2.2 节和 2.3 节我们已对第 k 个振动模，分别从经典理论的微商极化率 α_k' 和量子理论的极化率跃迁矩阵元 $[\alpha_{ij}]_{n,k}$ (i, $j=x$, y, z; n, k 是末、初量子态标记)是否为零，论证了拉曼散射活性问题，并定出拉曼光谱的选择定则。上述微商极化率张量和极化率跃迁矩阵元就对应于一些论著中描述的“拉曼张量”。在附录Ⅴ中已列出了拉曼张量的具体形式及其应用示例。

在 2.2 节和 2.3 节中，提到拉曼张量是否为零由晶体的对称性质决定。因此，凡是晶体对称性相同的晶体都具有相同数目和对称性的拉曼振动模，而且一定的拉曼张量形式就对应于拉曼实验一定的偏振选择定则，就是说，如果实验中的晶体是有固定的空间取向的，那么，几何配置不同的拉曼光谱实验会探测到不同对称性的拉曼模。为了具体显示利用不同偏振的拉曼谱探测到了不同对称性的拉曼光谱，在图 4.20 展示了 ZnO 晶体的偏振拉曼谱的实验结果。

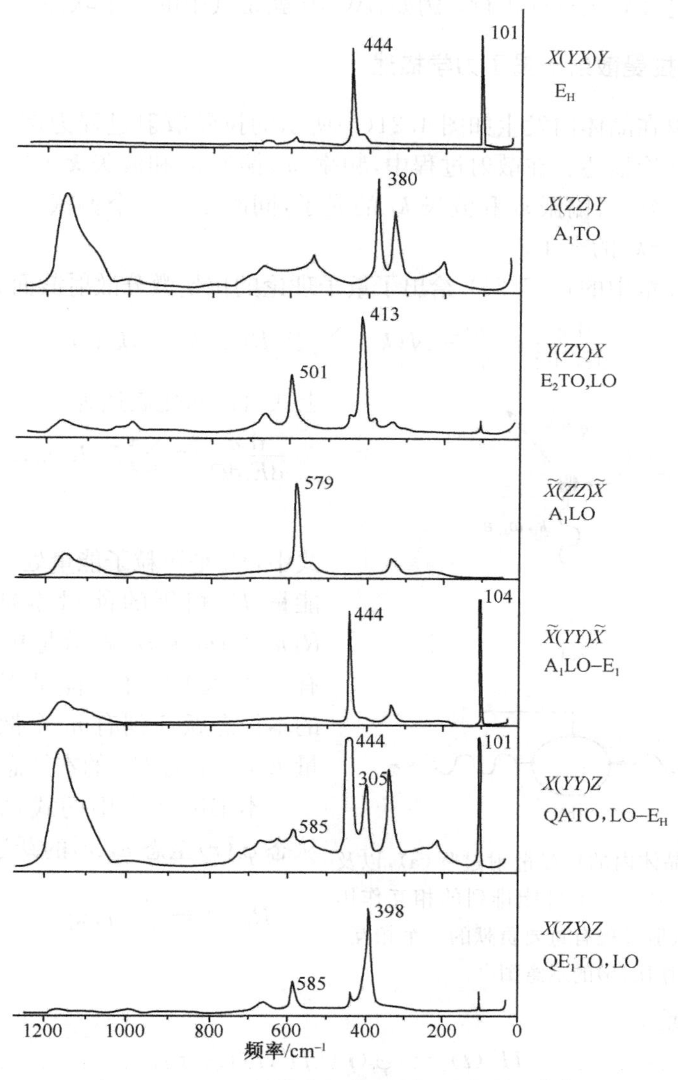

图 4.20　ZnO 晶体偏振拉曼谱的实验结果[30]

因为简正坐标可以作为晶体对称群不可约表示的基矢，因此，在拉曼散射理论中，用简正坐标写出拉曼散射的相互作用形式和得到动力学矩阵后，就可以对振动模进行群论对称性分析，得到振动模的对称性分类，知道它们的拉曼活性以及偏振选择定则等，使得对拉曼散射的理论和实验处理的复杂性大为降低。

本书将不具体介绍晶格振动的对称性群论分析的基本原理和具体做法，需了解读者请阅读参考文献[4]。实际上，晶格振动模的群论对称性分析在 20 世纪 80 年代已可通过计算机软件进行，例如，ACMI 就是其中的一个软件[11(c)]。

4.5.2　固体拉曼散射的量子力学描述[31]

本节将以在晶体内发生如图 4.21(a)所示的拉曼散射过程为例，进行简单的量子力学的理论描述。在散射过程中，频率 ω_{i}、偏振 $\boldsymbol{\varepsilon}_{\mathrm{i}}$ 和波矢 $\boldsymbol{k}_{\mathrm{i}}$ 的入射光子经过散射，变为频率 ω_{f}、偏振 $\boldsymbol{\varepsilon}_{\mathrm{f}}$ 和波矢 $\boldsymbol{k}_{\mathrm{f}}$ 的光子，同时创造一个偏振为 $\boldsymbol{\varepsilon}_{\mathrm{q}}$、频率为 ω_{q} 和波矢 $\boldsymbol{q}=\boldsymbol{k}_{\mathrm{f}}-\boldsymbol{k}_{\mathrm{i}}$ 的声子。

本书第 2 章中的式(2.21) 给出了量子理论的拉曼微分散射截面为

$$\frac{\mathrm{d}^2\sigma}{\mathrm{d}E_{\mathrm{f}}\mathrm{d}\Omega}=\frac{mk_f}{\hbar^2 j_{0Z}}N(\boldsymbol{k}_s)\sum_{n_{\mathrm{i}},n_{\mathrm{f}}}P_{n_{\mathrm{i}}}R(n_{\mathrm{i}},\boldsymbol{k}_{\mathrm{i}};n_{\mathrm{f}},\boldsymbol{k}_{\mathrm{f}};t)$$

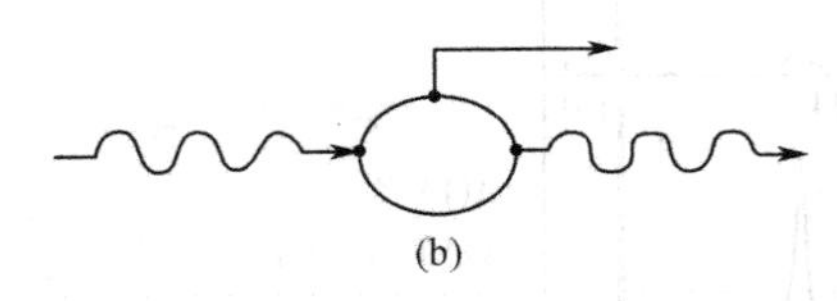

图 4.21　在晶体内的拉曼散射过程(a)，以及在矩阵元 W_{fi} 中的 6 个可能排列的相互作用中，对图(a)散射过程有重要贡献的一个相互作用(b)的示意图[31]

上式可以简化表达为

$$\frac{\mathrm{d}^2\sigma}{\mathrm{d}E_{\mathrm{f}}\mathrm{d}\Omega}\propto\sum_{n_{\mathrm{i}},n_{\mathrm{f}}}P_{n_{\mathrm{i}}}R(n_{\mathrm{i}},\boldsymbol{k}_{\mathrm{i}};n_{\mathrm{f}},\boldsymbol{k}_{\mathrm{f}};t) \tag{4.93}$$

式中，$P_{n_{\mathrm{i}}}$ 是靶粒子能量处在与入射粒子能量 E_{i} 相等的能量本征态的概率，$R(n_{\mathrm{i}},\boldsymbol{k}_{\mathrm{i}};n_{\mathrm{f}},\boldsymbol{k}_{\mathrm{f}};t)$表示是单位时间内从有 n_{i} 个入射粒子在能量 E_{i}，动量为 $\hbar\boldsymbol{k}_{\mathrm{i}}$ 的本征态跃迁到有 n_{f} 个散射粒子在能量 E_{f}，动量为 $\hbar\boldsymbol{k}_{\mathrm{f}}$ 的本征态的概率。

本书第 2 章中的式(2.65)写出了从态 $\varphi_{\mathrm{i}}(\boldsymbol{r})$至态 $\varphi_{\mathrm{f}}(\boldsymbol{r})$的跃迁概率为

$$R_{\mathrm{if}}(t)=\frac{1}{\hbar^2}\left|\int_0^t\exp(\mathrm{i}\omega_{\mathrm{if}}t)H'_{\mathrm{if}}\mathrm{d}t\right|^2$$

其中的矩阵元

$$H'_{\mathrm{if}}(t)=\langle\varphi_{\mathrm{i}}(\boldsymbol{r})\,|\,H'(t)\,|\,\varphi_{\mathrm{f}}(\boldsymbol{r})\rangle$$

显然，$R_{\mathrm{if}}(t)$就是式(4.93)中的 $P_{n_{\mathrm{i}}}R(n_{\mathrm{i}},\boldsymbol{k}_{\mathrm{i}};n_{\mathrm{f}},\boldsymbol{k}_{\mathrm{f}};t)$，在声子的拉曼散射中，式(4.93)相当于微扰论中的光子从初态 i 至末态 f 而同时产生一个给定声子的散射矩阵元 W_{fi}。W_{fi}是直接的光子-声子和间接的光子-电子-声子相互作用项之和。对于可见光的拉曼散射，因为入射光的频率 $\omega_{\mathrm{i}}\gg$声子的频率 ω_{q}，光子与声子不能直接耦合，可以忽略不计，因此散射是通过光子-电子-声子的相互作用实现的，它对 W_{fi}的最低阶的贡献是

$$W_{\mathrm{fi}}=\sum_{\lambda_1\lambda_2}\frac{\langle 0;s,1|\mathscr{H}'|\lambda_1\rangle\langle\lambda_2|\mathscr{H}'|\lambda_1\rangle\langle\lambda_1|\mathscr{H}'|0;\mathrm{i},0\rangle}{(E_{\lambda_2}-E_{0,\mathrm{i}})(E_{\lambda_1}-E_{0,\mathrm{i}})} \tag{4.94}$$

$\langle 0;\mathrm{i},0|$表示具有一个光子在态i和无声子存在的基电子态，余类推。λ_1和λ_2遍及所有可能的中间态，总的微扰$\mathscr{H}'$是电子和光子相互作用$\mathscr{H}_\mathrm{R}$和电子-声子相互作用$\mathscr{H}_\mathrm{L}$之和，即

$$\mathscr{H}'=\mathscr{H}_\mathrm{R}+\mathscr{H}_\mathrm{L} \tag{4.95}$$

$\mathscr{H}_\mathrm{R}$可以具体表述为

$$\mathscr{H}_\mathrm{R}=\sum_{\mu}\left(-\frac{e}{m}\right)\left(\frac{2\pi\hbar}{Vn^2\omega_\mu}\right)^{1/2}\boldsymbol{\varepsilon}_\mu\cdot\boldsymbol{p}\mathrm{e}^{\mathrm{i}\boldsymbol{k}_\mu\cdot\boldsymbol{r}}a_\mu+\mathrm{c.\,c.} \tag{4.96}$$

a_μ是在态μ的声子消灭算符。而$\mathscr{H}_\mathrm{L}$可写成电子算符的形式

$$\mathscr{H}_\mathrm{L}=V^{-1}\sum_{\nu}\theta^\nu(\boldsymbol{r})\mathrm{e}^{\mathrm{i}\boldsymbol{q}_\mu\cdot\boldsymbol{r}}b_\nu+\mathrm{c.\,c.} \tag{4.97}$$

ν代表对所有声子模和波矢求和，$\theta^\nu(\boldsymbol{r})$是相互作用势，例如，它可以是形变势和Flöhlich势等。对W_{fi}有贡献的H_R和H_L有6个可能的组态。这里只计入如图4.21(b)所示的那一个。

在绝热近似下，波函数的电子部分可写成

$$|\lambda,\boldsymbol{k}\rangle=\sum_{c,\nu,\boldsymbol{k}}U_{\lambda\boldsymbol{k},\mathrm{c}\nu}(\boldsymbol{k})\Phi_{\boldsymbol{k}.\mathrm{c}\nu}(\boldsymbol{k}) \tag{4.98}$$

其中$\Phi_{\boldsymbol{k}.\mathrm{c}\nu}(\boldsymbol{k})$是与价带Bloch态的反对称化的波函数，$U$是电子和空穴的激子关联函数。将式(4.96)、式(4.97)和式(4.98)代入式(4.94)后，原则上就可以通过计算获得声子拉曼散射的微分散射截面，即声子的拉曼光谱。微分散射截面的严格计算可以通过近些年发展起来的第一性原理(从头算)方法进行。但是，由于计算量的巨大，在计算技术十分发达的今天，对体材料的计算依然几乎是不可能的。

4.5.3　拉曼散射的介电涨落关联模型

1. 宏观极化和介电张量

由大量原子或分子构成的凝聚态物体的散射，可以用宏观量描述。在2.2.3节，我们已经描述了宏观极化的问题。同时，在2.2.2节关于单个原子的经典光散射理论讨论中时，已指出原子电偶极矩$\boldsymbol{P}_i(\boldsymbol{r},t)$是通过原子极化率$\boldsymbol{\alpha}$由外电场$\boldsymbol{E}$决定的。从宏观极化的表达式(2.36)可以看出，宏观极化实际上与凝聚态物体中原子的位置有关，但是，如果原子是规则排列并且原子的运动是冻结的，这时宏观极化$\boldsymbol{P}(\boldsymbol{r},t)$与$\boldsymbol{r}$无关。于是，类比于原子的极化，对于由电场$\boldsymbol{E}$决定的宏观极化$\boldsymbol{P}$可以表达为

$$\boldsymbol{P}=\frac{1}{4\pi}(\varepsilon-1)\cdot\boldsymbol{E} \tag{4.99}$$

式中，$\boldsymbol{\varepsilon}=\{\varepsilon_{\alpha\beta}\}$是介电张量。介电张量$\boldsymbol{\varepsilon}$在可见光的频率下，是常量；在液体和立方晶体中，可以假定它为一标量，即$\varepsilon_{\alpha\beta}=\boldsymbol{\varepsilon}\delta_{\alpha\beta}$。

人们熟知，在常数$\boldsymbol{\varepsilon}$的介质中，极化的唯一效应只是修正真空中的波长λ_V和光速c_0，在介质内部，$\omega=c\cdot k$，而

$$c=c_0/n \tag{4.100}$$

$$k=2\pi/\lambda=2\pi n/\lambda_V \tag{4.101}$$

其中c_0为真空中的光速，$n=\sqrt{\varepsilon}$，代表折射率，λ和λ_V分别代表介质和真空中的光波的波长。

2. 介电张量涨落及其散射场

原子如存在平移或转动等形式的小运动，即原子在空间和时间上的存在涨落，在假定极化和电场间存在瞬时和局域的对应关系后，我们有

$$\boldsymbol{P}(\boldsymbol{r},t)=\frac{1}{4\pi}(\boldsymbol{\varepsilon}(\boldsymbol{r},t)-1)\boldsymbol{E}(\boldsymbol{r},t) \tag{4.102}$$

此时的介电张量$\boldsymbol{\varepsilon}(\boldsymbol{r},t)$可以写成$\boldsymbol{\varepsilon}$

$$\boldsymbol{\varepsilon}(\boldsymbol{r},t)=\boldsymbol{\varepsilon}_0+\delta\boldsymbol{\varepsilon}(\boldsymbol{r},t) \tag{4.103}$$

其中$\boldsymbol{\varepsilon}_0$是不存在涨落时的介电张量，$\delta\boldsymbol{\varepsilon}(\boldsymbol{r},t)$代表介电张量的涨落。下面我们应用麦克斯韦方程组，考察在入射光场$\boldsymbol{E}_0$作用下，由介电张量涨落$\delta\boldsymbol{\varepsilon}(\boldsymbol{r},t)$引起的散射场。

假定研究的是非磁性材料，则只需要用电场强度$\boldsymbol{E}$、电位移矢量$\boldsymbol{D}$和磁场$\boldsymbol{B}$表示总的电磁场。设$\boldsymbol{E}_0$和$\boldsymbol{B}_0$分别表示入射光的电场和磁场，不考虑空间和时间涨落时的电位移矢量$\boldsymbol{D}_0=\boldsymbol{E}_0+4\pi\boldsymbol{P}_0$，其中$\boldsymbol{P}_0=\frac{1}{4\pi}(\boldsymbol{\varepsilon}_0-1)\boldsymbol{E}_0$，显然，电位移矢量$\boldsymbol{D}_0$与原子的运动无关。由于$\boldsymbol{E}_0$、$\boldsymbol{B}_0$和$\boldsymbol{D}_0$为不考虑空间和时间的涨落时的物理量，它满足麦克斯韦方程组，而总的电磁场也是满足麦克斯韦方程组的，由于这个方程是线性的，所以，下列式子中的$\boldsymbol{E}'$、$\boldsymbol{B}'$和$\boldsymbol{D}'$也满足麦克斯韦方程组

$$\begin{aligned}\boldsymbol{E}&=\boldsymbol{E}_0+\boldsymbol{E}'\\\boldsymbol{D}&=\boldsymbol{D}_0+\boldsymbol{D}'\\\boldsymbol{B}&=\boldsymbol{B}_0+\boldsymbol{B}'\end{aligned} \tag{4.104}$$

从式(4.104)可以看出$\boldsymbol{E}'$和$\boldsymbol{B}'$实际上是散射场，它们的麦克斯韦方程组如下：

$$\begin{cases}\nabla\times\boldsymbol{E}'=-\dfrac{1}{c}\dot{\boldsymbol{B}}'\\\nabla\times\boldsymbol{B}'=\dfrac{1}{c}\dot{\boldsymbol{D}}'\\\nabla\cdot\boldsymbol{D}'=0\\\nabla\cdot\boldsymbol{B}'=0\end{cases} \tag{4.105}$$

其中

$$\begin{aligned}\boldsymbol{D}' = \boldsymbol{D} - \boldsymbol{D}_0 &= \boldsymbol{E} + 4\pi\boldsymbol{P} - \boldsymbol{E}_0 - 4\pi\boldsymbol{P}_0 \\ &= (\boldsymbol{E} - \boldsymbol{E}_0) + 4\pi(\boldsymbol{P} - \boldsymbol{P}_0) = \boldsymbol{E}' + 4\pi\boldsymbol{P}'\end{aligned} \tag{4.106}$$

而

$$\begin{aligned}\boldsymbol{P}' = \boldsymbol{P} - \boldsymbol{P}_0 &= \frac{1}{4\pi}(\boldsymbol{\varepsilon}(\boldsymbol{r},t) - 1)\boldsymbol{E}(\boldsymbol{r},t) - \frac{1}{4\pi}(\varepsilon_0 - 1)\boldsymbol{E}_0 \\ &= \frac{1}{4\pi}(\varepsilon_0 - 1)\boldsymbol{E}' + \frac{1}{4\pi}\delta\boldsymbol{\varepsilon}\cdot\boldsymbol{E}_0 + \frac{1}{4\pi}\delta\boldsymbol{\varepsilon}\cdot\boldsymbol{E}'\end{aligned} \tag{4.107}$$

由于$\boldsymbol{\varepsilon}$的涨落$\delta\boldsymbol{\varepsilon}$通常是很小的，而感应的散射场$\boldsymbol{E}'$一般也较小，因此，式(4.107)中二级小项，可以忽略。于是

$$\boldsymbol{P}' = \frac{1}{4\pi}(\boldsymbol{\varepsilon} - 1)\boldsymbol{E}' + \delta\boldsymbol{P} \tag{4.108}$$

$$\delta\boldsymbol{P} = \frac{1}{4\pi}\delta\boldsymbol{\varepsilon}\cdot\boldsymbol{E}_0 \tag{4.109}$$

所以

$$\boldsymbol{D}' = \boldsymbol{E}' + 4\pi\boldsymbol{P}' = \boldsymbol{\varepsilon}\cdot\boldsymbol{E}' + 4\pi\delta\boldsymbol{P} \tag{4.110}$$

将$\boldsymbol{D}'$代入麦克斯韦方程组，联立方程组的前三个方程求解，得到$\boldsymbol{E}'$的非均匀波动方程

$$\Delta\boldsymbol{E}' - \frac{1}{c^2}\ddot{\boldsymbol{E}}' = -4\pi\left(\frac{1}{\varepsilon_0}\nabla(\nabla\delta\boldsymbol{P}) - \frac{1}{c^2}\delta\ddot{\boldsymbol{P}}\right) \tag{4.111}$$

其中$c=c_0/\sqrt{\varepsilon}$是介质中的光速。通过解方程(4.111)，我们得到散射场

$$\boldsymbol{E}'(\boldsymbol{r},t) \approx \frac{1}{C^2 r}\boldsymbol{e}_r \times \left[\boldsymbol{e}_r \times \int \mathrm{d}r^3 \delta\ddot{\boldsymbol{P}}(\boldsymbol{r}', t_{\mathrm{ret}})\right] \tag{4.112}$$

式中，t_{ret}是推迟时间，定义为

$$t_{\mathrm{ret}} = t - \frac{1}{c/n}|\boldsymbol{r} - \boldsymbol{r}'| \tag{4.113}$$

它的物理含义如图4.22所表达。由于我们只涉及离开散射源距离很大的情况，因此有

$$t_{\mathrm{ret}} \approx t - \frac{1}{c/n} + \frac{\boldsymbol{e}_r\cdot\boldsymbol{r}'}{c/n} \tag{4.114}$$

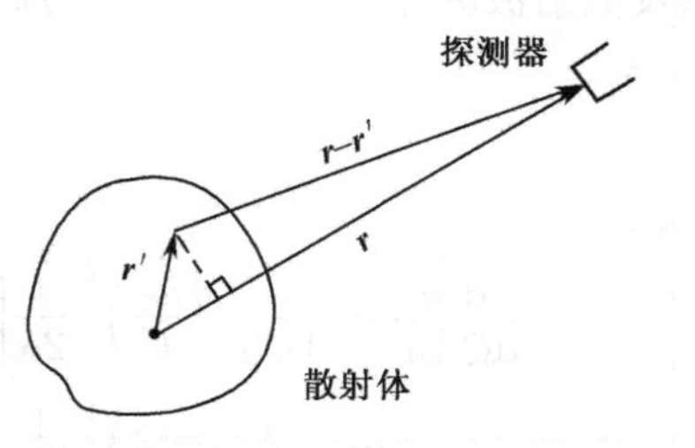

图4.22 探测介电涨落$\delta\boldsymbol{P}$产生的散射场的空间配置示意图

在上述散射场的求解中，把非均匀波动方程的求解过程省略了，有需要的读者可参看附录Ⅵ。

从散射场$\boldsymbol{E}'$的式(4.112)可以看出，求得的散射场$\boldsymbol{E}'$实际上只涉及电偶极辐射和来源于极化的涨落$\delta\boldsymbol{P}$，因此，$\delta\boldsymbol{P}$可以看成散射场的源点。这一点从$\boldsymbol{D}'$和$\delta\boldsymbol{P}$的关

系式(4.110)也可以看出。

因为 $\delta\boldsymbol{\varepsilon}$ 的时间涨落比入射光的频率 ω_0 慢，于是据式(4.116)可作以下近似

$$\delta\ddot{\boldsymbol{P}}=\frac{1}{4\pi}\delta\boldsymbol{\varepsilon}\cdot\ddot{\boldsymbol{E}}=\frac{-\omega_0^2}{4\pi}\delta\boldsymbol{\varepsilon}\cdot\boldsymbol{E} \tag{4.115}$$

显然，散射波的偏振 $\boldsymbol{n}'$ 是横向的，即 $\boldsymbol{n}'\cdot\boldsymbol{e}_r=0$，于是

$$\begin{aligned}\boldsymbol{n}'\cdot[\boldsymbol{e}_r\times(\boldsymbol{e}_r\times\delta\boldsymbol{\varepsilon}\cdot\boldsymbol{n}_0)]&=\boldsymbol{n}'\cdot(\boldsymbol{e}_r(\delta\boldsymbol{\varepsilon}\cdot\boldsymbol{n}_0)\boldsymbol{e}_r-\delta\boldsymbol{\varepsilon}\cdot\boldsymbol{n}_0)\\&=-\boldsymbol{n}'\cdot\delta\boldsymbol{\varepsilon}\cdot\boldsymbol{n}_0=-\delta\varepsilon_{\alpha\beta}\end{aligned} \tag{4.116}$$

对于分量 $E'=\boldsymbol{n}'\cdot\boldsymbol{E}'$，我们有

$$E'(\boldsymbol{r},t)=\frac{{\omega_0}^2E_0}{4\pi c^2r}\int \mathrm{d}\boldsymbol{r}'^3\delta\boldsymbol{\varepsilon}(\boldsymbol{r}',t_{\mathrm{ret}})\mathrm{e}^{\mathrm{i}(\boldsymbol{k}_0\cdot\boldsymbol{r}-\omega t_{\mathrm{ret}})} \tag{4.117}$$

3. 拉曼散射与介电涨落关联函数

1）微分散射截面与介电涨落关联函数

在第2章中，已根据经典电磁理论，给出了在 $\boldsymbol{r}$ 处入射电场 E_0 沿 Z 方向和散射场 $\boldsymbol{E}'$ 在 $\boldsymbol{n}$ 方向的光散射的微分散射截面的表达式

$$\begin{aligned}\frac{\mathrm{d}^2\sigma}{\mathrm{d}\Omega\mathrm{d}E'}&=\frac{r^2}{N\langle E_{0,Z}^2\rangle}\boldsymbol{n}\langle|E'(\boldsymbol{r})|^2\rangle\\&=\frac{r^2}{N\langle E_{0,Z}^2\rangle}\boldsymbol{n}\langle E^*(\boldsymbol{r},0)E^*(\boldsymbol{r},t)\rangle\end{aligned} \tag{4.118}$$

此处的符号 $\langle\cdots\rangle$ 表示对时间和空间的平均。将散射场表达式(4.112)代入式(4.118)，并利用体系时间和空间的平移的不变性得到的

$$\langle\delta\varepsilon(\boldsymbol{r}',t)\delta\varepsilon(\boldsymbol{r}'',t'')\rangle=\langle\delta\varepsilon(0,0)\delta\varepsilon(\boldsymbol{r}''-\boldsymbol{r}',t''-t')\rangle \tag{4.119}$$

以及引入频率为 ω' 的散射波的波矢

$$\boldsymbol{k}'=\frac{\boldsymbol{e}_r\omega'}{c/n} \tag{4.120}$$

以及散射波频率和波矢相对入射波的改变量表达式

$$\boldsymbol{k}=\boldsymbol{k}_0-\boldsymbol{k}' \tag{4.121}$$

$$\omega=\omega_0-\omega' \tag{4.122}$$

后，有

$$\begin{aligned}\frac{\mathrm{d}^2\sigma}{\mathrm{d}\Omega\mathrm{d}\omega'}&=\frac{1}{4\pi^2\rho_0}\left(\frac{\omega_0}{C}\right)^4\frac{1}{2\pi}\int_{-\infty}^{+\infty}dt\,\mathrm{e}^{-\mathrm{i}\omega t}\int\mathrm{d}\boldsymbol{r}^3\,\mathrm{e}^{\mathrm{i}\boldsymbol{k}\cdot\boldsymbol{r}}\langle\delta\varepsilon_{\alpha\beta}(0,0)\delta\varepsilon_{\gamma\delta}(\boldsymbol{r},t)\rangle\\&=\frac{1}{4\pi^2\rho_0}\left(\frac{\omega_0}{C}\right)^4\frac{1}{2\pi}\int_{-\infty}^{+\infty}dt\,\mathrm{e}^{-\mathrm{i}\omega t}\int\mathrm{d}\boldsymbol{r}^3\,\mathrm{e}^{\mathrm{i}\boldsymbol{k}\cdot\boldsymbol{r}}G_{\alpha,\beta,\gamma,\delta}(\boldsymbol{r},t)\end{aligned} \tag{4.123}$$

式中已引用介电涨落关联函数 $G_{\alpha,\beta,\gamma,\delta}(\boldsymbol{r},t)$ 的定义式

$$G_{\alpha,\beta,\gamma,\delta}(\boldsymbol{r},t)=\langle\delta\boldsymbol{\varepsilon}_{\alpha\beta}(0,0)\delta\boldsymbol{\varepsilon}_{\gamma\delta}(\boldsymbol{r},t)\rangle \tag{4.124}$$

其中 $\rho_0=N/V$，是散射体的密度。

以上推导使我们得到了在光散射研究中被经常引用的结果，即散射光的产生可以从介电涨落角度来理解，散射光的微分散射截面可以用介电涨落关联函数表述。关于关联问题，我们在附录Ⅶ中作了普遍性的介绍，供读者参考。

2) 介电涨落空间关联函数

对于晶格散射，涨落是由原子的运动引起的。在前面已经提到，由于固体中原子是束缚的，它的振动幅度很小，原子的振动是简谐的，振动模用简正坐标$Q_j(t)$描述，同样，在考虑上述简谐振动模对光学介电常数的调制时，也可以把介电张量用简正坐标进行展开，并且只需展开到原子位移的一级．所以，当第 j 个模的原子位移用简正坐标 $Q_j(t)$表达时，$\varepsilon_{\alpha\beta}(\boldsymbol{r},t)$的涨落表达有下面简单的形式

$$\delta\varepsilon_{\alpha\beta}(\boldsymbol{r},t) = \sum_{j=1}^{3N} R_{\alpha\beta}(\boldsymbol{r},t) Q_j(t) \tag{4.125}$$

除非某个局域对称性，如反演对称性，引起来自近邻原子位移的贡献相消，一级微商$\partial\boldsymbol{\varepsilon}/\partial Q$一般是非零的。将式(4.125)代入式(4.124)，并利用不同模简正坐标统计无关的原理，得到

$$G_{\alpha\beta,\gamma\delta}(\boldsymbol{r},t) = \sum_{j=1}^{3N} R_{\alpha\beta,\gamma\delta}(\boldsymbol{r},j)\langle Q_j(0)Q_j(t)\rangle \tag{4.126}$$

其中

$$R_{\alpha\beta,\gamma\delta}(\boldsymbol{r},j) = \left\langle \frac{\partial\varepsilon_{\alpha\beta}(0)}{\partial Q_j}\frac{\partial\varepsilon_{\gamma\delta}(\boldsymbol{r})}{\partial Q_j}\right\rangle \tag{4.127}$$

上述结果表明，对每个粒子，空间和时间的关联被分离了；利用简谐振子的性质，很容易得到

$$\langle Q_j(0)Q_j(t)\rangle = \frac{1}{2\omega_j}\{n(\omega_j)\mathrm{e}^{\mathrm{i}\omega_j t} + [1+n(\omega_j)]\mathrm{e}^{-\mathrm{i}\omega_j t}\} \tag{4.128}$$

其中

$$n(\omega_j) = [\exp(\hbar\omega_j/kT)-1]^{-1} \tag{4.129}$$

是玻色-爱因斯坦分布。

式(4.128)时间关联是已知的，因此，讨论拉曼散射强度时，只需要考虑介电张量的空间关联。于是，介电涨落空间关联函数 $R(\boldsymbol{r},j)$本质上只反映正则模的原子位移的空间关联。因此，$R(\boldsymbol{r},j)$的关联区域就是模 j 的关联区域(为简化，下面将 $R(\boldsymbol{r},j)$简称为关联函数)。式(4.126)、式(4.127)和式(4.128)的结果是有普遍意义的，可用到不论是晶体和非晶的任何振动的拉曼散射；两者区别只在于关联函数扩展区域在尺度上的大小不同。下面将从关联函数出发，具体讨论晶体和非晶的拉曼散射谱。

4.5.4　晶体和非晶的拉曼散射谱[33]

1. 晶体的拉曼散射谱

因为晶体的晶格具有周期性和平移不变性，因此，晶格振动是在无穷范围的类似于波那样的振动，相应地，空间关联函数 $R(\boldsymbol{r},j)$ 对 $\boldsymbol{r}$ 具有以波长 $\lambda_j=2\pi/q_j$ 的正弦关系，它的拉曼散射遵守动量(波矢)选择定则。于是，光散射谱所出现的模 j 的频率 ω_j 有确定的散射波矢 $\boldsymbol{q}_j$，光散射谱只展示频率 ω_j。对于实际晶体，虽然存在各种缺陷和耦合声子阻尼等，关联函数关联区域变成有限的，但和波长比，关联区域还是足够大的，晶体的动量选择仍是有用的近似，只是实际晶体的拉曼峰不再十分尖锐而有所展宽。

2. 非晶的拉曼散射谱

正如本章开头所说和图 4.1(b)所示，非晶体内的原子在大范围内没有周期性的排列，即没有长程序。实际上，非晶材料在三四个键长的距离上还是有序的，即依然存在短程序。以共价键晶体为例，它们的原子通过具有饱和性和方向性的共价键结合成为具有特定的几何结构的晶体，例如，Si 就是这样的晶体，它具有正四面体结构。但是在非晶 Si 中，虽然每个 Si 原子周围仍有 4 个 Si 原子与之成键，但由于键长和键角均发生变化，规则的正四面体构型不再存在了，因此，虽然保留了短程序，但是丧失了长程序。短程序的线度一般有三四倍键长，对非晶 Si 来说，为 0.12～0.15nm[26]。

因为长程序不存在，非晶材料中表征晶体特征的平移对称性丧失了，使得原子之间的关联区域变小，导致了关联函数的局域化，或则说它的正则模的相干长度变短。对于拉曼散射，可假定模的相干长度只有光波 1/10 或更小。这时，振动模演变为局域模，它将不再由单一波矢表征，此时，如果令 Λ 代表关联范围，振动本征函数就可以用平面波因子 $\exp(\mathrm{i}\boldsymbol{q}\cdot\boldsymbol{r})$ 乘上一个空间衰减因子 $\exp(-\boldsymbol{r}/\Lambda)$，即

$$\exp(\mathrm{i}\boldsymbol{q}\cdot\boldsymbol{r})\exp(-\boldsymbol{r}/\Lambda) \tag{4.130}$$

来表示，指数阻尼因子使振动本征函数混杂了不同的 $\boldsymbol{q}$ 状态，反映了 $\boldsymbol{q}$ 不再是好量子数的事实。因此，对于第 j 个模，拉曼谱不再像晶体那样是在某一具体波矢 $\boldsymbol{q}_j$ 处存在的一个尖锐的峰，而是出现在 $\boldsymbol{q}_j$ 附近显现为宽的平坦的最大值的宽峰。对所有 j 都将如此，因而材料所有模对光散射都给出贡献。在 $\boldsymbol{q}\Lambda_j\ll 1$($\Lambda_j$ 为 J 模的关联范围)，具有范围为 Λ_j 的关联函数的空间付氏变换有与 $\boldsymbol{q}$ 无关的极限形式

$$\{R_{\alpha\beta,\gamma\delta}(\boldsymbol{r},j)\}_q = A_{\alpha\beta,\gamma\delta}(j)\Lambda_j^3 \tag{4.131}$$

$A_{\alpha\beta,\gamma\delta}(j)$ 称光学耦合张量，表征模的介电调制强度，Λ_j^3 是模的相干范围的体积。

根据上述讨论，非晶光散射的关联函数是

$$G_{\alpha\beta,\gamma\delta}(\boldsymbol{q},\omega)=\sum_{j=1}^{3N}A_{\alpha\beta,\gamma\delta}(j)\Lambda_j^3\cdot(1/2\omega)\{n(\omega_j)\delta(\omega+\omega_j)+[1+n(\omega_j)]\delta(\omega-\omega_j)\}\tag{4.132}$$

在一个给定的拉曼带内，$A(j)\Lambda_j^3$ 为一与频率无关的常数，所以斯托克斯谱的形状可以写成

$$I_{\alpha\beta,\gamma\delta}(\omega)=\sum_b C_b^{\alpha\beta,\gamma\delta}(1/\omega)[1+n(\omega)]g_b(\omega)\tag{4.133}$$

式中，$g_b(\omega)$是带 b 的态密度。求和对所有带进行，常数 $C_b^{\alpha\beta,\gamma\delta}$ 与带 b 有关，$\alpha\beta,\gamma\delta$ 表示张量的偏振，由实验时的入射和散射光几何配置确定。从式(4.133)可以看出，非晶体的拉曼光谱由玻色-爱因斯坦因子 $n(\omega)$、$1/\omega$、跃迁概率(与 $C_b^{\alpha\beta,\gamma\delta}$ 有关)以及振动态密度 $g_b(\omega)$共同决定。

图 1.24 已展示了一个 Si 的光学振动模的拉曼光谱，晶态 Si 的光学振动模峰值位于 520cm^{-1}，线宽有 5.5cm^{-1}。与之相比，非晶硅的类光学振动模的拉曼峰在 480cm^{-1}，线宽达到了 70cm^{-1}。很明显地体现了文中所述的非晶拉曼谱的特征[33]。

3. 振动态密度与非晶拉曼散射和玻色峰

1) 振动态密度

在 4.4 节中已经引入了振动态密度的概念和定义。在这里，从更广义的统计力学角度讨论态密度。

根据统计力学，N 个粒子系统的热力学函数完全由系统的能级决定。N 个粒子组成的固体，有 $3N$ 个振动自由度，在 4.1.2 节，已经提到如果引入简正坐标，可以将它们化为 $3N$ 个正则模式。经过简单推导，可以得到体系亥姆霍兹函数[2]

$$F=U+\frac{1}{2}\sum_i\hbar\omega_i+kT\sum_i\ln(1-\mathrm{e}^{-\hbar\omega_i/kT})\tag{4.134}$$

当 N 很大时，引入体系的振动态密度(VDOS)$g(\omega)$，代表 $\omega\sim\omega+\mathrm{d}\omega$ 频率范围内的振动模的数目。显然

$$\int_0^\infty g(\omega)\mathrm{d}\omega=3N\tag{4.135}$$

利用 $g(\omega)$，可以将式(4.134)的求和换成积分

$$F=U+\frac{1}{2}\int_0^\infty\hbar\,\omega g(\omega)\mathrm{d}\omega+kT\int_0^\infty\ln(1-\mathrm{e}^{\hbar\omega/kT})g(\omega)\mathrm{d}\omega\tag{4.136}$$

于是体系振动态密度函数 $g(\omega)$将完全决定其热力学性质；在实验方面，至少有拉曼散射、比热容测定、非弹性中子散射、非弹性 X 射线散射和红外吸收谱等 5 种方法可以得到有关振动态密度的信息。因此，无论在晶体还是在非晶体中，$g(\omega)$的

重要性显而易见。在晶体中，$g(\omega)$可以由色散关系$\omega(q)$通过式(4.92)得到。

上述结果完全依赖于晶格周期性，因此完全适用于晶体，在非晶体中，式(4.92)实际上应该是不成立。由于在非晶体中波矢$\boldsymbol{q}$和色散关系没有确定的定义，因此，从晶格动力学已有框架出发讨论非晶体振动态密度是有一定问题的[34]。

2）振动态密度与拉曼散射[34]

在4.5.3节中已提到，由于非晶体没有周期性，动量选择定则被破坏，拉曼散射包括了所有模的贡献，非晶体拉曼散射的斯托克斯谱由式(4.133)决定。如果假定拉曼耦合参数$C_b^{\alpha\beta,\gamma\delta}$是平滑慢变的，可以近似看作为常数，则利用式(4.133)可定义约化拉曼谱$I_{\mathrm{R}}(\omega)$

$$I_{\mathrm{R}}(\omega)=\frac{I_{\alpha\beta,\gamma\delta}(\omega)}{(1/\omega)[1+n(\omega)]} \tag{4.137}$$

式中，$I_{\alpha\beta,\gamma\delta}(\omega)$是实验观察量，而$(1/\omega)[1+n(\omega)]$是只与温度相关的常量，$I_{\mathrm{R}}(\omega)$便可以通过拉曼谱的测量获得的。于是根据式(4.133)，我们有

$$I_{\mathrm{R}}(\omega)\propto g_b(\omega) \tag{4.138}$$

因此，约化拉曼谱实际上反映了振动态密度的基本特征，振动态密度$g(\omega)$在非晶拉曼光谱中起关键作用；拉曼散射是研究非晶体振动态密度的有力工具。

在式(4.133)中，频率相关因子$1/\omega$和$1+n(\omega)$改变了来自态密度$g_b(\omega)$对带的贡献，显然，它们对低频带特别有影响。$1+n(\omega)$是热分布因子，在所有拉曼强度谱中均出现。因子$1/\omega$当然对振动谱是严格正确的，对频率范围很大的光谱，特别是低频谱，考虑它是很重要的，但是，通常却被去掉了。

3）玻色峰

从20世纪70年代开始，在实验上相继发现了非晶态的若干独特性质，其中之一是，发现非晶体的低波数拉曼散射实验有许多独特性质。例如，在图4.23(a)所示的玻璃态硅(vitreous silica)的偏振拉曼谱中，在$20\sim100\mathrm{cm}^{-1}$波数有一个峰，该峰被一些学者称为玻色峰，在频率非常低时，玻色峰拉曼散射的强度大大高于德拜理论的预期，如图4.23(b)所示[35]。

从实验上说，$5\sim100\mathrm{cm}^{-1}$波数范围内对拉曼散射有贡献的因素有以下4种：①布里渊散射在高波数的尾巴；②准弹性散射；③玻色峰；④通常的声学模在低波数的尾巴。其中②和③是主导的，也是人们最为关心的因素。在上面已指出，非晶体的约化拉曼谱就是拉曼耦合参数$C_b^{\alpha\beta,\gamma\delta}$乘以振动态密度$g_b(\omega)$。对于玻色峰，起初人们认为是由拉曼耦合参数的峰值形成。但是近年来实验发现对于许多非晶材料，其拉曼耦合参数$C(\nu)$在玻色峰附近对频率的依赖都近似成如下所示的线性关系[36]

$$C(\nu)=\nu/\nu_{\mathrm{BP}}+B \tag{4.139}$$

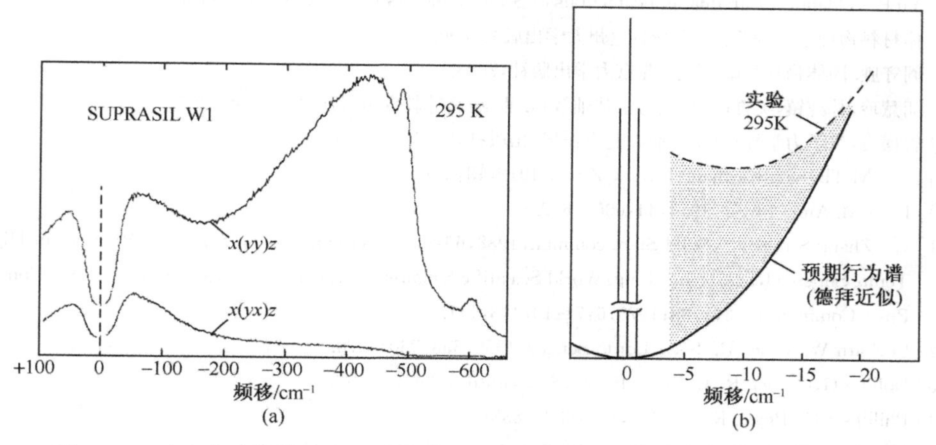

图 4.23 玻璃态硅的偏振拉曼谱(a)以及散射强度与德拜理论预言的比较(b)[35]

其中 ν_{BP}是玻色峰的频率;$B=0$ 或 0.5,B 的这两个值把非晶材料分成两大类。现在普遍认为,低频拉曼散射中的玻色峰是由振动态密度引起的,也就是说在非晶体中存在非德拜理论的低频模式参与的拉曼散射[35]。

在不同的实验条件下,许多化学成分和结构均极其不同的非晶体在低波数的散射都表现出极其相似的玻色峰特性,并且都来自振动态密度,也就是说,来自超出德拜理论的多余振动模式。玻色峰作为非晶态所共有的特性标志,已为越来越多的学者所接受。

既然玻色峰成为许多非晶态物质共有的属性,甚至液体中也观察到玻色峰,那么它必然有深刻的物理起源。在本节已经提到的对非晶态本质特性的一些粗糙看法,对解释玻色峰的起源是远远不够的。人们对非晶态本质的认识相对于对晶体的认识来说还很肤浅。探索玻色峰的起源可能会成为人们深入了解非晶态本质的突破口。这个问题已经在学界讨论了 30 年,已提出为数众多的理论[37~43],但是目前尚没有定论。

此外,近来论文[44]作者们发现极性半导体纳米材料的拉曼谱具有非晶谱的特性,因此,研究极性纳米半导体的低频拉曼谱,或许会给玻色峰本质的研究提供重要的信息和启示。

参 考 文 献

[1] Winor K. Phys. Rev. B,1987,35:2366.

[2] Born K,Huang Kun. Dynamical Theory of Crystal Lattices. Oxford, London, 1968;玻恩,黄昆. 晶格动力学理论. 葛惟锟,贾惟义译. 北京:北京大学出版社,2006.

[3] 黄昆. 固体物理学. 北京:高等教育出版社,1996.

[4] 张光寅,蓝国祥,王玉芳. 晶格振动光谱学. 北京:高等教育出版社,2001.

[5] Yu P Y, Manunel Cardona. Fundamentals of Semiconductors (Third Edition). Berlin: Springer, 2001; 半导体材料物理学. 贺德衍译. 兰州:兰州大学出版社, 2002.
[6] 阎守胜. 固体物理基础. 北京:北京大学出版社, 2003.
[7] 胡慧玲, 林纯镇, 吴惟敏. 理论力学基础教程. 北京:高等教育出版社, 1986.
[8] 曾谨言, 量子力学导论(第三版). 北京:科学出版社, 2003.
[9] Born M Th, von Karman. Phys., Zeit., 1912, 13: 271.
[10] Born M. Ann. Phys., 1914, 44: 605～642.
[11] (a) Zhang S L et al., Solid State commun, 1988, 66: 657～660; (b) Zhang S L et al. Progress in High Temp. Supercod, 22. Hong Kong: World Scientific Singarepore London, 1989, 83～88; (c) ACMI, Comp. Phys. Commun, 1972, 3: 88; 1973, 6: 71; 1974, 8: 141.
[12] Cocharn W. Proc. R. Soc., Lord. Ser., A 1959, 653: 260～276.
[13] Dolling G, Cowleg R A. Proc. Phys., Soc., Lord., 1966, 88: 463.
[14] Phillips J C. Phys. Rev., 1968, 166: 832～838; 905～911.
[15] Musgrave M J P, Pople J A. Proc. R. Soc. Lord. A, 1962, 156: 474～484.
[16] Ndsimorici M A, Birman J L. Phys. Rev., 1967: 925～938.
[17] Keating P N. Phus. Rev., 1966, 15: 637～645.
[18] Yang L W, Coppens P. Solid State Commun., 1974, 15: 1555～1559.
[19] Martin R M. Phys. Rev., 1969, 186: 871.
[20] Weber W. Phys. Rev. B, 1977, 15: 4789～4803.
[21] Srraucle D, Dordor B. Phys. J. Cordons. Mater, 1990, 2: 1455～1474.
[22] Ruf T et al. Phys. Rev. Lett., 2001, 86: 906～909.
[23] 夏建白, 朱邦芬. 半导体超晶格物理. 上海:上海科学技术出版社, 1995.
[24] Henry C H, Hopfield J J, Phys. Rev. Lett., 1965, 15: 964.
[25] Kittel C. Introduction to Solid State Physics. New York: John Wiley & Sons, 1976; 中译本:固体物理导论. 杨顺华等译. 北京:科学出版社, 1979.
[26] Cardona M. Light Scattering in Solids (2nd). Spring-Verlag, 1983; 固体中的光散射. 廉正瑜, 毛佩芬译. 北京:科学出版社, 1986.
[27] 沈学础. 半导体光学性质. 北京:科学出版社, 1992.
[28] 母国光. 光学. 北京:人民教育出版社, 1979.
[29] 赵凯华. 光学. 北京:高等教育出版社, 2004.
[30] Damen T C. Porto S P S, Tell B. Phys. Rev., 1966, 142: 570.
[31] Martin R M. Phys. Rev. B, 1971, 4: 3776～3685.
[32] Shuker R, Gammon R W. Phys. Rev. Lett., 1970, 25: 222.
[33] Vepiek S, Iqbal Z, Oswald H R, Webb A P. J. Phys. C: Solid State Phys., 1981, 14: 295～308.
[34] Weaire D L. Amorphous Solids-Low-Temperature Properties. Springer-Verlag, 1981.
[35] Winterling G. Phys. Rev. B, 1975, 12: 2432.
[36] Surovtsev N V. Phys. Rev. E, 2001, 64: 61102.
[37] Winterling G. Phys. Rev. B, 1975, 12: 2432.
[38] Surovtsev N V. Phys. Rev. E, 2001, 64: 061102.
[39] Buchenau et al. Phys. Rev. B, 1986, 34: 5665.
[40] Duval E et al. Philosophical Magazine B, 1999, 79: 2051～2056.

[41] Duval E et al. J. Chem. Phys. ,1993,99:1.
[42] Götze W,Mayr M R. Phys. Rev. E,2000,61:587.
[43] Ciliberti S. J. Chem. Phys. ,2003,119:22.
[44] Zhang Shu-Lin et al. Phys. Stat. Sol. (c),2005,2:3090;Zhang S L. Proceedings of the XIXth International Conference on Raman Spectroscopy (Invited Talk), Gold Coast, Queensland, Australia; 8～13 August 2004,75～78.

下篇　低维纳米半导体的拉曼光谱学

第 5 章　低维纳米体系拉曼散射的理论基础和光谱特征

物体的尺寸对物质的属性有重大影响，宏观尺度（＞光波波长～1μm）的物质遵守经典物理规律，微观尺度（＜亚原子尺度～0.01nm）的物质由量子物理描述。对于介于宏观和微观尺度（亚微米～1nm）之间的所谓“介观体系”，从 20 世纪的后半期开始，伴随低维材料的大量出现，开始了广泛的研究，在各方面都取得了极大的进展，但是，仍然有许多问题有待人们去探索解决。在介观体系的研究中，拉曼光谱学已经并显然会继续作出重要贡献。

本章将首先从拉曼光谱学需要的角度对介观体系进行简要的介绍（希望全面了解介观体系的读者请参考本章所列的参考书[1]～[4]），然后，概要性的讨论低维纳米半导体的拉曼散射理论和基本光谱特征。

5.1　低维纳米体系与小尺寸效应

5.1.1　维度、尺寸与特征长度[1]

“维度（dimension）”的原义是大小、体积、广度、轮廓，以几何学上的“尺”进行量度，几何尺因为应用要求和使用地区的不同，而制定了各自的“标准尺”。当把维度用于界定物理学体系时，也需要类似于“几何尺”那样，有“物理尺”。“特征长度（characteristic length）”就是这种物理尺；它也像“几何尺”那样，因关注的物理对象不同而定义了不同标准的“特征长度”。

特征长度有：“退相长度（depaasing length）”L_φ、扩散长度（defffused length）L_D 以及电子（激子）的玻尔半径（Bohr radius）r_e、粒子的德布罗意波长（de Broglie wavelength）λ_d 和电磁波长 λ 等。其中，退相长度 L_φ 是判断低维体系的比较基本的尺度之一。L_φ 定义为电子经非弹性散射，仍保持相位记忆的尺寸。可以表达为

$$L_\varphi = (D\tau_\varphi)^{1/2} \tag{5.1}$$

其中，D 为扩散系数，τ_φ 是退相时间（depaasing time）。对三维体系

$$D = \nu_F l/3 \tag{5.2}$$

其中，ν_F 是费米速度，l 为电子弹性散射的平均自由程，而 L_φ 则是散射路径起点和终点直线距离，即相隔两次非弹性散射间的平均直线距离，因此，L_φ 比电子散射所经过的实际路径长度 l 小。例如，液氦温度下正常金属的 l 可以大到 10^{-1}cm，但相应的 L_φ 仅为 10^{-5}cm。

不同外界条件下的同一特征长度的几何尺寸可能会不同。例如，导带底电子的德布罗意波长 λ_d 可以在 10～100nm 内变化；又如，氢原子中电子的玻尔半径 r_e 只有 0.05nm，而在 GaAs 中传导电子的玻尔半径 r_e 可达到 10nm。

5.1.2 低维体系与纳米材料

1. 低维体系[1]

宏观物体通常被认为在三个维度上都是无穷大的体系，但是，实际物体的尺寸是有限的，这时，如果从特征长度角度考察，也可以认为，当一个体系在三个维度上的尺寸均远大于某一特征长度时，就可认为该体系是宏观体系，进而，把一个、二个或三个维度达到或小于特征长度的体系，分别相应地称为是二维、一维、或零维等"低维体系"。

低维体系的根本定义是，体系在几何尺度上依然是宏观的，但是，出现了一系列与量子力学波函数相位有关的现象。也就是说，几何尺度上是宏观的体系出现了微观体系中才有的量子现象，人们常把这类现象称作"介观现象"。

2. 纳米材料[2]

纳米材料 (nano-scale materials，nano-materials)一般指尺寸在 1～100nm 的小尺寸材料。由此可见，纳米材料显然是用纯几何尺度定义的。因此，它和低维体系不能完全等同。但是，定义低维体系的特征长度所对应的几何尺寸大都在 nm 量级，因此，在有的文献中，就出现了名词"低维纳米材料"。

此外，在文献中，通常仅把纳米线、纳米管和纳米粒子等叫做纳米材料，而不把量子阱/超晶格等叫做纳米材料，而专门称它们为低维或二维结构材料。在本书中，我将采用这种称谓，而在同时涉及量子阱/超晶格和纳米材料时，便统一用名词"低维纳米材料"。

3. 典型的低维纳米材料[1~3]

1) 量子阱、超晶格和量子线、量子点

图 5.1(a)是一个超晶格样品的电镜图。该图清楚地展示超晶格是沿生长方向(图上垂直于界面的方向，通常标为 z 方向)的三明治式的层状结构。如果半导体超晶格两交替层的材料 A 和材料 B 具有大小不相等的带隙，而且如果材料 A 的禁带小和完全落在材料 B 的大禁带中，带隙大和小的半导体层使分别成为势垒层和势阱层，从而形成了一个量子阱，电子和空穴分别被限制在阱层和垒层中，GaAs/AlAs 超晶格就是这样一种结构。由于垂直于生长方向 z 的 x-y 二维方向上，尺度是无穷大，电子仍像体材料中那样，可以自由运动。因此，超晶格是典型

的二维结构。

如在垂直于 x-y 平面上的一个或两个方向上，通过光刻槽线等方法，形成新的电子势垒层，二维量子阱就分别变成为一维量子线和零维量子点。

通过采用不同生长工艺，半导体超晶格中势阱可以有方形势阱和正弦状势阱等的区别。如果两个交替层材料由不同的原子(离子)构成，则出现了不同类型超晶格，如两元 A/B 型的 Ge/Si 超晶格，三元 AB/CB 型的 GaAs/AlAs 超晶格和四元 AB/CD 型的 CdSe/ZnTe 超晶格。

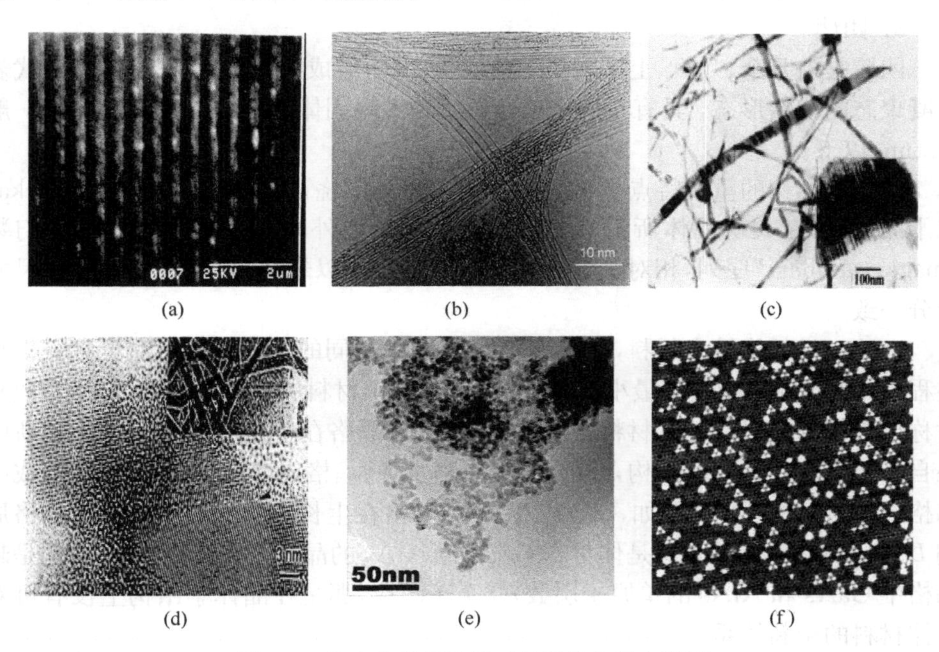

图 5.1　几个典型低维纳米材料样品的电镜图

(a)超晶格；(b)单壁碳纳米管；(c)SiC 纳米棒；(d)Si 纳米线；(e)ZnO 纳米粒子；(f)金原子团簇

2）纳米材料

(1) 纳米管、棒、线和同轴电缆。纳米管、纳米棒、纳米线和纳米同轴电缆等都属于一维材料。通常把纵横比小的线状纳米材料称为纳米棒，否则称纳米线；纳米同轴电缆指，纳米芯外面被纳米管围绕的结构。图 5.1(b)、(c)、(d)依次是有代表性的单壁碳纳米管、SiC 纳米棒和硅纳米线的高分辨电镜图。单壁碳纳米管由一个分子层的石墨片卷曲而成，因此，它在垂直管轴的两维方向上是严格限制的，是严格的一维量子结构，是有重要科学意义和巨大技术应用的纳米材料。

(2) 纳米粒子。图 5.1(e)展示了 ZnO 纳米粒子的电镜图。纳米粒子出现了一些有意义的新特性，如大比表面积。比表面积的定义为

$$比表面积 = 表面积(\mathrm{m}^2)/质量(\mathrm{g}) \tag{5.3}$$

比表面积随粒子直径 d 的减小而快速增大。例如，对于铜，当 $d=20\text{nm}$，比表面积$=33\text{m}^2/\text{g}$，当 $d=2\text{nm}$，比表面积$=330\text{m}^2/\text{g}$。又如，随着 d 减小和比表面积增大，表面上的悬挂键或不饱和键的数目，相对于体内的化学键数目的比例增加得很快，这是纳米粒子的另一个特征，这个特征在科学和技术上有重要意义和实用价值，例如，它使一些纳米材料变成为效率很高的探测器材料、吸附剂和催化剂等。

当纳米粒子尺寸达到或小于特征长度时，可以将它看作零维量子点。

3）团簇

团簇是由几个、几百、上千或更多的原子、分子组成的相对稳定的聚集体，代表了凝聚态的初始形态，具有不同于单个原子和大块固体的性质。团簇的尺寸一般在 1nm 以下。

团簇的结构的重要特点是，它有一中心原子，围绕该中心原子生长成 Mackay 二十面体，具有大块晶体所没有的五重对称性。此外，团簇存在一个所谓“幻数(magic number)”序列，相对稳定团簇的原子数只能以幻数出现，这使得团簇尺寸十分一致。

上述三类低维纳米材料，在晶体学上是截然不同的。纳米材料在自组织生长过程中，由于要求结合能最小，因此，长成的纳米材料的晶体学原胞、晶格常数和对称性等都与相对应的体材料相同。量子阱/超晶格在生长方向形成了一个新的在自然界不存在的晶体结构，它的原胞、晶格常数（晶格周期）和对称性等与构成超晶格的体材料的不同，例如，GaAs/AlAs 超晶格在生长方向的晶格常数即晶格周期 $L=(n_1+n_2)a$（其中 a 是体材料 GaAs 或 AlAs 的晶格常数，n_1 和 n_2 分别是超晶格中 GaAs 和 AlAs 的单原子层数）。至于团簇，那是在晶体学结构上没有可对应体材料的全新体系。

5.1.3 小尺寸效应

与拉曼散射直接有关的基础性小尺寸效应有三个：能量、动量和对称性。

1. 能量[5]

在量子力学教科书中，常用一维势阱来讨论体系的定态能量等量子力学现象。其中重要的势阱有以下几种。

1）一维方势阱

一维方势阱的电势和能量分布分别如图 5.2(a)、(b)所示。图 5.2(a)势阱的电势可以表达为

$$V(z)=\begin{cases}V_0, & z\leqslant -a/2, z\geqslant a/2\\ 0, & -a/2\leqslant z\leqslant a/2\end{cases} \tag{5.4}$$

式中,a为势阱宽度。对于自由电子,式(5.4)表明电子在z方向的运动受到了势垒的限制,电子的连续能级将变成分裂的能级,分裂能级的间隔随量子阱变窄而加宽。能级分裂和相应波函数的状况如图5.2(b)所示。分裂能级的能量可以表述为

$$E_n(k) = E_n + \frac{\hbar^2 k^2}{2m} \tag{5.5}$$

下标n是分裂能级的标记,E_n是分裂能级n的能量值,k是电子的动量,m是电子的质量。在一维方势阱中的电子的能量为

$$E_n = \frac{n^2(\pi h)^2}{2m}\frac{1}{a^2} \tag{5.6}$$

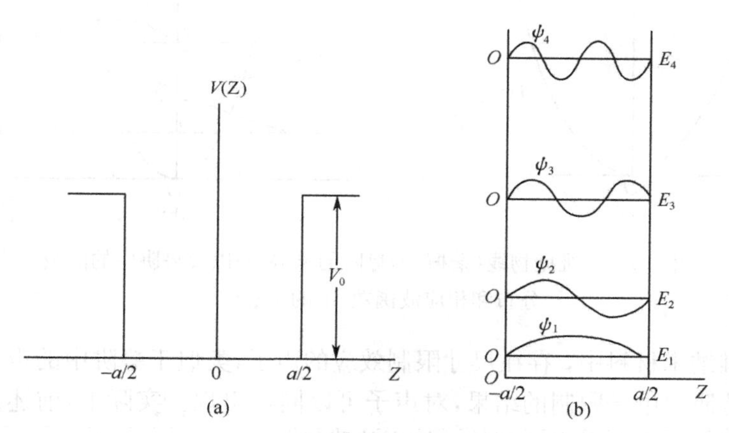

图5.2　一维有限方势阱的电势(a)以及无穷势阱能级结构和相应波函数(b)的示意图[5]

如果费米能级$E_F \ll E_2$且$(E_2 - E_1) \gg k_B T$,具有$n = 1$的二维子带能量的电子在z方向运动被冻结,受其支配的物理量只与电子平面运动有关,于是体系是二维的。当$n>1$能级也被占据,则称准二维体系。从式(5.6)可以看到,如阱宽$a \to \infty$,则$E_n = 0$,而a愈小,相邻能级差ΔE_n愈大,于是,在同样温度条件下,形成二维体系就愈容易。因此,维度的约化与尺寸直接关联。

2) 抛物线(谐振子)势阱

图5.3具体表示了一维抛物线势阱的电势(a)以及势阱中能级分布和相应波函数(b)的示意图。抛物线形势阱的数学表述式为

$$V(x) = \frac{1}{2}Kx^2 \tag{5.7}$$

其中,K代表作用力常数。因为谐振子的作用势与振子的距离x的平方成正比,因此,抛物线势阱也叫谐振子势阱。如果谐振子的约化质量为μ,本征振动频率为ω_0,则有

$$K = \omega_0^2/\mu \tag{5.8}$$

于是

$$V(x) = \frac{1}{2\mu}\omega_0^2 x^2 \tag{5.9}$$

谐振子的能量就是

$$E_n = \left(n + \frac{1}{2}\right)\hbar\omega_0 \tag{5.10}$$

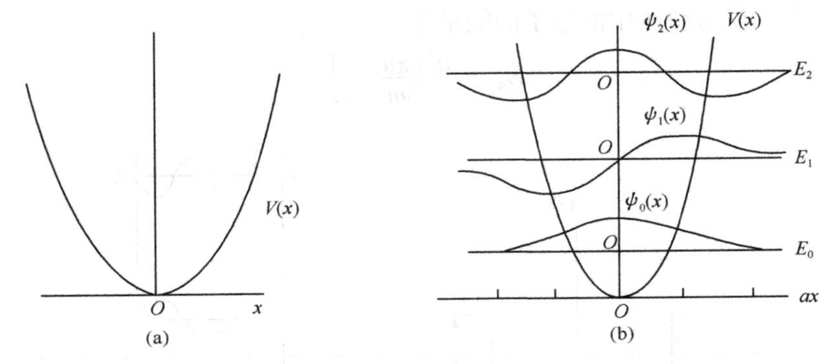

图 5.3　一维抛物线(谐振子)势阱的电势(a)以及势阱中的能级分布和相应波函数(b)的示意图[5]

在低维纳米材料中，存在尺寸限制效应的声子，类似于势阱中的声子。因此，上述关于势阱对电子限制的结果，对声子可以同样出现。实际上，前述量子阱/超晶格结构就是现实世界中典型的一维方势阱结构。

2. 动量

当晶体的几何尺寸 $\boldsymbol{r}$ 非常小时，尺寸的不确定性 $\Delta\boldsymbol{r}$ 也会相应的非常小，因此，从不确定关系

$$\Delta\boldsymbol{k} \cdot \Delta\boldsymbol{r} \leqslant \hbar \tag{5.11a}$$

$$\Delta\boldsymbol{k}_i \cdot \Delta\boldsymbol{r}_i \leqslant \hbar \quad (i = x, y, z) \tag{5.11b}$$

可以得知，动量 $\Delta\boldsymbol{k}$ 不确定性便会非常大，也就是说，动量发生了弥散，而不再是一个确定值，并随尺寸减小弥散程度增大。

3. 对称性

当晶体的几何尺寸非常小时，平移对称性显然会不再存在或严格存在，于是，动量不再是一个好量子数，动量守恒定律失效。

5.1.4　低维纳米体系的科学研究

1. 概述

实际上，纳米粒子自然界早已存在，例如，海洋中的庞大超磁粒聚集，中国墨的原料-炭黑以及胶体(colloid)等都由纳米粒子构成。炭黑在 1000 多年前就出现了，但对它们没有从纳米科学角度进行过研究。1861 年胶体化学的建立，才标志对纳米体系开始了科学意义上的研究，但也只从常规的宏观角度进行了研究。1962 年，Kubo(久保)等对超微金属粒子的研究，注意到了尺度效应，提出久保理论，即量子限制理论，开始了从微观角度进行研究工作[6]。1970 年，江崎与朱兆祥提出半导体超晶格概念[7]，为人造二维体系研究起了头，而后卓以和（A. Y. Cho）采用分子束外延方法(MBE)制备了第一个两维结构——半导体超晶格[8]，使人类有了第一个人造的二维晶体。1984 年德国萨尔大学 Gleiter 通过在真空室内的原位加压，把金属纳米粒子变成第一个块状体，发现许多新特性，并提出纳米材料界面奇异结构的理论[9]。此后，在纳米材料的制备和研究方面有了更快速进展，其中，20 世纪 80 年代后相继出现的 C_{60}、多孔硅和碳纳米管研究热潮，就是反映低维纳米材料研究快速发展的代表性历史事件。

2. 低维纳米体系的晶格动力学和光散射理论研究

第 4 章所讨论的声子理论是针对无限大尺寸的晶体的，所得结果自然不存在与物体尺寸和形状有关的问题，人们对有限尺寸或小尺寸体系声子行为的研究是从 1949 年才开始的。

1949 年 Fröhlich 第一个提出和研究了有限尺寸晶体声子谱的理论问题[10]。Fröhlich 在论文中考虑了一个双原子的球形样品，球半径比晶格常数大但是小于红外波长。他证明了，此时在球内的极化是均匀的，并且发现在体材料的纵和横光学声子频率 ω_L 和 ω_T 之间出现一个新的光学模；后人把这个由于晶体尺寸有限而出现的模称为 Fröhlich 模，并把它的频率记作 ω_F。十多年后，人们因为发现无限晶体所用的循环边界条件对于库仑力并不成立，再次关注有限尺寸晶体的晶格动力学和光散射理论问题[11]。但是当时对这些理论结果的验证都局限于红外光谱，具体计算也往往以红外光谱为主要对象进行。1972 年，在晶粒尺寸为 50nm 的 $KBr_{1-x}I_x$ 晶体上，第一次进行了有限尺寸晶体的拉曼实验研究[12]，紧接着，在 1973 年第一次出现了针对小尺寸晶体的拉曼散射的理论计算工作[13]。此后，关于小尺寸晶体的晶格动力学和拉曼散射的理论工作不断有所发表，并成为一个新的分支学科。

5.1.2 节所述的不同类型的低维纳米材料，对 5.1.3 节叙述的有关小尺寸的三个基础效应的响应也会不一样，但是，它们都共同建筑在三维体材料基础上的。因此，在下面介绍低维纳米半导体的拉曼散射理论时，如涉及第 4 章介绍过的固体理论，我们将不再对理论本身进行过多的描述。在附录Ⅸ中，我们列举了一些典型晶系和晶体的布里渊区结构，振动模的对称性分类和特征拉曼谱，作为讨论低维纳米半导体拉曼光谱特征时参考。

5.2 超晶格半导体

在 5.1.2 节已经指出，超晶格是三明治式的层状结构，如图 5.4(a)所示。它在沿生长方向(通常记作 Z)形成了新的晶体结构，它的对称性和晶格周期与构成超晶格的体材料不同。这样的结构特征将导致超晶格振动模出现与相应体材料不同的新的色散和光谱特征，例如：

首先，沿生长方向 Z，对于光学声子通常会构成了一个声子势阱[14]，势阱中的声子的能量特征将与势阱中的电子相类似。

其次，新的晶格周期 $L=(n_1a_1+n_2a_2)$(其中，n_1 和 n_2 是构成超晶格材料 1 和 2 的单层数，a_1 和 a_2 分别是材料 1 和 2 的单层厚度，对于闪锌矿结构晶体是相应体材料 1 和 2 的晶格常数的一半)，使得体材料的 $-\pi/a-\pi/a$ 的大布里渊区变成为 $-1/L-1/L$ 的小布里渊区。对于体材料 1 和 2，如两者色散曲线差别不大(声学声子通常如此)，则体色散曲线“折叠”入小布里渊区，于是，如同电子在势阱中那样，超晶格中材料 1 和 2 的声子的能量分别“分裂”成 n_1+n_2 个能级。对于材料 1 和 2 色散曲线相差很大(光学声子常如此)的，则在体材料中的光学声子模，在超晶格中将限制在各自材料中，如图 5.4(b)所示。图 5.4(b)还显示，原来的体

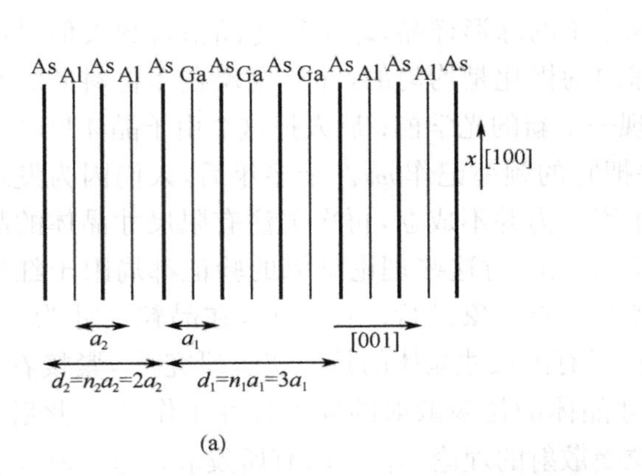

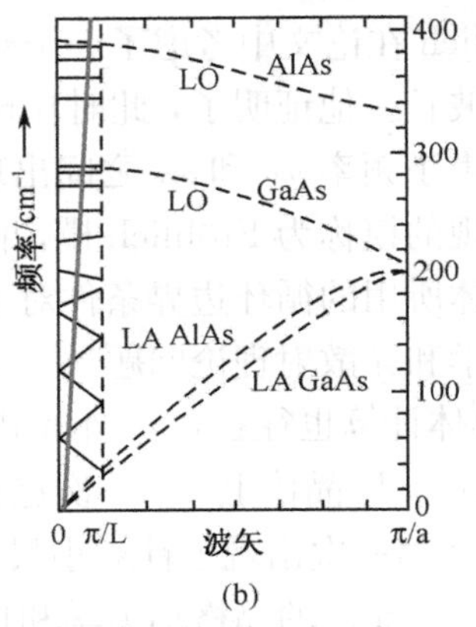

图 5.4 GaAs/AlAs 超晶格的结构(a)以及光波(斜实线)、GaAs 和 AlAs 的体(虚线)、超晶格(实线)纵声子色散(b)的示意图[15]

GaAs和AlAs的声学声子色散曲线与光波色散曲线不相交，但是对于GaAs/AlAs超晶格，折叠后的声学声子色散曲线，就与光波色散曲线相交了，在体GaAs和AlAs中非拉曼活性的声学声子，在超晶格中，就变成拉曼活性了，从而用拉曼光谱就可以记录到原来只能用布里渊散射才能观察到的声学声子的散射了。

再次，沿超晶格的生长方向，平移对称性依然存在，因而动量守恒和波矢选择定则继续保持，一级拉曼散射依然在布里渊区中心发生。

最后，因为超晶格存在理想体材料中没有的界面结构，相应必定会产生新的与界面相关的体材料中没有的新振动模。

超晶格的三明治式层状结构也可以看成是由不同材料的平板(slab)堆积而成。因此，平板模型就成为超晶格理论模型的基础，在正式介绍超晶格的晶格动力学和光散射理论之前，将先介绍非极性和极性平板模型的理论。

5.2.1 非极性半导体薄板[16]

非极性半导体薄板模型的要点如下所列：

(1) 薄板由一个或多个单胞(unit cell)厚度的薄层构成；

(2) 沿着平行于薄层的 X 和 Y 两个方向的晶格的周期性依然保持，因而在此两个方向上，原子的位置可用平面波展开和用周期性边界条件近似。

(3) 垂直于薄层的 Z 方向，已不能应用上述 X 和 Y 两个方向存在的平面波展开和周期性边界条件，但是，沿此方向的原胞(cell)序列可以作为一个新的单胞处理。

具体的理论计算是在本书4.2.2节介绍的力常数模型基础上进行的。计算中，假定力场只涉及第一近邻的相互作用(力常数为 λ)和键-键相互作用(力常数 γ)，以及不考虑键电荷之间的库仑相互作用，于是晶格势能写为

$$\Phi = \frac{1}{2}\sum_{ij}\lambda(dr_{ij})^2 + \frac{1}{3!}\sum_{iji'}\gamma r_0^2(d\theta_{iji'})^2 \tag{5.12}$$

其中 r_{ij} 和 $\theta_{iji'}$ 分别表示原子的间距和键角，第一个求和遍及所有最近邻原子 ij，第二个求和遍及每个原子的所有键角 iji'。

已经用1～50个单胞层厚的Si薄板为例，计算了光学振动频率随薄板厚度的变化和单层厚度内振动模数随频率的分布(即声子态密度)，结果分别示于图5.5和图5.6。从图5.5可见，振动模的频率随层厚增加快速地趋近大尺寸晶体Si的频率 520cm^{-1}。而图5.6则显示如下。

(1) 1～5单胞层厚：声子态密度在 $480\sim490\text{cm}^{-1}$ 出现第一个最大值，该值靠近非晶Si材料光谱的最大值；第2个不太显著的最大值出现在靠近高端频率处。

(2) 11～15单胞层厚：原先不太显著的第2个最大值变得比第1个最大值显著。

(3) 21～25单胞层厚：与上面类似，除了较高频率的第2个最大值变得越发显

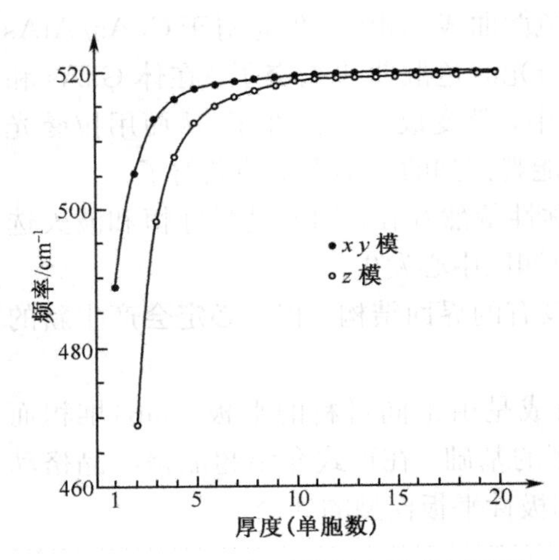

图 5.5　Si 光学振动模频率随薄板厚度（即单胞数）的变化图

著外。较低频率的第 1 个的最大值移到了较高的频率处。

图 5.7 展示了离子注入激光退火重结晶后的 Si 的拉曼谱。离子注入使 Si 变成非晶硅，而激光退火重结晶使非晶成分减少，因此实验结果应能检验图 5.6 的计算结果。检验结果显示了计算的真实性。从而使人们获得了两个对小尺寸 Si 薄板的拉曼光谱特征的重要认识：

(1) 薄板的所有模都属于理想晶体的某个声学支，但是它们的频率比理想晶体的低，频率降低的大小与板厚有关。厚度只一个单胞的薄膜的光学模的频率接近于非晶模的频率 480cm^{-1}，光学模频率随层厚增加几乎以指数形式趋近无限晶格 Γ 点的频率 520cm^{-1}。

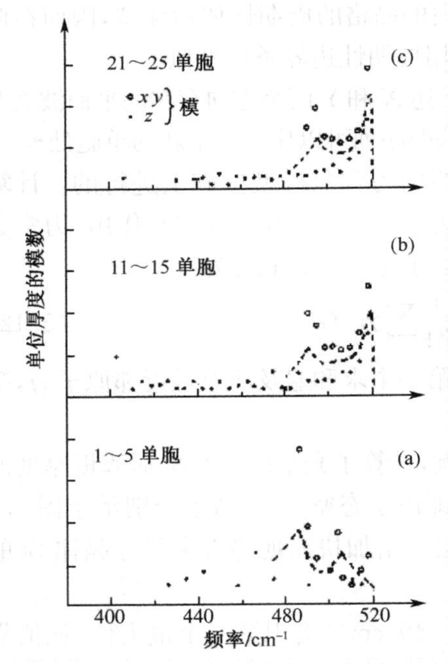

图 5.6　厚度为不同薄板的单胞振动模数的频率分布图

○和●分别代表 xy 和 z 模

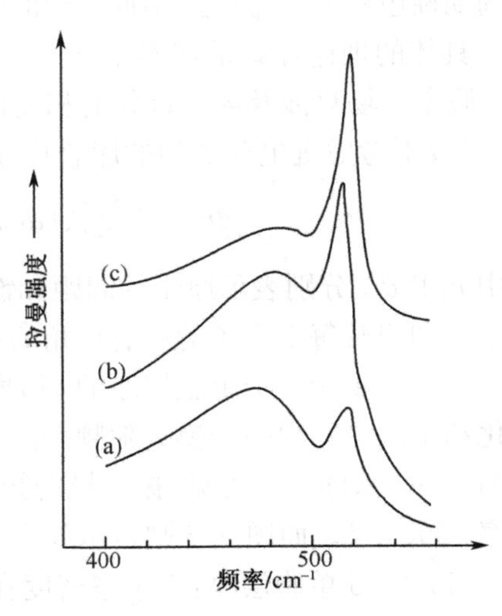

图 5.7　激光退火离子注入重结晶 Si 的拉曼光谱

(a)、(b)和(c)代表重结晶晶粒尺寸依次增大

(2) 由薄板光学模的声子态密度(频率权重分布函数)随不同厚度的变化特征,可以看到激光退火离子注入而重结晶不理想的 Si 的拉曼谱的主要特征,即小尺寸 Si 的拉曼光谱的特征与非晶 Si 的拉曼谱特征相似。

5.2.2　离子晶体平板[17]

最早的离子晶体平板结构的光学振动模的晶格动力学计算是由 Fuchs 和 Kliewer 完成的[17]。该工作日后成了超晶格晶格动力学的基础理论之一。

Fuchs 和 Kliewer 讨论了如图 5.8 所示的有限厚度离子晶体平板的光学振动模。该平板在 x 和 y 两个方向为无穷大,但在 z 方向的厚度 L 有限,并认为波长 $\lambda \gg$ 离子间距 r_0,离子的位置矢量写成

$$\boldsymbol{x}(l,j) = \boldsymbol{x}(l) + \boldsymbol{x}(j) \tag{5.13a}$$

$$\boldsymbol{x}(l) = n_1\boldsymbol{a}_1 + n_2\boldsymbol{a}_2 + n_3\boldsymbol{a}_3 \tag{5.13b}$$

其中,$\boldsymbol{x}(l)$是用基矢 $\boldsymbol{a}_i(i=1,2,3)$确定的单胞的位置,并规定 $n_i(i=1,2,3)$为整数,$\boldsymbol{x}(j)$是单胞内第 j 个离子的位置。

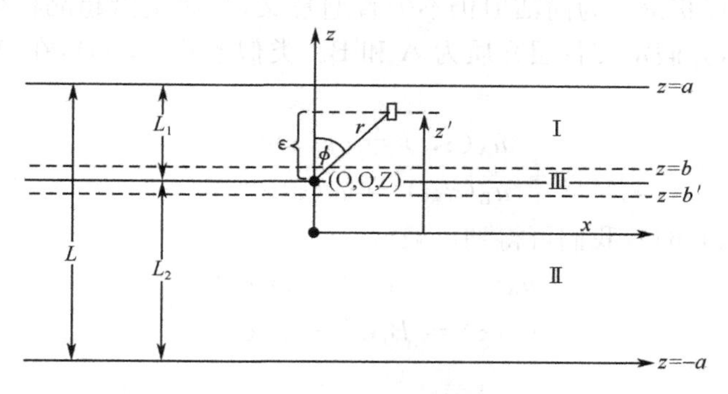

图 5.8　离子晶体平板模型示意图[17]

Fuchs 和 Kliewer 在波长大于晶格参数(即晶格常数 a)的情况下,在晶格动力学和电动力学基础上,忽略延迟效应后,得到了耦合积分方程,该方程既包含离子位移也包含正则模的频率。计算发现,离子模的简正模有频率为 ω_{TO}和 ω_{LO}两类振动,它们的频率分别与波矢 $\boldsymbol{q}=0$ 的无限晶体横光学(TO)和纵光学(LO)模相同,此外,还出现了一个无限晶体没有对应振动模的新模,它的频率在 ω_{TO}和 ω_{LO}之间,振动幅度距离平板两边界面以指数关系减小,因此被称为“表面(surface)振动模”。上述振动模在平面(in-plane)内的色散关系如图 5.9 所示。

5.2.3　半导体超晶格[15, 18]

半导体超晶格的晶格动力学是在三维固体理论的基础上发展起来的,因此,同样有宏观理论和微观理论之区分。在本著作内,前者将重点介绍超晶格的弹性

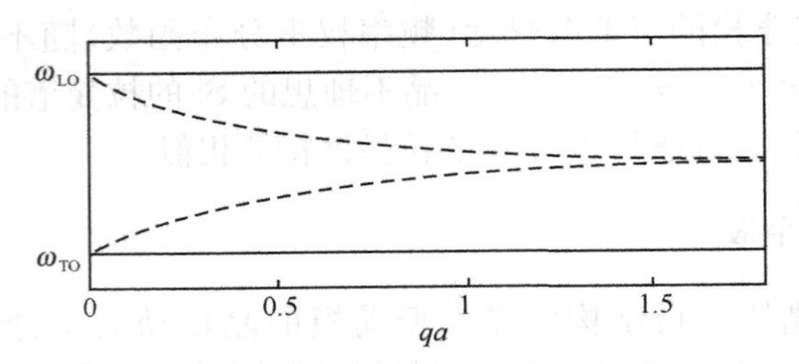

图 5.9 离子晶体平板振动模在平面(in-plane)的色散关系的示意图
实线和虚线分别代表 TO、LO 和表面模[15]

连续模型和连续介电模型-黄昆方程，而后者则要介绍一维线性链模型和黄(昆)-朱(邦芬)模型等。

1. 弹性连续模型[15, 19]

声学波在超晶格中的传播行为可在 S. M. Rytov 工作基础上[20]，通过求解弹性连续介质方程获得。为简洁但仍不失普遍意义，只讨论沿超晶格生长方向的振动即纵波的解，并假定交替层介质为 A 和 B。类似于式(4.65)，在 A 和 B 材料中的振动可写为

$$\begin{aligned} u_A(z,t) &= u_A(z)e^{i\omega t} \\ u_B(z,t) &= u_B(z)e^{i\omega t} \end{aligned} \tag{5.14}$$

由运动方程式(4.64)，我们可得到一般解

$$\begin{aligned} u_A(z) &= A_1e^{i\alpha z} + A_2e^{-i\alpha z} \\ u_B(z) &= B_1e^{i\beta z} + B_2e^{-i\beta z} \end{aligned} \tag{5.15}$$

其中

$$\begin{aligned} \alpha &= \omega/v_{LA} \\ \beta &= \omega/v_{LB} \end{aligned} \tag{5.16}$$

v_{LA}和 v_{LB}分别为材料 A 和 B 的纵声速。从而我们可以写出超晶格 A/B 中纵波位移

$$u(z) = \sum_m u_A(z-z_m)e^{i\alpha z_m} + \sum_n u_B(z-z_n)e^{i\alpha z_n} \tag{5.17}$$

其中，z_n 和 z_m 分别为 A 和 B 层的中心点的坐标，并以 A 材料中心为坐标原点。利用超晶格在 A 和 B 层的边界处 z_i要满足下列应力分量连续条件

$$C_{11,A}\frac{\partial u_A}{\partial z}\bigg|_{z_i} = C_{11,B}\frac{\partial u_B}{\partial z}\bigg|_{z_i} \tag{5.18}$$

和原子位移连续性条件

$$u_A(z_i) = u_B(z_i) \tag{5.19}$$

可得到纵声学波的频率 ω 与波矢 q 的色散关系为

$$\cos(qd) = \cos\left(\frac{\omega d_A}{v_A}\right)\cos\left(\frac{\omega d_B}{v_B}\right) - \frac{1}{2}\left(\frac{\rho_B v_B}{\rho_A v_A} + \frac{\rho_A v_A}{\rho_B v_B}\right)\sin\left(\frac{\omega d_A}{v_A}\right)\sin\left(\frac{\omega d_B}{v_B}\right) \tag{5.20}$$

式中，d_A 和 d_B 分别为层 A 和 B 的厚度，$d = d_A + d_B$ 是超晶格的周期，ρ_A 和 ρ_B 是层 A 和 B 的密度。式(5.20)可以改写成

$$\cos(qd) = \cos\left[\omega\left(\frac{d_A}{v_A} + \frac{d_B}{v_B}\right)\right] - \frac{\varepsilon^2}{2}\sin\left(\omega\frac{d_A}{v_A}\right)\sin\left(\omega\frac{d_B}{v_B}\right) \tag{5.21}$$

式(5.21)方程的第一项和第二项分别代表空间和声速的调制，其中

$$\varepsilon = \rho_B v_B - \rho_A v_A / (\rho_B v_B \rho_A v_A)^{1/2} \tag{5.22}$$

由于 $\varepsilon^2/2$ 在Ⅲ-Ⅴ或者Ⅱ-Ⅵ化合物中的约为 10^{-2}，因此，式(5.21)右边第二项可以忽略，此时，我们实际上只考虑"几何"因素形成的新周期性的调制贡献，相应色散关系为

$$\cos(qd) = \cos\left[\omega\left(\frac{d_A}{v_A} + \frac{d_B}{v_B}\right)\right] \tag{5.23}$$

或者

$$qd = \pm\omega\left(\frac{d_A}{v_A} + \frac{d_B}{v_B}\right) + 2m\pi, \quad m = 0, \pm1, \pm2\cdots \tag{5.24}$$

以上表达的色散关系揭示了超晶格声学声子色散关系的两个重要特征：

(1) 式(5.24)具体表明体色散曲线的"折叠"。于是，从理论计算角度证明了与图 5.4 有关的论证。

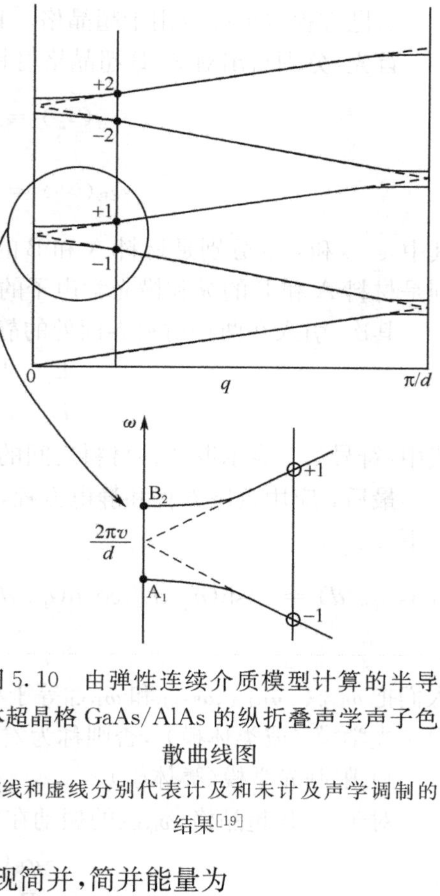

图 5.10　由弹性连续介质模型计算的半导体超晶格 GaAs/AlAs 的纵折叠声学声子色散曲线图

实线和虚线分别代表计及和未计及声学调制的结果[19]

(2) 在不计及式(5.21)中反映声学调制的第二项时，在布里渊区中心和边界出现简并，简并能量为

$$\Omega_m = m\pi v/d \tag{5.25a}$$

式中，m 为奇数和偶数分别代表布里渊中心和边界区的值。如果在式(5.24)中加入声速调制项，在布里渊区中心和边界原先前对应的 A_1 和 B_2 态的发生分裂，分裂值 $\Delta\Omega_m$ 为

$$\Delta\Omega_m \approx \pm\varepsilon\frac{v}{d}\sin\left[\frac{mv(1-\alpha)v_B - \alpha v_A}{2(1-\alpha)v_B - \alpha v_A}\right] \tag{5.25b}$$

其中 $\alpha=v_B/(v_A+v_B)$。

图 5.10 显示了用式(5.21)和式(5.23)计算的一个 GaAs/AlAs 超晶格纵声学声子的色散曲线。图中的放大图清楚表明，计及声学调制后 A_1 和 B_2 模发生分裂的情况。

2. 介电连续模型[18,21]

类似于上述弹性连续模型在超晶格中的应用，4.3.2 节介绍的介电连续模型—黄昆方程也可以应用于超晶格。具体做法如下：

首先，分别写出对 A/B 超晶格材料 A 和 B 的介电常数

$$\begin{aligned} \varepsilon_A(\infty) &= \varepsilon_{\infty,A}\frac{\omega^2-\omega_{LO,A}^2}{\omega^2-\omega_{TO,A}^2} \\ \varepsilon_B(\infty) &= \varepsilon_{\infty,B}\frac{\omega^2-\omega_{LO,B}^2}{\omega^2-\omega_{TO,B}^2} \end{aligned} \tag{5.26}$$

其中，$\varepsilon_{\infty,A}$和 $\varepsilon_{\infty,B}$分别是材料 A 和 B 的高频介电常数，$\omega_{LO,A}$、$\omega_{TO,A}$、$\omega_{LO,B}$和 $\omega_{TO,B}$分别是材料 A 和 B 的纵和横光学声子的频率。

其次，引入在两种材料界面处的静电连续条件，即

$$\begin{aligned} E_{/\!/,A}|_0 &= E_{/\!/,B}|_0 \\ D_{z,A}|_0 &= D_{z,B}|_0 \end{aligned} \tag{5.27}$$

式中，符号“$|_0$”表示取两种材料之间的界面值。

最后，应用黄昆方程和静电方程，可以得到超晶格光学声子频率的色散关系如下

$$\cos(q_{/\!/}d)=\cosh(q_{/\!/}d_A)\cosh(q_{/\!/}d_B)+\frac{1}{2}\left[\frac{\varepsilon_A}{\varepsilon_B}+\frac{\varepsilon_B}{\varepsilon_A}\right]\sinh(q_{/\!/}d_A)\sinh(q_{/\!/}d_B) \tag{5.28}$$

人们把 $\omega_{LO,A}$、$\omega_{TO,A}$、$\omega_{LO,B}$和 $\omega_{TO,B}$等于相应体材料 A 和 B 光学声子频率的模称作限制光学模（或类体模），否则称为宏观界面模。这两类模分别有下列特性。

1) 限制光学模(类体模)

对于 A/B 超晶格，$\omega_{LO,A}$的振动在材料 B 中有

$$\begin{aligned} \varphi_B(z) &= 0 \\ E_B &= 0 \\ E_{/\!/,A}|_0 &= 0 \\ \varphi_A(z)|_0 &= 0 \\ w_B &= 0 \end{aligned} \tag{5.29}$$

上述等式表明，层 A 的类体模在层 B 中的静电势 $\varphi_B(z)$、电场 E_B 和光学约化位移 w_B 均恒为零，也就是说，层 A 的类体模的完全限制在层 A 内。

2）宏观界面模

对于两个层厚比不同的$(GaAs)_{20}/(AlAs)_{20}$和$(GaAs)_{20}/(AlAs)_{60}$超晶格（下标表示原子单层数），用方程(5.28)计算的宏观界面模的色散关系如图5.11(a)、(c)和图5.11(b)、(d)所示。图中的＋(－)号分别代表GaAs(AlAs)宏观界面模静电势相对于GaAs阱(AlAs垒)中心平面对Z反演的宇称是偶和奇。从图上可以看到$d_{GaAs} \leqslant d_{AlAs}$和$d_{GaAs} > d_{AlAs}$的宇称正好相反。图中斜线区域是振动模可以存在的区域，不对称的GaAs/AlAs在中间区域不存在宏观界面模。

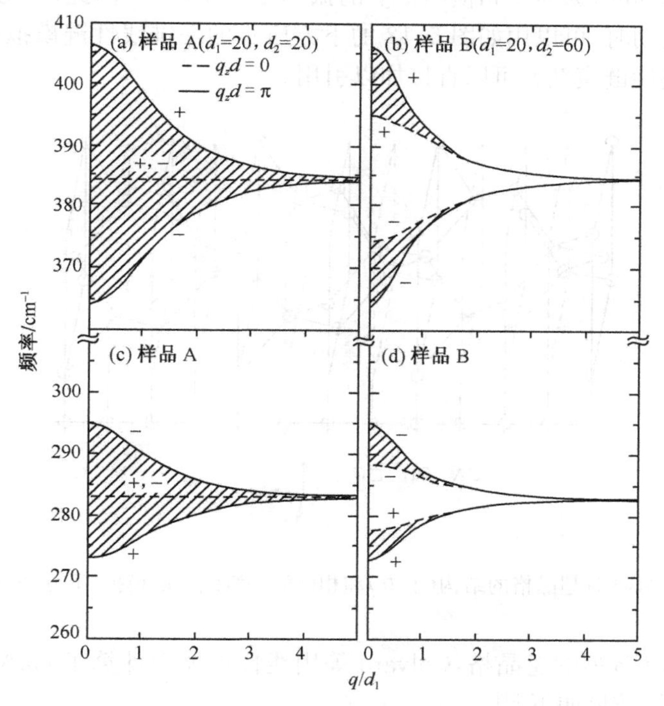

图5.11　$(GaAs)_{d_A}/(AlAs)_{d_B}$宏观界面模的色散关系

(a)$d_A=d_B$；(b)$3d_A=d_B$[22]

在$\omega_{LO,B} > \omega_{TO,B} \gg \omega_{LO,A} > \omega_{TO,A}$以及$\varepsilon_{\infty,A} \approx \varepsilon_{\infty,B}$的情况下，$q_z=0$和$q_{/\!/} \to 0$的宏观界面模的频率为[18]

$$\omega_{+A}^2 \approx \frac{1}{d}(d_A\omega_{LO,A}^2 + d_B\omega_{TO,A}^2)$$

$$\omega_{-A}^2 \approx \frac{1}{d}(d_B\omega_{LO,A}^2 + d_A\omega_{TO,A}^2)$$

$$\omega_{+B}^2 \approx \frac{1}{d}(d_B\omega_{LO,B}^2 + d_A\omega_{TO,B}^2)$$

$$\omega_{-B}^2 \approx \frac{1}{d}(d_A\omega_{LO,B}^2 + d_B\omega_{TO,B}^2) \tag{5.30}$$

3. 线性链模型

1) AB/CB 型超晶格

图 5.12 的上方展示了一个由原子(离子) A、B、和 C 构成的三元 AB/BC 型超晶格的结构示意图。在该超晶格结构中，垂直于生长方向 z 的 x-y 平面上的原子是作为整体运动的，纵向 z 和横向 x-y 的振动不产生耦合，因此，考虑沿 z 方向即纵向的原子运动时，可以用如图 5.12 的下方所示的一维线性链模拟，因此，4.1.3 节讨论过的线性链模型就可以直接加以引用。

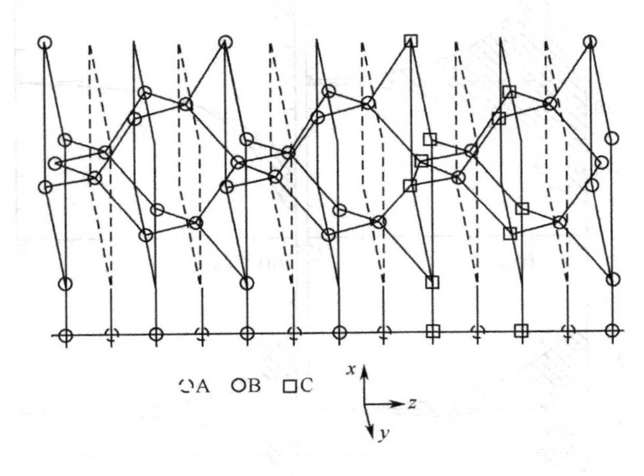

图 5.12　AB/CB 超晶格的结构(上方)和相应的一维线性链模拟(下方)的示意图[15]

对于 AB/CB 型的超晶格，Colvard 等用线性链模型计算了 GaAs/AlAs 超晶格的色散关系，结果如下[23]

$$\cos(qd) = \cos(q_1d_1)\cos(q_2d_2) + \eta\sin(q_1d_1)\sin(q_2d_2) \tag{5.31}$$

式中，q_1 和 q_2 分别是 GaAs 和 AlAs 层的波矢，而 η 为

$$\eta = \frac{1-\cos(q_1d_1)\cos(q_2d_2)}{\sin(q_1d_1)\sin(q_2d_2)} \tag{5.32}$$

图 5.13 是用线性链模型计算的 AB/CB 型 GaAs/AlAs 超晶格的纵和横声子色散曲线示意图，其中虚线和实线分别代表体和超晶格的色散曲线。图 5.13 再一次具体显示，超晶格色散曲线与体声子色散曲线之间的折叠(限制)关系。

2) AB/CD 型超晶格[24]

图 5.14(a)是 AB/CD 型超晶格 InAs/GaSb 的结构和线性链模拟的示意图。从图中可以发现与 AB/CB 超晶格不同，它在界面两边的原子都是不同的，也就是

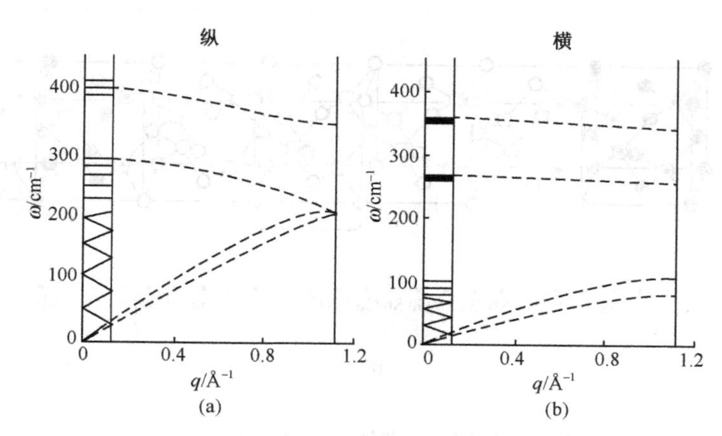

图 5.13　用线性链模型计算得到的超晶格 GaAs/AlAs 的纵(a)和横(b)声子色散曲线[23]

说,界面键与层内键完全不同。例如,界面处出现的 B—C(As—Ga)和 A—D(In—Sb)键,与 AB 和 CD 层内存在的键 A—B(In—As)和 C—D(Ga—Sb)完全不同。而在 AB/CB 型超晶格 GaAs/AlAs 界面处出现的键是 Ga—As 和 Al—As,它们与 AB 层内的键 Ga—As 和 CB 层内的 As—Al 键是完全一样的。因此可以预期,AB/CD 超晶格将出现与界面键振动有关的新振动模。

Fasolino 用线性链模型计算了 InAs/GaSb 超晶格。图 5.14(b)展示了几个声子模位移和对应的频率值。其中 EX 是扩展模,C_1 和 C_2 是限制模,而 IF 是界面模。从图中可以发现最上面的那个 IF 模的振动位移局域于界面,这就是上面预言的 GaAs/AlAs 等 AB/CB 型超晶格所没有的新模,它仅与边界两边原子有关,高度局域于界面层,因此后来被称为"微观界面模"。

4. 黄-朱模型[25]

黄-朱模型是对黄昆和李爱扶(Reys)于 1951 年发表的偶极子晶格(dipole lattice)模型在超晶格中的应用和推广[26]。

该模型首先假定 A 和 B 两层材料的振动模的固有频率 ω_{OA} 和 ω_{OB} 有频率差

$$\Delta\omega_0^2 = \omega_{OB}^2 - \omega_{OA}^2 \tag{5.33}$$

此频率差反映超晶格内存在一个势垒高度为 $\Delta\omega_0^2$ 的声子势阱,表明了材料 A 和 B 构成了超晶格结构。然后,将超晶格的振动(位移)波函数以材料 A 的本征振动模 $|\boldsymbol{q},j\rangle$($j=1,2,3$ 依次代表 LO、TO_1 和 TO_2 振动模)为基展开,那么,周期 $L=(n_A+n_B)a$(a 是假设体材料 A 和 B 有相同的晶格常数,n_A 和 n_B 分别为材料 A 和 B 原子单层数)和超晶格声子波矢为 $\boldsymbol{q}$ 的第 i 个原子的振动位移波函数为

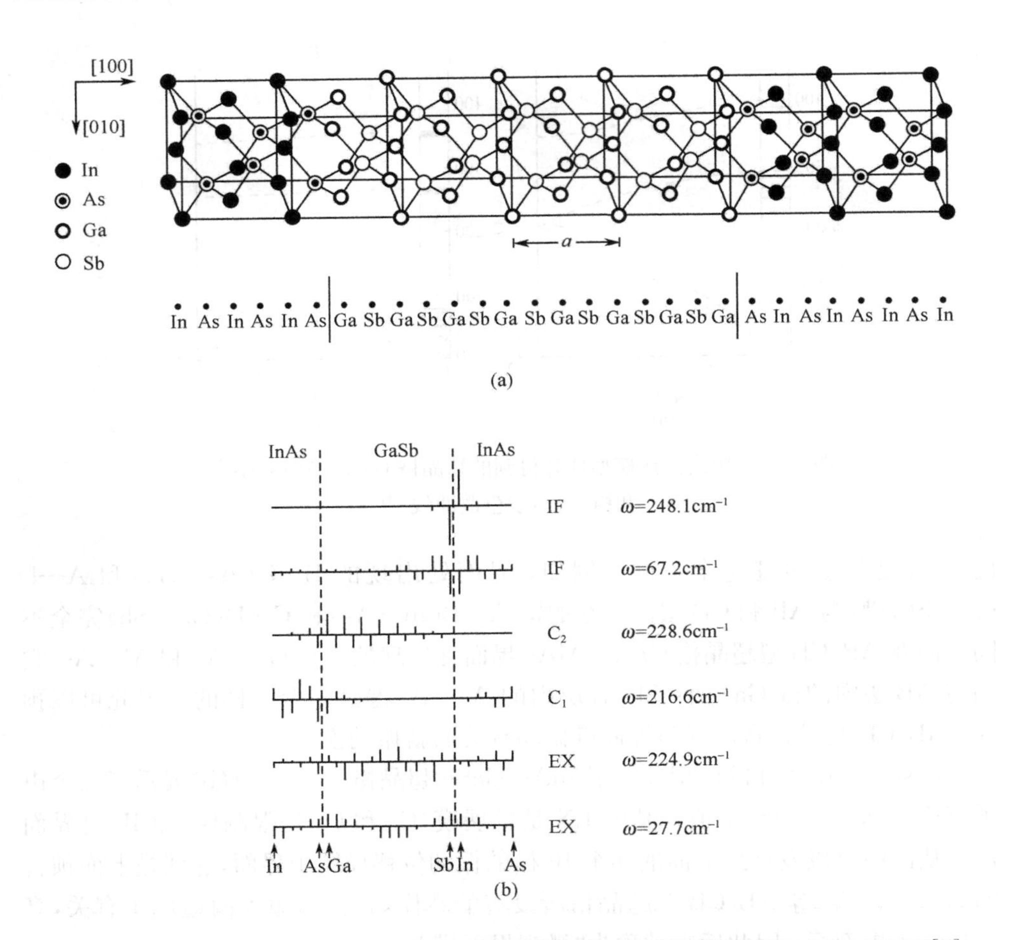

图 5.14 InAs/GaAs 超晶格的结构和线性链模拟(a)和声子模位移和频率(b)示意图[24]

$$\boldsymbol{u}(l|\boldsymbol{q};i)=\sum_{sj}a_{sj}(\boldsymbol{q},i)|\boldsymbol{q}_s,j\rangle=\sum_{sj}a_{sj}(\boldsymbol{q},i)[N^{-3/2}\mathrm{e}^{\mathrm{i}\boldsymbol{q}_s\cdot\boldsymbol{r}(l)}\boldsymbol{e}^0(\boldsymbol{q}_s,i)] \quad (5.34)$$

其中,N^3 是体原胞个数,$\boldsymbol{e}^0(\boldsymbol{q}_s,i)$是波矢为 $\boldsymbol{q}_s$ 的单位偏振矢量,$i=1,2,3,\cdots,3(n_A+n_B)$。在该波函数的基础上,通过构建超晶格的哈密顿,求解动力学方程,就得到了 A_{n_A}/B_{n_B} 超晶格的色散关系和位移矢量等。

黄-朱微观模型取得了很大的成功,它揭示了许多人们原先没有认识或者作了错误理解的超晶格的动力学性质和行为。例如,其中与拉曼散射直接相关的就有:

(1) 关于宏观界面模的本质问题。黄-朱模型证明,宏观界面模是阶数 $n=1$ 的限制光学模,而限制光学模(类体模)对应于 $n\geqslant 2$ 的模,因此,黄-朱模型揭示了宏观界面模具有光学振动模的性质。

（2）发现类体模和宏观界面模分别与传播（波矢）方向无关和有关。

（3）揭示静电库仑作用在超晶格中起着十分重要的作用。例如，静电库仑作用使超晶格中宏观界面模明显依赖于波矢 $\boldsymbol{q}$（即传播）方向，以及体材料中有关偶极禁戒的偏振选样定则在超晶格中不再成立。

（4）揭示了介电连续模型是对应于没有考虑声子色散的黄-朱模型。图 5.15 是用连续介电模型和零色散黄-朱模型计算 A_7/B_7 超晶格类 A 宏观界面模色散关系的结果。图 5.15 清楚地显示了介电连续模型对应于不考虑声子色散的黄-朱模型。

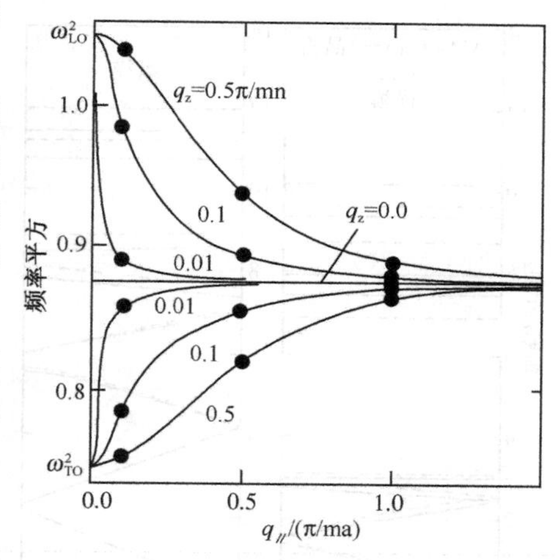

图 5.15　A_7/B_7 超晶格宏观界面模色散关系的计算曲线

实线和圆点分别代表连续介电模型和零色散黄-朱模型的结果

5. 键电荷线性链模型[27]

Yip 和 Chang（张亚中）在本书 4.2.5 节介绍过的键电荷模型的基础上，提出了如图 5.16 所示的键电荷线性链模型，模型包括只考虑离子间的短程作用，以及同时计及短程作用和键电荷间的库仑作用这两种情况。他们用该模型具体计算了 $(GaAs)_2/(AlAs)_2$ 和 $(GaAs)_5/(AlAs)_2$ 的声子色散曲线。计算结果如图 5.17 所示。结果表明，对于光学声子，是否考虑库仑力，计算结果有较大差别。

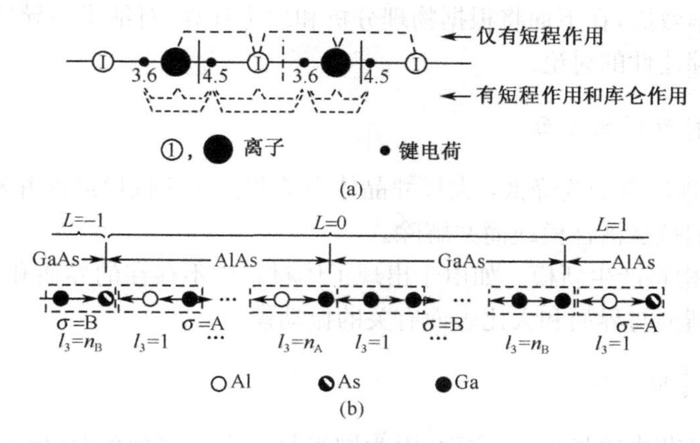

图 5.16　键电荷线性链模型（a）和 n_A/n_BGaAs/AlAs(001)超晶格的键电荷线性链模拟（b）

L 和 l_3 分别标记单胞和原子层

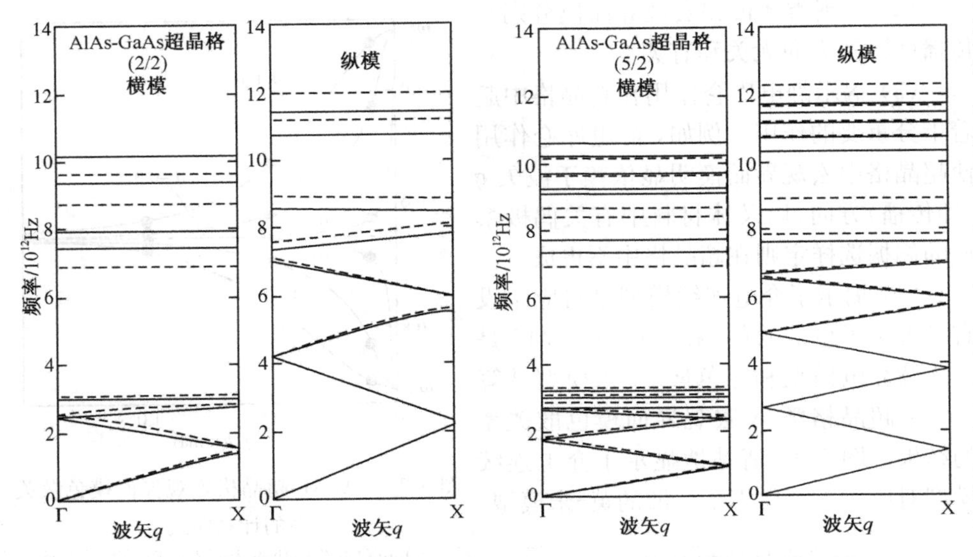

图 5.17　用键电荷线性链模型计算的$(GaAs)_2/(AlAs)_2$和$(GaAs)_5/(AlAs)_2$沿生长方向$q_{/\!/}=0$的声子色散曲线

虚线和实线分别为只计及短程力以及还考虑了库仑力的情况

5.3　纳米半导体

在 5.1.3 节曾叙述了小尺寸在能量、动量和对称性等方面出现的基本效应。基于这些基本效应,在下面将根据物理分析和理论计算,对纳米半导体的拉曼光谱特征作一些综述性的讨论。

1. 拉曼振动模数方面

1) 因对称性改变或降低，大尺寸晶体中的非拉曼活性模或简并模，在纳米半导体中将变成拉曼活性模或简并解除。

2) 新结构将产生新模。如由于出现了体材料中不存在的界面和大比表面积，必定会产生新的与界面和大比表面有关的振动模。

2. 光谱特征方面

在 5.1.2 节中曾指出,一方面,因为纳米材料和体材料的晶体结构是相同的,因此,纳米材料一般仍可沿用体材料的色散曲线。但是,另一方面,由于小尺寸破坏了平移对称性和动量发生了 $\Delta\boldsymbol{q}\approx\hbar/\Delta\boldsymbol{r}$($\Delta\boldsymbol{r}$ 是尺寸的不确定性)的弥散。使得拉曼光谱的 $q=0$ 的选择定则弛豫，在波矢范围 Δq 内的声子都可以参与拉曼散射过程。下面，将在体色散曲线基础上，对纳米材料拉曼光谱的特征做一些定性的预期。

图5.18(a)是典型的半导体色散曲线。根据动量守恒和波矢选择定则，对于体材料的拉曼散射，只有色散曲线上$q=0$处的ω_1和ω_2的声子参与拉曼散射，因此，所出现的光谱就只能是如图5.18(b)中位于ω_1和ω_2两条竖直虚线所示的窄谱线。但是，对于纳米半导体，凡是在动量弥散范围Δq内的声子都将参与拉曼散射，于是它的拉曼光谱将会是如图3.16(b)实线所示的两个谱带，该谱带至少会出现如下特征：

(1) 对于体色散曲线斜率不为零的半导体，峰值频率发生移动，移动方向将因斜率>0或<0，而分别发生上移或下移；

(2) 由于参与散射的波矢范围扩展了，必定导致谱线展宽；

(3) 对于体色散曲线斜率不为零的色散曲线，线型变为非对称，并因色散曲线斜率>0或<0，谱带的“尾巴”分别出现在高频率或低频端。

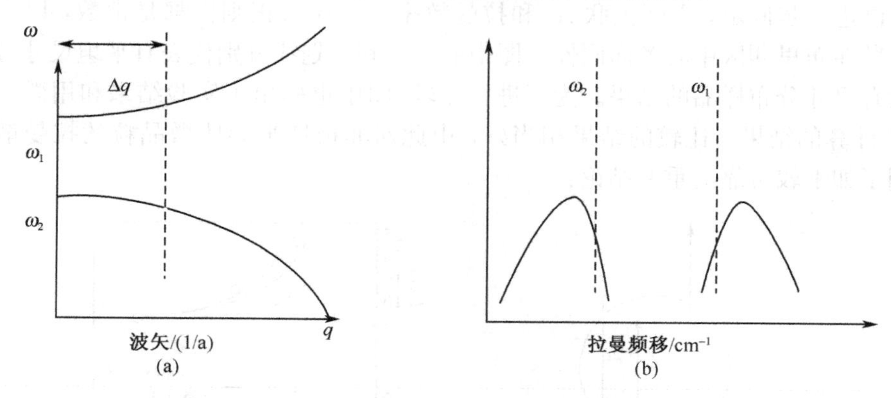

图5.18 典型的体半导体色散曲线(a)和纳米材料拉曼光谱特征改变(b)的示意图

5.3.1 非极性半导体微晶粒[28]

Ohtani和Kawamura计算了微晶Si膜的拉曼散射，为此引入了下列模型：

(1) 振动是简谐的，所以它的可以解析为正则模。

(2) 通过材料的电子极化率的位移关系，振动与光发生耦合。

(3) 正则振动模的相干性限制在每个微晶粒内。该短程相干性假定使得通常的动量守恒定则被破坏，从而使光散射过程可以出现在材料所有的正则模上。

基于4.5.3节介绍的关联函数理论，认为微晶粒和无限晶体的差别只在于关联函数扩展区域大小的不同。在无限晶体中空间关联函数

$$R(\boldsymbol{r},j)=\Lambda_j\exp(\mathrm{i}\boldsymbol{q}_j\cdot\boldsymbol{r}) \tag{5.35}$$

Λ_j是j模空间关联的幅度，Λ_j依赖于光学介电常数相对于第j个正则模的原子位

移的一级微分。对于微晶粒，因为正则振动模相干性限制在每个微晶粒内，空间关联函数应修正为

$$R(\boldsymbol{r},j)=C(\boldsymbol{r})\Lambda_j\exp(\mathrm{i}\boldsymbol{q}_j\cdot\boldsymbol{r})\tag{5.36}$$

其中，$C(\boldsymbol{r})$为考虑上述受限相干性而引入的调制函数。当$|\boldsymbol{r}|$到达微晶粒的物理边界时，$C(\boldsymbol{r})$单调的降为0。$C(\boldsymbol{r})$导致散射过程中动量守恒定则的弛豫。

在假定晶粒是球状和在微晶粒内不存在声子阻尼后，在每个晶粒内，声子的相干性是理想的。于是，如图5.19(a)所示，薄膜内有另一个球放在离第一个球的$-r$处，它们关联的统计平均正比于两个直径为D的球心分开$|\boldsymbol{r}|$后的重叠部分的体积，即图中阴影部分的体积。假如晶粒尺寸不存在分布，则有

$$C(\boldsymbol{r})=\begin{cases}\dfrac{1}{2D^3}(2D^3-3D^2r+r^3), & r\leqslant D\\ 0, & r>D\end{cases}\tag{5.37}$$

图5.19(b)展示了对Si晶粒计算得到的拉曼频移$\Delta\omega$和峰宽Γ的结果。在计算中已进一步假定，空间关联Λ_j和拉曼效率对于所有正则模都是常数，以及声子色散在布里渊区中心各向同性。图中的实线和点划线分别代表有平坦尺寸分布和没有尺寸分布样品的结果。为了进行比较，图中也标出了实验结果和用微晶模型[29]计算的结果。比较的结果相当好，由此对非极性半导体微晶粒的拉曼散射得到了如下较可靠的重要结论：

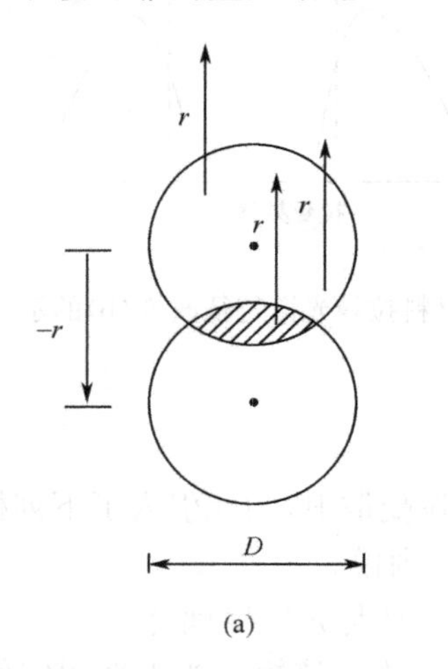

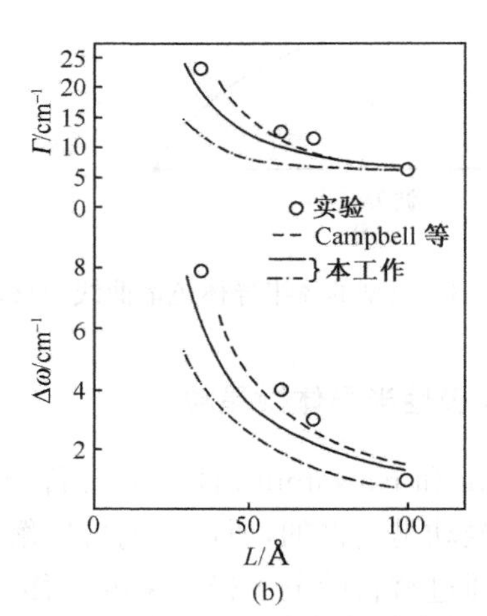

图5.19　非极性半导体微晶粒模型的示意图(a)和用此模型计算得到Si晶粒的拉曼频移$\Delta\omega$和峰宽Γ的结果[28](b)

(1) 动量守恒的弛豫起重要作用；

(2) 由于计算中没有计入声子阻尼、表面振动模和晶格膨胀等，说明这些因素对微晶粒的拉曼散射没有重要影响。

5.3.2　Si 纳米晶[30]

胡新华(X. H. Hu)和资剑(J. Zi)用团簇模型，计算了 Si 纳米晶的声子色散曲线和振动态密度(VDOS)。

计算发现，对于尺寸大于 2nm 的纳米晶，仍然可以有声子能量弥散的色散关系。图 5.20(a)展示了一个计算实例，样本是含 915 个原子而等价于尺寸为 3.27nm 的 Si 纳米晶声子色散关系。从图可以看到，声子的色散关系虽然与体声子的色散关系(实线)相似，但是声子的能量是弥散的，动量取分立值。

对 Si 纳米晶的振动态密度的计算显示，相对于体 Si 的振动态密度，Si 纳米晶的声子态密度在低频区增加了，而在高频区，态密度峰位下移。论文作者认为这是尺寸限制的结果。图 5.20(b)显示了上述特点。同时也显示，纳米晶和体振动态密度总体上差别不大，这与 4.4 节关于非晶体和晶体 Si 振动态密度计算结果类似。其根源同样是因为两者在计算中都只涉及了小尺寸范围的相互作用。

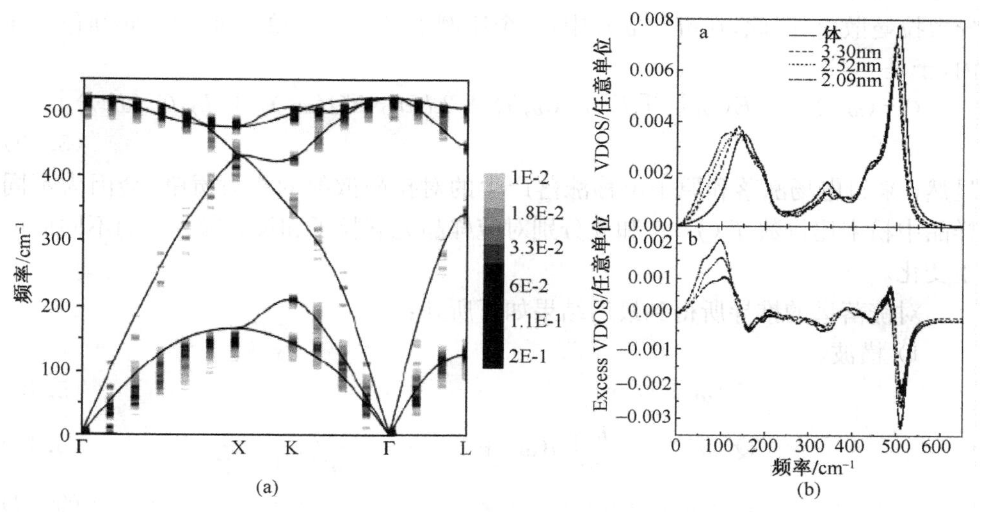

图 5.20　计算的 3.27nm 硅纳米晶的色散关系(a)和
不同尺寸纳米晶的振动态密度及其体振动态密度的差别(b)
实线是 Si 的体声子色散曲线

5.3.3　极性晶粒粉状半导体[31]

Martin 和 Genzel 讨论了样品尺寸小于入射激光波长的小晶粒构成的粉末状半导体的拉曼散射。粉末在光学上可以考虑成是有横和纵长波声子的均匀介质，构成样品的粉末密度很大，在一个波长内有很多粒子，如果粒子间没有短程相互作用,它们通过长程偶极矩场提供必要的声子间的耦合。据此，他们提出了有如下特点的模型：

(1) 粉末内的粒子间存在相互作用；

(2) 每个小晶粒完全由频率相关的复介电函数描述，并能支持一极化波,但是小晶粒的原子性被忽略；

(3) 假定只有均匀极化的振动模是拉曼活性模；

(4) 由相互作用晶粒构成的粉末层，在光学上类似均匀的各向同性介质。

基于辐射的经典理论,由激光场 $E(\omega_I)$感生的振荡偶极子所辐射的散射光强 $I(\omega_s)$可表达为

$$I(\omega_s)=\frac{V^2 n_s}{2\pi c^3}\frac{\omega_s^4}{R^2}\langle P^2(\omega_s)\rangle \tag{5.38}$$

这里的$\langle P^2(\omega_s)\rangle$是单位体积内由激光场 $E(\omega_I)$引起偶极矩 $P(\omega_s)$的 ω_s 傅氏分量均方涨落。n_s 是频率为 ω_s 时的折射率,c 为光速,R 是测量点至偶极子之间的距离,V 是样品体积。来自宏观电场的涨落$\langle E^2(\omega_{ir})\rangle$和原子位移的涨落$\langle Q^2(\omega_{ir})\rangle$都将导致拉曼散射,因此,在$\langle P^2(\omega_s)\rangle$中,一个比例于$\langle EQ(\omega_{ir})\rangle$的关联项也必须包括在内,于是

$$\langle P^2(\omega_s)\rangle=|E(\omega_I)|^2[d_E^2\langle E^2(\omega_{ir})\rangle+2d_E d_Q\langle EQ(\omega_{ir})\rangle+d_Q^2\langle Q^2(\omega_{ir})\rangle] \tag{5.39}$$

显然，来自电场涨落和原子位移涨落产生的对拉曼散射的相对贡献,会因为不同样品中粉末比例数 f（$f=1$ 和 0 分别对应样品充满粒子和没有粒子）的不同而产生变化。

对涨落谱的推导所得到最后结果如下所列：

1）横波

$$\langle E^2(\omega)\rangle=0 \tag{5.40}$$

$$\langle Q^2(\omega)\rangle=\frac{\hbar}{2\pi\mu}[n(\omega)+1]\frac{\omega\gamma}{(\omega_{\mathrm{ST}}^2-\omega^2)^2+\omega^2\gamma^2} \tag{5.41}$$

$$\langle EQ(\omega)\rangle=0 \tag{5.42}$$

2）纵波

$$\langle E^2(\omega)\rangle=\frac{2fN\hbar}{\varepsilon_\infty^{av}}[n(\omega)+1]\frac{(\omega_{\mathrm{SL}}^2-\omega_{\mathrm{ST}}^2)\omega\gamma}{(\omega_{\mathrm{SL}}^2-\omega^2)^2+\omega^2\gamma^2} \tag{5.43}$$

$$\langle Q^2(\omega)\rangle=\frac{\hbar}{2\pi\mu}[n(\omega)+1]\frac{\omega\gamma}{(\omega_{\mathrm{SL}}^2-\omega^2)^2+\omega^2\gamma^2} \tag{5.44}$$

$$\langle EQ(\omega)\rangle=-\left(\frac{fN}{\pi\mu\varepsilon_\infty^{av}}\right)^{1/2}\hbar[n(\omega)+1]\frac{(\omega_{\mathrm{SL}}^2-\omega_{\mathrm{ST}}^2)^{1/2}\omega\gamma}{(\omega_{\mathrm{SL}}^2-\omega^2)^2+\omega^2\gamma^2} \tag{5.45}$$

其中 $n(\omega)$是玻色-爱因斯坦热分布因子,γ 是唯象的阻尼项,ω_{SL}和 ω_{ST}分别是纵声子和横声子的频率，它们与静电和高频平均介电常数 ε_0^{av} 和 ε_∞^{av}有关系

$$\omega_{SL}^2/\omega_{ST}^2 = \varepsilon_0^{av}/\varepsilon_\infty^{av} \tag{5.46}$$

在前面的表达式中，$f=0$ 表示粉末样品像一个个孤立的粒子，此时横波表达式等于纵波的表达式，特别是$\langle E^2\rangle$和$\langle EQ\rangle$对于两种极化都等于0，ω_{ST}和ω_{SL}是相等的；这结果表明，对孤立的球，区分它的振动模是横模还是纵模是没有意义的。当f趋近于1时，样品像体材料，在涨落表达式中的ω_{ST}和ω_{SL}趋近于体材料的ω_T和ω_L值。在物理上，这是必然的结果。以上结果也证明理论和计算是正确的。

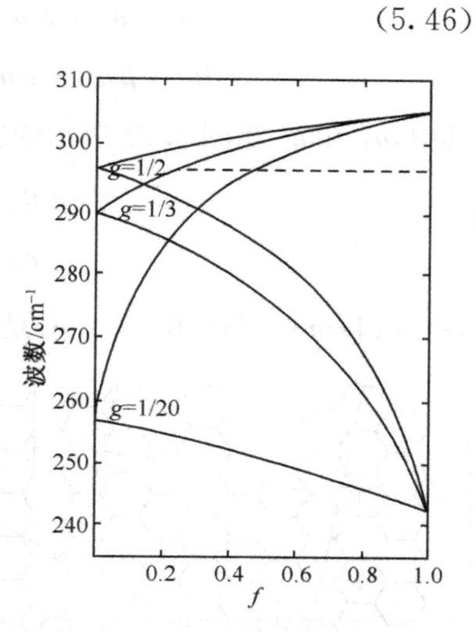

图 5.21　计算得到的 CdS 纵声子(上支)和横声子(下支)的频率 ω_{SL} 和 ω_{ST} 与 f 的关系图

对 CdS 计算所得到的纵和横声子频率 ω_{SL} 和 ω_{ST} 对 f 的关系示于图 5.21，其中 g 是形状因子，$g=1/3$ 是球，$g=1/2$ 对应适合于沿着垂直于无穷大针轴的形状因子，$g=1/20$ 时的局域场是沿着一个有限长的针的场。纵波的电场涨落是与 f 相关的，而原子位移涨落(图中的虚线)是与 f 无关的。图 5.21 也具体证明了 5.1 节中关于小尺寸体系的拉曼散射与样品形状有关的论述。

全部计算结果表明，如果粉末由小于入射波长的小晶粒构成，它在光学上可以被当作有确切定义的纵和横的长波声子的均匀材料，它们的频率将依赖于样品的密度和晶粒的形状，而来自电场涨落和原子位移的拉曼散射的相对贡献还依赖于粉末样品的密度。

5.3.4　碳纳米管

在 1992 年最早发现的碳纳米管是多壁的碳纳米管[32]，单壁碳纳米管于 1993 年才第一次制备出来[32(b),33]，此后，理论研究工作基本上集中在单壁碳管上展开。在本小节主要讨论单壁碳纳米管的有关工作。

1. 碳纳米管的结构特征[34]

单壁碳纳米管可以看成由如图 5.22 所示的石墨片卷曲成。图中的长方形 $OAB'B$ 定义为纳米管的单胞(unit cell)，当把图中 O 和 A 位置与 B 和 B' 对接，就构成了纳米管。其中$\overrightarrow{OA}$和$\overrightarrow{OB}$分别定义为纳米管的手征矢 $\boldsymbol{C}_h$ 和平移矢 $\boldsymbol{T}$，矢量 $\boldsymbol{R}$ 称为对称矢。他们定义表达式如下列

$$\boldsymbol{C}_h = n\boldsymbol{a}_1 + m\boldsymbol{a}_2 \equiv (m,n) \qquad (n,m\text{ 为整数},0\leqslant |m|\leqslant n) \tag{5.47}$$

$$\boldsymbol{T} = t_1\boldsymbol{a}_1 + t_2\boldsymbol{a}_2 \equiv (t_1, t_2) \qquad (t_1 \text{ 和 } t_2 \text{ 是整数}) \tag{5.48}$$

$$\boldsymbol{R} = p\boldsymbol{a}_1 + q\boldsymbol{a}_2 \equiv (p, q) \qquad (p \text{ 和 } q \text{ 是整数}) \tag{5.49}$$

其中，$\boldsymbol{a}_1$ 和 $\boldsymbol{a}_2$ 是图 5.22 所示的实空间的单位矢量，有关系

$$\begin{aligned} \boldsymbol{a}_1 \cdot \boldsymbol{a}_2 &= \boldsymbol{a}_2 \cdot \boldsymbol{a}_2 = a^2 \\ \boldsymbol{a}_1 \cdot \boldsymbol{a}_2 &= a^2/2 \end{aligned} \tag{5.50}$$

$a = 0.144\text{nm} \times \sqrt{3} = 0.249\text{nm}$，是蜂房形结构的晶格常数。

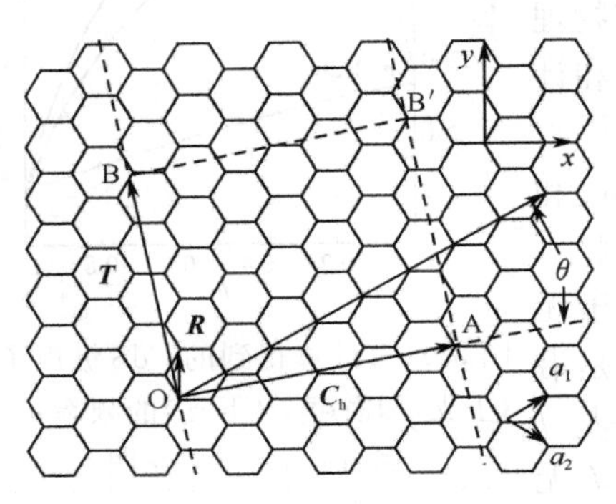

图 5.22 对应于 $\boldsymbol{C}_\text{h} = (4,2)$，$d = d_\text{R} = 2$，$\boldsymbol{T} = (4, -5)$，$N = 28$，$\boldsymbol{R} = (1, -1)$ 纳米管的两维石墨片的示意图

其中 d 是 m 和 n 的最大公约数，d_R 是 $(2m+n)$ 和 $(2n+m)$ 的最大公约数

上述三个矢量可以用来表达碳纳米管的一些物理参数，如设 L 是 $\boldsymbol{C}_h$ 的长度，碳纳米管的直径

$$\begin{aligned} d_t &= L/\pi = |\boldsymbol{C}_h|/\pi \\ &= a\sqrt{n^2 + m^2 + nm}/\pi \end{aligned} \tag{5.51}$$

由矢量 $\boldsymbol{C}_h$ 和 $\boldsymbol{a}_1$ 之间夹角定义的手征角 θ 可以表达为

$$\cos\theta = \frac{\boldsymbol{C} \cdot \boldsymbol{a}_1}{|\boldsymbol{C}_h||\boldsymbol{a}_1|} = \frac{2n + m}{2\sqrt{n^2 + m^2 + nm}} \tag{5.52}$$

图 5.23 展示了对应于碳纳米管单胞的布里渊区，$\boldsymbol{K}_1$ 和 $\boldsymbol{K}_2$ 分别是沿纳米管轴（对应 $\boldsymbol{C}_h$）和圆周方向（对应 $\boldsymbol{T}$）的倒格矢，它们表述为

$$\boldsymbol{K}_1 = \frac{1}{N}(-t_2\boldsymbol{b}_1 + t_1\boldsymbol{b}_2) \tag{5.53}$$

$$\boldsymbol{K}_2 = \frac{1}{N}(m\boldsymbol{b}_1 - n\boldsymbol{b}_2) \tag{5.54}$$

其中，$\boldsymbol{b}_1$ 和 $\boldsymbol{b}_2$ 分别为二维石墨的倒格矢

$$\begin{aligned} \boldsymbol{b}_1 &= \left(\frac{2\pi}{\sqrt{3}a}, \frac{2\pi}{a}\right) \\ \boldsymbol{b}_2 &= \left(\frac{2\pi}{\sqrt{3}a}, -\frac{2\pi}{a}\right) \end{aligned} \tag{5.55}$$

碳纳米管按对称性可以分成手征和非手征两类，而非手征的又可以进一步区分为扶手椅(armchair)和锯齿形(zigzig)两种纳米管。它们的具体结构如图 5.24 所示。

由石墨片卷曲而成的单壁纳米管的管径一般小于 2nm，管壁是单分子层石墨，直径/长度比一般在 $10^{-4} \sim 10^{-5}$，因此，完全可以略去图 5.24 中所示的纳米管两端的“帽子”形结构，而把碳纳米管看成是典型的轴对称的一维纯管形结构。

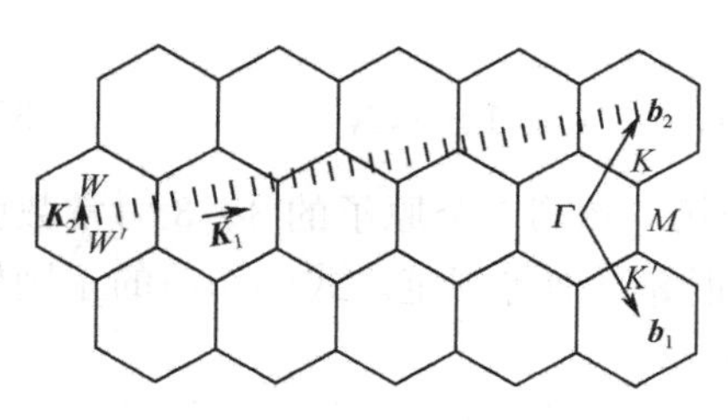

图5.23 碳纳米管的布里渊区示意图

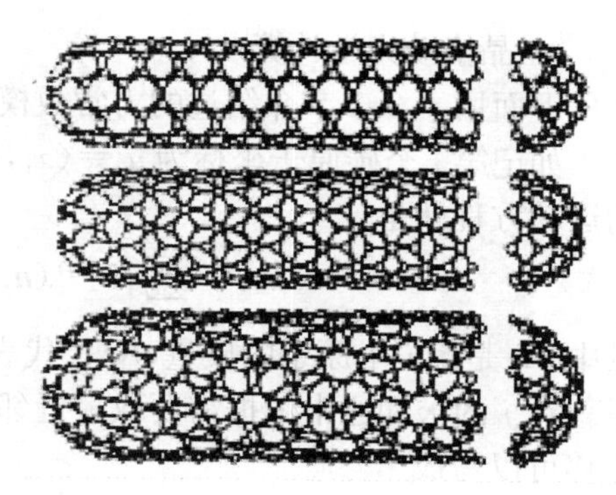

图5.24 碳纳米管三种类型结构的示意图
(上)扶手椅(中)锯齿形(下)手征性[34]

2. 碳纳米管声子的色散曲线[34]

1) 折叠方法

碳纳米管径向结构与超晶格生长方向的结构在对称性上有类似之处,例如,也出现了石墨中不存在的新的周期性,于是,也出现了能带折叠的现象。因此,碳纳米管的色散曲线 $\omega_{1D}^{m\mu}(k)$ 也可以通过二维石墨片的色散曲线 ω_{2D}^{m} 的折叠得到,有类似于式(5.24)的折叠关系式

$$\omega_{1D}^{m\mu}(k)=\omega_{2D}^{m}\left(k\frac{\boldsymbol{K}_2}{|\boldsymbol{K}_2|}+\mu\boldsymbol{K}_1\right) \tag{5.56}$$

上式中的 $m=1,\cdots,6$;$\mu=0,\cdots,N-1$;$-\pi/T<k\leqslant\pi/T$,而 $N=2(n^2+m^2+nm)/d_R$,d_R 是$(2m+n)$和$(2n+m)$的最大公约数。

但是折叠方法只能获得在石墨片中能量为非零的声子的振动模。例如,对于如图5.25(a)所示的垂直于石墨片平面的切向振动,对应于 $\boldsymbol{q}=0$ 处的垂直于石墨片平面的切向声学(TA)模,在两维石墨色散曲线中能量为零。当石墨片卷曲成碳纳米管,如图5.25(b)所示,该振动模变成纳米管的径向振动模,成为 $\boldsymbol{q}=0$ 处能量不为零的径向呼吸(radial breathing,RA)振动模。但是,用折叠方法得不到原有色散曲线能量为零的振动模,因此,用折叠方法不可能得到径向呼吸(RA)模,因此,严格的碳纳米管的色散曲线仍然需要通过晶格动力学计算获得。

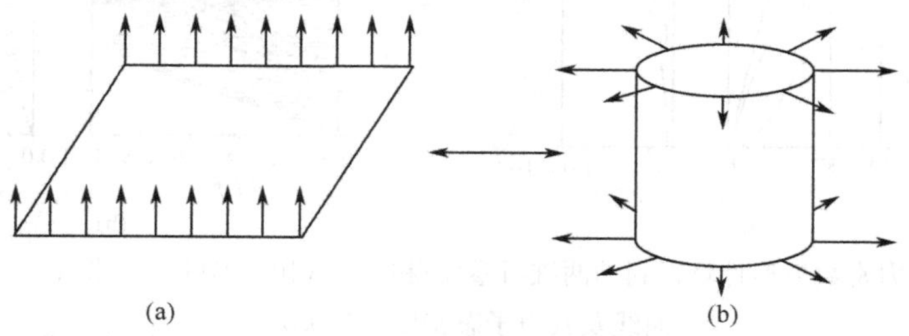

图5.25 垂直于石墨片面的振动(a)及其在纳米管中变成径向振动的示意图[34]

2）晶格动力学计算[35]

下面用 4.2.2 节介绍过的力常数模型，对碳纳米管进行晶格动力学计算。

如记第 i 个碳原子坐标为 $u_i=(x_i,y_i,z_i)$，对于单胞(unit cell)内有 N 个原子的运动方程就是

$$M_i \ddot{\boldsymbol{u}}_i = \sum_j K^{(i,j)}(\boldsymbol{u}_j - \boldsymbol{u}_i), \qquad i=1,\cdots,N \tag{5.57}$$

其中 M_i 是第 i 个原子的质量，$K^{(i,j)}$ 代表耦合第 i 和第 j 个原子的 3×3 力常数张量。对 j 的求和通常依据需要取最近邻或次近邻近似等规定。式(5.57)的正则模位移可以写成

$$\boldsymbol{u}_i = \frac{1}{\sqrt{N_\Omega}}\sum_{q'} \mathrm{e}^{\mathrm{i}(\boldsymbol{q}'\cdot\boldsymbol{R}_i-\omega t)}\boldsymbol{u}_{\boldsymbol{k}'}^{(i)} \tag{5.58}$$

于是，运动方程(5.57)变成

$$\left(\sum_j \boldsymbol{K}^{(i,j)} - M_i\omega^2\right)\sum_{k_1} \mathrm{e}^{-\mathrm{i}(\boldsymbol{q}'\cdot\boldsymbol{R}_i-\omega t)}\boldsymbol{u}_{\boldsymbol{k}'}^{(i)} = \sum_j \boldsymbol{K}^{(i,j)}\sum_{\boldsymbol{k}'} \mathrm{e}^{\mathrm{i}(\boldsymbol{q}'\cdot\boldsymbol{R}_i-\omega t)}U_{\boldsymbol{k}'}^{(j)} \tag{5.59}$$

并可进一步写成

$$\left(\sum_j \boldsymbol{K}^{(i,j)} - M_i\omega^2(\boldsymbol{k})\boldsymbol{I}\right)U_{\boldsymbol{k}}^{(i)} - \sum_j \boldsymbol{K}^{(i,j)}\mathrm{e}^{\mathrm{i}\boldsymbol{k}\cdot\Delta\boldsymbol{R}_{ij}}U_{\boldsymbol{k}'}^{(j)} = 0 \qquad i=1,\cdots,N \tag{5.60}$$

其中，$\boldsymbol{I}$ 是 3×3 的单位矩阵，$\Delta\boldsymbol{R}_{ij}=\boldsymbol{R}_i-\boldsymbol{R}_j$。根据式(5.60)的有解条件，得到了动力学矩阵

$$D^{(i,j)}(\boldsymbol{k}) = \left(\sum_{j''} K^{(i,j'')} - M_i\omega^2(\boldsymbol{k})\boldsymbol{I}\right)D_{ij} - \sum_{j'} K^{(i,j')}\mathrm{e}^{\mathrm{i}\boldsymbol{k}\cdot\Delta\boldsymbol{R}_{ij'}} \tag{5.61}$$

其中 j'' 求和取所有近邻位置；j' 求和只取等于 j 原子的位置。

通过计算动力学矩阵式(5.61)就可以得到声子色散曲线。图 5.26(a)和图 5.26(b)就分别是计算得到的石墨和 $\boldsymbol{C}_h=(10,10)$ 的碳纳米管的声子色散曲线和相应的声子态密度。

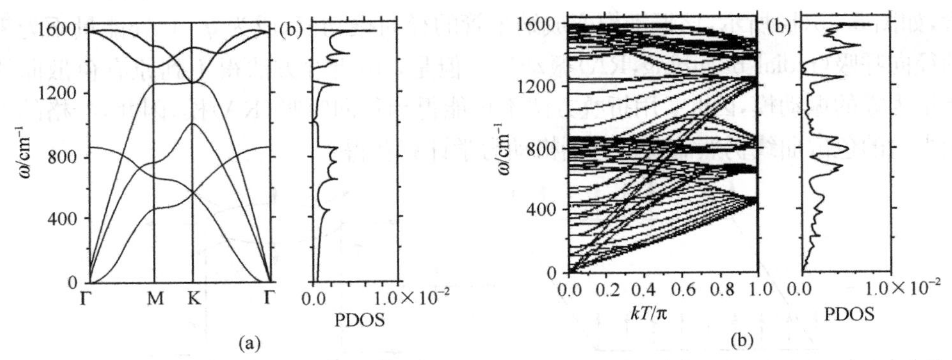

图 5.26　用力常数模型计算得到的两维石墨(a)和 $C_h=(10,10)$ 的碳纳米管(b)的声子色散曲线及其声子态密度(PDOS)[34]

5.3.5 量子阱线、量子线或纳米线

在小尺寸晶体的尺寸限制和形状两个基本效应中，尺寸限制效应在极性和非极性半导体中都存在，但是"形状效应"一般认为只在极性半导体中出现。这是因为在极性半导体中存在长程库仑作用，小尺寸晶体的形状会对长程库仑作用产生影响，相反，对于作用距离主要局限于近邻原子的形变势，形状的影响可以忽略，因而形状效应只在极性半导体中出现。

量子阱线以及量子线和纳米线都是非球形状最简单的纳米材料，因此，人们常常把它们作形状效应的典型例子进行研究。

1. 限制光学振动模[36,37]

Comas 等[36(a)]用介电连续模型分析和计算了 GaAs/AlAs 量子线。量子线的圆截面半径为 r_0，定义线轴方向为 z，对沿轴线传播的声子($q_z=0$)，得到了 GaAs/AlAs 量子线声子模的超越方程

$$\frac{(\varepsilon_\infty^{(1)}+\varepsilon_\infty^{(2)})}{2}[f_{n-1}(x)f_{n+1}(y)+f_{n-1}(y)f_{n+1}(x)]$$
$$+\left(\frac{\beta_{\mathrm{LO}}}{\beta_{\mathrm{TO}}}\right)^2\frac{\varepsilon_\infty^{(1)}}{y^2}R^2\left[f_{n-1}(x)+\frac{n}{x}f_n(x)\left(\frac{\varepsilon_\infty^{(2)}}{\varepsilon_\infty^{(1)}}-1\right)\right]f_{n+1}(y)=0 \qquad (5.62)$$

其中，$\varepsilon_\infty^{(i)}$是 i 材料的高频介电常数，f_n 是第一类贝塞尔函数，β_{LO}和 β_{TO}分别代表 LO 和 TO 模本身的电场，$x=qr_0$，$y=Qr_0$，$R^2=(r_0/\beta_{\mathrm{LO}})^2(\omega_{\mathrm{LO}}^2-\omega_{\mathrm{TO}}^2)$，对于 R^2 有限制条件

$$R^2=x^2-y^2(\beta_{\mathrm{TO}}/\beta_{\mathrm{LO}})^2 \qquad (5.63)$$

根据上式计算得到的 LO 和 TO 模能量与量子线直径 r_0 的关系如图 5.27 所示。

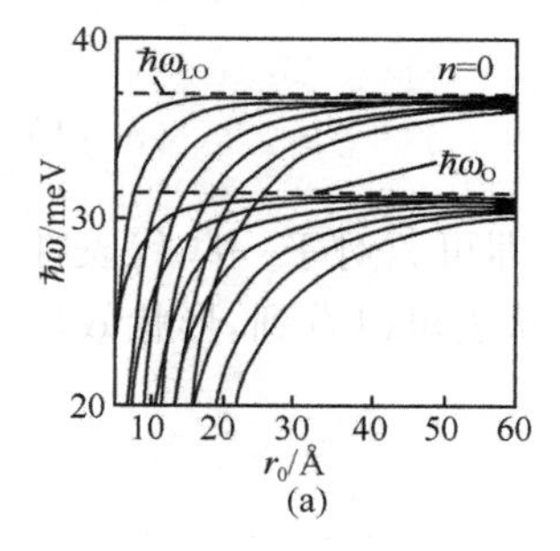

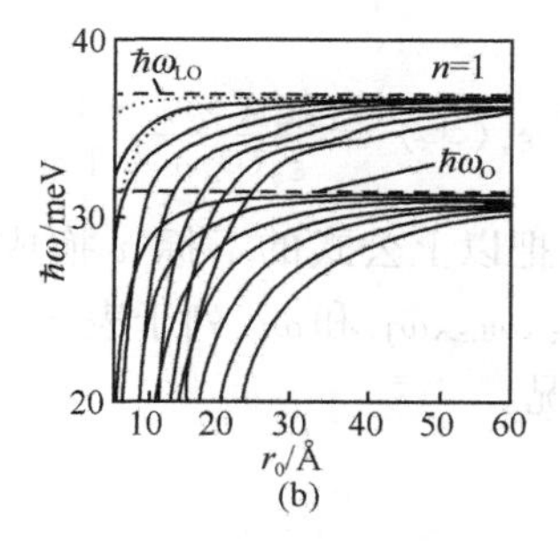

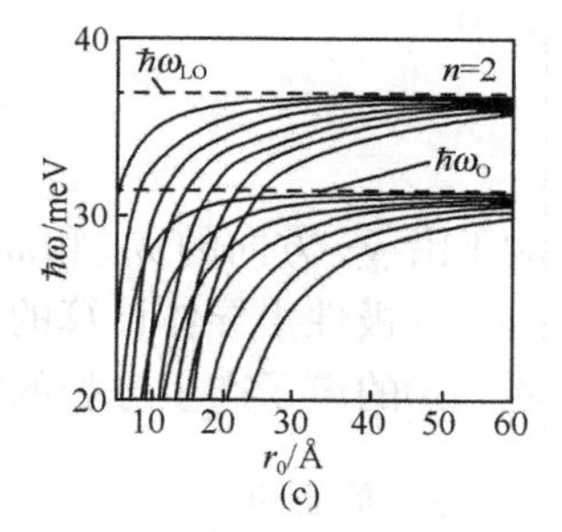

图 5.27　GaAs/AlAs 量子线 LO 和 TO 模能量 $\hbar\omega$ 与量子线直径 r_0 的关系
虚线是对应体材料声子模的能量[36(a)]，在 $n=1$ 的图中，点线代表去耦合的 LO 声子模

从图 5.27 可以看到，在 $n=0$ 的情况下，有两者完全去耦合的纯纵模和横模，但是对 $n=1$ 和 $n=2$，纵和横模之间发生了耦合，出现了 LO 模向 TO 模靠近的

情况。

Mahan 等[37]对立方结构的极性半导体纳米线,详细计算了偶极子-偶极子相互作用产生的局域场对长度 L 和直径 D 之比 $L/D\to\infty$ 时的极性半导体纳米线光学声子的关联,得到体的纵和横声子的频率 ω_{LO} 和 ω_{TO} 为

$$\omega_{\mathrm{LO}}^2=\omega_0^2+\omega_P^2\frac{2(\varepsilon_z(\infty)+2)}{9\varepsilon_z(\infty)} \tag{5.64}$$

$$\omega_{\mathrm{TO}}^2=\omega_0^2-\omega_P^2\frac{2(\varepsilon_z(\infty)+2)}{9} \tag{5.65}$$

其中

$$\varepsilon_2(\infty)=1+\frac{4\pi\alpha/V_0}{1-4\pi\alpha/3V_0} \tag{5.66}$$

是高频介电常数,而 V_0 是单胞的体积,α 是单胞极化率,而

$$\omega_P^2=\frac{4\pi e^{*2}}{\mu V_0} \tag{5.67}$$

是等离子频率,其中 e^* 是 Szigeti 电荷,μ 是离子对的约化质量。

对于纳米线中的光学声子,沿 zz 方向的 $\varepsilon_{zz}(\omega)$ 在极点和 0 处与体材料光学声子的是一样的,因而

$$\begin{aligned}\omega_{\mathrm{T}z}&=\omega_{\mathrm{TO}}\\ \omega_{\mathrm{L}z}&=\omega_{\mathrm{LO}}\end{aligned} \tag{5.68}$$

对于沿 xx 方向,有

$$\omega_{\mathrm{T}x}^2=\omega_0^2+\omega_P^2\frac{(\varepsilon_x(\infty)+2)}{9(\varepsilon_x(\infty)+1)} \tag{5.69}$$

$$\omega_{\mathrm{L}x}^2=\omega_0^2+\omega_P^2\frac{7(\varepsilon_x(\infty)+2)}{9(\varepsilon_x(\infty)-1)} \tag{5.70}$$

其中

$$\varepsilon_x(\infty)=\frac{3\varepsilon_z(\infty)-1}{\varepsilon_z(\infty)+1} \tag{5.71}$$

对于沿 yy 方向的 $\omega_{\mathrm{T}y}$ 和 $\omega_{\mathrm{L}y}$,把以上公式的下标 x 换成 y 即可。对于一些代表性的立方极性半导体计算的 $\omega_{\mathrm{T}z}$、$\omega_{\mathrm{L}z}$、$\omega_{\mathrm{T}x}$ 和 $\omega_{\mathrm{L}x}$ 列于表 5.1,从表可以看到,形状效应使$q=0$的声子产生分裂的情况。

2. 界面模

朱邦芳[38]在黄-朱模型基础上,计算了一维量子阱线的界面模。计算得出的结论是,在许多方面与二维情况类似,例如,光学声子模也分成限制模和界面模,以及界面模具有来自体材料的纵和横模杂化的特性等。

表 5.1　立方极性半导体纳米线计算的 ω_{Tz}, ω_{Lz}, ω_{Tx} 和 ω_{Lx} 和体材料的 LO 和 TO 模的频率[37]

晶　体	$\omega_{TO}(\omega_{Tz})$ /cm^{-1}	$\omega_{LO}(\omega_{Lz})$ /cm^{-1}	ω_{Tx} /cm^{-1}	ω_{Lx} /cm^{-1}
GaAs	268.6	292	290.2	292.7
GaP	367	403	399.5	404.3
ZnS	274	349	337.9	353.6
SiC	796	972	950.5	980.6
ZnSe	206	252	245.9	254.4
ZnTe	179	206	202.9	207.2
CdTe	140	171	167.3	172.4
AlP	440	501	494.2	503.6
InP	303.7	345	341.3	346.4
InSb	179	200	198.8	200.4
AlSb	319	340	338.2	340.8

Zhang Li 和 Xie Hong-Jin[39] 用介电连续模型，计算了由多层空心圆柱构成的量子阱线的界面振动。图 5.28 画出了厚度依次为 5mm/5mm/5mm/∞的 GaAs/$Ga_{0.6}Al_{0.4}As$/GaAs/$Ga_{0.6}As_{0.4}Al_{0.4}As$ 的 4 层量子阱线界面模作为动量 k_z 的色散关系。从图可以看到存在 6 支界面模。它们只有在 k_z 小时才存在明显的色散。当 k_z 为 0 时，它们的频率分别趋向对应的量子阱异质结构的 ω_{TO1}、ω_{LO1}、ω_{TO2} 和 ω_{LO2}（其中 1 和 2 分别代表材料 GaAs 和 $Ga_{0.6}Al_{0.4}As$）。当 k_z 增大，1、2、3 和 4、5、6 支分别趋近于两个确定值 39.27meV 和 34.43meV。

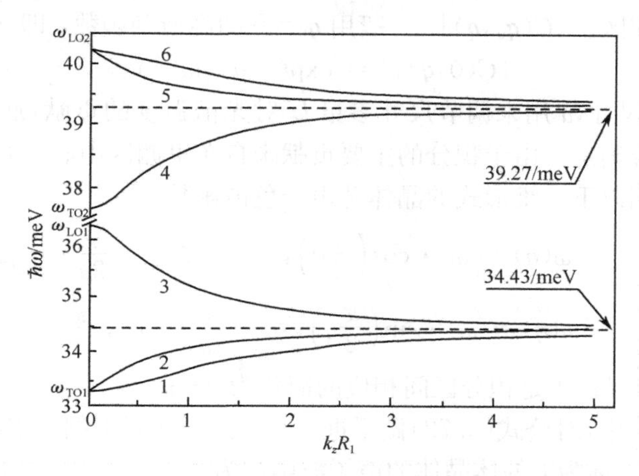

图 5.28　在角量子数 $m=0$，GaAs/$Ga_{0.6}Al_{0.4}As$/GaAs/$Ga_{0.6}As_{0.4}Al_{0.4}As$ 的 4 层量子阱线（厚度依次为 5mm/5mm/5mm/∞）的界面模的色散关系[39]

5.4　关于微晶模型

在小尺寸体系的拉曼散射研究中，一些唯象理论已被人们广泛应用，其中比较著名的有微晶(micro-crysral)模型。微晶模型常常是空间关联(spacial correlation)模型和 WRL 模型的统称。两个模型都是为解释实测到拉曼光谱频率移动和谱线展宽的现象建议的。但这两个模型所涉及的光谱特征改变的具体根源不同，前者源自 $Ga_{1-x}Al_xAs$ 中合金化所引起的声子局域化，后者来自微晶粒的小尺寸对声子造成的限制。基于一方面微晶模型已被广泛和成功地的应用，尤其是实验工作者常用此模型拟合和分析实验结果，但是另一方面，又有人对模型本身提出质疑。因此在本节将对此进行一些分析和讨论。

5.4.1　原始的微晶模型

1. WRL 模型

WRL 模型最初由 H. Richter、Z. P. Wang (汪兆平)和 L. Ley 等于 1981 年发表的论文中提出[29]，所以有的文献中把此模型称为 WRL 模型。1986 年 Campbeel 和 Fauchet 对 WRL 模型进行了进一步的论述和验证[40]。

WRL 模型提出一级声子拉曼散射光谱强度 $I(\omega)$可以用下式计算

$$I(\omega) = \int \frac{\mathrm{d}q^3 \cdot |C(\boldsymbol{q}_0, \boldsymbol{q})|^2}{[\omega - \omega(\boldsymbol{q})]^2 + (\Gamma_0/2)^2} \tag{5.72}$$

其中，$\omega(\boldsymbol{q})$为相应体材料的声子色散曲线，Γ_0 为体材料拉曼峰的自然线宽，积分范围为整个布里渊区。$|C(\boldsymbol{q}_0, \boldsymbol{q})|^2$ 一般用 $\boldsymbol{q}_0=0$ 的高斯型函数，即

$$|C(0, \boldsymbol{q})|^2 = \exp(-q^2/4\alpha L^2) \tag{5.73}$$

式中，L 为晶粒尺寸，α 用来调节尺寸参量 L 对光谱强度的贡献，通过理论计算与实验结果的拟合确定。由于积分的主要贡献来自布里渊区中心，为了简化，在纳米硅计算中通常用以下一维形式的晶体硅声子色散函数

$$\omega(q) = \omega_0 \cdot \cos\left(\frac{a}{2}q\right), \qquad 0 \leqslant q \leqslant \frac{\pi}{2a} \tag{5.74}$$

$$\omega(q) = \omega_0 \cdot \sin\left(\frac{a}{2}q\right), \qquad \frac{\pi}{2a} \leqslant q \leqslant \frac{\pi}{a} \tag{5.75}$$

其中，a 是晶格常数，于是积分区间相应的简化为 $0 \sim \pi/a$。

在文献[40]中，对公式(5.72)做了进一步论述。作者根据布洛赫定理，写出波矢为 $\boldsymbol{q}_0$ 和空间坐标为 $\boldsymbol{r}$ 的体晶体的声子波函数为

$$\Phi(\boldsymbol{q}_0, \boldsymbol{r}) = u(\boldsymbol{q}_0, \boldsymbol{r}) \cdot \exp(\mathrm{i}\boldsymbol{q}_0 \cdot \boldsymbol{r}) \tag{5.76}$$

其中，$u(\boldsymbol{q}_0, \boldsymbol{r})$是以晶格常数为周期的周期函数，$\exp(\mathrm{i}\boldsymbol{q}_0 \cdot \boldsymbol{r})$是一平面波。

对纳米量级的小尺寸晶粒，声子波函数要乘上一个与尺寸有关的声子限制函数 $W(\boldsymbol{r},L)$，使声子限制在尺寸为 L 的微晶粒体内

$$\psi(\boldsymbol{q}_0,\boldsymbol{r}) = W(\boldsymbol{r},L)\cdot\Phi(\boldsymbol{q}_0,\boldsymbol{r}) = \psi'(\boldsymbol{q}_0,\boldsymbol{r})\cdot u(\boldsymbol{q}_0,\boldsymbol{r}) \tag{5.77}$$

在论文[29]中，实际上是认为 $W(\boldsymbol{r},L)$ 是在边界的振动幅度依然有等于峰值振幅 1/e 的高斯函数 $\exp(-2r^2/L^2)$。对 $\psi'(\boldsymbol{q}_0,\boldsymbol{r})$ 进行傅氏变换。

$$\psi'(\boldsymbol{q}_0,\boldsymbol{r}) = \int \mathrm{d}q^3\cdot C(\boldsymbol{q}_0,\boldsymbol{q})\cdot\exp(\mathrm{i}\boldsymbol{q}\cdot\boldsymbol{r}) \tag{5.78}$$

其中

$$C(\boldsymbol{q}_0,\boldsymbol{q}) = \int \mathrm{d}r^3\cdot\psi'(\boldsymbol{q}_0,\boldsymbol{r})\cdot\exp(-\mathrm{i}\boldsymbol{q}\cdot\boldsymbol{r}) \tag{5.79}$$

因为 $\psi'(\boldsymbol{q}_0,\boldsymbol{r})$ 是反映声子在微晶实空间内的“密度”分布函数，$C(\boldsymbol{q}_0,\boldsymbol{q})$ 也就是声子在波矢空间的“密度”分布函数。

式(5.78)表明，坐标空间的声子密度分布函数可以表述为不同 $\boldsymbol{q}$（动量）的平面波的组合，反映了晶粒动量弥散这一新特点。组合中不同 q 值的平面波对组合贡献的权重并不相同，由权重函数 $C(\boldsymbol{q}_0,\boldsymbol{q})$ 决定。

在球晶粒情况，Richter 等取 $\boldsymbol{q}_0=0$ 权重函数[38]是

$$|C(0,\boldsymbol{q})|^2 \approx \mathrm{e}^{-q^2L^2/c} \tag{5.80}$$

而 Campbell 和 Fauchet 在论文[40]中建议了多种限制函数 $W(\boldsymbol{r},L)$，并认为使用下述高斯型分布函数效果比较好

$$W(\boldsymbol{r},L) = \exp(-4\pi\cdot r/L) \tag{5.81}$$

它反映了在实空间，声子密度是中心最强、边界趋于零的对称分布形式的。波函数式(5.77)均假设晶粒为球形颗粒。对于外形不规则的微晶，限制函数的差别很小，可以不考虑由此造成的误差。

2. 空间关联(spacial corrolation)模型[41,42]

针对 $Ga_{1-x}Al_xAs$ 中类 GaAs 光学声子拉曼光谱随 x 增加出现的谱线不对称展宽，作者认为，如声子色散曲线为 $\omega(q)$，那么，频率为 $\omega(q)$ 和半高宽为 $\Gamma(q)$ 的声子散射谱，按洛伦兹分布对总的散射谱作出贡献，于是总的拉曼强度 $I(\omega)$ 就是对总散射有贡献的不同 ω 和线宽 Γ 的谱线的权重之和

$$I(\omega) = \int_0^1 P(q)\frac{\Gamma(q)/\pi}{[\omega-\omega(q)]^2+\Gamma(q)^2}\mathrm{d}q \tag{5.82}$$

其中，$P(q)$ 是权重因子，代表不同模对总光谱贡献的概率。此外，作者还作了下列具体假定：

(1) $\omega(q)=\omega_0-\beta q^2$；

(2) Γ 与 q 无关；

(3) 权重因子 $P(q)$ 是围绕 $q=0$，半宽为 α 的洛伦兹型的函数，即

$$P(q)=\frac{2\alpha}{\pi}\frac{1}{q^2+\alpha^2} \tag{5.83}$$

用式(5.82)的计算结果与实验符合得相当好。

如果假设$\Gamma(q)$是与q无关的，则$P(q)\approx|C(0,q)|^2$，在形式上，WRL 和空间关联模型就雷同了。而从物理上看，声子的尺寸限制和局域化，对拉曼散射所产生的效果实际上是无法区分的。因此，两者在形式上的雷同也就不足为怪了。这也就是为什么人们在应用中，往往不去严格区分两个模型而统称微晶模型的原因。在以下小节讨论中，也用微晶模型统一代表上述两个模型。

5.4.2　微晶模型的应用

在微晶模型提出后，微晶模型的在纳米半导体以及离子注入半导体和合金半导体等方面已被广泛和成功地得到应用。

例如，对于多孔硅，硅纳米线和金刚石等非极性纳米半导体，用微晶模型计算的拉曼谱都取得了与实验拉曼光谱良好的拟合结果。图 5.29 就列举了几个这种拟合结果。

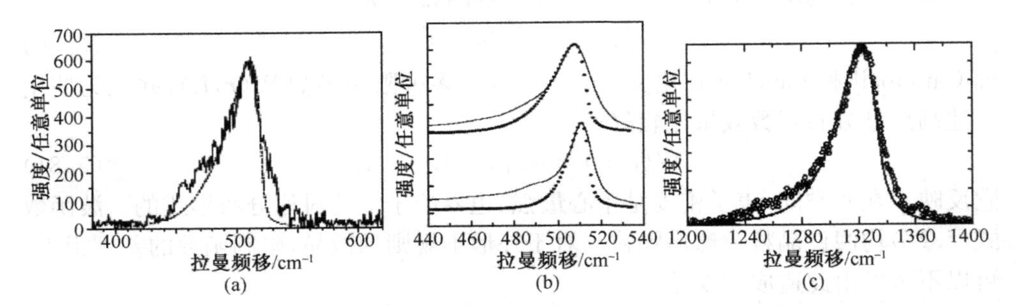

图 5.29　微晶模型计算的多孔硅[43]、硅纳米线[44]和纳米金刚石[45]拉曼谱与实验谱的比较

在极性纳米半导体以及合金化和局域化导致的拉曼光谱的特征变化方面，微晶模型的拟合也取得了成功[46,47]。图 5.30 就是两个例子。

微晶模型中有声子权重函数$W(\boldsymbol{r},L)$、色散关系$\omega(q)$和线宽Γ_0等因子。其中声子权重函数是核心因子，它的具体表达式的选择对拟合有关键影响，除非能构成一个合适的权重函数，模型就不能给出正确的拉曼谱，事实上，后来的许多权重函数已经和模型最初给出的形式非常不同了。其中比较广泛应用的是式(5.73)所表达的声子权重函数。由于权重函数中有尺寸L和参数α等可调参数，因此通过拟合，将能获取通过拟合得到相关参数值，例如，在多孔硅拟合过程，图 5.31(a)所示结果，使人们认识到多孔硅的形状是圆柱状的，而在图 5.31(b)中，由微晶模型得到了拉曼频移与多孔硅平均尺寸的关系曲线。

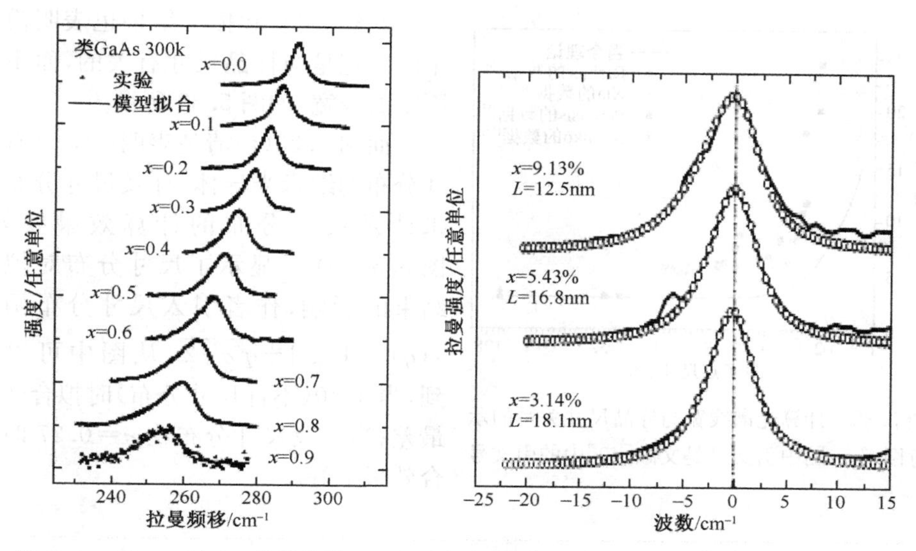

图 5.30　$Ga_{1-x}Al_xAs$ 薄膜的类 GaAs 纵光学模[46]和 $Zn_{1-x}Be_xSe$ 薄膜的类 ZnSe 纵光学模[47]的实验观察(实线)和微晶模型计算的理论拉曼光谱随组分系数 x 的变化图

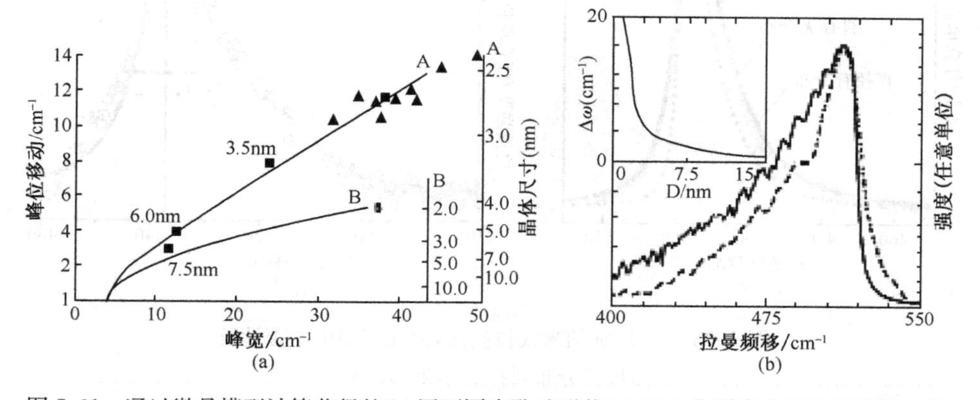

图 5.31　通过微晶模型计算获得的(a)用不同多孔硅形状(A 和 B 分别代表球和圆柱的直径)拟合多孔硅实验拉曼的结果[43],以及(b)多孔硅平均尺寸 D 与拉曼频率的关系[44]

实际上,在很多成功的应用中,模型中的其他两个因素 $\omega(q)$和 Γ_0 的选择,也和原来模型的选择有所不同。例如,Paillard 等[48]提出了如式(5.84)所示的色散关系$\bar{\omega}(q)$,来显示三维的声子色散曲线的各向异性,取代传统的各向同性的一维的色散关系。

$$\bar{w}_0=\sqrt{\frac{1}{3}\Big(S(\boldsymbol{q}=0)-\sum_{\text{acoustic}}\omega_l^2\Big)}=\sqrt{522^2-\frac{126100\times q_r^2}{|q_r|+0.53}};|q_r|<0.5 \tag{5.84}$$

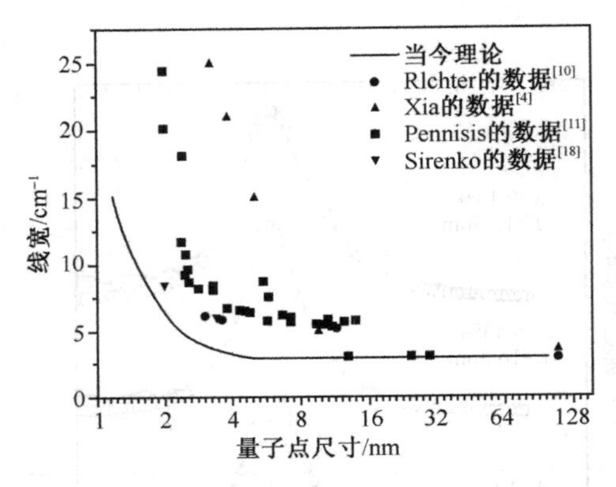

图 5.32　计算光谱线宽与样品尺寸关系的示意图[49]。图中引文号是文献[49]中的引文号

此外,实验和拟合结果也表明模型中的线宽是与样品尺寸有关的,而不是固定的线宽,如图 5.32 所示。

而图 5.33(a)清楚表明[50],对有尺寸分布的纳米半导体,计及尺寸分布比未计及尺寸分布的计算效果要好。图 5.33(b)[51]显示了尺寸分布对拟合结果的影响,作者引入尺寸分布函数 $f(q)=1/\sqrt{1+q^2\sigma^2/2}$,从图中可以看到,当 $\sigma=0$(不计尺寸分布)时拟合效果最差;当计及尺寸分布在 $\sigma=0.27$ 时拟合效果最好。

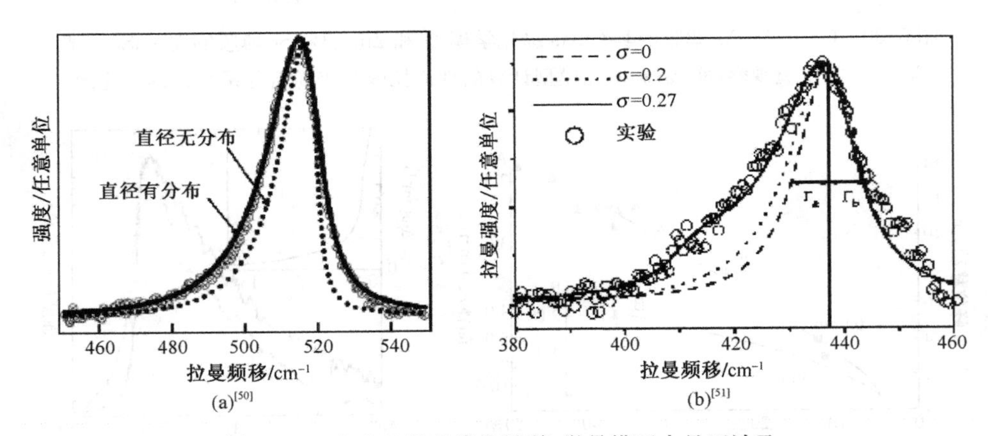

图 5.33　对于 Si 纳米线拉曼谱,微晶模型中是否计及样品尺寸分布对拟合结果的影响[50]
(a)以及 ZnO 量子点实验拉曼光谱与用不同尺寸分布 σ 的微晶模型计数谱的比较[51]

5.4.3　微晶模型的有效性

5.4.2 节的讨论表明,人们不得不在进行或多或少的修改后,才使微晶模型得以成功应用,这些也使人们对微晶模型的有效性产生了怀疑。在本小节,将专门讨论微晶模型的有效性问题。

首先,许多学者通过与微观模型的对比和从模型参数选择的角度,对模型的有效性进行了讨论。

例如,资剑(J. Zi)等在分波-密度近似(Partial-desity approsimation)的框架

内，用微观键极化率模型，得到了背散射几何配置下，在偏振 $\mu\nu$ 时的拉曼强度为[52]

$$I_{\mu\nu}(\omega) \propto [n(\omega)+1]\sum_{j}\delta[\omega-\omega_j(q)]\,|\Delta\alpha_{\mu\nu}(j\boldsymbol{q})|^2 \tag{5.85}$$

其中$[n(\omega)+1]$是玻色-爱因斯坦因子。资剑等对原子数最多达到657个的多种直径Si球进行了计算。

因为振动的幅度可以看作微晶模型中的权重函数，对于357个原子(直径约为2.35nm)的Si球，资等计算了从球中心到球边界的振动幅度(在球中心振动幅度归一化为1)的变化。并认为该振动幅度可看作包络函数或权重函数。微观极化率模型和用不同权重函数的微晶模型计算的结果示于图5.34。

如果定义频移

$$\Delta\omega = \omega(L) - \omega_0 \tag{5.86}$$

$\omega(L)$是尺寸L的Si球的频率，ω_0是理想晶体Si在$\Gamma=0$处LO或TO频率。从键极化率模型，得到了$\Delta\omega$的解析式为

$$\Delta\omega = -A(a/L)^{\gamma} \tag{5.87}$$

其中，$A=47.41\text{cm}^{-1}$，$\gamma=1.44$。计算的拉曼频移$\Delta\omega$与Si球晶粒尺寸的关系示于图5.35。

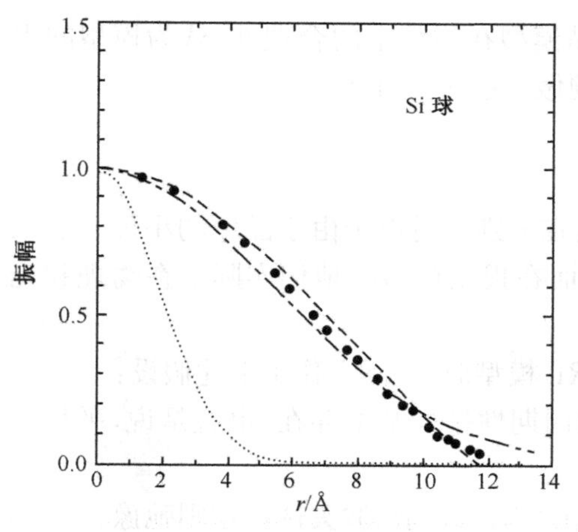

图 5.34　直径为2.35nm Si球振动幅度的计算结果[52]

圆点是键极化率模型计算结果，其余为微晶模型用sinc函数(虚线)以及$\alpha=9.67$(点线)和$\alpha=8\pi^2$(点划线)的高斯函数作为权重函数的计算结果

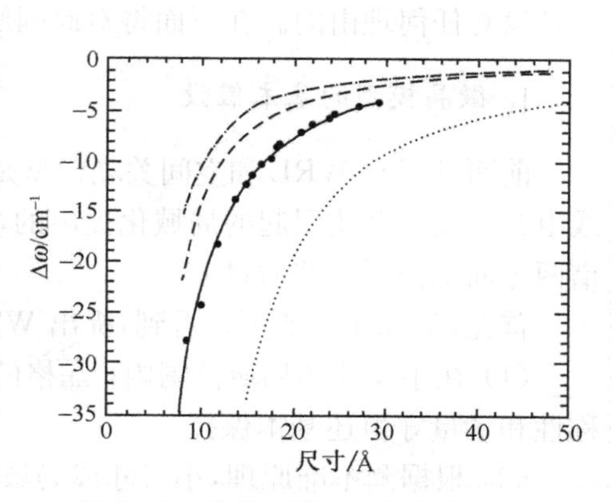

图 5.35　拉曼频移$\Delta\omega$与Si球纳米晶粒尺寸的关系[52]

实点和线是键极化率模型计算的结果，虚线、点线，点划线分别是微晶模型用sinc权重函数以及$\alpha=8\pi^2$和$\alpha=9.76$的高斯权重函数的计算结果

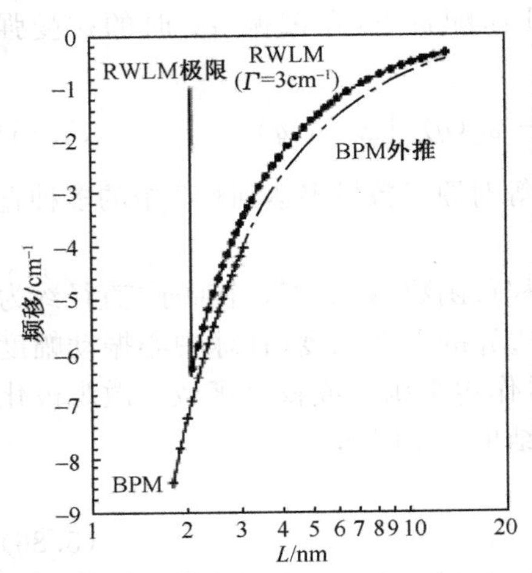

图 5.36 线宽 $\Gamma=3\text{cm}^{-1}$ 时微晶模型(RWLM)计算的极限与键极化率模型(BPM)计算结果的比较[54]

资剑等的上述研究结果表明，对小尺寸的 Si 球，微晶模型对权重函数和拉曼频移不能同时给出满意的描述。如果对 Si 球用微晶模型计算，在所有的权重函数中，sinc 函数在限制效应和相对频移方面有较好的结果。

Paillard 等[53]认为微晶模型和键极化率模型没有资剑等所指出的那么的不一致，但是，如图 5.36 所示，他们认为微晶模型在粒子直径小于 2.2nm 时，键极化率模型可能比较合适。而 Adu 等[54]指出，模型失效的具体尺寸小于 4nm。

此外，也有学者企图从微观理论出发提出新的微晶模型[55]。

综合以上讨论，从应用效果看，可以认为微晶模型在晶粒尺寸小于 3nm 左右时已经失效。

5.4.4 微晶模型的合理性

已有不只一位学者从根本上质疑微晶模型在物理上的合理性，认为模型的提出是没有任何理由的。在下面将对此问题做一些讨论分析。

1. 微晶模型的基本假设

前面已提到 WRL 和空间关联模型是在分别针对声子由于晶体的小尺寸受限或由合金化和杂质引起的局域化提出的，而在提出模型时他们实际上在物理和光谱两方面都做了一些假设。

首先，从 5.4.1 节可以看到，提出 WRL 模型时，实际上作了下述假设：

(1) 在小尺寸和局域范围内，晶格的周期性排列基本存在，也就是说，平移对称性和动量守恒还基本保持；

(2) 根据测不准原理，小尺寸或局域化使动量弥散，波矢选择定则弛豫。

其次，从 5.4.1 节，也可以了解到，空间关联模型在写出散射强度的公式(5.82)时，作者在光谱特征上是做了具体说明的，应该认为说明是有道理的。

但是，WRL 模型的作者们在写出散射强度的公式(5.72)时未作具体说明，根据他们所建议的公式看，对比微观散射理论中的微分散射截面的一般表达形式

$$\frac{d^2\sigma}{d\Omega d\omega} \propto \int |\langle M_{fn}\rangle\langle M_{mn}\rangle\langle M_{mi}\rangle|^2 \Big/ [(\omega-\omega_0)^2+\Gamma_0^2] \tag{5.88}$$

式中，M 是跃迁矩阵元。可以认为 WRL 公式是用权重函数取代了式(5.88)中的跃迁矩阵元，而公式(5.88)积分中的分子本身的含义就是跃迁概率。因此，我们或许可以从上面的类比来理解提出 WRL 公式的物理基础。

2. 微晶模型中的因子

下面对微晶模型公式中包含的权重函数 $C(\boldsymbol{q}_0,\boldsymbol{q})$（即限制函数 $W(\boldsymbol{r},L)$）、声子色散曲线 $\omega(\boldsymbol{q})$ 和线宽 Γ_0 等三个因子，逐个进行分析讨论。

1) 权重函数 $C(\boldsymbol{q}_0,\boldsymbol{q})$

权重函数 $C(\boldsymbol{q}_0,\boldsymbol{q})$ 是限制函数 $W(\boldsymbol{r},L)$ 的傅氏变换。限制函数 $W(\boldsymbol{r},L)$ 反映了对声子波函数的限制，等价于在实空间的声子态密度的分布，当然与尺寸 L 有关，相应地，$C(\boldsymbol{q}_0,\boldsymbol{q})$ 反映了因声子受限制而出现了各种波矢声子叠加构成的波包时，各种波矢声子的出现概率，即波矢空间中各种波矢声子的密度分布。

已经知道，由无穷深势阱限制生成的波函数应是驻波形式的。此外，超晶格的理论也指出，声子波函数的限制效应是十分强烈的，比电子波函数的限制效应强烈得多，在势垒中只能进入一两个原子层[27]。因此，由限制效应较弱的高斯函数构成的限制，不足以充分体现小尺寸的限制效应；这也揭示了资剑等认为 sinc 函数比高斯函数作权重函数效果好的物理根源。

此外，由于不同样品的具体尺寸限制不尽相同，例如，当样品尺寸有分布时，限制势阱就可以不只有一个，各个势阱的深度和形状也可以不同。因此，$C(\boldsymbol{q}_0,\boldsymbol{q})$ 出现多种表达式也就不奇怪了，采用何种形式的权重函数和选择怎样大小尺寸的 L 比较合理，则显然应十分小心，并与经验有很大关系。

从上面分析讨论可知，权重函数 $C(\boldsymbol{q}_0,\boldsymbol{q})$ 虽然有一定的物理基础，但是它的具体函数形式会因样品不同而出现不同的选择。

2) 色散关系 $\omega(\boldsymbol{q})$

在微晶模型的拉曼散射谱强度的公式中均采用体色散关系。但是，由于测不准关系，当体系因尺寸 $\boldsymbol{r}$ 变小，波矢 $\boldsymbol{k}$ 的不确定性很大时，声子的色散是没有意义或不存在的。在 5.3.2 节中已介绍，资剑等对硅晶粒色散关系的计算的结果表明，当硅晶粒的尺寸为 2.8nm 时，声子色散可以认为依然存在，但是，此时的色散已出现体硅色散没有的在能量上弥散和在波矢上分立的新特征。

于是，作为体色散存在为基本前提条件的微晶模型，它的合理和有效显然是因以体系能否应用体色散关系为前提条件的，即所谓“类体近似”是否成立为前提条件的。因此，资剑等对硅晶粒色散关系的计算结果，证明了 5.4.3 中关于在 3nm 左右时微晶模型失效看法的物理根源在于 3nm 时已不存在色散关系。

3）线宽 Γ_0

线宽 Γ_0 自然与尺寸相关。以前的计算大多认为它等于体材料的自然线宽和所用仪器线宽之和，对于小尺寸晶体，显然，这种极简化的近似没有反映在纳米体系中线宽 Γ_0 随尺寸变小而增大的事实。

综上所述，微晶模型并不像有的作者说的那样，在物理上是没有任何道理的。可以认为，该模型正确地反映尺寸限制效应导致动量弥散，而有 Δq 范围内的众多波矢声子参与散射的结果。但是，同时也要注意，只有在色散关系还存在时，微晶模型才可作为一个近似的唯象公式来应用，而由于它的权重函数 $C(\boldsymbol{q}_0,\boldsymbol{q})$ 选取受样品具体条件的影响很大，因此，以往工作中出现众多种形式的权重函数也是“正常”现象。

5.4.5 微晶模型合理和有效性的检验

为了检验 5.4.4 节的分析，在本节我们以 Si 纳米晶粒为样本，进行实验和理论拉曼光谱的比较。

实验样品的透射电镜像示于图 5.37，从其中的低分辨透射电镜像中可以看到，硅纳米线的线径是不一致的，从高分辨透射电镜像，我们观察到硅纳米线内部存在大量缺陷，它们将硅纳米线分割成许多小晶粒，这些晶粒的尺寸和晶向都各不相同，但可以看到在晶粒内部硅原子仍保持有序的晶格排列，图 5.37(b) 就直观反映了这种情况，它显示完整的晶格并没有覆盖全部硅纳米线。图 5.38 是样品的光致发光谱图，光谱图清楚显示样品的电子跃迁能量覆盖了 1.85～3.50eV 的可见光能量范围。

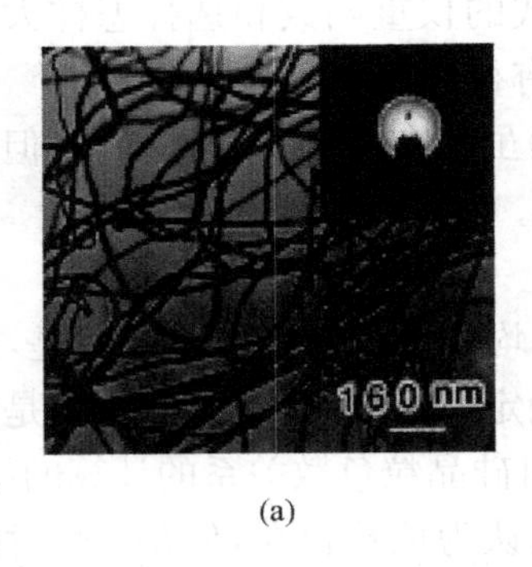

(a)

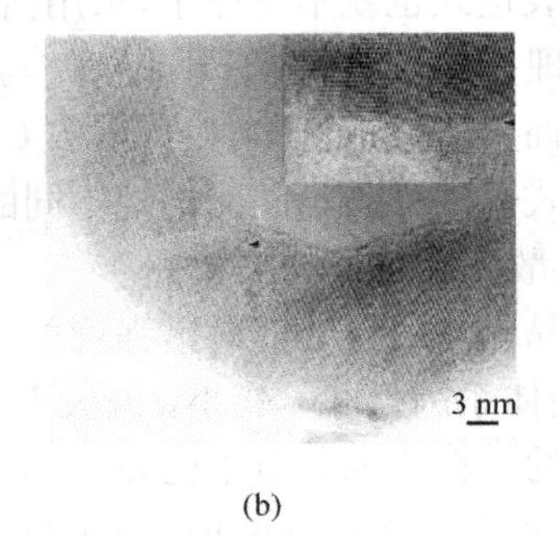

(b)

图 5.37 Si 纳米线样品的低分辨(a)和高分辨(b)透射电镜像

根据共振尺寸选择效应[56,57]，可以用共振拉曼光谱，从尺寸存在分布的样品中选取近单一尺寸的样本。我们用光子能量依次为 1.96eV、2.41eV、2.45eV 和 1.59eV 对应波长为 633nm、515nm、488nm 和 785nm 的激光激发拉曼光谱。显然，前三者都落在 1.85～3.50eV 的能量范围内，是共振拉曼光谱，第四个是非共振的拉曼光谱。根据共振尺寸选择效应，晶粒的尺寸示于表 5.2。由表 5.2 可知，633nm、515nm 和 488nm 激光激发的拉曼光谱是来自样品中尺寸 L_{optic} 为 0.8nm、0.9nm 和 1.2nm 的硅晶粒的散射，而 785nm 激光入射时，几乎所有的晶粒都会被激发，它所显示的样品的尺寸也只是平均尺寸，实验得到的拉曼谱是不同尺寸晶粒散射的叠加结果。

表 5.2　激发波长 λ_0 和相应的共振尺寸选择效应得到的尺寸 L_{optic}，以及由第 7 组参数组合得到的色散曲线波矢 q 的中心点 q_{mid} 和弥散 Δq 以及半高宽 $\Gamma(q)$

λ_0/nm	488	514	633	785
L_{optic}/nm	0.8	0.9	1.2	9.5*
$q_{mid}/(\pi/a)$	0.83	0.75	0.61	0.33
$\Delta q/(\pi/a)$	0.35	0.29	0.22	0.09
$\Gamma(q)/cm^{-1}$	16	15	9	8

* 平均尺寸，来自文献[44]

图 5.39 展示了实验观察（点线）和理论计算（实线）的拉曼谱。光谱的理论计算是用微晶模型进行的。在计算中，对微晶模型中的有关函数和参数进行了不同的定义，并将它们编成 7 种不同组合，用相应的尺寸 L_{opt} 进行了计算，这些定义和组合都列在表 5.3 中。从图 5.39 中可以清楚看出，总的来说，除了 785nm 激光入射时的各组的理论值与实验值均符合较好外，在 633nm、515nm 和 488nm 光激发的情况下，除了第 7 组参数组合外，其他 1～5组参数组合都无法给出拉曼峰的位置和线形同时与实验符合的曲线。上述结果表明：

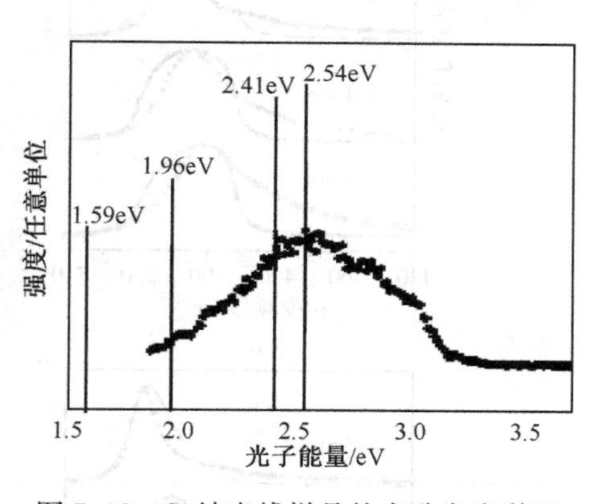

图 5.38　Si 纳米线样品的光致发光谱图

1）微晶模型对于平均尺寸较大（此处为 9.5nm）且有分布的纳米 Si 粒子的实验拉曼光谱会得到较好的拟合；

2）对于尺寸小于 2nm 的尺寸分布很小的 Si 粒子，只有在色散曲线，权重函数和线宽三个因素均符合纳米尺度的特性后，才能得到理论和实验较符合的结果；

3）7 种组合中的第 6 和第 7 种选择的拟合结果，从光谱图上看不出明显差别（因此只列了第 7 组的拟合谱），说明权重函数的选取，相对来说似乎不是很重要。这一点在有的文献中也曾指出过。

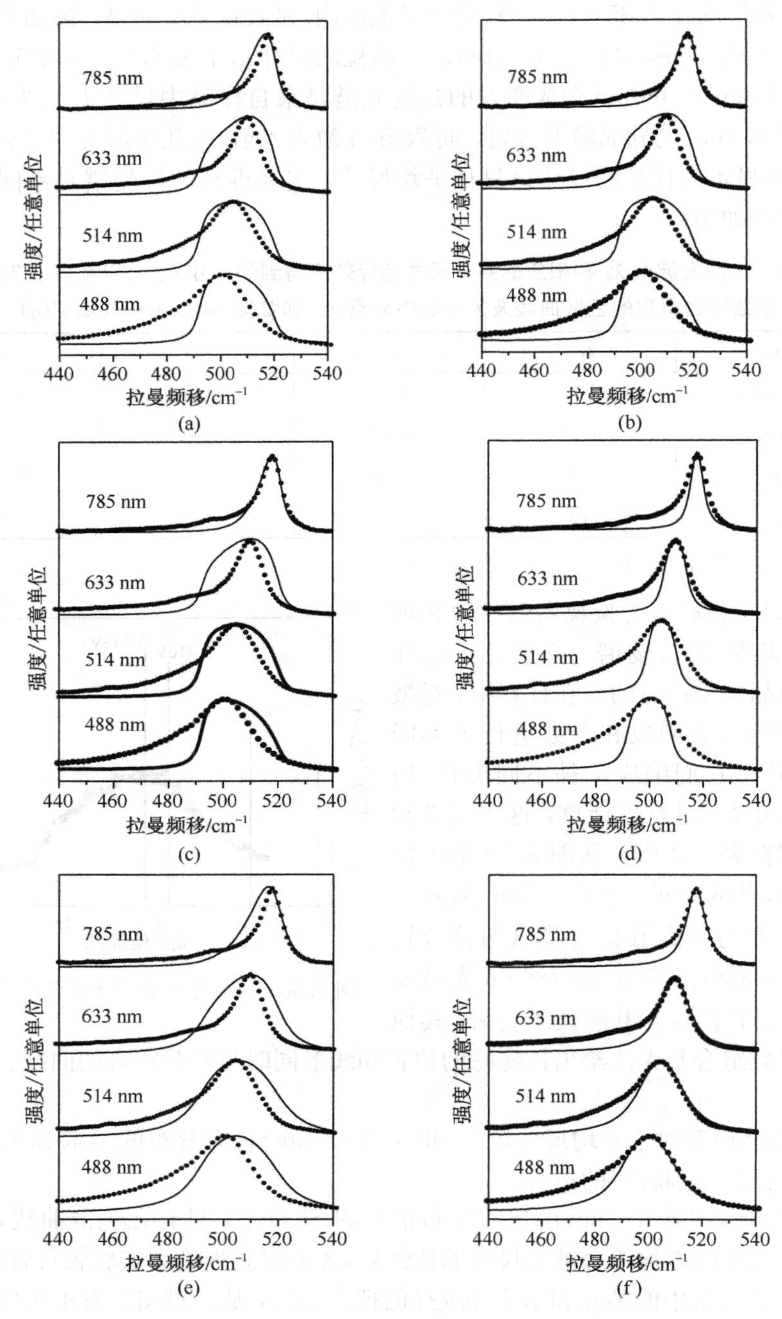

图 5.39　纳米半导体 Si 晶粒的不同波长激发的拉曼光谱(实线)
和用表 5.3 参数组合的微晶模型计算结果(点线)

表 5.3　微晶模型计算中权重函数 $W(r,L)/C(q_0,q)$、色散曲线 $\omega(q)$ 和线宽 Γ 的选择及其组合

	Choices	1	2	3	4	5	6	7
$W(r,L)/\lvert C(q)\rvert^2$	Gaussian$[=\exp(-\alpha r^2/L^2)/\exp(-q^2L^2/2)]$[29]	√		√	√	√	√	
	sinc $\left[=\begin{cases}\dfrac{\sin(2\pi r/L)}{2\pi r/L}; & r<L/2\\ 0; & r\geqslant L/2\end{cases}\Big/ \dfrac{4L^4}{(2\pi)^4}\dfrac{\sin^2(qL/2)}{q^2(4\pi^2-q^2L^2)^2}\right]$[50]		√				√	
$\omega(q)$	$\omega(q)_{\text{bulk}}=C+D\cos(aq/4)$,　$0\leqslant q\leqslant\pi/a$[29]	√	√			√		
	$\bar{\omega}_0=\sqrt{\dfrac{1}{3}\left(s(q=0)-\sum\limits_{\text{acoustic}}\omega_l^2\right)}=\sqrt{522^2-\dfrac{126100\times q_r^2}{\lvert q_r\rvert+0.53}}$; $\lvert q_r\rvert<0.5$[51]			√				
	$\omega(L)=\omega_{\text{bulk}}-A(a/L)^{\gamma}$[50]				√		√	√
Γ	Constant：4.5cm^{-1}	√	√	√	√			
	Adjustable					√	√	√
图 5.39		(a)	(b)	(c)	(d)	(e)	(/)	(f)

图 5.40 展示了第 7 组参数组合拟合时实际所用的色散曲线，由此色散曲线得到的色散曲线波矢所覆盖的范围 Δq、中心点的波矢值 q_0 和线宽 Γ 与尺寸的关系示于图 5.41。图 5.40 和图 5.41 结果，可能反映了几个有重要物理意义的事实：

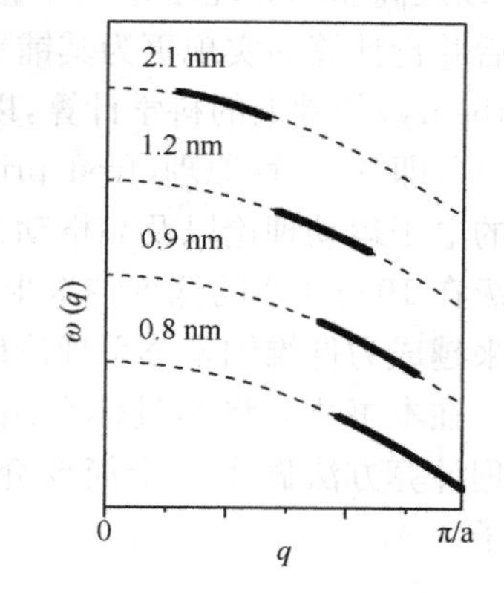

图 5.40　用表 5.3 中的第 7 组参数计算时所实用的色散曲线

(1) Si 晶粒的实际色散曲线已不同于体色散曲线。类似于资剑等的论文中指的那样，如波矢 q 的取值不是连续的。

(2) 参与光散射的波矢 q 的范围随尺寸变小而增大，这与随尺寸减小波矢弥散增大的观点一致。

(3) 光散射并不发生在布里渊区中心附近，而是随尺寸减小远离了布里渊区的中心。这是与传统认为散射发生在布里渊区中心的观点完全不同，但是与杂质/缺陷的拉曼散射可以发生布里渊边界等情况类似。

总之，上述结果和讨论表明，微晶模型只有在体声子色散曲线依然有效，即在类体近似成立的条件下，才是有效的和有意义的。在极小尺寸时，只要采用具有纳米特征的色散曲线和线宽，微晶模型仍然可能是实际应用的模型。对于杂质/缺陷与其他具有局域性质的振动模，由于不存在周期性和声子色散曲线，微晶模型

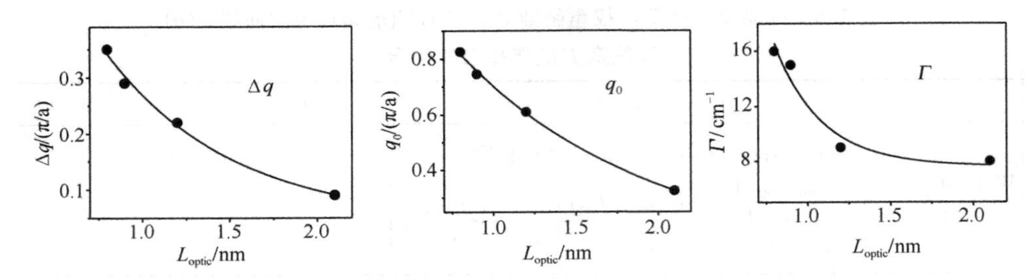

图 5.41 第 7 组参数计算时所实用的色散曲线的参数 q_0，Δq 和 Γ 与样品尺寸 L_{optic} 的关系

自然无法应用。正如 Paillord 等[53]在论文中所说，微晶模型是强有力的有用模型，但是因为模型中用了体 Si 参数，在小尺寸应用时应注意不犯错误。

5.5 第一性原理计算

在 4.1.1 节已经提到，由于固体内所含的原子数巨大，严格求解运动方程对于一般固体实际上是不可能的。但是，20 世纪 50 年代以后，计算机技术的飞速发展，以及高速的处理器和大容量的存储器的出现，使得复杂的理论计算有了可能，其后并行计算的实现更为其铺平了道路。建立在密度泛函理论(density functional theory)基础上的科学计算，以及相应的科学计算软件，通过所谓“从头算(ab initio)”，即“第一性原理(first principle)”的计算，使得以量子力学薛定谔方程为基础的电子运动理论以及晶格动力学理论的严格求解成为可能。尤其是，对原子数量级在 $10^2 \sim 10^3$ 的低维纳米半导体体系，利用第一性原理方法进行严格求解，已越来越成为低维纳米体系理论研究途径。

在本书中，将不具体介绍第一性原理的计算方法，在附录Ⅷ中，对第一性原理计算方法做了一个简要介绍，供参考。在下面，只简单介绍几个从头算的例子。

5.5.1 Si/Ge 超晶格晶格动力学的从头算[58]

Ghish 和 Molinari 用从头算方法，计算了 Si/Ge 超晶格纵模的晶格动力学，Ge 和 Si 的晶格常数相差 6%，因此，Ge/Si 超晶格是应变层超晶格，用从头算方法从原子层面解晶格动力学方程，对认识 Ge/Si 超晶格的物理性质很有帮助。图 5.42(a)是计算的模型，图 5.42(b)和(c)分别是对沿(001)取向的 Ge_4/Si_4 超晶格的计算得到的色散曲线，和一个单胞内 Γ 点声子纵位移幅度沿 Z 方向位置的变化的示意图。

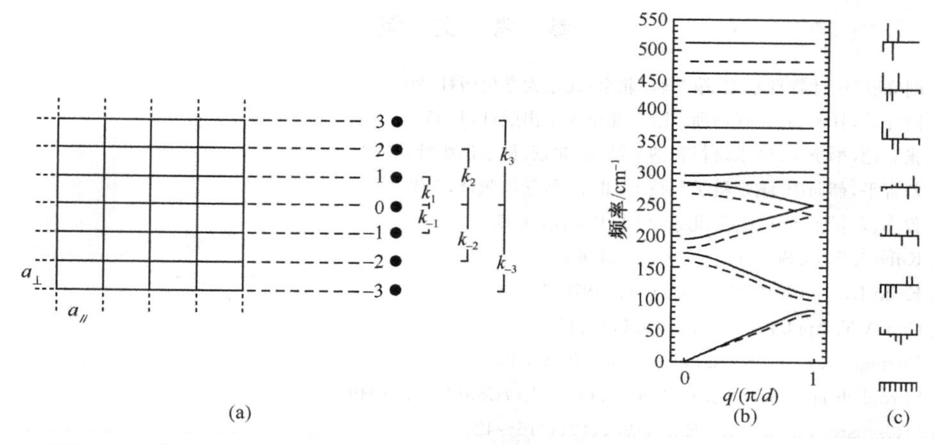

图 5.42　从头算方法计算所用的模型(a)以及计算得到的沿(001)取向的 Ge_4/Si_4 超晶格的色散曲线(b)和一个单胞内 Γ 点声子纵位移幅度沿 Z 方向位置变化的示意图[58]

5.5.2　硅[111]纳米线的色散关系[59]

文献[59]的作者利用经典动力学理论，解幅度为 Q_μ 的长波光学声子，其动力学方程写成

$$\omega(q)^2 Q_\mu = \omega_0^2 Q_\mu + \omega_c^2 t_{\mu\nu}(q) Q_\nu - F_{\mu\nu\alpha\beta} q_\alpha q_\beta Q_\nu$$

方程右边的第一项来自最近邻短程力，第二项是长程偶极子相互作用，并由下式表述

$$t_{\mu\nu}(q) = 3q_\mu q_\nu / q^2 - \delta_{\mu\nu}$$

用一六角形截面近似的计算模型和计算结果分别示于图 5.43(a)、(b)。

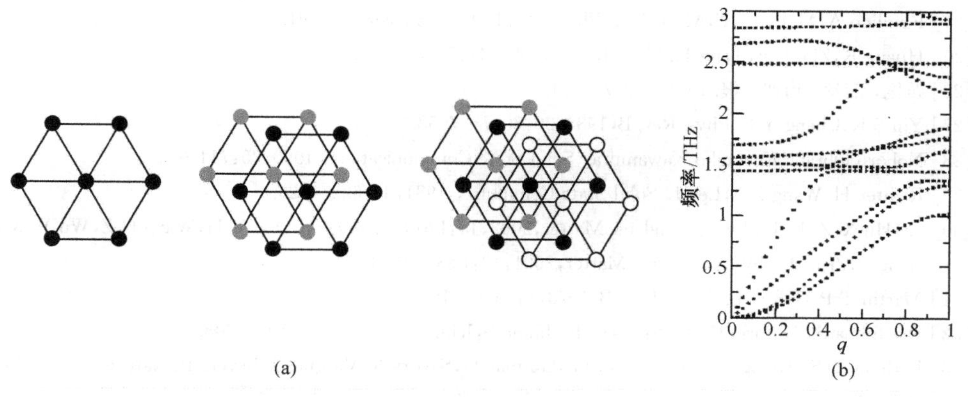

图 5.43　计算硅[111]纳米线的原子结构(a)和得到的低频色散曲线(b)图[59]

参 考 文 献

[1] 阎守胜. 固体物理基础. 第2版. 北京:北京大学出版社,2003.
[2] 阎守胜,甘子钊. 介观物理. 北京:北京大学出版社,1995.
[3] 张立德,牟季美. 纳米材料和纳米结构. 北京:科学出版社,2002.
[4] 刘吉平,郝向阳. 纳米科学与技术. 北京:科学出版社,2002.
[5] 曾谨言. 量子力学. 卷 I. 北京:科学出版社,2006.
[6] Kubo J. Phys. Soc. Jpn. ,1966, 21:1765.
[7] Esaki L, Tsu R. IBM J. Res. Dev. ,1970,14:61.
[8] Cho A Y. Appl. Phys. Lett. ,1971,19:467.
[9] Birringer R et al. Phys. Lett. ,1984,102A:365.
[10] Fröhlich H. Theory of Dielectrics. Oxford:Oxford U. P. ,1949.
[11] Roseustock H B. Phys. Rev. ,1961,121:416～424.
[12] Nair I R,Walker C T. Phys. Rev. B, 1972,5:4101.
[13] Martin T P,Genzel L. Phys. Rev. B,1973,8:630.
[14] Bernard Jusserand,Daniel Paquet. Regreny. Phys. Rev. B,1984,30:6245～6247.
[15] Jusserand B,Cardona M. Raman scpectroscopy of vibration in superlattices. In:Cardona M,Guntherodt G . Light Scattering in Solids V. Berlin:Springer-Verlag,1989.
[16] Ranallis, Morhange,Balkxmski. Phys. Rev. B,1980,21:1543.
[17] Fuchs R,Kliewer K L. Phys. Rev. ,1965,140:A2076～2088.
[18] 夏建白,朱邦芬. 半导体超晶格物理. 上海:上海科学技术出版社,1995.
[19] Colvard C,Merlin,Klein M V. Phys. Rev. Lett. ,1980,45:298～300.
[20] Retov S M,Akust Zh. Sov. Phys. Acoust. 1956,2:68～72.
[21] Huang Kun,Zhu Bangfen. Phys. Rev. B,1988,38:13377～13385.
[22] Sood A K,Menendez J,Cardona M,Ploog K. Phys. Rev. Lett. ,1985,54:2115～2118.
[23] Colvard C,Gant T A,Klein M V,Merlin R,Fischer R,Morkoc H,Gossard A C. Phys. Rev. B,1985,31:2080～2091.
[24] Fasolino A,Molinary E,Maan J C. Phys. Rev. B,1986,33:8889～8891.
[25] Huang K,Zhu B F,Tang H. Phys. Rev. B,1990,41:5825～5842.
[26] 黄昆, 丽丝. 物理学报. 1951,8:207～221.
[27] Yip S K,Chang Y C. Phys. Rev. B,1984,30:7037～7058.
[28] Noboru Ohtani,Kazuhiko Kawamura. Solid State Communications,1990,75:711～715.
[29] Richter H,Wang Z P,Ley L. Solid State Commun. , 1981,39:625～629.
[30] (a)Hu X,Zi J. J. Phys. : Condens. Matter,2002,14:L671～L677; (b) Hu X H,Wang G Z,Wu W M,Jiang P,Zi J. J. Phys. :Condens. Matter,2001,13:L835～L840.
[31] Martin T P,Genzel L. Phys. Rev. B,1973,8:1630～1635.
[32] (a) Iijima S. Nature,1991,56:354; (b) Iijima S,Ichihashi T. Nature,1993:603.
[33] Bethune D S, Kiang C H,de Vries M S,Gorman G,Savory R,Vazquez J,Beyers R. Nature, 1993,363:605.
[34] Sato R,Dresselhaus G,Dresselhaus M S. Physical Properties of Carbon Nanotubes. London:Imperial College Press,2003.

[35] Saito R, Takeya T, Kimura T, Dresselhaus G, Dresselhaus M S. Phys. Rev. B, 1998, 57: 41～45.
[36] (a) Comas F, Trallero-Giner C, Cantarer A. Phys. Rev. B, 1993: 7602～7605; (b) Comas F, Cantarero A, Trallero-Giner C, Moshinsky M. Phys. J. Condens. Matter, 1995, 7: 1789～1805.
[37] Mahan G D et al. Phys. Rev. B, 2003, 68: 073402.
[38] Zhu B F. Phys. Rev. B, 1991, 44: 1926～1929.
[39] Zhang L, Xie H J. International Journal of Modern Physics B, 2004, 18: 379～393.
[40] Campbell I H, Fauchet P M. Solid State Commun., 1986, 58: 739～741.
[41] Bernard Jusserand, Jacques Sapriel. Phys. Rev. B, 1981, 24: 7194～7205.
[42] Parayanthal P, Pollak Fred H. Phys. Rev. Lett., 1984, 52: 1822～1825.
[43] Sui Z F, Patrick P L, Irving P H, Gregg S H, Hentyk T. Appl. Phys. Lett., 1992, 60: 2086.
[44] Li B, Yu D P, Zhang S L. Phys. Rev. B, 1999, 59: 1645.
[45] Yoshikawa M, Mori Y, Obata H, Maegawa M, Katagiri G, Ishida H, Ishitani A. Appl. Phys. Lett., 1995, 67: 694.
[46] Hou Y T, Feng Z C, Li M F, Chua S J. Surface and Interface Analysis, 1999, 28: 163～165.
[47] Lin L Y, Chang C W, Chen W H, Chen Y F, Guo S P, Tamargo M C. Phys. Rev. B, 2004, 69: 075204.
[48] Paillard V, Puech P, Laguna M A, Carles R, Kohn B, Huisken F. Appl. J. Phys., 1999, 86: 1921.
[49] Faraci G et al. Phys. Rev. B, 2006, 173: 033307.
[50] Adu K W, Gutierrez H R, Kim U J, Sumanasekera G U, Eklund P C. Nano Lett., 2005: 409.
[51] Lin K F, Cheng H M, Hsu H C, Hsiehb W F. Appl. Phys. Lett., 2006, 88: 263117.
[52] Zi J, Zhang K M, Xie X D. Phys. Rev. B, 1997, 55: 9263～9266.
[53] Paillard V, Puech P, Laguna M A, Carles R, Kohn B, Huisken F. Appl. J. Phys., 1999, 86: 1921.
[54] Adu K W, Gutierrez H R, Kim U J, Sumanasekera G U, Eklund P C. Nano Lett., 2005: 409.
[55] Vasilevskig M V et al. Solid State Commu., 1997, 104: 381.
[56] Rao A M et al. Science, 1997, 275: 187.
[57] Zhang S L, Ding W, Yan Y, Qu J, Li B B, Li L Y, Kwok To Yue, Yu D P. Appl. Phys. Lett., 2002, 81: 4446.
[58] Qteishand A, Molinary E. Phys. Rev. B, 1990, 42: 7090.
[59] Thonhauserl T, Mahanl G D, Phys. Rev. B; 2004: 075213.

第 6 章 低维纳米半导体的基础拉曼光谱

激发光照射被研究的样品就能产生拉曼散射，而我们所指的基础拉曼光谱是指在激发光特性和样品性状保持不变的常规条件下所测到的拉曼光谱。一个具体材料的一级斯托克斯基础拉曼光谱被看作是该材料的“特征拉曼谱”，即所谓“指纹谱”，它是用拉曼光谱进行表征和研究的重要基础。

在第 5 章中，基于低维物理和拉曼散射的理论，对低维纳米体系拉曼光谱的基本特征已经做了一些预期。这些预期的正确性有待于实验的验证，而鉴认特征拉曼谱是这种验证的关键内容之一。

从实验上观察和鉴认低维纳米材料的拉曼光谱，存在一些“先天性”障碍，这些障碍主要有：

(1) 低维纳米材料的拉曼散射信号大都较弱。

(2) 许多低维纳米材料的样品纯度很难做得很高。例如，纳米半导体样品常含有未反应完的原料成分、中间产物、反应过程中产生的杂质缺陷等，而搁置一段时间的样品又因其巨大的比表面积，极易氧化和遭受污染。样品的单体尺寸不均匀和晶体取向不一致也常成为鉴认低维纳米样品指纹谱的困难之一。

(3) 对观察到的新的或“反常”现象，常遭遇传统理论不能给出合理解释的困难。

上述障碍使低维纳米材料特征拉曼谱的鉴认常常变得十分困难，因此也不断出现错误的观察和指认。例如，作为鉴定 CVD 纳米晶金刚石的位于 1150cm^{-1} 峰的指纹谱，在应用十多年后，才遭到了人们的质疑并被否定。

为克服上述“先天性”障碍和避免出现错误，首先，在实验上需要注意采取合适的技术措施；这些措施在本书第 3 章中已有详细介绍，在此不再重复。其次，必须不断提高和充实自己的理论和实验的基础水平。

在讨论体材料拉曼光谱时，鉴于有相同晶体结构和对称性材料的拉曼光谱有共同的特征，常采取按晶体的对称性结构进行分类介绍的方法。但是，在低维纳米半导体中，极性和非极性半导体拉曼光谱有明显和重要的差别，因此，在以下章节中，除了参照晶体对称性外，还将利用材料极性与非极性的不同进行分别介绍。

6.1 半导体超晶格的特征拉曼光谱

通过第 5 章的物理论证和理论计算，已经了解到，半导体超晶格存在 3 类 5 种声子模，其中一类是分别限制在阱层和垒层的限制(类体)光学声子模，再一类是折叠声学声子模，最后一类是与超晶格中层与层之间的界面有关的界面模，界面模又分为宏观界面模和微观界面模。此外，根据模振动的方向又进一步有纵(longitudinal)模和横(vertical)模之分。图 6.1 是超晶格结构及其相应声子模波函数的粗略示意图。在本小节，将介绍这些模的拉曼光谱的实验鉴认与特性分析。

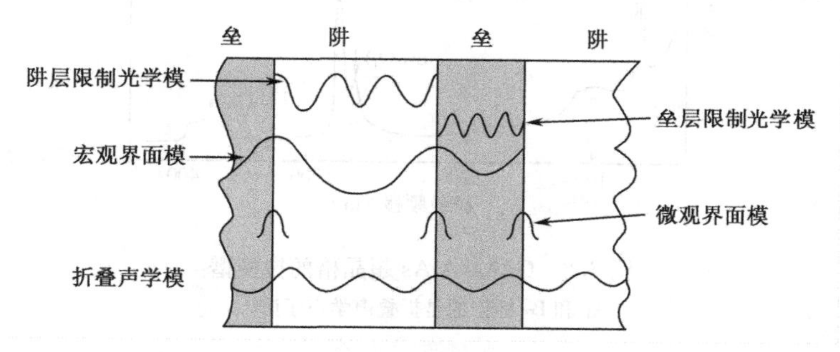

图 6.1　GaAs/AlAs 超晶格结构及其 5 种模声子波函数的示意图
(灰色区域代表 AlAs 层，白色区域代表 GaAs)

折叠声学声子模于 1980 年由 Colvard 等正确无误的观察到[1]。阱层和垒层光学限制模分别由 Jusserand 等[2]和张树霖等[3]于 1984 和 1986 年观察到，而宏观和微观界面模则于 1985 和 1992 年分别首先由 A. Sood 等[4]和金鹰(Y. Jin)等[5]所鉴认。

6.1.1 折叠声学模

在 5.2 节已经指出，超晶格在生长方向上新产生的大周期，使得在大布里渊区的体色散曲线折叠进入小布里渊区，由于这种折叠效应，超晶格声学声子的色散曲线与光波色散曲线可以相交，因此，原先体材料中非拉曼活性的声学声子在超晶格中就变成拉曼活性的了。由于人们预期在实验上应该能够观察到来自超晶格声学声子的拉曼散射，于是，能否观察到声学声子的拉曼光谱，就成为对超晶格结构的晶格振动是否存在如 5.2 节中所预期的效应的一个检验，从而使得实验上对声学声子的观察成为人们研究超晶格拉曼光谱首先关心的问题。

1978 年 Barker 等发表了第一个关于超晶格声学声子的拉曼光谱的观察报告[6]。但是真正的来自折叠声学模的拉曼光谱是在 1980 年由 Colvard 等在 GaAs/AlAs 超晶格中观察到的[1]，他们的实验结果如图 6.2 所示。在图 6.2 中，清楚显示了一个位于 63.1cm^{-1} 和 66.9cm^{-1} 的双峰光谱结构。他们在用弹性连续介质模型来讨论声子，用 Kroig-Penney 模型讨论电子，再考虑对 Fröhlich 耦合的修正以及电-声子的形变势耦合之后，不仅如图 6.3 所示，从理论上拟合了实验数据，还解释了双峰光谱结构以及其他观察到的关于拉曼谱选择定则和共振加强等实验现象。此后，人们在不同组分的超晶格或多层结构中也观察到了折叠声学声子，如图 6.4 就是在非晶 Si/Ge 不同周期（即不同 Si 和 Ge 原子单层厚度）多层结构中观察到的折叠声学声子模的拉曼光谱[7]。

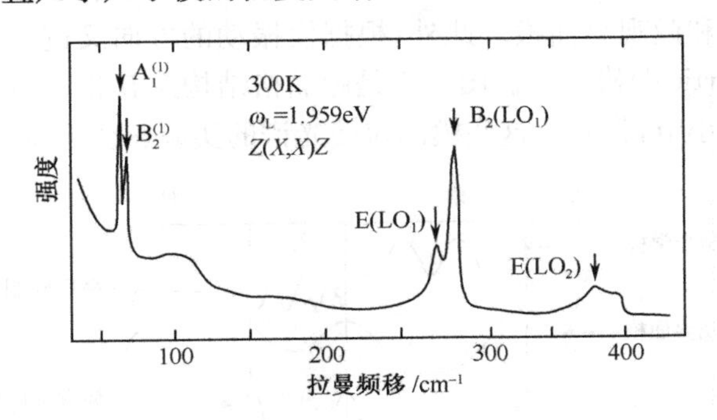

图 6.2 GaAs/AlAs 超晶格的拉曼谱

A_1 和 B_2 标记的是折叠声学声子谱[1]

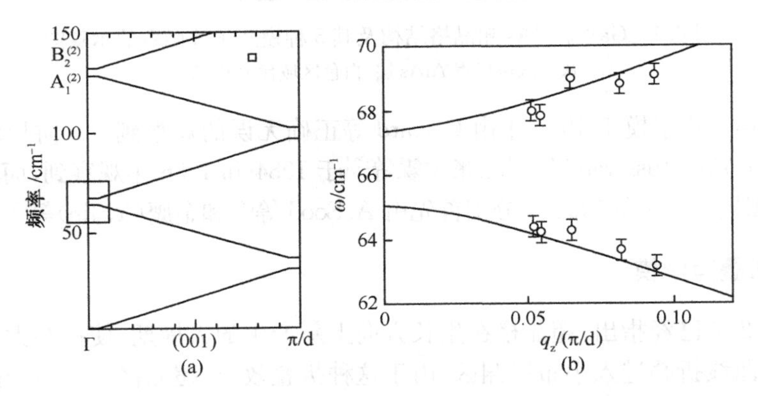

图 6.3 理论计算的折叠声学声子的色散曲线

(a)表示了 GaAs/AlAs 超晶格的纵声子的色散曲线，(b)为(a)中方框部分的放大图，其中圆圈为实验值[1]

6.1.2 限制光学模

1. 阱层限制光学模

超晶格中的声子被限制在阱中的类体（或称限制光学）模，由 B. Jusserand 等在 $GaAs/Ga_{1-x}Al_xAs$ 超晶格中最早观察到[2]。B. Jusserand 等观察了表 6.1 中所

列不同 x 值的样品，图 6.5 所示的是其中 GaAs 的原子单层数不同的 4 个样品的拉曼谱。图中的弧线 1、2、3 和 4 表示限制级分别为 1、2、3 和 4 的谱峰的频率随原子单层数的变化趋势，从中可以看出各峰的频率和限制级间的频差随 n_1 的减小而分别降低和增加。

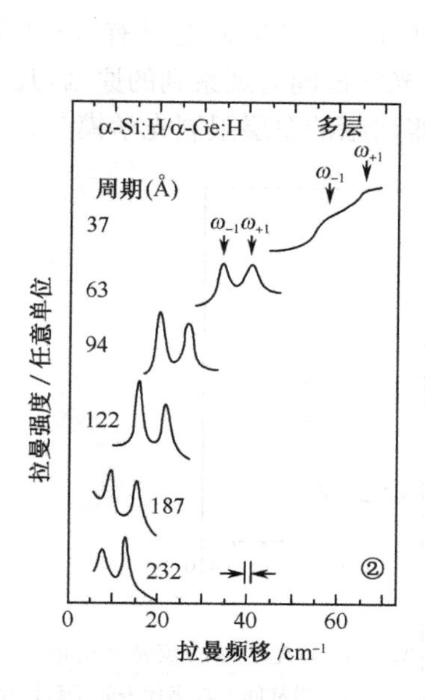

图 6.4　非晶 Si/Ge 的不同周期(period)的多层结构的折叠声学声子拉曼谱图[7]

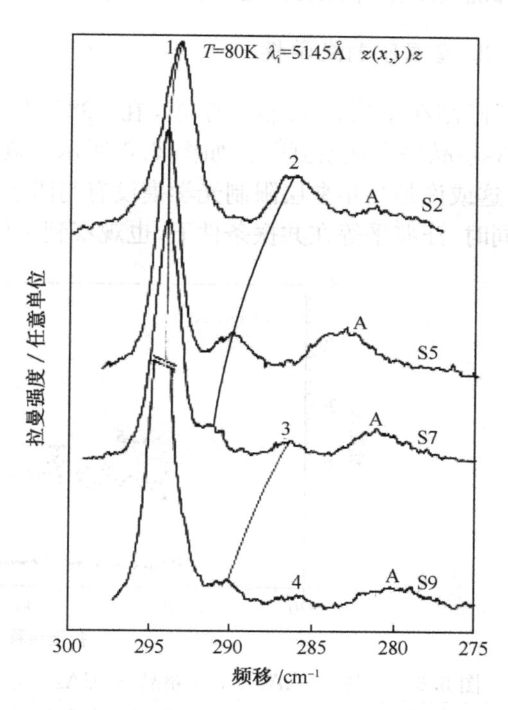

图 6.5　在类 GaAs 光学波频率范围内的 $GaAs/Ga_{1-x}Al_xAs$ 超晶格的拉曼谱[2]

其中 S2，S5，S7 和 S9 代表表 6.1 所列样品的编号

表 6.1　B. Jusserand 等的论文中所研究的样品的参数[2]

	d/Å	$\bar{x}$	n_1	n_2
S1	28	0.13	6	4
S2	29.2	0.123	6	4
S3	40.3	0.126	8	6
S4	39.1	0.137	8	6
S5	51	0.147	9	9
S6	…	0.15	11	11
S7	54.4	0.141	12	7
S8	…	0.15	14	14
S9	81.4	0.145	17	12

注：d 为样品的周期，$\bar{x}$ 为样品中的 Al 的平均百分比含量，n_1 为 GaAs 的层数，n_2 为 $Ga_{1-x}Al_xAs$ 的层数

B. Jusserand 等[2]用晶格动力学的 Kroig-Penney 模型成功的得到了各个样品中各级峰的频率的移动和相邻限制级间频率变化与 GaAs 原子单层数 n_1 的关系，并且发现上述计算得到的关系与实验结果相符，从而从理论上证实了观察到的拉曼峰确实来自阱层限制光学模的散射。

2. 垒层限制光学模

限制在垒层的限制光学模，在 1987 年由张树霖（S. L. Zhang）等在 GaAs/AlAs超晶格中观察到[3]。如图 6.6 所示。观察到的拉曼光谱强度只有 2～4 光子，这或许是当年垒层限制光学模没有与阱层限制光学模同时观察到的原因，几乎是同时，汪兆平等在共振条件下，也观察到了信号很清晰的垒层限制光学模[8]。

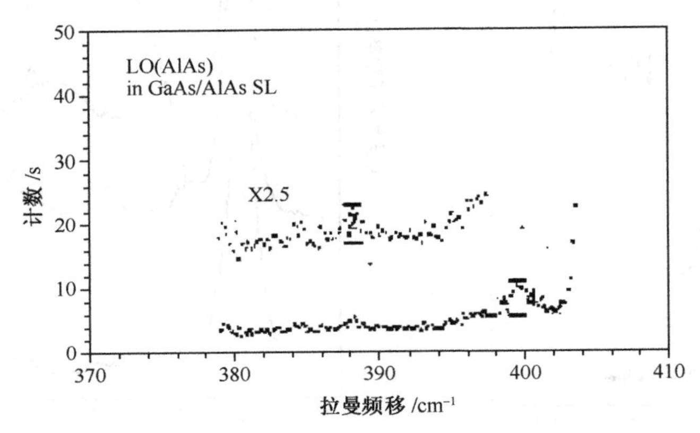

图 6.6　限制在 GaAs/AlAs 超晶格 AlAs 垒层的类 AlAs 限制光学模的拉曼散射谱

图中上下两条谱线分别用几何配置 $Z(X,X)\bar{Z}$ 和 $Z(Y,Y)\bar{Z}$ 得到[3]，上、下横杠间及数字代表光子数标尺

6.1.3　界面模

1. 宏观界面模

界面模是体材料中不存在而超晶格结构特有的振动模。Lassnig 于 1984 年发表了关于极性双异质结中的声子色散与 Fröhlich 相互作用关系的理论工作，预期了超晶格中存在宏观界面模[9]，1985 年，Sood 等在层厚比 d_1/d_2 不同的 3 个超晶格样品（d_1 和 d_2 分别是 GaAs 和 AlAs 的层厚）中，观察到了一个新的振动模。图 6.7 是样品 $A(d_1=2\text{nm},d_2=2\text{nm})$和 $B(d_1=2\text{nm},d_2=6\text{nm})$在 GaAs 光学声子频率范围内的拉曼谱，它们的频率与体 GaAs、体 AlAs 晶体中的光学声子的频率相近，而且当激光的能量在 GaAs 的量子阱的限制电子能量附近时，这些新观察到的振动模有很强共振效应，如图 6.7 中插图所示。图中标记 LO_m（m 是整数）的峰对应于超晶格的 D_{2d}点群的有 A_1 对称性的 LO 声子。因为样品 A 和 B 的 d_1 相同，

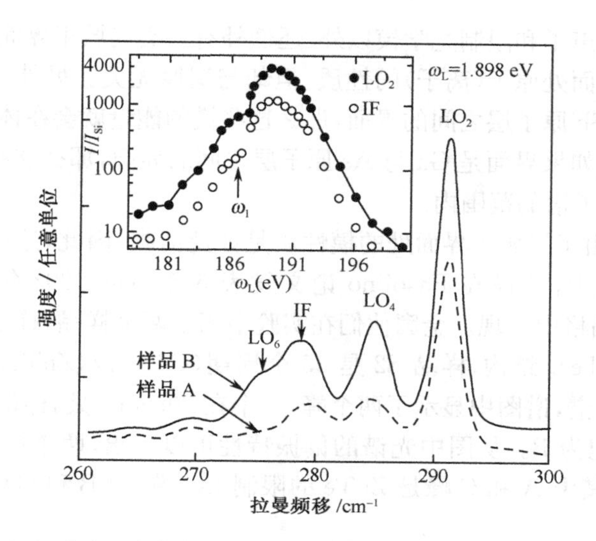

图 6.7　GaAS/AlAs 超晶格的样品 $A(d_1=2\text{nm}, d_2=2\text{nm})$，$B(d_1=2\text{nm}, d_2=6\text{nm})$的拉曼谱图

光谱是在 $Z(XX)\bar{Z}(X=[100], Z=[001])$的几何配置下测量的，插图为 LO_2 峰与 IF 峰的共振拉曼谱，其中峰的强度是对 Si 峰强归一化的结果

它们的限制光学声子具有相同的能量。但是，对于 LO_6 的高能一侧的 IF 峰，其频率在样品 A 和 B 中却是不同的。而且，如果认为 LO_6 与 IF 峰都是限制 LO 模的话，它们不可能通过 $\omega(q)$（体 GaAs 沿[001]方向 LO 模的色散函数）同时得到很好的拟合。图 6.8 是 $d_1=d_2$，$3d_1=d_2$ 和 $d_1=3d_2$ 这 3 个样品在 AlAs 声子频率范围内的拉曼谱，谱图中在 LO 和 TO 模之间的拉曼峰的频率值与图 5.11 所示的关于界面模的理论计算的结果是一致的，从而证明观察到的新的拉曼峰来自宏观界面模的散射。

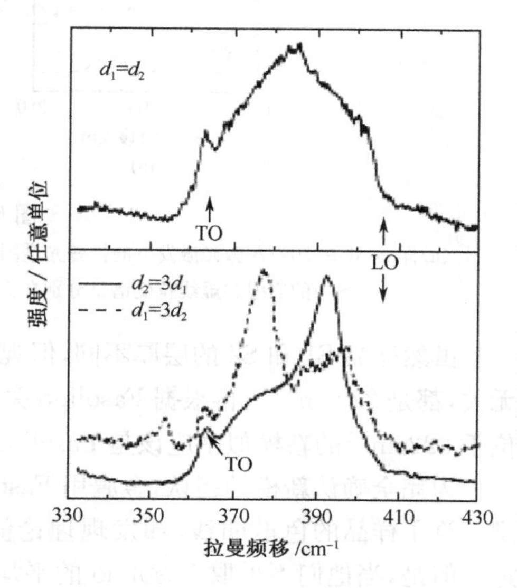

图 6.8　$d_1=d_2$，$3d_1=d_2$ 和 $d_1=3d_2$ 这 3 个样品在 AlAs 声子频率范围内的拉曼谱

2. 微观界面模

A. Fesolino 等于 1986 年，利用以平均力常数为参数的线性链模型计算了 InAs/GaSb 超晶格中的声子谱[10]，其结果示于图 5.14，计算发现，除了有与 GaAs/AlAs 超晶格中存在的振动模相

对应的折叠声学声子和限制光学模以外，还额外有一类局域于界面处的模，这类新模高度依赖于界面处原子(离子)的性质，但却与层厚无关。另外，他们还发现，如果界面是 In 与 Sb 原子层之间的界面，那么这些模的能量就会在体 InSb 的声子谱的范围内，同样，如果界面是 Ga 与 As 原子层之间的界面，那么这些模的能量就会在体 GaAs 的声子谱的范围内。

他们认为，由于局域于界面处的模性质是如此清晰，因此，这些新模应能很容易观察到。实际上，此模在 Fasolino 论文发表 6 年后的 1992 年才被金鹰等在 CdSe/ZnTe 超晶格中发现。金鹰他们在实验中用了两个样品，样品 S1 是 80 个周期$(CdSe)_4/(ZnTe)_8$ 结构，样品 S2 是 35 个周期$(CdSe)_8/(ZnTe)_{12}$结构。图 6.9 是观察到的拉曼谱，谱图中显示了两个峰，一个在 $209cm^{-1}$处，标记为 A，另一个在 $222cm^{-1}$处，标记为 B。从图中光谱的偏振特性可以看出，两个模均是具有 A_1 对称性的极性模，其中 A 和 C 峰是 ZnTe 的限制 LO 模，而 B 和 D 峰是当时有待指认的新模。

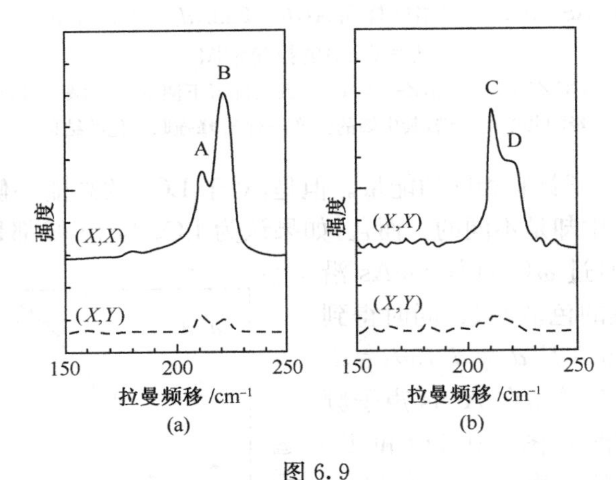

图 6.9

(a)样品 S1 在 5017Å 激光激发下的拉曼光谱图；(b)样品 S2 在 4880Å 的激光激发下的拉曼谱图中的实线和虚线拉曼谱是分别在 $Z(X,X)\bar{Z}$ 和 $Z(X,Y)\bar{Z}$ 配置下获得的

虽然样品 S1 和 S2 的层厚不同，但观察到的 B 和 D 峰的频率却与样品的层厚无关，都是 $222cm^{-1}$。再根据 Fasolino 关于局域于界面的新模与层厚无关的论断，位于 $222cm^{-1}$的新模似乎应该是 Fasolino 指出的局域于界面的新模。

为完全确认新模的指认，金鹰用 Fasolino 的以平均力常数为参数的线性链模型计算了样品的色散曲线，却发现理论值是 $211cm^{-1}$，与实验值 $222cm^{-1}$ 相距甚远。但是，当他们不采取 Fasolino 的平均力常数的模型，而是考虑质量不同和力常数变化均起作用的模型时，得到的计算结果是 $222cm^{-1}$，与实验符合得惊人的好。因而，从理论上完全肯定了上面的初步指认，同时也证明 Fasolino 的线性链模型对 CdSe/ZnTe 超晶格是不适用的。图 6.10 是计算得到的声子色散曲线和离子位移幅度与超晶格坐标关系的示意图。从图 6.10(b)可以看出,IF 模的离子位移强烈的局域在 Zn-Se 界面处。因此,这显然是一个局域界面模。另外,他们估算认为,在 ZnTe 和 CdSe 成分中,波数在 222cm^{-1}处的 LO 振动模的渗透深度都小于一个原子层。这个结果不仅使上述指认得到完全肯定,而且还具体证明新观察到的模的确是以高度局域于界面的形式存在。

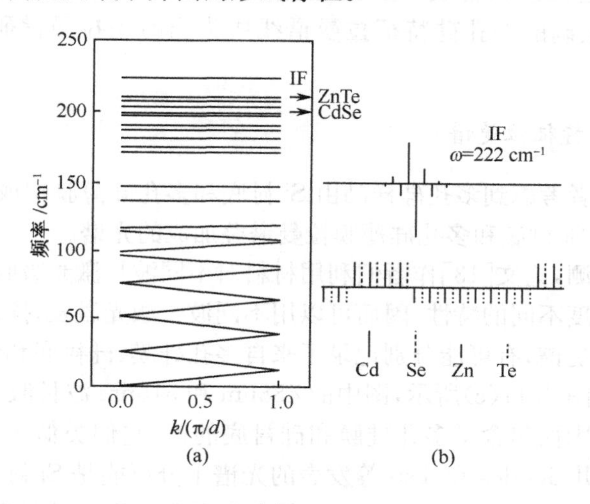

图 6.10

计算得到的$(CdSe)_4/(ZnTe)_8$超晶格在[001]方向的纵声子色散曲线(a),其中箭头标记了体 CdSe 与体 ZnTe 的 LO(Γ)声子频率的位置;图(b)展示了图(a)中 IF 的模的离子位移幅度的示意图

6.2　纳米硅的特征拉曼光谱

6.2.1　多孔硅的特征拉曼谱

多孔硅是晶体硅片在经 HF 酸电化学腐蚀之后残留的纳米尺寸的硅柱(粒)。多孔硅因在可见区强烈发光,有适应硅光电子器件发展的应用前景,成为历史上第一个引起人们极大兴趣并进行广泛研究的纳米半导体材料。因此,正确指认其本征谱在应用和科学上均有重要意义。

在第 3 章中我们已经叙述了,体硅的光学声子是简并的,它的拉曼峰是位于 520cm^{-1}的窄峰,而非晶相的 Si 的拉曼峰是位于 480cm^{-1}附近的宽峰。

1. 早期的多孔硅拉曼谱

多孔硅最早的拉曼谱由 Goodes 等在 1988 年发表。[11] 1992 年 R. Tsu(朱兆祥)等又发表了一个多孔硅特征拉曼谱的工作[12]。他们发表的多孔硅拉曼谱均由两个峰构成,分别如图 6.11(a)、(b)所示。Goodes 等认为两个峰分别来自于非晶硅和晶体硅的散射,也就是说,他们认为多孔硅是晶体和非晶硅的两相混合材料。而朱兆祥的解释则是,两个峰分别是小尺寸效应导致的光学声子简并被解除后的纵光学和横光学声子峰。

显然,由上述工艺制备成的多孔硅应是残留的 Si 晶体,不大可能成为非晶硅。因此,寻找正确的多孔硅特征拉曼谱线成为当时用拉曼谱研究多孔硅的首要工作。

2. 多孔硅的特征拉曼谱

论文[13]作者考虑到多孔硅样品由 Si 衬底和多孔硅薄膜构成的特点,推测上述报告的谱是由 Si 衬底和多孔硅薄膜拉曼谱叠加成的光谱。

对于这个推测,论文[13]作者们利用材料对不同波长激光吸收系数不同,因而在样品中穿透深度不同的特性,因而可以用不同波长激光激发,探测到样品中深度不同片层内的拉曼谱,有可能分别记录了来自多孔硅膜、硅衬底和包含两者的拉曼谱。实验结果如图 6.11(c)所示,图中的 488nm 和 515nm 波长激光激发的光谱是中等穿透深度的因而包含了多孔硅膜和硅衬底的谱,它们类似于图 6.11(a)、(b)的光谱[11,12],表明 Goodes 和 Tsu 等发表的光谱十分可能是 Si 衬底和多孔硅薄膜两种材料拉曼谱的合成谱。随后,Zhang 等又测量了由同一波长激发但是在 Si 衬底上生成的膜厚度不同,以及纯多孔硅薄膜(PSL)的多孔硅样品的拉曼谱,结果示于图 6.11(d),该图的光谱与 6.11(c)的谱完全类似。几乎在同一时候,Sui 等也独立地观察了纯多孔硅膜的本征谱[14],如图 5.29(a)实线所示,结果与 Zhang 等的图 5.29(c)纯多孔硅膜的结果惊人的吻合[13]。

Zhang 和 Sui 等的实验结果,一方面,可靠地证明了前人发表的多孔硅拉曼谱,确实由来自 Si 衬底和多孔硅薄膜两类谱构成,另一方面,也从实验上找到了真正多孔硅薄膜的特征拉曼谱。

3. 多孔硅的理论拉曼谱

以上研究对于完全鉴认确定多孔硅的本征拉曼谱是不充分的,还需要从理论上进行证实。文献[13]和[14]采用唯象的微晶模型计算了多孔硅的拉曼谱,如图 5.29(a)和 5.31(b)所示。结果表明,理论谱与实验谱能很好重合。于是,多孔硅的真正的特征拉曼谱从理论和实验两方面都得到了确认。

从上述多孔硅拉曼谱的指认,可以看到,多孔硅本征拉曼谱有下列的特征:①频率发生移动;②谱线展宽;③线型变为非对称。这个光谱特征与 5.3 节的理论预期很好相符。此外,在理论光谱计算中还发现,椭球(柱)状粒子的结果比圆柱状

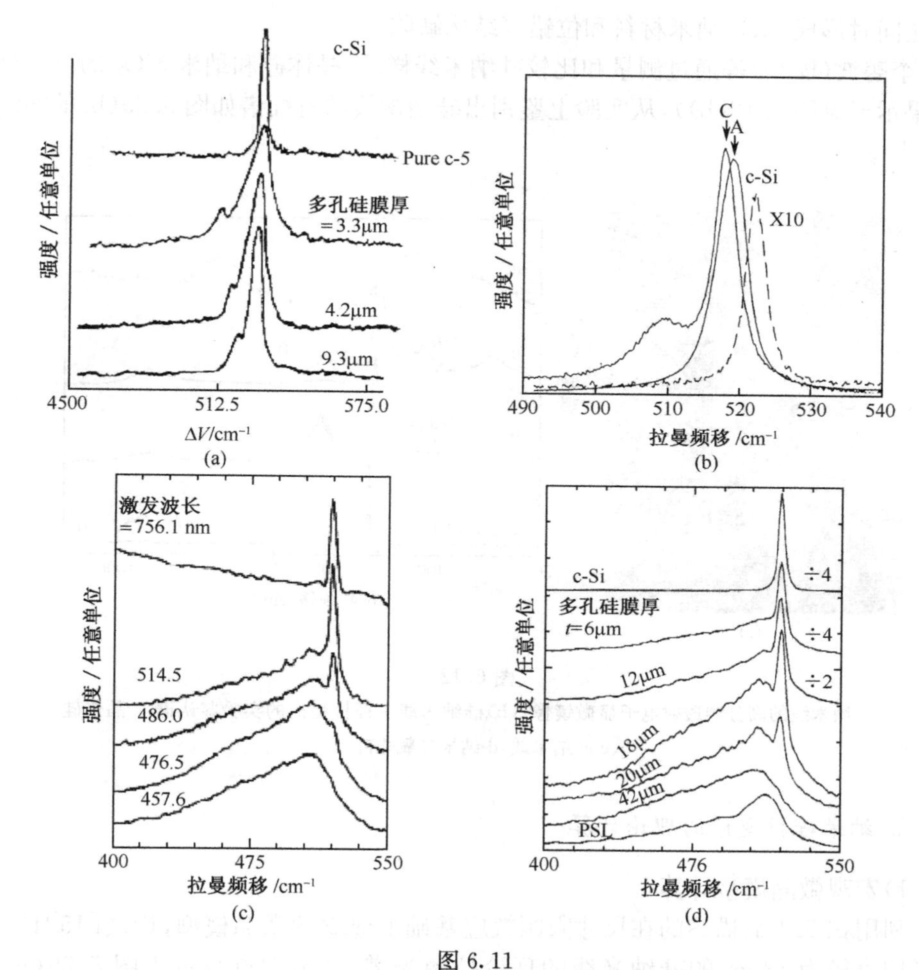

图 6.11

Goodes(a)[11]和 Tsu(b)[12]观察到的多孔硅的拉曼谱；不同波长激光激发同一样品(c)和同一波长激发不同膜厚样品(d)的多孔硅拉曼光谱[13]，(d)图中的 PSL 表示多孔硅膜，(b)图中 A、C 表示在样品上不同位置的光谱

的拟合结果好[13,14]，说明小晶粒大体上是椭球或柱状。这一点为后来高分辨透射电镜实验所证明。

6.2.2　硅纳米线的特征拉曼谱

1. 特征拉曼谱的实验观察

硅纳米线是人们最早用激光蒸发方法合成的硅纳米材料。图 6.12(a)所示的硅纳米线样品的高分辨透射电镜像表明，在蒸发合成过程中，除了形成硅纳米线外，还同时形成 SiO_2 纳米材料和位错等结构缺陷。

李碧波(B. Li)等通过测量和比较硅纳米线样品、晶体硅和纳米 SiO_2 的拉曼谱(结果示于见图 6.12(b))，从实验上鉴别出硅纳米线的特征谱如图 5.29(b)的实线所示[15]。

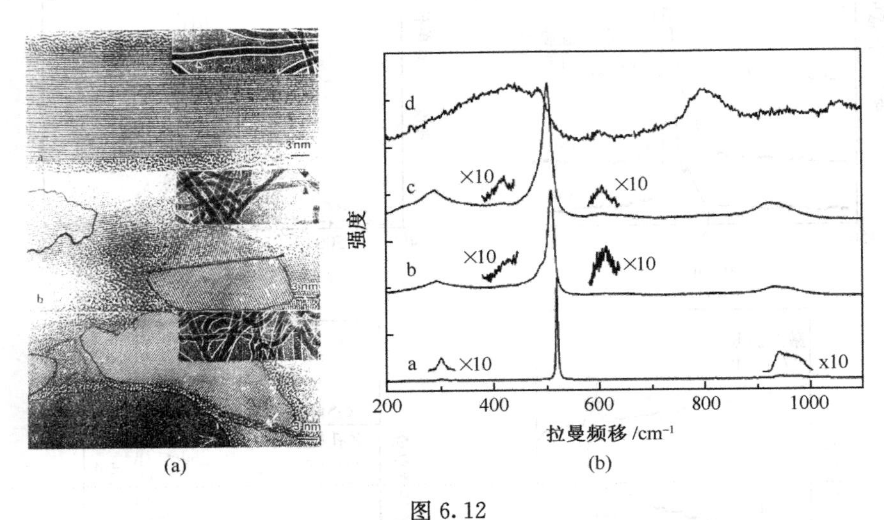

图 6.12

(a)硅纳米线的高分辨透射电子显微镜像；(b)硅纳米线本征拉曼谱的实验鉴认谱：a-晶体硅，b、c-硅纳米线，d-纳米二氧化硅[15]

2. 纳米硅拉曼谱的理论计算

1)宏观微晶模型计算

利用在 5.4 节描述的在尺寸限制效应基础上建立的微晶模型，论文[15]计算了平均直径为 13nm 的硅纳米线的理论拉曼光谱，结果用点线示于图 5.29(b)。从图中可以看到，拟合的结果相当好。计算结果一方面证明了实验的鉴别结果，另一方面，说明硅纳米线的拉曼光谱特征源于尺寸限制效应。

比较图 6.11 和图 5.29，可以发现两者的光谱特征十分相似，说明纳米硅具有共同的光谱特征。

表 6.2 罗列了在多孔硅和硅纳米线理论拟合中所用的参数。从表 6.2 可见，多孔硅和硅纳米线计算所用的限制尺寸分别是 2.0nm 和 9.5nm，它们分别与从电镜图的测量多孔硅柱和硅纳米线内小晶粒尺寸 1.8nm 和 10nm 比较相合。也就是说，对于图 6.12 所示的硅纳米线，只有用硅量子线中被众多缺陷分割成的小晶粒的尺寸，而非量子线的表观直径，才能使微晶理论的计算谱拟合实验光谱。由于多孔硅残留硅柱本身的晶格是完整的，而用硅柱尺寸拟合就可以得到较好的结果，从而使我们了解到微晶模型中所用的微晶尺寸应是晶体结构完整区域的尺寸，同时也

反映论文[15]所用的硅纳米线实际上由小晶粒构成。

2)微观极化率模型计算[16]

为进一步从微观角度了解纳米硅的拉曼光谱特征，申孟燕等用微观极化率模型计算了尺寸为1～5个晶格常数a的，即尺寸分别为0.54nm、1.09nm、1.63nm、2.17nm和2.71nm的Si晶粒的拉曼光谱，结果示于图6.13(a)。

表6.2　多孔硅和硅纳米线微晶模型计算结果与实际测量尺寸和形状的比较

	多孔硅[13]		硅纳米线[15]		
尺寸	d_{Cal}	d_{Road}	d_{Cal}	d_{wire}	d_{grain}
	2.0	1.8	9.5	13	10
形状	短棒状		颗粒状		

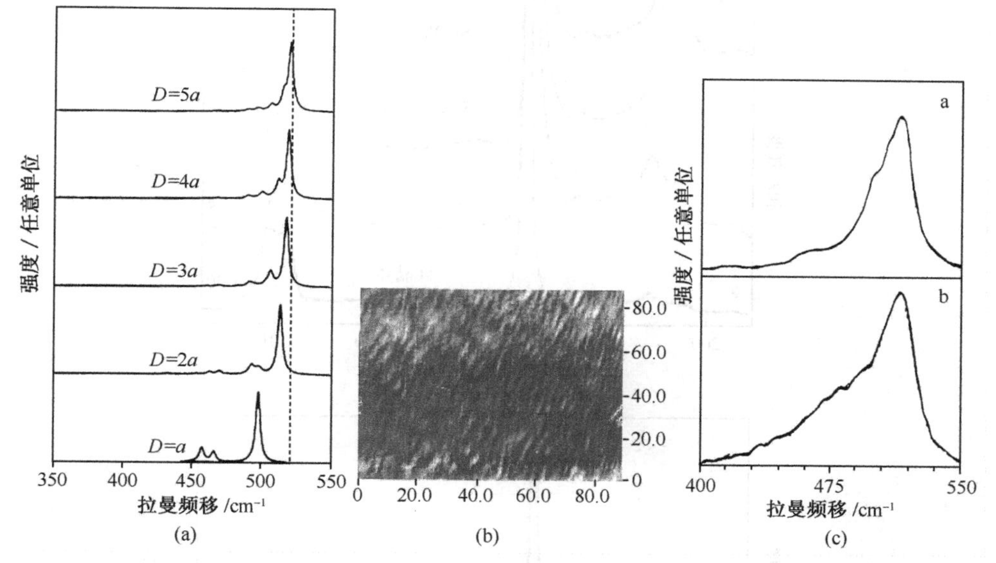

图6.13　由极化率模型计算的Si晶粒的拉曼谱(a)和根据电镜图(b)测得的尺寸分布作权重的理论谱((c)-a)和实测((c)-b)拉曼光谱图[16]

图6.13(a)的结果出现了如朱兆祥(R. Tsu)在他们关于多孔硅拉曼谱的论文[12]中指出的情况，即由尺寸限制效应导致的LO-TO模的分裂，图上可以看到分裂随纳米硅的尺寸增大而减小，但它们都与实测谱特征相差甚远。但是，在考虑到图6.13(b)中显示样品存在的尺寸分布后，把不同尺寸的计算谱以尺寸分布作权重叠加后，所得理论谱示于图6.13(c)-a，可以看到，它与示于图6.13(c)-b的实验谱符合得很好。该结果揭示了一个有本质意义的重要事实，即单一极小尺寸硅的拉曼谱可能是LO-TO模的简并解除而分裂的双峰光谱，而现在观察到的光谱是

存在尺寸分布的样品的不同单一尺寸拉曼谱按尺寸分布权重叠加的结果。

6.2.3　纳米硅拉曼谱特征的根源

关于纳米硅拉曼谱特征的根源，有多种说法，我们在本小节将予以扼要的介绍。

1. 尺寸限制效应

6.2.1 节和 6.2.2 节的结果表明，纳米硅的拉曼光谱特征源自尺寸限制效应。Thomson 等测量了平均尺寸分别为 10nm、15nm、21nm 以及硅晶片的四个样品的拉曼谱[17]，图 6.14 是测量结果，表 6.3 是图 6.14 中拉曼光谱峰的指认以及实测

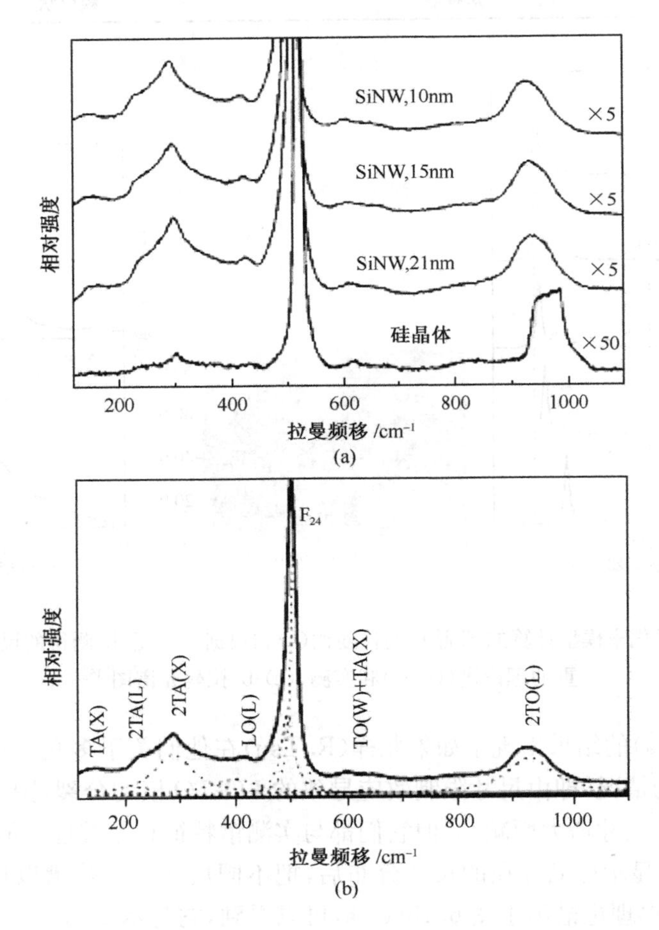

图 6.14　平均尺寸分别为 10nm、15nm 和 21nm 的纳米线和晶体硅片的拉曼光谱图(a)以及直径 10nm 硅纳米线拉曼光谱的拟合分解谱(b)(虚线)[17]

和计算的峰位和线宽(FWHM)数据。

从图6.14(a)和表6.3我们可以看出，随着硅纳米线的尺寸的减小，位于 $150cm^{-1}$、$300cm^{-1}$、$520cm^{-1}$ 和 $930cm^{-1}$ 的拉曼峰均移向更低的频率，而且各峰的线宽也都随之增大。另外硅纳米线的拉曼谱也显示比体硅有更多的拉曼峰。上述结果，又给纳米硅拉曼光谱特征源自尺寸限制效应的观点增加了一个有力证明。

此外，由表6.3可知，对于2TA(X)与 F_{2g} 的尺寸效应的修正与实验值比较符合，但是2TO(L)的理论值与实验值相差较大。这差别与文献[18]报道的在多孔硅中观察结果一致[18]，对此现象在文献[18]已给出了解释，我们将在6.5节予以专门介绍。

表6.3 硅纳米线和硅晶体拉曼光谱峰的指认以及实测和计算的峰位和线宽(FWHM)[17]

样品	观察峰/cm^{-1}		理论峰/cm^{-1}		指认
	峰位	FWHM	峰位	FWHM	
c-Si	301.8±4	15±1.1	301.2	118	2TA(X)
	519.4±0.9	4±0.5	519.4	4.5	F_{2g}
	964±2.1	62.5±1.4	966.1	59.9	2TO(L)
21-nm	298±2.5	66.2±0.6	300.6	159.6	2TA(X)
SiNW	514.9±0.8	6.8±2.3	517.7	4.7	F_{2g}
	935±2.7	80.6±2.8	969.1	62.0	2TO(L)
15-nm	295±1.6	68.1±1.4	298.9	165.6	2TA(X)
SiNW	511.2±0.4	10.3±2	514.3	7.5	F_{2g}
	932±1.1	87.5±1.4	971.4	82.4	2TO(L)
10-nm	291±1.3	68.9±2.2	294.4	168.6	2TA(X)
SiNW	505.1±0.6	17±1.7	509.8	13.1	F_{2g}
	926±1.1	88.6±0.3	973.1	82.6	2TO(L)

2. 晶格常数改变和应力引起的拉曼位移

原子间距的改变及其改变的不一致产生的宏观应力，并对声子频率等光谱特征产生影响。纳米材料的原子间距(晶格常数)常常会与相应体材料的晶格常数不同，因而会产生拉曼位移。例如，对于尺寸为10nm的纳米硅样品，其晶格常数为0.5425nm，比体硅的晶格常数0.541大了0.4%。根据公式 $\Delta\omega=-n\upsilon\omega_0(a-a_0)/a_0$(其中 n 是样品的维度，υ 是Gruneisen常数，ω_0 是体晶体硅的拉曼峰的频率)，可得由应力引起的拉曼位移约为 $2cm^{-1}$。在小尺寸样品中，尺寸限制效应引起的拉曼位移 $\Delta\omega$ 往往大于晶格常数改变和应力引起的拉曼位移，此时，后者即可忽略[17]。

3. 温度效应

对于纳米硅拉曼频率移动和线型变得不对称，Gupta等提出了“激光加热效

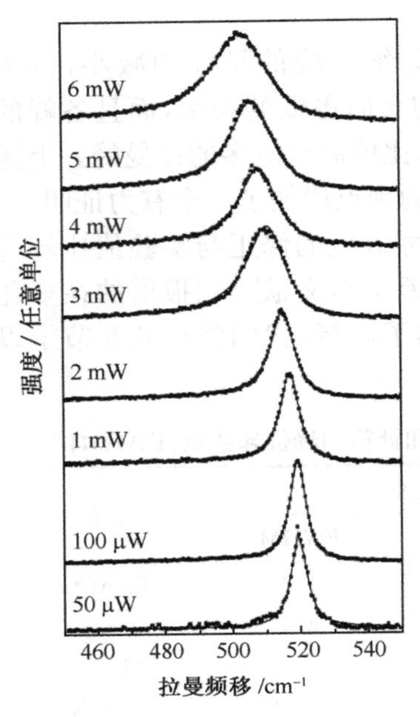

图 6.15　空气中石英衬底上直径为 8nm 的硅纳米线的斯托克斯拉曼谱

实线是 Fano 线型的拟合谱[19]

应”说[19]。他们测量了激励激光功率密度对小直径(5～15nm)硅纳米线拉曼光谱的影响,图 6.15 是 8nm 样品的结果。低功率密度时的光谱结果显示,在 520nm^{-1}处观察到对称的洛伦兹线型谱,与体硅中 $\Gamma=0$ 的 LO/TO 声子的光谱相似。而随着激光照射强度的增加,拉曼谱频率下移并且在低频的一边的不对称性增加。他们认为频率下移源自硅纳米线的激光加热效应;不对称线形源自 $k=0$ 光学声子散射与导带中激光激发电子的连续散射之间 Fano 干涉,图 6.15 中实线就是用 Fano 线型公式计算的拟合谱。

而 Chang[20]对于长度约为 10μm,直径尺寸从 50～500nm 的硅纳米线的拉曼光谱的研究表明,拉曼谱的频移和线宽变化主要是由温度效应引起的,而尺寸限制效只应起了很小的作用。

Gupta 等在论文中提出的上述解释[19],似乎是合理的,但是没有足够的证据证明可以排除尺寸限制效应作为纳米硅拉曼光谱特征根源的观点,因为:

(1) 根据已有理论计算,当纳米硅尺寸大于 5nm 时,电子的量子限制效应已基本消失[21a],理论计算也表明声子限制强于电子[21b],而文献[13]中所用硅样品尺寸小于 2.1nm,显然与 Gupta 等所用 10nm 尺寸样品不同。因此,Gupta 样品不存在尺寸限制效应,不能推断文献[13]以及其他论文中的样品也不存在尺寸限制效应。

(2) Fano 线型关键之一是存在与声子耦合的电子的连续散射。为什么纳米硅及其样品温度的增加会激发 Fano 散射的问题,在论文中未曾说明,因而肯定加热效应缺乏坚实基础。

(3) 在 5.3 节中由尺寸限制效应理论的纳米半导体拉曼谱的特征是基于普适的测不准关系和平移对称性的破坏。文献[18]作者对此未作出任何讨论,使他们的观点显得缺少一些坚实的物理基础。

此外,如果注意到,文献[17]忽略了应力引起的拉曼频移,是因为他们所用样品尺寸较小(10nm、15nm 和 21nm),尺寸限制效应是主要的;而文献[20]所用样品的最小尺寸是 50nm,应该说尺寸限制效应已基本不存在了,因而他们说“拉曼谱的频移和线宽变化主要是由温度效应引起的,而尺寸限制效只应起了很小的作用”,对他们的样品,当然应该如此。

由以上介绍中可以看到,在纳米材料的拉曼光谱中,尺寸限制、应力和温度等效应都会存在,对于新出现的拉曼光谱现象,应该针对具体样品和实验条件做出具体全面的分析,不能轻易地肯定一个否定另一个,只有采取这样的态度和做法才能获得对事物的正确的认识。文献[22]对 Si 纳米线拉曼谱的研究表明,激光局部加热是引起观察到的 Si 纳米线光谱特征的原因,而根本不是来自 Fano 效应。他们在极低(0.02mW)激光功率下的测量,确实无疑地观察到了量子限制效应。证明我们在上面的分析是比较全面合理的。

6.3　纳米碳的特征拉曼光谱

碳有多种形态,除了常见的长程有序的晶态金刚石、石墨,还有大量无序的形态,如无定形碳和玻璃碳(glassy carbon)等。不同形态碳物质拉曼光谱既具有相似的地方,又有不同之处如图 6.16 所示。

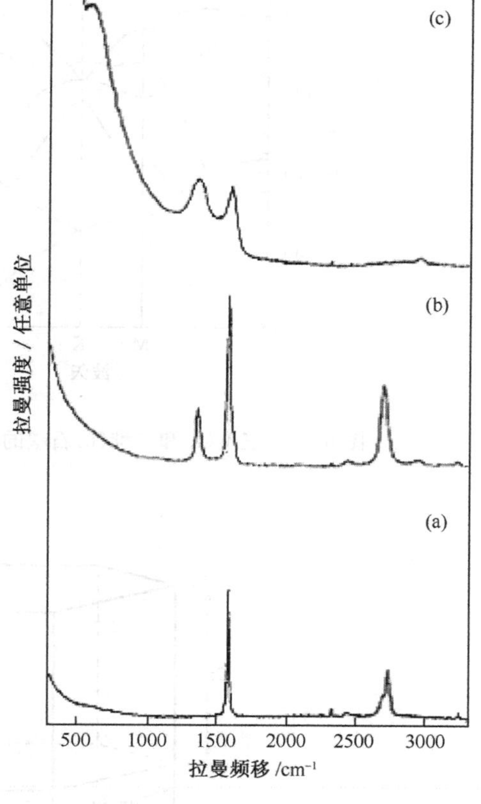

图 6.16　不同形态碳的拉曼光谱
(a)高取向热解石墨(HOPG);(b)经 2820℃退火的碳纳米粒子(直径 20nm);(c)玻璃碳[23]

碳的晶体结构有立方金刚石和六方石墨两种。在第 4 章对金刚石的声子色散曲线和声子的群论对称性分析已有介绍。在本小节,将简要介绍石墨结构的色散关系和群论对称性分析。

石墨是层状结构,但是石墨的层间耦合很弱,所以二维和三维石墨声子色散和态密度曲线基本相似,如图 6.17 所示。三维单晶石墨的布里渊区如图 6.18(a)所示。三维单晶石墨属于 D_{6h}^4空间群,布里渊区中心 $\Gamma=0$ 点光学模的不可约表示为[23]

$$\Gamma_{opt}=2E_{2g}(R)+E_{1u}(IR)+2B_{2g}+A_{2u}(IR)$$

各个模的振动方式如图 6.18(b)所示。其中,二重简并模 E_{2g}是拉曼活性的,一个频率在 $42cm^{-1}$,称为 E_{2g}^1模;另一个在 $1582cm^{-1}$,称为 E_{2g}^2模,该模通常普遍地被叫做 G 模。E_{1u}和 A_{2u}是红外活性模,其中 E_{1u} 位于 $1588cm^{-1}$,A_{2u} 位于 $868cm^{-1}$。二重简并模 B_{2g}是寂静模,既

无拉曼活性，也无红外活性，分别对应于 127cm^{-1} 和 870cm^{-1}。不同形态碳的特征拉曼频率列于表 6.4。

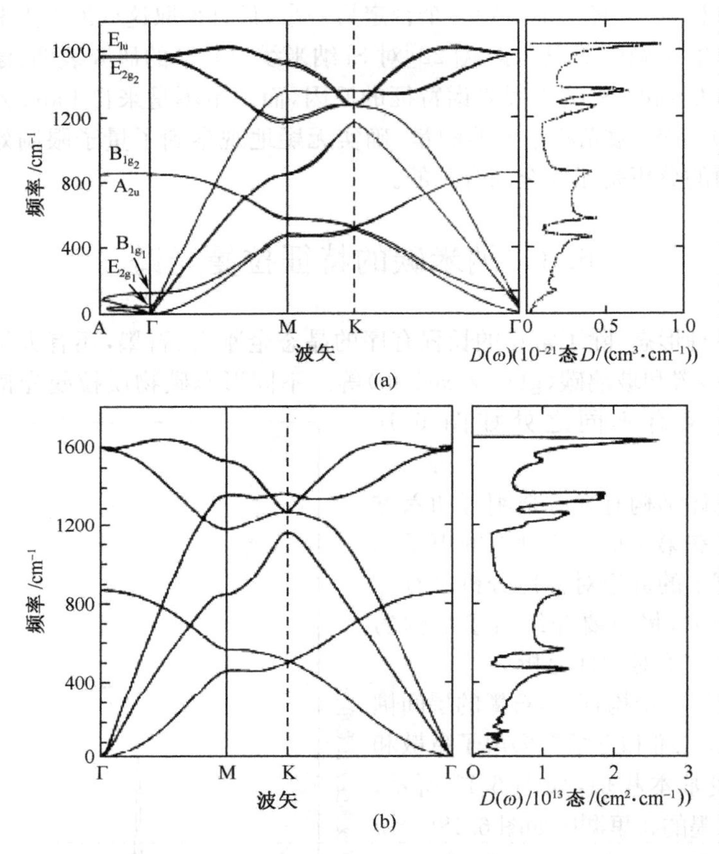

图 6.17　三维(a)和二维(b)石墨的声子色散曲线和态密度 $D(\omega)$ 图[23]

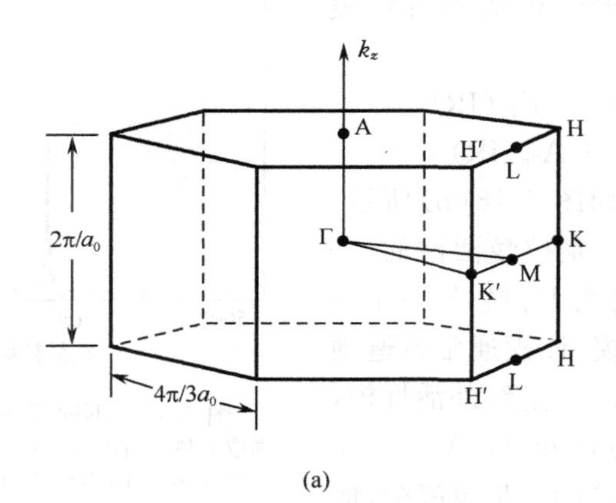

(a)

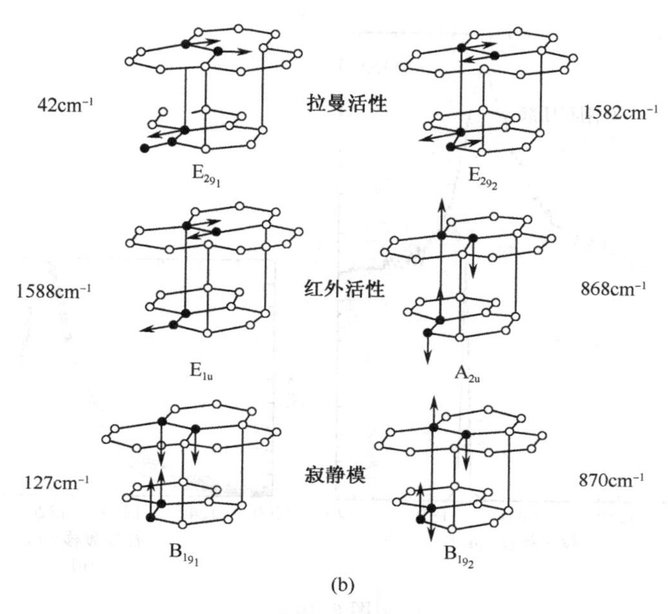

图 6.18　三维石墨晶体的布里渊区(a)和晶格振动模式及其频率图(b)[23]

表 6.4　不同形态碳的特征拉曼光谱频率值

金刚石	1332cm^{-1}	4 重简并 sp^3 键振动，三维局域环境
石墨	1575cm^{-1}	3 重简并 sp^2 键振动，二维局域环境
微晶石墨	1355cm^{-1}	
非晶碳	1340cm^{-1}	

6.3.1　纳米金刚石特征拉曼谱

1. 纳米金刚石特征拉曼谱

以人造金刚石粉为代表的小尺寸金刚石的拉曼特征谱一直为人们所关注[24~27]，第一个纳米尺寸的金刚石特征拉曼谱由 Yoshikawa 等于 1995 年发表[24]，图 6.19 是 4.3nm 金刚石拉曼谱图。在图 6.19(a)中，可以清楚看到纳米金刚石特征谱的频移和线型与 6.2 节显示的纳米硅的特征谱十分相似。图 6.19(b)是微晶模型对实际谱的拟合谱，拟合效果非常好，表明尺寸限制效应是导致出现如图 6.19(a)所示纳米金刚石特征谱的根源。

2. CVD 纳米晶金刚石特征拉曼谱

纳米晶金刚石材料保持了硬度高，同时又具有光洁度好的特点。因此，能大量合成纳米晶金刚石的 CVD 方法技术，具有十分重要应用价值。而在用 CVD 方法

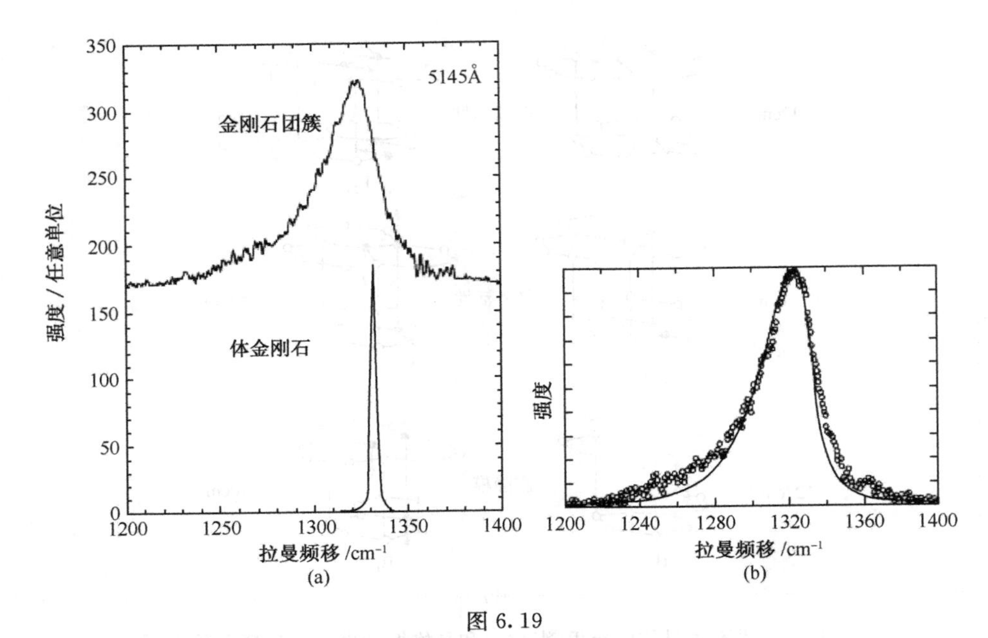

图 6.19
(a)4.1nm 立方体金刚石的拉曼谱;(b)微晶模型对实验谱的拟合[24]

合成纳米晶金刚石的过程中,人们一直以位于约 $1145cm^{-1}$ 的拉曼峰的是否出现作为生成纳米晶金刚石的判据。例如,Gruen 等从图 6.20 所示的在 $1150cm^{-1}$ 附近出现一个拉曼峰,认为在 A_r^+ 离子气氛大于 90%的生长条件下,用 CVD 方法可以制成纳米晶金刚石。[25]

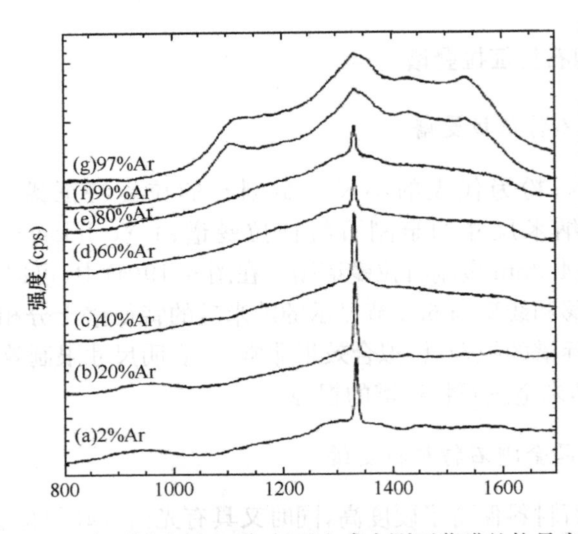

图 6.20　在不同比例 Ar 气氛下生成金刚石薄膜的拉曼光谱

人们以 $1145cm^{-1}$ 峰作为判据，是认为该峰源于尺寸限制效应引起的位于 $1332cm^{-1}$ 的体金刚石晶体的特征谱峰的下移。但是我们知道，根据图 5.13 的金刚石的色散曲线，纯限制效应所引起的拉曼频率只能上移；而且即使下移也不可能有 $1332-1145=187cm^{-1}$ 的移动。因此，上述对 $1145cm^{-1}$ 峰的指认显然是值得怀疑的。

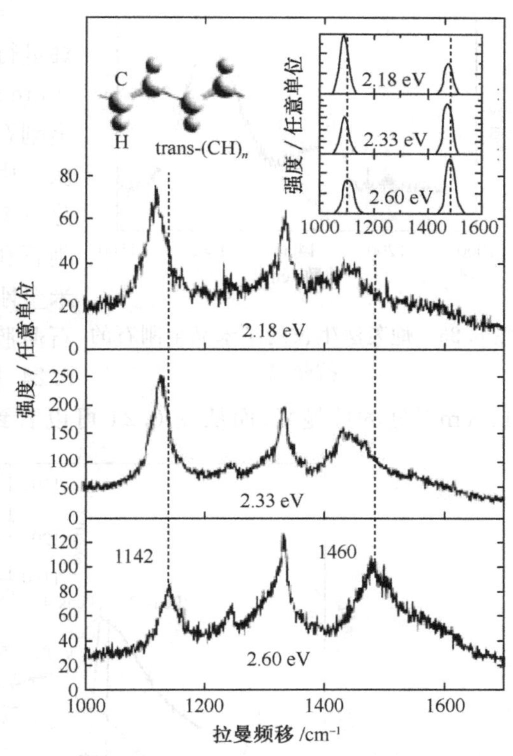

图 6.21 证明 $1142cm^{-1}$ 峰来自 TPA 及其峰位随激发波长变化的实验及理论计算结果[26]

国际上许多科学家基于对上述传统指认的怀疑，对 $1145cm^{-1}$ 峰的起源进行了检验。其中 Ferrari 和 Robertsa 于 2001 年发表了题目为"Origin of $1150cm^{-1}$ Raman Mode in Nanocrystalline Diamond（纳米晶金刚石位于 $1150cm^{-1}$ 拉曼模的根源）"的论文[26]，通过引用 Lopez-Rios 等的工作[27]，否定了上述 $1150cm^{-1}$ 峰的指认，而认为 $1142cm^{-1}$ 来自 CVD 过程中的中间产物 transpolyacetylene（反式聚乙炔，TPA）。图 6.21 就是论文引用的证明 $1142cm^{-1}$ 拉曼峰来自 TPA 的拉曼光谱图[27]。

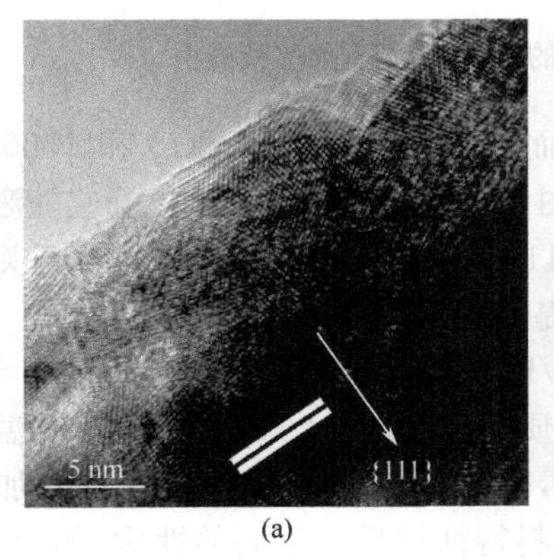

(a)

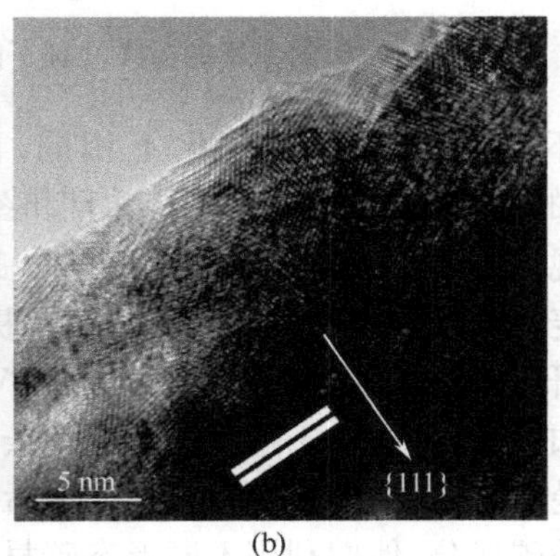

(b)

图 6.22 CVD 方法生长的纳米晶金刚石的高分辨率电镜像

(a)和(b)分别显示样品中的金刚石和石墨相

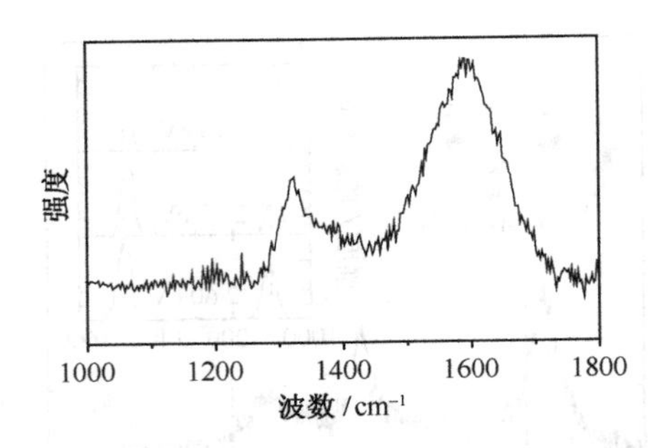

图 6.23　炮轰法生长的纳米晶金刚石的拉曼谱

与此同时，阎研（Y. Yan）等也对上述怀疑进行了检验[28~30]。他们用炮轰法生成的10nm的晶体金刚石[31]和CVD方法生成的金刚石膜作为样品，检验对1145cm^{-1}的指认。由图6.22所示的CVD金刚石膜的高分辨率电镜图，直观地看到样品同时存在金刚石和石墨的纳米晶相。炮轰法生长的纳米金刚石的拉曼谱示于图6.23，CVD金刚石薄膜的变激发波长的拉曼谱实验如图6.24所示。图6.23清楚显示不存在1145cm^{-1}处的拉曼峰，而从图6.24可以看到，1145cm^{-1}峰和1330cm^{-1}金刚石峰

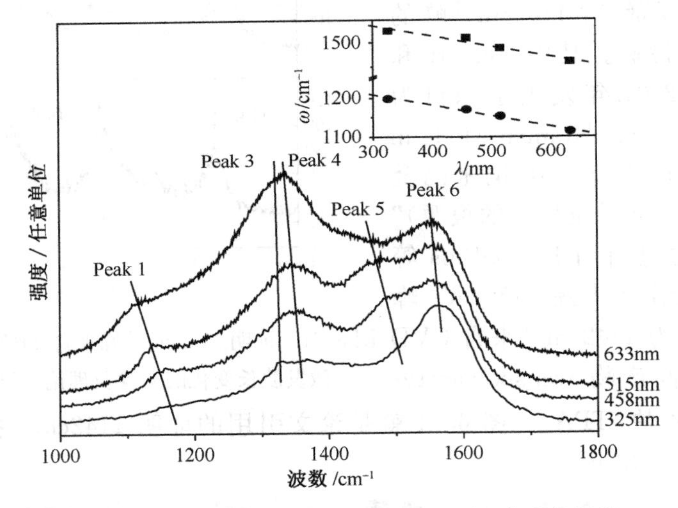

图 6.24　不同激发波长下的CVD金刚石薄膜拉曼谱

频率随不同激发波长的变化不相同，而1145cm^{-1}峰（peak1）和1500cm^{-1}峰（peak5）的变化规律却完全一致，并且和图6.21显示的TPA拉曼峰位随激发波长变化的规律一致。因此，上述结果表明，1145cm^{-1}峰与纳米晶金刚石无关，同时，又给肯定1145cm^{-1}峰来自TPA的看法提供了新的证据。

阎研等还进一步企图寻找真正的CVD纳米晶金刚石膜的特征谱。为此，他们通过加热样品，去除不耐高温的化学杂质TPA，图6.25是样品在不同温度加热后的拉曼谱，从图可以看到600℃加热后，TPA峰已不存在。对于利用加热法不能去掉的碳成分，他们利用不同形态碳材料特征拉曼谱不同的性质，如无序碳、微晶金刚石和石墨等体材料碳的拉曼谱的线形是对称的，而纳米金刚石和纳米石墨的线形是不对称的。应用解谱拟合法除去了非纳米碳的谱，图6.25中的虚线就是

这样的拟合谱。图 6.26 是微晶模型计算的纳米金刚石的谱和纳米石墨的拉曼谱，把图 6.25 和图 6.26 比对，就鉴别出了 CVD 纳米晶金刚石和石墨的本征谱如图 6.27所示。图中低波数区的光谱是纳米晶金刚石的特征拉曼谱，它的光谱特征

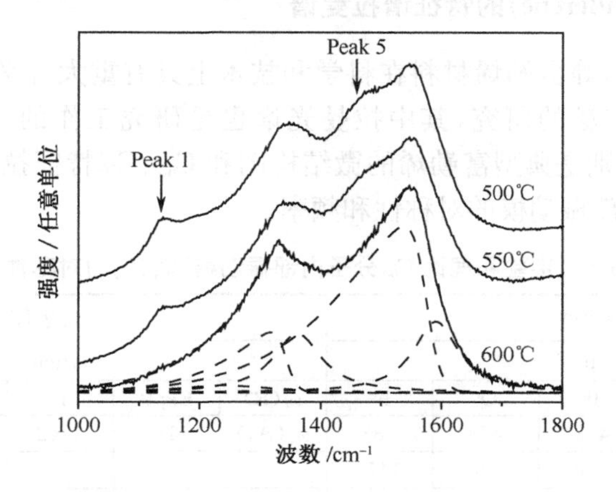

图 6.25　CVD 纳米晶金刚石膜在不同温度下加热后的拉曼谱

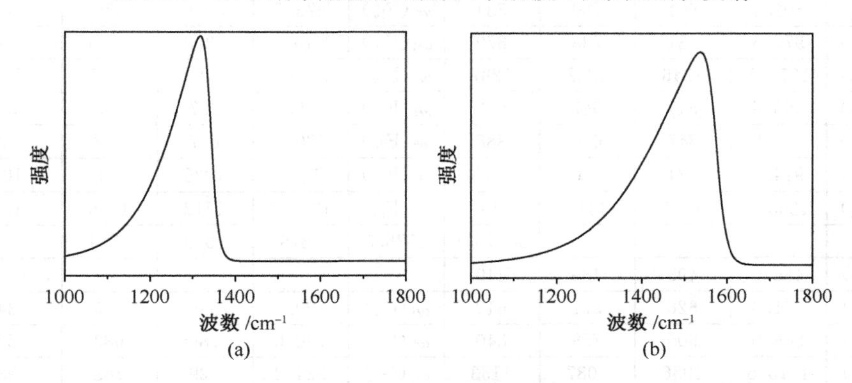

图 6.26　微晶模型计算的金刚石的拉曼谱(a)和石墨的拉曼谱(b)

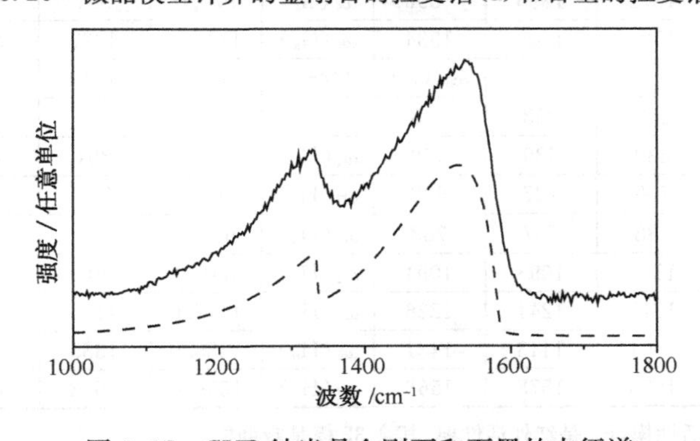

图 6.27　CVD 纳米晶金刚石和石墨的本征谱

与图 6.19 显示的纳米金刚石的拉曼谱惊人地相似，表明 CVD 生长的金刚石的特征谱并不存在与一般纳米金刚石特征谱不同的特征谱。

6.3.2 富勒稀(Fullerene)的特征谱拉曼谱

由于 C_{60} 和 C_{70} 等富勒烯材料在科学和技术上具有重大意义，发现以后，科学家们对其进行了广泛的研究，其中拉曼光谱也是研究工作的一个重要方面，图 6.28 和图 6.29 分别是典型富勒烯的微结构图和 C_{60}、C_{70} 特征拉曼光谱图，表 6.5 列出了 C_{60} 分子内部振动模的对称性和频率。

表 6.5 实验和理论 C_{60} 分子内部振动模和它们的对称性[32]

偶宇称					奇宇称				
ω/cm^{-1}					ω/cm^{-1}				
ω_i(R)	Expt^a	J^b	Q^c	F^d	ω_i(R)	Expt^a	J^b	Q^c	F^d
$\omega_1(A_g)$	497.5	492	478	483	$\omega_1(A_u)$	1143	1142	850	1012
$\omega_2(A_g)$	1470.0	1468	1499	1470					
					$\omega_1(F_{1u})$	526.5	505	547	547	547
$\omega_1(F_{1g})$	502.0	501	580	584	$\omega_2(F_{1u})$	575.5	589	570	578
$\omega_2(F_{1g})$	975.5	981	788	879	$\omega_3(F_{1u})$	1182.9	1208	1176	1208
$\omega_3(F_{1g})$	1357.5	1346	1252	1297	$\omega_4(F_{1u})$	1429.2	1450	1461	1445
$\omega_1(F_{2g})$	566.5	541	547	573	$\omega_1(F_{2u})$	355.5	367	342	377
$\omega_2(F_{2g})$	865.0	847	610	888	$\omega_2(F_{2u})$	680.0	677	738	705
$\omega_3(F_{2g})$	914.0	931	770	957	$\omega_3(F_{2u})$	1026	1025	962	1014
$\omega_4(F_{2g})$	1360.0	1351	1316	1433	$\omega_4(F_{2u})$	1201.0	1212	1185	1274
					$\omega_5(F_{2u})$	1576.5	1575	1539	1564	
$\omega_1(G_g)$	486.0	498	486	449					
$\omega_2(G_g)$	621.0	626	571	612	$\omega_1(G_u)$	399.5	385	356	346
$\omega_3(G_g)$	806.0	805	759	840	$\omega_2(G_u)$	760.0	789	683	829
$\omega_4(G_g)$	1075.5	1056	1087	1153	$\omega_3(G_u)$	924.0	929	742	931
$\omega_5(G_g)$	1356.0	1375	1296	1396	$\omega_4(G_u)$	970.0	961	957	994
$\omega_6(G_g)$	1524.5	1521	1505	1534	$\omega_5(G_u)$	1310.0	1327	1298	1425
					$\omega_6(G_u)$	1446.0	1413	1440	1451	
$\omega_1(H_g)$	273.0	269	258	268					
$\omega_2(H_g)$	432.5	439	439	438	$\omega_1(H_u)$	342.5	361	404	387
$\omega_3(H_g)$	711.0	708	727	692	$\omega_2(H_u)$	563.0	543	539	521
$\omega_4(H_g)$	775.0	788	767	782	$\omega_3(H_u)$	696.0	700	657	667
$\omega_5(H_g)$	1101.0	1102	1093	1094	$\omega_4(H_u)$	801.0	801	737	814
$\omega_6(H_g)$	1251.0	1217	1244	1226	$\omega_5(H_u)$	1117.0	1129	1205	1141
$\omega_7(H_g)$	1426.5	1401	1443	1431	$\omega_6(H_u)$	1385.0	1385	1320	1358
$\omega_8(H_g)$	1577.5	1575	1575	1568	$\omega_7(H_u)$	1559.0	1552	1565	1558

A_g 和 H_g 是红外活性模，F_{1u}是红外活性模，其余 32 模是寂静模。

a～d 依次表明数据来自文[32]中的参考文献[27]、[28]、[29]、[30]和[31]。

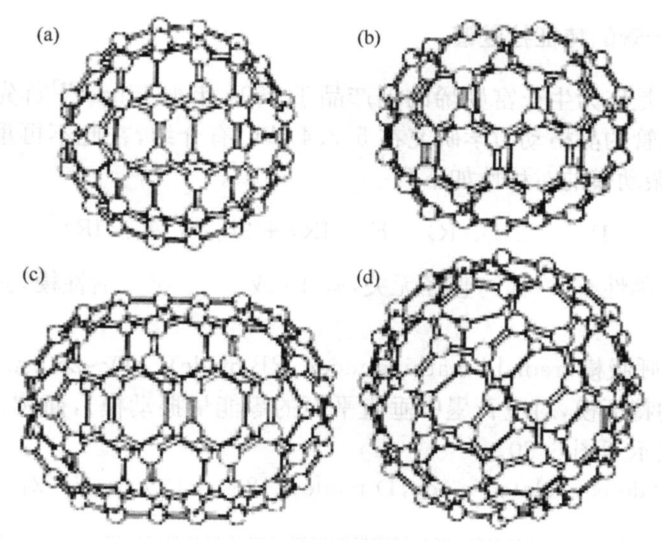

图 6.28　几种富勒烯的微结构图[32]

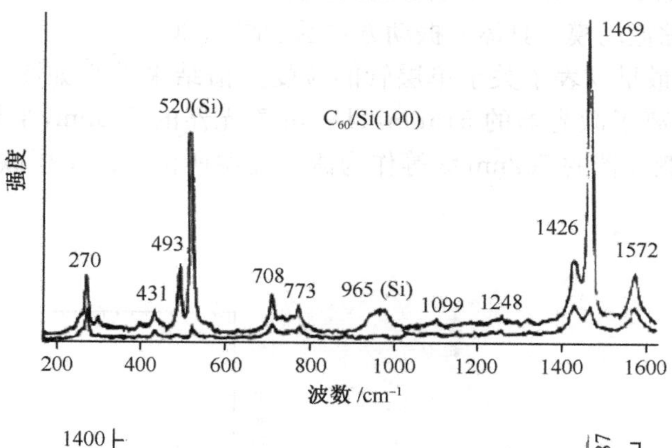

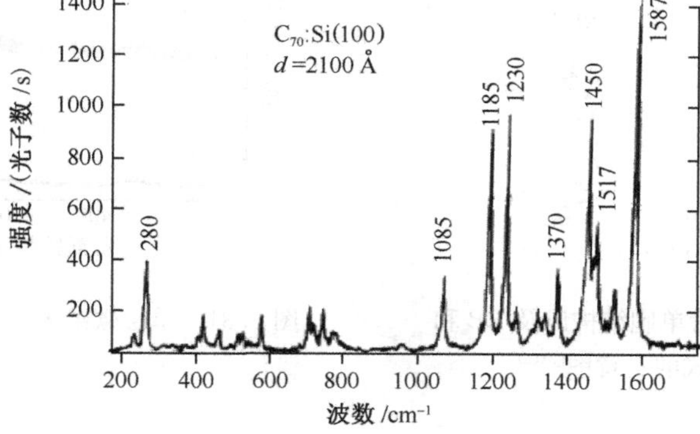

图 6.29　在 Si(100)衬底上生长的 C_{60} 和 C_{70} 拉曼谱[32]
C_{60} 上下两条光谱线分别是(11,11)和(11,⊥)偏振谱线

6.3.3 碳纳米管的特征拉曼谱

碳纳米管是作为生长富勒烯的副产品于 1991 年被 Iijima[33] 首先发现的。有关单层碳纳米管的晶格动力学研究在 5.3.4 节已有介绍，在此不再重复。研究表明，碳纳米管振动模的对称性如下列

$$\Gamma_{opt} = 2E_{2G}(R) + E_{1M}(IR) + 2B_{2G} + A_{2M}(IR) \tag{6.1}$$

振动数目与对称性有关，而与直径无关，有 15 或 16 个拉曼活性模，其中重要的振动模有：

(1) 径向呼吸模(radial breathing mode, RB mode)：100～250cm^{-1}-(与碳纳米管直径相关的特征模，对应石墨中垂直平面的零能量振动模)，简称为 RB 模。具体的振动方式示于图 6.30。

(2) D 模(defect-related mode, D mode)：1280～1350cm^{-1}-(对应样品中的杂质和缺陷)。

(3) G 模(graphite-like mode, G mode)：1500～1750cm^{-1}-切向振动模，对应石墨中的切向伸缩振动模。具体的振动方式示于图 6.30。

Holden 等最早发表了关于单层管的拉曼光谱结果[34(b)]如图 6.31 所示。图 6.32 是用 Ar^+ 离子激光器的 515nm，He-Ne 激光器的 633nm，半导体(Al-doped GaAs 二极管)激光器的 782nm 线等作为激发光源所记录的单层碳纳米管的拉曼光谱全谱图。

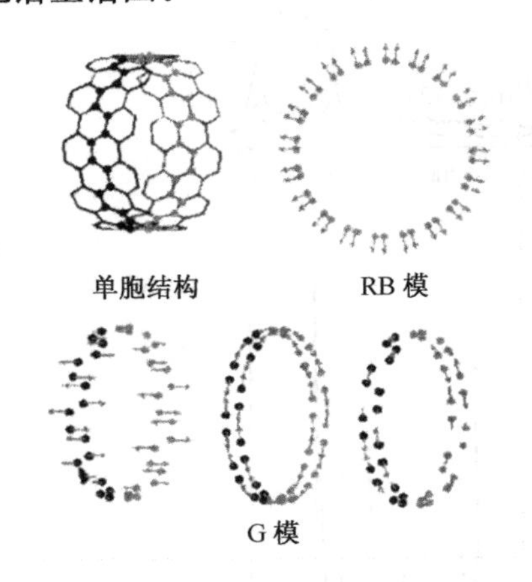

图 6.30 碳纳米管单胞结构以及 RB 和 G 模振动方式的示意图[34(a)]

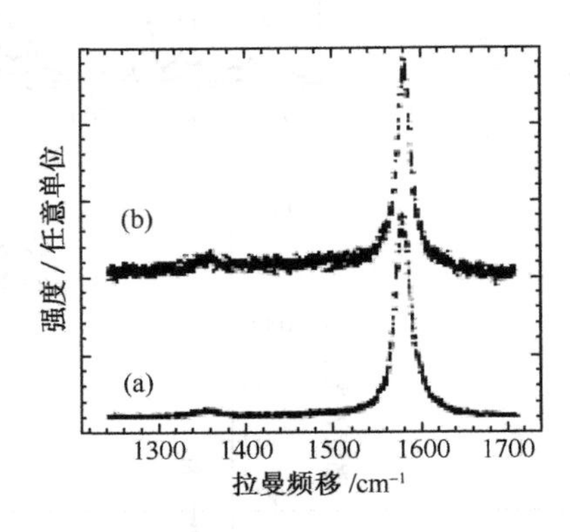

图 6.31 单层碳纳米管的拉曼光谱[34]

P. C. Eklund 归纳了石墨和单壁碳纳米管的一级和二级拉曼模[23]如表 6.6 所示。

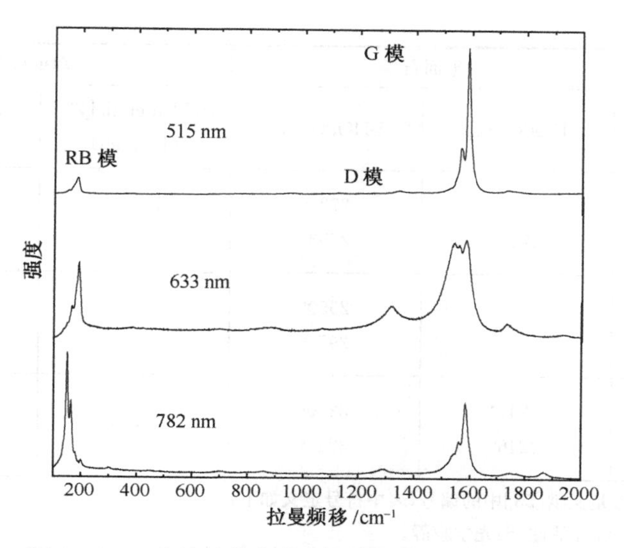

图 6.32　三个波长激光激发的单层碳纳米管的拉曼光谱全谱图

表 6.6　平面石墨和单壁碳纳米管的拉曼频率表[23]

模的指认	平面石墨		单壁碳管	
	HOPG[31]	BHOPG[31]	Holden et al. [27] (1～2nm)	Holden et al. [28] (1～2nm)
$E_{2g}^{(1)}$(R,⊥)	42[c]			
$B_{2g}^{(1)}$(S,∥)	127[h]			
A_{2u}(ir,∥)	868[g]	～900[c]		
$B_{2g}^{(2)}$(S,∥)	870[i]	～900[c]		
$E_{2g}^{(2)}$(R,⊥)	1258[c] 1577[e]	1385[c] 1591[e]	1566[c,d] 1592[c,d]	1368[c] 1594[e]
E_{1u}(ir,⊥)	1588[c]			
D(R,⊥)	1350[c] 1365[e]	1367[c] 1380[c]		1341[e]
E_{2g}'(R,⊥)		1620[c]		
2×1220(R,⊥)	2441[e]	2450[c] 2440[e]		2450[e]

续表

模的指认	平面石墨		单壁碳管	
	HOPG[31]	BHOPG[31]	Holden et al. [27] (1～2nm)	Holden et al. [28] (1～2nm)
2×D(R,⊥)	2722^{c} 2746^{e}	2722^{c} 2753^{e}	$2681^{c,d}$	2680^{e}
$E_{2g}^{(2)}$+D(R,⊥)		2950^{c} 2974^{e}		2925^{e}
$2E'_{2g}$(R,⊥)	3247^{c} 3246^{e}	3240^{c} 3242^{e}	$3180^{c,d}$	3180^{e}

表中参考文献号是文献[23]中的编号，表中符号定义如下：
R：拉曼活性，ir：红外活性，S：光学寂静。
‖和⊥：碳 原子位移平行和垂直C轴。
a～e表示激发光波长(nm)；$^{a}742$，$^{b}532$，$^{c}514$，$^{d}488$，$^{e}458$
c：预期值。

6.4 极性纳米半导体的特征拉曼光谱

6.4.1 SiC纳米棒的特征拉曼光谱

SiC纳米棒是较早研制成的极性纳米半导体[35]。图6.33(a)展示了文献[36]报道的SiC纳米棒晶体结构的研究工作。文献[36]中所用SiC纳米棒样品的X射线衍射谱表明，研究中所用SiC纳米棒是3C-SiC，即立方相SiC。从它的高分辨电镜像(图6.33(b))可以看到它虽有完整的晶体结构区，但是被层错等缺陷所分割

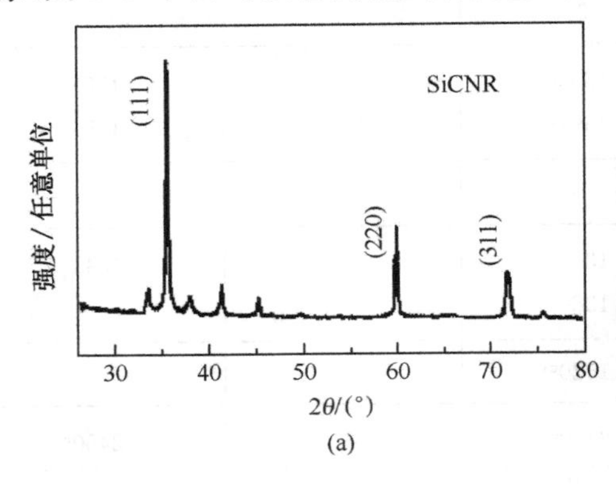

(a)

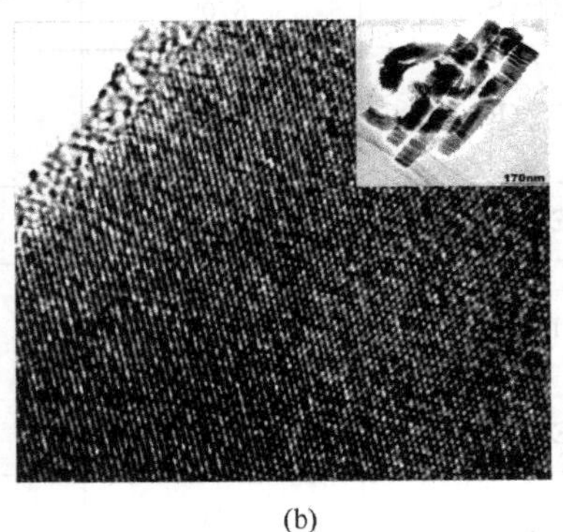
(b)

图6.33 立方相SiC的X光衍射谱(a)与高分辨电镜像(b)[36]

的。它的拉曼实验光谱如图 6.34(a)所示；为了和体 SiC 晶体拉曼谱进行比较，图 6.34(b)展示了 3C-SiC 的体拉曼光谱[37]。对两者比较后，可以发现 SiC 纳米棒拉曼光谱的峰很宽，类似光致发光谱，此外，在晶体拉曼谱的 TO 和 LO 模频率区间之间又多了一个峰。为证实它不是光致发光谱而是拉曼光谱，论文[35]作者测量了样品的反斯托克斯拉曼谱，并与斯托克斯谱一起示于图 6.34(c)，根据斯托克斯和反斯托克斯谱频率绝对值必须相等的拉曼光谱的普适特性，图 6.34(c)的结果证明，图 6.34(a)所示的光谱确是拉曼谱而非光致发光谱，位于高低频率之间的新峰也是拉曼峰。

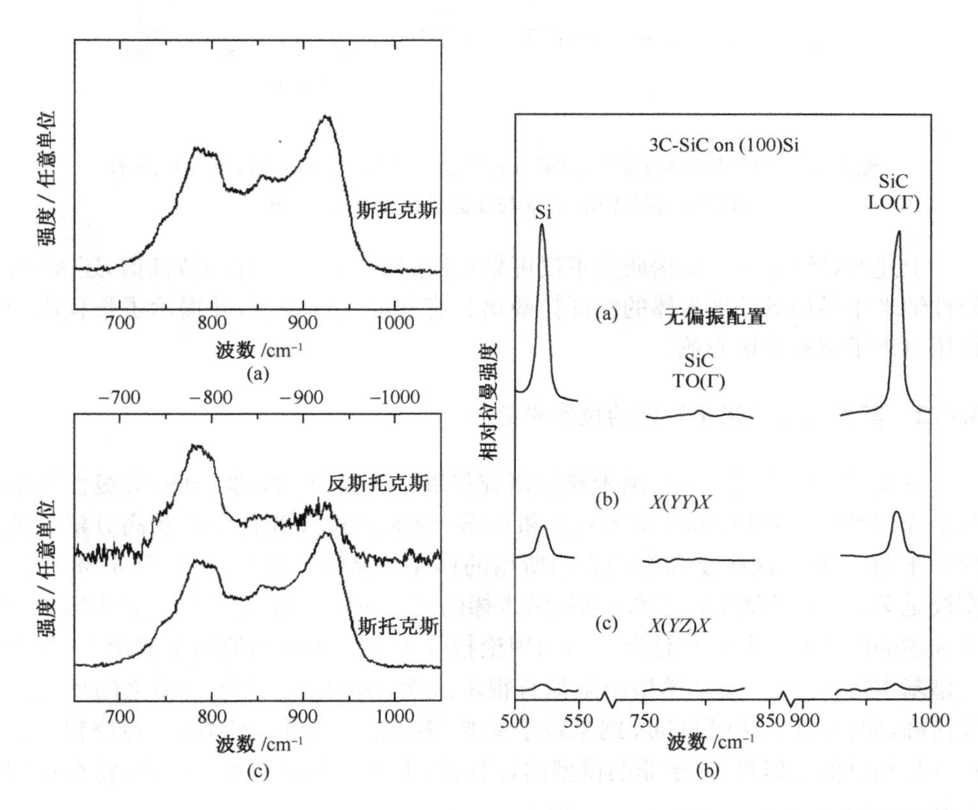

图 6.34　3C-SiC 纳米棒(a)和晶体(b)的拉曼光谱以及 SiC 纳米棒的反斯托克斯和斯托克斯拉曼谱(c)[36,37]

为完全确证实验光谱，论文[36]作者用微晶模型进行了理论谱的拟合工作，结果如图 6.35(a)所示，理论谱表明 LO 模的下移最多只有 $5\mathrm{cm}^{-1}$，与实验观察下移 $54\mathrm{cm}^{-1}$不合，在 TO 和 LO 之间的也没有出现新峰。图 6.35(b)展示了与非晶模型计算的结果的比较，发现两者符合相当好，特别是在计算谱的 TO 和 LO 模之间出现一个与实验结果相符的新峰。在计算过程中发现，该新峰来自界面的散射，并发现尺寸的改变对计算结果没有明显的影响,但是长程库仑作用稍加改变,便对计算结果产生极大影响。

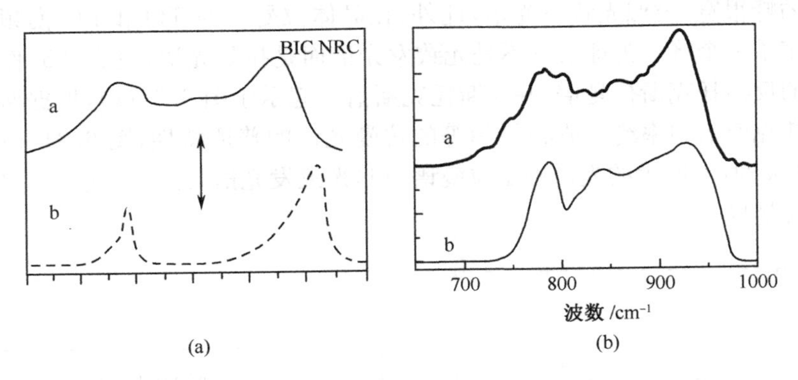

图 6.35 SiC 纳米棒拉曼光谱(a)-a 和微晶模型拟合谱(a)-b 以及 SiC 纳米棒约化拉曼光谱(b)-a 与非晶模型拟合谱(b)-b[36]

上述 SiC 纳米棒拉曼谱研究不仅可靠地得到了 SiC 纳米棒的特征谱,还表明,极性纳米半导体 SiC 纳米棒的特征拉曼谱具有非晶谱的特征,并揭示了长程库仑作用对声子谱有关键影响。

6.4.2 其他极性纳米半导体的拉曼光谱

论文[36]作者把在 SiC 纳米棒的研究扩展到 ZnO、GaN 和 CdSe 等极性纳米晶半导体[38,39]。ZnO、GaN 纳米粒子和 CdSe 纳米棒的 X 光衍射谱和高分辨电镜像示于图 6.36。这些谱和像均表明所用的样品是晶体。图 6.37 和图 6.38 中的实线是 ZnO、GaN 纳米粒子和 CdSe 纳米棒的实验拉曼光谱,虚线分别是用第 4 章中描述的微晶和非晶模型计算得到的理论拉曼谱。上述两图的结果清楚表明,在光谱基本特征方面,微晶模型结果拟合很不成功,例如,TO 和 LO 模之间均没出现谱峰,而且,在 ZnO 和 GaN 纳米粒子的光谱线形的不对称性方向,理论和实验正好是相反的。但是,对于非晶模型的计算谱,上述两个缺陷都不存在,符合得相当好。

从以上结果可以了解到,在 SiC 纳米棒拉曼光谱中揭示的关于"极性纳米半导体 SiC 纳米棒的特征拉曼谱具有非晶谱的特性",在极性纳米半导体中具有普遍意义。

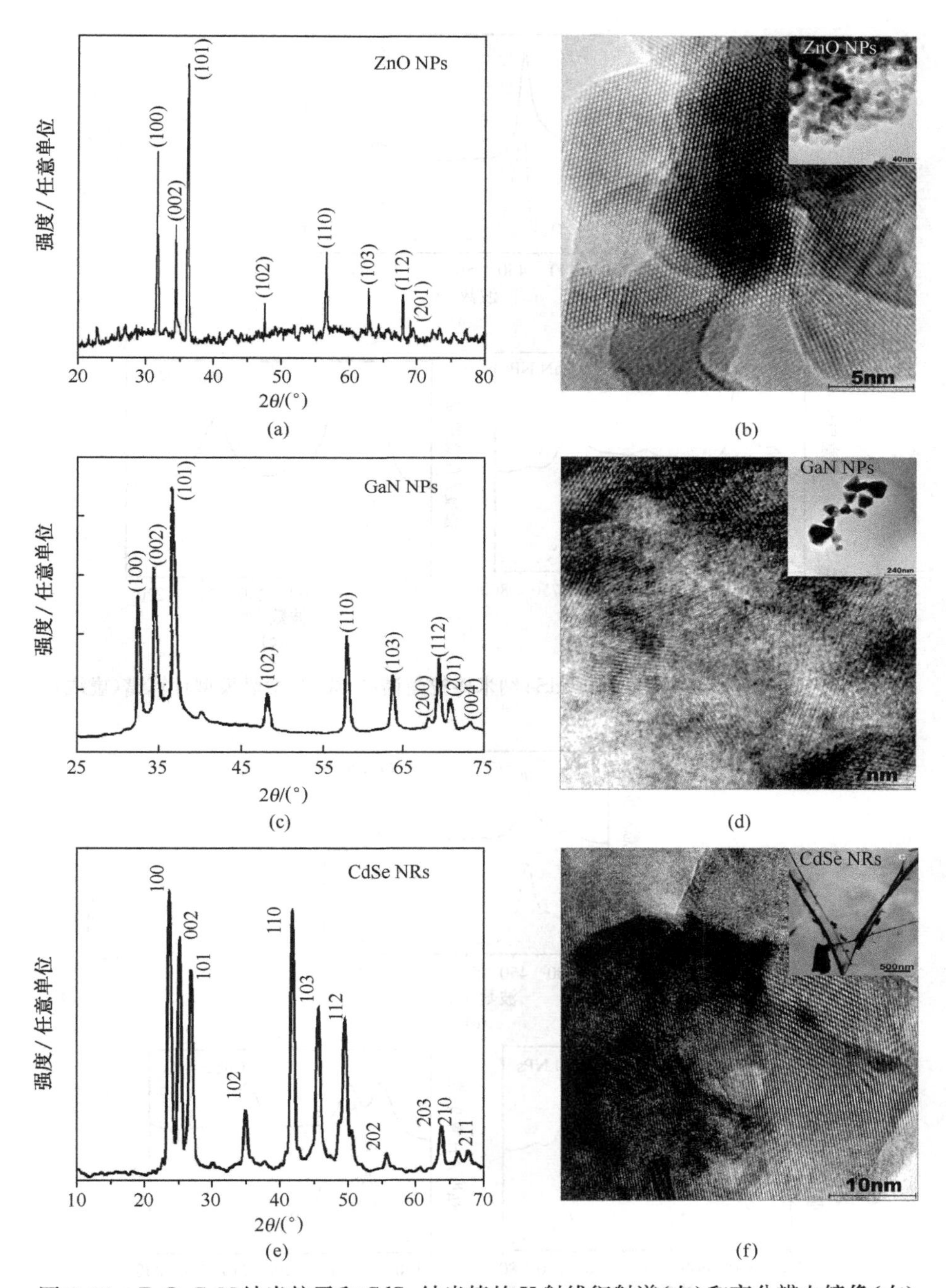

图 6.36　ZnO、GaN 纳米粒子和 CdSe 纳米棒的 X 射线衍射谱(左)和高分辨电镜像(右)

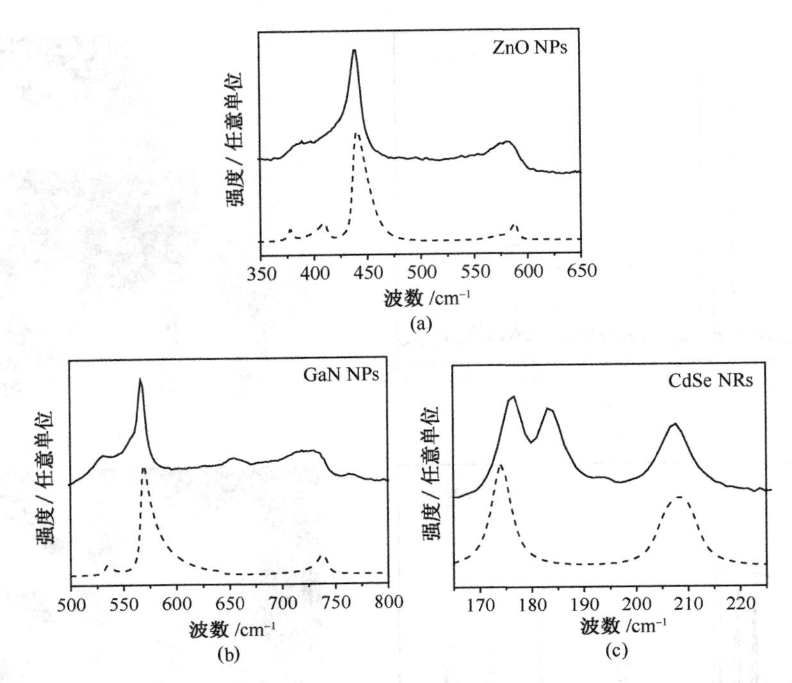

图 6.37 ZnO、GaN 纳米粒子和 CdSe 纳米棒拉曼谱(实线)与微晶模型计算谱(虚线)

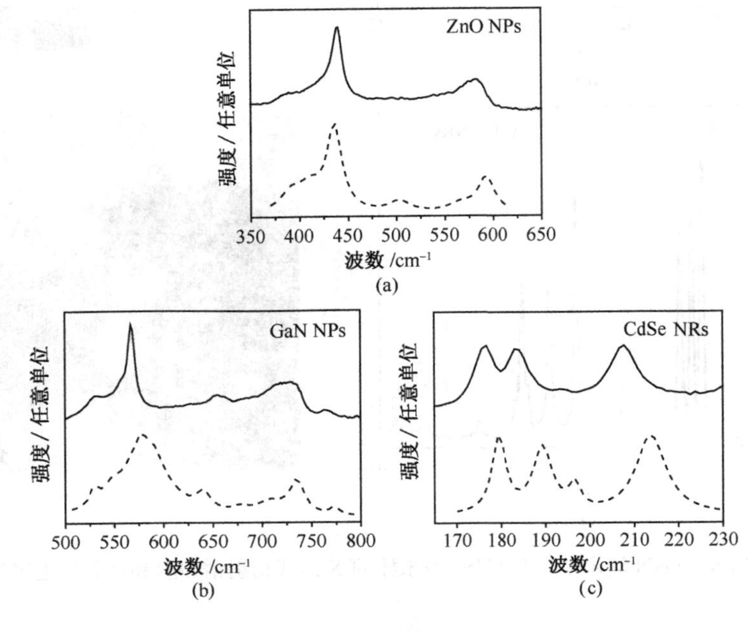

图 6.38 ZnO、GaN 纳米粒子和 CdSe 纳米棒拉曼谱(实线)与非晶模型计算谱(虚线)

6.5　多声子拉曼谱

在本节前，只讨论了“单声子拉曼谱”或说一级拉曼谱。在本节将介绍低维纳米体系的“多声子拉曼谱”即高级拉曼谱。多声子拉曼谱的重要特征是，k 级多声子拉曼峰的频率 ω_k 与单声子的拉曼频率 ω_1 有关系

$$\omega_k = k\omega_1 \tag{6.2}$$

多声子拉曼散射强度随级数 k 的增加很快下降，因此观察多声子散射谱是比较困难的。多声子拉曼谱往常只能在共振散射，特别是出射共振散射时，才能观察到。出射共振散射是指入射光能 E_i 与声子能量 E_{ph} 和电子能隙 E_g 满足下列条件的散射

$$E_g = E_i - kE_{ph} \tag{6.3}$$

6.5.1　超晶格多声子拉曼谱

从20世纪80年代中以后，包括应变层超晶格在内的超晶格限制光学模和宏观界面模的多声子拉曼光谱都先后被观察到，并进行了广泛的研究[40~45]。图6.39(a)、(b)展示了不同层厚 GaAs/AlAs 超晶格和应变层超晶格(HgTe)/(CdTe)在共振条件下测量的拉曼谱。谱图中清楚显示了纵限制光学模(LO)、横限制光学模(TO)和宏观界面(IF)的多声子拉曼谱。但是在1993年前所发表的多

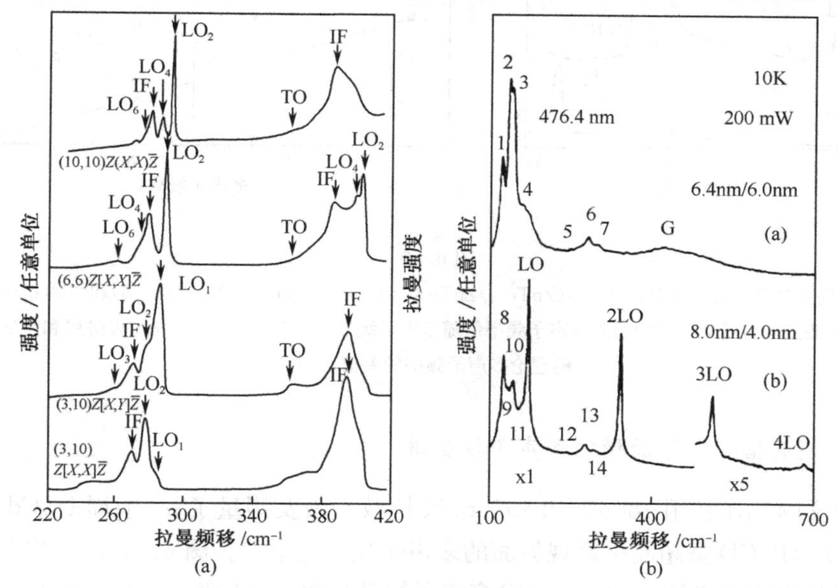

图6.39　3个层厚不同的 GaAs/AlAs 超晶格 (a)[40] 和2个层厚不同超晶格 (HgTe)/(CdTe)(b)[43] 超晶格的多声子拉曼光谱图

声子谱，没有见到限制于垒层和微观界面模的多声子散射谱。下面重点介绍这两类多声子的拉曼散射。

1. 垒层限制光学模的多声子拉曼谱[46]

图 6.40(a)是$(CdTe)_2(ZnTe)_4$/ZnTe 短周期超晶格多量子阱的拉曼光谱。图中光谱显示，首先，在 488nm 波长的光激发下，观察到的多声子谱达到了在超晶格未曾报道过的创记录的 13 级，其次，根据式(5.31)，发现利用限制于阱层的 LO 模的频率不能拟合实验结果，但是如用限制在阱和垒层的两类声子模的频率进行计算，则可以拟合，拟合结果如图 6.40(B)所示。它表明从未被观察到限制于垒层的 LO 声子的多声子拉曼散射被观察到了。

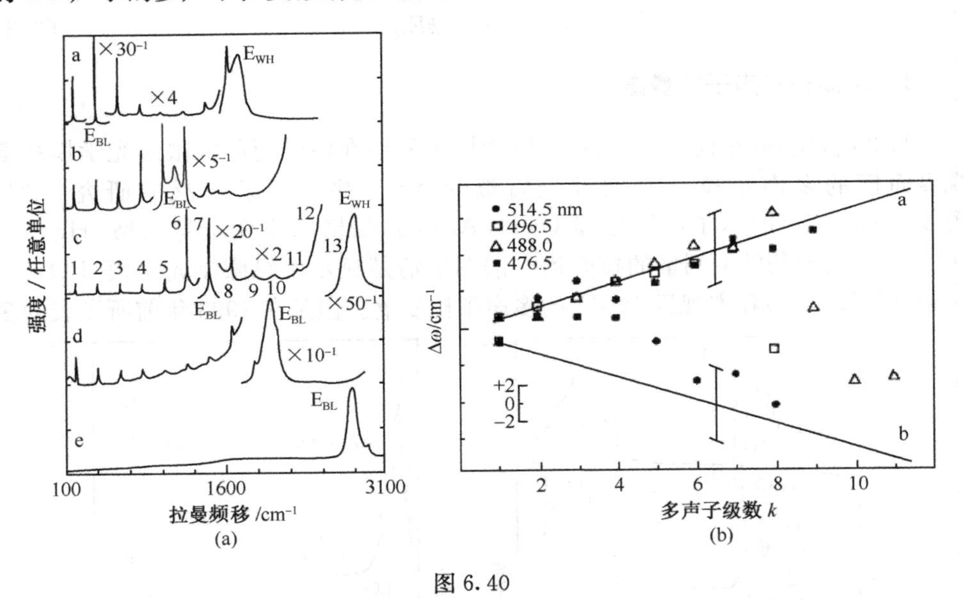

图 6.40

(a)短周期超晶格多量子阱$(CdTe)_2(ZnTe)_4$/ZnTe 在 515(a)，497(b)，488(c)，477(d)和 458(e)nm 波长激光激发的拉曼光谱；(b)实验多声子频率值随多声子级数 k 的分布，两条斜线代表阱层和垒层 LO 模理论多声子频率的差值 $\Delta\omega$[46]

2. 超晶格微观界面模的多声子拉曼谱

论文[47]作者用 488nm 和 497nm 波长激光激发测量了 80 个周期$(CdTe)_2$/$(ZnTe)_4$AB/CD 型超晶格微观界面的多声子拉曼光谱[8]。图 6.41(a)是纵限制光学声子(LO)和微观界面模(LMIF)多声子拉曼频率 ω_k、线宽 $\Delta\omega_k$ 和强度 I_k 随声子级 k 的变化图。该图表示，用两个波长激发的结果是一样的。

从图中，我们发现微观界面模高阶拉曼谱的频率、强度和线宽随阶数变化与类体 LO 模完全不同，即与公认的从体材料中得出的一般规律不同。图 6.41(b)显示了文献[48]中图 3 和图 5 所示的掺杂形成的色心 SrI 局域模多声子拉曼谱随多声子级 k 的变化的规律，图 6.41(a)显示的微观界面模的多声子拉曼谱随多声子级 k 的变化规律与图 6.41(b)的规律十分类似，从而表明了微观界面模多声子拉曼谱具有杂质缺陷谱的特征；说明超晶格界面具有类缺陷的本质，也就是说超晶格界面类似于体材料的缺陷，进而揭示出“超晶格是一种缺陷结构”的本质。

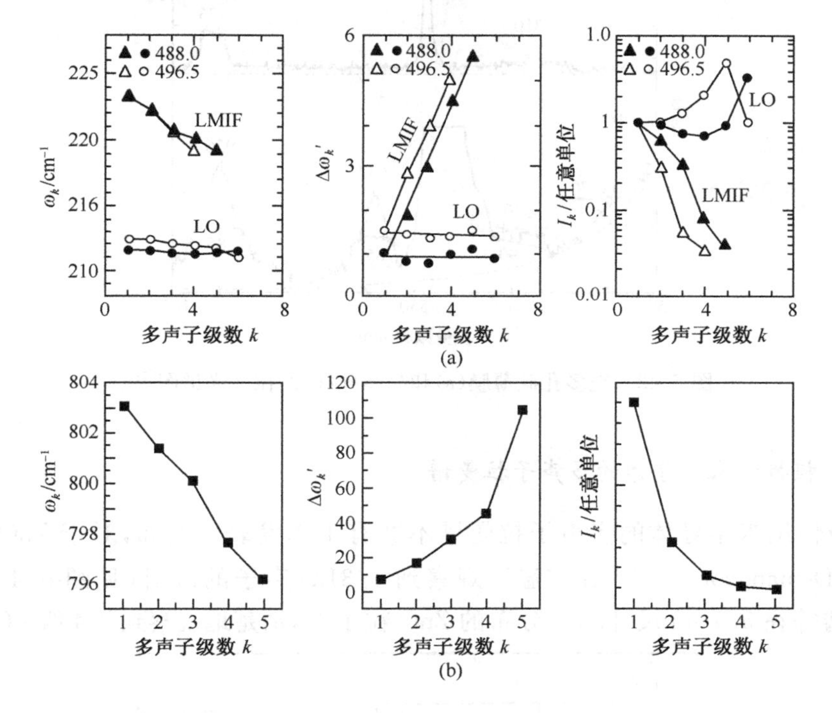

图 6.41　二个波长激发的$(CdTe)_2/(ZnTe)_4$ 超晶格(a)[47]和色心 SrI(b)局域模[48]的多声子拉曼频率(ω_k)、线宽($\Delta\omega_k$)和强度(I_k)随多声子级 k 的变化规律

6.5.2　纳米半导体的多声子拉曼谱

1. 多孔硅的多声子拉曼谱

在体硅中，双声子谱早已被观察和研究，其中如位于 960cm^{-1}的光学模的双声子谱，在常规测量中能很容易地观察到，并且被指认为在布里渊边界区的 2LO 散射[49～51]。

没有硅衬底的纯多孔硅膜的多声子谱示于图 6.42[52]。该图显示在 632cm^{-1}和 956cm^{-1}处有 2 个谱峰，并分别被指认为(TA＋TO)和 2LO 双声子峰。而且，发现 TA＋TO 和 2TO 模的散射强度很大，该现象可以用由于尺寸限制效应导致的动量弛豫因而波矢守恒定律破坏加以解释。但是,观察到的 TA+TO 和 2TO 的频率值,与依然用体硅的声子色散曲线进行分析和估算的结果不合,它反映用体色散关系分析纳米尺度材料是不恰当的。这种看法和观点为后来进行的纳米硅的色散关系理论计算所证明。

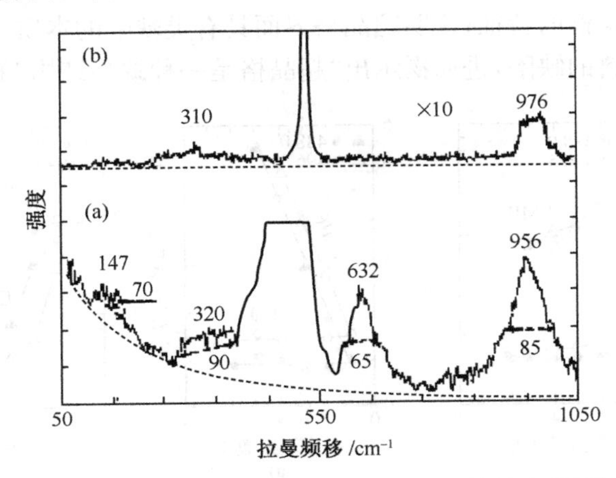

图 6.42　纯多孔硅薄膜(a)和晶体硅(b)的拉曼光谱图[52]

2. 极性纳米半导体的多声子拉曼谱

极性纳米半导体的多声子拉曼谱不断有工作发表。例如,对于 ZnO 纳米粒子,Demangeot 等[53(a)]在室温下观察到了 3LO 声子的散射(见图 6.43),而刘卯鑫等在 5.7nm 尺寸均一分布的 ZnO 粒子上,清楚地观察到了 4 级 LO 声子

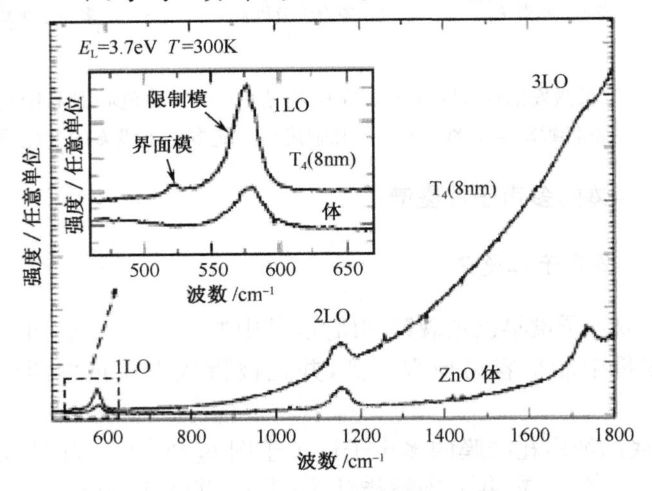

图 6.43　室温下 3 级 LO 声子的拉曼散射[53(a)]

的散射(见图 6.44 和表 6.7)[53(b)]。这表明在一级谱中因波矢 $K=0$ 的声子而被禁戒的声子,在多级散射中因 $K=0$ 选择定则失效而参与了拉曼散射。

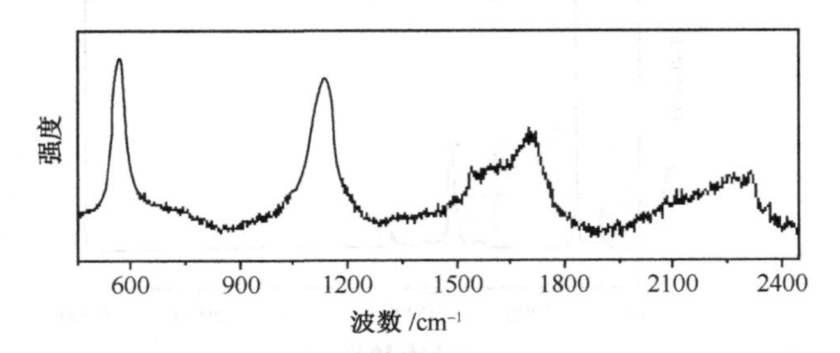

图 6.44　5.7nm 尺寸均一分布 ZnO 粒子 4 级 LO 声子的拉曼散射

表 6.7　对 ZnO 粒子 A_1(LO)和 E_1(LO)的高阶频率统计表

声子模	1LO	2LO	3LO	4LO
频移/cm^{-1}	571.3	1141.2	1741.7	2283.4

3. *碳纳米管多声子拉曼光谱*

在发现碳纳米管不久,人们就观察了多声子拉曼散射。图 6.45 是观察到多壁碳纳米管的 1000～5000cm^{-1}范围内的 4 阶拉曼谱。图 6.46 是作为对比的 HOPG 的 1000～6000cm^{-1}的拉曼谱。经洛伦兹线型拟合,上述两图中出现的拉曼峰的频率、线宽、强度比(相对 G 峰)数值以及模的指认列在表 6.8 中。

表 6.8　碳纳米管和 HOPG 的拉曼模频率、半宽和强度比

样品		D	G	E'_{2g}	G+A_{2a}	D*	D+G	2G	$2E'_{2g}$	3D	2D+G	D+2G	4D	3D+G	2D+2G
碳纳米管	ω/cm^{-1}	1356	1582	1623	2456	2708	2949	3186	3245	4049	4289	4548	5343	5676	5878
	FWHM /cm^{-1}	32	16	10	82	50	116		14		76				
	I	0.13	1.00	0.063	0.026	0.47	0.019		0.064		0.051				
HOPG	ω/cm^{-1}		1574		2445	2682 2720		3164	3240	4058	4294			5666	
	FWHM /cm^{-1}		16		50	50 50			12		90				
	I		1.00		0.033	0.18 0.46			0.092		0.051				

HOPG 是结构最完整的、有序性最好的石墨晶体。但从图 6.45,图 6.46,表 6.8 可以看到,HOPG 能观察到的拉曼谱线比碳纳米管的少得多。HOPG 的拉曼谱中不出现一级模 D 和 E'_{2g},也未能观察到高级模(D+G)、(2G+D)、4D 和(2G+2D)。

对这个奇怪现象,可以作如下的解释。振动模拉曼散射由声子色散关系和选择定则决定。在 5.3.4 节已有叙述,碳纳米管由于周期变大,像超晶格一样,布里

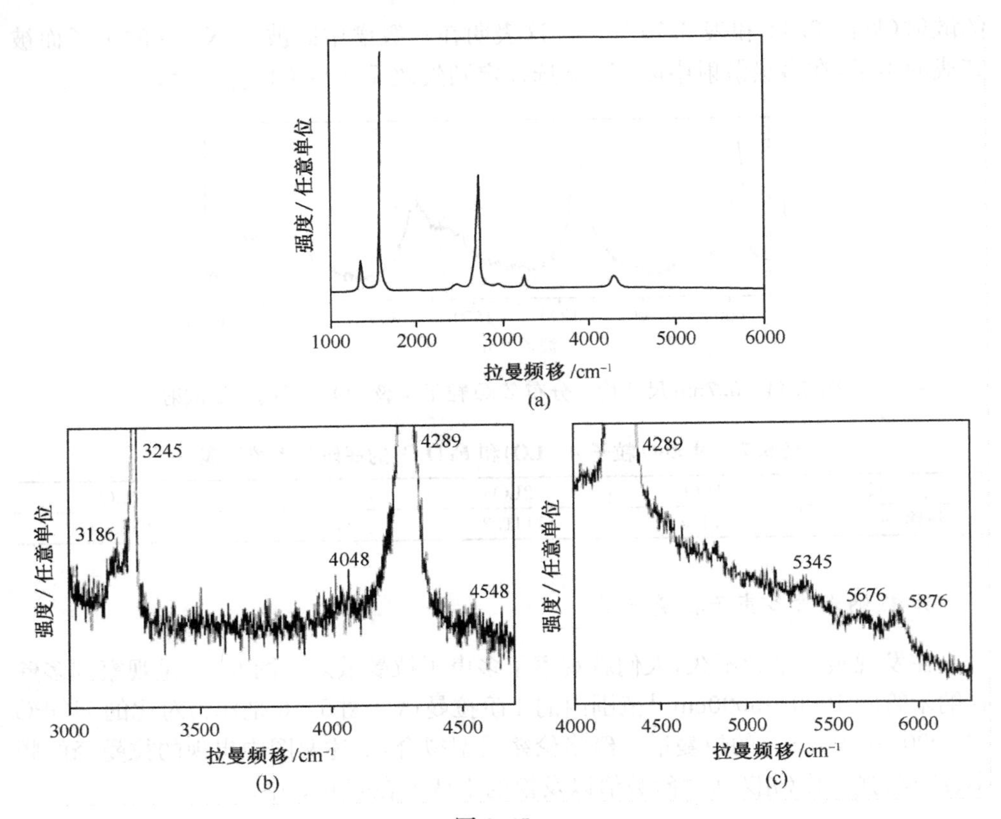

图 6.45

(a)多壁碳纳米管的拉曼散射谱；(b)和(c)是(a)图的选区放大图

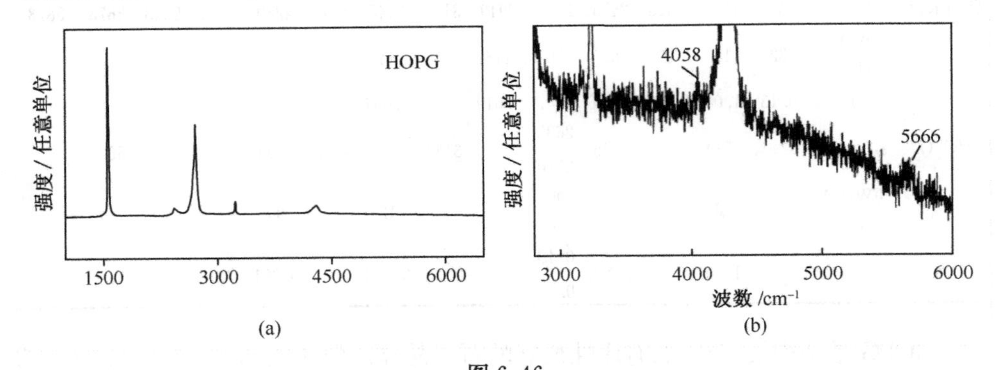

图 6.46

(a)HOPG 在 1000～6000cm^{-1}区的拉曼光谱图；(b)是(a)谱的选区放大谱

渊区变小，色散曲线发生折叠，能观察到的拉曼模将大大增加。此外，如果存在无序和局域，将破坏动量守恒选择定则，布里渊区中任何波矢值的声子都可以参加散射过程，也会增加能观察到的拉曼模。反之，由于 HOPG 是非常有序的结构，其拉曼散射过程必须严格遵守波矢守恒定则，因此只能出现 $\Gamma=0$ 的一级拉曼散射模(G 模)和符合动量守恒的高级拉曼散射模 D^*，2G，$2E'_{2g}$，3D，G+2D，3D+G)，像动量不守恒的一级模 D 模，E'_{2g} 模，和高级模(D+G)，(2G+D)不可能出现在 HOPG 的拉曼谱中，但在碳纳米管中没有这种限制，因此，它能被观察到的高级模的散射峰必定多于 HOPG。

6.6　反斯托克斯拉曼谱

在本章此前的所有讨论中，只关注斯托克斯谱，在本小节，将专门讨论反斯托克斯谱。在第 1 章已指出，反斯托克斯拉曼谱的频率与斯托克斯拉曼谱的频率的绝对值相等，是拉曼散射两个普适特征之一。如果令 ω_S 和 ω_{AS} 分别代表斯托克斯和反斯托克斯拉曼频率，定义反斯托克斯和斯托克斯拉曼频率的绝对值之差为 Δ，那么，该普适特征就意味着

$$\Delta \equiv |\omega_{AS}| - |\omega_S| = 0 \tag{6.4}$$

图 6.47 展示了活性炭的斯托克斯和反斯托克斯拉曼谱，光谱清楚显示了 $\Delta=0$ 的普适特征。

普适特征是物理学基本规律和光散射基本原理的体现，因此，用低维纳米体系的拉曼光谱，检验该普适特征将有助于对于低维体系光散射原理的认识和了解。在 6.4 节中，利用该普适特征鉴认了 SiC 纳米棒的特征拉曼谱，实际上是先验性的假设该普适特征在纳米体系中依然存在。在本节，我们将用碳纳米管的拉曼谱检验该普适特征在纳米体系中是否真的依然存在。

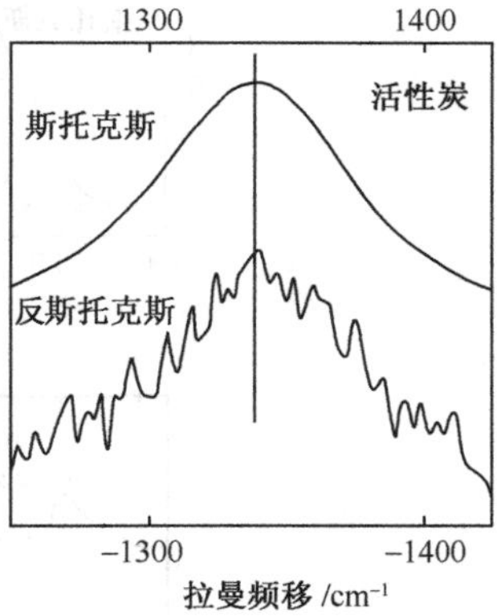

图 6.47　活性炭的斯托克斯和反斯托克斯拉曼谱(竖直实线标示谱峰位置)

6.6.1　碳纳米管斯托克斯普适特征的"反常"

论文[54]于 1999 年发表了第一个在多壁碳纳米管中发现 D 模的 $\Delta\neq0$ 的反斯托克斯普适特征"反常"的现象，如图 6.48 所示。2000 年，该工作的进一步成果被邀请在第十七届国际拉曼光谱学大会上作邀请报告[55]。K. Kneipp 等在单壁碳纳米管中也观察到了 G 模的 $\Delta\neq0$ 的现象，但是他们认为这是因为斯托克斯和反斯托克斯两边不是同一个模，一边是金属模，另一边是半导体模所造成[56]。此外，也有学者认为 $\Delta\neq0$ 是因为样品是多层碳管或源于温度效应。

为完全确证该"反常"现象，论文[57]作者在做了单壁碳纳米管以及改变样品温度和激发波长等多种条件下的拉曼光谱比较实验后，于 2002 年发表了如图 6.49

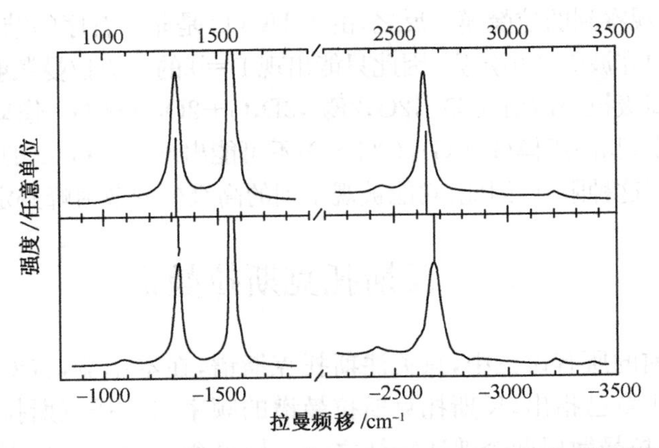

图 6.48　多壁碳纳米管的斯托克斯和反斯托克斯拉曼谱[57]

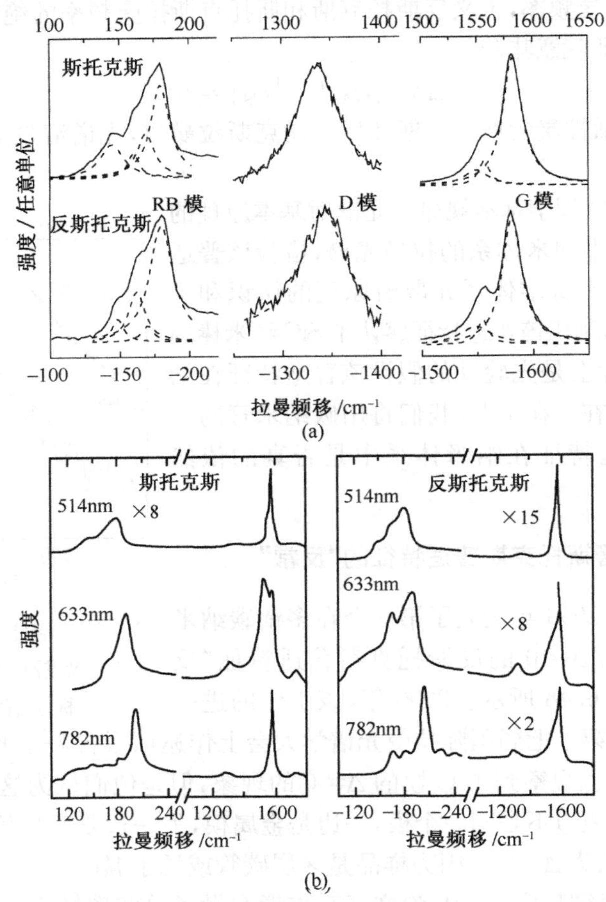

图 6.49　单壁碳纳米管的 RB、D 和 G 模(a)和变波长激发(b)的斯托克斯和反斯托克斯拉曼光谱图[57]

所示和表 6.9 所列的结果[59]。从图 6.49,可以清楚地看到,不同波长激发的单壁碳纳米管的 D 模都出现了斯托克斯普适特征“反常”的现象;而表 6.9 的结果进一步表明,观察到的斯托克斯普适特征出现“反常”的现象,与碳纳米管样品的温度和单壁或多壁以及激发波长无关,从而证明所出现的斯托克斯普适特征“反常”是碳纳米管特有的本质性现象。

表 6.9　在多壁碳米管/单壁碳米管(MWCNT/SWCNT)、变激发波长 λ 和变温(变激光功率 P)等条件下,斯托克斯与反斯托克斯绝对频率差 Δ 的测量值[57]

	MWCNT		SWCNT	
λ/nm	633	515	633	782
Δ/cm^{-1}	7	+5	+8	+11
P/%			100%	50%
Δ/cm^{-1}			+14	+13

6.6.2　碳纳米管斯托克斯普适特征的“反常”的根源[57]

表 6.10 列出了其他碳材料的 Δ 值,发现晶体石墨和因注入金离子形成了有杂质、缺陷的石墨,分别出现了 $\Delta=0$ 或 $\Delta\neq0$ 的现象,但对于碳纳米管,不论是单壁和多壁的均出现 $\Delta\neq0$ 的现象,而“反常”又只出现在反映碳纳米管缺陷的 D 模,从而清楚地表明,$\Delta\neq0$ 的现象不是和碳纳米管的管状结构有关,就是与杂质、缺陷相联系。据此论文[57]提出了“碳纳米管是缺陷结构”和 $\Delta\neq0$ 源自该结构上之缺陷的观点,并指出缺陷的程度可以由管径 d 表征,即当 d 趋于无限大时,碳纳米管回复到晶体石墨,而必回复到 $\Delta=0$。如果该观点正确,自然地应预期 d 越大则 Δ 必越小。图 6.50 是实测不同波长激光激发的碳纳米管的 Δ 随管径 d 的变化结果,结果确实显示 d 越大 Δ 越小的预期,给了纳米管是缺陷结构观点一个有力的证明。

表 6.10　实测的单壁碳纳米管(SWCNT)、多壁碳纳米管(MWCNT)、晶体石墨(HOPG)和注入金离子的晶体石墨($HOPG_{Au}$)的 Δ 值[57]

样品	MWCNT	SWCNT	HOPG	$HOPG_{Au}$
Δ	+7	+7	/	−7.7
	$\neq0$	$\neq0$	$=0$	$\neq0$

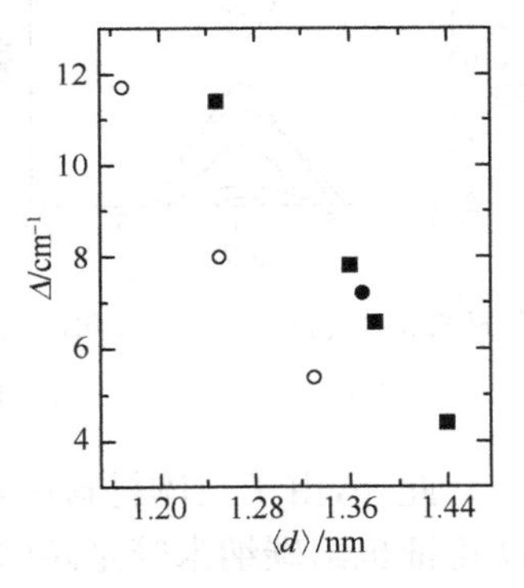

图 6.50　实测的不同波长激光激发的碳纳米管的 Δ 随管径$\langle d\rangle$的变化图[57]

论文[57]还发表了如图 6.51 所示的(14,0)、(9,9)和(17,0)等三个碳纳米管样品的计算的电子的能带和态密度以及声子色散曲线。从图 6.51 可以看到,碳纳米管存在出现“双共振”拉曼散射的条件,用下列双共振的准动量公式[58]

$$q = (E_1 - \hbar\omega_{ph})/-v_1 \quad 或 \quad (E_1 - \hbar\omega_{ph})/v_2 \tag{6.5}$$

$$\omega_{ph}(q) = f(q) \tag{6.6}$$

其中 E_1、ω_{ph}和 $\hbar$ 依次代表入射光子质量、声子频率和约化普朗克常量。$-v_1$ 和 v 代表费米速度。

根据图 6.51 所示的碳纳米管的电子能带和声子色散曲线,计算了碳纳米管的 Δ。表 6.11 列出了(14,0)、(9,9)和(17,0)等三个碳纳米管样品的计算结果。计算结果与表中的所列实验值符合得很好,证实出现 $\Delta\neq0$ 的拉曼散射机制可以从双共振得到合理解释。

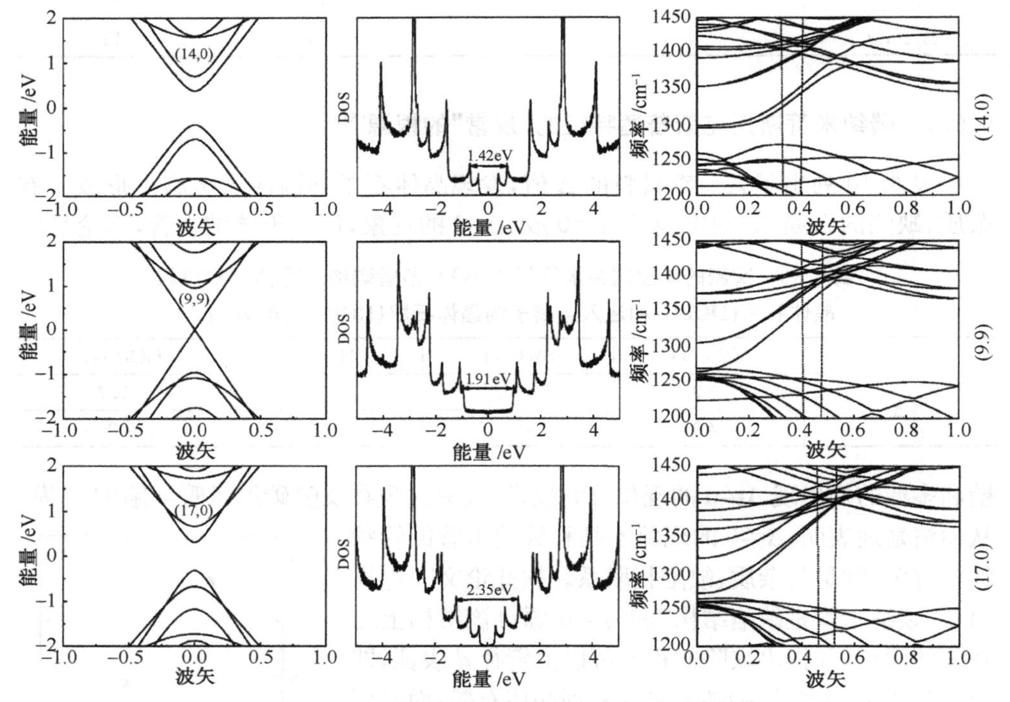

图 6.51 (14,0),(9,9)和(17,0)等三个碳纳米管样品的电子的能带(左)和态密度(中)以及声子色散曲线(右)的理论计算结果[57]

此外,由于在体材料中,双共振只能由缺陷、应力引起[58],因此,双共振机制成功论证也给碳纳米管是缺陷结构提供了另一个证明。由于 $\Delta\neq0$ 的反常现象是源于碳纳米管的特殊管状结构,因此,一方面,不能根据 $\Delta\neq0$ 现象认为,传统的拉曼散射原理在碳纳米管中不成立;另一方面,则可以推断在纳米尺度的管状等异形结构体系中,斯托克斯普适特征的“反常”是可能出现的。

表 6.11　根据双共振的理论公式和理论电子能带和态密度计算得到(Cal)和实测(Obs)的(17,0),(9,9)和(14,0)等三个碳纳米管的斯托克斯频率 ω_S 与反斯托克斯频率 ω_{AS} 及其绝对值之差 Δ[57]

碳管类别		v/(eV/q)	q	ω_S/cm^{-1}	ω_{AS}/cm^{-1}	Δ/cm^{-1}
(17,0)	Cal	4.44	0.50	1338		
			0.58		−1394	+6
	Obs.			1337	−1342	+5
(9,9)	Cal	7.92	0.22	1399		
			0.27		−1408	+9
	Obs			1314	−1322	+8
(14,0)	Cal	4.49	0.32	1324		
			0.39		−1342	+18
	Obs.			1287	−1298	+11

参 考 文 献

[1] Colvard C et al. Phys. Rev. Lett. ,1980,45:298;Phys. Rev. ,1985,B31:2080.

[2] Jusserand B et al. Phys. Rev. B,1984,30:6245.

[3] Zhang S L et al. Proc. 10th of ICORS,1986,9～4.

[4] Sood A et al. Phys. Rev. Lett. ,1985,54:2115.

[5] Jin Y et al. Phys. Rev. B,1992,45:12141.

[6] Barker A et al. Phys. Rev. B,1978,17:3181.

[7] Somtos P,Ley L. Phys. Rev. B,1987,36:3328.

[8] Wang R P,Jiang D,Ploog K. Solid State Commun. ,1988,49:661.

[9] Lassnig R. Phys. Rev. B,1984,30:7132.

[10] Fesolino et al. Phys. Rev. B,1986,33:8889.

[11] Goodes S R et al. Semicod. Sci. Tech. ,1988,3:483.

[12] Tsu R et al. Appl. Phys. Lett. . 1992,60:112.

[13] Zhang S L et al. J. Appl. Phys. ,1992,72,4469.

[14] Sui Z et al. Appl. Phys. ,1992,60:2086.

[15] Li B et al. Phys. Rev. B,1999,59:1645.

[16] Shen M Y et al. In:Jiang P,Zhang H Z. Proceedings of 21th International Conference on the Physics of Semiconductors, Beijing, China,Aug. 10～14,World Scientific,Singapore,1992,1451.

[17] Thomson T. Phys. Rev. B,2000,61:301.

[18] Zhang S L et al. J. Appl. Phys. ,1994,76:3016.

[19] Gupta R et al. Nano Lett. ,2003,3:627～631.

[20] Chang G. Physica E,2007,38:109～111.

[21] (a)Shen M Y,Zhang S L. Phys. Letts. ,1993,A176:254. (b)Yip S K,Chang Y C. Phys. Rev. B,1984,30:7037～7058.

[22] Piscanec et al. Phys. Rev. B,2003,68:241312(R).

[23] Eklund P et al. Carban,1995,33:959.
[24] Yoshi M K et al. Appl. Phys. Lett. ,1993,62:3114～3116;1995,67:694～696.
[25] Gruen D M. Annual Rev. of Mat. Sci. 1999,29:211.
[26] Ferrari A C,Robert J. Phys Rev. B,2001,63:1405.
[27] Lopez-Rios T et al. Phys. Rev. Lett. ,1996,76:4935～4938.
[28]Yan Y et al. Chinese Science Bulletin,2003,48:2562.
[29] 阎研等. 光散射学报,2004,16:131.
[30] Yan Y et al. Proceedings of the XIXth International Conference on Raman Spectroscopy Gold Coast, Queensland,Australia;2004,8-13:556～557.
[31] Chen J et al. Appl. Phys. Lett. ,1999.
[32] Dresselhans M S et al. J. Raman Speefroscopy,1996,27:351～371.
[33] Iijima S. Nature,1991,56:354;Iijima S,Ichihashi T. Nature,1993,363:603.
[34] (a)Rao A M et al. Science,1997,275:187. (b)Holden J et al. Chem. Phys. Lett. ,1994,200:53.
[35] Dai H et al. Nature,375(1995)7613.
[36] Zhang S L et al. Solid State Commu. ,1999,111:47.
[37] Feng Z C et al. J. Appl. Phys. ,1988,64:3176～3186.
[38] Zhang S L. Proceedings of the XIXth International Conference on Raman Spectroscopy Gold Coast, Queensland,Australia;2004,8-13:75～78.
[39] Zhang S L et al. Phys. Stat. Sol. (c),2005,2:3090.
[40] Mowbray D J,Cardona M,Ploog K. Phys. Rev. B,1991,43:11815.
[41] Meynadier M H Finkman E,Sturge M D,Worlock J M,Tamargo M C. Phys. Rev. B,1987,35:2517.
[42] Nakashima S,Wada A,Fujiyasu H,Aoki M,Yang H. J. Appl. Phys. ,1987,62:2009.
[43] Feng Z C,Perkowitz S,Wu O K Phys. Rev. B,1990,41:6057.
[44] Shahzad K,Olego D J,Van C G de Walle,Cammack D A. J. Lumin. 1990,46:109.
[45] Suh E K,Bartholomew D U,Ramdas A K,Rodrigues S,Venugopalan S,Kolodzieiski L A,Gunshor R L. Phys. Rev. B,1987,36:4326.
[46] Zhang S L et al. Phys. Rev. B,1993,47:12937.
[47] Zhang S L et al. Phys. Rev. B,1995,52:1477～1480.
[48] Martin T P. Phys. Rev. B,1976,13:3617～3621.
[49] Rajalakshmia M,Arora A K,Bendre B S,Mahamuni S. J. Appl. Phys. ,2000,87:2445.
[50] Fonoberov V A,Balandin A A. Phys. Rev. B,2004,70:233205;J. Phys:Condens. Matter,2005,17:1085.
[51] Alim K A,Fonoberov V A,Shamsa M,Balandina A A J. Appl. Phys. ,2005,97,124313.
[52] Zhang S L et al. J. Appl. Phys. ,1994,76:3016.
[53] (a)Demangeot F et al. Appl. Phys. Lett. ,2006,88:071921;(b)刘卯鑫等. 光散射学报. 2007,19:651.
[54] 张树霖等. 光散射学报,1999,11:110.
[55] Li H D et al. Proceedings of the Seventeenth International Conference on Raman Spectroscopy. John Wiley & Sons,Ltd,2000,20～25,532
[56] Kneipp K et al. Phys. Rev. Lett. ,2000,84:3470.
[57] Zhang S L et al. Phys. Rev. B,2002,66:035413.
[58] Thomsen C,Reich S. Phys. Rev. Lett. ,2000,85:5214.

第7章　激发光特性与低维纳米半导体拉曼光谱

拉曼光谱是物体受光照射后所产生的拉曼散射的频谱记录，显然，它与激发光的特性有关。本章将从入射激光特性改变角度介绍实验低维纳米半导体的拉曼光谱。光主要有波长、偏振和强度三个特性。波长反映光(光子)的能量；偏振是光波场的振动方向，与光的传播方向垂直；而强度反映光波振动幅度的大小(光子数的多寡)。本章将依次叙述激发光波长、偏振特性和强度改变对低维纳米半导体拉曼光谱的影响。

7.1　激发光波长改变的拉曼谱

7.1.1　拉曼散射强度的共振增强

波长之改变代表光子能量的改变，对于半导体的拉曼散射，其主要效果是，当入射光子能量 E_i 改变至与半导体电子能隙 E_g 相等时，按照4.5.2节的光散射量子力学的描述可知，此时散射截面将趋向无穷大，导致拉曼散射强度的极大增强，出现了通常被称作为"共振拉曼散射"的现象。当然，这种共振拉曼散射是入射光子与电子发生共振的拉曼散射。

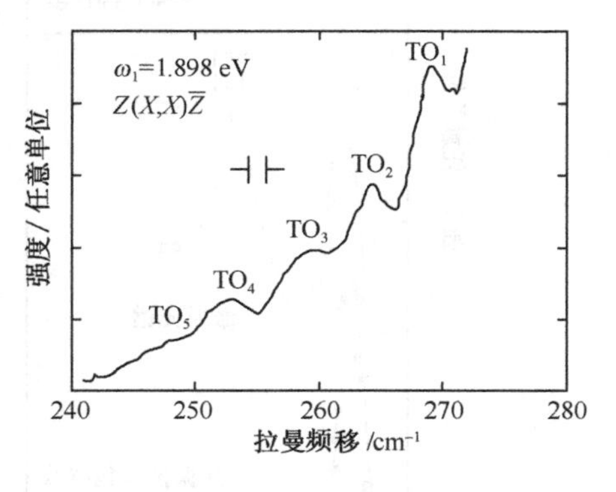

图7.1　GaAs/AlAs超晶格限制横光学(TO)模的共振拉曼谱[1]

在体材料中，共振拉曼散射使得散射强度很弱的拉曼光谱现象可以容易地被观察到，极大增加了对物质本质认识的机会，例如，信号很弱的多声子光谱大多由于利用了共振拉曼散射而被观察到的。此外，共振拉曼散射也使得低维纳米体系中很弱的散射谱也能较易探测到。例如，超晶格的限制横光学(TO)模的散射是很弱的，但Sood等利用共振光谱技术就首先探测到了多至5个限制级的TO模的拉曼散射谱[1]，结果如图7.1所示。

1. 超晶格的共振拉曼增强谱

半导体超晶格的共振拉曼散射，由Manuel等[2]在1978年首先观察到。Jusserand和Cardona对超晶格共振拉曼散射作了最早最全面的总结[3]。

体半导体的共振拉曼散射通常出现在 E_0、$E_0+\Delta_0$、E_1 和 $E_1+\Delta_1$（E_0 和 E_1 是带隙能量，Δ 是价带分裂能量）。类似地，超晶格的共振拉曼散射发生在分立电子子带能级间，这些分立能级的能差很小，因此，与体半导体散射不同，在超晶格中，共振拉曼散射强度轮廓将可以直接反映超晶格电子子带的结构。Manuel 等在他的第一个共振拉曼散射实验中，就获得了半导体超晶格的电子子带结构和能量值[2]。J. E. Zucker 等[4]，用图 7.2 中所显示的共振拉曼强度包络线和激子谱的吻合，证明从共振拉曼谱所获取电子能级信息的可靠性。图 7.3 显示共振拉曼强度包络线峰位与计算的量子阱子带间跃迁能量的彼此吻合，不仅从半导体量子阱的共振拉曼谱获得了量子阱的电子子带结构和能量值，并且用拉曼谱直接证明了在量子阱中的激子的限制效应。

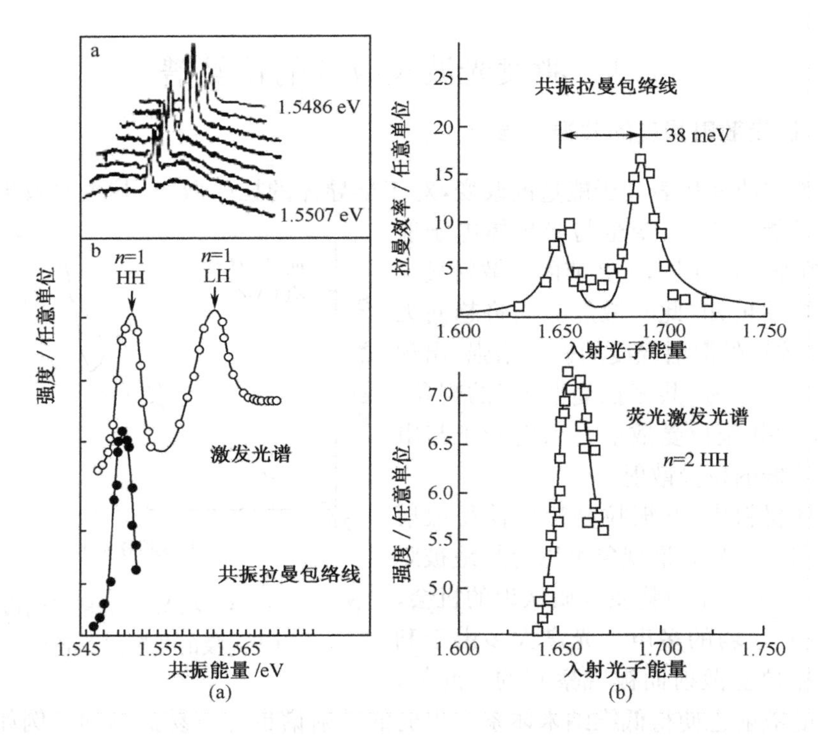

图 7.2　9.6nm 多量子阱共振拉曼谱((a)-a)及其共振包络线与激发谱比较((a)-b)；1.0nm 多量子共振拉曼包络线((b)上部)与在 $n=2$ 激子能量范围内的激发光谱((b)下部)的比较[4]。

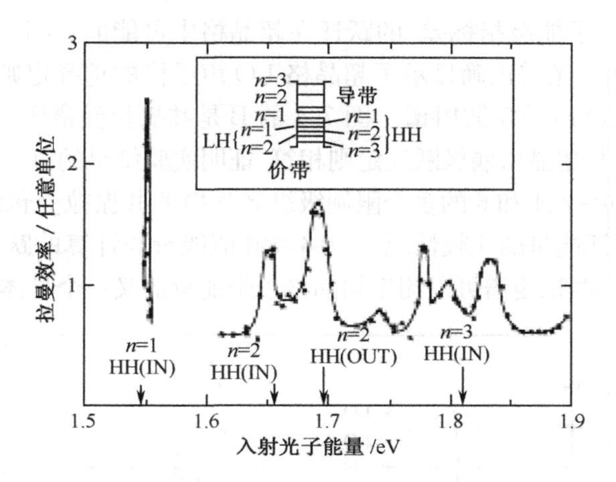

图 7.3　1.0nm 多量子阱共振拉曼包络线与计算的重空穴激子能量值(箭头)的比较[4]

论文[5]作者等观察了 $GaAs_{6nm}/AlAs_{2nm}$ 超晶格纵光学(LO)声子的共振拉曼谱。第一次在超晶格中用 $m=2$、6 和 8 的多级纵光学(LO_m)声子的共振包络线研究了子带的能级结构。他们的研究第一次发现在体材料中历来公认的子带间禁戒

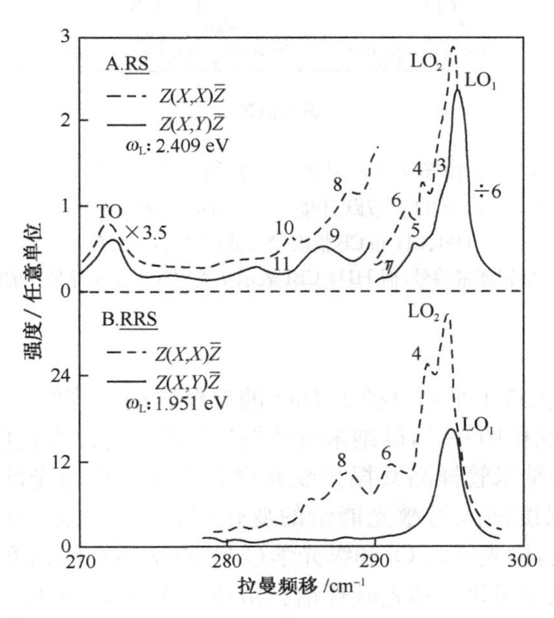

图 7.4　$GaAs_{6nm}/AlAs_{2nm}$ 超晶格非共振(A)和共振谱拉曼谱(B)[5]

RS 和 RRS 分别代表非共振拉曼和共振拉曼谱，ω_L 表示入射激光能量

的 $\Delta n \neq 0$（Δn 表示子能级指标差）的跃迁在超晶格中可能的。图 7.4(A)显示了样品的非共振拉曼谱，光谱正确显示了超晶格 LO 声子模的选择定则，并第一次观察到多至 11 级的 LO 声子模散射谱。图 7.4 的 B 是共振拉曼谱图，显示只观察到偶数的限制光学模，与超晶格偶极跃迁定则相符，证明实验结果的可靠。图 7.5 是由图 7.4 的 B 画出的 $m=2$、4 和 6 的多个限制级纵光学模的共振拉曼包络线峰值与计算的轻、重空穴间跃迁能量的比较情况。包络线峰值能量与计算的跃迁能量符合得相当好。给出了用共振拉曼谱可以测定超晶格子带能量的又一个具体证明。

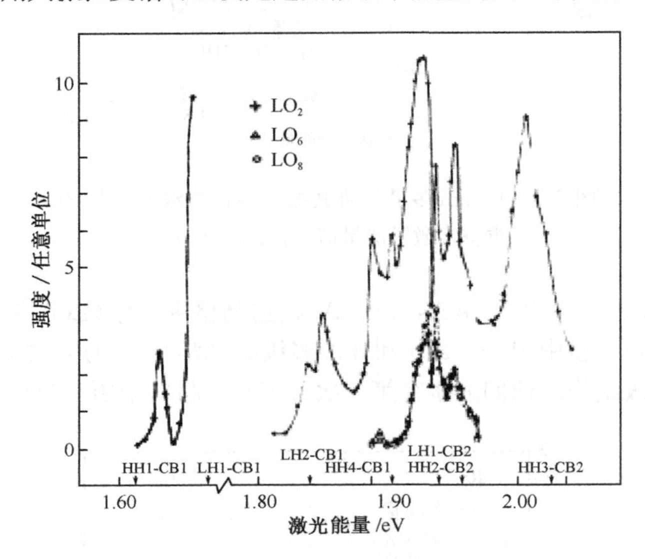

图 7.5　由图 7.4 的共振拉曼谱得到的共振包络线和计算的子带跃迁能量值（由箭头表示）[5]

HH、LH 和 CB 依次代表重空穴、轻空穴和导带，其后数字标记能带编号，而 HH1-CB1 表示从重空穴带 1 至导带 1 的跃迁，余类推

2. 碳纳米管

A. Kasuya 等报道了平均直径 1.1nm 的单壁碳纳米管的共振拉曼谱，他们的工作表明，与在超晶格中一样，碳纳米管共振拉曼谱也可以直接反映电子子带的结构[6]。图 7.6 是碳纳米管样品共振拉曼光谱和石墨的拉曼光谱图。图 7.7(a)是碳纳米管拉曼峰强度随入射激光能量的变化图。该图显示，在波长约为 690nm（能量约 1.8eV）处，横光学（TO）和纵光学（LO）声子的峰值强度重合。图 7.7(b)是样品的计算的电子态密度和光跃迁谱。由图 7.7 可知，光吸收谱的下降处的能量与共振拉曼谱 LO 和 TO 强度重合处的能量一致，并与电子态密度两个奇点的能量差相吻合。这为碳纳米管圆柱结构导致电子能级折叠的理论，提供了一个有力的直接证明。

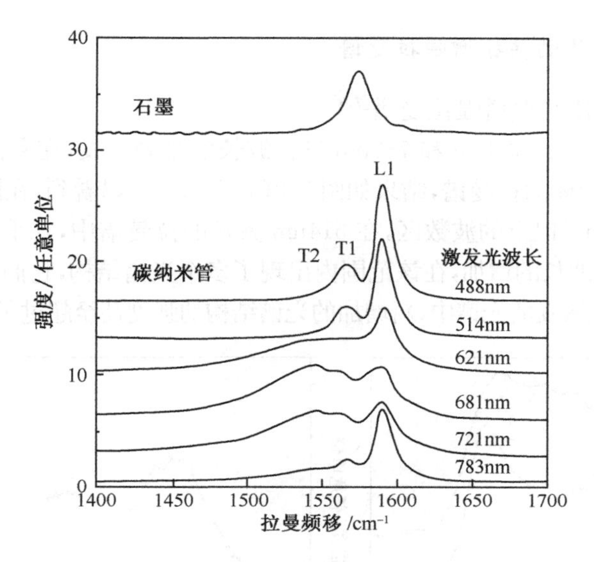

图 7.6　碳纳米管的共振拉曼光谱和石墨拉曼光谱图[6]

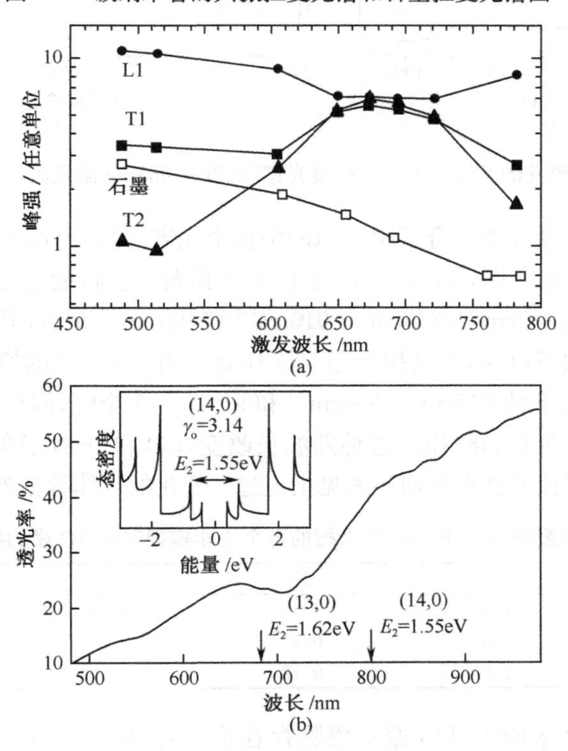

图 7.7

(a)碳纳米管和石墨共振拉曼峰位强度随入射激光能量的变化；(b)样品的计算的电子态密度和光跃迁谱[6]。图中括号(　)内数字是 5.3.4 节中定义的手征矢指数(m,n)，γ_0 是带参数

3. 纳米半导体的共振增强拉曼谱

1) SiC 纳米棒共振增强拉曼谱[7,8]

阎研等用 514nm、633nm 和 782nm 三种波长的激光激发，在室温下以背散射方式测量了 SiC 纳米棒的拉曼谱，结果如图 7.8(a)所示。可以看到，在图 7.8(a)的大于 TO 模频率 800cm^{-1}以上的波数区，在 514nm 激发的拉曼谱中，几乎看不到拉曼散射峰，但随着激发光波长的增加，在该范围内出现了多个光谱结构，它们的强度也逐渐增加，在 782nm 激光激发的光谱中，新增加的光谱结构的强度甚至超过了 TO 模。

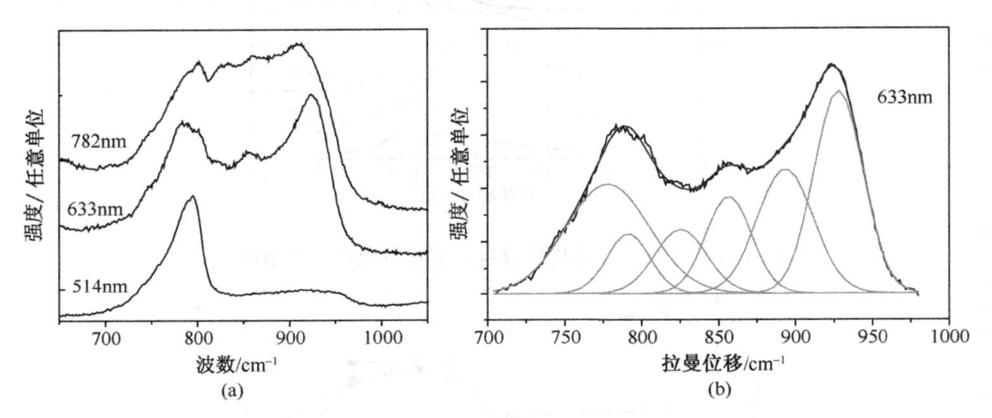

图 7.8　不同波长激发的 SiC 纳米棒的拉曼光谱(a)以及 633nm 激光激发谱的拟合谱(b)[8]

阎研等采用高斯线型拟合了图 7.8(a)中各个光谱，图 7.8(b)显示了由 633nm 激光激发的光谱的拟合图，结果共得到了 6 个谱峰，它们的拉曼频率分别位于 778cm^{-1}、791cm^{-1}、817cm^{-1}、856cm^{-1}、910cm^{-1}和 927cm^{-1}左右，其中 778cm^{-1}的峰可能是未反应完的 SiO_2 的二级拉曼谱[9]，791cm^{-1}和 927cm^{-1}的峰分别来自 TO 和 LO 模的散射，对余下的 817cm^{-1}、856cm^{-1}和 910cm^{-1} 3 个峰，阎研分析认为它们是不同晶轴纳米棒的界面(IF)模。这种随波长改变，LO 和 IF 模散射强度相对于 TO 模散射强度剧烈变化的现象先前还未见报道过。变化的具体数据列于表 7.1 中。

表 7.1　不同激发波长 λ 下，SiC 纳米棒的各个光学模相对于 TO 模的拉曼强度值[8]

λ/nm	TO	IF_1	IF_2	LO
633	1.00	1.38	1.44	1.65
514	1.00	0.25	0.44	0.48
488	1.00	0.18	0.16	0.19

在极性 SiC 纳米棒中，LO 振动模除存在形变势外，还产生极化，即在一个半波长的范围内正电荷密度大，而在另一个半波长的范围内负电荷密度大，这种正负电荷之间的静电场产生出附加的长程库仑势，引起了所谓的 Fröhlich 电子-声子

相互作用。体现 Fröhlich(静电长程库仑)相互作用的哈密顿量由下式表述[9]

$$\mathscr{H}_{\text{e-ph}} = 4\pi e^2 \hbar W_{\text{LO}}(\varepsilon_\infty{}^{-1} - \varepsilon_0{}^{-1})V^{-1/2} \cdot \sum_{q,n}\sum_{\beta=\pm} \cdot \exp(\mathrm{i}q \cdot r)Y_n(q)V_{n\beta}(z) \cdot [a_{n\beta}^- + a_{n\beta}^+] \tag{7.1}$$

其中,W_{LO}是体材料 LO 的频率,$a_{n\beta}^+$、$a_{n\beta}^-$分别为产生、湮灭算符。

已经知道散射率方程可写为[10]

$$W(k) = (2\pi/h)\int \mathrm{d}N_{\mathrm{f}}\delta(E-E')\left|\left\langle k' \,|\, \mathscr{H}_{\text{e-ph}} \,|\, k \right\rangle\right|^2 \tag{7.2}$$

由式(7.2)可见,散射谱与 $\mathscr{H}_{\text{e-ph}}$ 相关。形变势和 Fröhlich 相互作用引起的散射 W 与半导体能隙 E_g 和发光能量 $\hbar\omega$ 分别存在下列关系[11,12]

$$\text{形变势} \qquad W \propto (E_g - \hbar\omega)^{-1} \tag{7.3a}$$

$$\text{Fröhlich 势} \qquad W \propto (E_g - \hbar\omega)^{-3} \tag{7.3b}$$

光致发光谱的实验已表明[13],用 400～800nm 波长范围内的激光激发,SiC 纳米棒将产生共振。由式(7.3)知道,Fröhlich 散射在共振增强趋势上比形变散射激烈得多。因此,由 Fröhlich 相互作用引起的散射随入射光波长增大也将比形变势引起的散射更快地增强。考虑到 LO 和界面模的散射均是光学模,均与 Fröhlich 相互作用密切相关,图 7.8 所表现的随波长增加 LO 和界面模散射强度剧烈增加也就是可以预期的了。

上述 SiC 纳米棒的共振拉曼谱的行为再一次显示 Fröhlich 电声相互作用在低维纳米半导体中起着重要的作用。

2) ZnSe 纳米晶的共振增强拉曼谱

共振拉曼谱中常利用出射道共振散射观察多声子模的拉曼光谱。如早在 1969 年 Leite 等就利用出射道共振在 CdS 中观察到了高达 9 声子的拉曼峰[14,15]。所谓出射道共振是指入射激光能量 E_i 与电子带隙 E_g 和声子能量 E_q 满足下列关系时的共振

$$E_i = E_g + nE_q \tag{7.4}$$

式中的 n 是多声子级数。ZnSe 的禁带宽度为 2.68eV,利用氩离子激光器的 458nm(2.71eV)和 He-Cd 激光器的 442nm(2.81eV)激光线就可能获得频率为 252cm^{-1}(30meV)ZnSe 的 LO 声子的出射道共振拉曼谱。

图 7.9(a)和图 7.10(a)分别是纳米 ZnSe 原始样品的扫描电镜像和出射共振拉曼谱图。在图 7.10(a)中可以看到高达 6 声子的 LO 模,强度最高的峰是四阶模而不是一阶,理论上非共振情形下四阶模的强度应该比单声子谱要弱 6 个数量级之多,虽然激光功率已低至 0.05mW 的量级,共振增强的效果还是非常明显。这 6 个拉曼峰是叠加在一个荧光包上的,它的峰位换算成波长为 462.0nm,也就是 2.68eV,这正是 ZnSe 的本征荧光峰值能量。

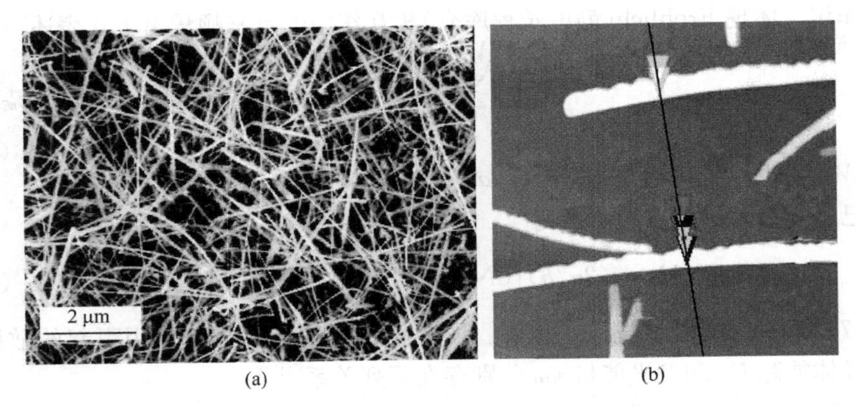

图 7.9　ZnSe 原始样品(a)的扫描电镜像和粘在 GaAs 表面的单根纳米 ZnSe 的原子力显微镜像(范围为 $2\times2\mu m$)(b)

图 7.9(b)是分散在 GaAs 基底上单根纳米 ZnSe 样品的原子力显微镜图像，其中横的白色条是 ZnSe 样品，而细斜线是拉曼谱测量时的扫描路径。图 7.10(b)是由 442nm 激光激发的单根分散(a)和原始样品(b)纳米 ZnSe 样品的出射道共振谱。对比谱(a)和(b)可以清楚地看到，原始样品的 4 声子强度最大，而分散在 GaAs 表面的样品 4 声子模的强度仅为 3 声子模的三分之一。原始样品中以四方结构的纳米线为主，而分散样品以六方结构的纳米带为主，由于六方结构的 ZnSe 比四方结构 ZnSe 的电子能隙宽度要宽[16,17]。图 7.10(b)的结果正好印证了这一点。此外，从出射道共振拉曼谱，还具体探测到了六方结构的 ZnSe 纳米带比四方结构纳米线的电子能隙大约宽 20meV。

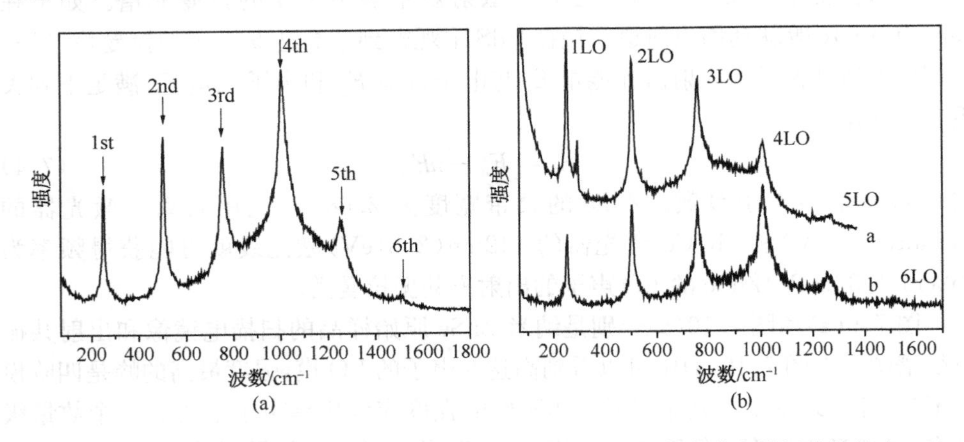

图 7.10　458nm 激光激发的纳米 ZnSe 原始样品(a)和 442nm 激光激发单根分散纳米 ZnSe 样品(b)的出射道共振谱

为排除温度效应，图(b)-b 光谱所用的激发功率仅为 0.04mW

7.1.2　拉曼散射频率的共振变化

在第 1 章已经指出,"拉曼散射的频率不随激发光波长改变"是拉曼散射的两个普适特征之一。这一普适特征在三维大尺寸体系中已被广泛证实,但是在低维纳米体系的共振拉曼光谱中却观察到了与这一普适特征"反常"的现象。本小节将专门介绍和讨论此"反常"现象。

1. 碳纳米管的频率普适特征的"反常"及其根源[18]

1997 年,Rao 等发表了如图 7.11 所示的碳纳米管拉曼光谱随激发波长变化的观察结果,图 7.11 清楚地显示,入射激光从 514.5nm 变至 1320nm 时,D 模频率出现明显改变,第一次展示了拉曼频率普适特性出现"反常"的现象。他们用"直径选择效应"(diameter selection effect),解释了这一"反常"现象。他们认为,当激发光的能量与碳纳米管的电子能级相等或相近而出现共振拉曼散射时。由于量子限

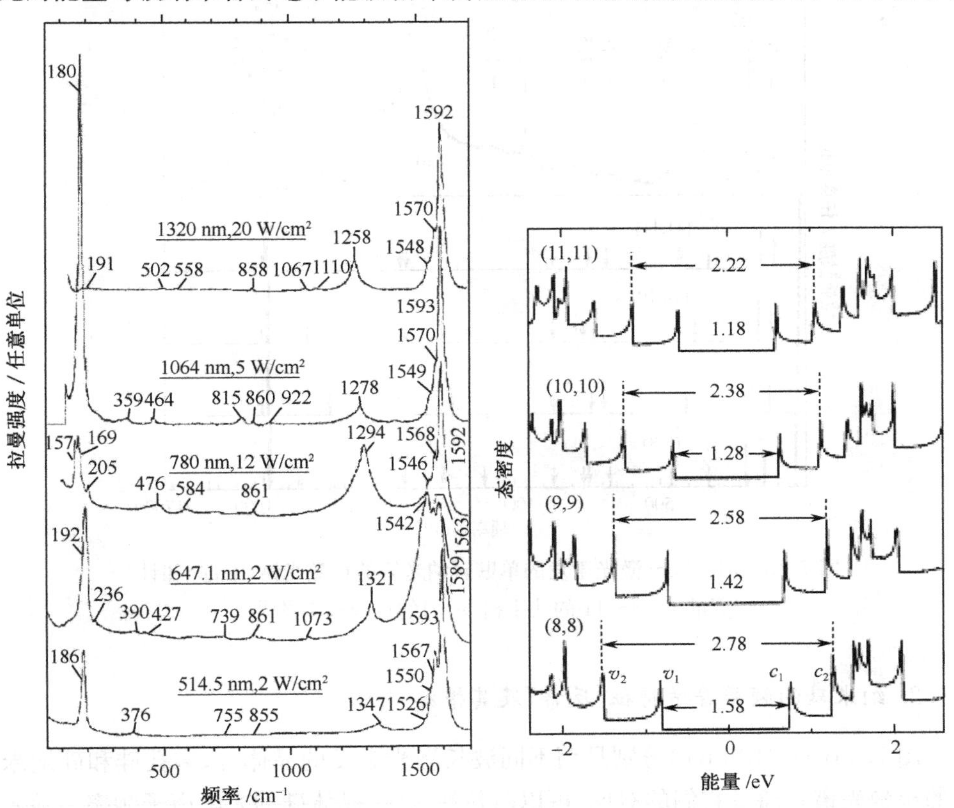

图 7.11　碳纳米管随激发波长变化的拉曼光谱图[18]

图 7.12　理论计算的不同直径碳纳米管的电子态密度[18]

制效应，一定电子能级对应一定尺寸的样品，因此，共振的激发波长将选择共振电子能级所对应的特定尺寸的样本，而该特定尺寸样本的拉曼光谱将只是来自该特定尺寸样本的拉曼散射。因此，如果碳纳米管样品是存在尺寸分布的，在共振拉曼散射时，不同波长激光激发的共振散射必来自样品内不同直径的碳纳米管，因而相应出现的拉曼频率也就会不同。于是，上述的频率普适特性“反常”的现象便自然地出现了。Rao 等在论文中还发表了不同直径碳纳米管的如图 7.12 和图 7.13 分别表示的电子态密度和拉曼频率的理论计算的结果。图 7.12 的结果证明了实验中所用的 1005nm、780nm 和 488nm 的激光能量 1.17eV、1.59eV 和 2.41eV 是与(11,11)，(8,8)，(10,10)碳纳米管的电子能级共振的，证明了实验确实是选择了不同尺寸的碳纳米管，而图 7.13 的结果又表明，不同直径碳纳米管有不同的拉曼频率。因而，Rao 等从理论上清楚地证明了直径选择效应确实可以解释频率普适特征“反常”现象。

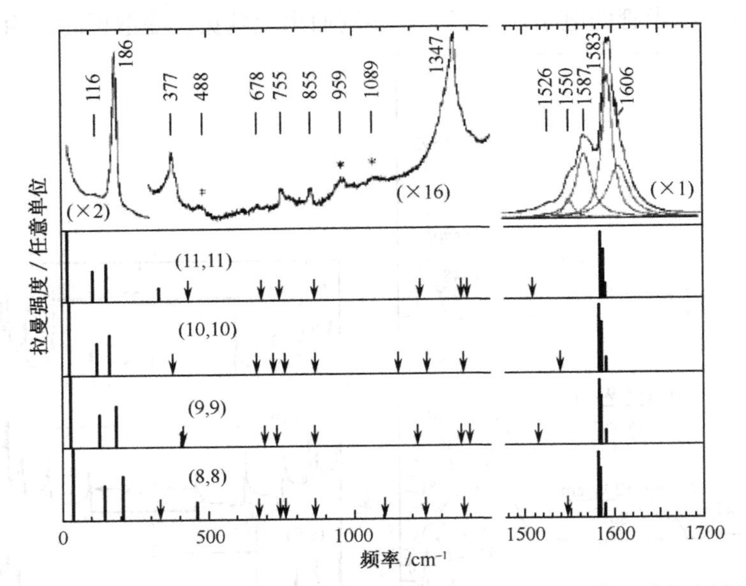

图 7.13　514.5nm 激光激发的单壁碳纳米管的拉曼光谱(上部)和计算的 $n=8\sim11$ 的扶手椅(n,n)的拉曼频率图[18]

2. 纳米硅的频率普适特征“反常”及其根源[19,20,21]

图 7.14(a)、(b)和(c)分别是用不同波长激光激发的晶体硅，多孔硅和硅纳米线的拉曼光谱。通过它们的对比，可以清楚地看到，晶体硅的光学声子频率不随入射波长改变，但是，多孔硅和硅纳米线中却出现了拉曼频率普适特征的“反常”的现象。文献[20]的作者们基于 Rao 等提出的“直径选择效应”解释，更一般和明确的

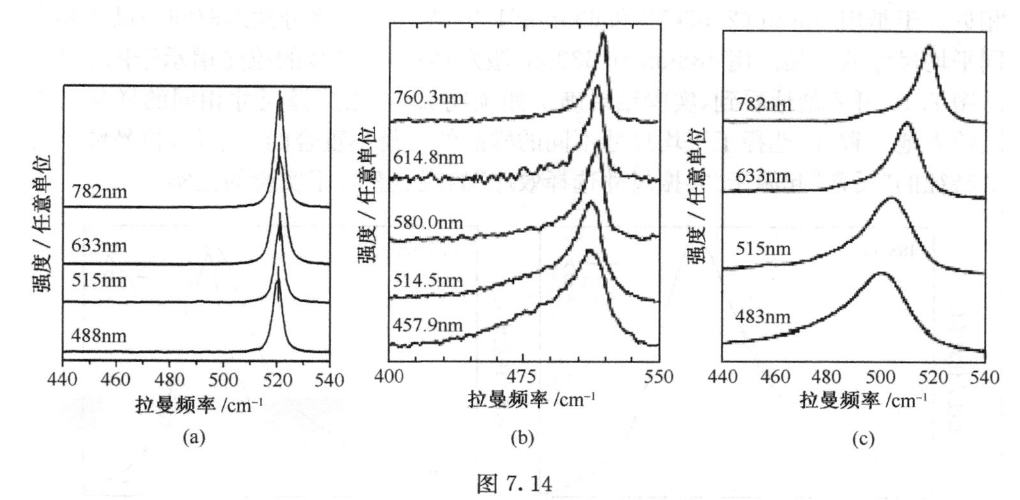

图 7.14

(a)、(b)和(c)分别用不同波长激光激发的晶体硅、多孔硅和硅纳米线的拉曼光谱[19,21]

提出,频率普适特征的"反常"是源于"共振尺寸选择效应"。显然,出现"共振尺寸选择效应",必须同时满足下列3个基本条件:

(1)电子和声子同时存在尺寸限制效应。即电子和声子能量会因尺寸变化而移动;

(2)样品存在尺寸分布;

(3)拉曼谱是与电子能级发生共振的共振拉曼谱。

也就是说,在电子和声子均存在尺寸限制效应时,确定波长的共振散射将选择不同尺寸的纳米样品,因而出现因散射样品的尺寸不同拉曼频率不同的拉曼光谱。这也意味着,对任何不存在尺寸分布的纳米样品,拉曼光谱将不会出现频率普适特征的"反常",而对于两个尺寸不同的样品,在同一波长激光激发的情况下,它们的共振拉曼谱的频率将会不同。于是,人们有理由预期,对于尺寸分布不同但是峰值尺寸一样的两个样品,在与对应峰值尺寸的电子能级发生强烈共振时,因为两个样品此时为共振所选择的样品尺寸完全一样,因而,它们的拉曼谱应相同,而在非强烈共振时,产生拉曼散射的两个样品的平均尺寸不一样,拉曼谱显然应该是不相同的。

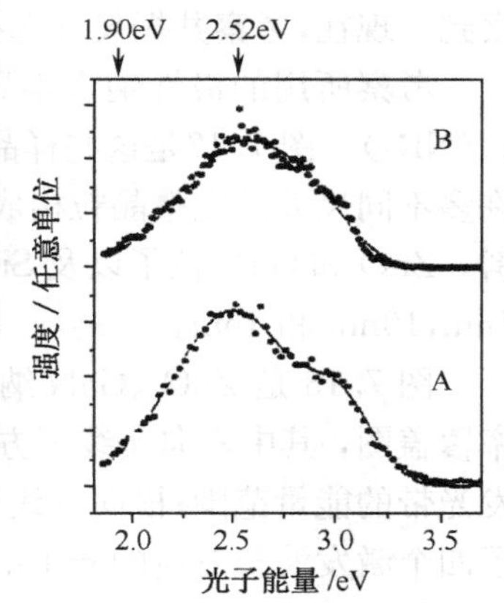

图 7.15 硅纳米线 A 和 B 的光致发光谱[20]

图 7.15 是硅纳米线样品 A 和 B 的光致发光谱。两个谱的线形不相同,表明样品 A 和 B 的尺寸分布不同,但峰值都在 2.50eV 附近,说明峰值尺寸十分

相近。于是用488nm(2.52eV)和633nm(1.96eV)激发，将分别选取同一尺寸和不同平均尺寸的样品。用488nm和633nm激发样品A和B的拉曼谱示于图7.16。从图7.16可清楚地看到，实验结果确实如预期那样，当选择尺寸相同的样品时谱线惊人地一致，而选择了平均尺寸不同的样品的谱是不重合的。于是，拉曼频率普适特征的“反常”起源于“共振尺寸选择效应”的观点获得了实验的证实。

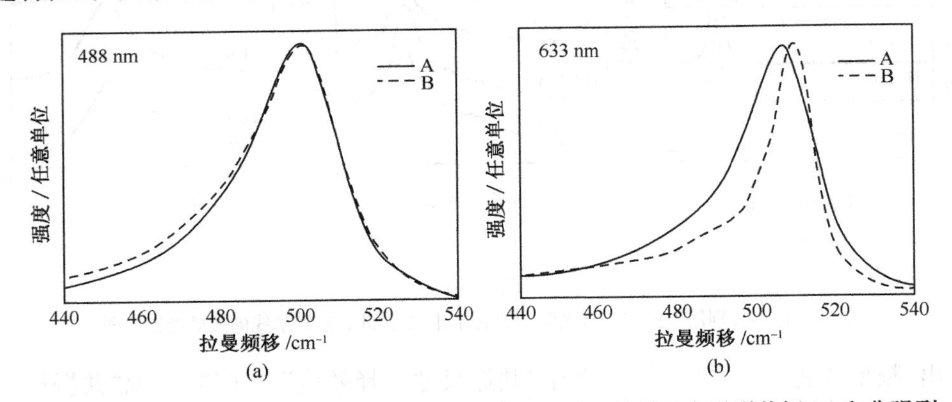

图7.16　两个尺寸分布不同但是峰值尺寸一样的硅纳米线样品在强烈共振(a)和非强烈共振(b)时的拉曼谱图[20]

3. 极性纳米半导体的频率普适特征及其根源[22]

共振尺寸选择效应在非极性的碳纳米管和硅纳米线中已被发现并得到证实，并因此出现了拉曼频率普适特征的“反常”现象。由此，应该可以推论，类似的实验现象在其他有尺寸分布和限制效应的纳米材料的共振拉曼散射中也应当能够被观察到。现在，考察共振尺寸选择效应在极性纳米半导体中的表现。

考察所用的极性纳米半导体为ZnO、GaN纳米粒子(NPs)和SiC、CdSe纳米棒(NRs)。图7.17是这些样品的高分辨电镜图。从图7.17中可以看出样品是由许多不同尺寸的完整晶粒构成的，也就是说，上述样品都是具有尺寸分布的纳米材料。ZnO和GaN粒子以及SiC和CdSe纳米棒完整晶粒的平均尺寸分别是8nm，7nm，10nm和4nm。

图7.18是ZnO、GaN纳米粒子和SiC、CdSe纳米棒样品的光致发光谱和频率覆盖图，其中横向实线下方能量的标尺所对应的范围即是对应样品的电子跃迁发光带的能量范围；横向虚线表示该能量范围向两侧可能有的扩展；纵向虚线表示了四个激发波长对应的光子能量。从图可以看出，四个样品的PL谱都覆盖了相当宽的波长范围，说明了所用四个样品在图7.18(B)竖直虚线所示的四个波长激光激发下，拉曼散射谱都满足共振拉曼散射条件。

图7.19(a)分别展示了ZnO、GaN、SiC和CdSe纳米半导体在不同波长激光激

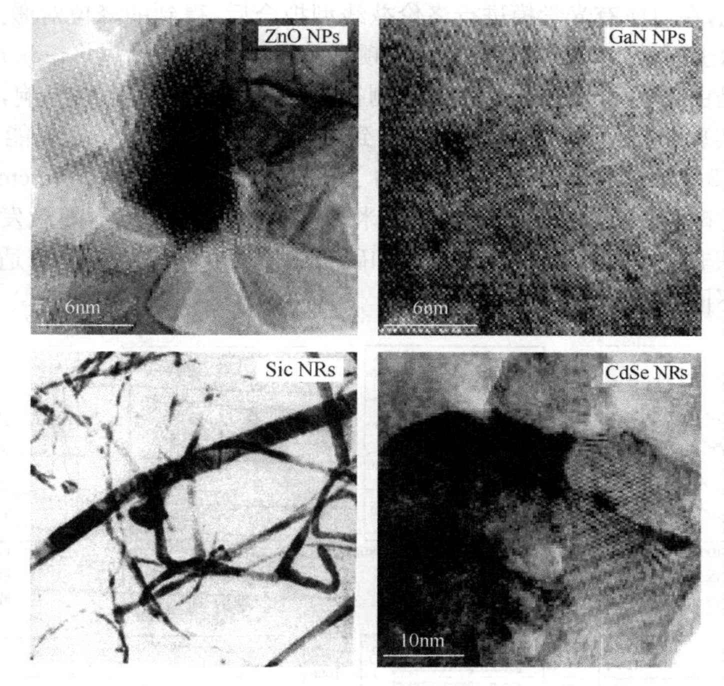

图 7.17　ZnO NPs、GaN NPs、SiC NRs 和 CdSe NRs 的高分辨电镜图[22]

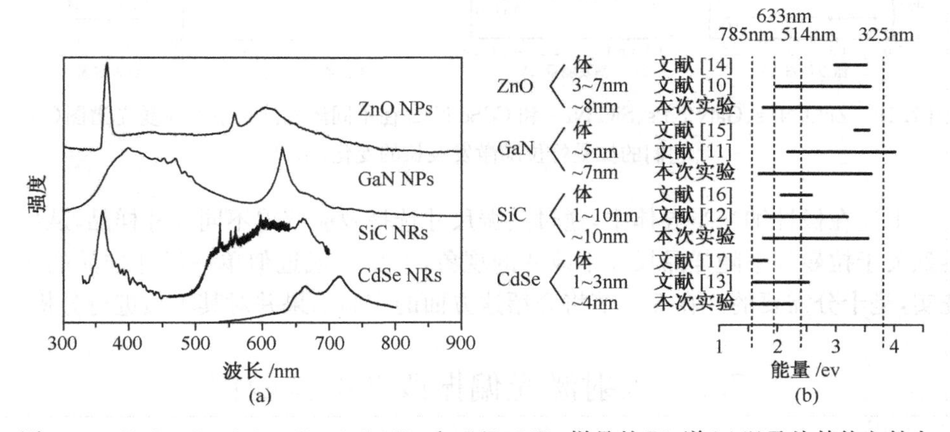

图 7.18　ZnO NPs，GaN NPs，SiC NRs 和 CdSe NRs 样品的 PL 谱(a)以及从其他文献中得到的相近尺寸纳米样品的光致发光带的能量范围图(b)[22]。图(b)中文献编号是文献[22]中的原有文献编号

发下的拉曼谱。图清楚地显示，在碳纳米管和硅纳米线中，拉曼频率普适特征的“反常”现象并没有出现。为了更清楚地看出图 7.19(a)中拉曼频率随激发光波长

的变化情况，在对所有光学模进行洛伦兹线型拟合后，得到的峰位对激发光能量/波长变化示于图 7.19(b)。所有拉曼峰频率的最大偏差不超过 2～3cm^{-1}。考虑到拉曼谱是由不同型号的多个光谱仪测得以及环境条件变化的影响，这样的偏差完全在实验误差范围内。另外注意到在硅纳米线中当激发光能量变化了 0.96eV(488～785nm)时拉曼频率移动了 17cm^{-1}，与之相比，2～3cm^{-1}的偏差完全可以忽略。因此得出结论，极性纳米半导体光学模频率不随激发光波长变化。这与在非极性纳米材料硅纳米线和碳管中观察到的拉曼频率普适特征反常现象截然不同。

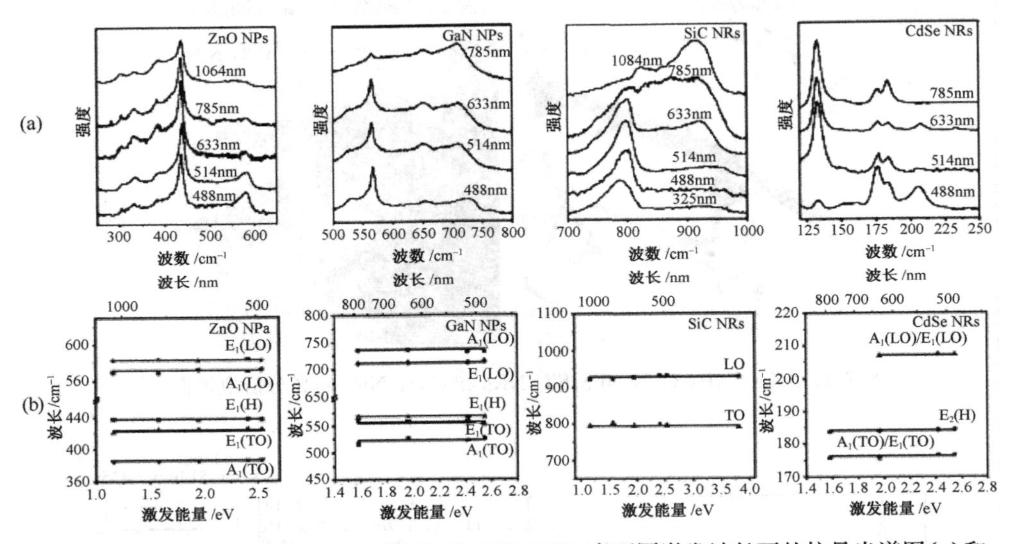

图 7.19 ZnO NPs、GaN NPs、SiC NRs 和 CdSe NRs 在不同激发波长下的拉曼光谱图(a)和它们的拉曼峰位随激发波长的变化(b)[22]

上述在极性纳米半导体中，通过共振尺寸选择效应获得不同尺寸样品，从而观察到关于拉曼频率随样品尺寸不改变的现象，有单一或近似单一尺寸样品的实验证实，是十分需要的。在 8.2 节将介绍这方面的实验结果并对其本质进行分析。

7.2 入射激光偏振改变的拉曼谱

2.2.4 节已指出，拉曼散射光是有偏振特性，而且进一步指出晶体的对称性决定该晶体各振动模拉曼张量的对称性质和散射光的偏振特性，并由此决定了探测各个振动模所需要的实验几何配置，一定几何配置对应于一定的入射和散射电场传播和振动(即波矢和偏振)方向之间的方位关系，在 3.1.2 节已规定用符号 $G_1(G_2G_3)G_4(G=x,y,z)$ 依次表示入射光的波矢、偏振和散射光的偏振、波矢方向。实验时，固定了晶体的方位，就可以通过几何配置选择进行振动模特定偏振谱的测量。

偏振谱测量要求待测样品的晶向在空间具有确定的方位。超晶格和量子阱结构有确定晶向，因此，偏振谱是它的重要光谱类型。而纳米材料样品本身大多没有确定晶向，因而至今很少用偏振谱进行研究工作。

7.2.1　超晶格的偏振拉曼谱

在第 5 章已具体介绍过，超晶格/量子阱结构是片层状结构，因此，偏振谱的测量大多在背散射即 $Z(i,j)\,\overline{Z}(\overline{Z}=-Z,i,j=X,Y,Z)$ 的配置下进行，历史上很少有直角配置的超晶格/量子阱的拉曼光谱的测量工作报道。

背散射所探测的声子散射是波矢 $q_z=0$ 的声子的散射，而在 $i=j$ 和 $i\neq j$ 时，就只能分别测量纵的和横的振动模式。如图 7.20(a)和(b)两个谱就分别是 $Z(X,X)\overline{Z}$ 和 $Z(X,Y)\overline{Z}$ 背散射几何配置测量的结果。

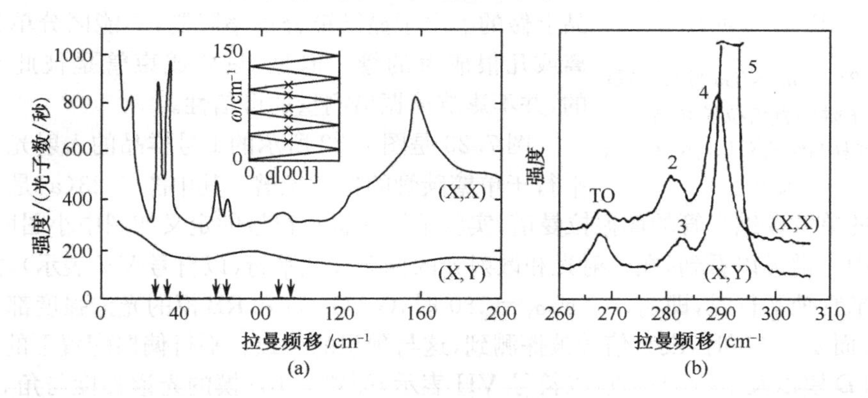

图 7.20　散射配置 $Z(i,j)\overline{Z}(i,j=X,Y,Z)$ 下测量到的 GaAs/AlAs 超晶格折叠声学声子(a)和限制光学声子(b)的拉曼光谱图

(a)中箭头表示计算的折叠声子的频率值[23]

在第 5 章中已介绍，纵声学声子模只能在平行偏振(X,X)时被观察到，图 7.20(a)清楚地证明了这一点。此外在体材料中禁戒的电偶极跃迁，在 GaAs/AlAs 超晶格中是允许的。因此，限制纵光学模的限制级数 $n=2,4,6,\cdots$ 的偶数模以及纵声学模，在平行偏振配置下是可以观察的，我们从图 7.20(b)看到，$n=2,4$ 的偶极跃迁的纵光学声子模在(X,X)偏振配置下被清楚地观察到。

图 7.21 所示的是少有的也是第一个报道的量子阱结构的直角配置的拉曼光谱图[24]。实验所用样品为 GaAs/GaAlAs 多量子阱。由于 TO 模散射仅反映短程形变势的电子—声子相互作用，而 LO 模还反映长程库仑(Fröhlich)相互作用，前者和后者的拉曼光谱只能分别在直角和平行配置下获得，也就是说直角配置下，只

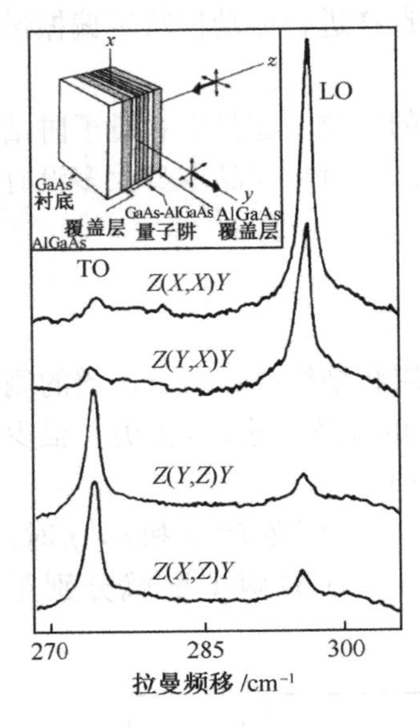

图 7.21　GaAs/GaAlAs 多量子阱的直角拉曼光谱

插图是样品结构和几何配置的示意图[24]

有入射光和散射光偏振在层平面内和散射光偏振沿超晶格轴时，才能分别得到 LO 和 TO 的拉曼光谱。图 7.21 的实验结果很好地证实了这一理论预期。

7.2.2　纳米材料的偏振拉曼谱

在上面已提到现今的纳米材料大都无法进行偏振谱测量，但是，对于单根纳米样品是可以进行偏振谱测量的。下面介绍两个单根纳米样品的在空间方位改变时的偏振拉曼谱的工作。

1. 单根碳纳米管的偏振拉曼光谱[25]

碳纳米管的偏振拉曼谱是在如图 7.22 场离子显微镜像中所示的分立或一束很少几根的碳纳米管样品上做的。由于显微镜分辨率限制，不能区分单根分离或几根成束的管。但是，只要成束管是彼此平行的，并不影响偏振谱测量的可信性。

图 7.23 是图 7.22 所示的 1 号样品的入射光偏振平行于单壁碳管的拉曼光谱。其中图 7.23(a)是几根成束的单壁碳纳米管的偏振拉曼谱，实验偏振配置和符号的定义如图中小图所示。从图中光谱可以看到，在入射光和散射光的偏振彼此平行(以符号 VV 表示)，并与碳纳米管轴平行时，即 $\alpha_j=0$ 或 $\alpha_j=180°$时，G_1、G_2、D 和 RB 模的光谱强度都达到最大，而 $\alpha_j=90°$时，没有信号被探测到，这与预想的一致。平行偏振配置下的 G_1、G_2 和 D 模以及平行和垂直(以符号 VH 表示)配置下 RB 模的光谱强度与角 α_j 的关系总结于图 7.23(b)。十分奇怪的是，RB 振动模的光谱强度在 VV 和 VH 的偏振配置下，都有图中实线所示的同样的角度关系

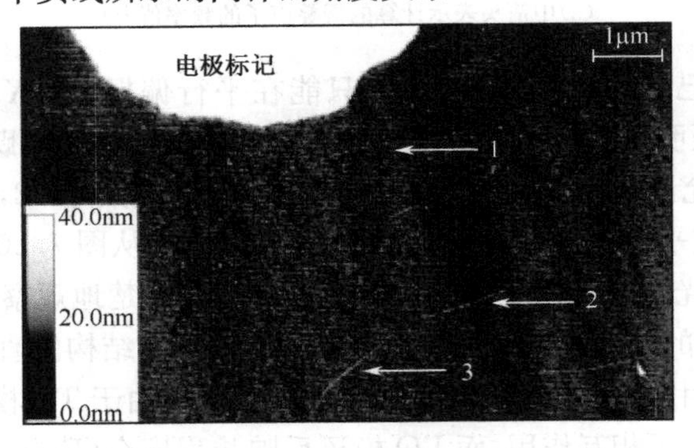

图 7.22　场离子显微镜下的碳纳米管样品[25]

$$I(\alpha_i) \propto \cos^2(\alpha_i) \tag{7.5}$$

上述拉曼光强度的角关系严重的偏离了示于图中 RBM:calc 中的传统理论预期的选择定则，作者把这个偏离归因于纳米管几何形态上强烈的各向异性，而传统理论是建立在各向同性物质基础上的。

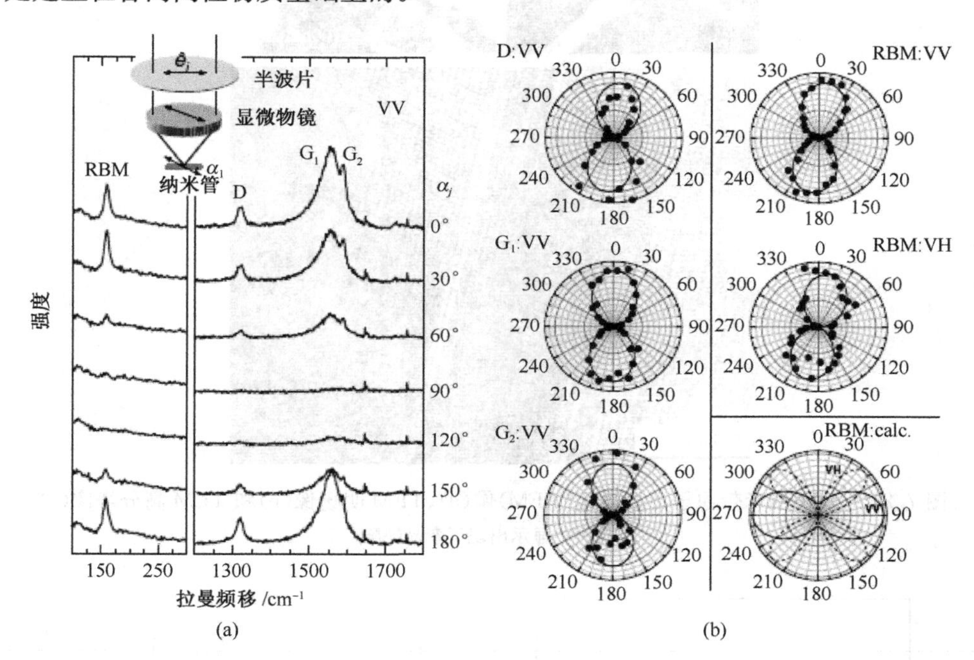

图 7.23　图 7.22 所示 1 号样品的入射光偏振平行于单壁碳管的拉曼光谱(a)以及平行偏振配置下 G_1、G_2 和 D 模以及平行和垂直配置 RB 模的光谱强度与角 α_j 的关系(b)[25]

2. 单根 ZnSe 纳米晶带的偏振拉曼光谱

图 7.24 是通过粘在 GaAs 基底上形成分散的单根 ZnSe 纳米带的形貌像。ZnSe 纳米带晶体结构为立方相，体 ZnSe 禁带宽度为 2.68eV[26]，LO 模和 TO 模分别位于 252cm^{-1} 和 208cm^{-1}[27]。

单根 ZnSe 纳米带样品的拉曼谱示于图 7.25。除了出现预期的 GaAs 基底的 LO、TO 模和 ZnSe 纳米带的 LO、TO 模之外，在 227cm^{-1} 和 240cm^{-1} 的位置出现了几个弱峰。由于激光光斑中只有一根 ZnSe 样品，拉曼峰强度仅为 GaAs 衬底信号强度的 1/20，将该图局部放大并加上拟合谱示于图 7.26。频率为 227cm^{-1} 的峰声子能量为 28meV，与文献中理论计算得到的 ZnSe(110)面上的表面模中能量为 27.2meV 的一支非常接近[28]，所以可以把它归结为表面模。由于纳米材料的比表面积远大于体材料，因而表面模的出现并被观察到是完全可以理解的。

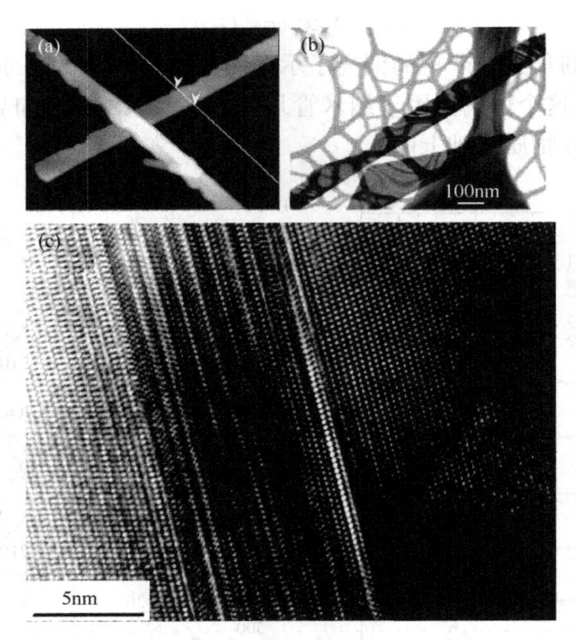

图 7.24 ZnSe 纳米带原子力显微镜(AFM)像(a)、TEM 明场像(b)和 TEM 高分辨像(c)
(c)图中显示出现了孪晶缺陷

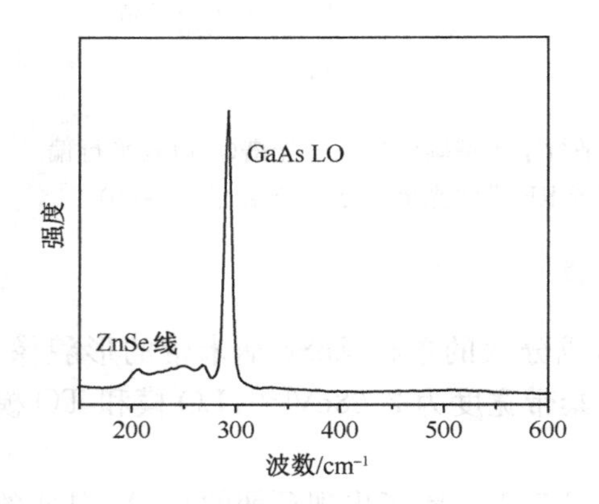

图 7.25 粘在 GaAs 上的 ZnSe 单根样品的拉曼谱

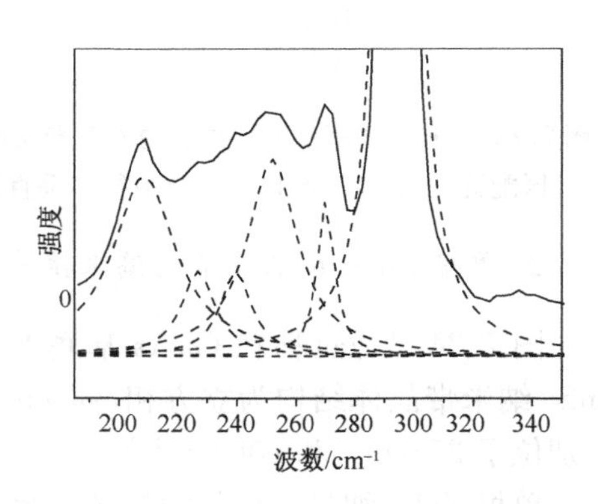

图 7.26 ZnSe 单根样品的拉曼光谱及拟合效果图

选取一根看起来比较直的样品，在显微镜下旋转，尽量保持激光照射在同一位置上。以入射激光的偏振方向为参照，设样品与其夹角为 θ，在夹角 θ 为 0°和 45°两种配置下做了平行偏振和垂直偏振两种模式的测量。结果示于图 7-27，因为$\theta=0°$的偏振谱与 $\theta=90°$时候基本相同，因此图 7.27 中没有给出这种配置的结果。从图 7-27 可见在平行偏振的情况下，LO 模的强度大约为 TO 模的 2 倍，而垂直偏振的情况下两个模的拉曼峰强度基本相当；在 $\theta=45°$ 时平行偏振和垂直偏振的拉曼谱中 LO 模和 TO 模的相对强度没有明显差别。

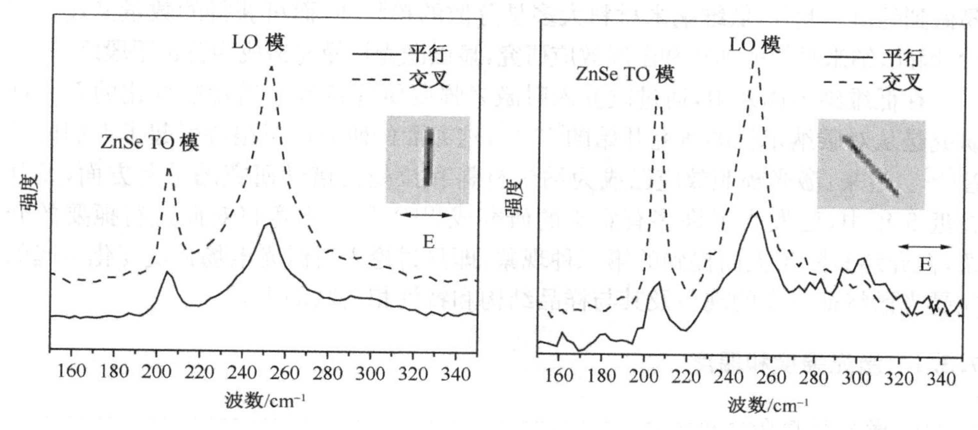

图 7.27　ZnSe 单根样品的偏振谱

虚线为垂直偏振，实线为平行偏振，纳米线与激发光的偏振方向成(a)90°，(b)45°

在确定了晶轴方向和实验配置的情况下，通过偏振选择定则可以推断 LO 和 TO 模的相对强度变化。实验结果与理论上计算了背散射时立方晶体的(100)、(110)、(111)、(112)和(113)五种常见晶面的偏振规律都不同，最简单判据就是实验中 LO 和 TO 模在 θ 取任何值时都不消失，而上述 5 种晶面均在一定情况下会出现某个模的禁戒。这个结果与上述单根碳管的结果是类似的，而所测碳纳米管和 ZnSe 纳米带在几何上也是类似的，于是这里的结果为上述对单根碳管的结果的解释提供了一个独立的证明。

7.3　入射激光强度改变的拉曼谱

在第 2 章中，微观和宏观光散射理论都表明，光散射的微分散射截面 $\frac{d^2\sigma}{d\Omega dE_0}$ 与入射光电场强度 $\boldsymbol{E}_0$ 的平方 $|\boldsymbol{E}_0|^2$ 成正比。因此，在其他实验条件不变时，增加测量点的电场强度 $\boldsymbol{E}_0$，拉曼光谱的强度会增加，而在测量点的 $\boldsymbol{E}_0$ 增加得较多时，常会发现拉曼光谱的频率、线宽和线形等特征也会发生变化，如果入射激光 $\boldsymbol{E}_0$ 强度增强得非常大，例如，用脉冲激光器做光源，拉曼光谱本身的性质也将出现变化，出现了所谓“非线性拉曼散射”等现象。第一和第三种现象的出现，是光散射本身性质的反映，而第二种现象，往往与样品因受激光加热而导致的样品本身结构和特性改变有关。

现今，拉曼光谱实验经常在显微拉曼光谱仪上进行，样品上的激光照明光斑只有 1μm^2 左右，用同样输出功率的激光，在样品上的功率密度，可比用大光路光谱仪有成百上千倍的提高，它使得强烈改变和极大增强测量点的激光功率密度成为很容易做到的事。此外，低维纳米材料大多是分散的粉状体，而可获得的数量又往往很少，因此，纳米材料的加热和温度效应研究，显微激光拉曼光谱成为首选手段之一。

在低维纳米体系中，通过改变入射激光强度研究拉曼光谱特征变化的系统性研究是从对碳纳米管的研究开始的[29~35]，这方面的研究成果很快引起了人们的关注[32]。近来，激光辐照效应已成为纳米材料和拉曼光谱学研究的重要方面，尤其在近 5 年中，已发表了许多有意义的研究成果[33~41]。本章将对此进行扼要的介绍，但介绍只限于上面提到的第二种现象，即只讨论入射激光电场强度变化引起的拉曼光谱特征改变的现象及其与样品结构和特性相关联的内容。

7.3.1 激光强度和温度

1. 激光强度和功率密度

在拉曼散射实验中，所关注的激光强度 $|\boldsymbol{E}_0|^2$ 是指测量点入射激光的功率密度 ρ，即测量点单位面积的激光功率 $p(\rho\equiv p/\mathrm{cm}^2)$。因此，必须注意最终关注的入射光参数不是激光功率，而是激光功率密度。图 7.28 清楚地表明，对同一样品，同一激光功率，但照明面积不同时，其纵光学声子(LO)频率的移动截然不同。它表明声子拉曼频率的移动与入射激光的功率没有直接的关系。

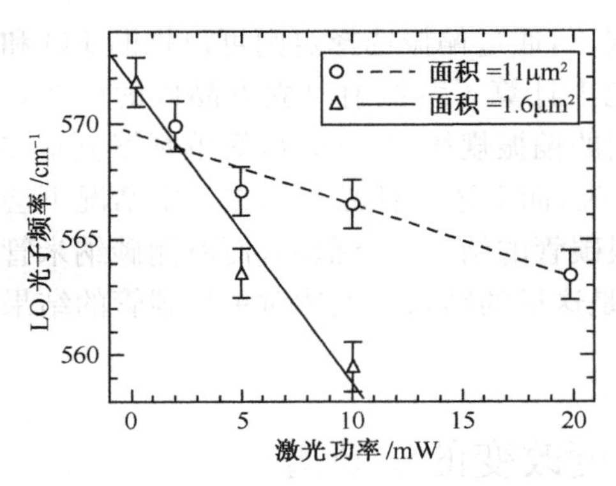

图 7.28 同一样品上相同照明激光功率但照明面积不同时所记录的纵光学(LO)声子与激光功率的关系[35]

2. 热效应和温度测定

激光辐照引起的样品拉曼光谱的变化，往往与样品受激光照射产生的热效应联系在一起。因此，样品温度是研究由激光强度改变引起的拉曼光谱特征变化所必须要知道的参数。在当前用显微拉曼光谱仪测量样品光谱的情况下，光斑小到只有 1μm 左右，用传统的热电偶测量得到的数据往往不是光谱取样点的真实温度，因此，在用显微拉曼光谱仪作测量时，光谱取样点温度的测定是实验中必须妥善解决的问题。

在 1.2.2 节中已经指出，可以利用正反斯托克斯峰的积分强度比公式(1.5)来测定温度。因此，在做拉曼光谱测量时，就可以根据样品某一拉曼峰的斯托克斯和反斯托克斯线的强度比，在测量光谱的同时获得光谱取样点的温度，并称这种方法为“拉曼光谱测温法”。但是，在实际应用时，必须考虑光谱仪对不同频率光强的响应存在差别的因数，因此，正确的做法是将公式(1.5)应改写成下列形式加以应用

$$I_s/I_{as} = D_{s\text{-}as}[(\omega_L - \omega)/(\omega_L + \omega)]^4 e^{\hbar\omega/kT} \tag{7.6}$$

其中，$D_{s\text{-}as}$为相对应的正反斯托克斯峰谱仪响应系数比，ω_L为入射激光的频率，ω为拉曼频移。一般情况下，$\omega_L \gg \omega$，式(7.5)中$((\omega_L-\omega)/(\omega_L+\omega))^4 \approx 1$，计算温度的公式可简化为

$$T = (\hbar\omega/k)/\ln(I_s/I_{as}) \tag{7.7}$$

但是当计算温度所选用的拉曼峰频移在2000cm^{-1}左右时，式(7.6)中的$((\omega_L-\omega)/(\omega_L+\omega))^4$项并不近似为1。例如，对于515nm激光激发，所测量的拉曼频率ω为2000cm^{-1}时，$((\omega_L-\omega)/(\omega_L+\omega))^4=0.44$。所以为了得到精确的温度值，必须要充分考虑各方面因素。一般情况下，温度T可利用下式得到。

$$T = (\hbar\omega/k)/[\ln(I_s/I_{as}) - \ln(D_{s\text{-}as}\omega_{s\text{-}as})] \tag{7.8}$$

其中，$\omega_{s\text{-}as}=((\omega_L-\omega)/(\omega_L+\omega))^4$。

在实际应用拉曼光谱测温法时，还应注意，式(7.6)只在非共振的条件下成立。因此，只有用非共振光谱测定的温度才是可靠的。例如，对金刚石就不能取近紫外激光激发的共振光谱测温。又如，对于单层碳纳米管的拉曼散射，因为常用的515nm激光的能量大于一般碳管的最低电子跃迁能级，不会有共振效应，实验中应该尽可能用515nm激光激发的拉曼光谱进行温度测量。

此外，为提高测定温度的精度，可以对样品的每一个模都计算出一个温度值，然后用各个模计算得到的温度值的平均值，作为最终的温度值就比较准确。

还有需要注意的是，如果所研究纳米样品所处环境不同，在同样入射激光功率密度的情况下，也会产生完全不同的光谱效果。例如，图7.29(a)、(b)分别显示了生长在蓝宝石和石英衬底上平均尺寸5nm的Si晶粒在不同功率密度的激光辐照下光学声子谱的变化情况，图7.29清楚显示，在同一0.1kW·cm^{-2}辐射功率密度时，对衬底不同的同一类纳米样品，它们的光谱特征有很大差别。因此，要了解入射激光强度对纳米材料拉曼光谱特征的影响，其样品最好是单根、悬空或集束的纯样品。

7.3.2　低强度(功率密度)激光辐照

1. 激光电场强度与拉曼光谱特征

激光强度对拉曼光谱的影响反映在光谱特征的各个方面，如强度、频率、线宽和线形等。图7.30是Si样品在两个不同功率的激光照射下的光学声子拉曼光谱图。从中可以发现，当激光辐照功率增大到200mW时，相对于1.2mW激光辐照的光谱，虽然拉曼振动模没有消失或增多，但是频率、线形和线宽都产生了明显的变化。这实际上反映了低强度激光辐照时样品的成分和结构没有变化，只是样品

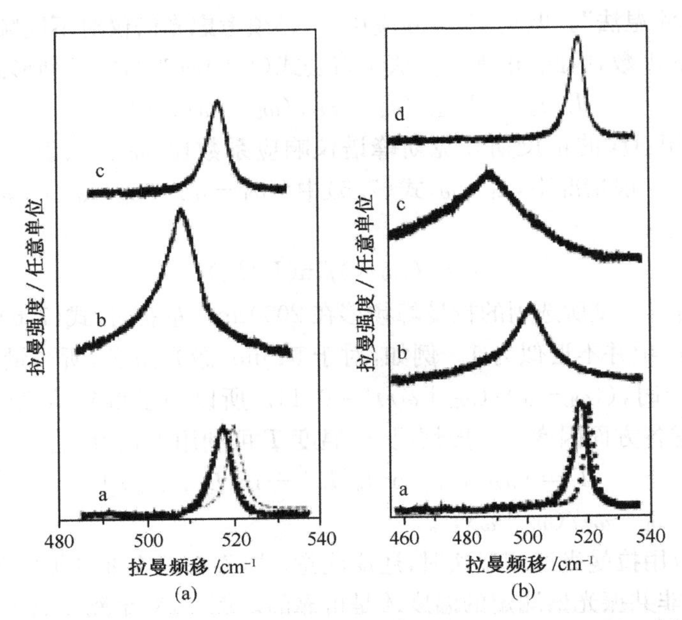

图 7.29 生长在蓝宝石(a)和石英(b)衬底上平均尺寸 5nm 的 Si 晶粒在不同功率密度的激光辐照下光学声子谱的变化情况

(a)—a 功率密度为 0.1kW · cm^{-1};(a)—b 功率密度为 18kW · cm^{-1};(a)—c 功率密度为 0.1kW · cm^{-1};(b)—a 功率密度为 0.1kW · cm^{-1};(b)—b 功率密度为 4.3kW · cm^{-1};(b)—c 功率密度为 6.5kW · cm^{-1};(b)—d 功率密度为 0.1kW · cm^{-1};图总是晶体 Si 的谱

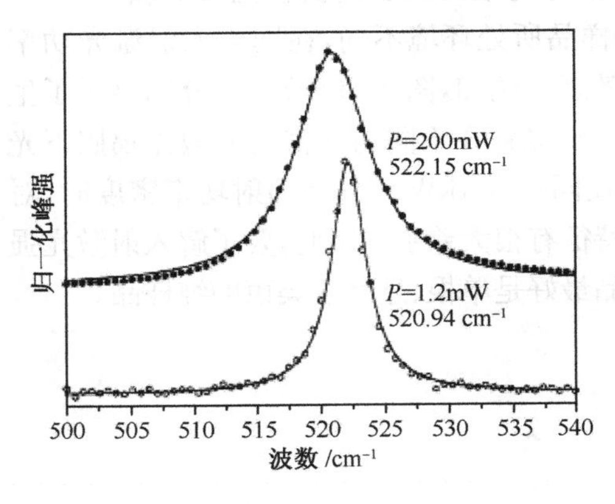

图 7.30 Si 样品在两个不同功率的激光照射下的光学声子拉曼谱图[41]

的结构参数,如原子(离子)间距和键角等发生了变化。

2. 激光电场强度与样品尺寸

首先,实际测量显示,激光辐照对三维大尺寸和低维纳米材料拉曼光谱所造成的影响是不同的。如图 7.31 所示,在 2mW 激光辐照时,20nm 的 ZnO 量子点产生了比块体 ZnO 20mW 激光辐照时要大得多的拉曼频移。

其次,发现即使是同一种纳米材料,激光强度对纳米材料光谱特征的影响也因样品尺寸不同而出现差别。例如,图 7.32 是平均直径 $\overline{d}=6$nm 和 23nm 的 Si 纳米线在不同功率密度激发下的拉曼光谱,从中可以清楚地看到,相近的激发功率密度(如 2.5mW/μm^2 和 2.0mW/μm^2)所引起的 $\overline{d}=6$nm 和 $\overline{d}=23$nm 的两个样品的光谱特征就很不一样。

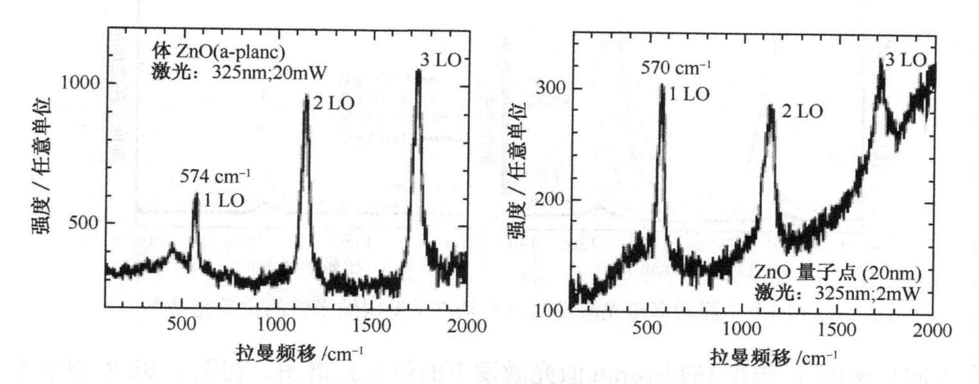

图 7.31　块体和量子点 ZnO 在同一波长但不同功率激光激发下的拉曼光谱[35]

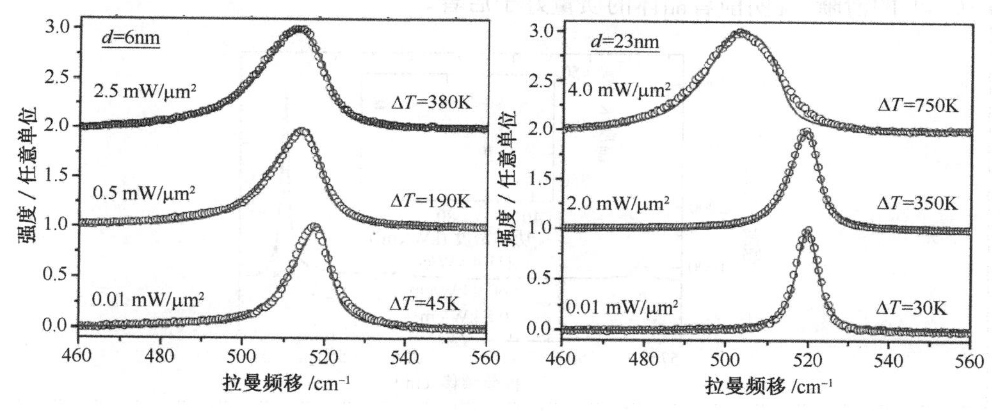

图 7.32　平均直径 $\overline{d}$=6nm 和 $\overline{d}$=23nm 的 Si 纳米线在不同功率密度($mW/\mu m^2$)激光激发下的拉曼光谱[36]

ΔT 是由光谱线型分析得到的样品温度的最大增加值

3. 激光电场强度与样品类型

1)分离或悬空的纳米材料

图 7.33 和图 7.34 分别是分离单壁碳纳米管和空悬 GaN 纳米棒在不同功率激光激发下的拉曼光谱，随激光功率的增加，两者都显示了频率下移和线宽增加的趋向。表 7.2 是由图 7.33 中拉曼谱拟合得到的光谱参数，它更加定量地显示了上述变化倾向。

2)集束碳纳米管

对应于不同入射激光强度，即样品处于不同温度时，用电弧法制备的多层碳纳米管 C-CNT 的拉曼光谱如图 7.35 所示。图 7.36 是同一单壁碳纳米管(SCNT)

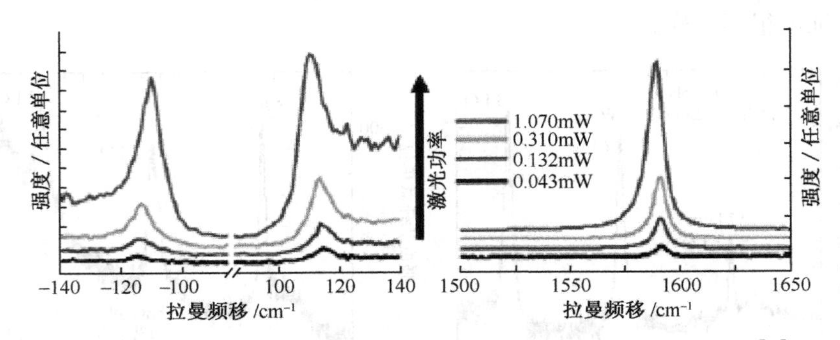

图 7.33　四个不同功率激光激发的分离悬空单壁碳纳米管的拉曼光谱[40]

在不同功率密度(温度)的 515nm 激光激发下的拉曼光谱图。在图 7.35 中观察不到径向呼吸模,而在图 7.36 中没有出现无序 D 模。此外,SCNT 的 G 模的分裂比 C-CNT 的清晰,说明前者晶体的质量好于后者。

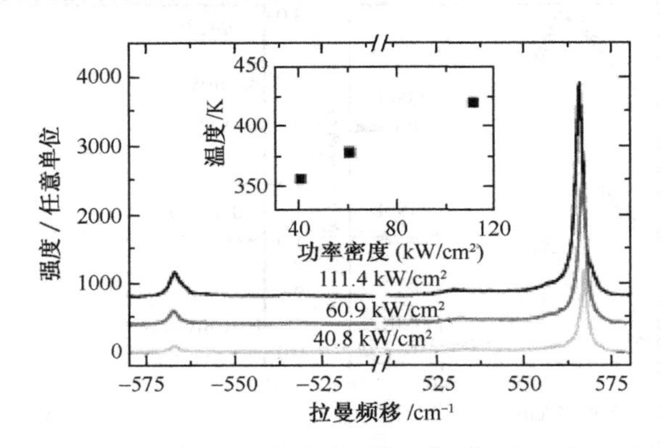

图 7.34　空悬 GaN 纳米棒不同功率密度激光激发下的拉曼光谱图[39]
插图显示不同功率密度辐照时对应的样品温度

表 7.2　由图 7.33 中拉曼谱拟合得到的径向呼吸模的频率(ω_{RBM})、线宽(FWHM)、正反斯托克斯强度比(I_{AS}/I_S)以及 G 模的频率(ω_G^+)

功率/mW	ω_{RBM}/cm^{-1}	FWHM/cm^{-1}	I_{AS}/I_S	ω_G^+/cm^{-1}
0.043	115.2	6.8	0.46	1592.2/ *
0.132	115.0	6.8	0.58	1591.7/1587.9
0.310	114.3	7.6	0.68	1591.0/1585.1
1.070	111.6	9.1	0.96	1589.6/1586.7

在图 7.35 和图 7.36 中,都可以清楚看到,随着入射激光强度的增加,RM 模、G 模和 D* 模拉曼峰频率都向小的方向移动。在化学合成法制备的碳纳米管 C-CNT 和活性炭 A-C 样品中也观察到了同样现象,但是,对于高取向热裂解石墨

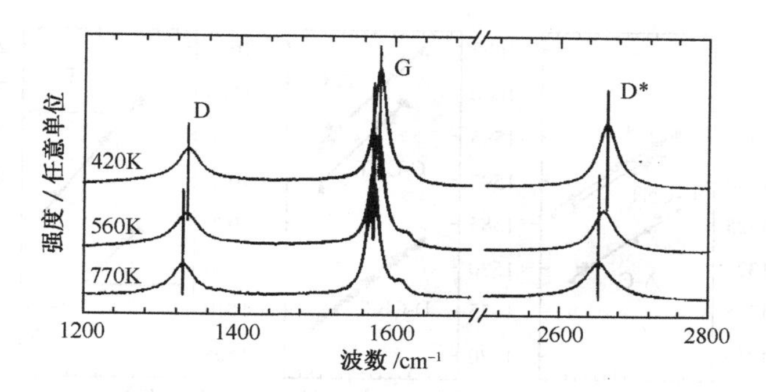

图 7.35　电弧法制备的多层碳纳米管(D-CNT)在 633 nm 激光激发下，对应于不同入射激光强度(温度) 的拉曼光谱图[29]

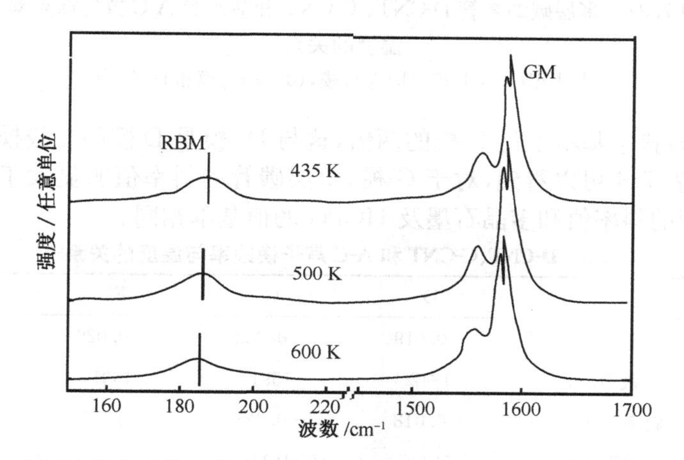

图 7.36　电弧法制备的单壁碳纳米管(SCNT)在 515 nm 激光激发下，对应于不同入射激光强度(温度)的拉曼光谱图[30]

(HOPG)，在同样强度激光激发下没有观察到同一现象。在其他波长，如在 514.5nm、488.0nm 激发时，观察到了与用 633nm 波长激发时同样的现象[29,30]。

图 7.37 画出了 D-CNT、C-CNT 和 A-C 等样品的 4 个模拉曼频率随温度变化图，可以看到，所有样品的拉曼模，其频移均与温度成线性关系。经最小二乘法拟合，从图 7.36 和图 7.37 得到了频移与温度关系的斜率和截距值，分别列于表 7.3 和表 7.4 中。为了进行比较，在表 7.4 中，多层碳纳米管(MCNT)、多晶石墨(GL) 和 HOPG 的结果也一并列入。

从表 7.3 可以看到，斜率大小主要取决于拉曼模式的类型，而跟样品的关系不大。对于同一种拉曼模，比如 D 模，即使属于不同样品，其斜率也基本相同。而对于不同的拉曼模，即使属于同一个样品，其斜率也有较大差异。就斜率绝对值而言，G 模斜率比 D 模大。就 D-CNT 样品来看，G 模斜率与 E'_{2g}模斜率差不多相等。

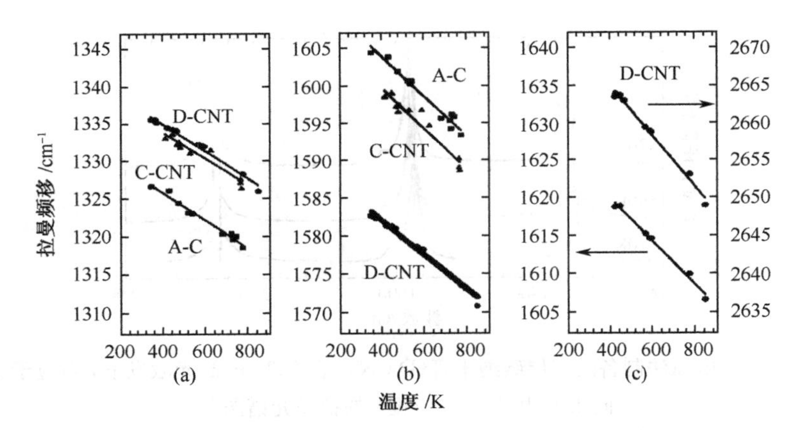

图 7.37 多层碳纳米管 D-CNT、C-CNT 和活性炭 A-C 拉曼峰频率与温度的关系

其中图(a)为 D 模,(b)为 G 模,(d)为 E'_{2g}模和 D* 模[2]

另外,D* 模的斜率基本上是 D 模的两倍,这与 D* 模是 D 模的二级模这一性质相一致。而从表 7.4 可以看到,对于 G 模,单层碳管的斜率值明显大于多层管及石墨,而多层管的斜率值和多晶石墨及 HOPG 的值基本相同。

表 7.3 D-CNT、C-CNT 和 A-C 声子模频率与温度的关系[29]

样品		D	G	E'_{2g}	D*
D-CNT	斜率/(cm^{-1}/K)	−0.019	−0.023	−0.029	−0.034
	截距/cm^{-1}	1342	1591	1631	2678
C-CNT	斜率/(cm^{-1}/K)	−0.018	−0.028		
	截距/cm^{-1}	1341	1611		
A-C	斜率/(cm^{-1}/K)	−0.019	−0.027		
	截距/cm^{-1}	1333	1615		

表 7.4 单壁碳纳米管(SWCNT)、多壁碳纳米管(MWCNT)、多晶石墨(GL)和 HOPG 的频移与温度关系[30]

		SWCNT^a		MWCNT^b	GL^c	HOPG^d
		激光	加热台			
斜率	GM	−3.8	−4.2	−2.8	−3.0	−2.8
/($10^{-2}cm^{-1}$/K)	RBM	−1.3	−1.5			
截距	GM	1606	1609	1611		
/cm^{-1}	RBM	193	192			

a 参考文献[30],b 参考文献[29],c 参考文献[42],d 参考文献[43]。

上述变化的规律性显然是碳纳米管结构特性的反映。首先，晶体因温度升高，发生晶格膨胀，C—C 键变长，相邻原子之间相互作用力常数变小，自然导致所有振动模拉曼峰都出现向低波数移动的现象。

其次，关于单壁碳纳米管斜率比其他碳材料大的现象，可以归因于单层管的特殊结构。一方面，单壁碳米管的特殊结构使得材料的热导变小，温度效应明显。另一方面，该特殊结构也使得温致拉曼频移效应加大。因为在温度升高材料发生热膨胀时，晶格变大，对于碳材料来说是 C—C 键变长。理想的单层管是由单层石墨片卷曲而成的，直径越小，曲率越大，这种弯曲使原来切向伸缩振动的 C—C 键的恢复力(restoring force)沿碳管的径向方向增加一个分量，这个径向的分量应与碳管的曲率成正比，即管径越小分量越大，原来对应于石墨平面的切向恢复力分解为两个分力，必将导致碳管的更容易膨胀。理论和实验表明石墨片弯曲成管状时，其 C—C 键长将变长[44]，从而导致C—C键的力常数变小，使得碳的纳米管状结构相对石墨的平面结构易于热膨胀。虽然多层管也是管状结构，但是由于多层管的内径和外径的都相对于单层管较大，在 10～50nm[45,46]，而单层管的直径仅为 1.1～1.4nm。二者相差一个数量级，多层管的曲率很小，基本可以忽略，加之它的层间距与石墨很相近[47]，所以多层管的结构与性质与片层石墨结构十分接近，使得多层碳管的拉曼频移和温度曲线的斜率与石墨及 HOPG 的值相近。

为深入了解上述 D-CNT、C-CNT、A-C 和 HOPG 分别观察到和没有观察到拉曼频率随入射激光强度变化的现象，一方面在 HOPG 中通过 Au^+ 离子注入产生有人为杂质缺陷的 Au-HOPG，以降低石墨结构的完整性，另一方面，对一个单层碳纳米管进行纯化，提高其石墨结构的完整性。这三种样品的拉曼频率随入射激光强度变化示于图 7.38。从图 7.38 可以看到，离子注入后的 HOPG 出现了拉曼频率随入射激光强度变化的现象，而在同样功率激光的辐照下，未纯化碳管、纯化碳纳米管和 Au-HOPG 的温度前者依次明显高于后者。H. Watanable 等也曾观察上述关于 HOPG 拉曼频率受样品温度影响的现象[48]。他们报道说，当样品温度从 25°C 改变到 400°C 时，HOPG 本征峰 G 模的频率基本上没有变化，发生变化的只是由无序诱发的 D 模，但在离子注入后的 HOPG 中，观察到了的拉曼谱随温度发生变化的现象。

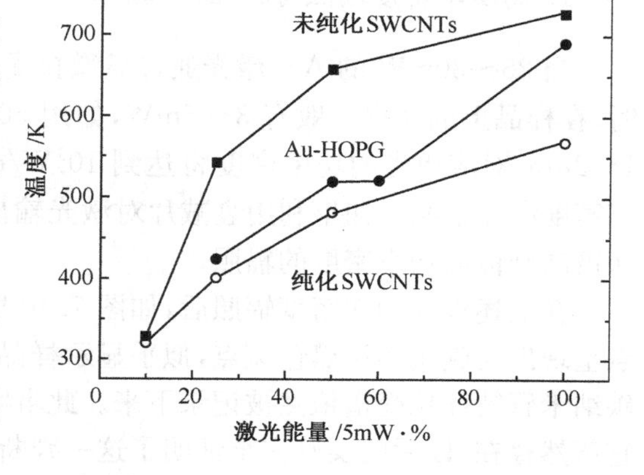

图 7.38　未纯化碳管、纯化碳纳米管和 Au-HOPG 拉曼峰频率与温度的关系

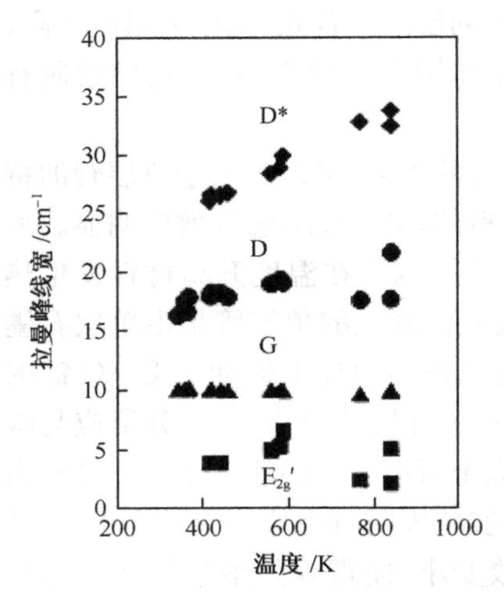

图 7.39 碳纳米管 D-CNT 的 D、G、E'_{2g}和 D* 拉曼峰宽随入射激光强度（温度）的关系图

上述现象与第 6 章表 6.10 报道的结果十分类似，同样有理由认为，上述温度效应与纳米管的类缺陷结构本性和样品中的杂质缺陷有关。同时，上述现象也暴露了纳米管的拉曼光谱存在较大的激光辐照效应是和高的加热效应有关的，而高热效应来自样品类缺陷结构本性和样品中的杂质缺陷的产生的低热导率，特别是一些无序碳、纳米碳微晶，及碳管的弯曲等，都将导致样品的热导率会大幅降低，使激光导致的热能易于聚集和激光点温度升高。

由图 7.35 所示光谱获取的碳纳米管 D-CNT 拉曼峰宽对应于激光照射强度的关系示于图 7.39。从图可以看到，D 模和 D* 模的线宽很明显地随温度升高而增加，而且，D* 模的线宽值正好是它的一阶模-D 模的 2 倍。但是，G 模和 E'_{2g}模看不出明显的变化。为了清楚起见，图中 E'_{2g}模的线宽值下移了 5cm^{-1}，D* 模线宽值上移了 10cm^{-1}。以上结果清楚地表明，在碳材料中纳米管的辐照热效应最明显，有较大的拉曼温度频率移系数，上述报道中提供的频移系数也为用拉曼谱测碳纳米管的温度奠定了基础，并已为人们作为测温的一种标准数据[32]。

7.3.3 高强度(功率密度)激光辐照

1. 高功率密度辐照与样品的"损坏"

当 25～30mW 的 Ar^+ 激光通过显微拉曼光谱仪的入射光路汇聚到样品表面时，在样品上的功率一般有 3～5mW，如用 50 倍的显微镜物镜聚光，光斑直径在 1～2μm，对应激光的功率密度将达到 10^5W/cm^2，可以对样品实现连续的极高功率密度激光辐照。如果利用衰减片对激光输出功率进行衰减，就可以对样品实行从极高到极低功率密度的辐照。

在上述极高功率密度辐照后，如图 7.40 所示，发现碳纳米管样品的激光照射点呈现出类碳化的深黑色斑点，似乎显示样品被"损坏"。但是，此时在"损坏"处，碳纳米管特征拉曼谱依然被记录下来。此事实表明，碳纳米管实际上并没有损坏，它依然存在，以后的实验完全证明了这一判断，这一结果也进而证明了拉曼光谱在材料鉴认方面的作用。

2. 高功率密度辐照与振动模的消失

单根样品辐照可以排除 7.3.1 节所指出的样品环境传热的影响，较好地反映辐照效应。图 7.41 显示了对 ZnSe 单根纳米线进行经高功率密度激光照射前后的拉曼光谱图。该图显示，在高功率密度照射前的拉曼谱中，可以同时看到 LO 模和 TO 模，但是辐照后，发现 TO 模消失了，而 LO 模的绝对强度却有明显增加。

由于选择定则的限制，在理想的 ZnSe 晶体中，TO 模是禁戒的，因此观察到 TO 模，表明晶体质量有问题，因而 TO 模的消失，反映了经高功率激光辐照的样品，去除了样品表面缺陷，并使之晶体性质更完好，表明激光辐照可以改善晶体的结构。

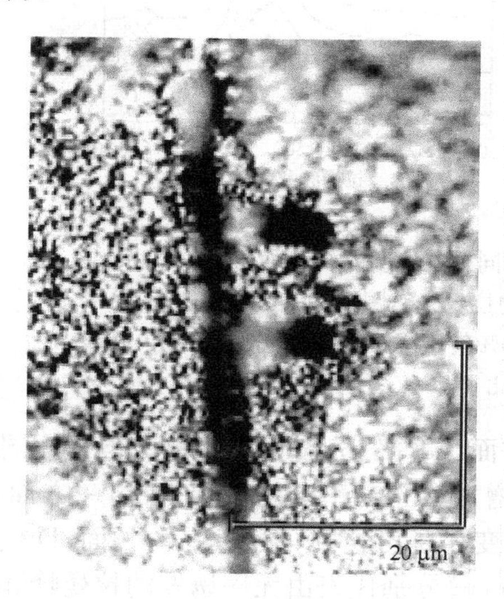

图 7.40　515nm 波长的高功率密度激光照射下样品的光学显微形貌
图中黑线和黑点是激光照射过的地方[31]

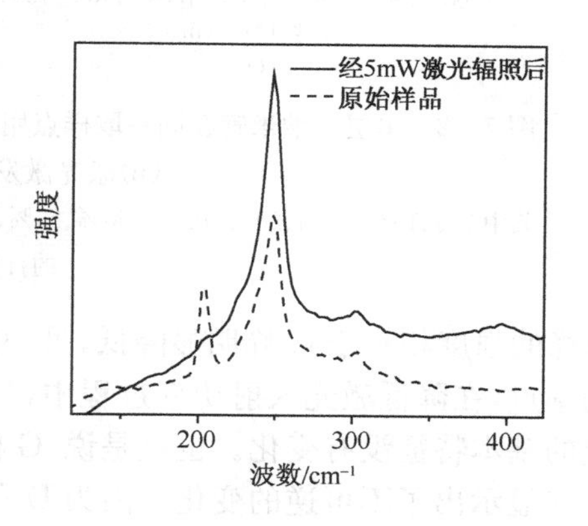

图 7.41
在同一采样点经 5mW 激光照射前后，用 0.5mW 激光激发得到的 ZnSe 单根样品的拉曼谱

3. 闭环变功率密度辐照与振动模的可逆变化[31]

图 7.42 是在不同功率入射激光激发下，单壁碳纳米管同一取样点的拉曼光谱图。图 7.42(a)、(b)分别用 515nm 和 633nm 激光进行激发。理论计算证明，图 7.42(b)是由共振尺寸选择效应下的(9.9)扶手椅管的拉曼谱，其中虚线是理论拟合谱。

从图 7.42 可以看出，在激光功率增大过程中，一方面，碳纳米管的拉曼谱中

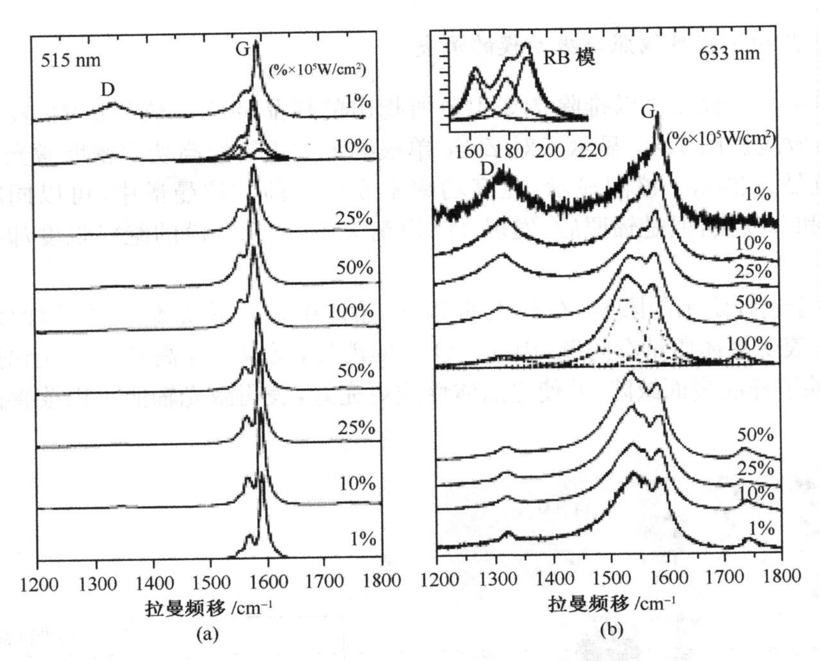

图 7.42　单层碳纳米管在同一取样点用不同功率密度的 515nm(a)和 633nm (b)激光激发的拉曼光谱图

其中 1%、10%、25%、50%、100%、50%、25%、10%和 1%依次代表功率密度为 10×10^5 W/cm² 的百分比[31]

D 峰的强度相对于 G 峰明显降低，另一方面，G 峰的分裂更加明显。但是在同一功率点，在降低激光入射功率过程中，与增加激光功率密度过程对比，一方面，G 模的基本特征没有变化。也就是说，G 模变化是可逆的，但是，另一方面，D 模的峰却显示出了不可逆的变化。因为 D 和 G 模分别代表由无序诱发的拉曼峰和有序石墨的特征峰，因此，上述现象可能表明，在高功率密度激光照射下，样品中非碳管杂质被除去，而碳管的结构质量得到改善。

对于光谱强度，曾经指出 D 模的强弱程度表征了样品由杂质缺陷等因素导致的无序和有序程度，而 G 模代表石墨的有序结构，所以，可以引入 D 和 G 模的积分强度 I_D 和 I_G 的比值

$$\alpha \equiv I_D/I_G$$

来判断纳米管的有序(纯)度，对图 7.42 的结果进行定量的讨论。

图 7.43 上部是图 7.42G 模频率随激光功率的变化图，发现不同波长激光幅照结果的规律是一样的，说明所观察到的现象有普遍性。

图 7.43 下部是 α 随辐照激光功率密度(温度)变化的示意图。图清楚显示，当增大激光功率时，相应温度从 337K 升高到 442K，特别是在 547K 时，α 值急剧降

低，之后，至 568K 和 580K 一直保持不变。而在降低激光功率的过程中，发现在样品的同一点，α 值仍基本保持不变。

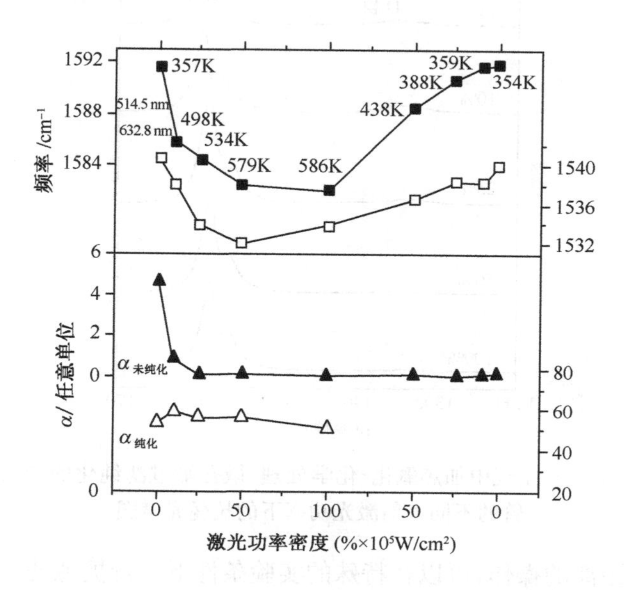

图 7.43　G 峰和 D 峰相对强度比 $\alpha=I_D/I_G$ 随激光功率变化的关系图[31]

为了揭示上述 α 变化规律的内在含义，测量了用其他方法提纯过的样品的拉曼谱。例如，利用通过空气中加热氧化-化学处理-微孔筛过滤纯化的碳纳米管，测量了在不同入射激光功率下的拉曼谱，结果示于图 7.44，相应的 α 值 α_{pure} 示于图 7.43下部。可以看到，低功率时，D 峰的强度较小，说明经过提纯的样品本身杂质的含量较少，随着激光功率的提高，D 峰强度进一步减弱，最后几乎消失。说明 α 值小确实反映样品本身杂质的含量较少。

未提纯样品中存在大量杂质，如非晶碳、纳米碳颗粒、C_{60} 等，样品的温度升高后，这些杂质被氧化成 CO_2 而飞离样品，同时，晶化程度也因退火效应而提高。这样在拉曼光谱中代表杂质含量的 α 值明显降低，样品得到纯化。在降低温度过程中，G 模可以回复，而 D 模不再能重现，说明晶化的固定和杂质已不存在。上述由激光辐照得到的杂质除去的温度与施祖进等[46]报道的单层碳纳米管样品中杂质的氧化温度(473～623K)十分相近，进一步证明上述 D 模和 G 模拉曼谱分别出现的不可逆和可逆行为，以及未纯化和纯化样品 α 值表现出来的不同行为，其内在根源是因为辐照导致了样品的纯化和晶化程度的提高。

于是，强功率密度的激光辐照为人们提供了一种新的碳纳米管纯化和优化的方法，而且这种方法相对于其他化学及物理方法有较大的优点，因为是激光直接与样品相互作用，没有化学药品的参与，能避免引入其他杂质；另外，因为是非接触性

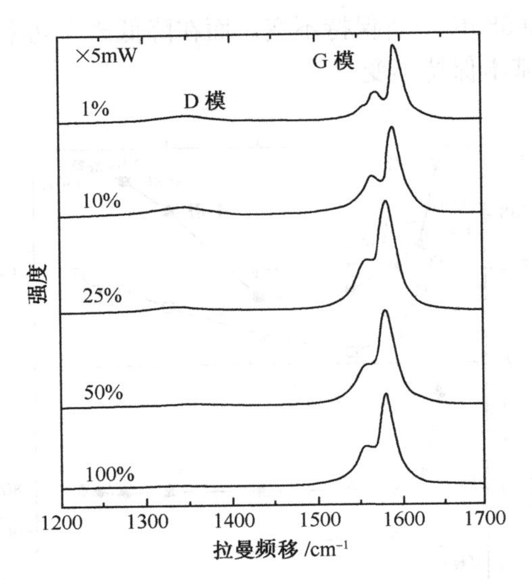

图 7.44 经空气中加热氧化-化学处理-微孔筛过滤纯化的碳纳米管的不同入射激光功率下的拉曼光谱图

的,可以进行远距离的操作,可以在特殊的实验条件下进行提纯处理。而在器件加工过程中,不太可能用化学方法再处理样品,这种激光纯化方法就能显示它无可替代的作用。

关于激光强度对纳米材料拉曼光谱的影响,已成为近年一个热门和争议颇多的课题[49~51]。对硅纳米线的研究表明,纳米半导体的热导率特别不好[51],从而使得样品在受激光照射后,局域温度会升得很高,从而导致拉曼光谱特征出现显著的变化[50]。从以上关于激光幅照与拉曼光谱关系的研究看,低热导可能是纳米材料的普遍特征。

参 考 文 献

[1] Sood A K et al. Phys. Rev. Lett. ,1985,554:2111.

[2] Manuel P et al. Phys. Rev. Lett. ,1976,37:1701.

[3] Jusserand B, Cardona M. Raman scpectroscopy of vibration in superlattices. In: Cardona M, Guntherodt G. Light Scattering in Solids V. Berlin: Springer-Verlag, 1989.

[4] Zucker J E et al. Phys. Rev. Lett. ,1983,51:1293.

[5] Zhnag S L et al. Chem. Phys. Lett. ,1988,5:113.

[6] Kasuya A et al. Phys. Rev. B,1998,57:4999.

[7] 阎研等. 科学通报,2001,15:1256.

[8] Yan Y et al. Solid State Communi. ,2003,126:649~651.

[9] Gogolin A A, Rashba E F. Solid State Communi. ,1976,19:1177~1179.

[10] Licari J L, Evrard R. Elctron-phonon interaction in a dielectric slab: effect of the electronic

polarizability. Phys. Rev. B,1977,15:2254～2264.
[11] Tsen K T. Electron-optical phonon interactions in polar semiconductor quantum wells. J. of Modern Phys. B,1993,7:4165～4185.
[12] Martin R M. Phys. Rev. B,1971,4:3676.
[13] Zhang S L et al. Appl. Phys. Lett. 2006,89:063112.
[14] Leite R C C,Scott J F,Damen T C. Phys. Rev. Lett. ,1969,22(15):780.
[15] Klein M V. Porto SPS. Phys. Rev. Lett. ,1969,22:782.
[16] Berezhnaya A A,Stepanov Y A. Sov. Phys. Solid State,1990,32(10):1689.
[17] Berezhnaya A A,Zanadvorov P N,Stepanov Y A. Sov. Phys. Solid State,1989,31:2131.
[18] Rao A M et al. Science,1997,275:187.
[19] Zhang S L et al. J. Appl. Phys. ,1992,72:4469.
[20] Zhang S L et al. Appl. Phys. Lett. ,2002,81:4446.
[21] Wei Ding et al. Chinese Science Bulletin,2000,45:1351.
[22] Zhang S L et al. Appl. Phys. Lett. ,2006,89:063112.
[23] Colvard C et al. Phys. Rev. B,1985,31:2080.
[24] Zucker J E. Phys. Rev. Lett. ,1984,53:1280.
[25] Duesberg G S et al. Phys. Rev. Lett. ,2000,85:5436.
[26] Flack F et al. Phys. Rev. B,1996,54:R17312.
[27] Klein M C et al. Phys. Rev. B,1990,42:11123.
[28] Tutuncu H M,Srivastava G P. Phys. Rev. B,1998,57:3791.
[29] Huang F M et al. J. Appl. Phys. ,1998,84:4022.
[30] Li H D et al. Appl. Phys. Lett. ,76,2000,2053.
[31] Zhang L et al. Phys. Rev. B,2002,65:073401.
[32] Kneipp K et al. Phys. Rev. Lett,2000,84:3470.
[33] Jalilian R et al. Phys. Rev. B,2003,74:155421.
[34] Mavi H S et al. Thin Solid Films,2003,425:90～96.
[35] Kim K A et al. Applied Phys. Lett. ,2005,86:53103.
[36] Ado K W et al. Phys. Rev. B,2006,73:155333.
[37] Ravindran T R,Badding J V. J. Materials Science,2006,41:7145.
[38] Xu X X et al. Appl. Phys. Lett. ,2006,89:253117.
[39] Hsiao C H et al. Appl. Phys. Lett. ,2007,90:043102.
[40] Zhang Y Y et al. J. Phys. Chem. ,C,2007,111:1988.
[41] Kouteva-Arguirova S et al. J. Appl. Phys. ,2003,94:4946.
[42] Everall N J Lumsdon J,Christopher D J. Carbon,1991,29:133.
[43] Erbil A et al. Extended abstracts and program of the 15th bienn. Conference of Carbon,Pennsylvania,1981,48.
[44] Saito R,Dresselhaus G,Dresselhaus M S. Physical Properties of Carbon Nanotubes. London:Imperial college Press,1998.
[45] Shi Z J,Zhou X,Jin Z et al. Solid. State. Commum. ,1996,97:371.
[46] Kiang C H,Endo M,Ajayan P M et al. Phys. Rev. Lett. ,1998,81:1869.
[47] Tuinstra F,Koenig J L. J. Chem. Phys. ,1970,53:1126.

[48] Watanable H, Takahashi K, Iwaki M. Nucl. lnstru. Meth. Phys. Res. B, 1993, 80/81: 1489.
[49] Gupta R et al. Nano Lett., 2003, 3: 627～631.
[50] Piscanec S et al. Phys. Rev. B, 2003, 68: 241312(R).
[51] Scheel H et al. Appl. Phys. Lett. 2006, 88: 233114.

第 8 章　样品尺寸、形状、成分和结构与低维纳米半导体拉曼光谱

样品的尺寸和形状是物体外在的几何因素，对三维大尺寸物体的物理性质和拉曼光谱是没有影响的，但是，对低维小尺寸物体的物理性质和拉曼光谱却有本质性影响。因此，本章将对此进行介绍。而样品成分和结构是物体的内在要素，对三维大尺寸物体的物理性质和拉曼光谱有重要影响，它们对低维拉曼光谱的影响如何，也是本章将要讨论的内容。

8.1　样品尺寸对低维拉曼光谱的影响

描写低维纳米结构的尺寸参数，对于超晶格/量子阱，主要是阱层厚度 d_1、垒层厚度 d_2 和超晶格的周期 $d=d_1+d_2$，对于纳米材料，则主要是纳米线的线径 D 和纳米粒子的直径 R。下面将通过这些参数考察尺寸变化对低维纳米半导体拉曼光谱的影响。

低维纳米结构尺寸变化对低维拉曼光谱的影响主要表现在频率、线宽、线形和选择定则等方面。下面将按此逐一加以介绍。

8.1.1　尺寸对光谱频率的影响

通过第 5 章的介绍，已经从理论上了解到，如式(5.20)～式(5.25)、式(5.30)～式(5.32)表达的折叠声学声子、限制光学声子和宏观界面声子的理论色散曲线，以及微晶模型所表述的关于纳米材料拉曼光谱的理论公式(5.72)，都与上述尺寸参数有关。此外，在 7.1 节，共振尺寸选择效应的实验结果显示，非极性和极性半导体拉曼光谱的频率与样品尺寸存在截然不同的关系。在本小节，将主要从实验角度，对以上的理论和实验成果，展开进一步的验证和讨论。

1. 超晶格

在折叠声学声子方面，Colvard 等测量了周期 d 不同的 4 个 GaAs/AlAs 超晶格的拉曼光谱，结果如图 8.1 所示[1]。从图 8.1 可以清楚看到，折叠声学声子和双峰间隔的频率都明显地受到样品尺寸参数周期 d 的影响。

在限制光学声子方面，Merlin 等测量了两个结构参数不同的 GaAs/AlAs 超晶格限制光学声子的拉曼光谱[2]，结果示于图 8.2。表 8.1 列出了这两个样品测

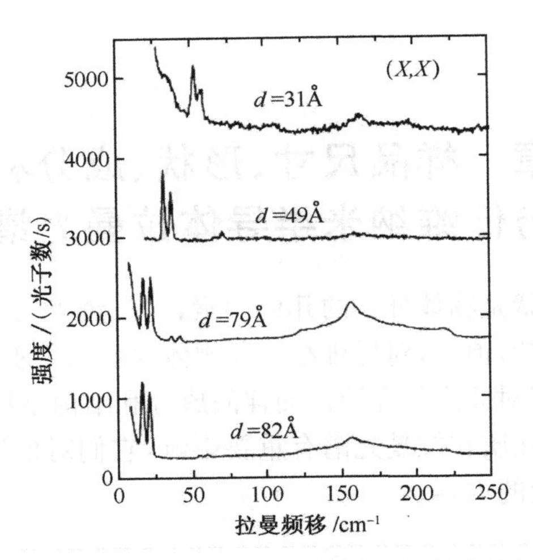

图 8.1　超晶格周期 d 不同的 GaAs/AlAs 超晶格的拉曼光谱[1]

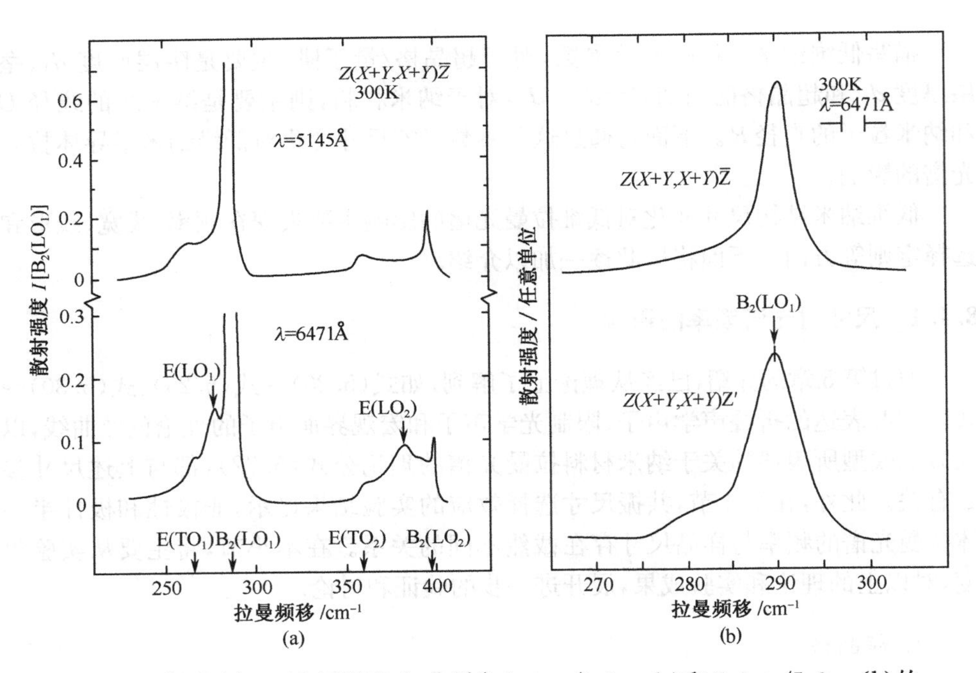

图 8.2　阱层厚度 d_1/垒层厚度 d_2 分别为 1.4nm/1.1nm(a)和 5.0nm/5.0nm(b)的 GaAs/AlAs 超晶格的限制光学声子的拉曼光谱[2]

到的所有光学模的频率值和计算的理论拉曼频率。从表 8.1 可以清楚看到光学模的拉曼频率也随样品尺寸参数的不同而改变。

表 8.1 样品尺寸参数不同的 GaAs/AlAs 超晶声子的实验拉曼频率以及理论计算的 E(LO)的拉曼频率(见括号内数值)[2]

GaAs-AlAs	$B_2(LO_1)$	$E(TO_1)$	$B_2(LO_2)$	$E(TO_2)$	$E(LO_1)$	$E(LO_2)$
5.0-5.0nm	290	271	401	360	280(278.9)	378(380.6)
1.4-1.1nm	288	266	399	358	277(276.1)	382(377.2)

至于尺寸对宏观界面和微观界面模的影响，在 6.1.3 节讨论特征拉曼谱时，在实验和理论的对比方面已有具体描述，在此不再重复。

所有上述的实验和理论结果彼此都符合得相当好，说明已有的理论预期是正确可信的。

2. 非极性纳米半导体

对于非极性半导体硅、金刚石和碳纳米管，共振尺寸选择效应已间接显示了拉曼光谱频率随样品尺寸出现改变的现象[3]，这里，将直接用尺寸不同的样品检验该现象。

图 8.3(a)展示了尺寸为 4.63nm 和 7.03nm 的纳米硅粒子与晶体硅拉曼谱的比较图[4]，而图 8.3(b)把图 8.3(a)和文献[5]的数据归纳在一起，以展示更广尺寸范围的纳米硅粒子与拉曼频率的关系。图 8.4 是尺寸分别为 6.5nm，4.8nm，1.5nm 和 1.3nm 的 Ge 纳米晶拉曼谱图[6]，图 8.5 则是尺寸分别为 23nm，38nm，45nm 和 120nm 金刚石的拉曼光谱，而图 8.6 是直径为 1.5nm(＃1)、5nm(＃2)和 5nm(＃3)三根单壁碳纳米管径向呼吸模的拉曼光谱[7]。

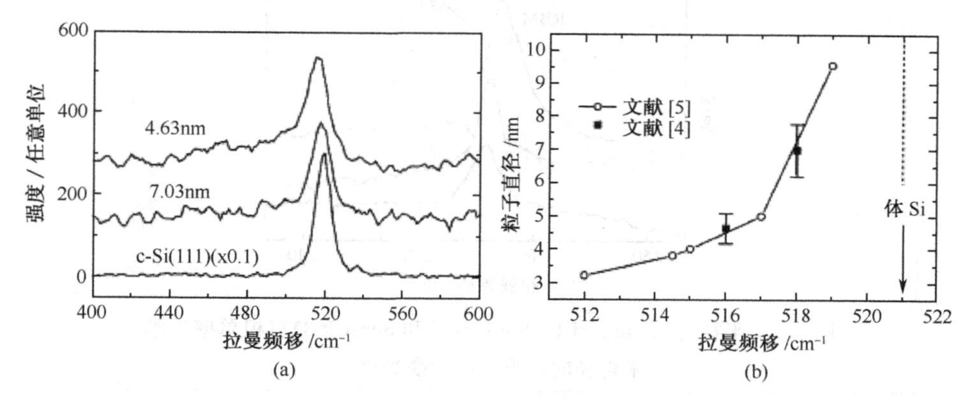

图 8.3 尺寸为 4.63nm 和 7.03nm 纳米硅和晶体硅的拉曼谱(a)和 Si 纳米粒子尺寸与拉曼频率的关系(b)[4]

所有上述光谱均表现了类似的样品尺寸与拉曼频率的关系，并与 7.1.2 节叙述的由共振尺寸选择效应得到的纳米硅和碳纳米管拉曼频率随尺寸变化的规律相似，证明了第 7 章中由 Si 纳米线共振尺寸选择效应所作的推测，即纳米半导体的拉曼频率必随样品尺寸变化的推测，对非极性纳米半导体是正确的。

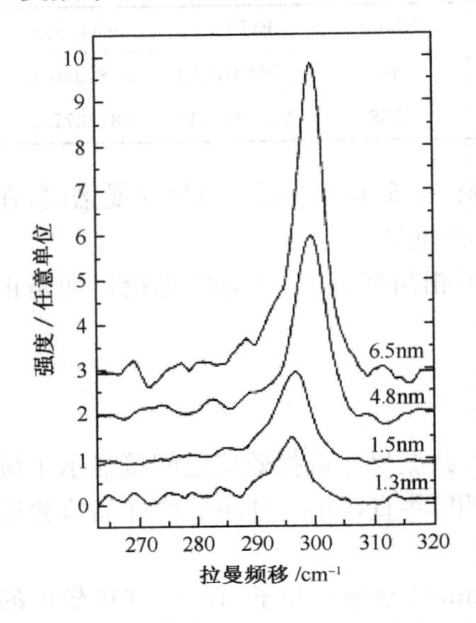

图 8.4 尺寸为 6.5nm，4.8nm，1.5nm 和 1.3nm 的 Ge 纳米晶的拉曼光谱[6]

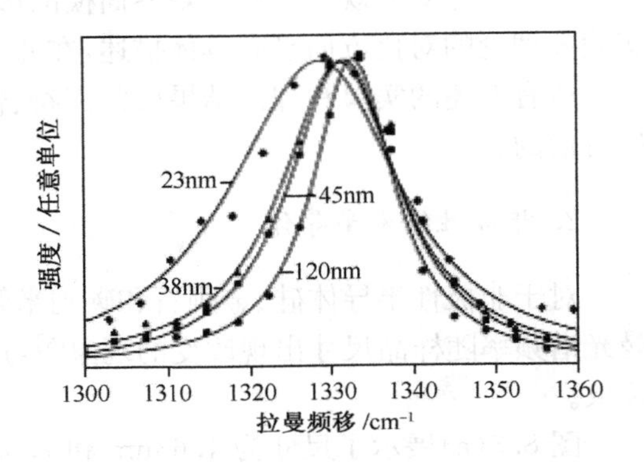

图 8.5 尺寸为 23nm、38nm、45nm 和 120nm 金刚石的拉曼光谱，样品尺寸是由微晶模型拟合得到的[7]

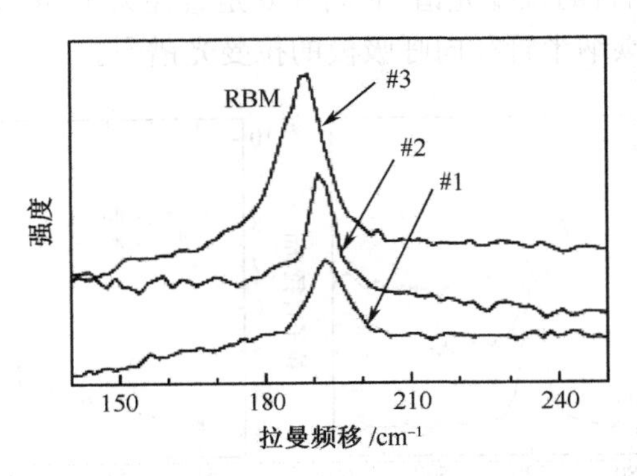

图 8.6 半径为 1.5nm(＃1)、5nm(＃2)和 5nm(＃3)三根单壁碳纳米管径向呼吸模的拉曼光谱[8]

上述图也清楚显示了随纳米半导体尺寸增大，光谱线宽发生变化的趋势。参考文献[9]～[12]中对线宽与尺寸关系有定量的讨论。

3. 极性纳米半导体[13]

在 7.1.2 节,介绍了利用"共振尺寸选择效应",发现极性纳米半导体材料的拉曼频率不随尺寸改变的结果。这里直接用不同尺寸的样品检验上述结果。

为使拉曼光谱的检验结果可靠,首先,所用的各个样品的尺寸分布要尽可能小,因为尺寸分布大会导致谱线的线宽增加,降低频率的分辨率,其次,样品中杂质和缺陷的含量应尽可能少以避免来自杂质和缺陷的光谱干扰,还有,样品最好是球形的颗粒,这样便于应用理论模型进行讨论。经过筛选,发现 ZnO 纳米颗粒可以较好地满足上述要求。所用八个样品的电镜像如图 8.7 所示。利用图 8.7,测量了八个样品中的众多粒子的直径,表 8.2 列出了各个样品中纳米颗粒的平均直径 $\bar{R}$ 和偏差 ΔR,从表 8.2 中可以看出,每个样品的尺寸偏差都在 10%左右或更小。此外,从图 8.7 也可以看到,各样品中所含的纳米颗粒基本成球形。因此,图 8.7 说明每个样品都符合上述关于样品尺寸和形状的要求。此外,经研究,发现样品中杂质和缺陷的含量也是满足上述对样品的要求的。[14]

表 8.2 ZnO 纳米颗粒的平均直径和偏差[13]

样品编号	Z1	Z2	Z3	Z4	Q1	Q2	Q3	Q4
平均直径 R/nm	5.7	7.5	18.2	27.4	170	250	300	400
偏差 ΔR/nm	0.6	0.9	1.7	1.8	10	10	9	12

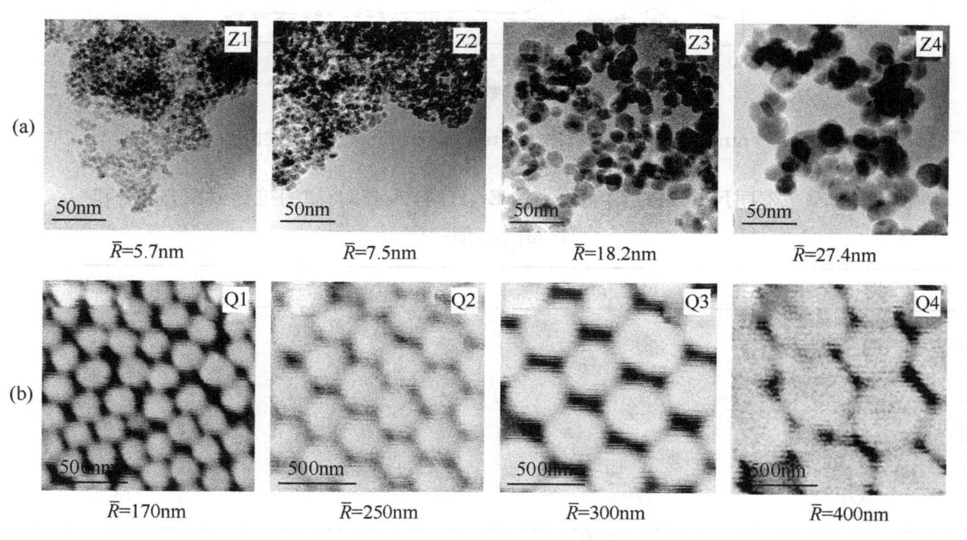

图 8.7 ZnO 纳米颗粒样品的透射(a)和扫描(b)电镜像

其中 $\bar{R}$ 表示米颗粒的平均直径[13]

1）一级拉曼谱

图 8.8 显示了用 325nm 激光激发的样品 Z2 的拉曼光谱，光谱是出射道共振谱，因此如插图所示，它的二阶谱也被观察到了。为了使频率的测量值更加准确，各个样品均采用光谱强度最大的拉曼峰进行比较，图 8.8 就是分别用 325nm 和 515nm 两个波长激发而得到的光谱强度最大的 E_2(H)和 A_1(LO)两个光学模拉曼峰随样品尺寸的变化图。谱图显示了它们的频率不随尺寸变化。为了进一步详细确定频率值，用洛伦兹线型拟合了实验光谱，所得频率值列于表 8.3，并画成如图 8.10 所示的频率与尺寸关系图。考虑了实验误差后，表 8.3 的结果表明，不同尺寸样品的频率差别完全可以忽略。因此，可以得到结论，在第 7 章中由共振尺寸选择效应得到的结果，即极性纳米半导体光学模频率不随样品尺寸变化的结论得到了验证。

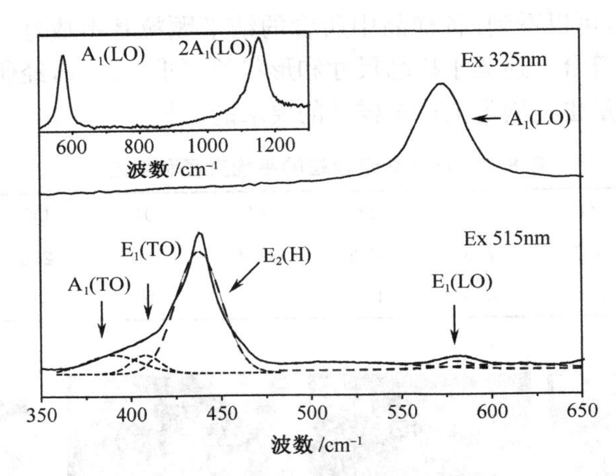

图 8.8　7.5nm ZnO 纳米粒子由 325nm 和 515nm 激光激发的拉曼光谱图[13]

表 8.3　不同尺寸 ZnO 纳米粒子的 E_2(H)和 A_1(LO)模的拉曼频率 $\omega_{E_2(H)}$ 和 $\omega_{A_1(LO)}$ 值[13]

样　品	尺寸/nm	$\omega_{E_2(H)}/cm^{-1}$	$\omega_{A_1(LO)}/cm^{-1}$
Z1	5.7±0.6	439	572
Z2	7.5±0.9	439	573
Z3	18.2±1.7	438	571
Z4	27.4±1.8	438	573
Q1	170±10	438	573
Q2	250±10	438	570
Q3	300±9	438	570
Q4	400±12	438	569

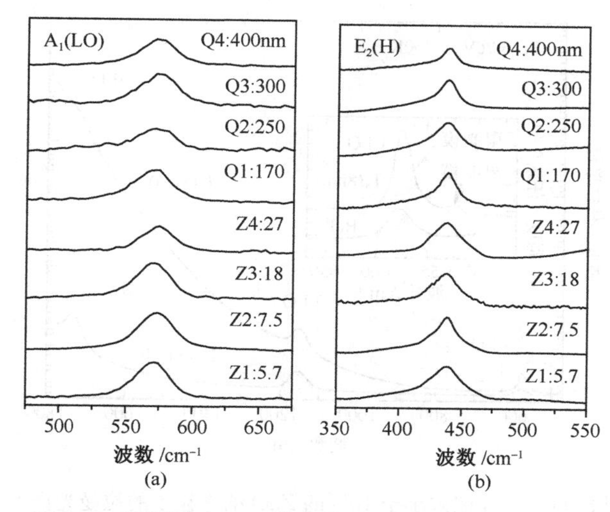

图 8.9 不同尺寸 ZnO 纳米粒子 A_1(LO)(a)和 E_2(H)(b)模的拉曼光谱图[13]

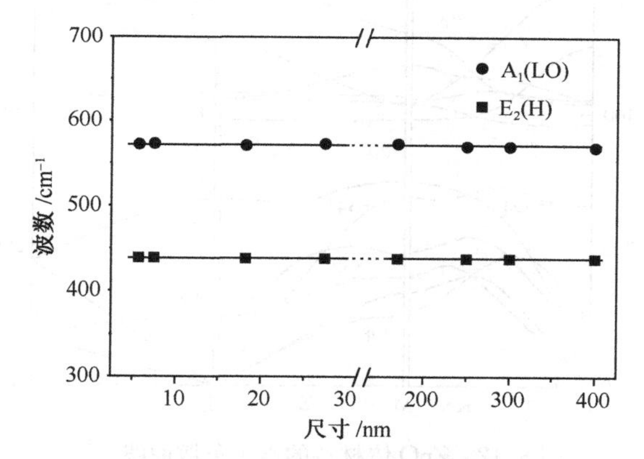

图 8.10 ZnO 纳米粒子的 E_2(H)和 A_1(LO)振动模频率与粒子尺寸的关系图[13]

实际上,在极性纳米半导体 InSb 的拉曼光谱中,早就出现拉曼峰位不随尺寸变化的现象,虽然作者没有注意到这一点。[15(a)]近来,有作者在尺寸偏差小于 10%的 ZnO 纳米粒子的拉曼光谱中,也观察到拉曼峰位置基本不随尺寸变化的实验结果[15(b)],图 8.11 就是他们的实验结果。对于这个实验结果,作者认为其根源是,虽然尺寸限制效应使 $\Gamma=0$ 的波长选择定则弛豫,但是,因为 ZnO 的声子色散曲线如图 8.12 所示,在布里渊区中心 $\Gamma=0$ 附近 LO 声子的色散曲线非常平坦,参与散射的 $\Gamma\neq0$ 的声子并不足以引起 ZnO 纳米粒子拉曼频率出现变化。

已有工作论证了纳米材料的声子色散曲线并不和体材料的色散曲线一样[16],

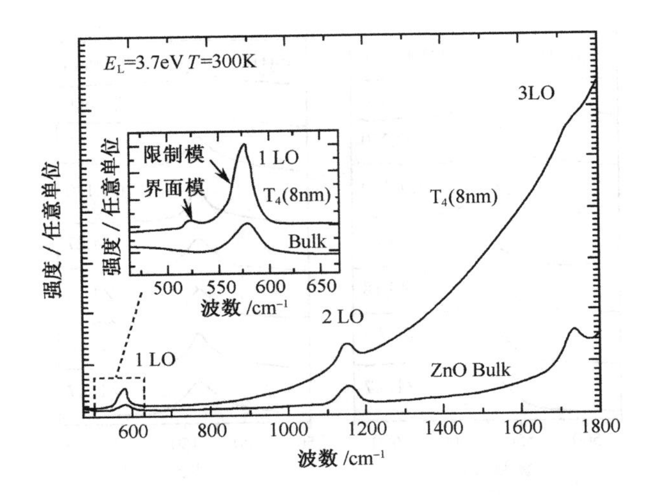

图 8.11　尺寸偏差小于 10%的 ZnO 纳米粒子的拉曼光谱[15]

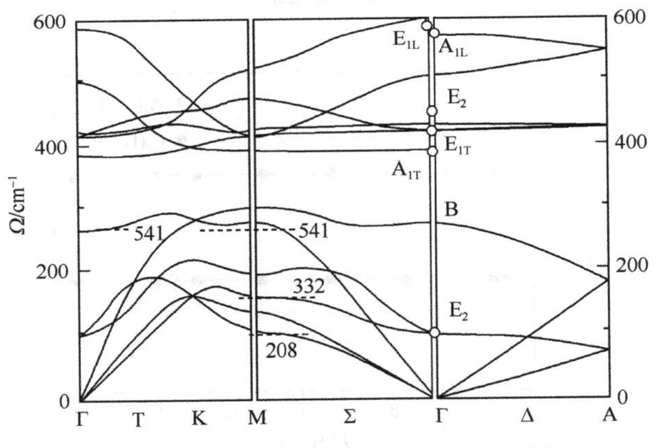

图 8.12　ZnO 体材料的声子色散曲线[16]

所以,论文[15]的作者用体色散曲线解释纳米体系的尺寸限制效应是值得商榷的。此外,我们注意到,多声子拉曼谱的声子并不总是来自布里渊区中心的声子,如果考虑体色散曲线依然可用,那么,多声子拉曼谱的频率不应该是布里渊区中心声子一级谱的整数倍。在 6.5.2 节介绍多孔米硅的多声子拉曼谱时,指出二级谱的频率也是“反常”的,即与根据体色散曲线的预期不合[18]。因此,观察 ZnO 纳米材料的高级拉曼谱峰的规律,或许将有助于澄清上述疑问。

2) 多声子拉曼谱[17]

图 8.13 是 ZnO 纳米粒子的多声子拉曼光谱图。在多声子拉曼光谱中所用样品和实验条件与测量单声子谱时的相同。各个样品的各级拉曼频率值列于表 8.4。

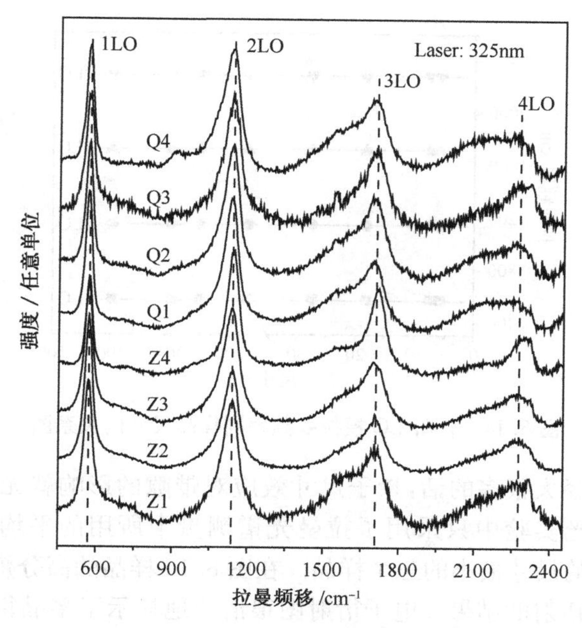

图 8.13　不同均一尺寸 ZnO 纳米颗粒的多阶拉曼光谱图[17]

表 8.4　对八个样品各阶 LO 模的拉曼频率的拟合结果[17]

样品号/尺寸/nm		Z1/5.7	Z2/7.5	Z3/18.2	Z4/27.4	Q1/170	Q2/250	Q3/300	Q4/400
拉曼频率 /cm^{-1}	LO	571.3	571.5	570.8	571.7	571.5	570.4	570.4	570.4
	2LO	1142.2	1142.9	1142.1	1144.0	1142.0	1140.3	1140.0	1139.9
	3LO	1714.1	1712.9	1710.6	1715.0	1709.0	1711.0	1711.5	1711.5
	4LO	2283.4	2284.4	2278.5	2284.1	2283.3	2281.4	2278.0	2279.0

根据表 8.4 中列出的数据，我们把各阶谱的拉曼频率同尺寸的关系显示在图 8.14中。由表 8.4 和图 8.14 可以看到，各级 LO 模的拉曼频率都不随样品尺寸改变而变化。

3）光致发光谱研究

尺寸不同 ZnO 纳米粒子的单声子和多声子拉曼谱结果（见表 8.4 和图 8.14）已充分表明了，ZnO 纳米颗粒的光学振动模不存在尺寸限制效应。对于这一出乎常规观念的“反常”现象，有可能是因为样品根本就不存在量子尺寸限制效应。为此，必须核查电子结构是否存在量子尺寸限制效应，常用的核查方法是测量样品的光致发光谱。

研究光致发光谱的量子尺寸效应，对所用的样品除了上一小节所提的三点要求外，还必须使样品尺寸足够小，接近 ZnO 约为 0.9nm 的玻尔半径，因为如果样

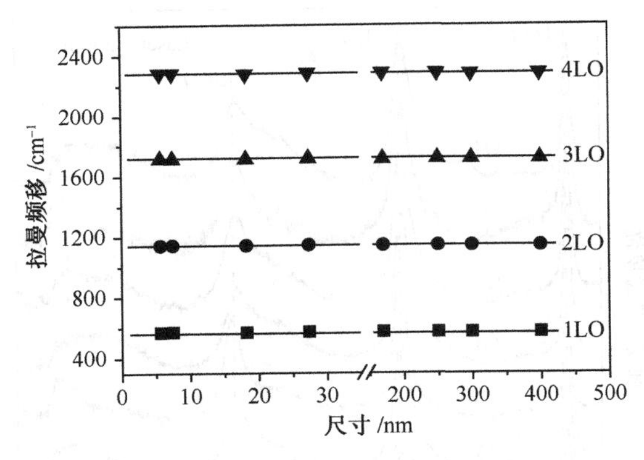

图 8.14　各阶 LO 模拉曼频率同样品尺寸的关系图

品尺寸比玻尔半径大很多的话，量子尺寸效应对带隙的影响就无法得到体现[19]；因此，在光致发光实验中只采用了拉曼光谱测量中所用的平均尺寸为 5.7nm、7.5nm、27.4nm 的尺寸最小的三个样品。在图 8.15 样品的高分辨率电镜图中，插入了样品的电子衍射的结果。电子衍射图很清楚地显示了多晶衍射环，由衍射图推出的晶面间距同纤锌矿结构的 ZnO 的晶面间距相符合，从而说明我们的样品由纤锌矿结构的 ZnO 纳米晶构成。此外，根据衍射图中几乎没有看到衍射环外的杂散点的现象，说明样品的晶格结构是比较纯净的，这在某种程度上证明样品符合样品纯净的要求[14]。

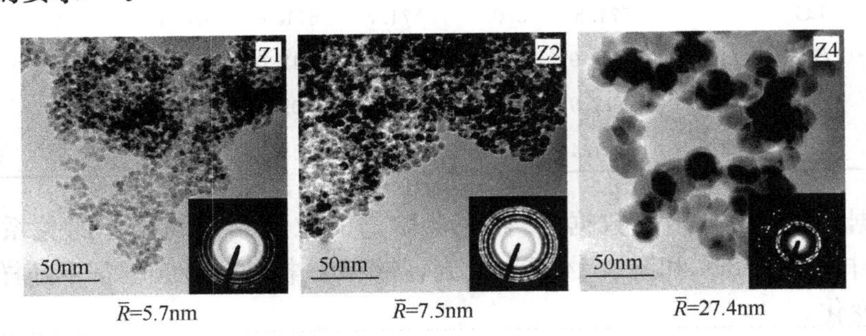

图 8.15　ZnO 纳米颗粒样品(Z1，Z2，Z4)的透射电镜结果[14]

半导体中光致发光谱可以来自自由激子或束缚激子[20]。自由激子代表了低激发密度下纯半导体中电子和空穴对的能量最低的本征激发态，通常用 FX 来表示，与尺寸效应直接相关。对于 ZnO，自由激子束缚能约为 60meV，大于室温所对应的热力学能量，所以在室温条件下，就可以用自由激子的光跃迁来检验量子尺寸限制效应。

光致发光谱的测量是在与上一小节中所介绍的常温拉曼实验相同的实验设备

上进行的。图 8.16 是所获得的 5.7nm 的 Z1 样品的变温光致发光谱图(a)和拉曼光谱(b)。由图可见,各个温度的光致发光谱的主要光谱结构分别是在 3.40eV 和 3.34eV 附近的分别用 A 和 B 表示的两个谱带。这两个谱带在所有的温度下都存在,并且随温度升高,都明显地向低能端移动。图 8.16(b)显示拉曼谱有 A_1(LO)和表面(SO)两个模,它们均不随温度变化。根据图 8.16 所显示的现象,可以判断 A 和 B 这两个谱带分别来自激子的辐射复合和自由激子的表面振动模(SO)的拉曼伴线。

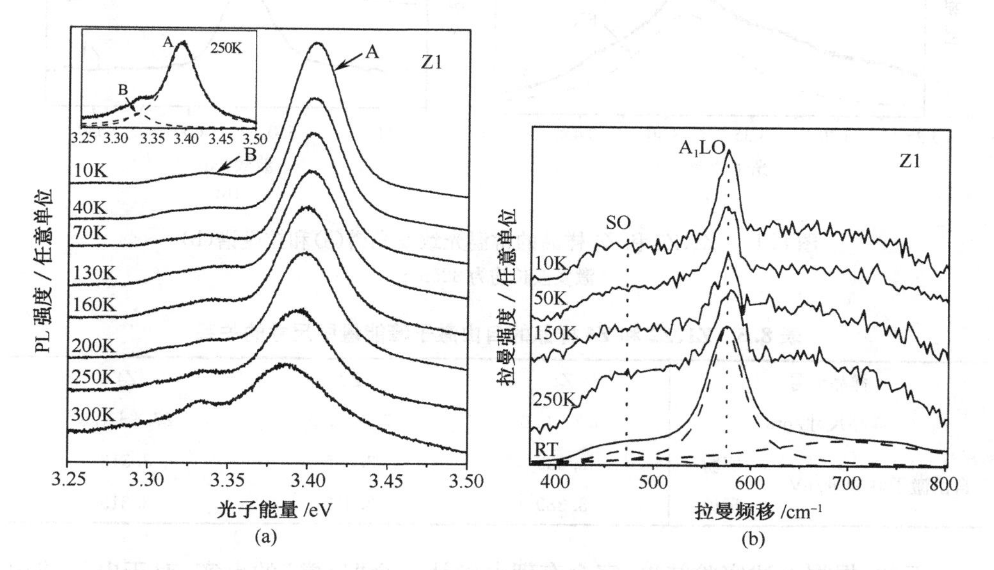

图 8.16　Z1(5.7nm)样品从低温至室温的光致发光谱(a)和拉曼光谱(b)[14]

根据限制效应的基本理论,对于平均直径为 $\bar{R}$ 的球状纳米颗粒,其束缚基态的激子能量 E_{ex} 同 $\bar{R}$ 的关系可近似的用如下公式描述[21]

$$E_{ex} = E_g - \frac{13.6\mu}{m_e \varepsilon_r^2} + \frac{2\pi^2 \hbar^2}{(m_e^* + m_h^*)\bar{R}^2} \tag{8.1}$$

其中,E_g 是体材料 ZnO 的带隙(3.37eV),等号右侧第二项是激子束缚能,对于 ZnO 来讲是 60meV,第三项是球状量子点中限制效应的贡献项。ε_r 是静态介电常数,取为 5.8,m_e^* 和 m_h^* 是电子和空穴的约化质量,分别取为 $0.32m_e$ 和 $0.34m_e$,m_e 是电子质量。

图 8.17 是 Z1,Z2 和 Z4 3 个 ZnO 纳米粒子的室温光致发光谱(a)和拉曼谱(b)。由图 8.17 和公式(8.1)得到的自由激子复合的实验和理论能量值示于表 8.5。从图 8.17 和表 8.5 可以得到结论:对于同一样品,虽然光学振动模似乎不存在尺寸限制效应,但是,电子结构却明显存在量子限制效应。

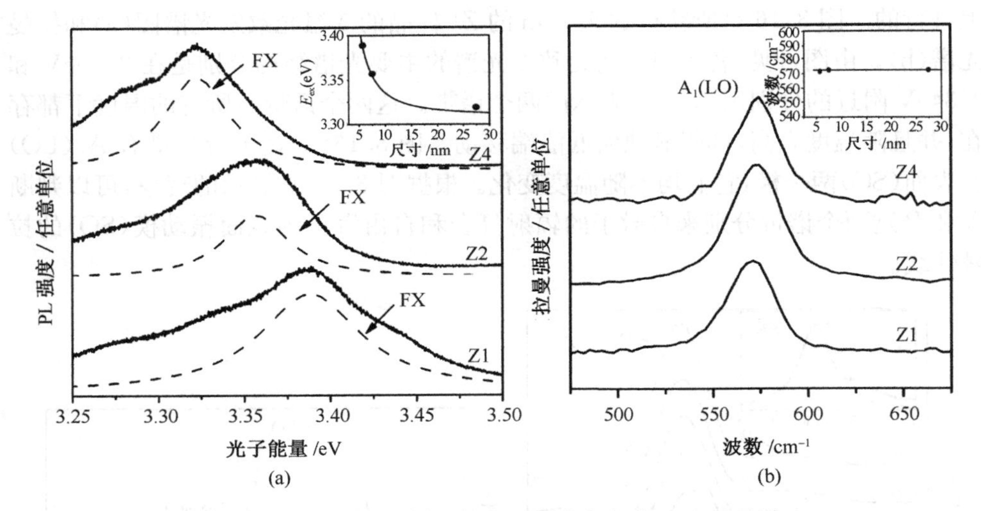

图 8.17 Z1、Z2 和 Z4 样品的常温光致发光谱(a)和拉曼谱(b)
激发波长均为 325nm

表 8.5 Z1、Z2 和 Z4 样品的自由激子峰能量同尺寸的关系

样品编号		Z1	Z2	Z4
样品尺寸/nm		5.7±0.6	7.5±0.9	27.4±1.8
自由激子峰能量/eV	实验	3.388	3.355	3.313
	理论	3.389	3.357	3.319

至此，根据上述实验结果，完全有理由确认一个“反常”的事实：对于电子结构存在量子限制效应的非极性 ZnO 纳米半导体，它的光学振动模并不存在尺寸限制效应。

4. *声子态密度*

在以上章节的内容中展示了一个十分有趣的现象，即在非极性和极性纳米半导体中，在拉曼频率与样品尺寸的关系上出现了截然相反的现象，即它们的拉曼频率分别与样品尺寸有关和无关。揭示此现象的本质，是有基础性物理意义的一件事。而进行拉曼光谱的理论计算可能是揭示该现象本质的一个有效途径。

5.2 节和 5.3 节介绍的理论计算已经表明，Si 等小尺寸晶体的拉曼光谱具有非晶谱的特性，而论文[22]已从理论和实验上证明 ZnO、SiC、GaN 和 CdSe 等极性纳米半导体的拉曼谱具有非晶拉曼谱的特征。式(4.133)给出了非晶拉曼谱的理论计算公式，由该公式可以改写成方便理论计算和实验结果相比较的形式

$$I(\omega)_{\mathrm{R}} = D_w(\omega) \tag{8.2a}$$

其中，$I(\omega)_R=\omega\times I(\omega)/[1+n(\omega)]$称为约化拉曼谱，可由实验拉曼谱获得，而$D_w(\omega)=\sum_b C_b D_b(\omega)$称为加权声子态密度。我们可以假定$C_b$对所有的带是常数，并注意到实验观察一般是在室温和500cm^{-1}附近进行的，因而有$D_w(\omega)\propto D(\omega)$和$I(\omega)_R\approx I(\omega)$，就是说我们有

$$I(\omega)\approx D(\omega) \tag{8.2b}$$

于是，我们可以通过理论计算声子获得的态密度$D(\omega)$，通过与观察到的拉曼谱$I(\omega)$进行直接比较，检验计算的正确和解释实验结果。

利用5.5节介绍的第一性原理和附录Ⅷ内容，计算的Si、金刚石、SiC和InSb纳米粒子的声子态密度，示于图8.18。从该图得到的SiC和InSb可见光波段的各声子的平均频率值$\bar{X}$，相对标准误差$\delta\bar{X}/\bar{X}$和最大频率偏差Δ列于表8.6。从表可见，偏差很小。图8.19的上行是根据图8.18中计算的Si、金刚石、SiC和InSb纳米粒子声子态密度等的平均频率随尺寸变化的图。图8.19的下行是对应纳米粒子观察出的拉曼频移随尺寸的变化图[22~26]。从图8.19可以清楚看到，计算的非极性和极性半导体光学声子拉曼频率与样品尺寸的关系分别表现出不同的规律，前者变化而后者不变化，并且和实验结果相当一致。

在计算过程中，对于非极性与极性纳米半导体样品之间的唯一差别是，前者没有电荷而后者有电荷，于是，在极性纳米半导体中存在长程库仑作用，而在非极性半导体中则不存在长程库仑作用。因此，计算结果表明长程库仑作用在纳米半导体的拉曼散射中起着关键作用，揭示了极性纳米半导体出现光学声子频率不随尺寸变化的“反常”现象，可能源于极性纳米半导体存在长程库仑作用和因此产生的所谓Flöhlich电子-声子相互作用。

表8.6　SiC和InSb可见光波段的平均频率值$\bar{X}$，相对标准误差$\delta\bar{X}/\bar{X}$和最大频率偏差Δ

模　式	样　品	$\bar{X}$	$\delta\bar{X}/\bar{X}$	Δ
LO-like	SiC	910	0.1	1.3
	InSb	182.2	0.1	0.5
TO-like	SiC	719.2	0.2	1.6
	InSb	150.3	0.1	0.4

8.1.2　尺寸对偏振选择定则的影响

在7.2节中已指出，在低维纳米体系中，只有超晶格和碳纳米管的偏振拉曼谱才有实际的测量意义。因此，在本小节中考察尺寸对偏振选择定则的影响时，只限于讨论超晶格偏振拉曼谱。

为使晶格常数失配较大的Ⅱ-Ⅵ族半导体能够形成应力小的多量子阱结构，

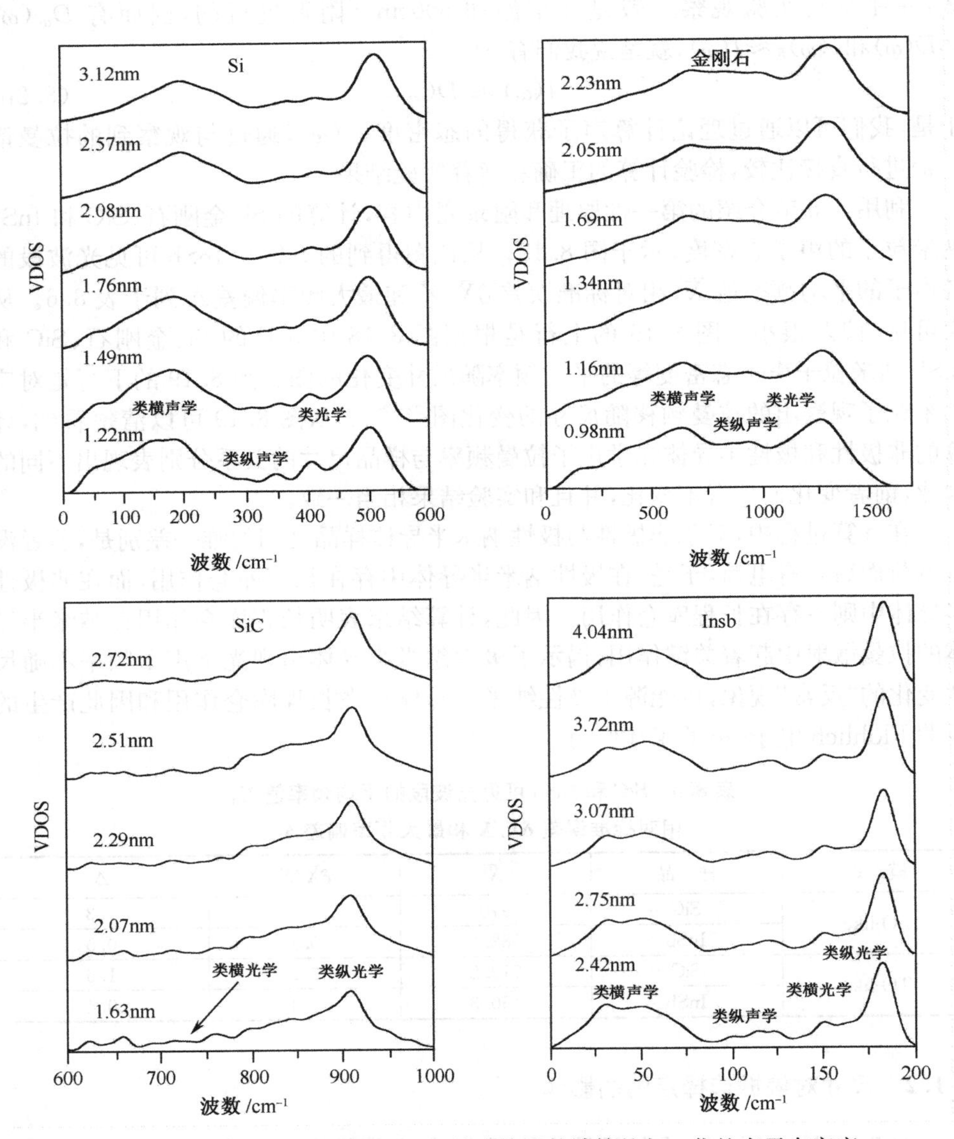

图 8.18　Si、金刚石、SiC 和 InSb 纳米粒子的计算的归一化的声子态密度

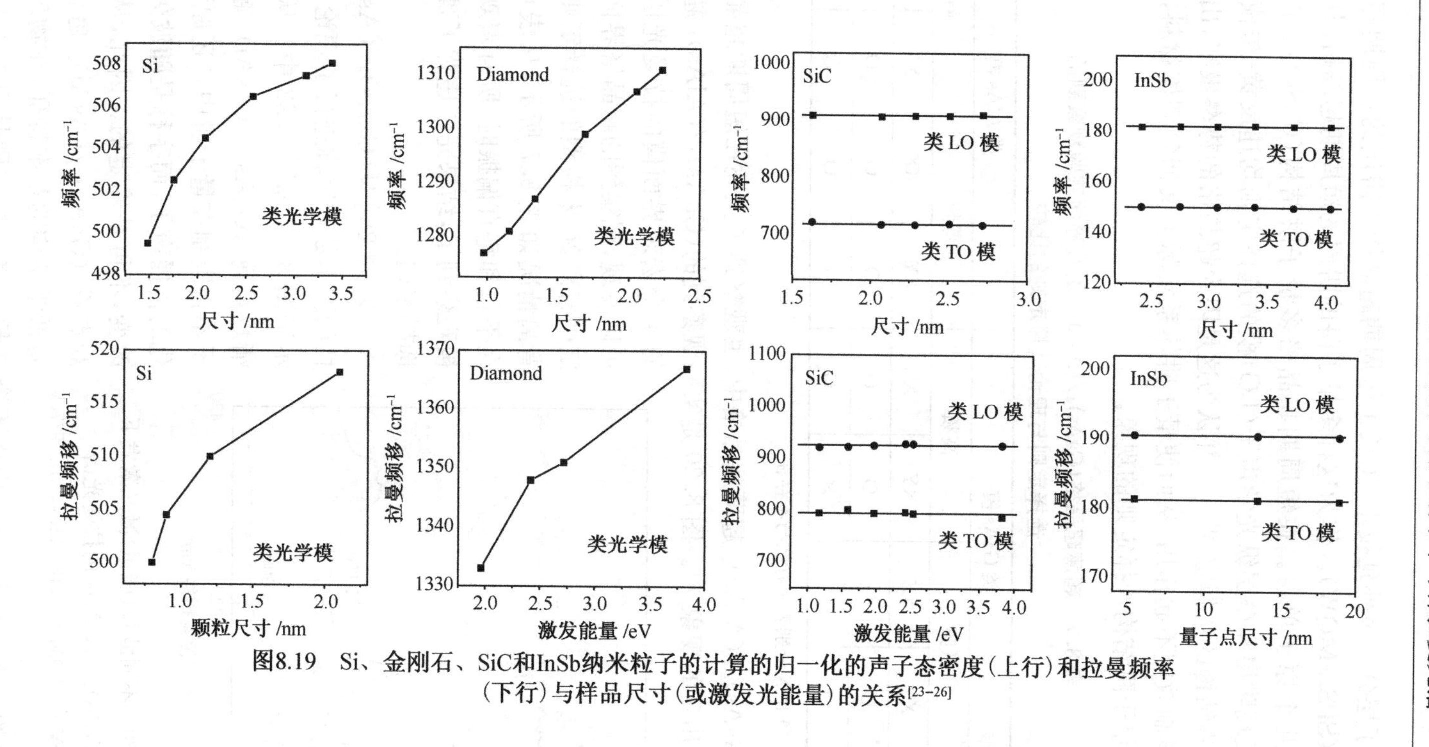

图8.19　Si、金刚石、SiC和InSb纳米粒子的计算的归一化的声子态密度(上行)和拉曼频率(下行)与样品尺寸(或激发光能量)的关系[23-26]

人们用原子层分子束外延技术，生长了短周期超晶格为阱层的短周期超晶格多量子阱结构(SPSL-MQW)。作为这种多量子阱的阱层的短周期超晶格，其阱层和垒层都只有几个原子单层。在短周期超晶格多量子阱结构$(CdSe)(ZnSe)_3/ZnSe$中，人们发现阱层和垒层纵光学声子(LO)模的选择定则均违反黄-朱模型论证的关于量子阱结构的选择定则[27]。并认为这是因为超晶格的势垒极窄，出现势垒贯穿现象，限制效应不起作用，从而使量子阱体系实际上又回复到体材料，从而出现了不遵守量子阱结构选择定则的现象。

表 8.7 超薄超晶格$(GaAs)_4/(AsAl)_2$宏观界面实验观察到的选择定则与理论选择定则的比较

	类 GaAs 模				类 AlAs 模			
	低频		高频		低频		高频	
	XY	XX	XY	XX	XY	XX	XY	XX
实验	O	O	O	O	O	O	O	O
黄-朱理论	O	×	×	O	×	O	O	×

注：表中 O 和 X 分别表示存在与不存在。

在$(GaAs)_4/(AlAs)_2$超薄超晶格中，也观察到了上述在短周期超晶格多量子阱结构中出现的现象[28]。图 8.20 是实验观察到的$(GaAs)_4/(AlAs)_2$超薄超晶格的 4 个宏观界面模的拉曼光谱。从图中可以发现，观察到的超晶格界面模的选择定则背离黄-朱模型的选择定则。其具体背离情况如表 8.7 所示，从表可以看到，在平行和垂直偏振时，所有宏观界面模都被观察到了，结果完全违背了理论预期的选择定则。

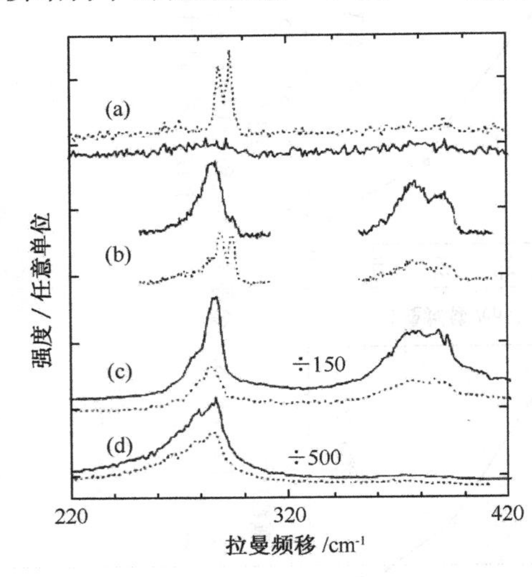

图 8.20 不同波长(能量)激光激发下$(GaAs)_4/(AsAl)_2$的拉曼光谱
(a)2.136eV，(b)2.036eV，(c)2.011eV，(d)1.937eV

论文[28]对$(GaAs)_4/(AsAl)_2$超晶格的波函数和宇称进行了理论计算，结果示于图 8.21 和图 8.22 中。从图中可以清楚看到，$(GaAs)_4/(AsAl)_2$超晶格的声子不再限制在量子阱中，“还原”为非局域化的传播声子，而宇称是随波矢的不同而改变，不再是确定的。因此，从低维物理观点看，$(GaAs)_4/(AsAl)_2$超晶格已不具备低维结构的基本特征，在物理上它与没有局域化的三维体材料一致，因而不遵守超晶格选择定则是自然的事。而提出黄-朱理论模型是有两个前提条件的，一是波函数 Φ 限制于量子阱内，即波函数是驻波，即是局域化的。二是宇称是确定的。上述计算结果表明，超薄超晶格 $(GaAs)_4/(AsAl)_2$ 正好不满足黄-朱理论模型的两个前提条件，因而，实验结果正是理论所预期的。该结果也给出了从反面证明了黄-朱模型正确的一个实例。

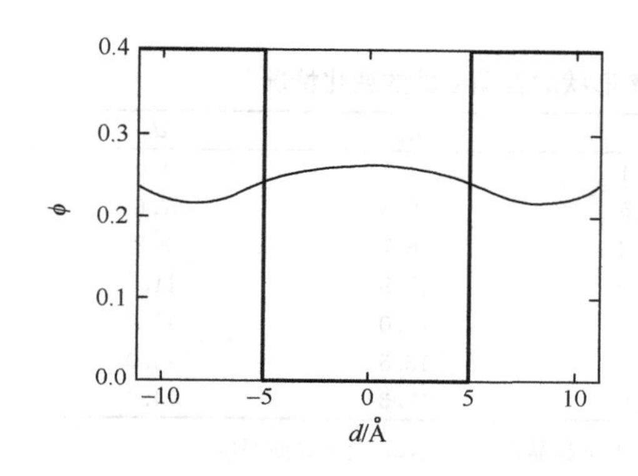

图 8.21　超晶格样品 $(GaAs)_4/(AsAl)_2$ 电子基态波函数计算值

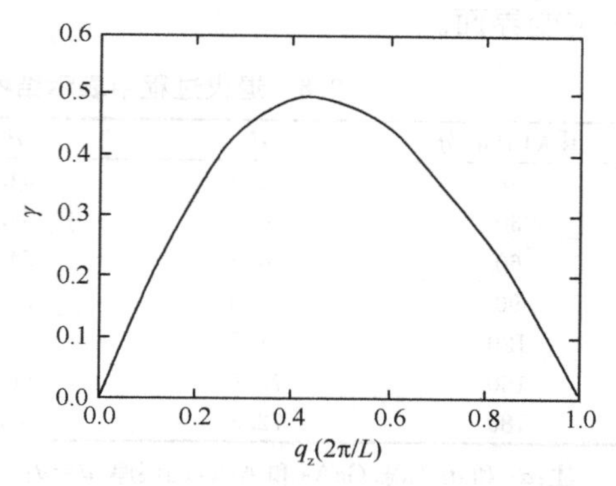

图 8.22　超晶格样品 $(GaAs)_4/(AsAl)_2$ 的计算的基态电子波函数奇宇称部分与偶宇称部分的比值 γ

8.2　样品形状对低维拉曼光谱的影响

关于样品形状问题的最简单的情形是样品的横向和纵向几何尺寸不对称。在 5.3.5 节中，以一维结构为例，对于纵向和横向物理参数(如介电常数)的差别对拉曼散射的影响进行了分析讨论。在本节中将以超晶格为例，从实验角度讨论纯几何形状改变对拉曼光谱的影响。超晶格是平板层状结构，以尖锐的界面和确定的层厚为其结构特征。相应地，它的理想势阱形状是方形势阱。

在讨论超晶格结构形状对拉曼光谱的影响时，对于 GaAs/AlAs 超晶格，由于 Al 原子只出现在 AlAs 层，因此，通过“退火”造成界面两边原子(离子)互相扩散，就可以实现超晶格对理想结构的偏离，而退火后结构的改变可以通过 Al 原子的分布来表现。图 8.23 就是通过 X 射线衍射实验和分析计算获得的以

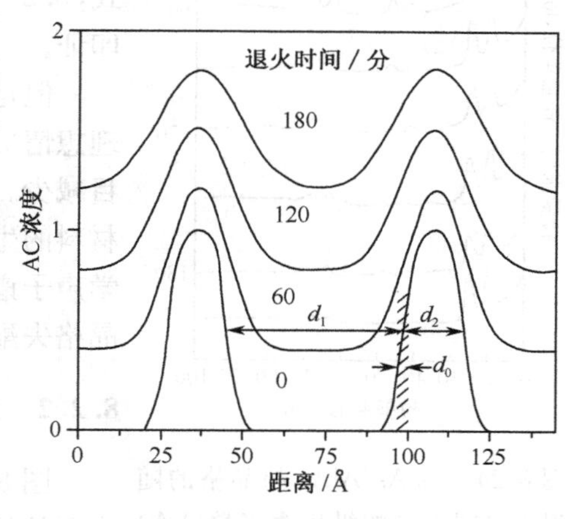

图 8.23　Al 浓度分布随退火时间的变化

Al 浓度分布随退火时间的变化，它形象地表示了结构形状的改变。图中 d_1 和 d_2 标志退火前原始的 GaAs 和 AlAs 的层厚，$d=d_1+d_2$ 是超晶格的周期，d_0 表示界面厚度，原始界面层的 $d_0=0$。表 8.8 列出了整个退火过程中结构参数的变化。图 8.23 和表 8.8 均表明一个有意义的事实，即半导体异质结界面实际上是合金层而非突变界面。

表 8.8　退火过程中表示结构形状的各项参数的变化情况

退火时间/分	d	d_1	d_2	d_0
0	72.0	54.4	17.7	4.0
30	70.9	54.5	16.3	7.6
60	70.9	54.2	16.7	9.2
90	72.0	53.0	18.9	11.0
120	71.8	54.8	17.0	11.7
150	73.5	55.0	18.5	14.0
180	72.3	55.0	17.3	14.9

注：d_1 和 d_2 标志 GaAs 和 AlAs 的层厚，$d=d_1+d_2$ 是超晶格的周期，d_0 表示界面厚度

8.2.1　对超晶格纵折叠声学(LA)声子的影响

随退火时间的改变，即超晶格量子阱结构形状的改变，折叠声学声子的拉曼谱的变化示于图 8.24。从图 8.24 可以清楚看到，随着退火时间 τ 的增加，即量子阱形状对理想方势阱形状的偏离，折叠声学声子的频率和分裂双峰的频率差不变。从式(5.25)看，它表明超晶格周期 $d=d_1+d_2$ 没有改变，这与图 8.23 所示结构图和参数值完全吻合；该结果也对式(5.25)和实验的可靠性给出了一个互相的印证。

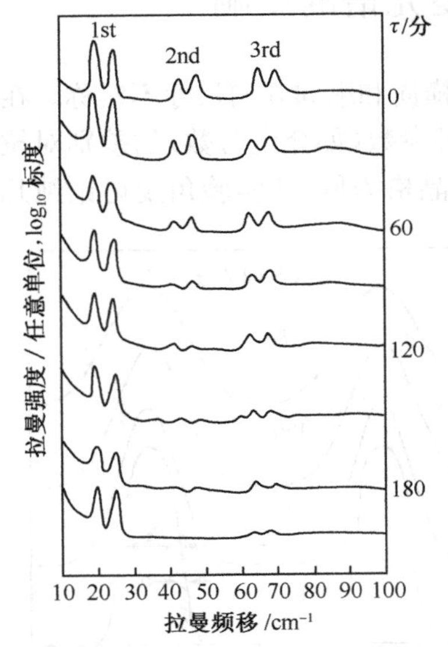

图 8.24　GaAs/AlAs 超晶格的随退火时间不同的纵折叠声学(LA)声子的拉曼光谱

但是，图 8.24 也显示随着量子阱形状偏离理想情形的程度加剧，峰的强度降低和拉曼峰数目减少。因此，可以用峰数和峰强来表现超晶格材料的生长质量。例如，文献[29]就利用折叠声学声子谱的测量，帮助证明了退火可以改进生长晶格失配超晶格的界面质量。

8.2.2　对超晶格限制光学声子的影响

图 8.25(a)反映了 GaAs/AlAs 超晶格光学声子的拉曼谱与退火时间的关系。从图可以清楚地看到限制光学模随退火时间的增加，即量子

阱偏离理想情形的程度加大而出现频率下移的情况。

从理论上可以预期，对于未退火的理想方势阱，色散关系与限制级 m 之间应是抛物线关系，如果势阱由于退火而成为抛物线形势阱，则限制级 m 与对应的色散关系之间应该是直线关系。图 8.25(b)画出了来自图 8.25(a)的实验值与限制级 m 的关系，结果表明退火 3 小时后，量子阱已完全成为抛物线形的势阱了。

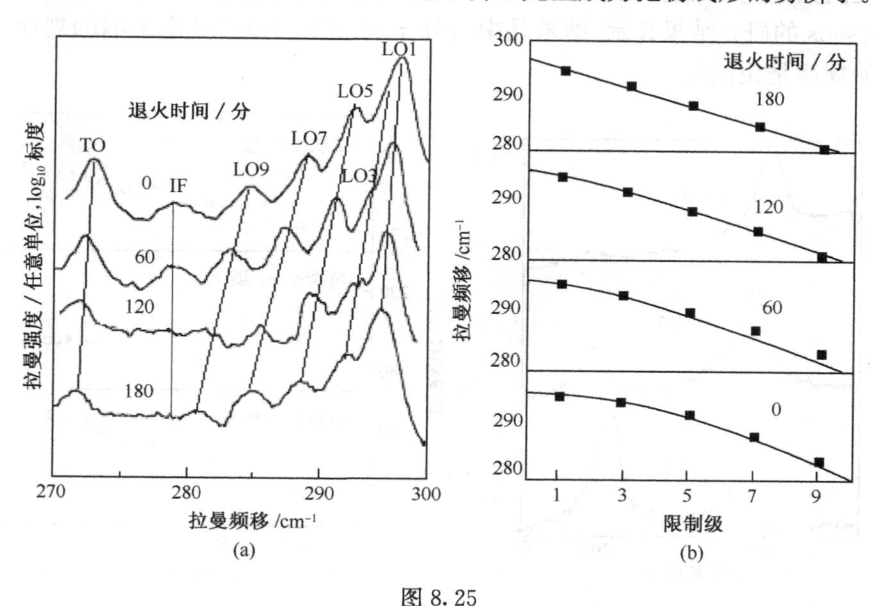

图 8.25

(a)光学声子拉曼谱与退火时间的关系；(b)实验值与限制级 m 的关系

从图 8.25(a)还可以看到，宏观界面(IF)模对于界面质量的关联，在退火时间大于 2 小时后，因为量子阱界面的"模糊"，使得不能看到界面模的谱线外，在小于 2 小时退火的样品中，发现 IF 谱线峰位基本不变，表明界面模只与周期 d 相关这一事实。

8.3　样品成分和结构对低维拉曼光谱的影响

在三维大尺寸体系中，人们对样品的成分(包括杂质)和结构(包括缺陷)对拉曼光谱的影响已进行了广泛的研究并且有了相当的了解。成分和结构对低维小尺寸体系拉曼光谱的影响，则是本节将要讨论的内容。

8.3.1　组分的影响

由合金构成的低维纳米材料，合金中各元素的组分对拉曼光谱的影响是研究的重点。Tu 和 Persans 研究了由Ⅱ-Ⅵ族半导体纳米晶中合金组分改变对拉曼光谱的影响[30]。图 8.26 是埋在玻璃内的尺寸为 10nm 的 3 个不同组分 x 的 CdS_xSe_{1-x}的拉曼光谱，其中 200cm^{-1}和 300cm^{-1}的两个峰分别指认为类 CdSe 和类 CdS 振动模的拉曼峰。从图 8.26 中可以清楚地看到两个模的频率随组分 x 有明显移动。图 8.27(a)、(b)和(c)分别列出了类 CdS 和类 CdSe 模的拉曼频率和两个模之间频率差随组分 x 的变化。图中的“o”代表相应组分的体材料的数据。Tu 和 Persans 的研究结果显示，纳米晶中组分 x 的改变对拉曼频率影响的规律与体材料的规律是相似的。

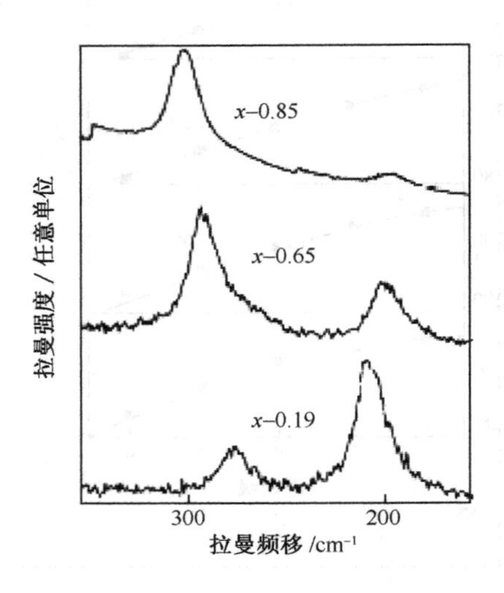

图 8.26 不同组分 x 的 CdS_xSe_{1-x}纳米晶的拉曼光谱[30]

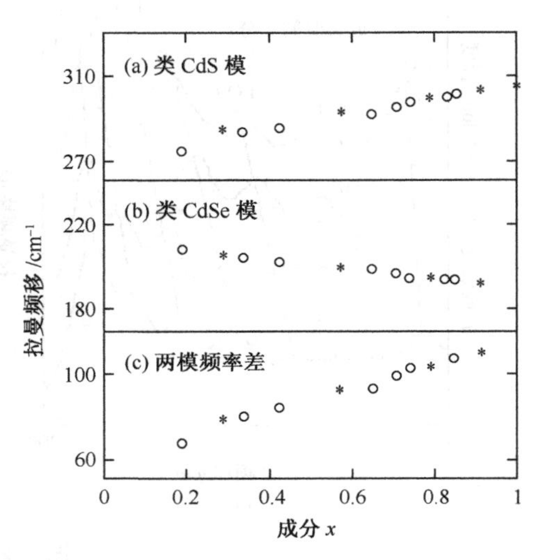

图 8.27 CdS_xSe_{1-x}纳米晶拉曼频率和两个模之间频率差(c)随组分 x 的变化[30]

8.3.2 杂质的影响

许多用目前工艺方法制备的纳米材料，所含的杂质和结构缺陷往往是比较严重和随工艺方法的不同而彼此不同的。例如，用催化法制备的碳纳米管比用电弧法合成的碳纳米管的杂质要多[31]。在本节中就以碳纳米管为例来讨论杂质对拉曼光谱的影响。

一般说来，拉曼峰的线宽和形状直接反映了样品的质量。对于三维大尺度样品，宽而不对称的拉曼峰通常表明样品存在杂质缺陷等无序因素。因此，杂质和缺陷会在拉曼光谱中有明显的反映。同时也知道，具有无序结构的碳物质的拉曼谱中在 1360cm^{-1}附近会出现一个拉曼峰，这个峰被认为是由材料结构的无序引起的，通常被称为 D 峰。无序使 $\Gamma\neq0$ 的声子散射过程成为可能，D 峰被认为是位于布里渊区边界的 M 点和 K 点的声子散射的结果[32,33]。在 6.3.3 节中已指出，在石墨和碳纳米管结构中，位于 $1550cm^{-1}$ 的 G 模是有序的晶体特征峰。因此，可以通过比较 D 模对 G 模的相对强度大小来判断样品的有序程度。

下面将通过对比催化法制备的碳纳米管(C-CNT)、直流电弧法制备的碳纳米管(D-CNT)、无序石墨活性炭(A-C)和晶体石墨高取向热解石墨(HOPG)的拉曼光谱，对碳纳米管的无序性在拉曼光谱中的表现进行简要的介绍。实测的一级谱拉曼光谱结果如图 8.28 所示。表 8.8 列出了图 8.28 中所示光谱的频率、线宽和强度的数值[30]。

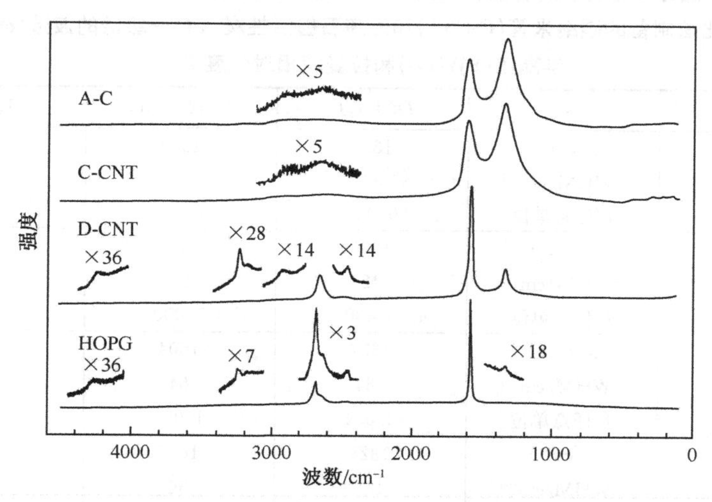

图 8.28　用催化法合成制备的碳纳米管(C-CNT)、直流电弧法制备的碳纳米管(D-CNT)、无序石墨活性炭(A-C)和晶体石墨(HOPG)的拉曼光谱图[30]

从图 8.28 可以看到，C-CNT 样品和 A-C 的拉曼谱非常相似，线宽和 I_D/I_G 值在同一个级别上。这表明，C-CNT 样品的结构比较无序。表 8.9 中，C-CNT 和 A-C 的 G 模频率在 $1604cm^{-1}$ 左右，这个值比单晶石墨的 G 模的值($1582cm^{-1}$)大很多，注意到 G 模的线宽很大，而 E'_{2g} 模则没有观察到，论文[35]作者认为图 8.28 中 C-CNT 和 A-C 被指认为 G 模的那个宽峰，实际上是由于样品结构的无序程度而展宽了的 G 模和 E'_{2g} 两个模的叠加结果，因此，只观察到一个频率居中(比 1582 大，比 1619 小)的宽峰。这也解释了为什么 C-CNT 比 D-CNT 具有更无序的结构，没有看到 E_{2g} 模的原因。

比较 D-CNT 和 C-CNT 的拉曼谱，可以发现许多不同点，首先，D-CNT 中能观察到的拉曼模多于 C-CNT，C-CNT 样品中出现的拉曼模在 D-CNT 中都能观察到，而 D-CNT 中出现的许多拉曼模，在 C-CNT 中却未能观察到。其次，很明显地，C-CNT 样品的拉曼峰线宽和 I_D/I_G 值都远大于 D-CNT 样品，表明 C-CNT 样品无序程度要远大于 D-CNT 样品。

比较 D-CNT 和 HOPG 的拉曼谱可以发现，二者比较接近。D-CNT 的 D 模和 G 模线宽只比 HOPG 稍大。但也可以看到两者之间存在明显的不同。D-CNT 样品的 D 模强度远大于 HOPG，I_D/I_G 值是 HOPG 的 8 倍，说明 D-CNT 与 HOPG 相比，还是属于相当无序的结构，这或许也是碳纳米管类缺陷本质的反映。

全面比较 4 个样品的拉曼谱，还可以得出结论，像在体材料中那样，I_D/I_G 也可以作为判定碳纳米管无序性的根据。

表 8.9 晶体石墨(高取向热解石墨，HOPG)、直流电弧法制备的碳纳米管(D-CNT)、催化法制备的碳纳米管(C-CNT)和无序石墨活性炭 A-C 一级谱的波数(ω)，半高宽(FWHM)和拉曼峰相对强度 I[34]

样品	参数	$D(\perp),D$	$E_{2g}^{(2)}(\perp),G$	$E_{2g}(\perp)$
HOPG	ω/cm^{-1}	1332	1583	
	FWHM/cm^{-1}	34	14	
	I/任意单位	0.051	1.000	
D-CNT	ω/cm^{-1}	1336	1584	1619
	FWHM/cm^{-1}	42	22	22
	I/任意单位	0.430	1.000	0.070
C-CNT	ω/cm^{-1}	1337	1604	
	FWHM/cm^{-1}	164	64	
	I/任意单位	3.564	1.000	
A-C	ω/cm^{-1}	1328	1605	
	FWHM/cm^{-1}	138	56	
	I/任意单位	3.324	1.000	

8.3.3 结构和缺陷的影响

材料的结构(包括缺陷)一般是在制备过程中形成的，但是也可以在材料制备工作完成以后，通过改变外界环境来改变材料结构和减少结构缺陷。改变外界环境的方法很多，我们在 8.1 节介绍过的退火工艺就是一种减少结构缺陷的方法，而对样品施以高压也是一种常用的可以改变晶体结构的方法，本小节将通过一些实例，介绍高压改变晶体结构对低维拉曼光谱的影响。

改变材料所处环境的压强，在低压时往往会使其结构参数，如晶格常数、键角等发生变化，在高压时，则会使材料从一种晶体的结构(相)转变为另一种晶体的结构(相)，即发生相变。与此相应的拉曼光谱特征也会发生变化。

1. CdSe 纳米晶

图 8.29 是 CdSe 纳米晶加压前(a)和加压后(b)的高分辨电镜图，图中实线和虚线分别表示闪锌矿和纤锌矿晶体的结构像。图 8.29 表明对于 CdSe 纳米晶，高

压会导致发生从闪锌矿到纤锌矿结构的相变[35]。图 8.30 反映了发生相变时的压强与量子点半径的关系，从图可以得出结论：对于 CdSe 量子点，发生相变时的压强值与量子点半径有关[36]。

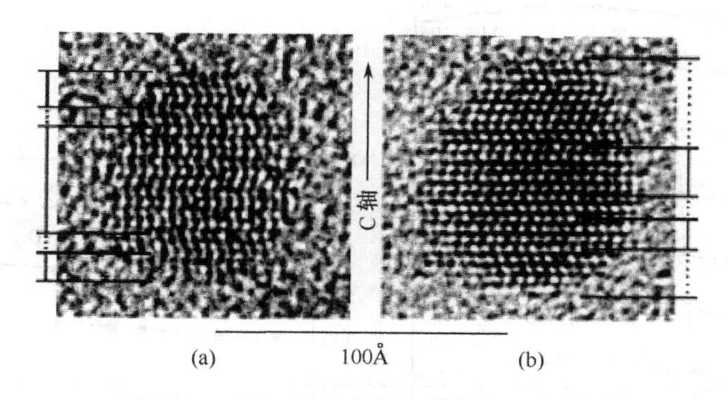

图 8.29　CdSe 量子点的高分辨率电镜图[35]

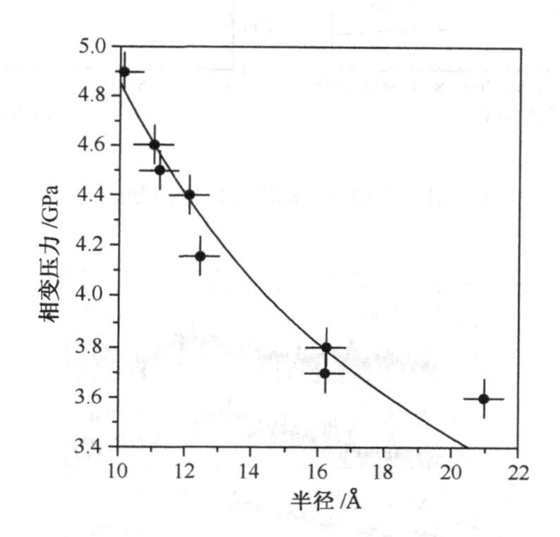

图 8.30　相变压力与量子点半径的关系[36]

2. TiO_2 纳米晶

图 8.31 是 TiO_2 纳米晶的高压拉曼谱[38]。当压强高于 25GPa 时，样品结构由晶体相变成了非晶相，对应于晶体相的拉曼光谱结构完全消失了。

3. InP/CdS 核/壳结构纳米粒子

类似于由两层不同材料的层状结构构成的超晶格，纳米粒子可以由两种不同材料的核壳结构形成。InP/CdS 纳米粒子就是由 InP 为核，CdS 为壳构成的。图 8.32 是 InP/CdS 壳层纳米粒子的压强拉曼光谱，图中清楚地表明了拉曼峰随压强的变化情况，但是没有看到光谱结构变化，表明在压强高于 6.4GPa 之前没有发生相变[39]。

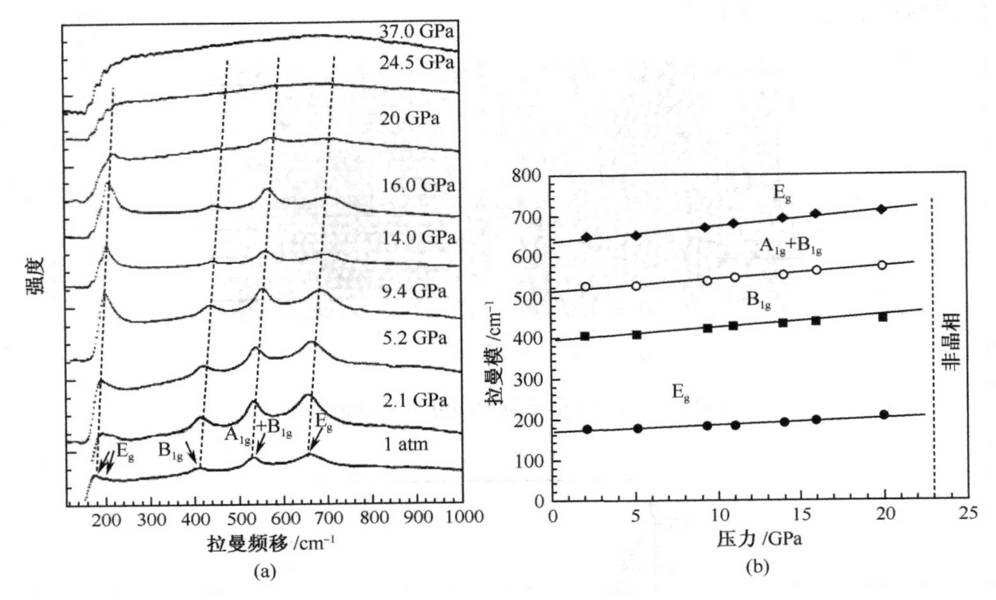

图 8.31　TiO_2 纳米晶的高压拉曼谱[38]

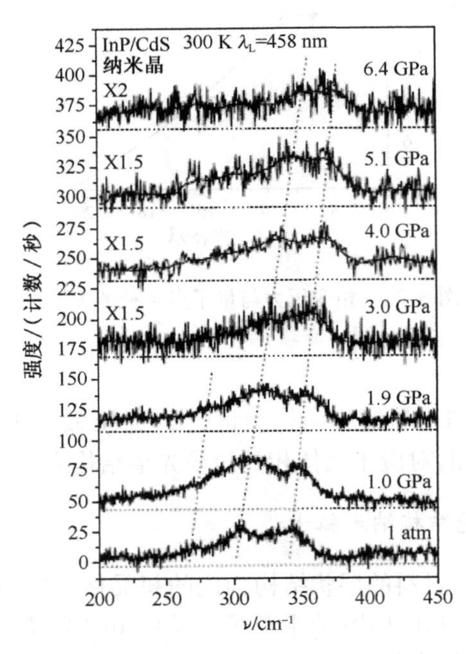

图 8.32　InP/CdS壳层纳米粒子的压强拉曼光谱[36]

4. 单壁碳纳米管[38]

图 8.33 是单壁碳纳米管的高压拉曼谱(a)和模频率随压强的变化图(b)。由于在压强高于 6GPa 之前单壁碳纳米管并没有发生相变,所以振动模的光谱依然保持不变,只是频率有所移动。

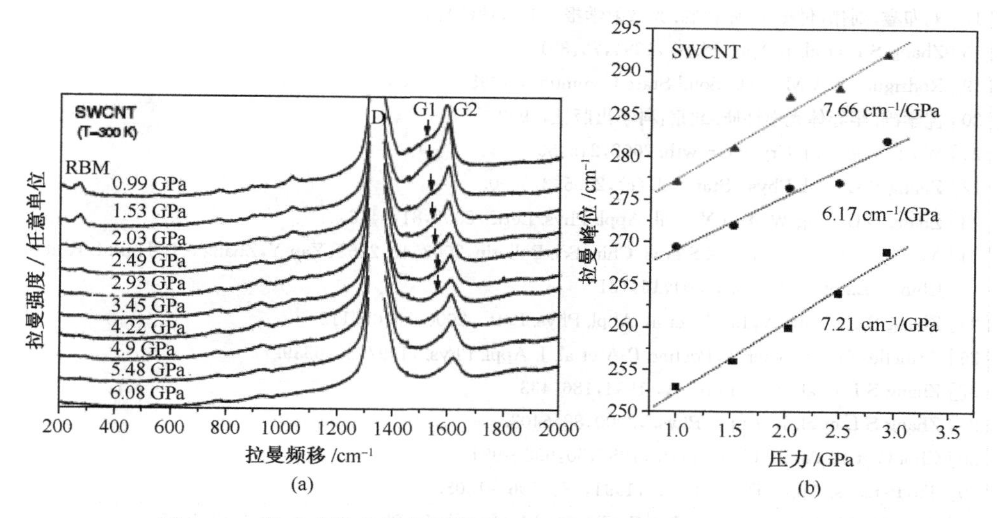

图 8.33　单壁碳纳米管的拉曼谱(a)和模频率随压强变化图(b)[38]

以上所介绍的内容表明,对低维纳米材料加高压,发生相变的压强值与纳米粒子的尺寸是相关的,但是也发现在一些样品一定的压强范围内,因材料结构(包括缺陷)改变拉曼光谱特征发生改变,与样品尺寸存在明显相关的现象。

参 考 文 献

[1] Colvard C et al. Phys. Rev. B,1985,31:2080～2091.

[2] Merlin R. Appl. Phys. Lett. ,1980,36:43.

[3] Rao A M et al. Science,1997,275:187;Zhang S L et al. Appl. Phys. Lett. ,2002,81:4446;阎研等. 光散射学报,2004,16:131～135.

[4] Ehbrecht M et al. Phys. Rev. B,1997,56:6958.

[5] Xia H et al. J. Appl. Phys. ,1995,78:6705.

[6] Bottani C E et al. Appl. Phys. Lett. ,1996,69:2409.

[7] Sun Z. Diamond and Related Materials[9_2000. 1979],1983.

[8] Duesberg G S et al. PRL85,1985,(20):5436.

[9] Faraci G et al. Phys. Rev. B 73,033307,2006.

[10] Richter H,Wang Z P,Ley L. Solid State Commun. ,1981,39:625～1981.

[11] Pennisi A R et al. Progress in condensed matter physics. Conference Proc. 84:183;Eur. Phys. J. B,2005,46:457.

[12] Sirenko A A et al. Solid State Commun. ,2000,113:553.
[13] Zhang S L et al. Appl. Phys. Lett. ,2006,89:243108.
[14] Fu Z D et al. Appl. Phys. Lett. ,2007,90:263113.
[15] (a) Armelles G, Utzmeier T, Postigo P A et al. J. Appl. Phys. , 1997, 81: 6339; (b) Demangeot F et al. Appl. Phys. Lett. ,2006,88:071921.
[16] Hu X Zi J et al. J. Phys. Condens. Matter,2001,13:L835～L840.
[17] 刘卯鑫,刘伟,付振东,张树霖. 光散射学报,2007,19(3):450
[18] Zhang S L et al. J. Appl. Phys. ,1994,76:3016.
[19] Rodrigues P A M et al. Solid State Commun. , 1995, 94:583.
[20] 沈学础. 半导体光学性质. 北京:科学出版社,1992.
[21] Wu H Z et al. J. Cryst. Growth. 2002,245:50.
[22] Zhang S L et al. Phys. Stat. Sol. (c),2005,2,3090.
[23] Zhang S L,Ding W,Yan Y et al. Appl. Phys. Lett. ,2002,81:4446.
[24] Yan Y,Zhang S L,Zhao X S et al. Chin. Sci. Bulletin,2003,48:2562;Yan Y,Zhang S L,Hark S K et al. Chin. J. Light Scattering,2004,16:131.
[25] Zhang S L,Zhang Y,Liu W et al. Appl. Phys. Lett. ,2006,89:063112
[26] Armelles G,Utzmeier T,Postigo P A et al. J. Appl. Phys. ,1997,81:6339.
[27] Zhang S L et al. Phys. Lett. A, 1994,186:433.
[28] Zhang S L et al. J. Appl. Phys. ,2000,88:6403.
[29] Choi C et al. Appl. Phys. Lett. ,1987,50:992～994.
[30] Tu,Persans. Appl. Phys. Lett. ,1991,58:1506～1508.
[31] Saito Y, Yoshikawa T, Bandow S, Tomita M,Hayashi T. Phys. Rev. B 1993,48:1907.
[32] Knight D S,White W B. J. Mater. Res. ,1989,4:85.
[33] Tuinstra F,Koenig J L. J. Chem. Phys. ,1970,53:1126.
[34] Tan P H et al. J. Raman Spectro,1997,28:369～372.
[35] Jacobs K,Zaziski D,Scher E,Herhold A,Alivisatos A P. Science,2001,293:1803.
[36] Weinstein B A. Phys. Stat. Sol. (b) ,2007,244:368～379.
[37] In-Hwan Choi et al. Phys. Stat. Sol. (b) ,2007,244:121～126.
[38] Wang Z W,Saxena S K. Solid State Commun. ,2001,118:75～78.

附　　录

附录Ⅰ　激光器和激光线

Ⅰ.1　电磁波波长[1]

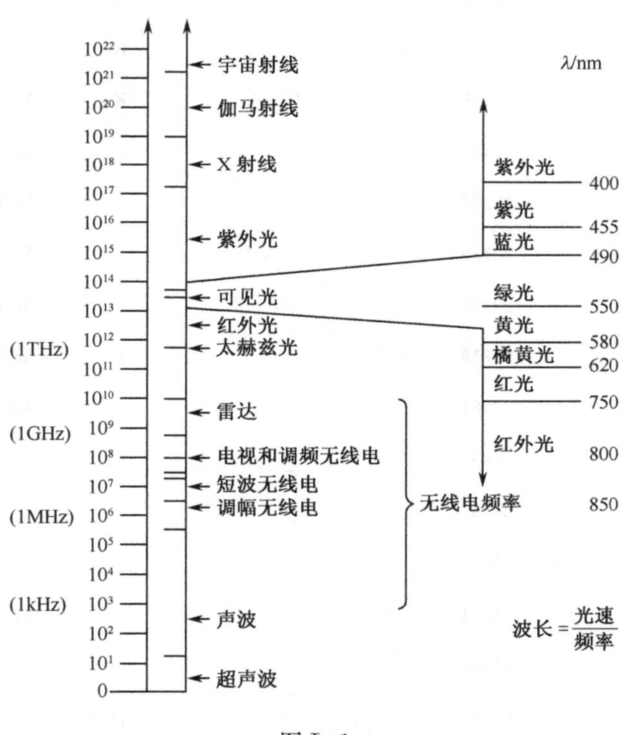

图Ⅰ.1

Ⅰ.2　拉曼光谱实验常用激光器的输出激光波长(波数)

Ⅰ.2.1　气体激光器

表Ⅰ.1

波长$_{真空}$/Å	频率$_{真空}$/cm^{-1}	增益介质
7993.2	12507	Kr
7931.4	12605	Kr

续表

波长$_{\text{真空}}$/Å	频率$_{\text{真空}}$/cm^{-1}	增益介质		
7525.5	13285	Kr		
6764.4	14779	Kr	Ar/Kr	
6470.9	15450	Kr	Ar/Kr	
6328.2	15798	He/Ne		
5681.9	17595	Kr	Ar/Kr	
5308.7	18832	Kr	Ar/Kr	
5208.3	19195	Kr	Ar/Kr	
5145.3	19430		Ar/Kr	Ar
5017.2	19926		Ar/Kr	Ar
4965.1	20135		Ar/Kr	Ar
4879.9	20487		Ar/Kr	Ar
4825.2	20719	Kr	Ar/Kr	
4764.9	20981		Ar/Kr	Ar
4762.4	20992	Kr		
4726.9	21150			Ar
4657.9	21463			Ar
4579.4	21831		Ar/Kr	Ar
4545.1	21996			Ar
4420.0	22645	He-Cd		
3637.9	27481			Ar
3511.1	28473			Ar
3564.2	28049	Kr		
3507.4	28503	Kr		
3250.0	30769	He-Cd		

Ⅰ.2.2 固体/半导体激光器

表Ⅰ.2

波长$_{真空}$/nm	增益介质	波长$_{真空}$/nm	增益介质
1064	Nd:YAG	445	半导体
785	半导体	440	半导体
685	半导体	405	半导体
658	半导体	375	半导体
635	半导体	355	Nd:YAG
532	Nd:YAG	226	Nd:YAG
473	半导体		

Ⅰ.2.3 可调谐激光器

表Ⅰ.3

	增益介质	波长范围/nm	频率范围/cm^{-1}
染料	尼罗河蓝高氯酸盐	710～800	14100～12500
	甲苯基紫罗兰高氯酸盐	670～710	14900～14100
	若丹明 B	590～690	16900～14500
	若丹明 6G	560～660	17900～15200
	若丹明 110	530～620	18900～16100
	荧光素钠	530～580	18900～17200
	香豆素 6	520～560	19200～17900
	香豆素 102	460～520	21700～19200
	香豆素 2	430～480	23300～20800
固体	钛:蓝宝石	700～1064	14300～9400

Ⅰ.3 激光器的不同类别及其增益介质、输出波长和功率[1]

Ⅰ.3.1 气体激光器

表Ⅰ.4

气体激光器类别		重要输出波长	输出功率	激励方式
原子气体激光器	He-Ne	0.6328；1.15；3.39	0.1～100mW	连续放电
	He-Xe	3.508	几个毫瓦	连续放电
			5.2W	脉冲放电
	He-Cu	0.5106	0.5W	脉冲放电

续表

气体激光器类别		重要输出波长	输出功率	激励方式
分子气体激光器	CO_2	10.6；9.4	几瓦～100kW	连续放电
	CO	5～6	<30W	连续放电
	F_2	0.157	－100mJ/脉冲	脉冲放电
	N_2	0.3371	<10mJ/脉冲	脉冲放电
离子气体激光器	Ar^+	0.4765；0.4880；0.5145	<30W	连续放电
	Kr^+	0.4762；0.5208；0.5682；0.6471		连续放电
	$He\text{-}Cd^+$	0.4416；0.3250		连续放电
	$Ne\text{-}Cu^+$	0.260；0.7808	<1W	连续放电
	$Ne\text{-}Ag^+$	0.3181；0.8404	<1W	连续放电
准分子激光器	XeCl	0.308	1～100W	脉冲放电
	KrF	0.248	1～100W	脉冲放电
	ArF	0.193	－100mJ/脉冲	脉冲放电

Ⅰ.3.2 半导体激光器波长

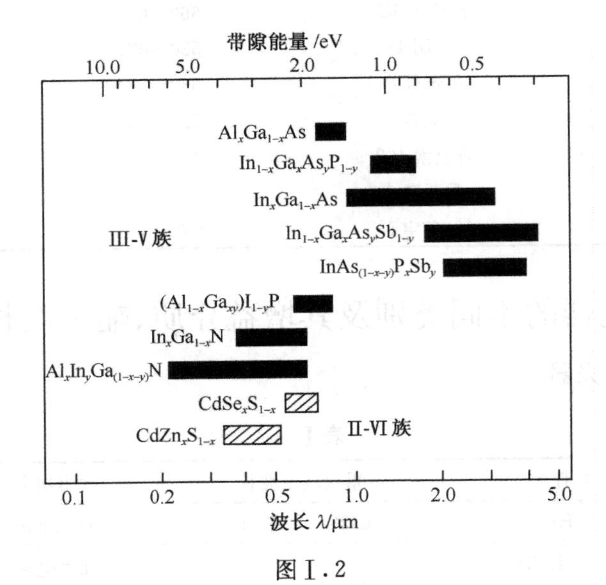

图Ⅰ.2

Ⅰ.3.3 染料激光器波长

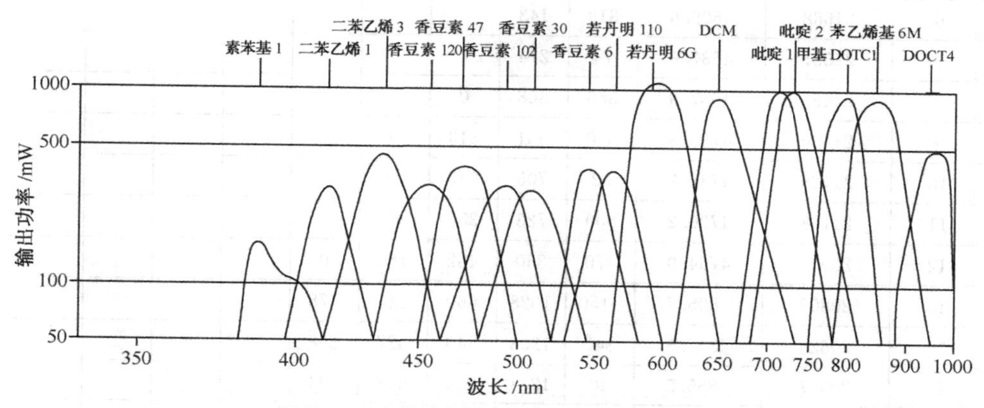

图Ⅰ.3 连续染料激光器的可调输出波长

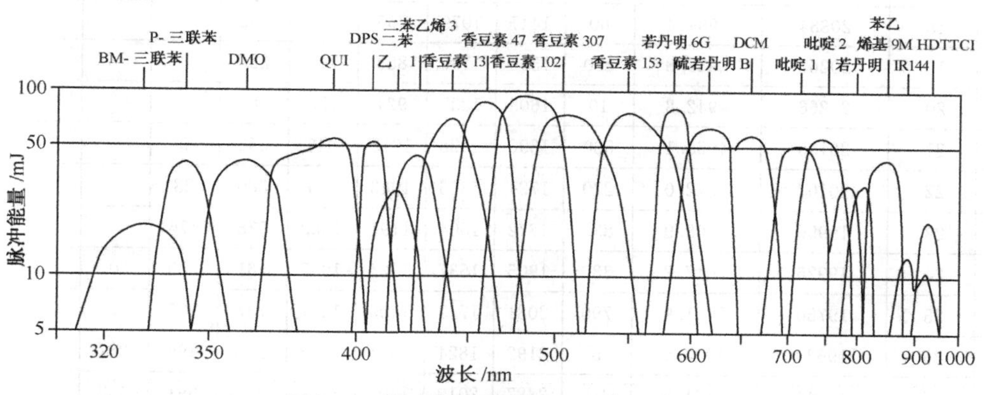

图Ⅰ.4 脉冲染料激光器可调输出波长

Ⅰ.3.4 Ar^+ 激光器的激光和等离子发射谱线[2]

表Ⅰ.5

谱线标号	频率/cm^{-1}	标准波长/Å	峰高	4579Å	4658Å	4727Å	4765Å	4880Å	4965Å	5017Å	5145Å
1	21995	4545.2	350								
2	21903	4564.3	23								
3	21831	4579.4	380	0							
4	21783	4589.4	530	48							
5	21739	4598.7	15	92							

续表

谱线标号	频率/cm^{-1}	标准波长/Å	峰高	4579Å	4658Å	4727Å	4765Å	4880Å	4965Å	5017Å	5145Å
6	21688	4609.6	819	143							
7	21557	4637.6	74	274							
8	21463	4657.9	366	368	0						
9	21150	4726.8	500	681	313	0					
10	21126	4732.2	23	705	337	24					
11	21108	4736.2	800	723	355	42					
12	20981	4764.9	470	850	482	169	0				
13	20803	4805.7	1150	1028	660	347	178				
14	20623	4847.6	840	1208	840	527	358				
15	20547	4865.5	40	1284	916	603	434				
16	20487	4879.8	1600	1344	976	663	494	0			
17	20450	4888.6	90	1381	1013	700	531	37			
18	20384	4904.4	60	1447	1079	766	597	103			
19	20267	4932.8	460	1564	1196	883	714	220			
20	20266	4942.8	10	1605	1237	924	755	261			
21	20135	4965.1	530	1696	1328	1015	846	352	0		
22	20107	4972.0	270	1724	1356	1043	874	380	28		
23	19959	5008.9	830	1872	1504	1191	1022	528	176		
24	19926	5017.2	330	1905	1537	1224	1055	561	209	0	
25	19750	5061.9	790	2081	1713	1400	1231	737	385	176	
26	19639	5090.5	5	2192	1824	1511	1342	848	496	287	
27	19444	5141.5	27	2387	2019	1706	1537	1043	691	482	
28	19430	5145.2	95	2401	2033	1720	1551	1057	705	496	0
29	19364	5162.8	7	2467	2099	1786	1617	1123	771	562	66
30	19353	5165.7	21	2478	2110	1797	1628	1134	782	573	77
31	19313	5176.4	26	2518	2150	1837	1668	1174	822	613	117
32	19269	5188.2	3	2562	2194	1881	1712	1218	866	657	161
33	19163	5216.9	8	2668	2300	1987	1818	1324	972	763	267
34	18909	5287.0	75	2922	2554	2241	2072	1578	1226	1017	521
35	18842	5305.8	4	2989	2621	2308	2139	1645	1293	1084	588
36	18521	5397.8	4	3310	2942	2629	2460	1966	1614	1405	909
37	18503	5403.0	3	3328	2960	2647	2478	1984	1632	1423	927

续表

谱线标号	频率/cm^{-1}	标准波长/Å	峰高	4579Å	4658Å	4727Å	4765Å	4880Å	4965Å	5017Å	5145Å
38	18487	5407.7	4	3344	2976	2663	2494	2000	1648	1439	943
39	18336	5452.2	3	3495	3127	2814	2645	2151	1799	1590	1094
40	18329	5454.3	6	3502	3134	2821	2652	2158	1806	1597	1101
41	18190	5496.0	7	3641	3273	2960	2791	2297	1945	1736	1240
42	18183	5498.1	3	3648	3280	2967	2798	2304	1952	1743	1247
43	18175	5500.5	3	3656	3288	2975	2806	2312	1960	1751	1255
44	17984	5559.0	10	3847	3479	3166	2997	2505	2151	1942	1446
45	17940	5572.6	4	3891	3523	3210	3041	2547	2195	1986	1490
46	17830	5607.0	12	4001	3633	3320	3151	2657	2305	2096	1600
47	17692	5650.7	8	4139	3771	3458	3289	2795	2443	2234	1738
48	17680	5564.5	3	4151	3783	3470	3301	2807	2455	2246	1750
49	17462	5725.1	3	4369	4001	3688	3519	3025	2673	2464	1968
50	17417	5739.9	3	4414	4046	3733	3564	3070	2718	2509	2013
51	17318	5772.7	7	4513	4145	3832	3663	3169	2817	2608	2112
52	17275	5787.1	3	4556	4188	3875	3706	3212	2860	2651	2155
53	17197	5813.4	5	4634	4266	3953	3784	3290	2938	2729	2233
54	17106	5844.3	4	4725	4357	4044	3875	3381	3029	2820	2324
55	17058	5860.7	3	4773	4405	4092	3923	3429	3077	2868	2372
56	16993	5883.1	5	4838	4470	4157	3988	3494	3142	2933	2437
57	16977	5888.7	11	4854	4486	4173	4004	3510	3158	2949	2453
58	16909	5912.4	19	4922	4554	4241	4072	3578	3226	3017	2521
59	16861	5929.2	6	4970	4602	4289	4120	3626	3274	3065	2569
60	16701	5986.0	6	5130	4762	4449	4280	3786	3434	3225	2729
61	16691	5989.6	6	5140	4772	4459	4290	3796	3444	3235	2739
62	16572	6032.6	48	5259	4891	4578	4409	3915	3563	3354	2858
63	16541	6043.9	16	5290	4922	4609	4440	3946	3594	3385	2889
64	16515	6053.4	8	5316	4948	4635	4466	3972	3620	3411	2915
65	16498	6059.7	15	5333	4965	4652	4483	3989	3637	3428	2932
66	16449	6077.7	6	5382	5014	4701	4532	4038	3686	3477	2981
67	16391	6099.2	5	5440	5072	4759	4590	4096	3744	3535	3039
68	16378	6104.1	44	5453	5085	4772	4603	4109	3757	3548	3052
69	16348	6115.3	1020	5483	5115	4802	4633	4139	3787	3578	3082

续表

谱线标号	频率/cm^{-1}	标准波长/Å	峰高	4579Å	4658Å	4727Å	4765Å	4880Å	4965Å	5017Å	5145Å
70	16324	6124.3	47	5507	5139	4826	4657	4163	3811	3602	3106
71	16284	6139.3	51	5547	5179	4866	4697	4203	3851	3642	3146
72	16266	6146.1	8	5565	5197	4884	4715	4221	3869	3660	3164
73	16240	6155.9	4	5591	5223	4910	4741	4247	3895	3686	3190
74	16196	6172.7	950	5635	5267	4954	4785	4291	3939	3730	3234
75	16157	6187.6	12	5674	5306	4993	4824	4330	3978	3769	3273
76	16119	6202.1	5	5712	5344	5031	4862	4368	4016	3807	3311
77	16091	6212.9	9	5740	5372	5059	4890	4396	4044	3835	3339
78	16082	6216.4	6	5749	5381	5068	4899	4405	4053	3844	3348
79	16020	6240.5	17	5811	5443	5130	4961	4467	4115	3906	3410
80	16013	6243.2	470	5818	5450	5137	4968	4474	4122	3913	3417
81	15876	6297.1	9	5955	5587	5274	5105	4611	4259	4050	3554
82	15848	6308.2	14	5983	5615	5302	5133	4639	4287	4078	3582
83	15806	6325.0	13	6025	5657	5344	5175	4681	4329	4120	3624
84	15785	6333.4	10	6046	5678	5365	5196	4702	4350	4141	3645
85	15747	6348.7	9	6084	5716	5403	5234	4740	4388	4179	3683
86	15724	6357.9	7	6107	5739	5426	5257	4763	4411	4202	3706
87	15705	6365.6	4	6126	5758	5445	5276	4782	4430	4221	3725
88	15694	6370.1	9	6137	5769	5456	5287	4793	4441	4232	3736
89	15657	6385.2	19	6174	5806	5493	5324	4830	4478	4269	3773
90	15634	6394.5	7	6197	5829	5516	5347	4853	4501	4292	3796
91	15628	6397.0	8	6203	5835	5522	5353	4859	4507	4298	3802
92	15621	6399.9	104	6210	5842	5529	5360	4866	4514	4305	3809
93	15611	6404.0	7	6220	5852	5539	5370	4876	4524	4315	3819
94	15598	6409.3	5	6233	5865	5552	5383	4889	4537	4328	3832
95	15579	6417.1	79	6252	5884	5571	5402	4908	4556	4347	3851
96	15563	6423.7	5	6268	5900	5587	5418	4924	4572	4363	3867
97	15543	6432.0	3	6288	5920	5607	5438	4944	4592	4383	3887
98	15528	6438.2	19	6303	5935	5622	5453	4959	4607	4398	3902
99	15517	6442.8	14	6314	5946	5633	5464	4970	4618	4409	3913
100	15513	6444.4	11	6318	5950	5637	5468	4974	4622	4413	3917
101	15453	6469.4	8	6378	6010	5697	5528	5034	4682	4473	3997

续表

谱线标号	频率/cm^{-1}	标准波长/Å	峰高	4579Å	4658Å	4727Å	4765Å	4880Å	4965Å	5017Å	5145Å
102	15444	6473.2	6	6387	6019	5706	5537	5043	4691	4482	3986
103	15437	6476.2	5	6394	6026	5713	5544	5050	4698	4489	3993
104	15419	6483.7	480	6412	6044	5731	5562	5068	4716	4507	4011
105	15378	6501.0	56	6453	6085	5772	5603	5109	4757	4548	4052
106	15358	6509.5	10	6473	6105	5792	5623	5129	4777	4568	4072
107	15289	6538.8	65	6542	6174	5861	5692	5198	4846	4637	4141
108	15231	6563.7	15	6600	6232	5919	5750	5256	4904	4695	4199
109	15153	6597.5	3	6678	6310	5997	5828	5334	4982	4773	4277
110	15135	6605.4	28	6696	6328	6015	5846	5352	5000	4791	4295
111	15113	6615.0	19	6718	6350	6037	5868	5374	5022	4813	4317
112	15098	6621.6	24	6733	6365	6052	5883	5389	5037	4828	4332
113	15059	6638.7	2800	6772	6404	6091	5922	5428	5076	4867	4371
114	15047	6644.0	5700	6784	6416	6103	5934	5440	5088	4879	4383
115	14996	6666.6	37	6835	6467	6154	5985	5491	5139	4930	4434

Ⅰ.3.5 He-Ne 激光器的激光和原子发射谱线[2]

表Ⅰ.6

谱线标号	波长/Å	频率/cm_{vac}^{-1}	拉曼频移/cm_{vac}^{-1}
1	6328.1646	15798.002	0.000
2	6334.4279	15782.381	15.621
3	6351.8618	15739.064	58.938
4	6382.9914	15662.306	135.696
5	6402.2460	15615.202	182.800
6	6421.7108	15678.871	230.131
7	6444.7118	15512.310	285.692
8	6506.5279	15364.935	433.067
9	6532.8824	15302.951	495.051
10	6598.9529	15149.735	648.267
11	6652.0925	15028.714	769.288
12	6666.8967	14995.342	802.660
13	6678.2764	14969.790	828.212

续表

谱线标号	波长/Å	频率/cm^{-1}_{vac}	拉曼频移/cm^{-1}_{vac}
14	6717.0428	14883.395	914.607
15	6929.4672	14427.144	1370.858
16	7024.0500	14232.876	1565.126
17	7032.4128	14215.950	1582.052
18	7051.2937	14177.885	1620.117
19	7059.1079	14162.191	1635.811
20	7173.9380	13935.504	1862.498
21	7245.1665	13798.503	1999.499
22	7438.8981	13439.150	2358.852
23	7472.4383	13378.828	2419.174
24	7448.8712	13349.471	2448.531
25	7535.7739	13266.384	2531.618
26	7544.0439	13251.841	2546.161
27	7724.6281	12942.045	2855.957
28	7839.0500	12753.131	3044.871
29	7927.1172	12611.457	3186.545
30	7936.9946	12595.763	3202.239
31	7943.1805	12585.954	3212.048
32	8082.4576	12369.073	3428.929
33	8118.5495	12314.085	3483.917
34	8128.9077	12298.394	3499.608
35	8136.4061	12287.060	3510.942
36	8248.6812	12119.819	3678.183
37	8259.3795	12104.120	3693.882
38	8266.0788	12094.310	3703.692
39	8267.1166	12092.792	3705.210

参 考 文 献

[1] 刘颂豪. 光子学技术与应用. 广州：广东科技出版社，合肥：安徽科学技术出版社，2006.

[2] Spex1403 双单色仪和第三单色仪说明书.

附录Ⅱ 标准谱线

Ⅱ.1 汞灯可见区标准谱线的波长

表Ⅱ.1

颜色	波长/nm	强度	颜色	波长/nm	强度
紫色	404.66*	强	绿色	567.59	弱
	407.78	中	黄色	576.96*	强
	410.81	弱		579.07*	强
	433.92	弱		585.92	弱
	434.75	中		589.02	弱
	435.84*	强	橙色	607.26	弱
蓝绿色	491.60*	强		612.33	弱
	496.03	中	红色	623.44*	中
	496.03	中	深红色	671.62	中
绿色	535.41	弱		690.72*	中
	536.51	弱		708.19	弱
	546.07*	强			

* 谱线强度较大，常作为定标谱线。

Ⅱ.2 氖灯标准谱线[1]

表Ⅱ.2

谱线标号	波长/nm	频率/cm^{-1}	峰高	1800线/mm Exp. counts	Frequency Shifts from Laser lines/cm^{-1}				
					488	514.5	632.8	670.75	784
1	533.08	18758.9	25		1732.89	677.44	−2956.13	−3850.23	−6003.81
	534.11	18722.7	20		1769.07	713.61	−2919.95	−3814.05	−5967.63
2	540.06	18516.5	60	97	1975.34	919.88	−2713.68	−3607.78	−5761.36
3	576.44	17347.9	80	138	3143.94	2088.49	−1545.08	−2439.17	−4592.76
4	582.02	17181.5	40	107	3310.26	2254.81	−1378.76	−2272.86	−4426.44
5	585.25	17086.7	500	12821	3405.09	2349.63	−1283.93	−2178.03	−4331.61

续表

谱线标号	波长/nm	频率/cm^{-1}	峰高	1800线/mm Exp. counts	Frequency Shifts from Laser lines/cm^{-1} 488	514.5	632.8	670.75	784
6	587.28	17027.7	100	?	3464.15	2408.69	−1224.87	−2118.97	−4272.55
7	588.19	17001.3	100	2627	3490.49	2435.04	−1198.53	−2092.62	−4246.21
8	590.25	16942.0	60	110	3549.83	2494.37	−1139.19	−2033.29	−4186.87
	590.64	16930.8	60	60	3561.02	2505.56	−1128.01	−2022.10	−4175.68
9	594.48	16821.4	100	4029	3670.38	2614.92	−1018.64	−1912.74	−4066.32
10	596.55	16763.1	100	60	3728.75	2673.29	−960.27	−1854.37	−4007.95
11	597.46	16737.5	100	1296	3754.28	2698.82	−934.74	−1828.84	−3982.42
	597.55	16735.0	120		3756.80	2701.34	−932.22	−1826.32	−3979.90
12	598.79	16700.3	80	40	3791.46	2736.00	−897.56	−1791.66	−3945.24
13	602.99	16584.0	100	1420	3907.78	2852.32	−781.24	−1675.34	−3828.92
14	607.43	16462.8	100	3582	4029.00	2973.54	−660.02	−1554.12	−3707.70
?				5629		[3029]			
15	614.31	16278.4	100	10191	4213.38	3157.92	−475.64	−1369.74	−3523.32
16	616.36	16224.3	120	3991	4267.56	3212.06	−421.50	−1315.60	−3469.18
17	618.21	16175.7	250		4316.07	3260.61	−372.95	−1267.05	−3420.63
18	621.73	16084.2	150	4002	4407.65	3352.19	−281.37	−1175.47	−3329.05
19	626.65	15957.9	150	7899	4533.93	3478.47	−155.09	−1049.19	−3202.77
20	630.48	15860.9	60	3091	4630.87	3515.41	−58.15	−952.25	−3105.83
21	632.82	15802.3	7		4689.52	3634.06	0.50	−893.60	−3047.18
22	633.44	15786.8	100	7992	4704.99	3649.53	15.97	−878.13	−3031.71
23	638.3	15666.6	120	11951	4825.19	3769.73	136.17	−757.93	−2911.51
24	640.22	15619.6	200	15597	4872.17	3816.72	183.15	−710.95	−2864.53
25	650.65	15369.2	150	12478	5122.56	4067.10	433.54	−460.56	−2614.14
26	653.29	15307.1	60	6749	5184.67	4129.21	495.64	−398.45	−2552.04
27	659.89	15154.0	150	7238	5337.76	4282.31	648.74	−245.36	−2398.94
28	667.83	14973.9	90	11190	5517.93	4462.48	828.91	−65.19	−2218.77
29	671.7	14887.6	20	8214	5604.20	4548.75	915.18	21.09	−2132.50
30	692.95	14431.1	100	10329	6060.75	5005.29	1371.73	477.63	−1675.95
31	702.41	14236.7	90	1339	6255.10	5199.65	1566.08	671.98	−1481.60
	703.24	14219.9	100	31816	6271.91	5216.45	1582.88	688.79	−1464.79
32	717.39	13939.4	100	2128	6552.38	5496.93	1863.36	969.27	−1184.32

续表

谱线标号	波长 /nm	频率 /cm⁻¹	峰高	1800线/mm Exp. counts	Frequency Shifts from Laser lines/cm^{-1}				
					488	514.5	632.8	670.75	784
33	724.52	13802.2	100	20833	6689.56	5634.10	2000.64	1106.44	−1047.14
?				[6808]		5991.00			
34	747.24	13382.6	40	16554	7109.22	6053.76	2420.20	1526.10	−627.48
35	748.89	13353.1	90	31815	7138.71	6083.25	2449.69	1555.59	−597.99
36	753.58	13270.0	80	31815	7221.81	6166.35	???	1638.69	−514.89
	754.4	13255.6	80	31815	7236.24	6180.78	2547.21	1653.12	−500.47
?				2624		[6254]			
?				3850		[6279]			
37	772.46	12845.7	100		7546.15	6490.69	2857.13	1963.03	−190.55
38	783.91	12756.6	300	721	7735.24	6679.78	3046.21	2152.12	−1.46
39	792.71	12615.0	400	877	7676.85	6821.39	3187.83	2293.73	140.15
40	793.7	12599.2	700	2638	7892.58	6837.13	3203.56	2309.47	155.88
	794.32	12589.4	2000	16020	7902.42	6846.96	3213.40	2319.30	165.72
41	808.25	12372.4	2000	32000	8119.39	7063.94	3430.37	2536.27	382.69
?				6203		[7108]			
42	811.85	12317.5	1000	6060	8174.26	7118.80	3485.23	2591.14	437.56
43	812.89	12301.8	600	2344	8190.02	7134.56	3500.99	2606.90	453.31
44	813.64	12290.4	3000	29330	8201.36	7145.90	3512.33	2618.24	464.65
45	825.94	12107.4	2500	4734	8384.39	7328.93	3695.36	2801.27	647.69
46	826.61	12097.6	2500	9956	8394.20	7338.74	3705.18	2811.08	657.50
	826.71	12096.1	800		8395.66	7340.21	3706.64	2812.54	658.96
47	830.03	12047.8	6000	32000	8444.05	7388.59	3755.02	2860.93	707.34
48	836.57	11953.6	1500	12819	8538.23	7482.77	3849.21	2955.11	801.53
49	837.76	11936.6	8000	32000	8555.21	7499.75	3866.19	2972.09	818.51
50	841.72	11880.4	1000	32000	8611.37	7555.91	3922.35	3028.25	874.67
	841.84	11878.7	4000		8613.06	7557.60	3924.04	3029.94	876.36
51	846.34	11815.6	1500	8050	8676.22	7620.76	3987.20	3093.10	939.52
52	848.44	11786.3	800	3288	8705.47	7650.01	4016.44	3122.35	968.76
53	849.54	11771.1	5000	32000	8720.73	7665.27	4031.71	3137.61	984.03
54	854.47	11703.2	600	4189	8788.64	7733.18	4099.62	3205.52	1051.94
55	857.14	11666.7	1000	2920	8825.10	7769.64	4136.08	3241.98	1088.40

续表

谱线标号	波长/nm	频率/cm^{-1}	峰高	1800线/mm Exp. counts	Frequency Shifts from Laser lines/cm^{-1} 488	514.5	632.8	670.75	784
?				1901		[7784]			
56	859.13	11639.7	4000	32000	8852.12	7796.66	4163.10	3269.00	1115.42
57	863.46	11581.3	6000	32000	8910.49	7855.03	4221.47	3327.37	1173.79
58	864.71	11564.6	3000	5178	8927.23	7871.78	4238.21	3344.11	1190.53
59	865.44	11554.8	15000	32000	8936.99	7881.53	4247.97	3353.87	1200.29
	865.55	11553.3	4000		8938.46	7883.00	4249.43	3355.34	1201.75
60	867.95	11521.4	5000	10580	8970.40	7914.94	4281.38	3387.28	1233.70
	868.19	11518.2	5000	23298	8973.59	7918.13	4284.57	3390.47	1236.89
61	870.41	11488.8	2000	4864	9002.96	7947.51	4313.94	3419.85	1266.26
62	877.17	11400.3	4000	7206	9091.50	8036.05	4402.48	3508.39	1354.80
63	878.06	11388.7	12000	32000	9103.06	8047.60	4414.04	3519.94	1366.36
	878.38	11384.6	10000	32000	9107.21	8051.75	4418.19	3524.09	1370.51
64	885.39	11294.5	7000	32000	9197.35	8141.89	4508.32	3614.23	1460.64
65	886.53	11279.9	1000	20923	9211.87	8156.41	4522.85	3628.75	1475.17
	886.57	11279.4	1000		9212.36	8156.92	4523.36	3629.26	1475.68
66	891.95	11211.4	3000	8521	9280.41	8224.96	4591.39	3697.29	1543.71
?				1156		[8236]			
67	898.86	11125.2	2000	1985	9366.60	9311.14	4677.58	3783.48	1629.90
68	914.87	10930.5	6000	6785	9561.29	8505.83	4872.27	3978.17	1824.59
69	920.18	10867.4	6000	4732	9624.36	8568.91	4935.34	4041.25	1887.66
70	922.01	10845.9	4000	2755	9645.93	8590.48	4956.91	4062.81	1909.23
	922.16	10844.1	2000		9647.70	8592.24	4958.68	4064.58	1911.00
	922.67	10838.1	2000	917	9653.69	8598.23	4964.67	4070.57	1916.99
71	927.55	10781.1	1000	409	9710.71	8655.26	5021.69	4127.59	1974.01
72	930.09	10751.6	6000	3390	9740.16	8684.70	5051.13	4157.04	2003.45
73	931.06	10740.4	1500	485	9751.36	8695.90	5062.33	4168.24	2014.66
74	931.39	10736.6	3000	1228	9755.16	8699.71	5066.14	4172.04	2018.46
75	932.65	10722.1	6000	2635	9769.67	8714.21	5080.65	4186.55	2032.97
76	937.33	10668.6	2000	664	9823.20	8767.74	5134.18	4240.08	2086.50
77	942.54	10609.6	5000	1513	9882.17	8826.72	5193.15	4299.06	2145.47
78	945.92	10571.7	3000	683	9920.08	8864.63	5231.06	4336.97	2183.38

续表

谱线标号	波长/nm	频率/cm⁻¹	峰高	1800线/mm Exp. counts	Frequency Shifts from Laser lines/cm^{-1}				
					488	514.5	632.8	670.75	784
79	948.67	10541.1	5000	542	9950.73	8895.27	5261.71	4367.61	2214.03
80	953.42	10488.6	5000	1514	10003.25	8947.79	5314.22	4420.13	2266.55
81	954.74	10474.1	5000	712	10017.75	8962.29	5328.73	4434.63	2281.05
82	966.54	10346.2	1000	677	10145.62	9090.16	5456.60	4562.50	2408.92
83	1029.54	9713.1	800		10778.73	9723.27	6089.71	5195.61	3042.03
84	1056.24	9467.5	2000		11024.26	9968.80	6335.24	5441.14	3287.56
85	1079.81	9260.9	1500		11230.91	10175.46	6541.89	5647.80	3494.21
86	1084.45	9221.3	2000		11270.54	10215.08	6581.52	5687.42	3533.84
87	1114.3	8974.2	3000		11517.56	10462.10	6828.54	5934.44	3780.86
88	1117.75	8946.5	3500		11545.26	10489.80	6856.24	5962.14	3808.56
89	1139.04	8779.3	1600		11712.48	10657.02	7023.46	6129.36	3975.78
	1140.91	8764.9	1100		11726.87	10671.41	7037.85	6143.75	3990.17
90	1152.27	8678.5	3000		11813.28	10757.82	7124.26	6230.16	4076.58
	1152.5	8676.8	1500		11815.01	10759.56	7125.99	6231.89	4078.31
91	1153.63	8668.3	950		11823.51	10768.06	7134.49	6240.39	4086.81
92	1160.15	8619.6	500		11872.23	10816.77	7183.21	6289.11	4135.53
	1161.41	8610.2	1200		11881.58	10826.12	7192.56	6298.46	4144.88
93	1168.8	8555.8	300		11936.02	10880.56	7247.00	6352.90	4199.32
94	1176.68	8498.5	2000		11993.32	10937.86	7304.29	6410.20	4253.61
95	1178.9	8482.5	1500		12009.32	10953.86	7320.30	6426.20	4272.63

参 考 文 献

[1] Spex1403 双单色仪和第三单色仪说明书.

附录Ⅲ　晶体的结合及其极性和对称性结构[1,2]

Ⅲ.1　晶体的结合与极性和晶体结构

原子和分子通过它们之间的相互作用结合成凝聚态物质。不同性质的相互作用力结合成的凝聚态物质具有不同的物理性质，因结合在一起的原子、离子和分子在几何空间排列的不同，凝聚态物质被区分为固体、液体和液晶等，而固体又因排列是否具有长程序而分为晶体和非晶体。

原子或分子的结合是通过原子核外电子的“电”相互作用的成键方式实现的。键可分为离子键、共价键、金属键、氢键、范德华键五种，它们相应构成了离子晶体、共价晶体、金属晶体、分子晶体及氢键晶体，并相应形成了不同的对称性的晶体结构。与半导体有关的晶体主要是下列两类。

Ⅲ.1.1　极性晶体/离子晶体

离子晶体中基本质点是正、负离子，它们之间存在的库仑相互作用使它们以离子键的形式结合成离子晶体，又称为极性晶体。如 NaCl、MgO、CoCl、LiF、FeO 等都是离子晶体。

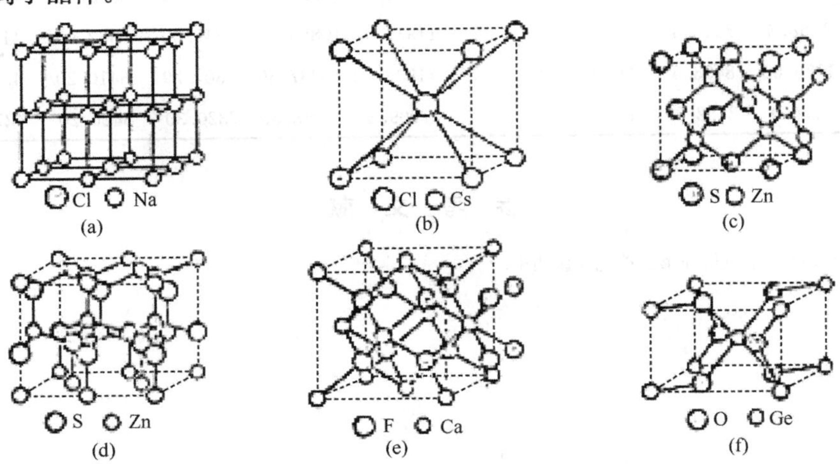

图Ⅲ.1　几种主要离子晶体的晶体结构图

(a) 氯化钠(面心立方)，(b)氯化铯(立方)，(c)闪锌矿(立方，如 ZnS，SiC)，(d) 纤锌矿(六角，ZnS，ZnO)，(e) 萤石(立方，CaF_2)，(f) 金红石(体心立方，GeO_2)

离子晶体的晶体结构有：氯化钠（面心立方）、氯化铯（立方）、闪锌矿（立方，如 ZnS，SiC）、纤锌矿（六角，ZnS，ZnO）、萤石（立方，LiO_2，CaF_2）、金红石（体心立方，SeO_2，GeO_2）。

Ⅲ.1.2　共价晶体

共价结合的晶体称为共价/同极晶体。但当 A、B 为异类原子，形成共价键常包含有离子键成分，此时的晶体是共价和离子结合的过渡形式，因此，纯粹共价键结合的晶体只有金刚石、Si、Ge 和灰 Sn。

通常引入电离度 f_i 来描述共价结合中离子性成分，用有效离子电荷代表化合物总有效离子电荷量 q^*。

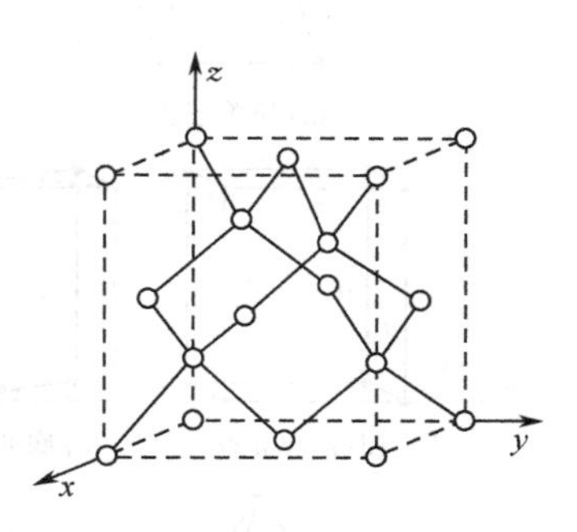

图Ⅲ.2　金刚石的立方结构单胞

共价晶体的晶体结构有：金刚石结构（四面体，如金刚石、Si），闪锌矿、纤锌矿（如 ZnS、ZnO、HgS 和 CuCl），硅酸盐结构（如石英晶体）。

Ⅲ.2　晶系及其布拉伐格子和点群对称性

表Ⅲ.1　晶系及其布拉伐格子和点对称性

晶系	单胞基矢的特性	布拉伐格子—图号	所属点群
三斜晶系	$a_1 \neq a_2 \neq a_3$ 夹角不等	简单三斜—(a)	C_1, C_1
单斜晶系	$a_1 \neq a_2 \neq a_3$ $a_2 \perp a_1, a_3$	简单单斜—(b) 底心单斜—(c)	C_2, C_{1h}, C_{2h}
正交晶系	$a_1 \neq a_2 \neq a_3$ a_1, a_2, a_3 互相垂直	简单正交—(d) 底心正交—(e) 体心正交—(f) 面心正交—(g)	D_2, C_{2v}, C_{2h}
三角晶系	$a_1 = a_2 = a_3$ $\alpha = \beta = \gamma < 120°, \neq 90°$	三角—(h)	$C_3, C_{3i}, D_3, D_{3v}, D_{3d}$
四方晶系	$a_1 = a_2 \neq a_3$ $\alpha = \beta = \gamma = 90°$	简单四方—(i) 体心四方—(j)	C_4, C_{4h}, D_4, C_{4h}, D_{4h}, S_4, D_{2d}
六角晶系	$a_1 = a_2 \neq a_3$ $a_3 \perp a_1, a_2$ a_1, a_2 夹角 120°	六角—(k)	C_6, C_{6h}, D_6, C_{3h}, C_{6v}, D_{3h}, D_{6h}
立方晶系	$a_1 = a_2 = a_3$ $\alpha = \beta = \gamma = 90°$	简单立方—(l) 体心立方—(m) 面心立方—(n)	T, T_h, T_d, O, O_h

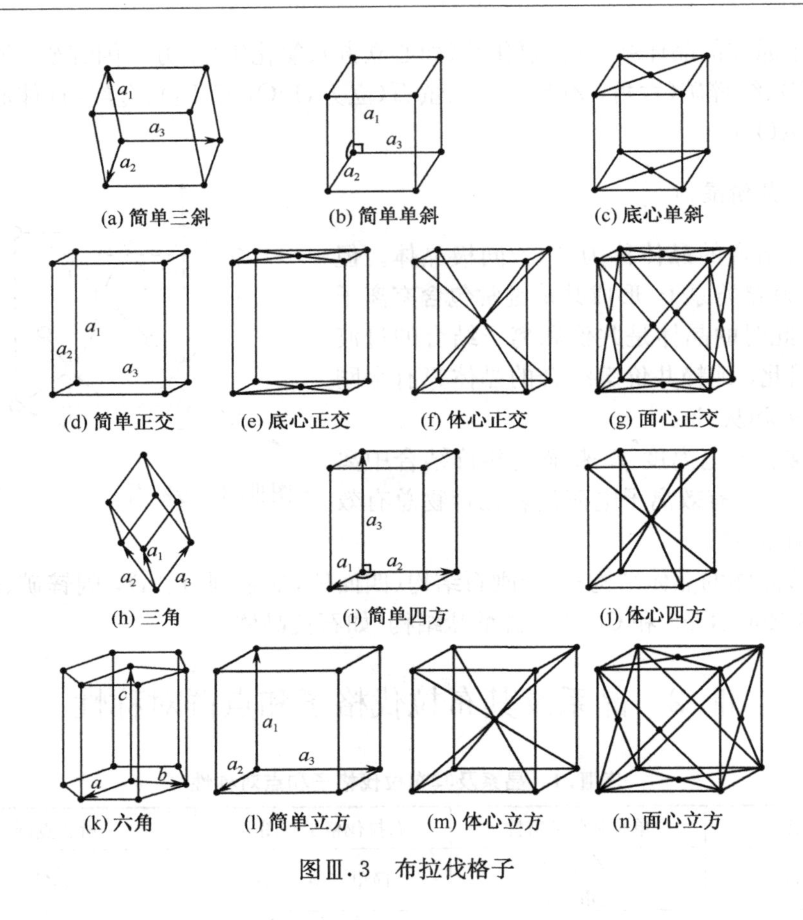

图Ⅲ.3　布拉伐格子

Ⅲ.3　一些典型晶体的晶体结构

表Ⅲ.2　一些典型晶体的晶体结构

晶体	晶体结构	晶体	晶体结构
Diamond	金刚石	PbSe	纤锌矿(ZnS)
Si	金刚石	PbTe	纤锌矿(ZnS)
Ge	金刚石	AlN	纤锌矿(ZnS)
InAs	闪锌矿(ZnS)	GaN	纤锌矿(ZnS)
InSb	闪锌矿(ZnS)	InN	纤锌矿(ZnS)
SiC	闪锌矿(ZnS)	ZnO	纤锌矿(ZnS)
InP	闪锌矿(ZnS)	PbS	纤锌矿(ZnS)
AlAs	闪锌矿(ZnS)	MgO_2	金红石

续表

晶体	晶体结构	晶体	晶体结构
AlP	闪锌矿(ZnS)	MnF_2	金红石
AlSb	闪锌矿(ZnS)	MnO_2	金红石
GaP	闪锌矿(ZnS)	SnO_2	金红石
GaAs	闪锌矿(ZnS)	GeO_2	金红石
GaSb	闪锌矿(ZnS)	ZnO_2	金红石
CdTe	闪锌矿(ZnS)	MnO_2	金红石
CdS	闪锌矿(ZnS)		

参 考 文 献

[1] 宗祥福,翁渝民.材料物理基础.上海:复旦大学出版社,2001.
[2] 黄昆.固体物理学.北京:高等教育出版社,1993.

附录Ⅳ 态密度与声子态密度[1,2]

Ⅳ.1 态密度的普遍定义

在固体中，如电子、声子等准粒子能级是非常密集而呈准连续分布的，为了描述这种粒子非分立能级的状态，引入了“能量态密度”的概念。如果 Δn 是在能量 $\omega \rightarrow \omega + \Delta\omega$ 之间能量态的数目，即态密度定义为

$$g(\omega) = \lim_{\Delta\omega \to 0} \Delta n / \Delta\omega \tag{1}$$

考虑在动量 $\boldsymbol{k}$ 空间，如图Ⅳ.1 所示，作出 $\omega(\boldsymbol{k}) = \text{const}$ 的等能面，那么在等能面 $\omega(\boldsymbol{k}) \rightarrow \omega(\boldsymbol{k}) + \Delta\omega(\boldsymbol{k})$ 的状态数目就是 Δn。假设能态在 $\boldsymbol{k}$ 空间分布是均匀的，能态密度为 ρ，则显然有 $\Delta n = \rho \times (\omega(\boldsymbol{k}) \rightarrow \omega(\boldsymbol{k}) + \Delta\omega(\boldsymbol{k})$ 等能面间的体积)。用图Ⅳ.1 表示，则有 $\Delta n = \rho \int \mathrm{d}s \mathrm{d}k$，其中 $\mathrm{d}k$ 是两等能面间的垂直距离，$\mathrm{d}s$ 为等能面上的面元。如果 $|\nabla_k \omega(\boldsymbol{k})|$ 表示沿法线方向能量改变率，则必有

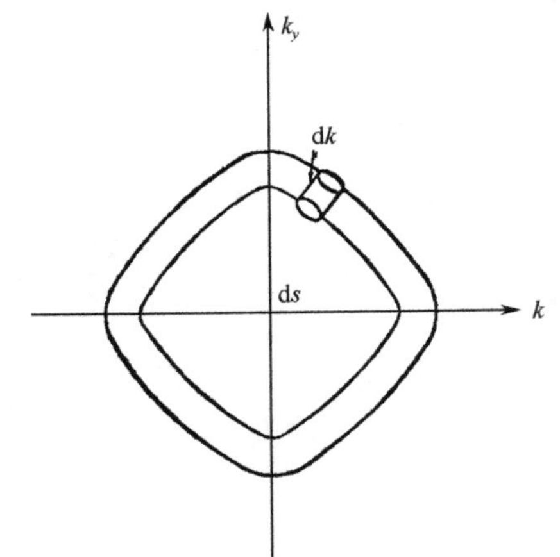

图Ⅳ.1 能态密度计算[1]

$$\Delta\omega = |\nabla_k \omega(\boldsymbol{k})| \mathrm{d}k \tag{2}$$

因此

$$\Delta n = \left(\rho \int \frac{\mathrm{d}s}{|\nabla_k \omega(\boldsymbol{k})|}\right) \Delta\omega \tag{3}$$

最终得到，态密度普遍表达式为

$$g(\omega) = \rho \int \frac{\mathrm{d}s}{|\nabla_k \omega(\boldsymbol{k})|} \tag{4}$$

因此，如果 $\omega(\boldsymbol{k})$，即色散函数已知，由上式即可求出态密度。

Ⅳ.2 自由电子气的态密度

晶体体积为 V 时，在忽略粒子间相互作用的单粒子模型中，周期性边界条件使粒子动量 $\boldsymbol{k}$ 取值量子化，即

$$k_x = \frac{2\pi}{L_x}n_x \qquad k_y = \frac{2\pi}{L_y}n_y \qquad k_z = \frac{2\pi}{L_z}n_z \tag{5}$$

其中 n_x、n_y、n_z 取整数。如果粒子动量 $\boldsymbol{k}$ 值在 $\boldsymbol{k}$ 空间是均匀分布和可用格点表示，每个格点在 $\boldsymbol{k}$ 空间中占据的体积为

$$\Delta\boldsymbol{k} = \frac{2\pi}{L_x} \times \frac{2\pi}{L_y} \times \frac{2\pi}{L_z} = \left(\frac{2\pi}{L}\right)^3 = \frac{8\pi^3}{V} \tag{6}$$

在 $\boldsymbol{k}$ 空间的单位体积的格点数或 $\boldsymbol{k}$ 空间态密度 $g(\omega)$ 显然是

$$g(\omega) \equiv \frac{1}{\Delta\boldsymbol{k}} = \frac{V}{8\pi^3}$$

因此，在 $\boldsymbol{k}$ 空间的体积元 $\mathrm{d}\boldsymbol{k}=\mathrm{d}k_x\mathrm{d}k_y\mathrm{d}k_z$ 中状态数为

$$\frac{V}{(2\pi)^3}\mathrm{d}\,k \tag{7}$$

由于 V 是一宏观体积，$\boldsymbol{k}$ 是准连续的，因此，能量 ω 取值也准连续，而包含在 ω～$\omega+\mathrm{d}\omega$ 能态数 Δn 可以表示成

$$\Delta n = g(\omega)\Delta\omega \tag{8}$$

Ⅳ.3　电子能带的态密度

对于具有周期结构的固体，基于布洛赫定理，电子形成能带 $\varepsilon_n(k)$。其中带指标 n 是量子数。对确定的 n，$\varepsilon_n(k)$ 是 k 的周期函数。设第 n 个能带的态密度为 $g_n(\varepsilon)$，则单位体积内，能量从 ε 至 $\varepsilon+\mathrm{d}\varepsilon$，并计及自旋不同的电子态数为 $g_n\mathrm{d}\varepsilon$，而总的态密度

$$g(\varepsilon) = \sum_n g_n(\varepsilon) \tag{9}$$

晶体的能带电子的态密度可以通过计算电子的色散曲线 $\varepsilon_n(\boldsymbol{k})$ 在 $\boldsymbol{k}$ 空间第一布里渊区内的 $\varepsilon \leqslant \varepsilon_n(\boldsymbol{k}) \leqslant \varepsilon+\mathrm{d}\varepsilon$ 等能面壳层内许可存在的波矢数来确定。假定 $S_n(\varepsilon)$ 是在第一布里渊区 $\varepsilon_n(\boldsymbol{k})=\varepsilon$ 的等能面，$\mathrm{d}s$ 是其面上的面元，$\delta_k(\boldsymbol{k})$ 是在 $\boldsymbol{k}$ 处等能面 $S_n(\varepsilon)$～$S_n(\varepsilon+\mathrm{d}\varepsilon)$ 垂直距离，则第 n 个能带的从 $\varepsilon\rightarrow\varepsilon+\mathrm{d}\varepsilon$ 电子态数为

$$g_n(\varepsilon)\mathrm{d}\varepsilon = \frac{2V}{8\pi^3}\int_{S_n(\varepsilon)} \delta_{\boldsymbol{k}}(\boldsymbol{k})\mathrm{d}s \tag{10}$$

式中，2 源于每个 $\boldsymbol{k}$ 态可容纳自旋分别朝上和朝下的 2 个电子。由于

$$\mathrm{d}\varepsilon = |\nabla_k\varepsilon_n(\boldsymbol{k})|\delta_k(\boldsymbol{k})$$

于是能带 n 的电子态密度为

$$g_n(\varepsilon) = \int_{S_n(\varepsilon)} \frac{1}{\left|\nabla_k \sum_n(\boldsymbol{k})\right|}\frac{\mathrm{d}s}{4\pi^3} \tag{11}$$

从式(11)可知，可通过能带结构(色散曲线)$\varepsilon_n(\boldsymbol{k})$ 计算出态密度。

由于 $\varepsilon_n(\boldsymbol{k})$是倒格矢空间的周期函数，原胞中总有一些 $\boldsymbol{k}$ 值使 $|\nabla_k\varepsilon(\boldsymbol{k})|=0$，引起 $g_n(\varepsilon)$在 $\boldsymbol{k}$ 处发散。这些发散称 $\varepsilon_n(\boldsymbol{k})$的奇异，它起源于晶体的对称性。但在三维时，$g_n(\varepsilon)$仍可积，给出有限大小，但斜率 $\mathrm{d}g_n(\varepsilon)/\mathrm{d}\varepsilon$ 发散。$g_n(\varepsilon)$的这种奇异点称范霍夫(Van Hove)奇异点。

假如在 $\boldsymbol{k}=0$ 处，$\nabla_k\omega(\boldsymbol{k})=0$，则在附近点上 ε 可表达为

$$\varepsilon=\varepsilon_0+\alpha_1k_x^2+\alpha_2k_y^2+\alpha_3k_z^2 \tag{12}$$

此时，如果 $\alpha_1,\alpha_2,\alpha_3>0$ 或 $\alpha_1,\alpha_2,\alpha_3<0$，$\varepsilon$ 在 $\boldsymbol{k}=0$ 处分别是极小和极大；如 α_1，$\alpha_2>0$，$\alpha_3<0$。则 ε 在 $\boldsymbol{k}=0$ 处有第Ⅰ类鞍点；如果 $\alpha_1,\alpha_2<0$，$\alpha_3>0$，则 ε 在 $\boldsymbol{k}=0$ 处有第Ⅱ类鞍点。图Ⅳ.2 是这些奇异性的示意图。

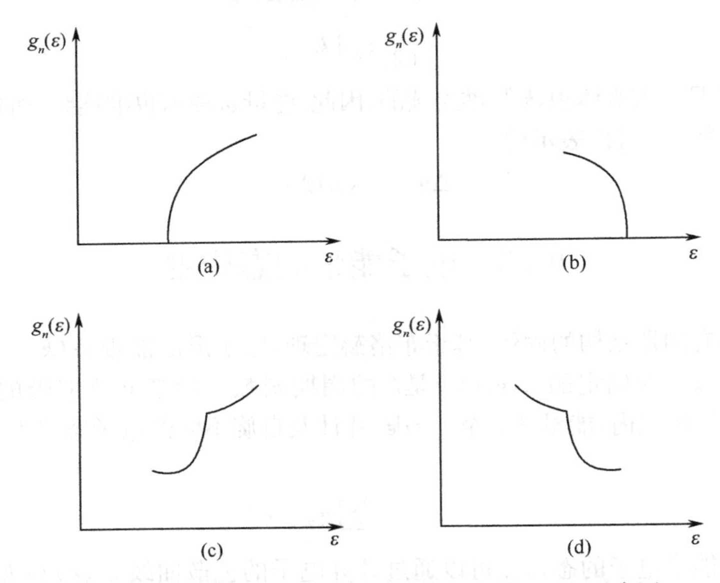

图Ⅳ.2　态密度的范霍夫(Van Hove)奇异行为的示意图
(a)能量极小；(b)能量极大；(c)第Ⅰ类鞍点；(d)第Ⅱ类鞍点

Ⅳ.4　声子态密度

1. 晶体声子态密度

如声子的频谱密度(单位体积内声子模的数目)为 $g(\omega)$，则 $g(\omega)\mathrm{d}\omega$ 为 $\omega\to\omega+\mathrm{d}\omega$ 间的总的模的数目。类比于电子态密度，我们有

$$g(\omega)=\sum_s\int\frac{1}{\nabla_q\omega_s(\boldsymbol{q})}\frac{\mathrm{d}s}{(2\pi)^3} \tag{13}$$

积分在第 1 布里渊区中的 $\omega_s(\boldsymbol{q})\equiv\omega$ 的表面上进行。上式表明，由声子色散曲线即可得到声子态密度。

由于 $\omega_s(\boldsymbol{q})$ 在倒格子空间周期性，在某些 $\boldsymbol{q}$ 处 $|\nabla_q\omega_s(\boldsymbol{q})|=0$，也会导致声子态密度的 Van Hove 奇异。

在德拜近似，即 $\omega=cq$(c 常数)时，得

$$g(\omega)=\frac{3}{2\pi^2c^3}\omega^2 \tag{14}$$

2. 非晶体声子态密度

在非晶体中，声子频率的色散关系 $\omega(\boldsymbol{q})$ 不再存在，但是声子数的频率分布，即声子态密度依然存在。声子态密度(phonon density of states，PDOS) $g(\omega)$ 定义为单位体积内单位频率间隔内声子的数目，即

$$g(\omega)=\frac{\mathrm{d}N}{\mathrm{d}\omega} \tag{15}$$

其中 N 为单位体积内声子数目。声子态密度与声子色散有如下关系：

$$g(\omega)=\sum_i\oiint_S\frac{1}{|\nabla_q\omega_i(\boldsymbol{q})|}\frac{\mathrm{d}S}{8\pi^3} \tag{16}$$

$i=1,2,\cdots,3s$，s 为一个原胞中原子的个数，因此，$3s$ 也是振动模的数目，其中的积分曲面为第一布里渊区内 $\omega\equiv\omega(\boldsymbol{q})$ 的曲面。

由于在非晶体中，振动与光耦合时，没有准动量守恒选择定则的限制，非晶体的所有振动模都可以参与拉曼散射，因此非晶拉曼光谱是声子态密度分布的直接反映。

参 考 文 献

[1] 黄昆. 固体物理学. 北京：高等教育出版社，1996.
[2] 阎守胜. 固体物理基础. 北京：北京大学出版社，2003.

附录Ⅴ　拉 曼 张 量

Ⅴ.1　拉曼张量及其对称属性[1]

表Ⅴ.1

晶系	主轴取向	点群		[拉曼张量]	
		国际符号	熊夫利斯符号	不可约表示（慕里肯符号）	不可约表示（贝蒂符号）
单轴晶体					
三斜				$\begin{pmatrix} a & d & e \\ d & b & f \\ e & f & c \end{pmatrix}$	
		1	C_1	A	Γ_1
		$\bar{1}$	C_1	A_g	Γ_1^+
单斜				$\begin{pmatrix} a & d & 0 \\ d & b & 0 \\ 0 & 0 & c \end{pmatrix}$ $\begin{pmatrix} 0 & 0 & e \\ 0 & 0 & f \\ e & f & 0 \end{pmatrix}$	
	$z \parallel C_2$	2	C_2	A　B	Γ_1　Γ_2
	$z \perp \sigma_h$	m	C_{1h}	A'　A''	Γ_2　Γ_2
	$z \parallel C_2$	$2/m$	C_{2h}	A_g　B_g	Γ_1^+　Γ_2^+
正交				$\begin{pmatrix} a & 0 & 0 \\ 0 & b & 0 \\ 0 & 0 & c \end{pmatrix}$ $\begin{pmatrix} 0 & 0 & d \\ d & 0 & 0 \\ 0 & 0 & 0 \end{pmatrix}$ $\begin{pmatrix} 0 & 0 & e \\ 0 & 0 & 0 \\ e & 0 & 0 \end{pmatrix}$ $\begin{pmatrix} 0 & 0 & 0 \\ 0 & 0 & f \\ 0 & f & 0 \end{pmatrix}$	
	$x \parallel C_{\frac{x}{2}}\ y \parallel C_{\frac{y}{2}}\ z \parallel C_{\frac{z}{2}}$	222	D_2	A　B_1　B_2　B_3	Γ_1　Γ_3　Γ_2　Γ_4
	$z \parallel C_{\frac{z}{2}}$　$x \parallel \sigma_y$	$mm2$	C_{2v}	A_1　A_2　B_1　B_2	Γ_1　Γ_3　Γ_2　Γ_4
	$z \parallel C_{\frac{z}{2}}$　$x \parallel \sigma_y$	mmm	D_{2h}	A_g　B_{1g}　B_{2g}　B_{3g}	Γ_1^+　Γ_3^+　Γ_2^+　Γ_4^+
双轴晶体					
三角				$\begin{pmatrix} a & c & 0 \\ -c & a & 0 \\ 0 & 0 & b \end{pmatrix}$ $\begin{pmatrix} d & e & f \\ e & -d & h \\ g & i & 0 \end{pmatrix}$ $\begin{pmatrix} e & -d & -h \\ -d & -e & f \\ -i & g & 0 \end{pmatrix}$	
	$z \parallel C_3$	3	C_3	A　E	Γ_1　$\Gamma_2+\Gamma_3$
	$z \parallel C_3$	$\bar{3}$	C_3	A_g　E_g	Γ_1^+　$\Gamma_2^+ + \Gamma_3^+$
				$\begin{pmatrix} a & 0 & 0 \\ 0 & a & 0 \\ 0 & 0 & b \end{pmatrix}$ $\begin{pmatrix} 0 & c & 0 \\ -c & 0 & 0 \\ 0 & 0 & 0 \end{pmatrix}$ $\begin{pmatrix} 0 & d & 0 \\ d & 0 & e \\ 0 & f & 0 \end{pmatrix}$ $\begin{pmatrix} d & 0 & -e \\ 0 & -d & 0 \\ -f & 0 & 0 \end{pmatrix}$	
	$z \parallel C_3$　$x \parallel C_2$	32	D_3	A_1　A_2　E	Γ_1　Γ_2　Γ_3
	$z \parallel C_3$　$x \parallel C_2$	$\bar{3}m$	D_{3d}	A_{1g}　A_{2g}　E_g	Γ_1^+　Γ_2^+　Γ_3^+
	$z \parallel C_3$　$x \perp \sigma_v$	$3m$	C_{3v}		

续表

晶系	主轴取向	点群 国际符号	点群 熊夫利斯符号	[拉曼张量] 不可约表示(慕里肯符号) 不可约表示(贝蒂符号)
四角				$\begin{pmatrix} a & c & 0 \\ -c & a & 0 \\ 0 & 0 & b \end{pmatrix} \begin{pmatrix} d & e & 0 \\ e & -d & 0 \\ 0 & 0 & 0 \end{pmatrix} \begin{pmatrix} 0 & 0 & f \\ 0 & 0 & h \\ g & i & 0 \end{pmatrix} \begin{pmatrix} 0 & 0 & -h \\ 0 & 0 & f \\ -i & g & 0 \end{pmatrix}$
	$z \parallel C_4$	4	C_4	A Γ_1 B Γ_2 E $\Gamma_3+\Gamma_4$
	$z \parallel S_4$	$\bar{4}$	S_4	A_g Γ_1^+ B_g Γ_2^+ E_g $\Gamma_3^+ + \Gamma_4^+$
	$z \parallel C_4$	$4/m$	C_{4h}	
				$\begin{pmatrix} a & 0 & 0 \\ 0 & a & 0 \\ 0 & 0 & b \end{pmatrix} \begin{pmatrix} 0 & c & 0 \\ -c & 0 & 0 \\ 0 & 0 & 0 \end{pmatrix} \begin{pmatrix} d & 0 & 0 \\ 0 & -d & 0 \\ 0 & 0 & 0 \end{pmatrix}$ $\begin{pmatrix} 0 & e & 0 \\ e & 0 & 0 \\ 0 & 0 & 0 \end{pmatrix} \begin{pmatrix} 0 & 0 & f \\ 0 & 0 & 0 \\ g & 0 & 0 \end{pmatrix} \begin{pmatrix} 0 & 0 & 0 \\ 0 & 0 & f \\ 0 & g & 0 \end{pmatrix}$
	$z \parallel C_4$ $x \parallel \sigma_v$	$4mm$	C_{4h}	
	$z \parallel C_3$ $x \parallel C_2$	422	D_4	
	$z \parallel S_4$ $x \parallel C_2$	$\bar{4}2m$	D_{2d}	A_1 Γ_1 A_2 Γ_2 B_1 Γ_3 B_2 Γ_4 E Γ_5
	$z \parallel C_4$ $x \parallel C_2$	$4/mm$	D_{4h}	A_{1g} Γ_1^+ A_{2g} Γ_2^+ B_{1g} Γ_3^+ B_{2g} Γ_4^+ E_g Γ_5^+
六角				$\begin{pmatrix} a & c & 0 \\ -c & a & 0 \\ 0 & 0 & b \end{pmatrix} \begin{pmatrix} 0 & 0 & d \\ 0 & 0 & f \\ e & g & 0 \end{pmatrix} \begin{pmatrix} 0 & 0 & -f \\ 0 & 0 & d \\ -g & e & 0 \end{pmatrix}$ $\begin{pmatrix} i & h & 0 \\ h & -i & 0 \\ 0 & 0 & 0 \end{pmatrix} \begin{pmatrix} h & -i & 0 \\ -i & -h & 0 \\ 0 & 0 & 0 \end{pmatrix}$
	$z \parallel C_6$	6	C_6	A Γ_1 E_1 $\Gamma_5+\Gamma_6$ E_2 $\Gamma_2+\Gamma_3$
	$z \parallel C_3$	$\bar{6}$	C_{3h}	A' Γ_1 E'' $\Gamma_5+\Gamma_6$ E' $\Gamma_2+\Gamma_3$
	$z \parallel C_6$	$6/m$	C_{6h}	A_g Γ_1^+ E_{1g} $\Gamma_5^+ + \Gamma_6^+$ E_{2g} $\Gamma_2^+ + \Gamma_3^+$
				$\begin{pmatrix} a & 0 & 0 \\ 0 & a & 0 \\ 0 & 0 & b \end{pmatrix} \begin{pmatrix} 0 & 0 & 0 \\ 0 & 0 & c \\ 0 & c & 0 \end{pmatrix} \begin{pmatrix} 0 & 0 & -c \\ 0 & 0 & 0 \\ -c & 0 & 0 \end{pmatrix}$ $\begin{pmatrix} 0 & 0 & -d \\ -d & 0 & 0 \\ 0 & 0 & 0 \end{pmatrix} \begin{pmatrix} d & 0 & 0 \\ 0 & -d & 0 \\ 0 & 0 & 0 \end{pmatrix}$
	$z \parallel C_6$ $x \parallel C_2'$	622	D_6	A_1 Γ_1 A_2 Γ_2 E_1 Γ_5 E_1 Γ_6
	$z \parallel C_6$ $x \parallel \sigma_v$	$6mm$	C_{6v}	A_1' Γ_1 A_2' Γ_2 E'' Γ_5 E' Γ_6
	$z \parallel C_3$ $x \parallel C_2$	$\bar{6}m2$	D_{3h}	A_{1g} Γ_1^+ A_{2g} Γ_2^+ E_{1g} Γ_5^+ E_{2g} Γ_6^+
	$z \parallel C_6$ $x \parallel C_2'$	$6/mmm$	D_{6h}	

续表

晶系	主轴取向	点群		[拉曼张量]	
		国际符号	熊夫利斯符号	不可约表示(摹里肯符号)	不可约表示(贝蒂符号)
各向同性晶体					
				$\begin{pmatrix}a&0&0\\0&a&0\\0&0&a\end{pmatrix}\begin{pmatrix}b&0&0\\0&b&0\\0&0&-2b\end{pmatrix}\begin{pmatrix}-\sqrt{3}b&0&0\\0&\sqrt{3}b&0\\0&0&0\end{pmatrix}$ $\begin{pmatrix}0&0&0\\0&0&c\\0&d&0\end{pmatrix}\begin{pmatrix}0&0&c\\0&0&0\\d&0&0\end{pmatrix}\begin{pmatrix}0&c&0\\d&0&0\\0&0&0\end{pmatrix}$	
立方	$x\parallel C_2^x\ y\parallel C_2^y\ z\parallel C_2^z$	23	T	$A\quad E\quad T$	$\Gamma_1\quad \Gamma_2+\Gamma_3\quad \Gamma_4$
	$x\parallel C_2^x\ y\parallel C_2^y\ z\parallel C_2^z$	$m3$	T_h	$A_g\quad E_g\quad T_g$	$\Gamma_1^+\quad \Gamma_2^++\Gamma_3^+\quad \Gamma_4^+$
				$\begin{pmatrix}a&0&0\\0&a&0\\0&0&a\end{pmatrix}\begin{pmatrix}b&0&0\\0&b&0\\0&0&-2b\end{pmatrix}\begin{pmatrix}-\sqrt{3}b&0&0\\0&\sqrt{3}b&0\\0&0&0\end{pmatrix}\begin{pmatrix}0&0&0\\0&0&c\\0&-c&0\end{pmatrix}$ $\begin{pmatrix}0&0&c\\0&0&0\\-c&0&0\end{pmatrix}\begin{pmatrix}0&c&0\\-c&0&0\\0&0&0\end{pmatrix}\begin{pmatrix}0&0&0\\0&0&d\\0&d&0\end{pmatrix}\begin{pmatrix}0&0&d\\0&0&0\\d&0&0\end{pmatrix}\begin{pmatrix}0&d&0\\d&0&0\\0&0&0\end{pmatrix}$	
	$x\parallel C_4^x\ y\parallel C_4^y\ z\parallel C_4^z$	432	O		
	$x\parallel C_4^x\ y\parallel C_4^y\ z\parallel C_4^z$	$\bar{4}3m$	T_d	$A_1\quad E\quad T_1\quad T_2$	$\Gamma_1\quad \Gamma_3\quad \Gamma_4\quad \Gamma_5$
	$x\parallel C_4^x\ y\parallel C_4^y\ z\parallel C_4^z$	$m3m$	O_h	$A_{1g}\quad E_g\quad T_{1g}\quad T_{2g}$	$\Gamma_1^+\quad \Gamma_3^+\quad \Gamma_4^+\quad \Gamma_5^+$

Ⅴ.2　拉曼张量应用实例

Ⅴ.2.1　微分散射截面

微分散射截面 $\mathrm{d}\sigma/\mathrm{d}\Omega\approx|e_i^s x_{ij} e_j^i|^2$，其中 e_i^s 和 e_j^i 分别是散射和入射光场的偏振，x_{ij} 是拉曼张量的分量，下标 i 和 j 是笛卡儿坐标分量 x，y 和 z。对于如图Ⅴ.1 所示的直角散射几何配置，用拉曼张量表达的微分散射截面 $\mathrm{d}\sigma/\mathrm{d}\Omega$ 可举例如下。

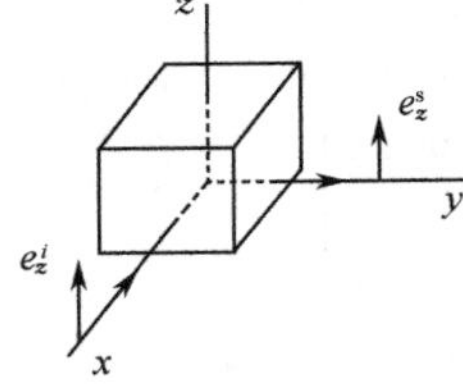

图Ⅴ.1　直角散射配置示意图

1. 代表性点群

1) 正交点群 D_2

$$A(\Gamma_1):\begin{pmatrix}0\\0\\1\end{pmatrix}\begin{pmatrix}a&0&0\\0&b&0\\0&0&c\end{pmatrix}\begin{pmatrix}0\\0\\1\end{pmatrix}=(0,0,c)\cdot(0,0,1)=c\rightarrow\frac{\mathrm{d}\sigma}{\mathrm{d}\Omega}\sim C^2$$

$$B_2(\Gamma_2):\begin{pmatrix}0\\0\\1\end{pmatrix}\begin{pmatrix} & & f\\ & & \\ g & & \end{pmatrix}\begin{pmatrix}0\\0\\1\end{pmatrix}=(f,0,0)\cdot(0,0,1)=0$$

$$B_1(\Gamma_3):\begin{pmatrix}0\\0\\1\end{pmatrix}\begin{pmatrix} & d & \\ e & & \\ & & \end{pmatrix}\begin{pmatrix}0\\0\\1\end{pmatrix}=0$$

$$B_1(\Gamma_3):\begin{pmatrix}0\\1\\0\end{pmatrix}\begin{pmatrix} & d & \\ e & & \\ & & \end{pmatrix}\begin{pmatrix}1\\0\\0\end{pmatrix}=(0,e,0)\cdot(0,1,0)=e\rightarrow\frac{\mathrm{d}\sigma}{\mathrm{d}\Omega}\sim e^2$$

2）三角点阵 D_{4h}：金红石 TiO_2

$$A_{1g}(\Gamma_1^+):\begin{pmatrix}0\\0\\1\end{pmatrix}\begin{pmatrix}a & & \\ & a & \\ & & b\end{pmatrix}\begin{pmatrix}0\\0\\1\end{pmatrix}=(0,0,1)\cdot(0,0,b)=b\rightarrow\frac{\mathrm{d}\sigma}{\mathrm{d}\Omega}\sim b^2$$

$$E_g(\Gamma_5^+):\begin{pmatrix}0\\0\\1\end{pmatrix}\begin{pmatrix} & & f\\ & & \\ g & & \end{pmatrix}\begin{pmatrix}1\\0\\0\end{pmatrix}=(1,0,0)\cdot(f,0,0)=f\rightarrow\frac{\mathrm{d}\sigma}{\mathrm{d}\Omega}\sim f^2$$

$$A_{1g}(\Gamma_1^+):\begin{pmatrix}1\\0\\0\end{pmatrix}\begin{pmatrix}a & & \\ & a & \\ & & b\end{pmatrix}\begin{pmatrix}1\\0\\0\end{pmatrix}=(1,0,0)\cdot(a,0,0)=a\rightarrow\frac{\mathrm{d}\sigma}{\mathrm{d}\Omega}\sim a^2$$

$$B_{1g}(\Gamma_3^+):\begin{pmatrix}1\\0\\0\end{pmatrix}\begin{pmatrix}d & & \\ & -d & \\ & & 0\end{pmatrix}\begin{pmatrix}1\\0\\0\end{pmatrix}=(1,0,0)\cdot(d,0,0)=d\rightarrow\frac{\mathrm{d}\sigma}{\mathrm{d}\Omega}\sim d^2$$

$$B_{2g}(\Gamma_4^+):\begin{pmatrix}0\\1\\0\end{pmatrix}\begin{pmatrix} & e & \\ e & & \\ & & \end{pmatrix}\begin{pmatrix}1\\0\\0\end{pmatrix}=(0,1,0)\cdot(0,e,0)=e\rightarrow\frac{\mathrm{d}\sigma}{\mathrm{d}\Omega}\sim e^2$$

3）立方点群 O_h

（1）金刚石结构 Si（反演对称）。

$$A_1(\Gamma_1^+):\begin{pmatrix}1\\-1\\0\end{pmatrix}\begin{pmatrix}a & & \\ & a & \\ & & a\end{pmatrix}\begin{pmatrix}1\\1\\0\end{pmatrix}=0$$

$$E(\Gamma_3^+):\begin{pmatrix}1\\-1\\0\end{pmatrix}\begin{pmatrix}-\sqrt{3}b & & \\ & \sqrt{3}b & \\ & & 0\end{pmatrix}\begin{pmatrix}1\\1\\0\end{pmatrix}=-\sqrt{3}b\rightarrow\frac{\mathrm{d}\sigma}{\mathrm{d}\Omega}\sim 3b^2$$

（2）闪锌矿结构 ZnS，GaP，GaAs(无反演对称)。

$$A_1(\Gamma_1):\begin{pmatrix}1\\1\\1\end{pmatrix}\begin{pmatrix}a&&\\&a&\\&&a\end{pmatrix}\begin{pmatrix}1\\1\\1\end{pmatrix}=a\rightarrow\frac{d\sigma}{d\Omega}\sim a^2$$

$$T_2(\Gamma_5):\begin{pmatrix}1\\1\\1\end{pmatrix}\begin{pmatrix}&&\\&&d\\&d&\end{pmatrix}\begin{pmatrix}1\\1\\1\end{pmatrix}=\frac{1}{3}(d+d)\rightarrow\frac{4}{3}d^2$$

$$\begin{pmatrix}1\\1\\1\end{pmatrix}\begin{pmatrix}&&d\\&&\\d&&\end{pmatrix}\begin{pmatrix}1\\1\\1\end{pmatrix}\rightarrow\frac{4}{3}d^2\qquad\Big\}\frac{d\sigma}{d\Omega}\Big|_{total}=\frac{4}{3}d^2$$

$$\begin{pmatrix}1\\1\\1\end{pmatrix}\begin{pmatrix}&d&\\d&&\\&&\end{pmatrix}\begin{pmatrix}1\\1\\1\end{pmatrix}\rightarrow\frac{4}{3}d^2$$

2. 代表性半导体[2]

表 V.2

半导体	散射面	入射光偏振	散射光偏振	微分散射截面
Si	[001]	(100)	(100)	a^2+4b^2
	[001]	(100)	(010)	d^2
	[001]	(110)	$(1\bar{1}0)$	$3b^2$
	[001]	(110)	(110)	$a^2+b^2+d^2$
GaP	$[0\bar{1}0]$	(100)	(100)	a^2+4b^2
	$[0\bar{1}0]$	(100)	(011)	d^2
	$[0\bar{1}0]$	(111)	(111)	$a^2+\frac{4}{3}d^2$
	$[0\bar{1}1]$	(111)	$(\bar{2}11)$	$2b^2+\frac{1}{3}d^2$
	[111]	$(1\bar{1}0)$	$(1\bar{1}0)$	$a^2+b^2+d^2$
	[111]	$(1\bar{1}0)$	$(1\bar{1}\bar{2})$	$b^2+\frac{2}{3}d^2$

V.2.2 偏振选择定则

1. 闪锌矿结构

对于闪锌矿结构，只有 Γ_5 光学声子是拉曼活性的。因为不同方向的声子位移 $\boldsymbol{u}$ 对应于不同的拉曼张量的分量，因此，我们有

$$\boldsymbol{u}\,/\!/\,x\qquad\rightarrow\Gamma_{5,x}\begin{pmatrix}&&\\&&d\\&d&\end{pmatrix}$$

$$\boldsymbol{u} \mathbin{/\!/} y \quad \rightarrow \Gamma_{5,y}\begin{pmatrix} & & d \\ & & \\ d & & \end{pmatrix}$$

$$\boldsymbol{u} \mathbin{/\!/} z \quad \rightarrow \Gamma_{5,z}\begin{pmatrix} & d & \\ d & & \\ & & \end{pmatrix}$$

$$\boldsymbol{u} \mathbin{/\!/} (x,y,0) \rightarrow \frac{1}{\sqrt{2}}(\Gamma_{5,x}+\Gamma_{5,y})$$

在如图Ⅴ.2(a)的背散射几何配置下，当选择

$$\boldsymbol{e}^i = (0,1,0)$$
$$\boldsymbol{e}^s = (0,0,1)$$

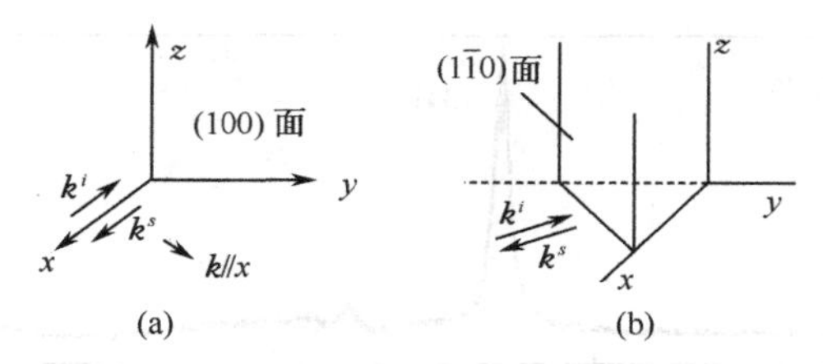

图Ⅴ.2 背散射几何配置

只有位移$\boldsymbol{u}/\!/(x,y,0)$的$\Gamma_{5,x}$对散射有贡献。而LO声子是声子位移$\boldsymbol{u}$平行于波矢$\boldsymbol{k}$的，即$\boldsymbol{u}/\!/k$的声子，因此，此时如上的偏振配置就可以和只能选择观察到LO声子。

在如图Ⅴ.2(b)的背散射几何配置下，如果选择

$$\boldsymbol{e}^i = (0,0,1)$$
$$\boldsymbol{e}^s = (1,1,0)$$

只有位移$\boldsymbol{u}/\!/(x,y,0)$的$\Gamma_{5,x}$和$\Gamma_{5,y}$对散射有贡献。而TO声子是声子位移$\boldsymbol{u}$垂直于波矢$k$的，即$\boldsymbol{u}\perp k$的声子，因此，此时如上的偏振配置就可以和只能选择观察到TO声子。

在图Ⅴ.2所示背散射几何配置下，闪锌矿晶体偏振选择定则如表Ⅴ.3所列。

表Ⅴ.3

晶　面	入射光偏振	散射光偏振	拉曼张量分量
(100)	(0-1-1)	(0-1-1)	$a^2+b^2+d^2$(LO)
(100)	(011)	(01-1)	$3b^2$(禁戒)
(100)	(010)	(001)	d^2(LO)
(100)	(010)	(010)	a^2+4b^2(禁戒)
(1-10)	(110)	(110)	$a^2+b^2+d^2$(TO)

续表

晶　面	入射光偏振	散射光偏振	拉曼张量分量
(1-10)	(001)	(001)	a^2+4b^2(禁戒)
(1-10)	(001)	(110)	d^2(TO)
(1-10)	(111)	(111)	$a^2+\frac{4}{3}d^2\left(\frac{4}{3}\text{TO}\right)$

2. 金红石结构

对应于由(ZZ)、(ZX)、(XX)和(Y、X)偏振配置，根据Ⅴ.2.1节内容将依次选择Γ_1^+、Γ_5^+、Γ_3^+和Γ_4^+对称扩展振动，图Ⅴ.3关于MnF_2的实验结果清楚地证明

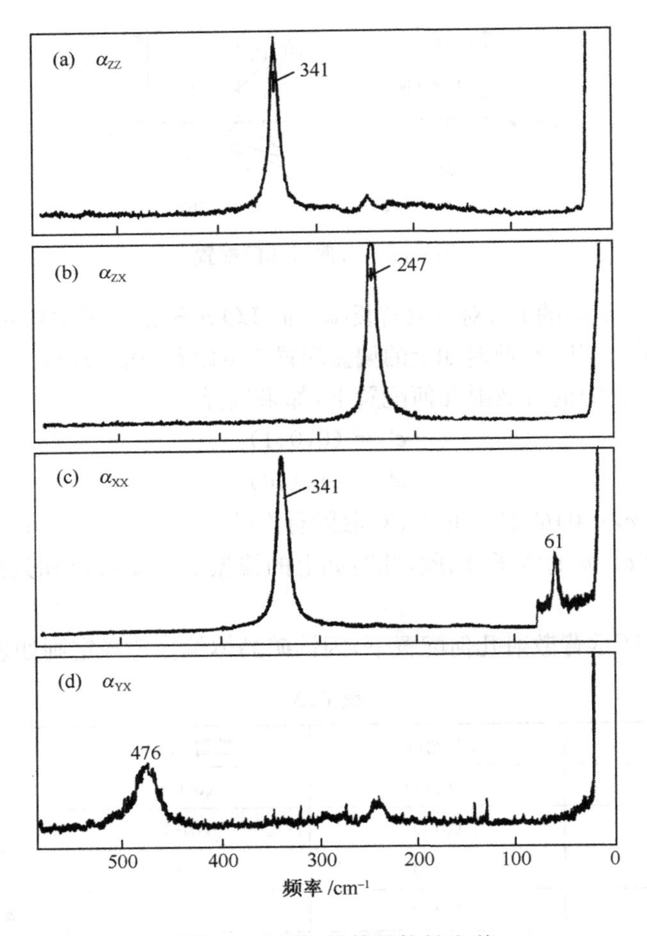

图Ⅴ.3　MnF_2晶体的拉曼光谱

了这一分析推论。

参考文献

[1] Hayes W, London R. Scattering of Lights in Crystals. New York: J. Wiley and Sons, 1978.
[2] Weinstein B A, Cardona M. Solid State Commu., 1972, 10: 961.

附录Ⅵ　波动方程的求解

我们对下列非均匀齐次波动方程

$$\nabla^2 \boldsymbol{E}' - \frac{1}{\bar{c}^2}\ddot{\boldsymbol{E}}' = -4\pi\left(\frac{1}{\varepsilon_0}\nabla(\nabla\delta\boldsymbol{P}) - \frac{1}{\bar{c}^2}\delta\ddot{\boldsymbol{P}}\right) \tag{1}$$

其中 $\bar{c}=c/\sqrt{\varepsilon_0}$。

利用 Hertz 矢量 $\boldsymbol{Z}$ 是方程

$$\nabla^2 \boldsymbol{Z} - \frac{1}{\bar{c}^2}\ddot{\boldsymbol{Z}} = -4\pi\delta\boldsymbol{P} \tag{2}$$

的解对方程(1)，$\boldsymbol{Z}$ 的求解可以用推迟势的方法，因此物理上有意义的解为

$$Z(r,t) = \int \mathrm{d}^3 r' \frac{\delta P(r',t_{\text{ret}})}{|r-r'|} \tag{3}$$

其中 $t_{\text{ret}}=t-\frac{1}{\bar{c}}|r-r'|$。而满足边界条件的散射场的特解可以写成

$$E' = \frac{1}{\varepsilon_0}\nabla(\nabla\cdot Z) - \frac{1}{\bar{c}^2}\ddot{Z} \tag{4}$$

利用

$$\nabla\times\nabla\times\boldsymbol{Z} = \nabla(\nabla\cdot\boldsymbol{Z}) - \nabla^2\boldsymbol{Z}$$

和

$$\nabla^2 \boldsymbol{Z} - \frac{1}{\bar{c}^2}\ddot{\boldsymbol{Z}} = -4\pi\delta\boldsymbol{P} \tag{5}$$

可以得到

$$\nabla\times\boldsymbol{Z} - 4\pi\delta\mathbf{P} = \frac{1}{\varepsilon_0}\left(\nabla\times\nabla\times\int \mathrm{d}r^3 \frac{\delta\boldsymbol{P}(\boldsymbol{r}',t_{\text{ret}})}{|\boldsymbol{r}-\boldsymbol{r}'|} - 4\pi\delta\boldsymbol{P}\right) \tag{6}$$

由于我们要求的是辐射场，很显然，式(6)中最后一项并不是我们要求的解，所以散射场仅含第一部分。

将 $\delta\boldsymbol{P}(\boldsymbol{r},t_{\text{ret}})$做傅里叶展开

$$\delta P(r',t_{\text{ret}}) = \int q(r')\ \exp(-\mathrm{i}\omega t_{\text{ret}})\mathrm{d}\omega \tag{7}$$

取一级近似$|\boldsymbol{r}-\boldsymbol{r}'|\approx r$，推迟时间可近似为 $t_{\text{ret}}\approx t-\frac{r}{\bar{c}}$，代入散射场的表达式，得

$$\begin{aligned}E' &= \frac{1}{\varepsilon_0}\nabla\times\nabla\times\int \mathrm{d}^3 r'\int \mathrm{d}\omega \frac{q(r')\exp(-\mathrm{i}\omega t)\exp(\mathrm{i}\omega r/\bar{c})}{r} \\ &= \frac{1}{\varepsilon_0}\int \mathrm{d}^3 r'\int \mathrm{d}\omega\nabla\times\nabla\times\frac{q(r')\exp(-\mathrm{i}\omega t)\exp(\mathrm{i}\omega r/\bar{c})}{r}\end{aligned}$$

再利用$\nabla\times\nabla\times\frac{\mathrm{e}^{ikr}}{r}\boldsymbol{q}=\mathrm{i}k\boldsymbol{e}_r\times ik\boldsymbol{e}_r\times\frac{\mathrm{e}^{ikr}}{r}\boldsymbol{q}$，得到最强的散射场$E'$的表达式为

$$\begin{aligned}E'&=\frac{1}{\varepsilon_0\bar{c}^2r}\int\mathrm{d}^3r'\int\mathrm{d}\omega\boldsymbol{e}_r\times\boldsymbol{e}_r\times(-\omega^2)q(r')\exp(-\mathrm{i}\omega t)\exp(\mathrm{i}\omega r/\bar{c})\\&=\frac{1}{c^2r}\boldsymbol{e}_r\times\boldsymbol{e}_r\times\int\mathrm{d}^3r'\,\frac{\partial^2\int\mathrm{d}\omega q(r')\exp(-\mathrm{i}\omega t)\exp(\mathrm{i}\omega r/\bar{c})}{\partial t^2}\\&\approx\frac{1}{c^2r}\boldsymbol{e}_r\times\boldsymbol{e}_r\times\int\mathrm{d}^3r'\delta\ddot{\boldsymbol{P}}(r',t_{\mathrm{ret}})\end{aligned}$$

附录Ⅶ 关联和关联函数

Ⅶ.1 关 联[1]

凝聚态物质由存在相互作用的原子形成，是强相互作用的多体系统。存在相互作用的原子、电子、声子……表明它们彼此存在“关联(correlation)”，而关联也就成为凝聚态的基本属性之一。

固体中一个原子的运动是受其周围原子的存在和及其运动的影响的，也就是说彼此是关联的。晶体中的格波(声子)就体现了这种关联性，固体光散射的微分散射截面已被证明可以用体现上述相关联性的关联函数表达。

对于固体中的电子，当忽略各电子之间的相互作用，引入哈特里-福克(Hartree-Fock)平均场近似，每个电子就被看成是在一个其他电子和离子实形成的平均场中运动，于是，多电子的求解问题化成为单电子问题。在哈特里-福克近似中，如考虑电子遵守费米统计，使波函数满足交换反对称性，在哈密顿中就多了一项与电子交换相关的交换能；由此算出的体系基态能量，通常高于用不满足交换反对称性波函数计算得到的基态能，于是，其差值就称为关联能。

在自由电子气中，对于任一电子，在它周围的其他电子将在静电力作用下而远离，直到等量的正电荷背景在该电子周围产生。也就是说电子运动是关联的，关联的后果是在一个电子周围电子浓度下降，出现带相反电荷的“空穴”，即‘关联空穴’；而点电荷产生的库仑势会受到屏蔽，出现屏蔽式库仑势(screened Coulomb potential)。

$$\Phi(r) = \frac{Q}{4\pi\varepsilon_0 r}\mathrm{e}^{-k_0 r} \tag{1}$$

此时的单电子就不再是“裸”电子，而是带着关联空穴一起运动的“屏蔽电子”。

如果电子间的有效库仑相互作用远大于能带宽度时，相互作用做微扰处理已无法描述体系的本质，这种体系称为强关联电子体系。超导体即是强关联体系之一例。

Ⅶ.2 局域可观察量和时间关联函数

Ⅶ.2.1 可观察量(observable)和局域可观察量(local observable)

一般来说，一个粒子的可观察量可写成

$$A(\boldsymbol{r},t) = \sum_{i=1}^{N} A_i(t)\delta(\boldsymbol{r}-\boldsymbol{r}_i(t)) \equiv \sum_i A_i(\boldsymbol{r}-\boldsymbol{r}_i(t),t) \tag{2}$$

式中，$\delta(\boldsymbol{r}-\boldsymbol{r}_j(t))$为 δ 函数

$$\delta(\boldsymbol{r}-\boldsymbol{r}_j(t)) = \begin{cases} 1, & \boldsymbol{r}=\boldsymbol{r}_j(t) \\ 0, & \boldsymbol{r}\neq\boldsymbol{r}_j(t) \end{cases} \tag{3}$$

在物理上，上述 δ 函数代表除在 $\boldsymbol{r}_j(t)$发现一个粒子外，其余地点和时间均不存在粒子。显然，还应有

$$\int_V \mathrm{d}^3 r\, \delta(\boldsymbol{r},\boldsymbol{r}_i) = \begin{cases} 1, & \boldsymbol{r}_i < V \\ 0, & \boldsymbol{r}_i > V \end{cases} \tag{4}$$

当 $A_i(t)=1$，$A(\boldsymbol{r},t)$就代表一个局域可观察量-粒子密度，因为

$$A(\boldsymbol{r},t) = \sum_{i=1}^{N} \delta(\boldsymbol{r}-\boldsymbol{r}_i(t)) = \rho(\boldsymbol{r},t) \tag{5}$$

$\rho(\boldsymbol{r},t)$空间傅里叶变换为

$$\rho_k(t) = \int \rho(\boldsymbol{r},t)\, \mathrm{e}^{-\mathrm{i}\boldsymbol{k}\cdot\boldsymbol{r}} \mathrm{d}^3 r = \sum_j^N \mathrm{e}^{-\mathrm{i}\boldsymbol{k}\cdot\boldsymbol{r}_j(t)} \tag{6}$$

当 $A_i(t)=\boldsymbol{v}_i(t)$，$\boldsymbol{v}_i(t)$ 是第 i 个粒子在 $\boldsymbol{r}(t)$的速度，此时 $A(\boldsymbol{r},t)$是局域可观察量——粒子流密度，因为

$$A(\boldsymbol{r},t) = \sum_{i=1}^{N} \boldsymbol{v}_i(t)\delta(\boldsymbol{r}-\boldsymbol{r}_i(t)) = \boldsymbol{j}(\boldsymbol{r},t) \tag{7}$$

对于 $\rho(\boldsymbol{r},t)$，有体系粒子总数 N 守恒

$$\int_V \rho(\boldsymbol{r},t)\mathrm{d}^3 r = N \tag{8}$$

对于 $\boldsymbol{j}(\boldsymbol{r},t)$，有连续方程

$$\frac{\partial}{\partial t}\rho(\boldsymbol{r},t) = -\sum_{i=1}^{N} \boldsymbol{v}_i(t)\cdot\boldsymbol{\nabla}\delta(\boldsymbol{r}-\boldsymbol{r}_i(t)) = -\boldsymbol{\nabla}\cdot\boldsymbol{j}(\boldsymbol{r},t) \tag{9}$$

Ⅶ.2.2 局域可观察量和统计平均

受外场作用，粒子 $\boldsymbol{r}_i(t)(i=1,\cdots,N)$随时间运动，于是，与粒子有关的局域观察量 $A(\boldsymbol{r},t)$与时间相关。对经典动力学说，$\boldsymbol{r}_i(t)$的运动由正则(牛顿)方程决定

$$\boldsymbol{r}_i(t) = \boldsymbol{r}_i(t;\{\boldsymbol{r}_k(0),\boldsymbol{r}_k(0)\}) \tag{10}$$

对量子力学，$\boldsymbol{r}_j(t)$(算符)的运动由海森伯-薛定谔方程决定

$$\boldsymbol{r}_j(t) = \mathrm{e}^{\mathrm{i}H_t/\hbar}\boldsymbol{r}_j(0)\mathrm{e}^{-\mathrm{i}H_t/\hbar} \tag{11}$$

对于粒子数 $N\approx 10^{23}$ 的宏观系统，从微观角度计算 $A(t)$的时间关系实际上是不可能的。因此，通常求助于经典或量子统计方法加以解决，即用系综求平均代替时间过程的平均。如果在任一时刻 t，$A(t)$是无规变化的，那么 $A(t)$称作时间 t 的

随机函数。也就是说，$A(t)$的可能值是根据概率律 $P(A,t)$分布的，$P(A,t)$满足

$$\int_V P(A,\ t)\mathrm{d}A = 1 \tag{12}$$

而 $A(t)$的平均值定义为

$$\langle A(t)\rangle = \int_v A(t)P(A,t)\mathrm{d}A \tag{13}$$

符号〈 〉表示统计平均。

如果 $f=f(A(t))$，那么

$$\langle f(t)\rangle = \int f(A)\ P(A,t)\mathrm{d}A \tag{14}$$

Ⅶ.2.3 关联函数

局域可观察量乘积的统计平均即定义为关联函数。

一般来说，在不同时刻，$A(t)$的值$(A(t_1),A(t_2))$，并不是独立的无规变量，也就是说它们是“关联”的。令 $P(A_1,t_1,A_2,t_2)$标记在时刻 t_1 值发现 A_1 和在 t_2 发现 A_2 的概率，那么，自关联函数定义为

$$G_{AA}(t_1,t_2) = \langle A(t_1)A(t_2)\rangle = \int A_1A_2P(A_1,t_1;A_2,t_2)\mathrm{d}A_1\mathrm{d}A_2 \tag{15}$$

而对两个不同可观察量 A 和 B，定义互关联函数为

$$G_{AB}(t_1,t_2) = \langle A(t_1)B(t_2)\rangle = \int A(t_1)B(t_2)P(A,t_1;B,t_2)\mathrm{d}A\mathrm{d}B \tag{16}$$

如果

$$P(A,t) = P(A) \tag{17}$$

$$P(A_1,t_1;A_2,t_2) = P(A_1,0;A_2,t_2-t_1) \tag{18}$$

那么，A 就是稳定的随机可观察量。

Ⅶ.3 概率密度与空间关联函数

Ⅶ.3.1 概率和概率密度

如图Ⅶ.1所示，设在体积 V 的 $\boldsymbol{r}_1$ 处发现一个在 d^3r_1 中的粒子的概率是

$$p(\boldsymbol{r}_1)\mathrm{d}^3r_1 \tag{19}$$

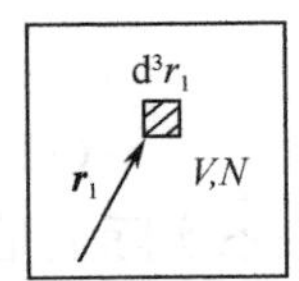

图Ⅶ.1

显然，在整个体积 V 中发现粒子的概率是1，即

$$\int_V p(\boldsymbol{r}_1)\mathrm{d}^3r_1 = 1 \tag{20}$$

于是 $p(\boldsymbol{r}_1)$就称为“概率密度”。如在固体和液体中，粒子总数为 N，显然，在 $\boldsymbol{r}_1$ 的粒子密度为 $Np(\boldsymbol{r}_1)$，对于固体

$$Np(\boldsymbol{r}_1) = \rho_{固体}(\boldsymbol{r}_1) \tag{21}$$

对于液体

$$Np(\boldsymbol{r}_1) = \rho_{液体}(\boldsymbol{r}_1) = \frac{1}{V} \tag{22}$$

Ⅶ.3.2 对概率密度

假设在$(\boldsymbol{r}_1, \mathrm{d}^3 r_1)$发现一个粒子，同时在$(\boldsymbol{r}_2, \mathrm{d}^3 r_2)$处发现第二个粒子的概率为

$$p(\boldsymbol{r}_1, \boldsymbol{r}_2)\mathrm{d}^3 r_1 \mathrm{d}^3 r_2 \tag{23}$$

于是，$p(\boldsymbol{r}_1, \boldsymbol{r}_2)$就是“对概率密度”，显然，$p(\boldsymbol{r}_1, \boldsymbol{r}_2)$有性质：

(1) 对于 $\mathrm{d}^3 r_2$ 进行体积积分有

$$\int_V p(\boldsymbol{r}_1, \boldsymbol{r}_2)\mathrm{d}^3 r_2 = P(\boldsymbol{r}_1) \tag{24}$$

(2) 对于等同粒子，$\boldsymbol{r}_1$ 和 $\boldsymbol{r}_2$ 可交换，即

$$p(\boldsymbol{r}_1, \boldsymbol{r}_2) = p(\boldsymbol{r}_2, \boldsymbol{r}_1) \tag{25}$$

(3) 如果粒子 $\boldsymbol{r}_1$ 和 $\boldsymbol{r}_2$ 之间无相互作用，即粒子 1 和粒子 2 是无关联的，则有

$$p(\boldsymbol{r}_1, \boldsymbol{r}_2) = P(\boldsymbol{r}_1) \cdot P(\boldsymbol{r}_2) \tag{26}$$

(4) 即使存在相互作用，如果$|\boldsymbol{r}_1 - \boldsymbol{r}_2| \to \infty$，则因为一般认为此时彼此间已不存在相互作用，于是有渐近式

$$p(\boldsymbol{r}_1, \boldsymbol{r}_2) \to P(\boldsymbol{r}_1) \cdot P(\boldsymbol{r}_2) \tag{27}$$

(5) 此外，在热力学极限，即图Ⅶ.1 中的 $N, V \to \infty$ 时，有

$$N/V = \rho_0 \tag{28}$$

而 ρ_0 是有限的。

Ⅶ.3.3 对分布函数 $g(\boldsymbol{r}_1, \boldsymbol{r}_2)$

为了用单粒子概率密度表达对概率密度，引入“对分布函数”$g(\boldsymbol{r}_1, \boldsymbol{r}_2)$。$g(\boldsymbol{r}_1, \boldsymbol{r}_2)$定义为

$$P(\boldsymbol{r}_1, \boldsymbol{r}_2) = P(\boldsymbol{r}_1) \cdot P(\boldsymbol{r}_2) \cdot g(\boldsymbol{r}_1, \boldsymbol{r}_2) \tag{29}$$

显然，在各向同性液体中，

$$g(\boldsymbol{r}_1, \boldsymbol{r}_2) = g(r_{12}) \tag{30}$$

其中，$r_{12} = |\boldsymbol{r}_1 - \boldsymbol{r}_2|$。

对于径向分布函数 $g(r)$，如两原子间的相互作用势如图Ⅶ.2 上部所示，$g(r)$的定性行为就如图Ⅶ.2 下部所示，即有

$$g(r) \begin{array}{lll} \to 1, & \quad for & \quad r \to \infty \\ \to 0, & \quad for & \quad r \to 0 \end{array} \tag{31}$$

下式代表在短距离时，存在排斥相互作用。

Ⅶ.3.4 对关联函数 $G(r)$

$G(r)$定义为

$$G(r) = g(r) - 1 \tag{32}$$

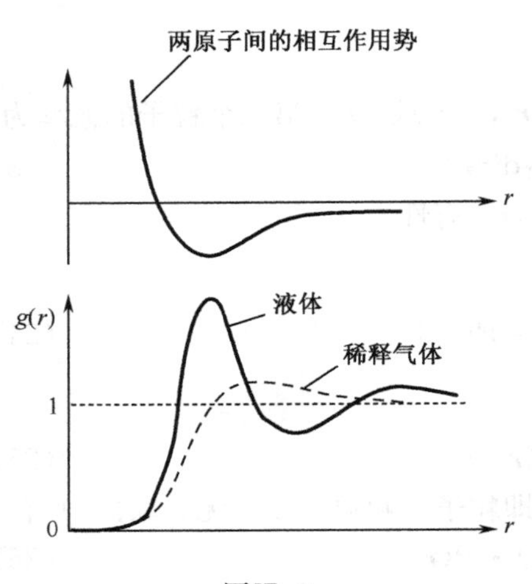

图Ⅶ.2

与对分布函数 $g(r)$只差常数1。由此可见，对关联函数 $G(r)$实际上是只涉及坐标变量 r 的空间关联函数。

根据式(31)，显然，有

$$r \to \infty, \qquad G(r) \to 0 \tag{33}$$

上述渐近式表明这样一个事实：粒子间距离为无穷时，粒子间已无相互作用，即已无关联。

关于对关联函数的物理意义，还可以结合图Ⅶ.3，通过以下关系式得到进一步的了解：

因为在体积元 $\mathrm{d}^3 r$ 中粒子的平均数可以表达为

$$NP(\boldsymbol{r})\mathrm{d}^3 r = \rho_0 \mathrm{d}^3 r \tag{34}$$

因此，(1)在在各向同性液体中

$$(N-1)\frac{P(\boldsymbol{r}_1, \boldsymbol{r}_2)}{P(\boldsymbol{r}_1)}\mathrm{d}^3 r_2 \to \rho_0 G(r_{12})\mathrm{d}^3 r_2 \tag{35}$$

式(35)代表如果在 $\boldsymbol{r}_1$ 处有一个粒子，在$(\boldsymbol{r}_2, \mathrm{d}^3 r_2)$的粒子平均数。

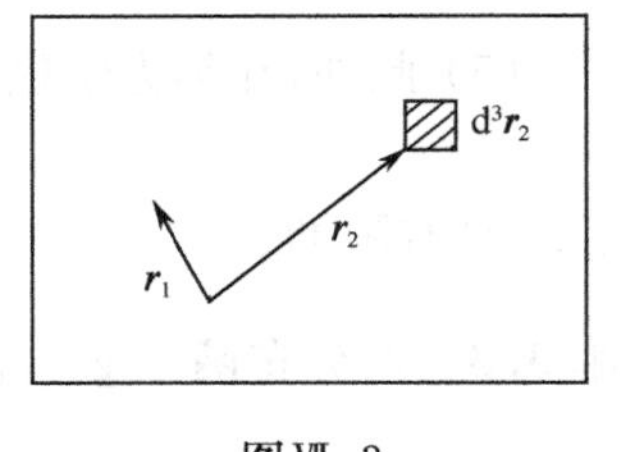

图Ⅶ.3

(2) 而在离给定粒子距离 r 处，在球壳 $\mathrm{d}r$ 内粒子的平均数是

$$\rho_0 G(r) 4\pi r^2 \mathrm{d}r \tag{36}$$

Ⅶ.4 密度与时间空间关联函数

上面关于关联的讨论是分别针对不随时间或空间变化的可观察量，这种情况在实际固体中并不存在，例如，在凝聚态的光散射中，微分散射截面就是由与时间、空间相关的密度-密度关联函数 $G(\boldsymbol{r},t)$决定。在本小节，就以密度-密度关联函数 $G(\boldsymbol{r},t)$为例，具体介绍与时间、空间相关的关联函数

时间、空间相关的关联函数 $G(\boldsymbol{r},t)$定义为

$$G(\boldsymbol{r},t)=\frac{1}{N}\int_V\langle\rho(\boldsymbol{r}'-\boldsymbol{r},0)\rho(\boldsymbol{r}',t)\rangle \mathrm{d}^3r'$$
$$=\frac{1}{N}\sum_{i=1}^{N}\sum_{j=1}^{N}\int_V\langle\delta(\boldsymbol{r}-\boldsymbol{r}'+\boldsymbol{r}_i(0))\cdot\delta(\boldsymbol{r}'-\boldsymbol{r}_j(t))\rangle \mathrm{d}^3r' \tag{37}$$

式中 $\rho(\boldsymbol{r},t)$ 是由附录Ⅶ的式(21)定义的粒子密度。

Ⅶ.4.1 $G(\boldsymbol{r},t)$的性质

1. 均匀液体

定义式(37)中的被积函数与 $\boldsymbol{r}$ 无关，利用 $\rho_0=\frac{V}{N}$，得到

$$G(\boldsymbol{r},t)=\frac{1}{\rho_0}\langle\rho(-\boldsymbol{r},0)\rho(0,t)\rangle=\frac{1}{\rho_0}\langle\rho(0,0)\rho(\boldsymbol{r},t)\rangle \tag{38}$$

2. 等时($t=0$)的关联，$\boldsymbol{r}_i(0)$和 $\boldsymbol{r}_j(0)$可以互易

(1) 非等同粒子。

$$G(\boldsymbol{r}',0)=\frac{1}{N}\sum_{i,j}\langle\delta(\boldsymbol{r}+\boldsymbol{r}_i-\boldsymbol{r}_j)\rangle=\frac{1}{N}\sum_{i=j}\delta(\boldsymbol{r}+\boldsymbol{r}_i-\boldsymbol{r}_j)+\frac{1}{N}\sum_{i\neq j}\langle\delta(\boldsymbol{r}+\boldsymbol{r}_i-\boldsymbol{r}_j)\rangle$$
$$=\delta(\boldsymbol{r})+\frac{1}{N}\sum_{i\neq j}\langle\delta(\boldsymbol{r}+\boldsymbol{r}_i-\boldsymbol{r}_j)\rangle \tag{39}$$

(2) 等同粒子。

对 $i=1,\cdots,N$ 求和，得 N，同时 $j=1$ 的求和无效。

因而

$$\frac{1}{N}\sum_{i\neq j}\langle\delta(\boldsymbol{r}+\boldsymbol{r}_i-\boldsymbol{r}_j)\rangle=\sum_{j>1}\langle\delta(\boldsymbol{r}+\boldsymbol{r}_i-\boldsymbol{r}_j)\rangle \tag{40}$$

而

$$\int_{\Delta V(\boldsymbol{r})}\mathrm{d}^3x\sum_{j>1}\langle\delta(\boldsymbol{r}-\boldsymbol{x}+\boldsymbol{r}_i-\boldsymbol{r}_j)\rangle=\Delta N(\boldsymbol{r})=\rho_0 g(\boldsymbol{r})\Delta V(\boldsymbol{r}) \tag{41}$$

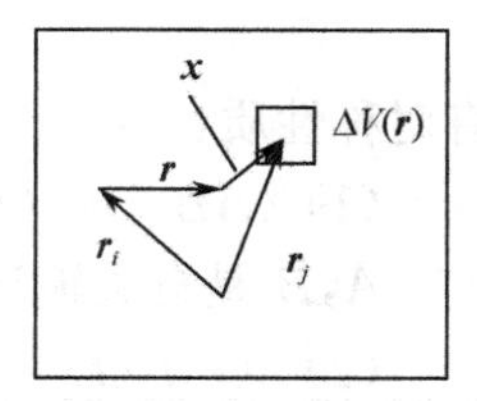

图Ⅶ.4

$\Delta N(\boldsymbol{r})$是从离给定在 $\boldsymbol{r}_i$ 的粒子算起，距离为 $\boldsymbol{r}$ 的粒子平均数 $\Delta V(\boldsymbol{r})$。因此，有

$$G(\boldsymbol{r}',0)=\delta(\boldsymbol{r})+\rho_0 g(r) \tag{42}$$

$$\rho_0 g(\boldsymbol{r})=\frac{1}{N}\sum_{i\neq j}\langle\delta(\boldsymbol{r}+\boldsymbol{r}_i-\boldsymbol{r}_j)\rangle \tag{43}$$

3. 经典力学的情形

$\boldsymbol{r}_i(0)$和$\boldsymbol{r}_j(t)$关系总是对易的，因此，有经典关联函数

$$G_{\mathrm{CM}}(\boldsymbol{r},t)=\frac{1}{N}\sum_{i,j}\langle\delta(\boldsymbol{r}+\boldsymbol{r}_i(0)-\boldsymbol{r}_j(t))\rangle \tag{44}$$

式(44)的物理意义如图Ⅶ.5所示，考虑在一固定点$\boldsymbol{r}$，如果一粒子在$t=0$时经过$\boldsymbol{r}$，那么在$\boldsymbol{r}$近邻和在$t=0$前后的某个时间间隔内，$\boldsymbol{r}$附近的密度分布将受扰动，由于粒子间相互作用导致的关联效应，由经典的关联函数$G_{\mathrm{CM}}(\boldsymbol{r},t)$，或者更精确的说，如果在$\boldsymbol{r}=0$和$t=0$时有一个粒子，那么，在时刻$t$，在$(\boldsymbol{r},\mathrm{d}^3\boldsymbol{r})$处发现粒子的概率是

$$G_{\mathrm{CM}}(\boldsymbol{r},t)\mathrm{d}^3r \tag{45}$$

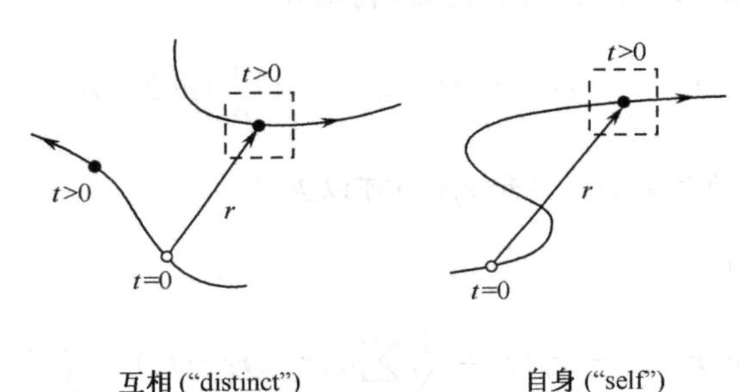

图Ⅶ.5　自(self)和互(distinct)关联的示意图

4. $G(\boldsymbol{r},t)$的对称性

在量子情况下，$G(\boldsymbol{r},t)$是一复数量，即

$$G^*(\boldsymbol{r},t)=G(-\boldsymbol{r},-t) \tag{46}$$

有对称性质：

(1) $\langle AB\rangle^\dagger=\langle(AB)^\dagger\rangle=\langle B^\dagger A^\dagger\rangle=\langle BA\rangle$ (47)

A,B是自共轭算符。

(2) $\delta(\boldsymbol{r},\boldsymbol{r}_l(t))=\delta(\boldsymbol{r}-\mathrm{e}^{itH}\boldsymbol{r}_l\mathrm{e}^{-itH})=\mathrm{e}^{itH}\delta(\boldsymbol{r}-\boldsymbol{r}_l)\mathrm{e}^{-itH}$ (48)

(3) $T_r(ABC)=T_r(BCA)$ (49)

T_r代表循环不变性。

(4) $\boldsymbol{r}'=\boldsymbol{r}''+\boldsymbol{r}$ (50)

即，$i\leftrightarrow j$存在替代性。

5. $G(\boldsymbol{r},t)$分离为自(self)关联函数$G_{\mathrm{s}}(\boldsymbol{r},t)$和互(distinct)关联函数$G_{\mathrm{d}}(\boldsymbol{r},t)$

$$G(\boldsymbol{r},t)=G_s(\boldsymbol{r},t)+G(\boldsymbol{r},t) \tag{51}$$

$$G_s(\boldsymbol{r},t) = \frac{1}{N}\sum_{j}\int\langle\delta(\boldsymbol{r}-\boldsymbol{r}'+\boldsymbol{r}_i(0))\cdot\delta(\boldsymbol{r}'-\boldsymbol{r}_j(t))\rangle \mathrm{d}^3 r' \tag{52}$$

$$G_d(\boldsymbol{r},t) = \frac{1}{N}\sum_{i\neq j}\int\langle\delta(\boldsymbol{r}-\boldsymbol{r}'+\boldsymbol{r}_i(0))\cdot\delta(\boldsymbol{r}'-\boldsymbol{r}_j(t))\rangle \mathrm{d}^3 r' \tag{53}$$

6. 团簇(cluster)性质

对于足够大 $\boldsymbol{r}$,但 t 固定,或者足够大 t, 但 $\boldsymbol{r}$ 固定, 有

$$G(\boldsymbol{r},t) \to \frac{1}{N}\int\langle\rho(\boldsymbol{r}'-\boldsymbol{r},0)\rangle\cdot\langle\rho(\boldsymbol{r},t)\rangle \mathrm{d}^3 r' \tag{54}$$

在均匀液体中

$$G(\boldsymbol{r},t) \to \rho_0 \tag{55}$$

Ⅶ.4.2 $G(r,t)$的定性行为

我们假定有这样的关联长度 ξ_0 和弛豫时间 τ_0,以至于在距离间隔$|\boldsymbol{r}|<\xi_0$ 内的粒子对,在 $t<\tau_0$ 内是关联的,如果 $\boldsymbol{r}\gg\xi_0$,或者 $t\gg\tau_0$,则式(40)的渐进行为成立。除非接近 ξ_0 和 τ_0 变成宏观大的 ξ_0 和 τ_0 的临界点,我们可以期望有下列典型值:

$$\xi_0 \sim 几个\ \text{Å}; \qquad \tau_0 \sim 10^{-13}\,\text{s}$$

由于量子效应,$G(\boldsymbol{r},t)$是复数,因此,在一般的量子情况下,用经典的$G_{\text{CM}}(\boldsymbol{r},t)$给出概率解释是不可能的。但是量子效应只在德布罗意波长 $\lambda_B=\hbar/\sqrt{2mk_BT}$ 的量级的距离内,或者在时间 $t<\hbar/k_BT$ 时才有意义。因此,对于不太低的温度,我们应有

$$\lambda_B < \xi_0; \qquad \hbar/k_BT < t$$

现在分别考察式(52)和(53)。首先,讨论互关联函数 G_d 和自联函数 G_s,参考

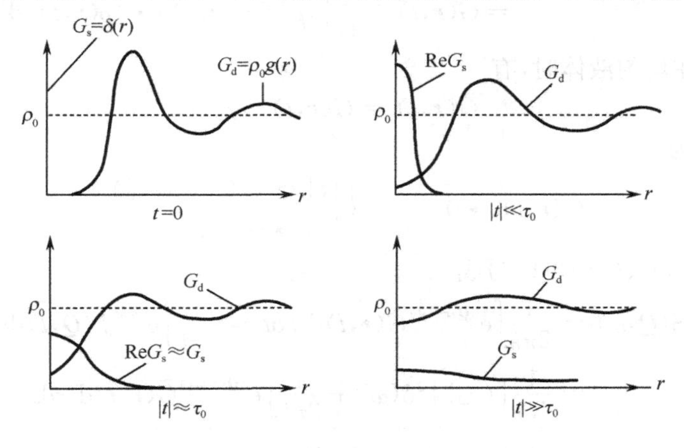

图Ⅶ.6 互关联函数 G_d 和自关联函数 G_s 与时间和位置变化关系的示意图

图Ⅶ.6,它们的含义是

$G_d(\boldsymbol{r},t)$:主要是粒子对于间隔$|\boldsymbol{r}|>\xi_0$粒子对的贡献,量子效应通常可以忽略。

$G_s(\boldsymbol{r},t)$:对于时间$t<\hbar/k_BT$,自关联函数集中在$|\boldsymbol{r}|<\lambda_B$的范围内,量子效应是有意义的。但是在如此短时间期间,实际上粒子将自由移动。

Ⅶ.4.3　$G(\boldsymbol{r},t)$的傅里叶变换

1. $G(\boldsymbol{r},t)$傅里叶变换的一般表达式

对$G(\boldsymbol{r},t)$进行傅氏变换,得$G(\boldsymbol{r},t)$的傅里叶变换表达式为,

$$S(\boldsymbol{Q},\omega)=\frac{1}{2\pi\hbar}\int \mathrm{e}^{\mathrm{i}(\boldsymbol{Q}\cdot\boldsymbol{r}-\omega\cdot t)}G(\boldsymbol{r},t)\mathrm{d}^3r\mathrm{d}t$$
$$=\frac{1}{2\pi\hbar}\int \mathrm{e}^{-\mathrm{i}\omega t}J(\boldsymbol{Q},t)\mathrm{d}t \tag{56}$$

式中

$$J(\boldsymbol{Q},t)=\int \mathrm{e}^{\mathrm{i}\boldsymbol{Q}\cdot\boldsymbol{r}}G(\boldsymbol{r},t)\mathrm{d}^3r \tag{57}$$

2. 密度涨落与密度涨落$G(\boldsymbol{r},t)$的傅里叶变换表述

密度涨落可以表达为

$$\delta\rho(\boldsymbol{r},t)=\rho(\boldsymbol{r},t)-\langle\rho(\boldsymbol{r},t)\rangle \tag{58}$$

并定义

$$\widetilde{G}(\boldsymbol{r},t)=\frac{1}{N}\int\langle\delta\rho(\boldsymbol{r}'-\boldsymbol{r},0)\cdot\delta\rho(\boldsymbol{r}',t)\rangle\mathrm{d}^3r'$$
$$=G(\boldsymbol{r},t)-\frac{1}{N}\int\langle\rho(\boldsymbol{r}'-\boldsymbol{r},0)\rangle\cdot\langle\rho(\boldsymbol{r},t)\rangle\mathrm{d}^3r' \tag{59}$$

显然,在均匀液体时,有

$$\widetilde{G}(\boldsymbol{r},t)=G(\boldsymbol{r},t)-\rho_0 \tag{60}$$

它的渐近行为是

$$\widetilde{G}(\boldsymbol{r},t)\rightarrow 0\qquad\begin{cases}|t|\rightarrow\infty(|t|\gg\tau_0)\\|\boldsymbol{r}|\rightarrow\infty(|\boldsymbol{r}|\gg\xi_0)\end{cases} \tag{61}$$

利用式(59)、(56)可以写成

$$S(\boldsymbol{Q},\omega)=\frac{1}{2\pi\hbar}\int \mathrm{e}^{\mathrm{i}(\boldsymbol{Q}\cdot\boldsymbol{r}-\omega t)}G(\boldsymbol{r},t)\mathrm{d}^3r\mathrm{d}t=\frac{1}{2\pi\hbar}\int \mathrm{e}^{-\mathrm{i}\omega t}J(\boldsymbol{Q},t)\mathrm{d}t$$
$$=\frac{1}{N\hbar}|\langle\rho_Q\rangle|^2\delta(\omega)+\frac{1}{2\pi\hbar}\int \mathrm{e}^{\mathrm{i}(\boldsymbol{Q}\cdot\boldsymbol{r}-\omega t)}\widetilde{G}(\boldsymbol{r},t)\mathrm{d}^3r\mathrm{d}t$$
$$=\frac{1}{N\hbar}|\langle\rho_Q\rangle|^2\delta(\omega)+\widetilde{S}(\boldsymbol{Q},\omega) \tag{62}$$

由于关联函数存在(47)式表达的对称性，$S(\boldsymbol{Q},\omega)$是实量。

引入

$$S(\boldsymbol{Q})=\int G(\boldsymbol{r},0)\mathrm{e}^{\mathrm{i}\boldsymbol{Q}\cdot\boldsymbol{r}}\mathrm{d}^3r=\int_{-\infty}^{\infty}S(\boldsymbol{Q},\omega)\mathrm{d}(\hbar\omega) \tag{63}$$

显然，在均匀液体内

$$S(\boldsymbol{Q})=1+\rho_0\int[g(\boldsymbol{r})-1]\mathrm{e}^{\mathrm{i}\boldsymbol{Q}\cdot\boldsymbol{r}}\mathrm{d}^3r \tag{64}$$

利用$\delta(\boldsymbol{r}-\boldsymbol{r}_i)=\frac{1}{(2\pi)^3}\int\mathrm{d}^3k\mathrm{e}^{\mathrm{i}\boldsymbol{k}\cdot(\boldsymbol{r}-\boldsymbol{r}_i)}$和时间相关的关联函数$G(\boldsymbol{r},t)$定义式(37)，我们有

$$\begin{aligned}J(\boldsymbol{Q})&=\frac{1}{N}\int\mathrm{d}^3\mathrm{e}^{\mathrm{i}\boldsymbol{Q}\cdot\boldsymbol{r}}\int\mathrm{d}^3r'\int\mathrm{d}^3k\mathrm{d}^3k'\ \frac{1}{(2\boldsymbol{r})^3}\ \frac{1}{(2\pi)^3}\sum_{ij}\langle\mathrm{e}^{\mathrm{i}\boldsymbol{k}\cdot(\boldsymbol{r}'-\boldsymbol{r}+\boldsymbol{r}_i(0))}\mathrm{e}^{\mathrm{i}\boldsymbol{k}'(\boldsymbol{r}'-\boldsymbol{r}_j(t))}\rangle\\&=\frac{1}{N}\sum_{ij}\langle\mathrm{e}^{-\mathrm{i}\boldsymbol{Q}\cdot\boldsymbol{r}_i(0)}\mathrm{e}^{\mathrm{i}\boldsymbol{Q}\cdot\boldsymbol{r}_j(t)}\rangle\end{aligned} \tag{65}$$

最终，$S(\boldsymbol{Q},\omega)$可以写成

$$S(\boldsymbol{Q},\omega)=\frac{1}{2\pi Nh}\sum_{ij}\int\mathrm{d}t\mathrm{e}^{-\mathrm{i}\omega t}\langle\mathrm{e}^{-\mathrm{i}\boldsymbol{Q}\cdot\boldsymbol{r}_i(0)}\mathrm{e}^{\mathrm{i}\boldsymbol{Q}\cdot\boldsymbol{r}_j(t)}\rangle \tag{66}$$

而在热平衡情形(即“细微平衡”；经典近似：$\hbar\omega\ll k_BT$)，可以表明有

$$S(-\boldsymbol{Q},-\omega)=\mathrm{e}^{-\beta\hbar\omega}S(\boldsymbol{Q},\omega) \tag{67}$$

参 考 文 献

[1] 阎守胜. 固体物理基础. 第二版. 北京：北京大学出版社，2003.

附录Ⅷ 第一性原理计算方法

Ⅷ.1 从头算方法的物理基础[1]

“从头算”的方法和相应的计算软件是建立在密度泛函理论基础上的。其处理问题的出发点是多体薛定谔方程

$$\mathscr{H}\psi = -\frac{\hbar^2}{2m}\nabla^2\psi + V(r)\psi = \mathrm{i}\hbar\frac{\partial\psi}{\partial t} \tag{1}$$

在进行绝热(Born-Oppenheimer)近似和 Hartree-Fock 近似后，多体薛定谔方程就最终化为单电子方程

$$\mathscr{H}\psi_e(r) = (T + V + E_{\mathrm{EX}})\psi_e(r) = E\psi_e(r) \tag{2}$$

哈密顿量主要包括动能项 T，库仑势能 V 和交换关联能(exchange correlation) E_{EX}。波函数

$$\psi_e(r_1, r_2, \cdots, r_n) = \psi_1(r_1)\psi_2(r_2)\cdots\psi_n(r_n) \tag{3}$$

考虑到微观粒子的交换对称性，可将式(3)取斯莱特(Slater)行列式

$$\varphi(\boldsymbol{r}_1, \boldsymbol{r}_2, \cdots, \boldsymbol{r}_n) = \frac{1}{\sqrt{N!}}\begin{vmatrix} \varphi_1(\boldsymbol{r}_1) & \varphi_2(\boldsymbol{r}_1) & \cdots & \varphi_N(\boldsymbol{r}_1) \\ \varphi_1(\boldsymbol{r}_2) & \varphi_2(\boldsymbol{r}_2) & \cdots & \varphi_N(\boldsymbol{r}_2) \\ \vdots & \vdots & & \vdots \\ \varphi_1(\boldsymbol{r}_N) & \varphi_2(\boldsymbol{r}_N) & \cdots & \varphi_N(\boldsymbol{r}_N) \end{vmatrix} \tag{4}$$

从数学上讲，方程的解取决于方程的系数方程，解 $\psi(r)$一定是系数 $V(r)$的泛函；从物理上讲，晶体中势场取决于电子数密度，而电子数密度函数正比于波函数模的平方

$$\rho_e(r) = |\psi_e(r)|^2 \tag{5}$$

因此，必然存在一个自洽的波函数，它既满足方程的数学解，又使得物理上的关系成立，因此，可以利用迭代运算求出近似解。

从上面介绍可以看到从头算方法是为解决电子运动论问题建立起来的，使它适于求解半导体中电子能带结构的问题。

Ⅷ.2 从头算应用于声子计算[2]

声子的计算是建立在对体系基态能量正确计算的基础之上的。计算声子的关

键在于算出常数矩阵(Hessian 矩阵)的各个分量[3]。在晶体中,假设第 l 个原子的位置可表达为

$$\boldsymbol{R}_l = \boldsymbol{R}_{al} + \boldsymbol{r}_0 + \boldsymbol{u}(l) \tag{6}$$

右边第一项是原胞在布拉伐格子中的位置,第二项是该原子在原胞中的平衡位置,第三项是该原子相对平衡位置的位移。

声子的计算首先要根据多电子体系运动所满足的薛定谔方程,利用迭代运算求出系统所有离子固定不同时的总能量,这就是玻恩-奥本海默(Born-Oppenhermer)能量表面。在玻恩-奥本海默能量表面上,求能量关于各原子平衡位置的二阶导数,得到力常数矩阵的 Hessian 矩阵

$$C_{\mathrm{st}}^{\alpha\beta}(l,m) = \frac{\partial^2 E}{\partial u_s^\alpha(l)\partial u_l^\beta(m)} \tag{7}$$

声子频率是久期方程

$$\det\left|\frac{1}{\sqrt{M_{\mathrm{s}}M_{\mathrm{t}}}}C_{\mathrm{st}}^{\alpha\beta}(q) - \omega^2(q)\right| = 0 \tag{8}$$

的解,上两式中的下标 s、t 代表不同种类的原子,参数 l、m 代表一个原胞内的不等价原子,α,β 代表笛卡儿分量。

假设晶体中共有 N 个原子,则 N 个原子共有 $3N$ 个自由度,也就是有 $3N$ 个本征振动频率,考虑到晶体作为一个整体有 3 个平动自由度,因而 $3N$ 个本征频率中必然有 3 个等于零,由于 N 一般很大,为 10^{23} 数量级,我们可以忽略 $3N$ 和 $3N-3$ 之间的差别。从式(8)求解出第一布里渊区内所有波矢 q 对应的声子频率,也就解出了 $3N$ 个本征振动频率,然后就可以做出声子态密度分布图了。

实际中的计算是在第一布里渊区中采样,也就是取一定数量的波矢(几十个),得到一个分布图,从而得到声子色散曲线。

Ⅷ.3 几种计算软件的应用[3,4]

目前较普遍使用的主要软件是 Castep, ab initio 和 Guassian 03。其中 Castep 和 ab initio 用于计算晶体,这两个软件的主要计算方法都是把波函数先用平面波展开,再利用迭代计算求解各项的系数。严格说来,这两个软件只能处理具有严格周期性的模型。Castep 使用方便,自动化程度高;ab initio 需要自编程序,可操作性强。

在非晶计算中,由于非晶没有平移对称性,无法使用平面波展开,可以利用 Guassian 03,将原子轨道波函数看成一个完备基组,利用这个完备组把体系波函数进行展开,然后求解各项物理参数。

参 考 文 献

[1] Kittel C. Introduction to Solid State Physics. New York: Wiley, 1986.
[2] Stefano Baroni. Stefano de Gironcoli, Andrea Dal Corso. Reviews of Modern Physics, 2001, 73: 515.
[3] Frisch M J et al. GAUSSIAN 03, Revision B. 05, Gaussian, Inc., Pittsburgh PA, 2003.
[4] Rappé A K, Casewit C J, Colwell K S et al. J. Am. Chem. Soc. 1992, 114: 10024.

附录Ⅸ 普通晶体和典型半导体的布里渊区、振动模及其拉曼光谱

Ⅸ.1 立方晶系布里渊区及其对称点[1]

表Ⅸ.1

简单立方		面心立方		体心立方	
符 号	坐 标	符 号	坐 标	符 号	坐 标
Γ	(0,0,0)	Γ	(0,0,0)	Γ	(0,0,0)
X	$\frac{\pi}{a}(0,1,0)$	X	$\frac{2\pi}{a}(0,1,0)$	H	$\frac{2\pi}{a}(0,1,0)$
R	$\frac{\pi}{a}(1,1,1)$	L	$\frac{2\pi}{a}\left(\frac{1}{2},\frac{1}{2},\frac{1}{2}\right)$	P	$\frac{2\pi}{a}\left(\frac{1}{2},\frac{1}{2},\frac{1}{2}\right)$
M	$\frac{\pi}{a}(1,1,0)$	K	$\frac{2\pi}{a}\left(\frac{3}{4},\frac{3}{4},0\right)$	N	$\frac{2\pi}{a}\left(\frac{1}{2},\frac{1}{2},0\right)$
Δ	$\frac{\pi}{a}(0,\alpha,0)$	W	$\frac{2\pi}{a}\left(\frac{1}{2},1,0\right)$	Δ	$\frac{2\pi}{a}(0,\alpha,0)$
Λ	$\frac{\pi}{a}(\alpha,\alpha,\alpha)$	U	$\frac{2\pi}{a}\left(\frac{1}{4},1,\frac{1}{4}\right)$	Λ	$\frac{2\pi}{a}\left(\frac{\alpha}{2},\frac{\alpha}{2},\frac{\alpha}{2}\right)$
Σ	$\frac{\pi}{a}(\alpha,\alpha,0)$	Δ	$\frac{2\pi}{a}(0,\alpha,0)$	Σ	$\frac{2\pi}{a}\left(\frac{\alpha}{2},\frac{\alpha}{2},0\right)$
T	$\frac{\pi}{a}(1,1,\alpha)$	Λ	$\frac{2\pi}{a}\left(\frac{\alpha}{2},\frac{\alpha}{2},\frac{\alpha}{2}\right)$		
E	$\frac{\pi}{a}(\alpha,1,0)$	Σ	$\frac{2\pi}{a}\left(\frac{3}{4}\alpha,\frac{3}{4}\alpha,0\right)$		
S	$\frac{\pi}{a}(\alpha,1,\alpha)$	Z	$\frac{2\pi}{a}\left(\frac{\alpha}{2},1,0\right)$		
		S	$\frac{2\pi}{a}\left(\frac{\alpha}{4},1,\frac{\alpha}{4}\right)$		

注：$0<\alpha<1$

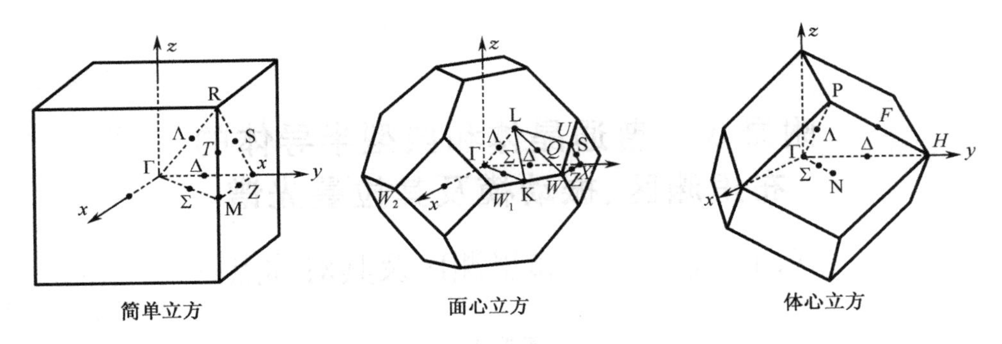

图Ⅸ.1　立方晶系布里渊区示意图

Ⅸ.2　一些晶体的振动模和对称性[2]

表Ⅸ.2

晶体	对称性分类		振动模对称性 声学	光学(拉曼活性)	光学(非拉曼活性)	其他晶体
$NaNO_2$	$mm2$	C_{2v}	$\Gamma_1+\Gamma_2+\Gamma_4$	$3\Gamma_1+3\Gamma_2+\Gamma_3+2\Gamma_4$		
$CaWO_4$	$4/m$	C_{4h}	$\Gamma_1^-+(\Gamma_3^-+\Gamma_4^-)$*	$2\Gamma_1^++5\Gamma_2^++5(\Gamma_3^++\Gamma_4^+)$	$4\Gamma_1^-+3\Gamma_2^-+4(\Gamma_3^-+\Gamma_4^-)$	$CaMoO_4$,$SrMoO_4$
$BaTiO_3$	$4mm$	C_{4v}	$\Gamma_1+\Gamma_5$	$3\Gamma_1+\Gamma_3+4\Gamma_5$		
$SrTiO_3$	$4/mmm$	D_{4h}	$\Gamma_2^-+\Gamma_5^-$	$\Gamma_1^++2\Gamma_3^++\Gamma_4^++3\Gamma_5^+$	$2\Gamma_2^++\Gamma_1^-+3\Gamma_2^-+\Gamma_4^-+5\Gamma_5^-$	
TiO_2	$4/mmm$	D_{4h}	$\Gamma_2^-+\Gamma_5^-$	$\Gamma_1^++\Gamma_3^++\Gamma_4^++\Gamma_5^+$	$\Gamma_2^++\Gamma_2^-+2\Gamma_3^-+3\Gamma_5^-$	MnF_2,FeF_2,CoF_2
SiO_2-α-石英	32	D_3	$\Gamma_2+\Gamma_3$	$4\Gamma_1+8\Gamma_3$	$4\Gamma_2$	
Bi	$\bar{3}m$	D_{3d}	$\Gamma_2^-+\Gamma_3^-$	$\Gamma_1^++\Gamma_3^+$		As,Sb
$LiIO_3$	6	C_6	$\Gamma_1+(\Gamma_5+\Gamma_6)$	$4\Gamma_1+5(\Gamma_2+\Gamma_3)+4(\Gamma_5+\Gamma_6)$	$5\Gamma_4$	
ZnS	$6mm$	C_{6v}	$\Gamma_1+\Gamma_5$	$\Gamma_1+\Gamma_5+2\Gamma_6$	$2\Gamma_3$	ZnO,CdS,BeO
Zn	$6/mm$	D_{6h}	$\Gamma_2^-+\Gamma_5^-$	Γ_6^+	Γ_3^+	Be,Mg,Cd
ZnS	$\bar{4}3m$	T_d	Γ_5	Γ_5		GaAs,GaP
$CaTiO_3$	$m3m$	O_h	Γ_4^-		$3\Gamma_4^-+\Gamma_5^-$	$BaTiO_3$,$SrTiO_3$
CaF_2	$m3m$	O_h	Γ_4^-	Γ_5^+	Γ_4^-	SrF_2,BaF_2,$AuAl_2$
金刚石	$m3m$	O_h	Γ_4^-	Γ_5^+		Si,Ge
NaCl	$m3m$	O_h	Γ_4^-		Γ_4^-	KBr,NaI
CsCl	$m3m$	O_h	Γ_4^-		Γ_4^-	

* 括号内的两个模是简并的

Ⅸ.3 几个典型半导体的晶体结构和拉曼振动模的对称性质及其拉曼光谱

表Ⅸ.3

	立方				六角			四方
半导体	Si	金刚石	SiC	GaAs	GaN	ZnO	CdSe	SnO_2
点群	O_h		T_d		C_{6v}			C_{4h}
晶体结构	金刚石		闪锌矿		纤锌矿			金红石
晶格常数(a/,c代平行晶轴a/c的晶格常数)	5.431Å	3.566Å	4.36Å	5.65Å	a=3.186Å c=5.178Å	a=3.249Å c=5.207Å	a=4.30Å c=7.02Å	a=4.734Å c=3.185Å
布拉伐格子	面心立方				六角			体心四角
元胞原子数	2				4			6
拉曼模对称性	T_{2g}		T_2		$2A_1+2E_1+2E_2$			$B_{1g}+E_{1g}+A_g+B_{2g}$
拉曼光谱和频率	见图Ⅸ.2	见图Ⅸ.3	见图Ⅸ.4	见图Ⅸ.5	见图Ⅸ.6	见图Ⅸ.7	见图Ⅸ.8	见图Ⅸ.9
	LO+TO* :520 LO+TO:1331		TO:796 LO:972	TO:269 LO:292	E_2(L):144.0** A_{1T}:531.8 E_{1T}:559.9 E_2(H):567.6 A_{1L}:734.0 E_{1L}:741.0	E_2(L):101 A_{1T}:380 E_{1T}:413 E_2(H):444 A_{1L}:579 E_{1L}:591	E_2(L):34.0 A_{1T}:169.1 E_{1T}:174.0 E_2(H):177.6 A_{1L}:213.0 E_{1L}:213.9	B_{1g}:100 E_g:476 A_{1g}:638 B_{2g}:782

* 两个模相加表示这两个模是简并的。

** A_1、E_1 是极性的光学振动模，E_2 是非极性的光学振动模。下角标 1 表示该振动模所对应的不可约表示对应于垂直主轴的 C_3 轴是对称的。A_1 模的偏振方向平行于晶轴，E_1 模的偏振方向在垂直于晶轴的平面上。下角标 1 后面的 T 和 L 分别表示横光学(TO)模和纵光学(LO)模。E_2 模有低频和高频模之分，分别用(L)和(H)加以区别。

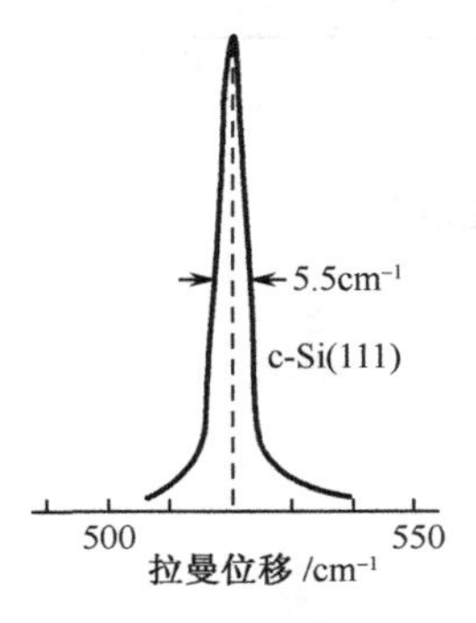

图Ⅸ.2 Si 的拉曼光谱图[3]

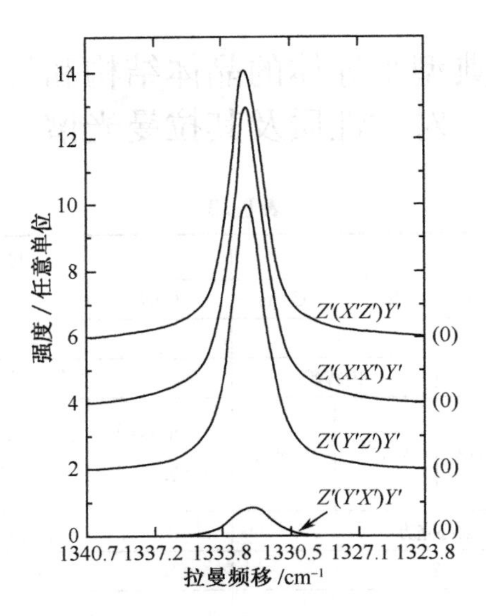

图Ⅸ.3 金刚石的拉曼光谱图[4]

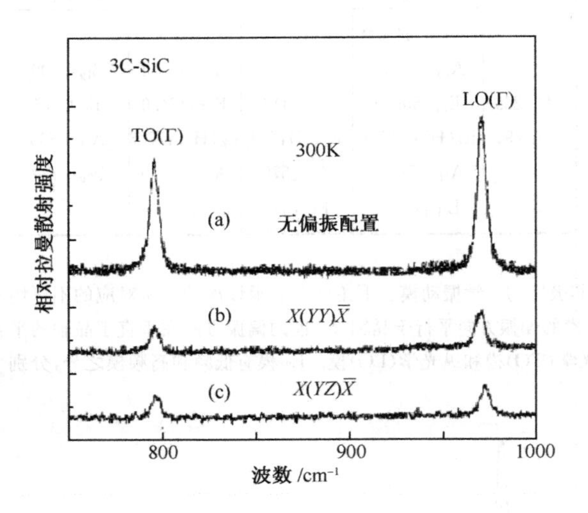

图Ⅸ.4 SiC 的拉曼光谱图[5]

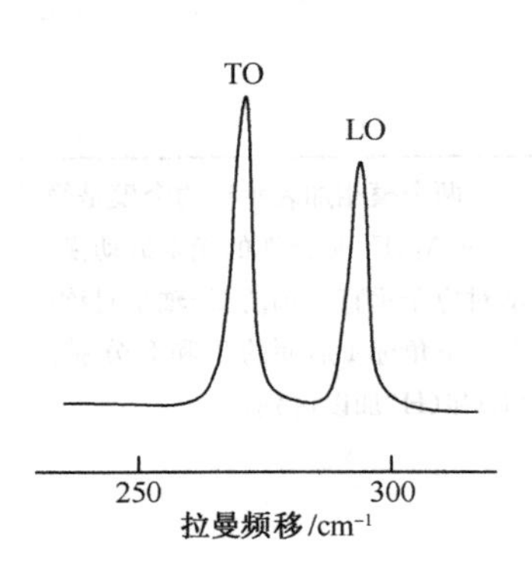

图Ⅸ.5 GaAs 的拉曼光谱图[6]

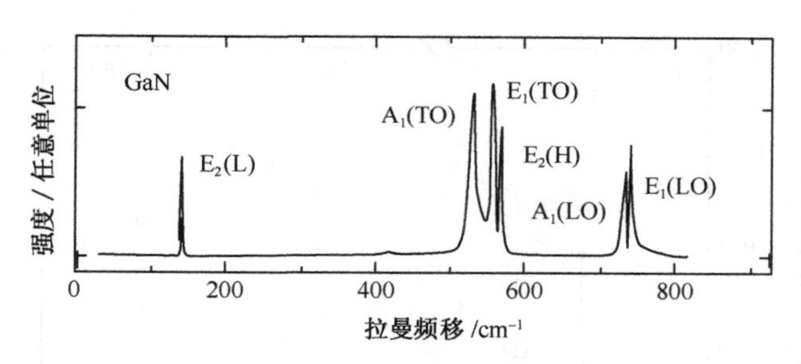

图Ⅸ.6 GaN 的拉曼光谱图[7]

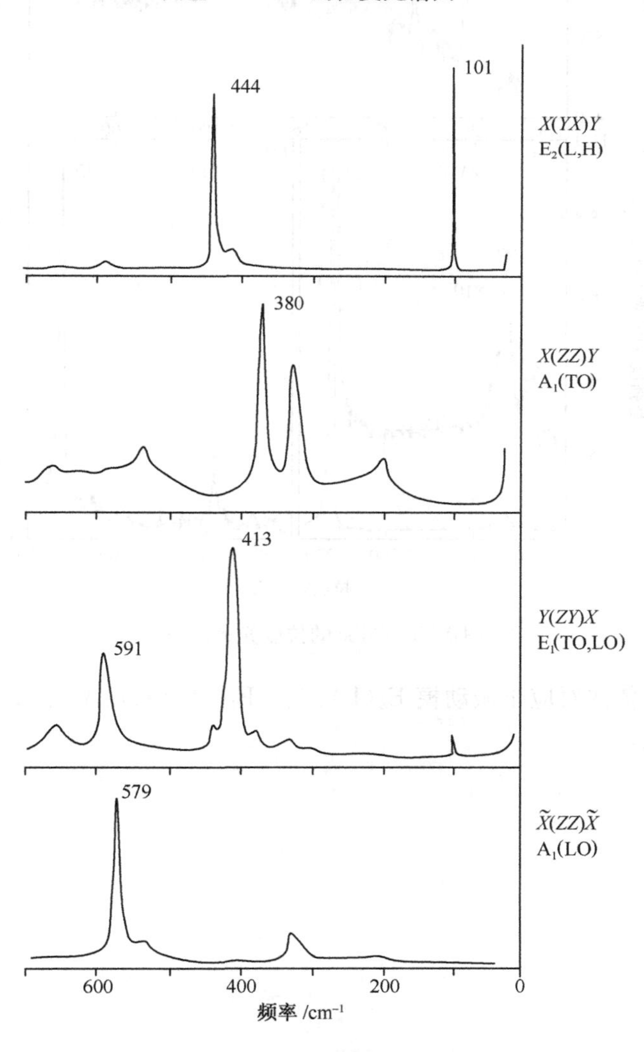

图Ⅸ.7 ZnO 的拉曼光谱图[8]

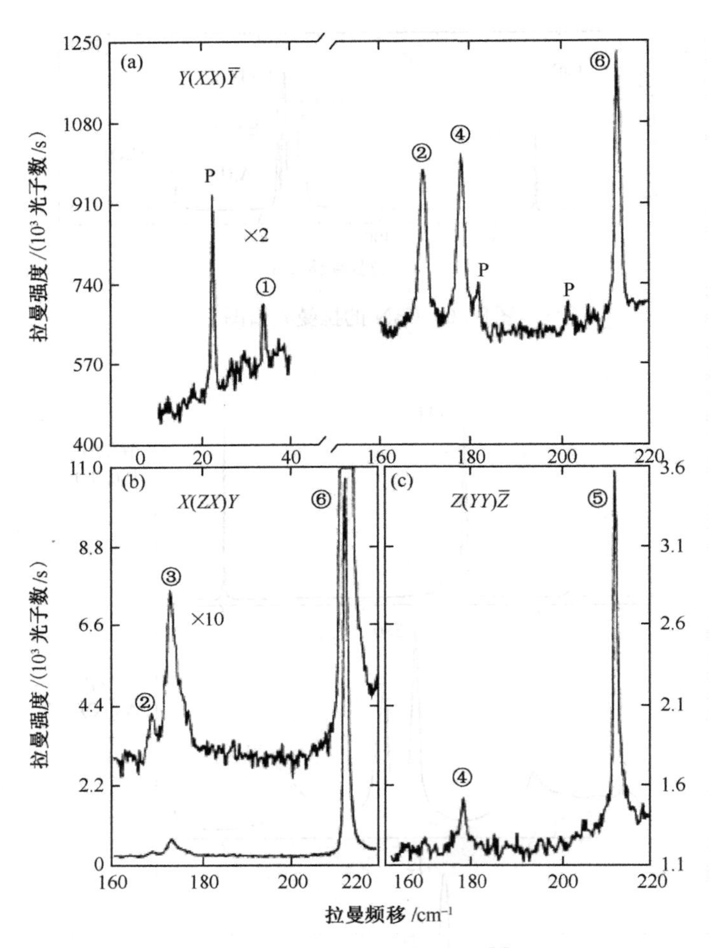

图Ⅸ.8　CdSe 的拉曼光谱图[9].

峰①～⑥依次对应于振动模 $E_2(L)$、A_{1T}、E_{1T}、$E_2(H)$、A_{1L}和 E_{1L}；P 是激发激光的等离子线。

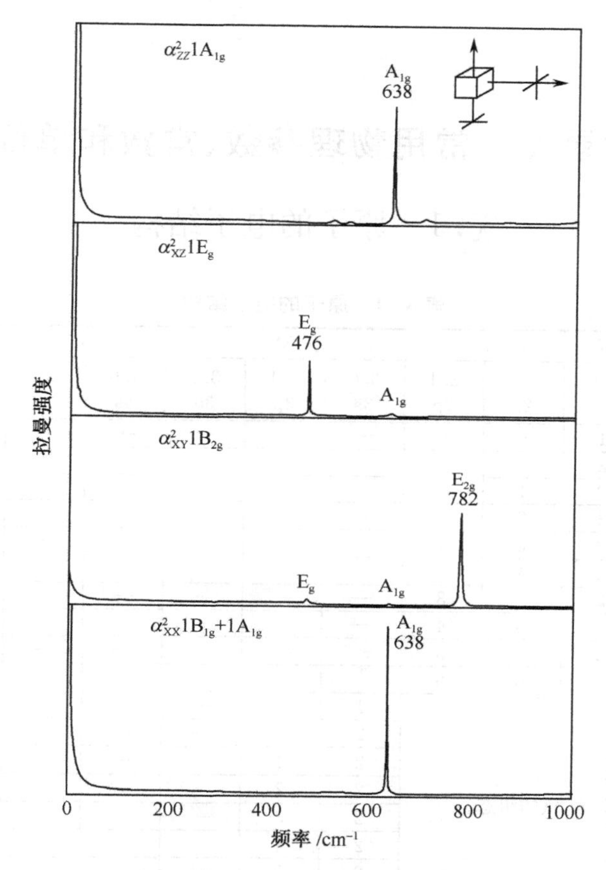

图Ⅸ.9 SnO_2 的拉曼光谱图[10]

参 考 文 献

[1] 张光寅,蓝国祥. 晶格振动光谱学. 北京:高等教育出版社,1993.

[2] Hayes W,London R. Scattering of Lights in Crystals. New York:John Wiley and Sons,1978.

[3] Vepiek S et al. J. Phys. C: Solid State Phys. ,1981,14:295~308.

[4] Solin S A,Ramdas A K. PRB1,(70)1970,1687.

[5] Feng Z C et al. JAP,1988,64:3176.

[6] Mooradian A in Laser Handbook,North-Holland Pub. Co. 1972, 1. 2:1409.

[7] Yu V Davydov et al. Phys. Rev. B,1998,58:12899.

[8] Arguello C A, Rousseau D L,Porto S P S. Phys. Rev. , 1969,181:1351.

[9] Arora A K,Ramdas A K. Phys. Rev. B,1986,35:4345.

[10] Katiyar R S et al. J. Phys. C: Solid State Physics,1971,4:2421.

附录Ⅹ　常用物理参数、常数和单位

Ⅹ.1　原子的电子结构

表Ⅹ.1　原子的电子结构

元素		K	L		M			N		基项	电离电压/eV
		1.0 1s	2.0 2s	2.1 2p	3.0 3s	3.1 3p	3.2 3d	4.0 4s	4.1 4p		
H	1	1	—	—	—	—	—	—	—	$^2S_{1/2}$	13.599
He	2	2	—	—	—	—	—	—	—	$^1S_0$	24.581
Li	3	2	1	—	—	—	—	—	—	$^2S_{1/2}$	5.390
Be	4	2	2	—	—	—	—	—	—	$^1S_0$	9.320
B	5	2	3	1	—	—	—	—	—	$^2P_{1/2}$	8.296
C	6	2	4	2	—	—	—	—	—	$^3P_0$	11.256
N	7	2	5	3	—	—	—	—	—	$^4S_{3/2}$	14.545
O	8	2	6	4	—	—	—	—	—	$^3P_2$	13.614
F	9	2	7	5	—	—	—	—	—	$^3P_{3/2}$	17.418
Ne	10	2	8	6	—	—	—	—	—	$^1S_0$	21.559
Na	11				1		—	—	—	$^2S_{1/2}$	5.138
Mg	12				2		—	—	—	$^1S_0$	7.644
Al	13				2	1	—	—	—	$^2P_{1/2}$	5.984
Si	14	氖的组态			2	2	—	—	—	$^3P_0$	8.149
P	15				2	3	—	—	—	$^4S_{3/2}$	10.484
S	16				2	4	—	—	—	$^3P_2$	10.357
Cl	17				2	5	—	—	—	$^3P_{3/2}$	13.01
Ar	18				2	6	—	—	—	$^1S_0$	15.755
K	19						—	1	—	$^2S_{1/2}$	4.339
C	20						—	2	—	$^1S_0$	6.111
Sc	21						1	2	—	$^2D_{3/2}$	6.538
Ti	22						2	2	—	$^3F_2$	6.818
V	23	氩的组态					3	2	—	$^4F_{3/2}$	6.743
Cr	24						5	1	—	$^7S_3$	6.764
Mn	25						5	2	—	$^6S_{5/2}$	7.432
Fe	26						6	2	—	$^5D_4$	7.868
Co	27						7	2	—	$^4F_{9/2}$	7.862
Ni	28						8	2	—	$^3F_4$	7.633
Cu	29						10	1	—	$^2S_{1/2}$	7.724
Zn	30						10	2	—	$^1S_0$	9.391
Ga	31						10	2	1	$^2P_{1/2}$	6.00
Ge	32						10	2	2	$^3P_0$	7.88
As	33						10	2	3	$^4S_{3/2}$	9.81
Se	34						10	2	4	$^3P_2$	9.75
Br	35						10	2	5	$^2P_{3/2}$	11.84
Kr	36						10	2	6	$^1S_0$	13.996

续表

元素		内层组态	N		O			P	基项	电离电压/eV
			4.2 4d	4.3 4f	5.0 5s	5.1 5p	5.2 5d	6.0 6s		
Rb	37		—	—	1	—	—	—	$^2S_{1/2}$	4.176
Sr	38	氪的组态	—	—	2	—	—	—	$^1S_0$	5.692
Y	39		1	—	2	—	—	—	$^2D_{3/2}$	6.377
Zr	40		2	—	2	—	—	—	$^3F_2$	6.835
Nb	41		4	—	1	—	—	—	$^6D_{1/2}$	6.881
Mo	42		5	—	1	—	—	—	$^7S_3$	7.10
Tc	43		6	—	1	—	—	—	$^6S_{5/2}$	7.228
Rn	44		7	—	1	—	—	—	$^5F_5$	7.365
Rh	45		8	—	1	—	—	—	$^4F_{9/2}$	7.461
Pd	46		10	—	—	—	—	—	$^1S_0$	8.334
Ag	47	钯的组态		—	1	—	—	—	$^2S_{1/2}$	7.574
Cd	48			—	2	—	—	—	$^1S_0$	8.991
In	49			—	2	1	—	—	$^2P_{1/2}$	5.785
Sn	50			—	2	2	—	—	$^3P_0$	7.342
Sb	51			—	2	3	—	—	$^4S_{3/2}$	8.637
Te	52			—	2	4	—	—	$^3P_2$	9.01
I	53			—	2	5	—	—	$^2P_{3/2}$	10.454
Xe	54			—	2	6	—	—	$^1S_0$	12.127
Cs	55	从1s到4d层共含46电子		—	5s和5p含有8电子		—	1	$^2S_{1/2}$	3.893
Ba	56			—			—	2	$^1S_0$	5.210
La	57			—			1	2	$^2D_{3/2}$	5.61
Ce	58			2			—	2	$^3H_4$	6.54
Pr	59			3			—	2	$^4I_{9/2}$	5.48
Nd	60			4			—	2	$^5I_4$	5.51
Pm	61			5			—	2	$^6H_{5/2}$	5.55
Sm	62			6			—	2	$^7F_0$	5.63
Eu	63			7			—	2	$^8S_{7/2}$	5.67
Gd	64			7			—	2	$^9D_2$	6.16
Tb	65			9			—	2	$^6H_{15/2}$	6.74
Dy	66			10			—	2	$^5I_3$	6.82
Ho	67			11			—	2	$^4I_{15/2}$	6.02
Er	68			12			—	2	$^3H_6$	6.10
Tm	69			13			—	2	$^2F_{7/2}$	6.18
Yb	70			14			—	2	$^1S_0$	6.22
Lu	71			14			1	2	$^2D_{3/2}$	6.15

续表

元素		内层组态	O		P			Q	基项	电离电压/eV
			5.2 5d	5.3 5f	6.0 6s	6.1 6p	6.2 6d	7.0 7s		
Hf	72	从1s到5p层共含68电子	2	—	2	—	—	—	${}^{3}F_{2}$	7.0
Ta	73		3	—	2	—	—	—	${}^{4}F_{3/2}$	7.88
W	74		4	—	2	—	—	—	${}^{5}D_{0}$	7.98
Re	75		5	—	2	—	—	—	${}^{6}S_{5/2}$	7.87
O	76		6	—	2	—	—	—	${}^{5}D_{4}$	8.7
Ir	77		7	—	2	—	—	—	${}^{4}F_{9/2}$	9.2
Pt	78		8	—	2	—	—	—	${}^{3}D_{3}$	8.88
Au	79	从1s到5d层共含78电子		—	1	—	—	—	${}^{2}S_{1/2}$	9.223
Hg	80			—	2	—	—	—	${}^{1}S_{0}$	10.434
Tl	81			—	2	1	—	—	${}^{2}P_{1/2}$	6.106
Pb	82			—	2	2	—	—	${}^{3}P_{0}$	7.415
B	83			—	2	3	—	—	${}^{4}S_{3/2}$	7.287
Po	84			—	2	4	—	—	${}^{3}P_{2}$	8.43
At	85			—	2	5	—	—	${}^{2}P_{3/2}$	9.5
Rn	86			—	2	6	—	—	${}^{1}S_{0}$	10.745
Fr	87	从1s到5d层共含78电子		—	2	6	—	1	${}^{2}S_{1/2}$	4.0
Ra	88			—	2	6	—	2	${}^{1}S_{0}$	5.277
Ac	89			—	2	6	1	2	${}^{2}D_{3/2}$	6.9
Th	90			—	—	—	2	2	${}^{3}F_{2}$	6.1
Pa	91			2	2	6	1	2	${}^{4}K_{11/2}$	5.7
U	92			3	2	6	1	2	${}^{5}L_{6}$	6.08
Np	93			4	2	6	1	2	${}^{6}L_{11/2}$	5.8
Pu	94			5	2	6	1	2	${}^{7}F_{0}$	5.8
Am	95			6	2	6	1	2	${}^{8}S_{7/2}$	6.05
Cm	96			7	2	6	1	2	${}^{9}D_{2}$	

注：1. 该表摘自：布洛采夫，量子力学原理，高等教育出版社(1959)；其中电离电压摘自：杨福家，原子物理学，高等教育出版社 2000 年 7 月第 3 版。

2. 表中 K,L,M,N,O,P,Q 表示诸不同主量子数的电子壳层。表中基项亦用大写字母 S,P,D,F 标记，相当于电子总轨道角动量 L=0,1,2,3 等。字母右下角的数为总角动量 J(轨道+自旋)。字母左上角为项的多重性 2s+1，其中 s 是总自旋(为 1/2 的整数倍)，所以基项表示为${}^{2S+1}L_{J}$。例如，Li 所对应的电子占据情况为$(1s)^{2}2s$，所以总轨道角动量 L=0，总角动量为 1/2(外层一电子自旋)，总自旋 s=1/2，因此，Li 的基项表示为${}^{2}S_{1/2}$。

Ⅹ.2 半导体的部分物理参数[1,2,3,4]

表Ⅹ.2 半导体的部分物理产数

物质		熔点/℃	带隙 E_g/eV	电子迁移率/($cm^2 \cdot V^{-1} \cdot s^{-1}$)	空穴迁移率/($cm^2 \cdot V^{-1} \cdot s^{-1}$)	热传导率/(W/cm · K)	等效离子电荷 $\|q^*\|$ 实验值	电离度 f_i	体积弹性模量/GPa
Ⅳ族元素	C(石墨)	3850±50	(5.48)7.3		~20	~20			442
	C(金刚石)	~3700		~1800	~1200				
	Si	1420	(1.11)3.48	1350	500	1.56			98.8
	Ge	936	(0.66)0.81	3900	1900	0.6			73.3
	灰 Sn	$T_k=13$		~2000	~1000				
Ⅲ族元素	B	2300	~1.5	~1	~1				
Ⅴ族元素	黄 P	44	~2.1						
	红 P		~1.5						
	黑 P		~1.33	200	350				
	As(升华层)	$T_k=300$	~1.2	~50					
	Sb(升华层)	$T_k=0$	0.12						
Ⅵ族元素	S	113	~2.4						
	Se	220	1.74	1	~5				
	Te	452	(0.32)	1700	1200				
Ⅶ族元素	I	113.5	~1.3	~25					
Ⅲ-Ⅴ族化合物	AlN	2200	6.28			~2			
	AlP	1500	(2.45)3.62	80		0.9	0.28		95
	AlAs	>1600	(2.15)3.14	1000	~100	0.08			78.1
	AlSb	1060	(1.63)2.219	50	400	~0.5	0.19		58.1
	GaN	~1700	3.44	150		1.3	0.47	0.500	180
	GaP	~1350	(2.27)2.78	120	120	0.77	0.24		88.7
	GaAs	1280	1.43	4000	400	0.54	0.20	0.310	75.4
	GaSb	725	0.70	5000	1000	0.33	0.15		56.3
	InP	1050	1.35	3500	700	0.7	0.27		71.1
	InAs	942	0.36	30000	200	0.26	0.22		57.9
	InSb	523	0.18	80000	1000	0.18	0.21		28.6
	PbS	1114	0.37	600	800	0.03			

续表

物质		熔点/℃	带隙 E_g/eV	电子迁移率/($cm^2 \cdot V^{-1} \cdot s^{-1}$)	空穴迁移率/($cm^2 \cdot V^{-1} \cdot s^{-1}$)	热传导率/(W/cm·K)	等效离子电荷 $\|q^*\|$ 实验值	电离度 f_i	体积弹性模量/GPa
Ⅳ-Ⅵ族化合物	PbSe	1065	0.26	1500	1500	0.017			
	PbTe	917	0.29	2100	800	0.017			
	HgTe	670	−0.30(4.4K)	17000	~100	0.02			42.3
Ⅱ-Ⅳ族化合物	Mg_2Sn	778	0.2	300	250				
	Ca_2Pb	1110	~0.45						
	Mg_2Ge	1115	~0.65	500	100				
	Mg_2Si	1102	~0.75	400	70				
	Ca_2Sn	1122	0.9						
	Ca_2Si	920	1.9						
Ⅱ-Ⅵ族化合物	HgSe	690	−0.061	>10000					48.3
	CdTe	1045	1.43	450	100	0.07	0.34	0.717	42.1
	CdSe	1350	1.75	600		0.07	0.41	0.699	55
	ZnTe	1239	2.26	530	900	0.18	0.27	0.609	51.0
	CdS	1750	2.485	200	18	0.20	0.40	0.685	61.5
	ZnSe	1240	2.7	~100	16	0.19	0.34	0.630	62.5
	ZnO	~1975	3.2	200		0.54	0.53	0.616	
	ZnS	1850	3.68			0.27	0.41	0.623	76.9
	Cd_3As_2	721							
Ⅱ-Ⅴ族化合物	CdSb	456			350				
	ZnSb	546		60	350				
	Zn_3As_2	1015							
	Mg_3Sb_2	1228		20	80				
	Cs_3Sb			500					
	Bi_2Te_3	585	0.15	600	150				
Ⅰ-Ⅴ族化合物	Cs_3Bi		0.55						
	K_3Sb	812	0.8						
	KSb	605	0.9						
Ⅰ-Ⅵ族化合物	Ag_2Te	955	0.17	4000					
	Ag_2S	842	~1.0	50					
	Cu_2O	1232	~1.5		100				

续表

物质		熔点/℃	带隙 E_g/eV	电子迁移率/($cm^2 \cdot V^{-1} \cdot s^{-1}$)	空穴迁移率/($cm^2 \cdot V^{-1} \cdot s^{-1}$)	热传导率/(W/cm·K)	等效离子电荷 |q^*| 实验值	电离度 f_i	体积弹性模量/GPa
Ⅰ-Ⅶ族化合物	AgI	552	2.8	30					
	CuBr	498	5	~30					
	KBr	741	6.6	12					
	KCl	770	7.6						
	NaCl	800	7.5	25					
	SiC(闪锌矿)	2700	1.5	60	10	0.2	0.41		
	Ca_2Te_3		1.2						
	Bi_2Te_3	585	0.25	600	150				
	$CoSb_3$	858	0.5	300					
	FeS	689	1.2	100					
	Fe_2O_3	~1500	~2.2						
	Al_2O_3	2050	2.5						

注：T_k 表示该稳定态的最高温度限

Ⅹ.3 常用物理常数、单位和光学玻璃的性能参数

Ⅹ.3.1 物理常数

电子电荷量(e)	1.60217733×10^{-19}C
自由电子静止质量(m_e)	9.1093897×10^{-31}kg
真空中的光速(c)	2.99792458×10^{8}m/s
普朗克常量(h)	6.6260755×10^{-34}J·s
约化普朗克常量($\hbar$)	1.05457266×10^{-34}J·s
玻尔兹曼常量(k_B)	1.380658×10^{-23}J/K$=8.617385\times10^{-5}$eV/K
质子质量/电子质量	1836.1
精细结构常数倒数($1/\alpha$)	137.0359895
玻尔半径(a_0)	$0.529177249\times10^{-10}$m
里德伯常数(R)	1.0973731534×10^{7}/m
真空磁导率(μ_0)	$12.566370614\times10^{-7}$N/A^2[或H/m](即$4\pi\times10^{-7}$)
真空电容率(ε_0)	$8.854187817\times10^{-12}$A·s/(V·m)[或F/m]
阿伏伽德罗常数(N_A)	6.0221367×10^{23}/mol

水冰点　　273.16K
液氮温度(1atm)　　77.348K
液氦温度(1atm)　　4.216K
室温(300K)时 $k_B T$ 值　　25.85meV
可见光波长范围　　紫/～400nm(3eV)⟷红/～800nm(1.55eV)

X.3.2　常用单位换算

1. 能量单位 eV 的换算

表X.3

相对应的物理量	换算公式	0.1eV	1.0eV
自由电子波波长 λ_e	$h^2/2m\lambda_e^2=E$	3.88nm	1.23nm
电子速度 v	$mv^2/2=E$	1.88×10^7 cm/s	5.93×10^7 cm/s
温度 T	$kT=E$	1.16×10^3K	1.16×10^4K
电磁波波长 λ	$hc/\lambda=E$	12.4μm	1.24μm
电磁波频率 ν	$h\nu=E$	2.42×10^{13}Hz	2.42×10^{14}Hz
磁场 H	$ehH/2\pi mc=E$	8.64×10^7Gs	8.64×10^8Gs

2. 某些物理单位的换算

波长 λ(μm)＝1.2398/能量 E(eV)
波数 ν(1cm 内波的周期数)＝1/λ(cm)
$1\text{J}=1\text{kg}\cdot\text{m}^2\cdot\text{s}^2=1\text{N}\cdot\text{m}=10^7\text{erg}=6.25\times10^{18}\text{eV}$
$1\text{F}=1\text{s}/\Omega=1(\text{A}\cdot\text{s})/\text{V}=1\text{C}^2/\text{J}=1(\text{A}^2\cdot\text{s})/\text{W}=1\text{C}/\text{V}$
$1\text{H}=1(\Omega\cdot\text{s})$
$1\text{C}=1(\text{A}\cdot\text{s})=6.2414\times10^{18}\text{e}$
$1\text{Å}=10^{-4}\mu\text{m}=10^{-8}\text{cm}=10^{-10}\text{m}$
$1\text{dyn}=1/980.665\text{gf}=10^{-5}\text{N}$
$1\text{dyn/mm}^2=10^{-4}\text{bar}$
$1\text{kbar}=0.1\text{GPa}=10^8\text{Pa}=10^8\text{N/m}^2=10.1972\text{kgf/mm}^2$
$1\text{PSI}=0.07031\text{kgf/cm}^2=6894.76\text{N/m}^2=6.89476\times10^{-2}\text{bar}$
$1\text{kgf}=9.80665\text{N}=9.80665\times10^5\text{dyn}$

X.3.3 光学玻璃的性能参数[5]

表X.4 熔融石英、石英晶体、冕牌玻璃、火石玻璃的折射率 *n* 及其 60°角棱镜的色散

λ/nm	材 料	*n*	d*n*/dλ /($10^{-4}nm^{-1}$)	dθ/dλ /(rad/nm) (×10^{-4})	线色散(*F*=50cm)	
					d*l*/dλ/(mm/nm)	dλ/d*l*/(nm/mm)
200	熔融石英	1.55	13	21	1.0	1.0
	石英晶体	1.65	16	28	1.4	0.7
300	熔融石英	1.49	2.8	4.3	0.21	4.6
	石英晶体	1.58	3.2	5.3	0.26	3.8
400	熔融石英	1.47	1.1	1.6	0.08	12.5
	冕牌玻璃	1.53	1.3	2.03	0.10	10.0
	火石玻璃	1.76	5.1	10.6	0.53	1.9
600	冕牌玻璃	1.52	0.36	0.54	0.03	37
	火石玻璃	1.72	1.0	2.0	0.10	10

注:石英晶体的数据是对正常光而言的,冕牌和火石玻璃的数据是对 UBK7 和 SF1 玻璃而言的

表X.5 常用的棱镜材料

材料	透射区/μm	适用的波长范围/μm
玻璃	0.4~3	0.4~0.8
特殊玻璃	0.3~3	0.3~0.8
石英	0.2~3.5	0.2~2.7
LiF	0.12~6	0.7~5.5
CaF_2	0.12~9	5~9
NaCl 晶体	0.2~17(在 3.2 和 7.1 有吸收)	3~16
KCl 晶体	0.2~21	8~16
KBr 晶体	0.21~28	15~28
TlBrI	0.5~40	24~40

参 考 文 献

[1] 黄昆,谢希德. 半导体物理学. 北京:科学出版社,1958.

[2] 黄昆. 固体物理学. 北京:高等教育出版社,1996

[3] Yu P Y. Manunel Cardona. Fundamentals of Semiconductors. 3ed,Berlin:Springer,2001;贺德衍译. 半导体材料物理学. 兰州:兰州大学出版社,2002.

[4] 犬石嘉雄. 半导体物理. 张志杰译. 北京:科学出版社,1986

[5] 刘颂豪. 光子学技术与应用. 合肥:安徽科学技术出版社,2006

索　引

（按拼音排序，数字表示词条出现的章节）

G

H

J

K

L